工业建筑抗震设计指南

徐　建　主编

中国建筑工业出版社

图书在版编目(CIP)数据

工业建筑抗震设计指南/徐建主编. —北京：中国建筑工业出版社，2013.10
ISBN 978-7-112-15783-9

Ⅰ.①工… Ⅱ.①徐… Ⅲ.①工业建筑-防震设计-指南 Ⅳ.①TU27-62②TU352.104-62

中国版本图书馆 CIP 数据核字（2013）第 207601 号

本书针对工业建筑的抗震设计问题，以现行国家标准和行业标准为依据，吸收了国内外最新科研成果、地震震害经验和工程实践，较全面地总结了工业建筑的震害特征，有针对性地提出了各类工业建筑的概念设计、抗震计算和抗震构造措施。

本书共分十一章，包括了抗震设计基本规定，场地、地基和基础，地震作用和结构抗震验算，单层钢筋混凝土柱厂房，单层钢结构厂房，单层砖柱厂房，多层钢筋混凝土厂房，多层钢结构厂房，工业建筑消能与隔震设计，工业建筑抗震鉴定，工业建筑抗震加固设计。

本书内容丰富、资料齐全，可供从事建筑工程设计、施工、科研人员及高等院校有关专业师生使用。

责任编辑：咸大庆　刘瑞霞
责任设计：李志立
责任校对：肖　剑　赵　颖

工业建筑抗震设计指南
徐　建　主编
*
中国建筑工业出版社出版、发行（北京西郊百万庄）
各地新华书店、建筑书店经销
北京科地亚盟排版公司制版
北京天来印务有限公司印刷
*
开本：787×1092 毫米　1/16　印张：24¼　字数：590 千字
2013 年 12 月第一版　2013 年 12 月第一次印刷
定价：**58.00** 元
ISBN 978-7-112-15783-9
(24568)

《工业建筑抗震设计指南》编委会

主　编：徐　建
编　委：黄世敏　辛鸿博　陈　炯
　　　　张同亿　李　惠　惠云玲

《工业建筑抗震设计指南》编写分工

第一章　黄世敏　罗开海（中国建筑科学研究院）
第二章　辛鸿博（中冶集团建筑研究总院）
第三章　黄世敏　罗开海（中国建筑科学研究院）
第四章　徐　建　黄尽才（中国机械工业集团有限公司）
　　　　刘美琴（中国中元国际工程公司）
　　　　陆　锋　王俊永　赵　新　章海斌　丁龙章（中国联合工程公司）
　　　　黄　伟（合肥工业大学）
第五章　陈　炯（宝钢工程技术有限公司）
第六章　徐　建　黄尽才（中国机械工业集团有限公司）
　　　　刘大海（中国建筑西北设计院）
第七章　张同亿　马付彪（中国中元国际工程公司）
第八章　陈　炯（宝钢工程技术有限公司）
　　　　陶　忠（昆明理工大学）
第九章　李　惠　王　建（哈尔滨工业大学）
第十章　惠云玲　张家启　王　玲　李忠煜（中冶集团建筑研究总院）
第十一章　惠云玲　张家启　王　玲　李忠煜（中冶集团建筑研究总院）

序　言

工业建筑由于工艺要求的特殊性，结构空间大，承担荷载重，抗震设计尤其复杂。历次地震震害表明，工业建筑破坏比较严重，地震灾害不仅造成人员伤亡，也会造成机器设备损坏。随着我国工业的快速发展，工业建筑的类型也有很大的变化，对抗震设计提出了更新和更高的要求。虽然我国已有国家标准《建筑抗震设计规范》可以作为设计依据，也有一些设计手册和专业书可供参考，但是在许多情况下还不能满足工程设计的要求。《工业建筑抗震设计指南》从理论和实践上较全面地阐述了各类工业建筑的抗震问题，针对工业建筑抗震中的实际情况给出了解决问题的理论依据和方法，尤其是对一些新型工业建筑的抗震设计作了全面具体的规定，在许多方面比现行国家标准和设计方法有所创新，填补了国内在该领域的不足。该书不仅可以作为工业建筑抗震设计的工具书和参考教材，也为今后抗震设计规范中工业建筑抗震内容的修订奠定了基础。参加本书编写的作者，长期从事工程抗震研究工作，在工业建筑抗震领域有丰富的实践经验和丰硕的研究成果，一些作者还是有关国家标准的主编和主要起草人，该书在工业建筑抗震设计方面具有较强的学术性和实用性，一定会受到工程技术人员的欢迎。

中国工程院院士
重庆大学校长　周绪红

2013年4月

前 言

随着我国工业的发展，工业建筑的材料和结构形式也发生了较大的变化。工业建筑的抗震性能与其他类型建筑相比有其特殊性，如结构跨度大、空间高度高、结构自重大、存在机械设备的振动荷载等，工业建筑的抗震设计方法也经历了不断完善的过程。

我国较早的厂房抗震设计是参照原苏联地震区建筑设计规范，对厂房作近似的计算和采取一些构造措施。

20 世纪 60 年代，我国邢台、河间、阳江、通海、东川地震，为单层厂房的抗震设计提供了依据，特别是积累了单层砖柱厂房的震害经验。在此基础上，1974 年正式颁布了我国第一部《工业与民用建筑抗震设计规范》TJ 11—74。

20 世纪 70 年代，我国相继发生海城地震和唐山地震，大量建筑物遭到破坏，一些 20 世纪 50 年代建造的钢筋混凝土柱厂房损坏，使人们更加认识到单层厂房抗震问题的重要性。根据海城地震和唐山地震的震害经验和科研成果，修订颁布了《工业与民用建筑抗震设计规范》TJ 11—78。在单层厂房抗震设计方面，该规范对提高厂房抗震薄弱部位的抗震能力作了明确的规定。

20 世纪 80 年代，我国从事工程抗震的科技工作者围绕单层厂房的抗震，开展了一系列理论和科学试验的专题研究，如单层厂房的横向和纵向空间分析、突出屋面天窗架的水平地震作用、不等高厂房中柱地震作用效应的高振型影响、屋架与柱顶连接节点及柱头的抗震性能、单层厂房整体和钢筋混凝土柱的抗震性能、柱间支撑的抗震性能、不等高厂房支承低跨屋盖柱牛腿的抗震性能等，这些成果为《建筑抗震设计规范》GBJ 11—89 单层厂房抗震设计部分的修订奠定了基础。

20 世纪 90 年代以来，我国在工程抗震的科学研究和工程实践中取得了较大的进展，国内外发生的澜沧、武定、丽江、伽师、包头、台湾地震及美国旧金山和洛杉矶地震、日本阪神地震，造成了大量建筑物和工程设施的破坏，取得了新的震害经验。2001 年，《建筑抗震设计规范》GB 50011—2001 颁布实施。规范在单层厂房抗震设计方面比 89 规范主要有下列改进：(1) 结构布置上增加了厂房过渡跨、平台、上起重机铁梯布置和结构形式的要求。(2) 补充了屋架和排架结构选型的要求。(3) 完善了钢筋混凝土柱厂房的抗震分析方法，修改了大柱网厂房双向水平地震作用时的组合方法。(4) 补充了屋盖支撑布置的规定。(5) 补充了排架柱箍筋设置要求和大柱网厂房轴压比控制的要求。(6) 增加了砖柱厂房纵向简化计算方法。(7) 补充了钢结构厂房结构体系的规定。(8) 提出了钢结构厂房按平面结构简化计算的条件。(9) 修改了钢构件长细比和宽厚比的规定。(10) 增补了钢柱脚的抗震设计方法。

2010 年，我国现行国家标准《建筑抗震设计规范》GB 50011—2010 颁布实施，该标准在工业建筑方面根据材料和结构形式的变化，作了较大的改进，主要改进内容有：(1) 单层钢筋混凝土柱厂房：补充了高低跨厂房的结构布置和对抽柱厂房的要求；改进了屋面梁的屋盖支撑布置要求；增加了柱顶受侧向约束部位的构造要求；调整了厂房可不验算抗震承载力的范围，并增加了设置柱间支撑柱脚的抗震承载力验算要求。(2) 单层砖柱厂房：限制了砖柱厂房在 9 度的使用，增补了新型砖砌体材料（页岩砖、混凝土砖）；完善了厂房结构布置的规定，修改了防震缝设置的要求；明确 8 度时木屋盖不允许设置天窗。(3) 单层钢结构厂房：增加了压型钢板围护的单层钢结构厂房的内容。进一步细化了结构布置的要求；补充了防震缝宽度的规定；明确了屋盖横梁的屋盖支撑布置和纵横向水平支撑布置；调整了柱和柱间支撑的长细比限值、提出了根据框架承载力的高低按性能目标确定梁柱板件宽厚比的方法；增加了阻尼比取值和构件连接的承载力验算要求，修改了柱间支撑的抗震验算要求。(4) 多层钢结构厂房：对厂房结构布置、楼盖布置、支撑布置及其长细比限值、支撑承载力计算、框架板件宽厚比、阻尼比取值等方面作出规定。(5) 新增钢筋混凝土竖向框排架厂房的抗震设计要求，根据设计经验和厂房的结构特征，提出了结构布置、抗震验算和构造措施的要求。

本书是在总结国内历次地震中单层工业厂房震害经验的基础上，结合我国单层工业厂房抗震的科学研究和工程实践的成果，根据《建筑抗震设计规范》GB 50011—2001 的设计原则，对单层与多层钢筋混凝土厂房、单层与多层钢结构厂房、单层砖柱厂房的抗震设计方法工业建筑消能与隔振设计、工业建筑抗震鉴定与加固方法进行了深入系统的论述。本书编写的目的是使工程技术人员能够较全面地了解和掌握工业建筑抗震设计的基本原理和概念、抗震设计思想、抗震设计要点和抗震设计方法，并能应用这些原理和方法考虑抗震设计方案和采取相应的措施，对于技术人员解决工程问题具有很好的参考作用。

本书是工业建筑抗震设计方面的一本综合性参考书，在编写过程中得到相关单位和专家学者的大力帮助，中国建筑工业出版社给予大力的支持。杜立波、孙忱、冀筠、高慧贤、刘梅、刘力峰、凌秀美参加了本书的部分编写工作。本书编写过程中，参考引用了一些作者的著作和论文，在此致以谢意！书中不当之处，敬请批评指正。

徐 建

2013 年 4 月

目　录

第一章 抗震设计基本规定

第一节 地震震害特征

根据以往地震经验，概括起来，地震期间房屋建筑破坏的直接原因可分为以下三种情况：

(1) 地震引起的山崩、滑坡、地陷、地面裂缝或错位等地面变形，对其上部建筑物的直接危害。

(2) 地震引起的砂土液化、软土震陷等地基失效，对上面建筑物所造成的破坏。

(3) 建筑物在地面运动激发下产生剧烈震动过程中，因结构强度不足、过大变形、连接破坏、构件失稳或整体倾覆而破坏。

地震中房屋建筑的破坏状况和破坏程度，一方面取决于地震动的特性；另一方面还取决于结构自身的力学特性。地震动特性受发震机制、震源深度、震级、震中距、地形、场地等多种条件的影响；结构力学特性又受到建筑的平面布置、体形、结构材料、抗侧力体系、刚度分布等多种因素的制约。因此，每一次地震，不同类型建筑的破坏程度都存在着较大的差异，建筑的破坏状况也各具特点。

尽管每一次地震建筑物的破坏情况各有特点，但其中仍然不乏一些共性、规律性的情况，而这些共性、规律性的东西，即房屋建筑的地震震害特征，对今后进行工程抗震设计无疑具有重要的参考价值和指导作用。

一、场地地基方面

1. 断层错动

发震断裂的突然错动，要释放能量，引起地震动。强烈地震时，断裂两侧的相对移动还可能出露于地表，形成地表断裂。1976 年唐山地震，在极震区内，一条北东走向的地表断裂，长 8km，水平错位达 1.45m。1999 年台湾集集地震，地震破裂长度 80 多公里，最大错动约 6.5m，断层所过之处，建筑物无一例外的严重破坏（图 1-1、图 1-2）。2008 年 5 月 12 日的汶川大地震，断层长度更是达到了 300km，位于断层之上的映秀镇几乎被夷为平地（图 1-3）。

2. 山体崩塌

陡峭的山区，在强烈地震的震撼下，常发生巨石滚落、山体崩塌。1932 年云南东川地震，大量山石崩塌，阻塞了小江。1966 年再次发生 6.7 级地震，震中附近的一个山头，一侧山体就崩塌了近 $8\times10^5m^3$。1970 年 5 月秘鲁北部地震，也发生了一次特大的塌方，塌体以 20～40km/h 的速度滑移 1.8km，一个市镇全部被塌方所掩埋，约两万人丧生。1976 年意大利北部山区发生地震，并连下大雨，山体在强余震时崩塌，掩埋了山脚村庄的部分房屋。2008年汶川地震中大量的山体崩塌，北川新县城几乎被滑坡体掩埋

图 1-1　1999 年台湾集集地震，断层切过万佛寺，庙宇和经舍毁损，仅留七丈高药师佛像

图 1-2　1999 年台湾集集地震，光复国中三层教室被断层通过全倒

图 1-3　2008 年汶川地震断层之上的映秀镇几乎被夷为平地

（图 1-4），山体崩塌产生的巨大滚石，直接造成了建筑的破坏（图 1-5）。所以，在山区选址时，经踏勘，发现有山体崩塌、巨石滚落等潜在危险的地段，不能建房。

3. 边坡滑移

1971 年云南通海地震，山脚下的一个土质缓坡，连同上面的一座村庄向下滑移了 100 多米，土体破裂、变形，房屋大量倒塌。1964 年美国阿拉斯加地震，岸边含有薄砂层透镜体的黏土沉积层斜坡，因薄砂层的液化而发生了大面积滑坡，土体支离破碎，地面起伏不平（图 1-6）。1968 年日本十胜冲地震，一些位于光滑、湿润黏土薄层上面的斜坡土体，也发生了较大距离的滑移。因此，对于那些存在液化或润滑夹层的坡地，也应视为抗震危险地段。

图 1-4　2008 年汶川地震，北川新县城几乎被滑坡掩埋

4. 砂土液化和软土震陷

饱和松散的砂土和粉土，在强烈地震动作用下，孔隙水压急剧升高，土颗粒悬浮于孔隙水中，从而丧失受剪承载力，在自重或较小附压下即产生较大沉陷，并伴随着喷水冒砂。此液化现象的后果是：（1）建筑物下沉或整体倾斜（图 1-7）；（2）地基不均匀下沉造成上部结构破坏；（3）地坪下沉或隆起；（4）地下竖管弯曲；（5）房屋基础的钢筋混凝土桩折断。所以，当建筑地基内存在可液化土层时，对于高层建筑，应该采取人工地基，或

图 1-5　2008 年汶川地震中山体崩塌产生的巨大滚石，造成了建筑的破坏

图 1-6　1964 年阿拉斯加大地震引发 Turnagain 高地大面积滑坡

图 1-7　1964 年日本新泻地震，地基液化导致楼房倾斜倒塌

采取完全消除土层液化性的措施。当采用桩基础时，桩身设计还应考虑水平地震力和地基土下层水平错位所带来的不利影响。

泥炭、淤泥和淤泥质土等软土，是一种高压缩性土，抗剪强度很低。软土在强烈地震动作用下，土体受到扰动，絮状结构遭到破坏，强度显著降低，不仅压缩变形增加，还会发生一定程度的剪切破坏，土体向基础两侧挤出，造成建筑物急剧沉降和倾斜。天津塘沽港地区，地表下 3～5m 为冲填土，其下为深厚的淤泥和淤泥质土。地下水位为－1.6m。1974 年兴建的 16 幢 3 层住宅和 7 幢 4 层住宅，均采用筏形基础。1976 年地震前，累计下沉量分别为 200mm 和 300mm，地震期间的突然沉降量分别达 150mm 和 200mm。震后，房屋向一侧倾斜，房屋四周的外地坪地面隆起。

二、房屋体形方面

1. 平面形状

从有利于建筑抗震的角度出发，地震区的房屋建筑平面形状应以方形、矩形、圆形为好，正六边形、正八边形、椭圆形、扇形次之（图 1-8），L 形、T 形、十字形、U 形、H 形、Y 形平面较差。1985 年 9 月墨西哥地震后，墨西哥“国家重建委员会首都地区规范与施工规程分会”对地震中房屋破坏原因进行了统计分析。结果表明，拐角形建筑的破坏率达到 42%，明显高于其他形状的房屋。

2. 竖向体型

一般来说，地震区建筑的竖向体形变化要均匀，宜优先采用图 1-9 所示的矩形、梯形、三角形等均匀变化的几何形状，尽量避免过大的外挑和内收。因为立面形状的突然变化，必然带来质量和抗侧刚度的剧烈变化，地震时，该突变部位就会因剧烈振动或塑性变形集中效应而加重破坏。1985 年 9 月墨西哥地震，一些大底盘高层建筑，由于低层裙房与高层主楼相连，没有设缝，体形突变引起刚度突变，使主楼底部接近裙房屋面的楼层变成相对柔弱的楼层，地震时因塑性变形集中效应而产生过大层间侧移，导致严重破坏。

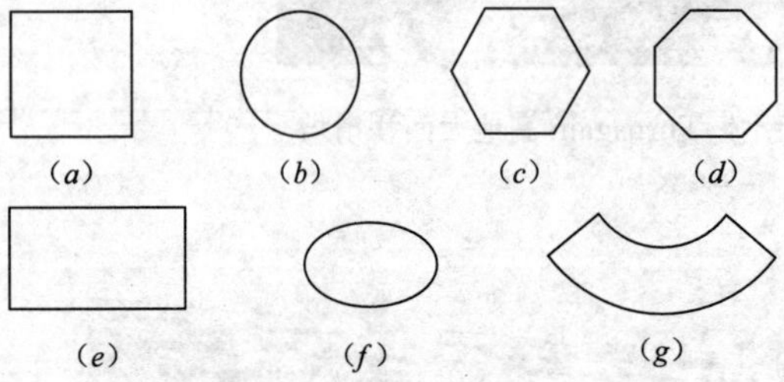

图 1-8　简单的建筑平面形状

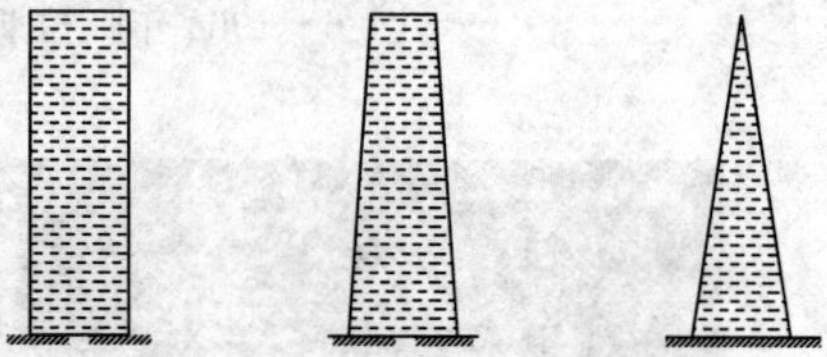

图 1-9　良好的建筑立面形状

3. 房屋高度与高宽比

一般而言，房屋愈高，所受到的地震力和倾覆力矩愈大，破坏的可能性也就愈大。墨西哥市是人口超过一千万的特大城市，高层建筑甚多。1957 年太平洋岸的 7.6 级地震，以及 1985 年 9 月前后相隔 36 小时的 8.1 级和 7.5 级地震，均有大量高层建筑倒塌。1985 年地震中，倒塌率最高的是 10～15 层楼房；6～21 层楼房，倒塌或严重破坏的共有 164 幢。

而抗震设计中，房屋的高宽比是一个比房屋高度更需慎重考虑的问题。因为建筑的高宽比值愈大，即建筑愈瘦高，地震作用下的侧移愈大，地震引起的倾覆作用愈严重。巨大的倾覆力矩在柱中和基础中所引起的压力和拉力比较难于处理。

1967 年委内瑞拉的加拉加斯地震，曾发生明显由于倾覆力矩引起破坏的震例。该市一幢 11 层旅馆，底部三层为框架结构，以上各层为剪力墙结构。底部三层的框架柱，由于倾覆力矩引起的巨大压力使轴压比达到很大数值，延性降低，柱头均发生剪压破坏。另一幢 18 层框架结构的 Caromay 公寓，地上各层均有砖填充墙，地下室空旷。由于上部砖墙增加了刚度，加大了的倾覆力矩，在地下室柱中引起很大轴力，造成地下室很多柱子在中段被压碎，钢筋弯曲呈灯笼状。

1985 年墨西哥地震，墨西哥市内一幢 9 层钢筋混凝土结构，因地震时产生的倾覆力矩，使整幢房屋倾倒，埋深 2.5m 的箱形基础翻转了 45°，并将下面的摩擦桩拔出。

4. 毗邻建筑

在国内外历次地震中，曾一再发生相邻建筑物碰撞的事例。究其原因，主要是相邻建筑物之间或一座建筑物相邻单元之间的缝隙，不符合防震缝的要求。或是未考虑抗震，或是构造不当，或是对地震时的实际位移估计不足，防震缝宽度偏小。

天津友谊宾馆，东段为 8 层，高 37.4m，西段为 11 层，高 47.3m，东西段之间防震缝的宽度为 150mm。1976 年唐山地震时，该宾馆位于 8 度区内，东西段发生相互碰撞，防震缝顶部的砖墙震坏后，一些砖块落入缝内，卡在东西段上部设备层大梁之间，导致大梁在持续的振动中被挤断。1985 年墨西哥地震，相邻建筑物发生互撞的情况占 40%，其中因碰撞而造成倒塌的占 15%。2008 年汶川地震和 2010 年青海玉树地震中，相邻建筑的碰撞破坏现象也是随处可见（图 1-10、图 1-11）。

（*a*）抗震缝宽度不够，相邻两栋建筑地震时相互碰撞，导致其中一栋建筑的填充墙倒塌

（*b*）8度区某相邻建筑地震中相互碰撞，损坏严重

图 1-10　2008 年汶川地震中相邻建筑的碰撞破坏

（*a*）防震缝两侧的结构单体相互碰撞，东侧结构完全倒塌

（*b*）西侧结构碰撞产生的斜裂缝清晰可见

图 1-11　玉树州综合职业技术学校女生公寓楼碰撞破坏

三、结构体系方面

1. 平面布局

对称结构在地面平动作用下，一般仅发生平移振动，各构件的侧移量相等，水平地震作用按构件刚度分配，因而各构件受力比较均匀。而非对称结构，由于刚心偏在一边，质心与刚心不重合，即使在地面平动作用下，也会激起扭转振动。其结果是，远离刚心的刚度较小的构件，由于侧移量加大很多，所分担的水平地震剪力也显著增大，很容易因超出允许抗力和变形极限而发生严重破坏，甚至导致整个结构因一侧构件失效而倒塌。

1978 年日本 Miyagiken-Oki 地震中，一幢楼房因底层结构不对称而遭到严重破坏。该楼房底层未砌山墙的一端，框架远离刚心，地震时，该框架因扭转引起的过大层间侧移而折断。1985 年墨西哥地震中，也有一些高层建筑因发生扭转而破坏。一幢楼房，两面临街，全部为大玻璃窗；背街的两面，框架内用砖墙填实，刚度增大很多，造成结构偏心，地震时发生扭转而破坏。美国阿拉斯加地震中，五层框架-剪力墙结构的 Penney 大楼，由于剪力墙的布置不对称，因结构偏心而发生扭转，大块预制板坠落，部分梁柱折断，楼层局部倒塌。1972 年尼加拉瓜的马那瓜地震，位于市中心的两幢相邻高层建筑（图 1-12）的震害对比，有力地说明结构偏心会带来多么大的危害。15 层的中央银行，有一层地下室，采用框架体系，两个钢筋混凝土电梯井和两个楼梯间均集中布置在平面右端，同时，右端山墙还砌有填充墙，造成很大偏心。地震时的强烈扭转振动，造成较严重的破坏，一些框架节点损坏，个别柱子屈服，围护墙等非结构部件破坏严重，修复费用高达房屋原造价的 80%。另一幢是 18 层的美洲银行，有两层地下室，采用对称布置的钢筋混凝土芯筒。地震后，仅 3～17 层连梁上有细微裂缝，几乎没有其他非结构部件的损坏。

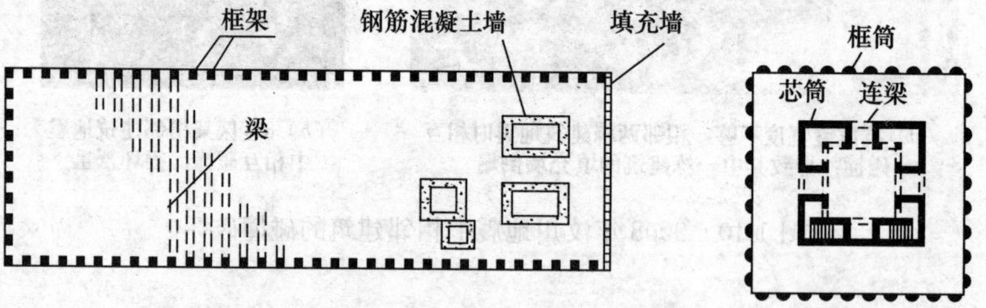

(*a*) 中央银行结构平面　　(*b*) 美洲银行结构平面

图 1-12　1972 年马那瓜地震中两栋相邻建筑的结构平面简图

国内方面，天津 754 厂 11 号车间（图 1-13），为高 25.3m 的 5 层钢筋混凝土框架体系，全长 109m，房屋两端的楼梯间采用 490mm 厚的砖承重墙，刚度很大；房屋长度的中

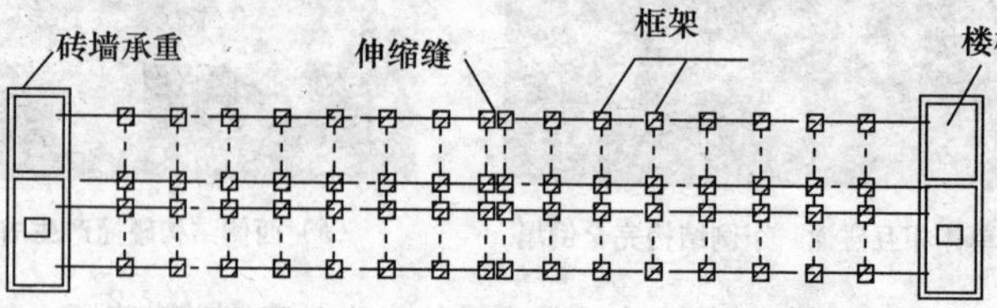

图 1-13　1976 年唐山地震中天津 754 厂 11 号车间结构平面简图

央设双柱伸缩缝，将房屋分成两个独立区段。就一个独立区段而言，因为伸缩缝处是开口的，无填充砖隔墙，结构偏心很大。1976 年唐山地震时，由于强烈扭转振动导致 2 层有 11 根中柱严重破坏，柱身出现很宽的 X 形裂缝。

因此，结构平面布置时，应特别注意具有很大抗侧刚度的钢筋混凝土墙体和钢筋混凝土芯筒位置，力求在平面上要居中和对称。此外，抗震墙宜沿房屋周边布置，以使结构具有较强的抗扭刚度和较强的抗倾覆能力。

2. 竖向配置

结构沿竖向的布置宜均匀连续。当结构的侧向刚度、承载力甚至质量沿竖向出现剧烈变化时，极易导致地震时结构严重破坏。1971 年美国圣费尔南多地震中，Olive-View 医院主楼遭受严重破坏，该楼为 6 层钢筋混凝土结构，1、2 层为框架体系，2 层有较多砖填充墙，3 层及以上为框架-抗震墙体系，结构上下的抗侧刚度相差约 10 倍。地震时，上部几层破坏轻微，而底层严重偏斜，纵、横向侧移均达 600mm 左右，角柱酥碎（图 1-14）。

(*a*) 奥立唯(Olive View)医院破坏(全景)　　(*b*) 一层柱破坏(局部)

图 1-14　1971 年圣费尔南多地震，Olive-View 医院破坏严重，一层几乎完全倒塌

1995 年日本阪神（Kobe）地震中，相当一部分建筑出现了中间楼层倒塌破坏的现象（图 1-15、图 1-16），究其原因，主要是因为这些建筑下部的 5～6 层为劲性混凝土柱，上部采用普通混凝土柱，过渡楼层的刚度、承载力均发生较大变化，从而形成薄弱楼层，进而破坏。

图 1-15　阪神地震某医院中间薄弱层（第五层）倒塌，首层完好

3. 多道防线的设置

一次巨大地震产生的地面运动，能造成建筑物破坏的强震持续时间，少则几秒，多则

图 1-16　阪神地震，神户市政府办公楼 2 号馆（8 层）的第 6 层被错平

几十秒，有时甚至更长（比如汶川地震的强震持续时间达到 80s 以上）。如此长时间的震动，一个接一个的强脉冲对建筑物产生往复式的冲击，造成积累式的破坏。如果建筑物采用的是仅有一道防线的结构体系，一旦该防线破坏后，在后续地面运动的作用下，就会导致建筑物的倒塌。1999 年台湾集集地震中，大量单跨框架结构房屋严重破坏、甚至倒塌（图 1-17～图 1-19），主要是由于建筑结构的防线少，冗余度严重不足所致。

（*a*）倒塌现场照片

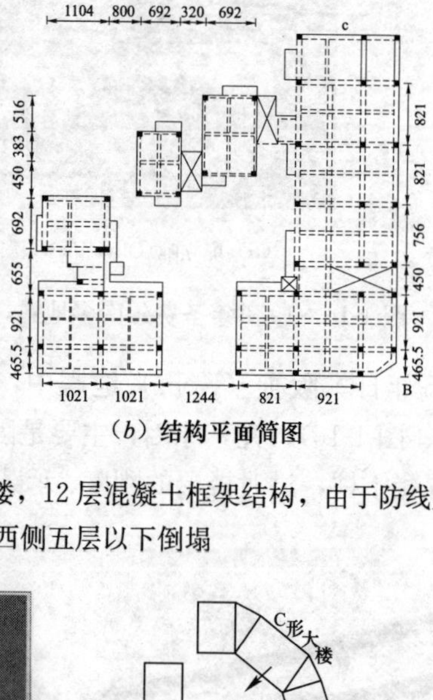

（*b*）结构平面简图

图 1-17　1999 年集集地震中云林县中山国宝二期大楼，12 层混凝土框架结构，由于防线少，冗余度不足，东侧六楼以下，西侧五层以下倒塌

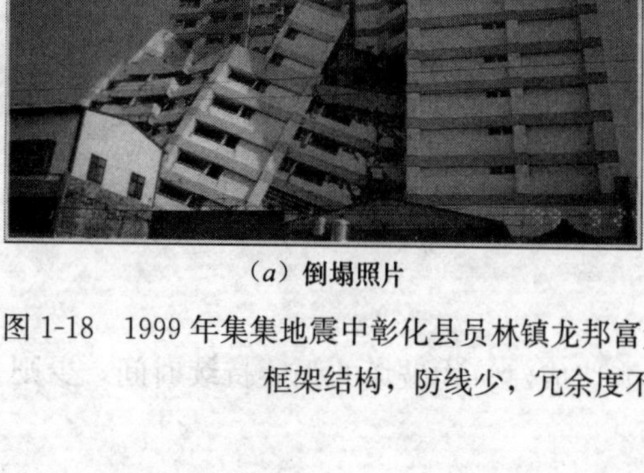

（*a*）倒塌照片

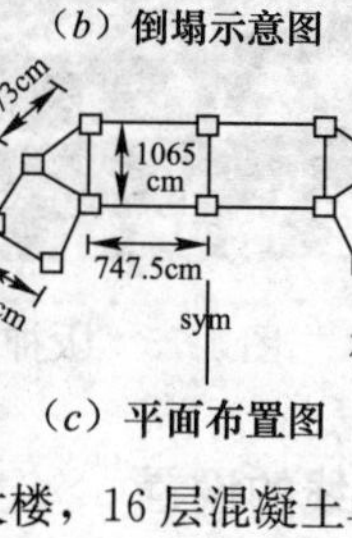

（*b*）倒塌示意图

（*c*）平面布置图

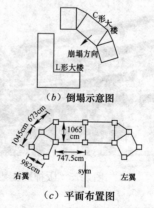

图 1-18　1999 年集集地震中彰化县员林镇龙邦富贵名门大楼，16 层混凝土单跨框架结构，防线少，冗余度不足，倒塌

图 1-19　1999 年集集地震中，单边悬挑走廊的单跨框架结构教学楼倒塌破坏

四、结构构件方面

1. 混凝土抗震墙的连梁多为剪切破坏

开洞剪力墙中，由于洞口应力集中，连系梁端部极为敏感，在约束弯矩作用下，很容易在连系梁的端部形成垂直方向的弯曲裂缝。当连系梁的跨高比较大时（跨度与梁高之比大于 5），梁以受弯为主，可能出现弯曲破坏。在大多数情况下，剪力墙往往具有跨高比较小的高梁（跨高比小于 5），除了端部很容易出现垂直的弯曲裂缝外，还很容易出现斜向的剪切裂缝。当连系梁的剪力过大或抗剪箍筋不足时，有可能很早就出现剪切破坏，使墙肢间丧失连系，剪力墙承载能力降低（图 1-20）。

图 1-20　地震中，剪力墙连梁剪切破坏

2. 框架结构中，绝大多数情况下，柱的破坏程度重于梁和板

框架结构的震害一般是梁轻柱重，柱顶比柱底严重，尤其是角柱和边柱更易发生破坏（图 1-21）。普通柱一般是柱端发生弯曲破坏，轻者是水平或斜向断裂，重者混凝土压酥，钢筋外露、压屈和箍筋崩脱（图 1-22、图 1-23）。当节点核心区箍筋约束不足或无箍筋约束时，节点和柱端破坏合并加重（图 1-24）。

3. 同一楼层中长、短柱共存，短柱破坏严重

同一楼层的框架柱应该具有大致相同的刚度、强度和延性；否则，地震时很容易因受力悬殊而被各个击破，形成连续破坏的现象。历次地震都曾发生过一些这样的震害现象。1999 年台湾集集地震中，某加油站的一根柱子因工具用房的约束形成短柱，造成长短柱共存。地震时，短柱严重破坏（图 1-25）。2008 年汶川地震中类似的震例也很多（图 1-26）。

图 1-21　汶川地震中，梁柱节点的剪切破坏

图 1-22　汶川地震中，汉旺镇某建筑，框架结构，底层柱头混凝土压溃，主筋压弯

图 1-23　汶川地震中，绵阳市某建筑，柱头、柱脚混凝土压碎，钢筋笼呈灯笼状

图 1-24　地震中，节点核心区箍筋约束不足或无箍筋约束时，节点和柱端破坏加重

图 1-25　1999 年集集地震，某加油站因工具房约束柱子，形成短柱破坏

图 1-26　汶川地震中，某建筑短柱脆性破坏，混凝土压碎，箍筋崩脱，主筋呈灯笼状

五、非结构方面

1. 填充墙处置不当导致的震害

(1) 填充墙自身的震害

混凝土结构或钢结构中的砌体填充墙和围护墙刚度大而承载力低，变形能力差，地震中首先承受地震力而遭受破坏（图 1-27）。地震震害调查表明，在遭遇 8 度及以上地震作用下，填充墙和围护墙的裂缝明显加重。如果拉结措施不当或者与主体结构没有拉结，极易造成倒塌破坏（图 1-28）。多孔空心砖大量劈裂导致拉结筋失效也会造成墙体大量开裂，甚至倒塌伤人，严重影响居民生活，经济损失较大（图 1-29）。震害规律一般是上轻下重，空心砌体墙重于实心砌体墙，砌块墙重于砖墙，圆弧形填充墙重于直线填充墙（图 1-30）。高大填充墙未采取措施与主体结构连接，地震中倒塌破坏（图 1-31）。

(2) 填充墙导致的主体结构破坏

刚度较大的砖砌体填充墙平面布置不合理，易导致建筑平面刚度分布不均匀发生扭转破坏；竖向布置不合理易导致建筑竖向刚度突变，产生薄弱楼层破坏；局部布置不合理，容易使框架柱形成短柱，产生剪切破坏。

图 1-27　汶川地震中，大量的非结构构件倒塌破坏

图 1-28　填充墙拉结措施不当或没有拉结，造成严重破坏

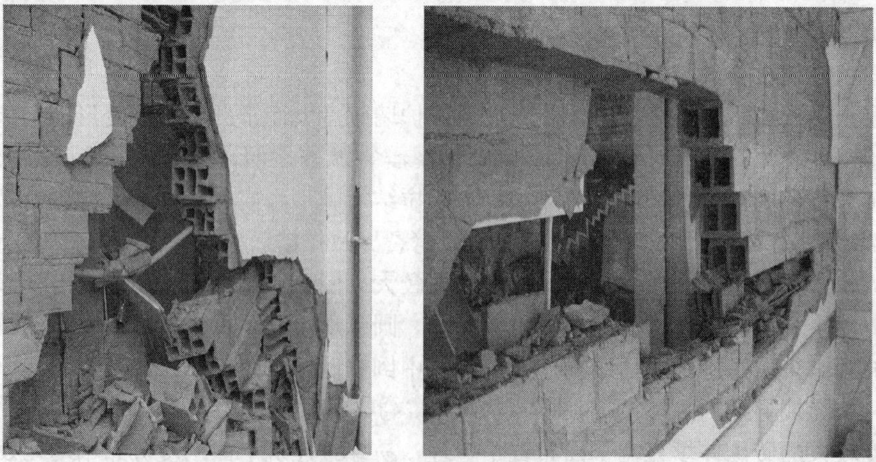

图 1-29　多孔空心砖大量劈裂导致拉结筋失效造成墙体大量开裂、倒塌

图 1-30　地震中，圆弧形围护墙、填充墙的震害较重

图 1-31　高大填充墙未采取措施与主体结构连接，地震中倒塌破坏

1）填充墙上下不均匀，形成薄弱楼层

刚性填充墙沿建筑竖向上下布置不均匀，导致结构局部楼层的实际刚度明显小于上部楼层，形成薄弱楼层，地震中因变形集中而破坏。比较常见的一种布局形式是上刚下柔，类似于无抗震墙的底框结构（图 1-32），此类房屋目前在我国中小城镇的沿街商住楼中比较常见。地震震害调查发现，此类房屋底层破坏严重（图 1-33）。

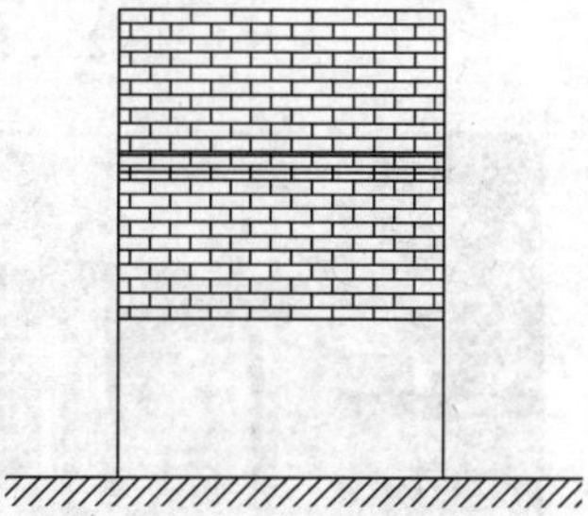

图 1-32　填充墙布置上下不均匀

2）填充墙平面布置不均匀，导致扭转破坏

刚性填充墙在平面上布置不均匀，造成结构扭转不规则，地震中结构扭转破坏（图 1-34）。

3）局部砌筑不到顶，形成短柱破坏

填充墙砌筑不到顶，使框架柱形成短柱，地震中易产生剪切或弯曲破坏（图 1-35）。

图 1-33　1999 年台湾地震，沿街底商，横墙多，纵向无墙，倒塌

（*a*）建筑北立面

（*c*）东侧山墙，位于扭转的远端，破坏严重

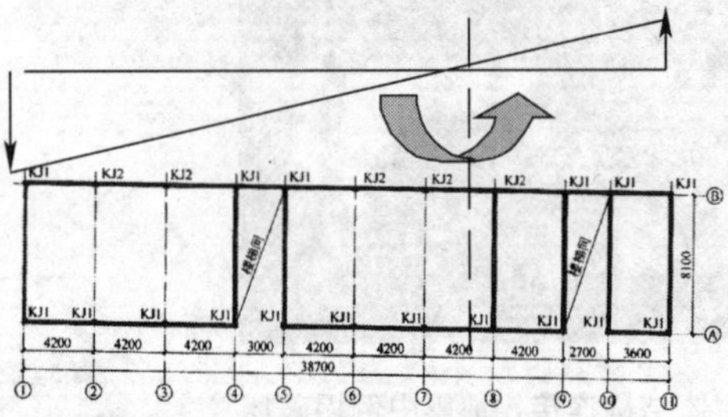

（*b*）首层平面图及扭转示意图

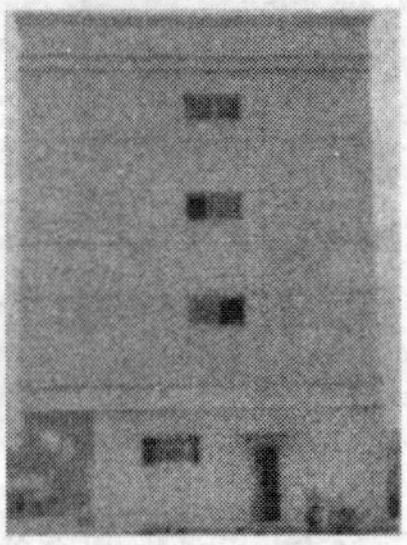

（*d*）西侧山墙，位于扭转的近端，完好无损

图 1-34　2008 汶川地震，安县某办公楼，填充墙不当布置导致扭转破坏

图 1-35　汶川地震，都江堰某三层框架结构，填充墙不合理砌筑导致短柱破坏

4）框架柱上端冲剪破坏

目前，我国仍有相当数量的框架结构采用砖砌体作为隔墙或围护墙，如果构造不当，将会引起严重的局部震害。事实表明，钢筋混凝土框架内若嵌砌黏土砖、砌块等刚性围护墙，地震时，由于填充墙参与工作，整个结构的相对侧移减小，总体震害程度较轻。然而，由于填充墙的较大刚度分担了较多的水平地震剪力，而后砌填充墙的顶面与框架梁底面接触不紧密，大部分地震剪力要通过楼层柱的上端（图 1-36），途经填充墙的端面传至墙体，这就给柱上端带来很大的附加剪力，造成柱上端的冲剪破坏（图 1-37）。

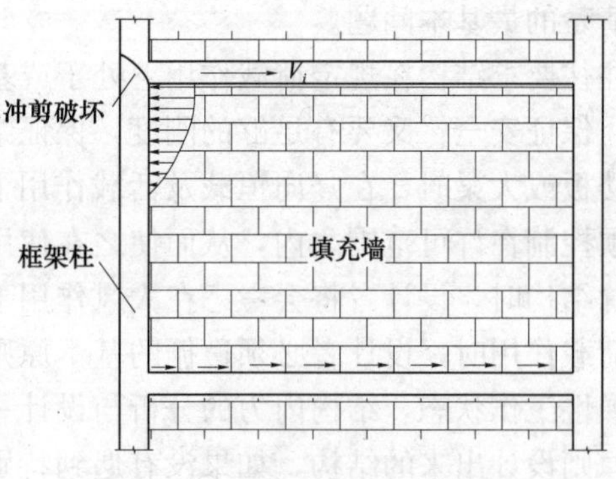

图 1-36　楼层柱上端冲剪破坏机理

图 1-37　汶川地震柱上端冲剪破坏实例

2. 机电设备、女儿墙等附属非结构的震害

附着于楼屋面的机电设备、女儿墙等附属非结构，地震时易倒塌或脱落（图 1-38），设计时应采取与主体结构可靠的连接与锚固措施。

图 1-38　汶川地震中，屋面附属构件的破坏

第二节　抗震设防准则

一、三水准设防原则

当一位结构工程师面临一项工程结构的抗震设计任务时，首先要把握的基本原则是什么呢？结构抗震设计与结构抗御其他荷载的设计有什么区别，这是我们关心的问题，是结

构抗震设计的重要问题，也是我们必须要搞清楚的最基本问题。

众所周知，当我们设计一般的结构时，往往要求结构在规定荷载作用下处于或基本处于弹性工作阶段，结构既要有足够的承载力，保证安全，又要有足够的刚度，保证结构的变形在使用许可范围之内。例如，我们设计楼板或大梁时，在竖向恒载及活载作用下，除了必须满足承载力要求外，其挠度变形也必须控制在许可范围之内，从而使之在使用功能上和外观上均能满足要求。又如，在设计高耸结构时，设计者将会考虑在大风作用下结构依然保持弹性状态。总之，结构抗御一般的荷载作用时，设计者必须遵循的基本原则是使结构在预期荷载作用下保持在或基本保持在弹性工作状态，结构内力的分析与设计一般采用弹性分析方法。在实际工程中，按照这样原则设计出来的结构，如果没有遇到特别的情况，在预期的荷载作用下，极少出现严重破坏、过度变形等不正常状态。

而地震作用则不同，由于地震本身的随机性很强，在某一地区，在某一基准期内，可能出现的最大地震动是一个随机变量，事先无法预知。相对于上述荷载，地震动的影响次数少，作用时间短，各次地震的强度差异很大。若要求在各种强度地震动下，结构仍然保持弹性状态是很不经济的，甚至是不可能的。因此，结构的抗震设计与结构抗御其他荷载作用的设计是不同的，对于结构工程师而言，在进行工程抗震设计时，必须要清楚地震作用有别于其他荷载的特殊情况，进而准确理解与把握符合这一特殊情况的结构设计基本原则，即结构抗震设计思想。

我国的《建筑抗震设计规范》GB 50011—2010 第 1.0.1 条规定："为贯彻执行国家有关建筑工程、防震减灾的法律法规并实行以预防为主的方针，使建筑经抗震设防后，减轻建筑的地震破坏，避免人员伤亡，减少经济损失，制定本规范。按本规范进行抗震设计的建筑，其基本的抗震设防目标是：当遭受低于本地区抗震设防烈度的多遇地震影响时，主体结构不受损坏或不需修理可继续使用，当遭受相当于本地区抗震设防烈度的设防地震影响时，主体结构可能发生损坏，但经一般修理仍可继续使用，当遭受高于本地区抗震设防烈度的罕遇地震影响时，不致倒塌或发生危及生命的严重破坏。使用功能或其他方面有专门要求的建筑，当采用抗震性能化设计时，具有更具体或更高的抗震设防目标。"

《建筑抗震设计规范》GB 50011—2010 第 1.0.1 条，作为规范的第一条规定，其宗旨是为了明确抗震设防的基本思想和基本原则，同时回答了前述的抗震设计的最基本问题，即抗震设防目标问题。我国现行抗震设计规范 GB 50011 沿用了《建筑抗震设计规范》GBJ 11—89（以下简称 89 规范）的"三水准"的抗震设防目标，即通常所说的"小震不坏、中震可修、大震不倒"。正确理解三水准设防目标，需要弄清楚以下几个问题：

1. 三水准设防目标的由来及涵义

我国的《工业与民用建筑抗震设计规范》（试行）TJ 11—74（以下简称 74 规范）和《工业与民用建筑抗震设计规范》TJ 11—78（以下简称 78 规范）曾明确规定，"建筑物遭遇到相当于设计烈度的地震影响时，建筑物允许有一定的损坏，不加修理或稍加修理仍能继续使用"。这一标准表明，当地震发生时，建筑物并不是完整无损，而是允许有一定程度的损坏，特别是考虑到强烈地震不是经常发生的，因此遭受强烈地震后，只要不使建筑物受到严重破坏或倒塌，经一般修理可继续使用，基本上可达到抗震的目的。

但是，在 74 规范颁布之后的第二年，即 1975 年，在我国重工业区的辽宁海城发生 7.3 级大地震，1976 年又在人口稠密的唐山地区发生了 7.8 级大地震。这两次大地震的震中烈度都比预估（基本烈度）的高，特别是唐山大地震竟比预估高出 5 度。基于这种基本烈度地震具有很大不确定性的事实，89 规范在修订过程中提出要对 78 规范的设防标准进行适当的调整，显然是非常必要的。

另一方面，在 89 规范修订的同期，即 20 世纪 70 年代后期至 80 年代中期，国际上关于建筑抗震设防思想出现了一些新的趋势，其中最具代表性的当属美国应用技术委员会（Applied Technology Council，ATC）研究报告 ATC 3-06。在总结 1971 年 San Fernando 地震经验教训，回顾、反思 1976 年以前 UBC 等规范抗震设计方法的基础上，ATC 3-06 第一次尝试性地对结构抗震设计的风险水准进行了量化，同时，还明确提出了建筑的三级性能标准：1）允许建筑抵抗较低水准的地震动而不破坏；2）在中等水平地震动作用下主体结构不会破坏，但非结构构件会有一些破坏；3）在强烈地震作用下，建筑不会倒塌，确保生命安全。另外，对某些重要设备，特别是应急状态下对公众的安全和生命起主要作用的设备，在地震时和地震后要保持正常运行。

基于上述趋势，89 规范结合我国的经济能力，在 78 规范的基础上对抗震设防标准作了如下一些规定：

（1）**保持 78 规范的基本目标，**即在遭受本地区规定的基本烈度地震影响时，建筑（包括结构和非结构部分）可能有损坏，但不致危及人民生命和生产设备的安全，不需修理或稍加修理即可恢复使用。

（2）**根据基于概率设计要求，要求常遇地震下结构保持弹性，**即在遭受较常遇到的、低于本地区规定的基本烈度的地震影响时，建筑不损坏。

（3）**基本烈度地震的不确定性，要求罕遇地震下结构不倒塌，**即在遭受预估的、高于基本烈度的地震影响时，建筑不致倒塌或发生危及人民生命财产的严重破坏。

上述三点规定可概述为“小震不坏，中震可修，大震不倒”这样一句话，即 89 规范以来，我国建设工程界秉承的抗震设防思想。

按照上述抗震设防思想，从结构受力角度看，当建筑遭遇第一水准烈度地震（小震）时，结构应处于弹性工作状态，可以采用弹性体系动力理论进行结构和地震反应分析，满足强度要求构件应力完全与按弹性反应谱理论分析的计算结果相一致；当建筑遭遇第二水准烈度地震（中震）时，结构越过屈服极限，进入非弹性变形阶段，但结构的弹塑性变形被控制在某一限度内，震后残留的永久变形不大；当建筑遭遇第三水准烈度地震（大震）时，建筑物虽然破坏比较严重，但整个结构的非弹性变形仍受到控制，与结构倒塌的临界变形尚有一段距离，从而保障了建筑内部人员的安全。如图 1-39 所示为三水准下钢筋混凝土框架结构的破坏程度与层间位移角的大致对应关系。

2. 两阶段设计

《建筑抗震设计规范》GB 50011—2010 的三个水准设防目标是通过“两阶段设计”来实现的，其方法和步骤是：

（1）第一阶段设计

第一步：采用第一水准烈度的地震动参数，先计算出结构在弹性状态下的地震作用效应，与风、重力等荷载效应组合，并引入承载

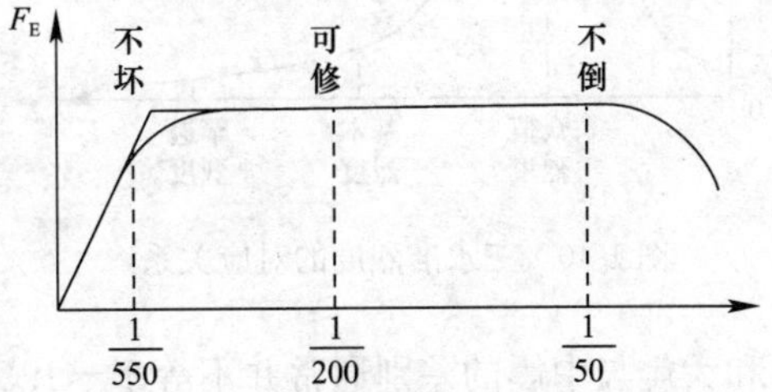

图 1-39　三水准下钢筋混凝土框架结构的破坏程度与层间位移角的大致对应关系

力抗震调整系数，进行构件截面设计，从而满足第一水准的强度要求；

第二步：是采用同一地震动参数计算出结构的弹性层间位移角，使其不超过规定的限值；同时采取相应的抗震构造措施，保证结构具有足够的延性、变形能力和塑性耗能能力，从而自动满足第二水准的变形要求。

（2）第二阶段设计

采用第三水准烈度的地震动参数，计算出结构（特别是柔弱楼层和抗震薄弱环节）的弹塑性层间位移角，使其小于《抗震规范》限值；并结合采取必要的抗震构造措施，从而满足第三水准的防倒塌要求。

3.“大震”和“小震”的界定与取值

（1）基本烈度：根据《工程抗震术语标准》JGJ/T 97—95 的规定，所谓基本烈度是指在 50 年期限内，一般场地条件下，可能遭遇的超越概率为 10%的地震烈度值，大约相当于 475 年一遇的烈度值；该烈度值一般由中国地震烈度区划图给出或根据中国地震动参数区划图确定。

（2）多遇地震烈度：根据《工程抗震术语标准》JGJ/T 97—95 的规定，是指在 50 年期限内，一般场地条件下，可能遭遇的超越概率为 63%的地震烈度值，相当于 50 年一遇的地震烈度值；目前，中国地震烈度区划图或地震动参数区划图没有给出该烈度值。

（3）罕遇地震烈度：根据《工程抗震术语标准》JGJ/T 97—95 的规定，是指在 50 年期限内，一般场地条件下，可能遭遇的超越概率为 2%～3%的地震烈度值，相当于 1600～2500 年一遇的地震烈度值。目前，中国地震烈度区划图或地震动参数区划图没有给出该烈度值。

由于我国的地震烈度区划图或地震动参数区划图只给出了基本烈度或基本设计地震加速度，因此，为了贯彻上述三水准设防思想，我们必须要明确多遇地震和罕遇地震的数值界定，即必须要弄清楚“大震”与“小震”的取值问题。

为此，在 89 规范的修订过程中，修订编制组依据我国第二代地震烈度区划图对此问题进行了专题研究。研究结果表明：根据对我国华北、西北和西南地区 65 座城镇地震危险性分析，50 年超越概率 63.2%的地震烈度为众值烈度，即多遇地震烈度比基本烈度约低 1.55 度；50 年超越概率为 2%～3%的罕遇地震烈度约比基本烈度高一度左右（图 1-40）。这就是我国抗震规范沿用至今的关于大震和小震取值的约定。

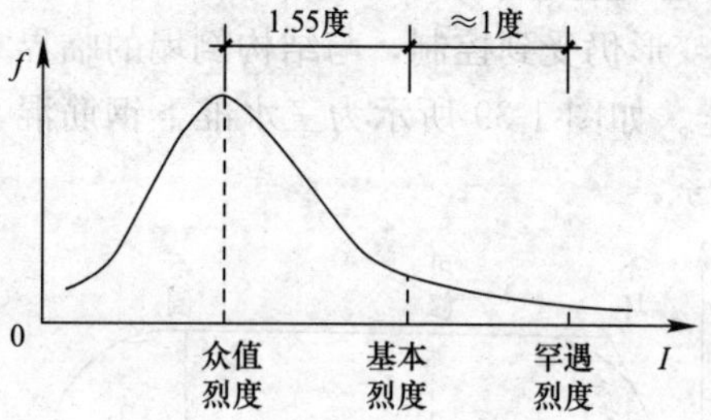

图 1-40　三水准烈度的对应关系

需要说明的是，这样的定义只是在 1977 年版的地震区划图的基础上对我国少数城市进行地震危险性分析的平均结果，与 1977 年以后各版地震区划图的平均结果存在一定的差异。而且，根据地震危险性分析可知，不同重现期的地震烈度或地震地面运动峰值加速度之间的比例关系是因地而异的。对于给定的场地或特定地区，小震和大震与中震的差别通常并不等于一1.55 度和 1 度。实际上，根据高孟潭等人 1992 年对全国 7000 多个场点的地震动危险性分析结果的统计分析，大震与中震的地震烈度差值普遍小于 1 度，而且具有明显的地区性。但是，为了保持规范的延续性，在工程应用的误差允许范围内，现行的建筑抗震设计规范仍然保持了这样的人为约定。

二、6度设防原则

《建筑抗震设计规范》GB 50011—2010 第1.0.2条（强制性条文）规定：**“抗震设防烈度为6度及以上地区的建筑，必须进行抗震设计。”**

我国自1976年唐山大地震之后，建设行政主管部门作出建筑抗震设防从6度开始的决策，其出发点是基于如下两方面的考虑：

1）6度地震区内有房屋破坏。几十年来，我国发生的数次地震震害表明，6度区内的房屋也会遭到不同程度的损坏。如1976年河北唐山7.9级地震，北京市位于6度区内，破坏和倒塌房屋1299m^2；1984年江苏南沙6.2级地震，位于6度区的南通市，有500户房屋倒塌。《中国地震烈度表（1980）》说明书在总结以往经验的基础上也指出：“一般未经抗震设计的房屋，通常从6度开始破坏，到11度时全部倒毁。”

2）一些原划定的6度区，曾发生过高于6度的地震烈度。自1966年我国进入21世纪第四个地震活动高潮期以来，一些6度地区发生了一系列的强震和中强地震。曾引起较大震动的邢台、海城、唐山等地震都发生在6度区，震中烈度分别达到10度、9度和11度。

因此，为了适当提高6度地震区建筑物的抗震能力，减轻地震灾害，建设行政主管部门作出建筑从6度区开始设防的决策是科学的和必要的。近期的一系列地震（尤其是2008年5.12汶川大地震和2010年青海玉树地震）的震害经验也表明，我国建设行政主管部门在唐山地震后作出的6度开始设防的决策是正确的。

三、设防分类原则

总结我国自1966年邢台地震以来历次强烈地震的经验教训可知，我国的基本烈度地震具有很大的不确定性，因此，要减轻强烈地震造成的灾害，根本的对策就是提高各类建设工程的抗震能力。制定恰当的“设防标准对策、区别对待对策和技术立法对策”，是从抗震设防管理上提高建设工程抗震能力的三大对策。对建筑工程进行抗震设防分类，就是贯彻落实区别对待对策的具体措施。强烈地震是一种巨大的突发性的自然灾害，减轻建筑地震破坏所需的建设费用相当于投入抗震保险的费用。按照遭受地震破坏后可能造成的人员伤亡、经济损失和社会影响的程度及建筑功能在抗震救灾中的作用，将建筑划分为不同的类别，区别对待，采取不同的设计要求，包括抗震措施和地震作用计算的要求，是根据我国现有技术和经济条件的实际情况，达到减轻地震灾害又合理控制建设投资的重要策略，也是世界各国抗震设计规范、规定中普遍的抗震对策。

1. 基本要求

《建筑工程抗震设防分类标准》GB 50223—2008 第1.0.3条规定：**“抗震设防区的所有建筑工程应确定其抗震设防类别。新建、改建、扩建的建筑工程，其抗震设防类别不应低于本标准的规定。”**作为强制性条文，其目的在于明确：（1）所有建筑工程进行抗震设计时，不论新建、改建、扩建工程还是现有的建筑工程进行加固、改造的抗震设计都应进行设防分类，在结构计算分析以及结构设计文件中，必须明确给出抗震设防类别，遵守相应的要求；（2）《建筑工程抗震设防分类标准》GB 50223—2008 的各条规定是新建、改建、扩建工程的最低要求。

2. 分类的原则和依据

《建筑工程抗震设防分类标准》GB 50223—2008 第 3.0.1 条规定，建筑抗震设防类别划分，应根据下列因素的综合分析确定：

（1）建筑破坏造成的人员伤亡、直接和间接经济损失及社会影响的大小。

（2）城镇的大小、行业的特点、工矿企业的规模。

（3）建筑使用功能失效后，对全局的影响范围大小、抗震救灾影响及恢复的难易程度。

（4）建筑各区段的重要性显著不同时，可按区段划分抗震设防类别。下部区段的类别不应低于上部区段。

（5）不同行业的相同建筑，当所处地位及地震破坏所产生的后果和影响不同时，其抗震设防类别可不相同。

注：区段指由防震缝分开的结构单元，平面内使用功能不同的部分、或上下使用功能不同的部分。

上述规定给出了划分抗震设防类别所需要考虑的因素，即对各方面影响的综合分析来划分。这些影响因素主要包括：

（1）从性质看有人员伤亡、经济损失、社会影响等。

（2）从范围看有国际、国内、地区、行业、小区和单位。

（3）从程度看有对生产、生活和救灾影响的大小，导致次生灾害的可能，恢复重建的快慢等。

（4）在对具体的对象作实际的分析研究时，建筑工程自身抗震能力、各部分功能的差异及相同建筑在不同行业所处的地位等因素，对建筑损坏的后果也有不可忽视的影响，在进行设防分类时应对以上因素作综合分析。

3. 抗震设防类别

《建筑工程抗震设防分类标准》GB 50223—2008 第 3.0.2 条规定，**建筑工程应分为以下四个抗震设防类别：**

1　特殊设防类：指使用上有特殊设施，涉及国家公共安全的重大建筑工程和地震时可能发生严重次生灾害等特别重大灾害后果，需要进行特殊设防的建筑。简称甲类。

2　重点设防类：指地震时使用功能不能中断或需尽快恢复的生命线相关建筑，以及地震时可能导致大量人员伤亡等重大灾害后果，需要提高设防标准的建筑。简称乙类。

3　标准设防类：指大量的除 1、2、4 款以外按标准要求进行设防的建筑。简称丙类。

4　适度设防类：指使用上人员稀少且震损不致产生次生灾害，允许在一定条件下适度降低要求的建筑。简称丁类。

作为强制性条文，2008 分类标准第 3.0.2 条明确规定，将所有的建筑按 3.0.1 条规定综合考虑分析后归纳为四类：需要特殊设防的特殊设防类、需要提高设防要求的重点设防类、按标准要求设防的标准设防类和允许适度设防的适度设防类。

划分抗震设防类别，是为了体现抗震防灾对策的区别对待原则。划分的依据，不仅仅是使用功能的重要性，而是分类标准 3.0.1 条所列举的多个因素的综合分析判别。抗震防灾是针对强烈地震而言的，一次地震在不同地区、同一地区不同建筑工程造成的灾害后果不同，把灾害后果区分为“特别重大、重大、一般、轻微（无次生）灾害”是合适的。所谓严重次生灾害，根据《防震减灾法》的规定，指地震破坏引发放射性污染、洪灾、火灾、爆炸、剧毒或强腐蚀性物质大量泄漏、高危险传染病病毒扩散等灾难。

4. 抗震设防标准

抗震设防标准，指衡量建筑工程所应具有的抗震防灾能力这个要求高低的尺度。结构的抗震防灾能力取决于结构所具有的承载力和变形能力两个不可分割的因素，因此，建筑工程抗震设防标准具体体现为抗震设计所采用的抗震措施的高低和地震作用取值的大小。这个要求的高低，依据抗震设防类别的不同在当地设防烈度的基础上分别予以调整。

《建筑工程抗震设防分类标准》GB 50223—2008 第 3.0.3 条规定，**各抗震设防类别建筑的抗震设防标准，应符合下列要求：**

1　标准设防类，应按本地区抗震设防烈度确定其抗震措施和地震作用，达到在遭遇高于当地抗震设防烈度的预估罕遇地震影响时不致倒塌或发生危及生命安全的严重破坏的抗震设防目标。

2　重点设防类，应按高于本地区抗震设防烈度一度的要求加强其抗震措施；但抗震设防烈度为 9 度时应按比 9 度更高的要求采取抗震措施；地基基础的抗震措施，应符合有关规定。同时，应按本地区抗震设防烈度确定其地震作用。

3　特殊设防类，应按高于本地区抗震设防烈度提高一度的要求加强其抗震措施；但抗震设防烈度为 9 度时应按比 9 度更高的要求采取抗震措施。同时，应按批准的地震安全性评价的结果且高于本地区抗震设防烈度的要求确定其地震作用。

4　适度设防类，允许比本地区抗震设防烈度的要求适当降低其抗震措施，但抗震设防烈度为 6 度时不应降低。一般情况下，仍应按本地区抗震设防烈度确定其地震作用。

注：对于划为重点设防类而规模很小的工业建筑，当改用抗震性能较好的材料且符合抗震设计规范对结构体系的要求时，允许按标准设防类设防。

第三节　抗震概念设计

地震是一种随机振动，有着难于把握的复杂性和不确定性，要准确预测建筑物未来可能遭遇地震的特性和参数，现有的科学技术水平难以做到。另一方面，在结构分析时，由于在结构几何模型、材料本构关系、结构阻尼变化、荷载作用取值等方面都存在较大的不确定性，计算结果与结构的实际反应之间也存在较大差距。在建筑抗震理论远未达到科学严密的情况下，单靠结构计算分析难以保证建筑具有良好的抗震能力。因此，着眼于建筑总体抗震能力的抗震概念设计，越来越受到世界各国工程界的重视。

所谓“抗震概念设计”，是指人们根据地震灾害和工程经验等所形成的基本设计原则和设计思想，进行建筑和结构总体布置并确定细部构造的设计过程。抗震概念设计是从事抗震设计的注册建筑师、注册结构工程师需要具备的最基本的设计技能。

总结历次地震建筑物震害的经验和教训，一个共同的启示就是：要减轻房屋建筑的地震破坏，设计出一个合理、有效的抗震建筑，需要注册建筑师和注册结构工程师的共同努力、密切配合才行，仅仅依赖于结构工程师的“计算分析”是不够的，往往要更多地依靠良好的抗震概念设计。实践也证明，在工程设计一开始，就把握好房屋体形、建筑布置、结构体系、刚度分布、构件延性等主要方面，从根本上消除建筑中的抗震薄弱环节，再辅以必要的计算和构造措施，才有可能使设计的产品（建筑物）具有良好的抗震性能和足够的抗震可靠度。

从建筑工程设计的全过程看，一个完整的抗震概念设计应包括以下几个方面：

一、清晰明确的抗震设计目标

地震是多发性的，一个地区在未来一定时期内可能遭遇的地震将不止一次，烈度或高或低。新建房屋以什么样的烈度或地震动参数作为设防对象，要达到什么样的目标，是抗震设计首先需要确定的问题。

目前，我国一般的工业与民用建筑工程均应达到三水准设防的要求，即“当遭受低于本地区抗震设防烈度的多遇地震影响时，主体结构不受损坏或不需修理可继续使用；当遭受相当于本地区抗震设防烈度的设防地震影响时，可能发生损坏，但经一般修理仍可继续使用；当遭受高于本地区抗震设防烈度的罕遇地震影响时，不致倒塌或发生危及生命的严重破坏”。亦即通常所称的“小震不坏、中震可修、大震不倒”。

二、工程场址的合理选择

在以往的地震中，由于断层错动、山崖崩塌、河岸滑坡、地层陷落等严重地面破坏直接导致建筑物破坏的现象很多。而这种情况，单靠工程措施是很难达到预防目的的。因此，工程场址的选择也是抗震设计必须要解决的基本问题。

具体来说，选择工程场地时应注意把握一下几个原则，即“选择有利地段、避开危险地段、慎重对待不利地段”。

至于场地地段的划分，要根据地震活动情况和工程地质资料，综合考虑地形、地貌和岩土特性等多种因素的影响加以评价。《建筑抗震设计规范》GB 50011—2010 第 4.1.1 条给出了划分建筑场地有利、不利和危险地段的依据，即：

（1）有利地段，一般是指位于开阔平坦地带的坚硬场地土、密实均匀的中硬场地土或稳定的基岩。

（2）不利地段，就地形而言，一般是指条状突出的山嘴，孤立的山包和山梁的顶部，高差较大的台地边缘，非岩质的陡坡，河岸和边坡的边缘；就场地土质而言，一般指软弱土，易液化土，高含水量的可塑黄土，故河道、断层破碎带、地表存在的结构性裂缝、暗埋塘浜沟谷或半挖半填地基等，在平面分布上，成因、岩性、状态明显不均匀的地段。

（3）危险地段，一般是指地震时可能发生滑坡、崩塌、地陷、地裂、泥石流等地段，以及发震断裂带上可能发生地表位错的地段。

（4）一般地段，不属于上述有利、不利和危险地段的其他地段。

三、体形合理的建筑方案

一般而言，一栋房屋的动力特性基本上取决于它的建筑布局和结构布置。建筑布局简单合理，结构布置符合抗震原则，就从根本上保证房屋具有良好的抗震能力；反之，房屋体形复杂、建筑布局奇特，结构布置存在薄弱环节，即使进行特别精细的地震反应分析，采取特殊的补强措施，也不一定能达到预期的设防目标。

为此《建筑抗震设计规范》GB 50011—2010 第 3.4.1 条明确规定，**“建筑设计应根据抗震概念设计的要求明确建筑形体的规则性。不规则的建筑应按规定采取加强措施；特别**

不规则的建筑应进行专门的研究和论证，采取特别的加强措施；严重不规则的建筑不应采用”。这里的形体是指建筑平面形状和立面、竖向剖面的变化。

需要注意的是，作为抗震设计的强制性条文，《建筑抗震设计规范》GB 50011—2010第3.4.1条对建筑师的建筑设计方案提出了要求，要求业主、建筑师、结构工程师必须严格执行，优先采用符合抗震概念设计原理的、规则的设计方案；对于一般不规则的建筑方案，应按规范、规程的有关规定采取加强措施；对特别不规则的建筑方案要进行专门研究和论证，采取高于规范、规程规定的加强措施，对于特别不规则的高层建筑应严格按建设部令第111号进行抗震设防专项审查；对于严重不规则的建筑方案应要求建筑师予以修改、调整。

四、布置合理的结构方案

结构布置在平面上应力求均匀、对称，减小扭转效应；竖向要等强，避免出现软弱楼层等。

良好的抗震结构体系要求受力明确、传力合理且传力路线不间断，使结构的抗震分析更符合结构在地震时的实际表现。但在实际设计中，建筑师为了达到建筑功能上对大空间、好景观的要求，常常精简部分结构构件，或在承重墙开大洞，或在房屋四角开门、窗洞，破坏了结构整体性及传力路径，最终导致地震时破坏。这种震害几乎在国内外的许多地震中都能发现，需要引起设计师的注意。

对于少量的次梁转换，设计时对不落地构件（混凝土墙、砖抗震墙、柱、支撑等）地震作用的传递途径（构件—次梁—主梁—落地竖向构件）要有明确的计算，并采取相应的加强措施，方可视为有明确的计算简图和合理的传递途径。

五、选择恰当的结构材料

从抗震角度考虑，一种好的结构材料，应该具备以下性能：延性系数高；强屈比大；匀质性好；正交各向同性；构件连接具有整体性、连续性和较好的延性。因此，选择合适的结构材料也是抗震设计不可或缺的关键环节之一，有关建筑抗震对结构材料的要求详见本章第四节。

六、多道防线的合理设置

一次巨大地震产生的地面运动，能造成建筑物破坏的强震持续时间，少则几秒，多则几十秒，有时甚至更长（比如汶川地震的强震持续时间达到80s以上）。如此长时间的震动，一个接一个的强脉冲对建筑物产生往复式的冲击，造成积累式的破坏。如果建筑物采用的是仅有一道防线的结构体系，一旦该防线破坏后，在后续地面运动的作用下，就会导致建筑物的倒塌。特别是当建筑物的自振周期与地震动卓越周期相近时，建筑物会由此而发生共振，更加速其倒塌进程。如果建筑物采用的是多重抗侧力体系，第一道防线的抗侧力构件破坏后，后备的第二道乃至第三道防线的抗侧力构件立即接替，抵挡住后续的地震冲击，进而保证建筑物的最低限度安全，避免倒塌。在遇到建筑物基本周期与地震动卓越周期相近的情况时，多道防线就显示出其良好的抗震性能。当第一道防线因共振破坏后，第二道接替工作，建筑物的自振周期将出现大幅度变化，与地震动的卓越周期错开，避免出现持续的共振，从而减轻地震的破坏作用。

因此，设置合理的多道防线，是提高建筑抗震能力、减轻地震破坏的必要手段。

多道防线的设置，原则上应优先选择不负担或少负担重力荷载的竖向支撑或填充墙，或者选用轴压比较小的抗震墙、实墙筒体等构件作为第一道抗震防线，一般情况下，不宜采用轴压比很大的框架柱兼作第一道防线的抗侧力构件。例如，在框架-抗震墙体系中，延性的抗震墙是第一道防线，令其承担全部地震作用，延性框架是第二道防线，要承担墙体开裂后转移到框架的部分地震剪力。对于单层工业厂房，柱间支撑是第一道抗震防线，承担了厂房纵向的大部分地震作用，未设支撑的开间柱则承担因支撑损坏而转移的地震作用。

七、抗侧力体系的优化配置

一个合理的抗侧力体系应该具有足够的侧向刚度和超静定次数以及合理的屈服机制。因此，按上述原则对抗侧力体形进行优化配置也是抗震设计的重要工作。

1. 足够的冗余度

对于建筑抗震设计来说，防止倒塌是我们的最低目标，也是最重要和必须要得到保证的要求。因为只要房屋不倒塌，破坏无论多么严重也不会造成大量的人员伤亡。而建筑的倒塌往往都是结构构件破坏后致使结构体系变为机动体系的结果，因此，结构的冗余度（即超静定次数）越多，进入倒塌的过程就越长。

从能量耗散角度看，在一定地震强度和场地条件下，输入结构的地震能量大体上是一定的。在地震作用下，结构上每出现一个塑性铰，即可吸收和耗散一定数量的地震能量。在整个结构变成机动体系之前，能够出现的塑性铰越多，耗散的地震输入能量就越多，就更能经受住较强地震而不倒塌。从这个意义上来说，结构冗余度越多，抗震安全度就越高。

另外，从结构传力路径上看，超静定结构要明显优于静定结构。对于静定的结构体系，其传递水平地震作用的路径是单一的，一旦其中的某一根杆件或局部节点发生破坏，整个结构就会因为传力路线的中断而失效。而超静定结构的情况就好得多，结构在超负荷状态工作时，破坏首先发生在赘余杆件上，地震作用还可以通过其他途径传至基础，其后果仅仅是降低了结构的超静定次数，但换来的却是一定数量地震能量的耗散，而整个结构体系仍然是稳定的、完整的，并且具有一定的抗震能力。

因此，一个好的抗震结构体系，一定要从概念角度去把握，保证其具有足够多的冗余度。

2. 良好的结构屈服机制

一个良好的结构屈服机制，其特征是结构在其杆件出现塑性铰后，竖向承载能力基本保持稳定，同时，可以持续变形而不倒塌，进而最大限度地吸收和耗散地震能量。因此，一个良好的结构屈服机制应满足下列条件：

（1）结构的塑性发展从次要构件开始，或从主要构件的次要杆件（部位）开始，最后才在主要构件上出现塑性铰，从而形成多道防线。

（2）结构中所形成的塑性铰的数量多，塑性变形发展的过程长。

（3）构件中塑性铰的塑性转动量大，结构的塑性变形量大。

一般而言，结构的屈服机制可分为两个基本类型，即楼层屈服机制和总体屈服机制。所谓楼层屈服机制，指的是结构在侧向荷载作用下，竖向杆件先于水平杆件屈服，导致某一楼层或某几个楼层发生侧向整体屈服。可能发生此种屈服机制的结构有弱柱框架结构，强连梁剪力墙结构等。所谓总体屈服机制，指的是结构在侧向荷载作用下，全部水平杆件先于竖向杆件屈服，然后才是竖向杆件的屈服。可能发生此种屈服机制的结构有强柱框架结构，弱连梁剪力墙结构等。

从图 1-41 可以清楚看出：①结构发生总体屈服时，其塑性铰的数量远比楼层屈服要多；②发生总体屈服的结构，侧向变形的竖向分布比较均匀，而发生楼层屈服的结构，不仅侧向变形分布不均匀，而且薄弱楼层存在严重的塑性变形集中。因此，从建筑抗震设计的角度，我们要有意识地配置结构构件的刚度与强度，确保结构实现总体屈服机制。

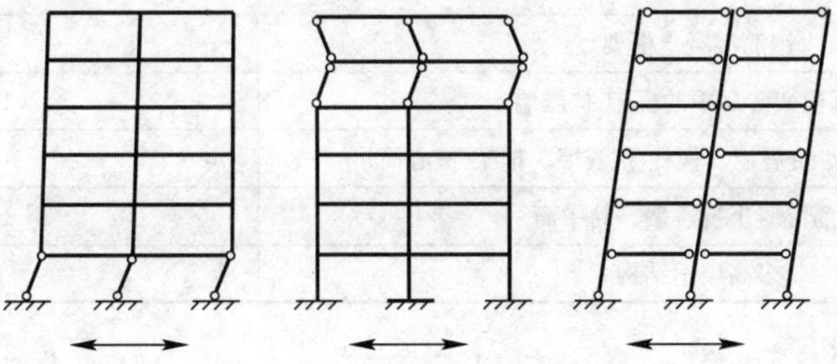

图 1-41　框架结构的屈服机制

(*a*)、(*b*) 为楼层机制，(*c*) 为总体机制

八、结构变形的合理控制

地震时建筑物的损伤程度主要取决于主体结构的变形大小，因此，控制结构在预期地震下的变形是抗震设计的主要任务之一。

根据结构反应谱分析理论，结构越柔，自振周期越长，结构在地震作用下的加速度反应越小，即地震影响系数 α 越小，结构所受到的地震作用就越小。但是，是否就可以据此把结构设计得柔一些，以减小结构的地震作用呢?

自 1906 年洛杉矶地震以来，国内外的建筑地震震害经验（如前所述）表明，对于一般性的高层建筑，还是刚比柔好。采用刚性结构方案的高层建筑，不仅主体结构破坏轻，而且由于地震时结构变形小，隔墙、围护墙等非结构构件受到保护，破坏也较轻。而采用柔性结构方案的高层建筑，由于地震时产生较大的层间位移，不但主体结构破坏严重，非结构构件也大量破坏，经济损失惨重，甚至危及人身安全。所以，层数较多的高层建筑，不宜采用刚度较小的框架体系，而应采用刚度较大的框架-抗震墙体系、框架-支撑体系或筒中筒体系等抗侧力体系。

正是基于上述原因，目前世界各国的抗震设计规范都对结构的抗侧刚度提出了明确要求，具体的做法是，依据不同结构体系和设计地震水准，给出相应结构变形限值要求。如表 1-1 和表 1-2 所示，分别为我国抗震规范 GB 50011—2010 规定的各类结构多遇地震和罕遇地震作用下的变形限值要求。

GB 50011 各类结构多遇地震作用下弹性层间位移角限值　　表 1-1

结构类型	$[\theta_e]$
钢筋混凝土框架	1/550
钢筋混凝土框架-抗震墙、板柱-抗震墙、框架-核心筒	1/800
钢筋混凝土抗震墙、筒中筒	1/1000
钢筋混凝土框支层	1/1000
多、高层钢结构	1/250

GB 50011 各类结构罕遇地震作用下弹塑性层间位移角限值　　表 1-2

结构类型	$[\theta_p]$
单层钢筋混凝土柱排架	1/30
钢筋混凝土框架	1/50
底部框架砖房中的框架-抗震墙	1/100
钢筋混凝土框架-抗震墙、板柱-抗震墙、框架-核心筒	1/100
钢筋混凝土抗震墙、筒中筒	1/120
多高层钢结构	1/50

九、保证结构的整体性

历次地震中，因结构丧失整体性而导致房屋破坏的情况为数不少，其结果往往不是全部倒塌就是局部倒塌，直接造成财产经济甚至人员的巨大损失。海城、唐山、汶川等多次地震中，导致房屋坍塌的最主要的直接原因之一，就是构件之间的连接遭到破坏，结构丧失了整体性，各构件在未能充分发挥其抗震承载能力之前，就因平面外失稳而倒塌，或从支撑构件上滑脱坠地（图 1-42）。所以，要提高房屋的抗震性能，保证各个构件充分发挥承载能力，首要的是加强构件间的连接，使之能够满足地震作用下的强度要求和变形要求。只要构件间的连接不破坏，整个结构就能始终保持其整体性，充分发挥其空间结构体系的抗震作用。

十、非结构部件的妥善处理

非结构构件，一般不属于主体结构的一部分，非承重结构构件在抗震设计时往往容易被忽略，但从震害调查来看，非结构构件处理不好往往在地震时倒塌伤人，砸坏设备财产，破坏主体结构，特别是现代建筑，装修造价占总投资的比例很大。因此，非结构构件的抗震问题应该引起重视。非结构构件一般包括建筑非结构构件和建筑附属机电设备。

第一类是附属构件，如女儿墙、厂房高低跨封墙、雨篷等。这类构件的抗震问题是防止倒塌，采取的抗震措施是加强非结构构件本身的整体性，并与主体结构加强锚固连接。

第二类是装饰物，如建筑贴面、装饰、顶棚和悬吊重物等，这类构件的抗震问题是防止脱落和装饰的破坏，采取的抗震措施是同主体结构可靠连接。对重要的贴面和装饰，也可采用柔性连接，即使主体结构在地震作用下有较大变形，也不致影响到贴面和装饰的损坏。

（*a*）汶川地震，都江堰市聚源镇聚源中学教学楼倒塌，仅剩楼梯间，部分预制板尚悬挂于墙上

（*b*）汶川地震，都江堰市某六层砖混住宅楼，一半完全倒塌，预制板之间没有采取拉结措施

（*c*）玉树地震，玉树职业技术学校教学楼，西侧一半倒塌，预制板悬挂与跌落情况

（*d*）玉树地震，玉树福利学校教学楼倒塌，预制板散落

（*e*）预制板预留拉结筋被弯折90°，相互之间无拉结

（*f*）预制板板端没有预留拉结钢筋

图 1-42　预制空心板相互之间没有进行拉结处理，结构整体性严重不足导致房屋倒塌破坏

第三类是非结构的墙体，如围护墙、内隔墙、框架填充墙等，根据材料的不同和同主体结构的连接条件，它们可能对结构产生不同程度的影响，如：①减小主体结构的自振周期，增大结构的地震作用；②改变主体结构的侧向刚度分布，从而改变地震作用在各结构构件之间的内力分布状态；③处理不好，反而引起主体结构的破坏，如局部高度的填充墙形成短柱，地震时发生柱的脆性破坏。

第四类是建筑附属机电设备及支架等，这些设备通过支架与建筑物连接，因此，设备的支架应有足够的刚度和承载力，与建筑物应有可靠的连接和锚固，并应使设备在遭遇设防烈度的地震影响后能迅速恢复运行。建筑附属机电设备的设置部位要适当，支架设计时要防止设备系统和建筑结构发生谐振现象。

对非结构构件的抗震对策，可根据不同情况区别对待：

① 做好细部构造，让非结构构件成为抗震结构的一部分，在计算分析时，充分考虑非结构构件的质量、刚度、强度和变形能力。

② 与上述相反，在构造做法上防止非结构构件参与工作，抗震计算时只考虑其质量，不考虑其强度和刚度。

③ 防止非结构构件在地震作用下出平面倒塌。

④ 对装饰要求高的建筑选用适合的抗震结构形式，主体结构要具有足够的刚度，以减小主体结构的变形量，使之符合规范要求，避免装饰破坏。

⑤ 加强建筑附属机电设备支架与主体结构的连接与锚固，尽量避免发生次生灾害。

第四节 材料要求

结构材料性能对房屋建筑抗震性能的影响是非常明显的，因此，《建筑抗震设计规范》GB 50011—2010 在 3.9 节中明确提出了各类建筑结构对材料的要求。

1. 砌体结构

（1）普通砖和多孔砖的强度等级不应低于 MU10，其砌筑砂浆强度等级不应低于 M5。

（2）混凝土小型空心砌块的强度等级不应低于 MU7.5，其砌筑砂浆强度等级不应低于 Mb7.5。

2. 混凝土结构

（1）混凝土的强度等级，框支梁、框支柱及抗震等级为一级的框架梁、柱、节点核心区，不应低于 C30；构造柱、芯柱、圈梁及其他各类构件不应低于 C20。

（2）抗震等级为一、二、三级的框架和斜撑构件（含梯段），其纵向受力钢筋采用普通钢筋时，钢筋的抗拉强度实测值与屈服强度实测值的比值不应小于 1.25；钢筋的屈服强度实测值与屈服强度标准值的比值不应大于 1.3，且钢筋在最大拉力下的总伸长率实测值不应小于 9%。

（3）普通钢筋宜优先采用延性、韧性和焊接性较好的钢筋；普通钢筋的强度等级，纵向受力钢筋宜选用符合抗震性能指标的不低于 HRB400 级的热轧钢筋，也可采用符合抗震性能指标的 HRB335 级热轧钢筋；箍筋宜选用符合抗震性能指标的不低于 HRB335 级的热轧钢筋，也可选用 HPB300 级热轧钢筋。

注：钢筋的检验方法应符合现行国家标准《混凝土结构工程施工质量验收规范》GB 50204 的规定。

（4）混凝土结构的混凝土强度等级，抗震墙不宜超过 C60，其他构件，9 度时不宜超过 C60，8 度时不宜超过 C70。

3. 钢结构

（1）钢材的屈服强度实测值与抗拉强度实测值的比值不应大于 0.85。

（2）钢材应有明显的屈服台阶，且伸长率不应小于 20%。

（3）钢材应有良好的焊接性和合格的冲击韧性。

（4）钢结构的钢材宜采用 Q235 等级 B、C、D 的碳素结构钢及 Q345 等级 B、C、D、E 的低合金高强度结构钢；当有可靠依据时，尚可采用其他钢种和钢号。

（5）采用焊接连接的钢结构，当接头的焊接拘束度较大、钢板厚度不小于 40mm 且承受沿板厚方向的拉力时，钢板厚度方向截面收缩率不应小于国家标准《厚度方向性能钢板》GB/T 5313 关于 Z15 级规定的容许值。

第二章 场地、地基和基础

第一节 场 地 选 择

震害表明，建（构）筑物在地震中的破坏程度除与所遭遇的地震动大小、特征相关外，还与其所处场地的地质条件密切相关。为了研究场地局部地质条件对地震动参数的影响，在地震工程学中孕育而生了地震小区划，在工程抗震学中为了减小因场地原因导致或加重建构物在地震作用下的损坏，则出现了对地震区场地特性的研究，以期达到在工程建设中合理地利用场地的工程特性，使建筑尽可能建在建筑抗震有利的地段，避开对抗震不利的地段。

地震时，场地工程地质条件不同，建（构）筑物破坏程度迥异的现象早已被世人所注意（观察）到。选择怎样的工程场地来有效地减小工程建设的地震破坏程度和减轻其衍生的直接和间接的地震灾害，自然就成为了工程界特别是地震岩土工程的研究课题。从记录比较完整的文献资料看，较早对此现象展开系统研究的记录出现在 1906 年美国旧金山大地震的调查报告中。在时任加利福尼亚大学伯克利分校地质系矿物学和地质学讲师伍德（Harry Oscar Wood），向加利福尼亚州地震调查委员会提交的旧金山大地震调查报告中，详尽描述了旧金山市区的建筑受损情况，指出了建在坚硬岩石和岩石上有薄土层上的建筑与建在砂和沉积层、人工填土以及沼泽上的建筑其破坏程度存在很大差异。继伍德的研究之后，1932 年，日本学者末广恭二总结了 1923 年关东大地震和 1731 年武藏地震的经验与教训，明确提出了软地基对木房屋的有害作用和对刚性房屋的有利作用。1965 年，我国学者周锡元院士根据当时收集整理到的国内外宏观地震震害资料，对场地条件影响建筑抗震性能的问题进行了深入，得到了一些非常有价值的研究成果，为我国建筑抗震设计规范场地地基的相关条款的制定奠定了基础。周锡元院士认为：

1）如果不考虑建筑物的实际抗震性能，松软潮湿的土壤对一般建筑物的抗震多数是不利的。

2）在坚硬地基上的建筑物破坏通常都是由于地震作用的结果，在软弱地基上建筑物破坏的原因则比较复杂。建筑物基础的竖向和水平位移，地基的不均匀沉陷，因液化和强度骤然降低而使土壤结构失去稳定性等往往也是软弱地基上建筑物遭受破坏的主要原因。

3）柔性结构在软弱地基上容易遭到破坏，坚硬地基对抗震比较有利。软弱地基上的高柔结构在地震时（特别是当震中距离较大时）可能遭受到共振的威胁。

4）在不同土壤上刚性结构破坏情况的宏观调查结果常相矛盾，刚柔地基对刚性建筑的地震影响是有利还是不利尚难断言。

在设计规范中，较早考虑场地地质条件对建筑抗震性能影响的是前苏联。20 世纪五六十年代，前苏联的建筑抗震设计规范根据麦德维杰夫的研究成果，采用调整烈度的方法处理场地的影响，规定以中等强度的地基为标准，岩石上的设防烈度降一度，软弱土上的则提高一度。前苏联规范的这一设计理念在当时影响很广，时至今日仍有一定参考价值和指导意义。

一、场地分类

在进行建（构）筑物抗震设计时，我们多根据反应谱理论采用规范法进行计算与验算。震害经验和理论研究均已表明，场地反应谱的峰值与形状除与震源强度特征参数有关外，还与场地地质条件密切相关。由于场地地质条件千差万别，地震时不同场地上的震害差异也很大，因此总结归纳场地条件对建筑地震响应的影响则成为了建筑抗震设计与研究的基本内容，场地分类则是其研究成果的综合体现。场地分类的目的是预估场地条件对输入地震动参数（峰值加速度、特征周期和持时）的影响。由于场地条件对反应谱的影响是一个非常复杂的问题，可以说目前还没有真正找到很满意的分类方法。

在工程实践中，用于评定场地类别的指标有多种，如土质岩性、覆盖层厚度、相对密度、干容重（干表观密度）、地下水位、标准贯入击数、承载力、快剪强度、无侧限抗压强度、卓越周期、反应谱峰值点周期、波速等，分类判定时有采用单指标的，也有采用多指标的，目前我国建筑抗震设计规范关于场地的分类采用的是双指标判别方法，规定以场地覆盖层厚度和场地剪切波速为参数将工程场地分为四大类，划分标准见表 2-1。表中 v_{se} 为场地土层的等效剪切波速，其大小按式（2-1）计算，H_v 为场地覆盖层厚度。需要指出，这里所说的覆盖层是一个相对概念，其厚度要按以下要求进行确定：

1）一般情况下，场地覆盖层的厚度为地面至剪切波速大于 500m/s 且其下卧各岩土的剪切波速均不小于 500m/s 的土层顶面的距离。

2）当地面 5m 以下存在剪切波速大于其上部各土层剪切波速 2.5 倍的土层，且该层及其下卧各层岩土的剪切波速均不小于 400m/s 时，覆盖层的厚度为地面至该土层顶面的距离。

3）当土层中存在剪切波速大于 500m/s 的孤石、透镜体时，其波速大小按同位土层的计算。

4）当土层中有火山岩硬夹层时，应视其为刚体，其厚度应从覆盖土层中扣除。

建筑场地的类别 **表 2-1**

岩石的剪切波速或土的等效剪切波速（m/s）	I_0	I_1	II	III	IV
	H_v（m）				
$v_s>800$	0				
$800\geqslant v_s>500$		0			
$500\geqslant v_{se}>250$		<5	≥5		
$250\geqslant v_{se}>150$		<3	3～50	>50	
$v_{se}\leqslant 150$		<3	3～15	>15～80	>80

注：表中 v_s 系岩石的剪切波速。

$$v_{se}=d_0/t \tag{2-1}$$

$$t=\sum_{i=1}^{n}(d_i/v_{si}) \tag{2-2}$$

式中 v_{se}——土层等效剪切波速（m/s）；

d_0——计算深度（m），取覆盖层厚度和 20m 两者的较小值；

t——剪切波从地面到计算深度之间的传播时间（s）；

d_i——计算深度范围内第 i 层土的厚度（m）；

v_{si}——计算深度范围内第 i 层土的剪切波速（m/s）；

n——计算深度范围内土层的分层数。

按上述规定进行分类时尚需注意，表格和公式中的覆盖层厚度和等效剪切波速都不是严格的数值。由于认知水平和测试手段等原因，目前工程技术人员普遍认同岩土工程勘察给出的数值有±15%的误差属于正常。因此，在进行场地分类时对处在分界线附近±15%的场地，应予说明该场地界于两类场地之间，这样处理以便设计人员通过插入法确定工程设计用的特征周期。

对于一般工程，当无法获取场地实测剪切波速时，可根据经验按表 2-2 对土层的剪切波速大小进行估计，也可根据式（2-3）进行估算。

$$v_{si} = ah_i^b \tag{2-3}$$

式中 v_{si}——i 层土中点的剪切波速（m/s）；

h_i——i 层土中点处的深度（m）；

a、b——计算参数，其大小可按表 2-3 取值。

土的类型和剪切波速范围 **表 2-2**

土的类型	岩土名称和性状	土层剪切波速范围（m/s）
岩石	坚硬和较硬且完整的岩石	$v_s>800$
坚硬土或软质岩石	破碎和较破碎的岩石或软和较软的岩石，密实的碎石土	$800\geqslant v_s>500$
中硬土	中密、稍密的碎石土，密实、中密的砾、粗、中砂，$f_{ak}>150$ 的黏性土和粉土，坚硬黄土	$500\geqslant v_s>250$
中软土	稍密的砾、粗、中砂，除松散外的细、粉砂，$f_{ak}\leqslant150$ 的黏性土和粉土，$f_{ak}>130$ 的填土，可塑新黄土	$250\geqslant v_s>150$
软弱土	淤泥和淤泥质土，松散的砂，新近沉积的黏性土和粉土，$f_{ak}\leqslant130$ 的填土，流塑黄土	$v_s\leqslant150$

注：f_{ak}为由载荷试验等方法得到的地基承载力特征值（kPa）；v_s 为岩土剪切波速。

土层剪切波速计算参数 **表 2-3**

土的性状	计算参数	土的名称			
		黏性土	粉、细砂	中、粗砂	砾、卵、碎石
固结较差的流塑、软塑黏性土；松散、稍密的砂土	a	70	90	80	—
	b	0.300	0.243	0.280	—
软塑、可塑的黏性土；中密、稍密的砂、砾、卵、碎石土	a	100	120	120	170
	b	0.300	0.243	0.280	0.243
硬塑、坚硬的黏性土；密实的砂、砾、卵、碎石土	a	130	150	150	200
	b	0.300	0.243	0.280	0.243

二、地形的影响

地形对建筑震害和地震反应的影响早已被人们注意到。地形效应加重地震的破坏作用主要表现在两个方面，一是地震会引起山体崩塌、滑坡和泥石流等次生灾害，二则地形对地震动有放大作用。在进行震害调查时人们常常发现，位于孤立山包和山梁上的建筑要比平地上的地震损坏程度严重，这种现象让人们意识到山上的地震振动强度要比平地上的大，这一推测已被后来的观察结果和理论分析研究所证实，图 2-1 为某山坡地震时地震加速度响应的典型监测结果，图中曲线为 5 次地震获得的峰值加速度的平均值。从图 2-1 可以看出，地形对地震加速度的放大效应十分明显，山顶上的地震加速度大概是坡脚处的 2.5 倍，并且越接近山顶，其放大效应越显著。

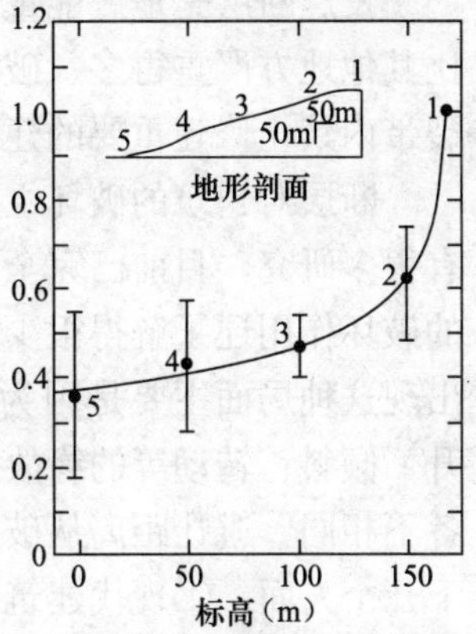

图 2-1　地震加速度沿山坡分布

大量的观测资料和理论分析结果表明，地形对地震动参数的影响十分复杂，目前还很难对其产生的各种影响做出具体判断与规定，但从宏观震害经验和数值模拟分析结果来看，就地形的影响可定性地归纳出以下几点作为建筑抗震设计时参考。

1）高突地形距离基准面（假想水平面）的高度越大，其高处的加速度反应越强烈，反应谱的卓越周期也越长，谱形也越平滑。

2）地形越陡峻，顶部的放大效应也越明显。

3）高突地形顶面越开阔，远离边缘部位的反应越小。

4）土质边坡要比岩质边坡的放大效应更为显著。

为避免地形给建筑抗震带来不利影响，我国建筑抗震设计规范对地形的影响给出了明确规定。规范要求，若有可能应避开在地形影响的不利地段进行建造，否则应在确保建筑场地边坡稳定的前提下考虑地形放大效应对建筑的影响，并规定对于边坡场地应加大设计地震动，且建议场地的加速度放大倍数不宜大于 1.6，大小可根据式（2-4）计算。

$$\lambda = 1 + \xi\alpha \tag{2-4}$$

式中　λ——局部突出地形顶部的地震影响系数的放大系数；

α——局部突出地形地震动参数的增大幅度，按表 2-4 采用；

ξ——相对位置调整系数，其大小可按表 2-5 取值。

局部突出地形地震动增大幅度 α　　**表 2-4**

高度 H（m）	岩质地层	$H<20$	$20\leqslant H<40$	$40\leqslant H<60$	$H\geqslant 60$
	土质地层	$H<5$	$5\leqslant H<15$	$15\leqslant H<25$	$H\geqslant 25$
边坡坡比 $\beta=\frac{H}{L}$	$\beta<0.3$	0	0.1	0.2	0.3
	$0.3\leqslant\beta<0.6$	0.1	0.2	0.3	0.4
	$0.6\leqslant\beta<1.0$	0.2	0.3	0.4	0.5
	$\beta\geqslant 1.0$	0.3	0.4	0.5	0，6

注：H 代表坡高，L 代表坡脚到坡顶的水平距离。

相对位置调整系数 ξ　　**表 2-5**

L_h/H	<2.5	$2.5\leqslant L_h/H<5$	$\geqslant 5$
ξ	1.0	0.6	0.3

注：H 代表坡高，L_h 代表建筑场地到边坡边缘的水平距离。

需要指出，式（2-4）给出的边坡放大系数仅适用于一般建设工程，对于重要工程和地质条件复杂的场地，尚需根据场地地震反应分析结果进行综合判定。

三、发震断层的影响

发震断层是地震能量释放的中心区，通常位于断层破裂带上的建筑其地震破坏程度要比其他地方严重得多、破坏形式也复杂得多。为了避免造成重大损失，通常要求在发震断裂带内禁止修建重要的建筑。

断层对建筑的破坏主要表现为地表错动和强烈振动。关于振动作用及其引起的破坏已有很多研究，目前已完全可以依靠抗震措施加以防御。但对于地面破裂及其对建筑物造成的破坏作用还了解得很少，更不知道如何进行抗震设防，一般认为只能通过避让来解决，出现这种局面主要是因为地震引起的地表错动的破坏力很大，并伴随有剪切、撕裂、抬升、倾斜、转动等的缘故。关于建筑的避让距离以及对建设规模的限制程度，各国的规定各不相同，避让距离从破裂线数几米到几百米不等。造成各国规定不一致的原因可能有以下几个方面：①现代建筑经受断裂震害的实际资料仍不足；②对断裂破坏作用机理研究得尚不够充分；③发震断层的位置和破裂错动方式难以正确估计，在实施过程中往往会遇到很大的困难。

虽然发震断层引起的地表错动会给建筑造成严重破坏，但从历次地震灾害调查中人们发现，①在地震烈度小于8度的场地，较少有地表错动的现象；②当距离发震断裂十几米至几十米时，地面错动一般不会直接造成建筑物的破坏；③并非所有发震断层附近的建筑破坏程度都加重得十分明显。

上述发现似乎在提示我们，只要建筑避开断裂几十米就不会发生因地表错动导致的撕裂破坏了。然而，由于发震断层影响的复杂性以及未来地震断裂带出现位置的不确定性，在目前的认知水平下适当加大避让距离与范围还是十分必要的，对此我国建筑抗震设计规范就场地内发震断裂的评价作了如下规定：

1. 符合下列情况之一的，可忽略发震断裂错动对地面建筑的影响：

（1）抗震设防烈度小于8度。

（2）非全新世活动断裂。

（3）抗震设防烈度为8度和9度时，隐伏断裂的土层覆盖厚度分别大于60m和90m。

2. 对于不符合上述规定的情况，建筑应避开主断层破裂带，避让距离不宜小于表2-6的规定。如果在避让距离的范围内确有需要建造分散且低于三层的丙、丁类建筑时，其抗震措施应按提高一度时的要求考虑，并且要提高基础和上部结构的整体性，建筑不得跨越断层线。

发震断裂的最小避让距离（m） **表2-6**

建造烈度	建筑抗震设防类别			
	甲	乙	丙	丁
8	专门研究	200	100	—
9	专门研究	400	200	—

四、抗震地段的选择与划分

影响建筑震害和场地地震动参数的因素很多并且非常复杂，目前我们还做不到对每一因素给出准确定量的评价，有时对某些因素定性评定还仍有困难。在认识与发展的过程中，人们从建筑抗震的角度对场地的影响进行了区分，寄希望建筑尽可能建在对其抗震有利的地段，避开不利地段，使建筑在地震时不受损坏、不出现严重破坏。为便于操作与交流，人们在总结震害及抗震经验的基础上，通常将建筑场地定性地划分为对抗震有利地段、对抗震不利地段和对抗震危险地段。

划分场地地段是选择建筑场地时勘察阶段的工作，需要根据场地周边的地震活动情况和工程地质资料进行综合评价。我国建筑抗震设计规范根据土质、地形、地貌和地质构造条件，将建筑场地地段划分为四种类别，即对建筑抗震有利地段、对建筑抗震不利地段、对建筑抗震危险地段和对建筑抗震一般地段，并对其特征进行了描述与规定：

(1) 有利地段：一般指的是稳定基岩，坚硬土，开阔、平坦、密实、均匀的中硬土等。

(2) 不利地段：一般指的是软弱土，液化土，条状突出的山嘴，高耸孤立的山丘，非岩质的陡坡，河岸和边坡的边缘，平面分布上成因、岩性、状态明显不均匀的土层（如故河道、疏松的断层破碎带、暗埋的塘浜沟谷和半填半挖地基），高含水量的可塑性黄土、地表存在结构性裂缝等。

(3) 危险地段：一般指的是地震时可能发生滑坡、崩塌、地陷、地裂、泥石流等及发震断裂带上可能发生地表位错的部位。

(4) 一般地段：一般指的是既不属于有利地段，也不属于不利地段的地段。

第二节　天然地基和基础

天然地基与基础的抗震验算通常包括三部分内容：承载力、抗滑移和抗倾覆。工程实践中，验算地基基础这三个方面的抗震性能所采用的分析方法有拟静力法和动力法两种，对于一般工程，设计人员通常采用拟静力法进行计算。拟静力法是将地震的作用效应视作一项等效的静力和力矩，通过与其他作用荷载相叠加按照静力计算分析原理进行抗震计算的一种分析方法。建筑施加于基础上的地震力大小，根据子结构分析理论，可采用地震系数法、基底剪力法、振型分解法和地震时程分析法求得，关于确定基础等效地震力的分析方法详见本指南第三章的相关内容。

一、承载力验算

地基抗震承载力的验算与静力分析时的相同，即要求基础所承受的底面压力不得大于地基的抗震承载力。我国抗震设计规范规定，验算天然地基作用下的承载力时，应按地震作用效应标准组合计算基础底面的平均压力和边缘最大压力，并应符合以下要求：

$$p \leqslant f_{aE} \tag{2-5}$$

$$p_{max} \leqslant 1.2 f_{aE} \tag{2-6}$$

式中　p——地震作用效应标准组合时的基础底面平均压力；

p_{max}——地震作用效应标准组合时的基础底面边缘最大压力；

f_{aE}——地基抗震承载力。

地基抗震承载力可采用试验方法确定，亦可根据经验进行确定。目前，大多数国家的抗震设计规范推荐采用经验法确定地基的抗震承载力，并建议根据土的静承载能力确定抗震承载力，确定方法通常是在静承载力的基础上乘以一个不小于1.0的调整系数，即：

$$f_{aE} = \zeta_a f_a \tag{2-7}$$

上式为我国建筑抗震设计规范确定地基抗震承载力的计算公式，式中 f_a 为经过深度修正后的地基承载力特征值，其大小按国家标准《建筑地基基础设计规范》GB 50007的相关规定取值；ζ_a 为地基抗震承载力调整系数，其大小按表2-7规定采用。

地基抗震承载力调整系数 **表2-7**

岩土名称和性状	ζ_a
岩石，密实的碎石土，密实的砾、粗砂、中砂，$f_{ak} \geqslant 300$ 的黏性土和粉土	1.5
中密、稍密的碎石土，中密和稍密的砾、粗砂、中砂，密实和中密的细砂、粉砂，$150 \leqslant f_{ak} < 300$ 的黏性土和粉土，坚硬黄土	1.3
稍密的细砂、粉砂，$100 \leqslant f_{ak} < 150$ 的黏性土和粉土，可塑黄土	1.1
淤泥，淤泥质土，松散的砂，杂填土，新近堆积黄土及流塑黄土	1.0

地基抗震承载力调整系数 ζ_a，与地基土的静、动承载力大小以及在静力和地震作用下的安全系数要求有关。由式（2-7）可知，ζ_a 等于：

$$\zeta_a = \frac{f_{aE}}{f_a}$$

$$= \frac{f_{ud}/k_d}{f_{us}/k_s} = \frac{f_{ud}}{f_{us}} \cdot \frac{k_s}{k_d} = \eta_f \cdot \eta_k \tag{2-8}$$

式中 f_{ud}、f_{us}——分别为土的静、动极限承载力；

k_d、k_s——分别为土在静、动条件下承载力的安全系数；

η_f、η_k——分别为土的动、静极限承载力比值和静、动安全系数比值。

土在动力荷载作用下的强度与荷载特性、土的性质和应力应变条件有关。大量的试验研究结果表明，在地震作用下，软弱土的动强度通常要比静力时的低，硬土的要比静力时的高，地基土动、静极限承载力的比值一般在0.85～1.15之间。

关于承载力的安全系数，由于地震作用的偶然性以及作用时间短暂，考虑到经济原因，设计时人们对地震时的安全余度要求要比静力时的低，目前工程界在确定地基土的抗震承载力安全系数时通常取1.5，即 $f_{aE} = f_{ud}/1.5$。

二、抗倾覆验算

地震时，竖向力、水平力和力矩往往同时作用于基础之上，基础上的地震作用通常是偏心的。当作用荷载较大时，偏心荷载会减小基础的实际接地面积，可能造成建筑倾覆。目前，我国建筑抗震设计规范对抗倾覆验算没有明确要求，但规范中通过控制基础的接地率来有效避免建筑发生此种类型的破坏。抗震规范要求，对于高宽比大于4的高层建筑，地震作用时基础底面不宜出现零应力区；对于其他建筑，规范则规定基础底面与地基土之间脱离区（零应力区）的面积不应超过基础底面面积的15%。

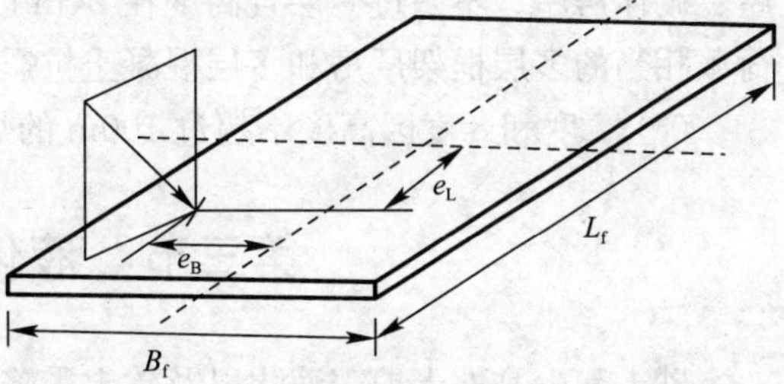

图 2-2　基础等效力作用点示意图

在地震作用下，矩形基础的有效接地面积可根据图 2-2 所示的尺寸进行计算。为了避免建筑在未来地震中出现倾覆，设计时通常要求基础荷载的偏心距不大于基础尺寸的 1/4。

$$A' = B' \cdot L' \tag{2-9}$$

$$B' = B_f - 2e_B \tag{2-10}$$

$$L' = L_f - 2e_L \tag{2-11}$$

式中　A'——基础的有效接地面积；

B_f、B'——分别为基础宽度和有效宽度；

L_f、L'——分别为基础长度和有效长度；

e_B、e_L——分别为基础宽度和长度方向的偏心距离。

三、抗滑移验算

震害经验和试验研究均已表明，对承受以竖向荷载为主的地基基础地震时一般不存在滑移问题，但对于平时就有较大水平力作用的基础则需要考虑此问题。由于地震原因作用于基础上的推力，主要来自于上部结构传递下来的水平地震力和基础侧面的主动土压力，而基础的抗滑移能力则主要由地基提供的底面摩擦力和侧面被动土压力组成。对于一般工程，通常要求地震时基础的抗滑移安全系数不能小于 1.1，即：

$$F_S \leqslant 1.1F_R \tag{2-12}$$

$$F_S = F_E + F_a \tag{2-13}$$

$$F_R = F_f + F_p \tag{2-14}$$

式中　F_S、F_R——作用于基础上的水平地震推力和抗力；

F_E、F_a——结构传给的水平地震力和侧面的主动土压力；

F_f、F_p——基础底面的摩擦力和侧面的被动土压力。

需要指出，由于使用要求，设计不允许基础地震时出现过大的位移，这就意味着基础侧面的土体在地震作用下应达不到被动土压力的状态。为计算简便，通常认为基础两侧的主被动土压力可相互抵消。此外，在计算基底摩擦力时，基础的底面面积应按地震时的有效接地面积计算。再有，如果基础的竖向地震作用比较显著，计算时尚应考虑竖向地震作用的不利影响。

四、可不进行验算的地基基础

震害调查和理论分析均发现，在某些特定的条件下，一些建筑类型的地基基础地震时不会发生地震破坏。为简化设计、节省成本，人们基于抗震经验总结出了不需要进行抗震验算的天然地基基础的类型和范围，通常认为一般情况下，下列建筑的地基基础可不进行抗震验算。

(1) 6 度区非甲类的建筑以及不需要进行上部结构抗震验算的建筑。

(2) 当地基主要持力层中不存在软弱黏性土层（指 7 度、8 度和 9 度时，地基承载力特征值分别小于 80kPa、100kPa 和 120kPa 的土层）时，一般的单层厂房和单层空旷房屋、砌体房屋、不超过 8 层且高度在 24m 以下的一般民用框架和框架-抗震墙房屋和与其荷载相当的多层框架厂房和多层混凝土抗震墙房屋。

（3）7 度和 8 度区高度不超过 100m 的烟囱。

第三节　液化土和软土地基

砂土和少黏性土地震液化以及软土震陷是造成建筑地基基础地震破坏的主要原因。因此，地震时场地土是否发生液化或震陷以及它们可能造成的后果和需要采取的预防处理措施则成为地基基础抗震设计时重点关注的内容。土体液化现象早在 11 世纪我国先人就有描述与记载。在工程实践中首次使用液化一词是在 1938 年调查研究美国匹克堡（Fort Peck）土坝滑坡的原因时。液化是任何物质转变为液态的行为与过程。土体液化则是因为孔隙水压力上升和有效压力减小、土体有效强度降低的结果。通常，土体液化所导致的破坏多表现为：喷水冒砂、地面沉降、地基失稳、侧向扩展、流滑和结构上浮等。

一、砂土液化判别

判别砂土液化的方法很多，如工程中比较常用的标准贯入判别法、静力触探判别法、剪切波速判别法、多指标回归判别法以及地震反应分析判别法等，但归纳起来大致可分为两类，即经验判别法和半理论半经验的判别方法。目前我国工程界判别砂土液化采用最多的是经验判别法，其中国家标准《建筑抗震设计规范》GB 50011 所规定的方法（以下简称规范法）为典型代表，而美、日、欧等世界大多数国家在判别场地土地震液化时则多采用半理论半经验的分析方法，即 Seed 和 Idriss 提出的剪应力法。

1. 规范法

自 1974 年第一次将砂土液化判别纳入建筑抗震设计规范以来，我国的液化判别方法已有过 4 次大的改进与完善，判别方法经历了从砂土到粉土，从浅层土到深层土，从一步判别到分步判别，从确定性到可靠度的发展。在我国砂土液化简化判别方法的建立与发展过程中，刘颖、谢君斐进行了开创性的工作。

2010 年，我国颁布的新一版建筑抗震设计规范规定，对 6 度以上地震影响区的一般工程，若地基土层中 20m 深度范围内存在饱和砂土和粉土，则需要对其进行液化判别。同时还规定，判别地基土液化可按照循序渐进的原理分两步进行，即液化判别可分为初判和复判两个阶段。初判是要排除场地在遭遇设计地震时几乎不可能发生液化或即使发生液化但不会对建筑造成影响的土层，其目的是为了节约时间成本和经济成本。复判则是在初判的基础上对那些初判时认为可能会发生地震液化或会造成危害的土层，再根据其他性能指标进一步甄别。

（1）初判

初判标准是建立在描述土体最基本的特征参数之上的，如地质年代、颗粒组成、密实度以及地下水位和埋深等。我国建筑抗震设计规范规定，当工程场地土层中的砂土或粉土符合下列条件之一时，可初步判别为不液化或可不考虑液化影响：

1）地质年代为第四纪晚更新世（Q_3）及其以前时，7 度和 8 度时可判为不液化。

2）粉土的黏粒（粒径小于 0.005mm 的颗粒）含量百分率，7 度、8 度和 9 度分别不小于 10、13、和 16 时，可判为不液化土。由于分散剂会对颗粒分析试验结果产生影响，所以规范特别强调，此处给出的界限值是根据六偏磷酸钠作为分散剂的测定结果，若采用其他试剂或方法需要进行换算。

3）浅埋天然地基的建筑，当上覆非液化土层厚度和地下水位深度符合下列条件之一时，可不考虑液化影响：

$$d_u > d_0 + d_b - 2 \tag{2-15a}$$

$$d_w > d_0 + d_b - 3 \tag{2-15b}$$

$$d_u + d_w > 1.5d_0 + 2d_b - 4.5 \tag{2-15c}$$

式中 d_w——地下水位深度（m），宜按设计基准期内年平均最高水位采用，也可按近期内年最高水位采用；

d_u——上覆非液化土层的厚度（m），计算时宜扣除淤泥和淤泥质土层；

d_b——基础埋置深度（m），如果埋深小于 2m，按 2m 计；

d_0——液化土特征深度（m），可按表 2-8 采用。

液化土特征深度（m） **表 2-8**

饱和土类别	7 度	8 度	9 度
粉土	6	7	8
砂土	7	8	9

（2）复判

当初判不能确定场地中的饱和砂土和粉土在遭遇设计地震时是否发生液化或是否需要考虑液化影响时，建筑抗震规范规定采用标准贯入试验判别法进一步进行判断。同时，考虑到目前土体液化判别更多地依赖于工程经验，规范还指出当有成熟经验时，也可采用其他方法进行判别。

对于复判，建筑抗震规范所规定的标准贯入判别法为，当场地中地面下 20m 深度范围内的饱和砂土和粉土的标准贯入锤击数小于或等于式（2-16）计算的临界值时，则判定为液化土。也就是说，当 $N \leqslant N_{cr}$ 时，判定土层在设计地震作用下将出现液化破坏，N 为未经杆长修正的实测标准贯入锤击数值，N_{cr} 为标准贯入锤击数临界值，按式（2-16）计算。

$$N_{cr} = N_0 \beta [\ln(0.6d_s + 1.5) - 0.1d_w] \sqrt{3/\rho_c} \tag{2-16}$$

式中 N_0——标准贯入锤击数基准值，其值大小见表 2-9；

d_s——饱和土标准贯入点深度（m）；

d_w——地下水位（m）；

ρ_c——粉土的黏粒含量百分率，当 ρ_c 小于 3 时，$\rho_c = 3$；

β——设计地震分组调整系数，可按表 2-10 的规定选用或根据震级 M 求得，$\beta = 0.25M - 0.89$。

标准贯入锤击数基准值 N_0 **表 2-9**

地面加速度（g）	0.10	0.15	0.20	0.30	0.40
液化判别标准贯入锤击数基准值	7	10	12	16	19

调整系数 β 表 2-10

设计地震分组	调整系数 β
第一组	0.80
第二组	0.95
第三组	1.05

式（2-16）是在可靠度理论的框架下建立的，其概率水平为 32%，它相当于确定性砂土液化判别方法中安全系数为 1.20 的情况。式（2-16）的建立，使用了 255 个液化与非液化点，震级范围为 5.5～7.9。在这 255 个样本点中，我国的砂土数据 90 个，粉土 118 个，国外的砂土数据 47 个，该式回判的总成功率在 90%以上。

需要指出，虽然建筑抗震设计规范规定式（2-16）可用于深层土的液化判别（通常，深层液化是指发生在 15m 深度以下的液化），但是由于建立该判别式的样本空间中绝大多数是 10m 深度以内的数据，大于 15m 的样本点很少，且那些点是否发生了液化仍存在较大的争议，所以在用式（2-16）进行工程场地的深层液化判别时，需要审慎和综合评定。

2. Seed-Idriss 判别法

1970 年，Seed 和 Idriss 提出了水平场地的砂土地震液化简化判别方法。该方法经过后来不断地修正与完善，特别是 1985 年和 1996 年的改进与完善，目前已成为世界上大多数国家判别砂土地震液化所采用的分析方法。该方法采用的破坏标准与材料力学中的第三强度理论准则有些相似。Seed 和 Idriss 认为，如果地震产生的等效循环平均剪应力大于土的抗液化强度，则认为土体在地震作用时出现了液化破坏。即：

$$FS_l = \frac{\tau_l}{\tau_{av}} \tag{2-17}$$

式中 FS_l——抗液化安全系数；

τ_l——液化强度；

τ_{av}——地震等效循环平均剪应力。

（1）等效循环剪应力

在推导地震等效循环剪应力的计算公式时，Seed 和 Idriss 首先假设土体为刚体，然后根据牛顿第二定律计算土层中某一深度处的最大地震剪应力，考虑到土体并非刚体其为可变形体，计算时引进了应力衰减系数。对不规则地震剪应力作用效应的处理，Seed 和 Idriss 根据累计损伤和加权平均原理再引入系数对计算求得的最大剪应力进行修正。经上述处理，Seed 和 Idriss 建议地震等效循环平均剪应力计算公式为：

$$\tau_{av} = 0.65\frac{\gamma z}{g}\cdot a_{max}\cdot r_d \tag{2-18}$$

方程（2-18）两边同除以计算深度处的上覆有效应力，上式则变为：

$$\frac{\tau_{av}}{\sigma'_{vo}} = 0.65\frac{a_{max}}{g}\frac{\sigma_{vo}}{\sigma'_{vo}}\cdot r_d \tag{2-19}$$

式中 τ_{av}——地震等效循环平均剪应力；

γ——重度；

z——埋深；

g——重力加速度；

a_{max}——水平场地的地面峰值加速度；

r_d——应力衰减系数；

σ'_{vo}——上覆有效应力；

σ_{vo}——上覆总应力。

式（2-19）则为美日欧等多数国家在计算地震产生的等效循环剪应力时所采用的公式，并将 τ_{av}/σ'_{vo} 称之为循环应力比，用 CSR 表示。

关于公式（2-19）中的应力衰减系数 r_d 的取值，目前尚不统一。在美国国家地震工程研究中心（NRCEE）组织召开的“土的液化强度”专家研讨会上，建议对于一般工程可采用 Seed 和 Idriss 所建议的均值，其大小可按式（2-20）和式（2-21）计算求得。而在 2008 年美国地震工程研究所出版的专著《土的地震液化》中，建议 r_d 与震级挂钩，并推荐了 1999 年 Idriss 提出的计算公式，见式（2-22）。应力衰减系数与震级相关联，从理论上讲似乎更严密、更趋于合理。

$$r_d = 1.0 - 0.00756z, \quad z \leqslant 9.15\text{m} \tag{2-20}$$

$$r_d = 1.174 - 0.0267z, \quad 9.15\text{m} < z \leqslant 23\text{m} \tag{2-21}$$

$$r_d = e^{[\alpha(z)+\beta(z)M_W]} \tag{2-22a}$$

$$\alpha(z) = -1.012 - 1.26\sin\left(\frac{z}{11.73} + 5.133\right) \tag{2-22b}$$

$$\beta(z) = 0.106 + 0.118\sin\left(\frac{z}{11.28} + 5.142\right) \tag{2-22c}$$

式中 M_W——地震矩震级，矩震级与我国地震部门所采用的地方震级 M_L 的关系见文献［65］。

日本在采用 Seed 和 Idriss 建议的计算方法时，应力衰减系数和应力加权平均系数的取值与上述规定有所不同，如日本建筑基础设计指南中规定：

$$r_d = 1.0 - 0.015z \tag{2-23}$$

$$r_n = 0.1(M_j - 1) \tag{2-24}$$

式中 r_n——等效循环平均剪应力系数。

M_j——日本地震震级，日本震级与地方震级 M_L、矩震级 M_W 的转换关系亦见文献［65］。

（2）液化强度

由于获取原状砂性土样非常困难，加之试验室又较难模拟地震的多向振动效应，在工程实践中通常是根据经验关系，通过现场原位试验来评价砂土的抗液化强度。目前，确定砂土液化强度的原位试验方法主要有三种，它们是标准贯入试验（SPT）、静力触探试验（CPT）和剪切波速试验（v_s），其中，标准贯入试验因液化资料丰富、工程经验较多，已成为目前岩土工程界确定砂土抗液化强度普遍使用和最可信赖的测试方法。

1）标准贯入法

在标准贯入试验法确定砂土的液化强度上，Seed 教授进行了全面系统的研究工作。Seed 教授基于大量的现场地震液化资料和室内试验研究成果，通过系列的归一化处理，给出了标准贯入击数与砂土液化强度的关系图。随着资料的积累和认识的不断深入，特别是

1985 年和 1996 年的两次改进，该液化强度图（图 2-3）已成为北美乃至世界大多数国家确定砂土液化强度的依据与标准。需要指出，图 2-3 给出的是地震矩震级为 7.5、有效上覆应力等于 100kPa 时的纯净砂的抗液化强度 *CRR*（为液化强度与上覆有效应力之比，

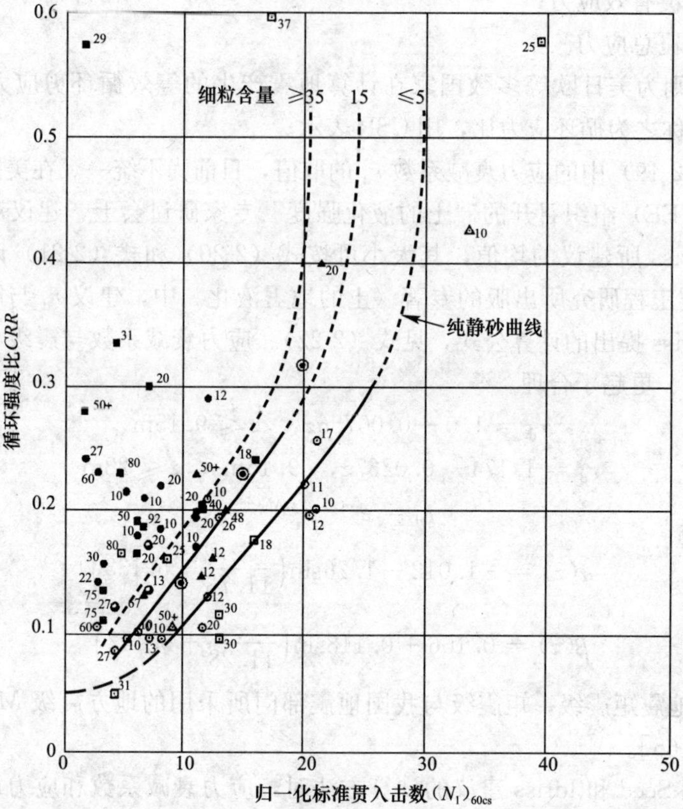

图 2-3　纯净砂的液化强度

$CRR=\tau_l/\sigma'_{vo}$)，若用于其他情况，则需要对震级、应力以及砂土的细粒（粒径小于 0.075mm）含量进行修正，即：

$$CRR=MSF\cdot K_\sigma\cdot K_\alpha\cdot CRR_{7.5} \tag{2-25}$$

式中　MSF——震级修正系数；

K_σ——垂直应力修正系数；

K_α——剪应力修正系数，对于水平及近似水平的场地，$K_\alpha=1.0$；

$CRR_{7.5}$——矩震级等于 7.5、上覆有效应力为 100kPa 时的纯净砂的抗液化强度。

为便于液化强度图的使用，NRCEE 在“土的液化强度”会议总结报告中推荐了一个 $CRR_{7.5}$ 的计算公式：

$$CRR_{7.5}=\frac{1}{34-(N_1)_{60cs}}+\frac{(N_1)_{60cs}}{135}+\frac{50}{[10\cdot(N_1)_{60cs}+45]^2}-\frac{1}{200} \tag{2-26}$$

式中，$(N_1)_{60cs}$ 为纯净砂的归一化标准贯入击数，其定义为：

$$(N_1)_{60cs}=\alpha+\beta(N_1)_{60} \tag{2-27}$$

$$(N_1)_{60}=C_NC_EC_BC_RC_SN \tag{2-28}$$

$$\alpha=\begin{cases}0 & FC\leqslant 5\% \\ e^{\left(1.76-\frac{190}{FC^2}\right)} & 5\%<FC<35\% \\ 5.0 & FC\geqslant 35\%\end{cases} \tag{2-29}$$

$$\beta=\begin{cases}1.0 & FC\leqslant 5\% \\ 0.99+\dfrac{FC^{1.5}}{1000} & 5\%<FC<35\% \\ 1.2 & FC\geqslant 35\%\end{cases} \tag{2-30}$$

式中　$(N_1)_{60}$——上覆有效应力为 100kPa、锤击能量为理论能量 60%时的锤击数；

C_N——上覆有效应力修正系数；

C_E——能量修正系数，$C_E=ER/60$，ER 为锤击时钻杆传递给贯入器的能量比；

C_B——钻孔直径修正系数，孔径为 65～105mm 时，$C_B=1.0$；

C_R——钻杆长度修正系数，杆长小于 3m 时，$C_R=0.75$；

C_S——贯入器修正系数，若为标准贯入器，$C_S=1.0$；

N——实测标准贯入击数；

FC——砂土的细粒含量（%）；

α、β——细粒含量修正系数。

根据 NRCEE 会议的建议，上覆有效应力修正系数 C_N 可根据式（2-31）计算确定。关于标准贯入试验中能量比 ER 值的大小，NRCEE 的与会专家一致认为最好通过现场测试进行确定。鉴于目前标准贯入锤击能量测试工作尚不普及，与会专家同时建议，对于一般工程，标准贯入试验中的能量比 ER 可根据落锤方式和类型按下述取值：

绳索吊架式：　$30\leqslant ER\leqslant 60$；

套筒防护式：　$42\leqslant ER\leqslant 72$；

自动触发式：　$48\leqslant ER\leqslant 78$。

$$C_N=\begin{cases}1.7 & \sigma'_{vo}<34\text{kPa} \\ (P_a/\sigma'_{vo})^{0.5} & 34\text{kPa}\leqslant\sigma'_{vo}<200\text{kPa} \\ 2.2/(1.2+0.1\sigma'_{vo}) & 200\text{kPa}\leqslant\sigma'_{vo}<300\text{kPa}\end{cases} \tag{2-31}$$

式中　P_a——标准大气压。

20 世纪 80 年代，我国曾先后与美国、加拿大合作，研究了中国标准贯入试验方法中的能量传递水平，提出了符合我国试验标准的能量比 ER 计算公式，如式（2-32）所示，式中 L_R 为标准贯入试验时钻杆的长度。

$$ER=41.0+1.476L_R\quad L_R\leqslant 21\text{m} \tag{2-32}$$

震级、应力和细粒含量对砂土液化强度的影响大小，主要根据室内试验的研究成果进行评价。细粒含量的影响在学术界虽仍存在一定的争议，但工程界普遍认同砂土的抗液化强度随其细粒含量的增加有所提高，其影响程度可按式（2-27）、式（2-29）和式（2-30）进行估计。对于震级修正系数和应力修正系数，Idriss 和 Boulanger 在《土的地震液化》一书中建议采用以下公式分别计算。

$$MSF=6.9e^{-0.25M_W}-0.058\leqslant 1.8 \tag{2-33}$$

$$K_\sigma=1-C_\sigma\ln(\sigma'_{vo}/P_a)\leqslant 1.1 \tag{2-34a}$$

$$C_\sigma = \frac{1}{18.9 - 2.55\sqrt{(N_1)_{60}}} \leqslant 0.3 \tag{2-34b}$$

值得一提的是，我国学者谢君斐曾在 1984 年借鉴 Seed 等的建模方法，主要依据我国的液化资料给出了里氏震级（地方震级）为 7.5 时的砂性土液化强度计算公式。

$$CRR = 0.007N_1 + 0.002N_1^2 \tag{2-35}$$

式中 N_1——上覆有效应力修正后的标准贯入击数。

综合上述分析，用 Seed-Idriss 简化法判别砂土液化，首先根据式（2-19）计算地震产生的等效循环剪应力，然后再由式（2-25）确定砂土的抗液化强度，最后按式（2-17）求出砂土的抗液化安全系数。从理论上讲，只要计算出的抗液化安全系数 FS_l 大于 1.0，就可以判定土体在地震作用下不会出现液化破坏。但是，考虑到计算分析方法的近似性以及参数的变异性，通常认为，对于一般工程，FS_l 应大于 1.3，对于较重要的工程，FS_l 应大于 1.5。此外，从图 2-3 可以看出，如果归一化的标准贯入击数 $(N_1)_{60cs}$ 大于 30 击，即使遭遇 M_W7.5 级的地震袭击砂土也不会发生地震液化破坏。

需要指出，由于 Seed 等在建立液化强度图时所依据的现场资料很少有液化深度大于 15m 的，所以，图 2-3 原则上仅适用于地表以下 15m 深度范围砂土液化强度的确定。基于同样的原因，下面将要阐述的静力触探法和剪切波速法的适用范围亦为地表以下 15m。

2）静力触探法

采用类似于标准贯入试验的处理方法，Robertson 和 Wride 提出了静力触探试验判别砂土液化的分析方法和液化强度图，式（2-36）则为他们建议的地震矩震级等于 7.5、上覆有效应力为 100kPa 时纯净砂的抗液化强度计算方程。

$$CRR_{7.5} = \begin{cases} 0.833[(q_{c1N})_{cs}/1000] + 0.05 & (q_{c1N})_{cs} < 50 \\ 93[(q_{c1N})_{cs}/1000]^3 + 0.08 & 50 \leqslant (q_{c1N})_{cs} < 160 \end{cases} \tag{2-36}$$

式中 $(q_{c1N})_{cs}$——上覆有效应力为一个大气压时纯净砂的锥尖阻力，它等于：

$$(q_{c1N})_{cs} = K_c q_{c1N} \tag{2-37}$$

$$q_{c1N} = C_Q(q_c/P_a) \tag{2-38}$$

式中 q_{c1N}——上覆有效应力为一个大气压时的锥尖阻力；

q_c——实测锥尖阻力；

K_c——砂土颗粒特征修正系数；

C_Q——锥尖阻力归一化系数；

P_a——标准大气压。

K_c 是表征砂土颗粒组成的计算参数，其作用相当于标准贯入试验分析方法中的细颗粒修正系数。K_c 反映了土的性能类别，可根据锥尖阻力和侧壁摩阻力确定。Robertson 建议 K_c 等于：

$$K_c = \begin{cases} 1.0 & I_c \leqslant 1.64 \\ -0.403I_c^4 + 5.581I_c^3 - 21.63I_c^2 + 33.75I_c - 17.88 & I_c > 1.64 \end{cases} \tag{2-39}$$

$$I_c = \sqrt{(3.47 - \lg Q)^2 + (1.22 + \lg F)^2} \tag{2-40}$$

$$Q = [(q_c - \sigma_{vo})/P_a][(P_a/\sigma'_{vo})^n] \tag{2-41}$$

$$F = [f_s/(q_c - \sigma_{vo})] \times 100\% \tag{2-42}$$

$$n = 0.38I_c + \frac{0.05\sigma'_{vo}}{P_a} - 0.15 \tag{2-43}$$

式中 I_c——土的性能类别指数；

f_s——实测侧壁摩阻力；

Q——归一化的锥尖阻力；

F——归一化的侧壁摩阻力。

C_Q 是将锥尖阻力归结到一个标准大气压时的修正系数，它与土的类型有关，Robertson 建议按下式计算 C_Q 的大小。

$$C_Q = (P_a/\sigma'_{vo})^n \leqslant 1.7 \tag{2-44}$$

需要指出，在建立砂土地震液化强度公式时，Robertson 等使用的资料多来自圆锥锥底截面积为 $10cm^2$ 探头的静力触探测试结果，若试验数据是用其他规格的探头测定的，则需要对实测的锥尖阻力和侧壁摩阻力进行换算，然后再根据转换后的 q_c 和 f_c 来确定砂土的抗液化强度。

3）剪切波速法

Andrus 和 Stotoes 亦参照标准贯入判别法的建立模式，在 1996 年提出了基于剪切波速的砂土液化判别方法。采用剪切波速试验结果确定砂土的抗液化强度，Andrus 和 Stotoes 建议按以下公式进行计算。

$$CRR_{7.5} = 0.022\left(\frac{v_{s1}}{100}\right)^2 + 2.8\left(\frac{1}{v_l - v_{s1}} - \frac{1}{v_l}\right) \tag{2-45}$$

$$v_{s1} = v_s\left(\frac{P_a}{\sigma'_{vo}}\right)^{0.25} \tag{2-46}$$

式中 v_{s1}——上覆有效应力为一个大气压时的剪切波速；

v_l——$M_W=7.5$ 时，液化土的上限剪切波速值，当砂土中细粒含量不大于 5%时，$v_l=215m/s$；细粒含量不小于 35%时，$v_l=200m/s$；细粒含量介于 5%和 35%之间时，按线性插值法确定；

v_s——实测剪切波速。

由上述公式可知，当归一化剪切波速 v_{s1} 大于 215m/s 时，即使遭遇 7.5 级的地震，砂土也不会发生液化破坏。

二、低塑性粉质黏土的液化判别

软弱饱和的少黏性土在遭到强烈震动时会出现液化破坏，已被国内外多次大地震的震害现象所证实。关于少黏性土的地震液化与判别，目前尚有不同的意见，但在工程实践中我国学者汪闻韶院士提出的判别方法被广泛应用，国外将汪闻韶的方法称之为中国标准。汪闻韶通过宏观地震调查和室内试验研究发现，含水量接近液限或液性指数大于 0.75 的饱和少黏性土，在地震作用时有出现液化破坏的可能。故此，他建议当饱和少黏性土满足下列条件时，可判为液化。

$$w_s \geqslant 0.9w_L，\quad 或\ I_L \geqslant 0.75 \tag{2-47}$$

式中 w_s——饱和时的含水量；

w_L——液限含水量；

I_L——液性指数。

需要指出，汪闻韶所说的少黏性土为塑性指数小于 15 的细粒土。按照我国现行岩土工程勘察规范和建筑地基基础设计规范的规定，塑性指数小于 15 的细粒土包含了粉土和部分粉质黏土，也就是说，按我国建筑行业的分类标准除粉土外，塑性指数小于 15 的饱和粉质黏土地震时也可能会发生液化破坏。基于汪闻韶的这一发现以及实际工程应用情况和国内外大地震的震害资料，在 2010 年颁布的国家标准《建筑抗震设计规范》中增加了关于饱和粉质黏土的条款，并且规定，满足式（2-47）条件的塑性指数小于 15 的饱和粉质黏土，当场地设计地震加速度不小于 0.3g 时可判为震陷性软土，需要采取工程措施进行处理。

三、软土震陷

在滨河场地，软弱性黏土（简称为软土）是造成地基及上部结构地震破坏的主要原因之一。地震岩土工程界，通常将符合下列指标特征的黏性土定义为软土：

- 液性指数 $I_L \geqslant 0.75$
- 无侧限抗压强度 $q_u \leqslant 50$kPa
- 标准贯入试验击数 $N \leqslant 4$
- 灵敏度 $S_t \geqslant 4$

我国建筑抗震设计规范对软弱性黏土的定义更具体、更有针对性。抗震设计规范在定义软土时与抗震设防烈度联系在一起，将 7 度、8 度和 9 度地震作用时地基承载力特征值分别小于 80kPa、100kPa 和 120kPa 的黏性土定义为软弱性黏土即软土。

软土造成地基和结构地震破坏的直接表征是地面过大的沉降（震陷）或发生泥流。震陷或泥流属于土的地震永久变形问题，目前对软土的地震永久变形计算与分析尚处于研究阶段。工程界对软土造成的地基地震破坏，也没有相对成熟的、简便的分析方法，目前主要参照软土场地和地基的宏观震害资料，根据震陷可能产生的危害大小进行定性评估与处理。例如，我国《构筑物抗震设计规范》GB 50191 规定，7 度时，一般可不考虑地基中软土震陷的影响；8 度和 9 度时，当基础底面下非软土层的厚度小于表 2-11 所规定的数值时，则需要采取措施以消除软土震陷可能产生的影响。表 2-11 中，非软土层的厚度指的是基础底面到软土层顶面之间的距离，B 为基础底面宽度。

基础底面下非软土层的厚度 **表 2-11**

烈度	非软土层的厚度（m）
8	$\geqslant B$，且$\geqslant 5$
9	$\geqslant 1.5B$，且$\geqslant 8$

四、液化危害评价与处理原则

1. 液化危害评价

宏观震害调查和理论研究表明，土体液化具有双重性，液化对场地、地基及结构的破坏程度主要取决于液化土层的埋深、厚度和密实程度以及所遭遇的地震强度。一般来说，液化土层埋藏越浅、厚度越大、土质越松散、震级越大，其造成的危害也就越大。目前，工程界对液化的危害性评估主要采用两种分析方法——液化指数法和液化沉降法。液化指数法在工程设计中应用较早，也积累了不少经验，目前我国大多数规范均采用此方法评价液化土层的危害性，但美欧等国甚至最早使用此方法的日本已很少再采用此分析方法，它们已转向采用物理概念更明确的液化沉降法。

(1) 液化指数法

1980 年，岩崎-龙岗等提出用液化指数 P_L 来定量评价液化场地的危害性，他们定义液化指数 P_L 为：

$$P_L = \int_0^{20} [1 - F_L(z)] W(z) dz \tag{2-48}$$

式中 z——计算点深度（m）；

$F_L(z)$——深度 z 处的抗液化安全系数；

$W(z)$——按倒三角形图形分布的权函数（m^{-1}），$z=0m$ 时，$W(0)=10$；$z=20m$ 时，$W(20)=0$。

乔太平、刘惠姗根据我国判别液化的习惯做法，借用岩崎-龙岗计算液化指数的概念，建议采用标准贯入击数与临界标贯击数之比 N/N_{cr} 代替公式（2-48）中的抗液化安全系数来计算液化指数，并根据我国海城和唐山地震的震害资料建立了相应的权函数和液化等级分类标准。我国建筑抗震设计规范采用了这一建议，并根据新的研究成果不断对其进行修改与完善，2010 年版的抗震设计规范对液化危害性评价作了如下规定：

当地基中存在液化的砂土层和粉土层时，需要探明各液化土层的厚度与深度，地基的液化指数 I_{lE} 按式（2-49）计算，液化等级按表 2-12 进行综合划分。

$$I_{lE} = \sum_{i=1}^{n} \left[1 - \frac{N_i}{N_{cri}}\right] d_i W_i \tag{2-49}$$

式中 n——判别深度范围内每个钻孔的标准贯入试验点总数；

N_i、N_{cri}——i 点标准贯入锤击数的实测值和临界值，当 $N_i > N_{cri}$ 时，令 $N_i = N_{cri}$；

d_i——i 点所代表的土层厚度（m），可采用与该标准贯入试验点相邻的上、下两标准贯入试验点深度差的一半，但上界不高于地下水位深度，下界不低于液化深度；

W_i——i 土层单位土层厚度的层位影响权函数值（m^{-1}），当 $d_i \leqslant 5m$ 时，$W_i=10$；当 $d_i=20m$ 时，$W_i=0$；$5m < d_i < 20m$ 时，W_i 按线性内插法取值。

液化等级与液化指数的对应关系 表 2-12

液化等级	轻微	中等	严重
液化指数 I_{lE}	$0 < I_{lE} \leqslant 6$	$6 < I_{lE} \leqslant 18$	$I_{lE} > 18$

表 2-12 所列出的液化等级是基于地震中液化所造成场地、地基和建筑宏观破坏程度而划分的，它们所对应的震害情况大致为：

轻微：地面没有喷水冒砂，或仅洼地、河边有零星的喷冒点；液化沉降危害性小，一般建筑物不会出现明显震害。

中等：地面多出现喷水冒砂，从轻微到严重喷冒均有，但多数为中等喷冒；液化沉降危害性较大，可造成高达 20cm 的不均匀沉降，引起结构开裂，构件变形，高重心建筑倾斜。

严重：地面喷水冒砂严重，出现地裂、塌陷等；液化沉降危害性很大，不均匀沉降常常达到 30～40cm，一般结构出现倾斜，高重心建筑倾斜严重。

（2）体积应变法

液化引起的地面沉降和不均匀变形，通常是由于液化后超静孔隙水压力消散，土体发生再固结所造成的。目前，计算液化沉降的理论支撑点主要基于对液化土体可能产生体积应变大小的认识，美、欧、日等国的工程界在计算地基液化沉降时采用的分析方法主要有两种，Tokimatsu-Seed 法和 Ishihara-Yashimine 法。

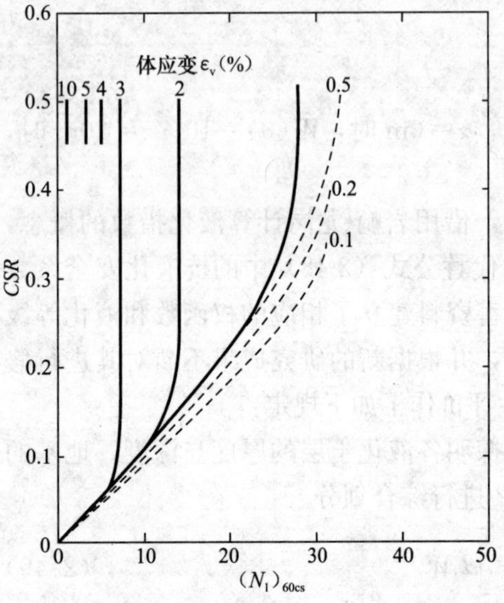

图 2-4　等效循环应力比与液化土体应变的关系

1987 年，Tokimatsu 和 Seed 提出了根据归一化标准贯入击数 $(N_1)_{60cs}$ 计算砂土液化沉降的分析方法，他们建议采用图 2-4 计算液化土的体应变，并假设水平场地条件下土体只发生竖向变形，水平方向的变形为零。

图 2-4 是针对地震 $M_W = 7.5$ 时建立的，若用到其他震级则需要按下式对地震等效循环剪应力进行修正。

$$CSR_{7.5} = CSR_M / r_m \tag{2-50}$$

式中　$CSR_{7.5}$——地震矩震级为 7.5 级时的循环应力比；

CSR_M——场地设计地震作用时的循环应力比；

r_m——等效循环剪应力修正系数，与震级相关，其大小见表 2-13。

等效循环剪应力修正系数　　表 2-13

震级 M_W	5.25	6.0	6.75	7.5	8.5
修正系数 r_m	1.5	1.32	1.13	1.0	0.89

Ishihara 和 Yashimine 基于室内试验研究结果，在 1992 年提出了根据抗液化安全系数计算体应变的分析方法，并通过与震害对比分析给出了相应的计算简图和地面破坏程度与液化沉降大小的定性对应关系，分别见图 2-5 和表 2-14。和图 2-4 一样，体应变计算图 2-5 也是针对纯净砂建立的，若用于其他类型的砂土地基则需要进行修正。此外，图中的 N_1 是按日本试验方法得到的、上覆有效应力为 100kPa 时的标准贯入击数值，它近似等于 1.2 倍的 $(N_1)_{60}$。

求得液化土的体应变后，可按分层总和法计算液化地基的沉降量大小，计算时地基中非液化砂层的体应变，可按下列方法进行估计：

$$s_E = \Sigma \varepsilon_{vi} d_i \tag{2-51}$$

式中　s_E——地基液化沉降量；

d_i——i 点所代表的土层厚度，其规定见式（2-49）；

ε_{vi}——i 点土层的体应变。

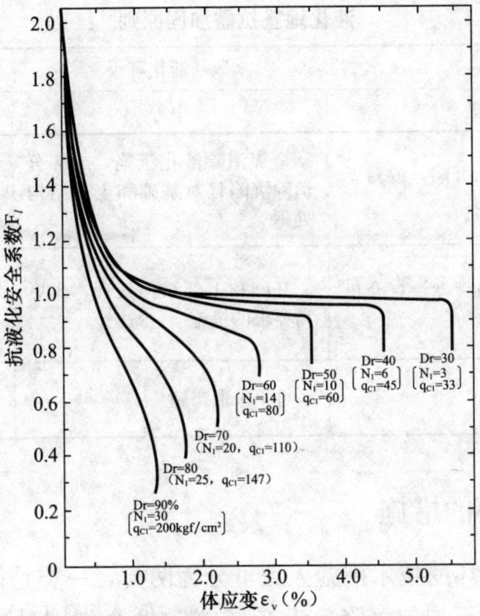

图 2-5　抗液化安全系数与液化土体应变的关系

地面破坏与震陷值的关系　　　　**表 2-14**

破坏程度	震陷值（cm）	破坏现象
无震害到轻微	0～10	微小裂缝
中等	10～30	小裂缝，冒砂
严重	30～70	大裂缝，喷水冒砂，不均匀沉降明显，横向位移

有了液化沉降值，我们自然要问多大的沉降量建筑结构可以承受？对于此问题，目前工程界还没有统一的认识。建筑的允许沉降量与其结构形式、使用功能要求密切相关，如我国建筑地基基础设计规范的一些规定。谢君斐等在震害调查的基础上通过数值分析认为，对于一般的 6 层及以下的民用建筑，当计算的地震沉降量小于 4cm 时，地基无明显震害，液化等级可视为轻微；当沉降量位于 4～8cm 时，建筑有开裂、不均匀沉降和倾斜现象，液化等级为中等；当沉降量大于 8cm 时，建筑开裂、不均匀沉降和倾斜严重，液化等级为严重。

2. 地基液化处理原则

判别砂土液化，计算液化指数，确定地基液化等级和计算液化沉降量大小，其目的是为合理地选择抗液化措施提供理论依据。根据宏观地震震害调查结果，对于非坡岸场地，液化造成的建筑破坏主要是沉降或不均匀沉降过大、地坪隆起与开裂、地下结构上浮等，造成倒塌的事例较少。按照“小震不坏，中震可修，大震不倒”的抗震设计原则，对液化地基的处理可根据建筑的重要性分别采取不同的对策。我国建筑抗震设计规范规定，对于液化土层分布均匀的地基，可根据建筑抗震设防类别和地基液化危害等级按表 2-15 建议的原则确定地基抗震措施。对于坡岸场地，防止边坡发生液化流滑和出现过大侧向扩展是抗震设计的基本要求，也是处理此类液化地基首先要解决的问题。

液化地基抗震加固原则　　表 2-15

建筑类别	地基液化等级		
	轻微	中等	严重
乙类	部分消除液化沉陷，或对基础和上部结构处理	全部消除液化沉陷，或部分消除沉陷且对基础和上部结构处理	全部消除液化沉陷
丙类	基础和上部结构处理，亦可不采取措施	基础和上部结构处理，或更高要求的措施	全部消除液化沉陷，或部分消除液化沉陷且对基础和上部结构处理
丁类	可不采取措施	可不采取措施	基础和上部结构处理，或其他经济的措施

五、防止液化破坏的措施

防止液化造成工程破坏的技术措施大致可分为两类，一类是彻底消除液化，另一类则是允许液化发生但要控制不均匀沉降，表 2-16 按这两个类别对过去曾使用过的防止液化造成破坏的技术措施进行了归类。工程实践中，处理液化地基采用最多的技术措施是土性改良和排水，最常用的处理方法有：强夯法、振冲法、砂石桩法、深层搅拌法、高压旋喷法和注浆等。

防止液化造成破坏的措施　　表 2-16

类别	原理	技术措施	备注
消除液化	减小地震剪应力 τ_d	选择场地	有时无法实现
	增加抗液化强度 τ_l	换土	有经济问题
		土性改良	一般有噪声和振动问题
		排水	已建结构亦可适用
允许液化	限制变形	填土及透水地面压重	
		围封	
	减小不均匀沉降	桩基	有水平抗力问题
		筏基、箱基	
	防止喷冒	不透水地面压重	已建结构物亦可适用

第四节　桩　基　础

与天然地基相比，桩基具有较好的抗震性能。归纳起来，桩基的震害主要表现在以下几个方面。(1) 水平场地：在非液化土和非软弱土中，桩头部位因剪、压、拉和弯的作用而出现破坏；在液化土和软弱土中，桩基因土体强度降低或震陷而产生过大下沉或倾斜。(2) 坡岸场地：因土体侧向扩展引起侧向推力增加，导致桩受弯破坏；土体流滑造成水平推力过大，导致桩受弯破坏。

目前，桩基的抗震设计理论还不成熟、还不完善，设计方法主要依赖工程经验。解决地震作用下桩基响应的核心问题，是如何将上部结构的作用荷载合理地分布到土体中。地震时，虽然桩基在三个方向会同时受到力和扭矩的作用（图 2-6），但由于桩的水平抗震能力主要取决于场地 5～10 倍桩径深度范围内表层土的工程性质，为计算分析简便，工程设计时通常将桩的竖向承载力和水平向的分开考虑，分析方法可采用拟静力法和地震反应分析方法。在评价桩基的抗震性能时，通常水平抗震能力以允许变形为条件，竖向抗震能力则以桩的压拔承载力为标准。此外，在桩基的抗震计算中，通常需要考虑桩与承台的协同作用，特别是在验算水平抗力时，已有研究表明，在承台周围回填土密实的情况下，桩承台所承担的水平力可占到总力的 30%～50%。

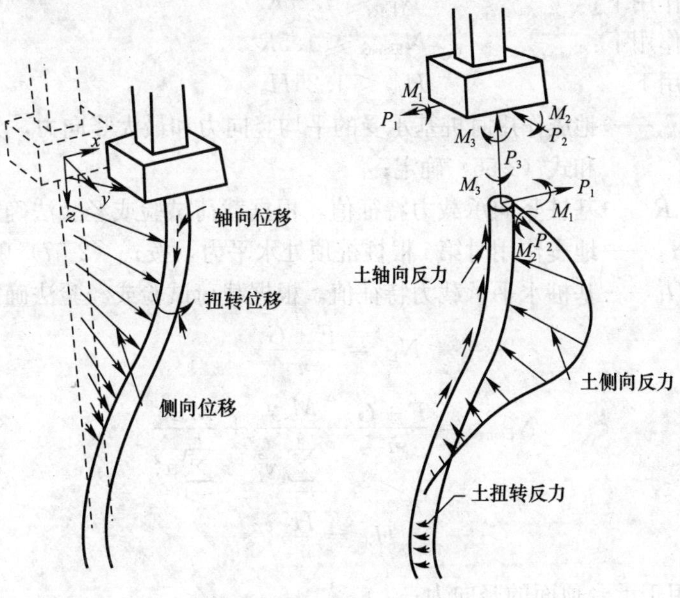

图 2-6　桩基三维受力图

一、单桩抗震承载力

如何确定单桩的抗震承载力，目前意见尚不统一，工程实践中，常常是根据静承载力的大小来计算桩的抗震能力。和天然地基的情况相类似，由于地震作用时间短暂为有限循环动力作用，考虑到安全性和经济性，人们对桩基的抗震安全系数要求也要比静力状态下的低。例如，我国现行的《建筑桩基技术规范》JGJ 94—2008 规定，地震时单桩承载力特征值可比静载时的提高 25%，单桩承载力安全系数取 2，这意味着地震时桩的安全系数为 1.6。我国《建筑抗震设计规范》GB 50011—2010 对单桩抗震承载力的规定与桩基规范的相同，规定在进行桩基抗震验算时抗震承载力可比非抗震时提高 25%。

二、非液化土中桩基的抗震验算

1. 可不进行抗震验算的桩基

通过大量震害调查，人们发现对以承受竖向荷载为主的低承台桩，当承台周围无淤泥、淤泥质土和承载力特征值不小于 100kPa 的填土时，下列建筑的桩基地震时性能表现良好，设计时可不进行桩基抗震验算。对于不需要进行抗震验算的桩基，《建筑桩基技术规范》JGJ 94—2008 规定得更加宽泛，它规定除下列建筑的桩基外，位于抗震有利地段的建筑桩基也可不进行抗震验算。

(1) 砌体房屋；

(2) 6 度区的非甲类的一般建筑；

(3) 7 度和 8 度区的一般单层厂房和单层空旷房屋；

(4) 与高度不超过 24m 的一般民用框架房屋基础荷载相当的多层框架厂房。

2. 承载力抗震验算

我国建筑桩基技术规范规定，地震时桩基所承受的荷载应满足下列要求：

轴心竖向力作用下：
$$N_{\mathrm{Ek}} \leqslant 1.25R \tag{2-52}$$

偏心竖向力作用下：
$$N_{\mathrm{Ekmax}} \leqslant 1.5R \tag{2-53}$$

水平向力作用下：
$$H_{\mathrm{ik}} \leqslant 1.25H_{\mathrm{h}} \tag{2-54}$$

式中 N_{Ek}、N_{Ekmax}——地震作用时桩基承受的平均竖向力和最大竖向力，分别按式 (2-55) 和式 (2-56) 确定；

R——基桩竖向承载力特征值，根据载荷试验或经验法确定；

H_{ik}——地震作用时第 i 根桩桩顶处水平力，按式 (2-57) 确定；

H_{h}——基桩水平承载力特征值，根据载荷试验或经验法确定。

$$N_{\mathrm{Ek}} = \frac{F+G}{n} \tag{2-55}$$

$$N_{\mathrm{Ekmax}} = \frac{F+G}{n} + \frac{M_{\mathrm{x}} y_i}{\sum_{j=1}^{n} y_j^2} + \frac{M_{\mathrm{y}} x_i}{\sum_{j=1}^{n} x_j^2} \tag{2-56}$$

$$H_{\mathrm{ik}} = \frac{H}{n} \tag{2-57}$$

式中 F——作用于承台顶面的竖向力；

G——承台及其填土的重量；

M_{x}、M_{y}——作用在承台底面的绕群桩几何形心 x 轴和 y 轴的力矩；

H——作用在承台底面的水平力；

n——桩数。

三、液化土中桩基的抗震验算

液化土中桩基抗震能力的计算仍处于不断发展与完善的阶段。随着人们对液化土认识的逐步深入，液化土中桩基的设计理念也在悄然改变，桩基的抗震验算从最初将液化土层的侧摩阻力视为零，发展到目前按土的残余强度来考虑。近 20 年来，我国工程界对液化土中桩基的抗震验算通常按两阶段进行控制，即对主震期和主震后的情况分别进行验算，这种设计方法即考虑了主震和液化可能不同步，同时又考虑了不同液化危害程度的土所具有的强度特征，其主要思想借鉴了日本公路桥梁设计规范的理念。目前，我国各行业关于液化土中桩基抗震验算的规定大体上一致，其中《建筑抗震设计规范》GB 50011—2010 的规定具有一定的代表性。建筑抗震设计规范对存在液化土层的低承台桩基的抗震验算，作了如下规定：

当桩承台底面上、下分别有厚度不小于 1.5m 和 1.0m 的非液化土层或非软弱土层时，可按下列两种情况进行桩的抗震验算，并按不利情况设计。

1）桩承受全部地震作用，桩的抗震承载力特征值按非抗震时的 1.25 倍取用，但液化土的桩周摩阻力及桩水平抗力需要根据其液化危害程度进行折减，折减系数可按表 2-17 取值。

2）地震作用按水平地震影响系数最大值的 10％考虑，桩的抗震承载力特征值仍取非抗震时的 1.25 倍，但要扣除液化土层的全部摩阻力及桩承台下 2m 深度范围内非液化土的桩周摩阻力，即要求计算承载力时把液化土和承台下 2m 深度范围内的土的强度均视为零。

土层液化影响折减系数 **表 2-17**

实际标贯锤击数/临界标贯锤击数	深度 d_s（m）	折减系数
≤0.6	$d_s \leqslant 10$	0
	$10 < d_s \leqslant 20$	1/3
>0.6～0.8	$d_s \leqslant 10$	1/3
	$10 < d_s \leqslant 20$	2/3
>0.8～1.0	$d_s \leqslant 10$	2/3
	$10 < d_s \leqslant 20$	1

此外，对于打入式预制桩及其他挤土桩，建筑抗震规范认为可以考虑打桩对土的加密作用和桩基对液化土变形限制的有利影响。并建议，当平均桩距为 2.5 倍～4 倍桩径且桩数不少于 5×5 时，如果桩间可液化土因打桩加密作用成为了不液化土，则在抗震验算时单桩的承载力可不再进行折减。需要指出的是，由于这种加密作用对桩基外的土影响有限，出于安全考虑，规范规定在进行桩尖持力层强度校核时，桩群外侧的应力扩散角取为零。

四、坡岸场地桩基的抗震验算

和水平场地相比，坡岸场地上桩基的地震响应更为复杂。在计算分析坡岸场地上桩基的抗震性能时，除了要像水平场地那样考虑上部结构施加的地震作用外，尚需分析地震作用下场地产生的永久变形对桩基的作用和影响。对于非液化坡岸场地，地震产生的永久变形可根据 Newmark 滑块变形理论进行计算，对于存在液化的坡岸场地，工程界还没有相对成熟、可靠的分析方法，目前对液化坡岸的地震永久变形估计多基于经验。

坡岸液化侧向扩展对桩基的推拽作用，日本公路协会的高速公路桥梁抗震技术规范建议按下列规定进行简化与计算。需要指出，由于岸坡的侧向流动主要发生在地震停止以后，在计算侧向扩展对桩基的推拽作用时，通常不需要再考虑地震的作用效应。图 2-7 为目前美日工程界广泛采用的计算桩基在侧向扩展作用下的受力简图，其计算假定为：

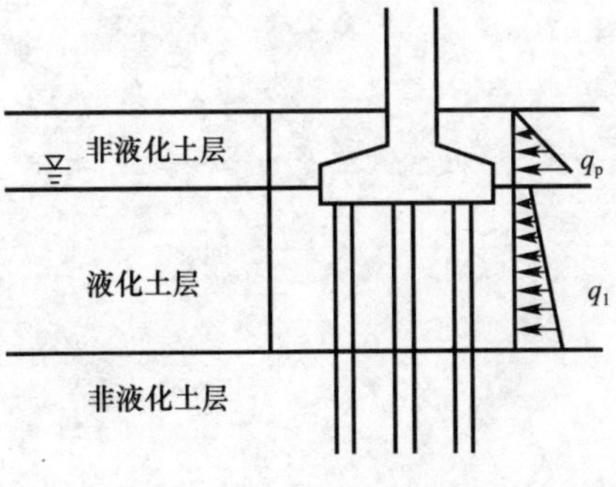

图 2-7 土体侧向扩展的土压力计算示意图

（1）液化土上的非液化土层随液化土一起滑动。

（2）非液化土层滑动产生的推力按被动土压

力考虑。

(3) 液化土层作用在桩基的侧压力按 0.3 倍的土层平均垂直应力计算。

(4) 滑动土体作用于桩基上的宽度按边桩外缘间的距离取值。

关于坡岸场地侧向扩展中桩基的设计方法，近十年来得到了地震岩土工程师的广泛关注，取得了一些进展，有关研究成果和设计方法可参见文献［62］和［63］。

第三章 地震作用和结构抗震验算

第一节 地震作用计算

一、基本原则

由于地震发生地点是随机的，对某结构物而言地震作用的方向是随意的，而且结构的抗侧力构件也不一定是正交的，这些，在计算地震作用时都应注意。另外，结构物的刚度中心与质量中心不会完全重合，这必然导致结构物产生不同程度的扭转。最后还应提到，震中区的竖向地震作用对某些结构物的影响不容忽视，为此，《建筑抗震设计规范》GB 50011—2010 及其他专门的技术规程对地震作用的计算作了明确的规定。

1. 水平地震作用的计算方向

一般情况下，应至少在建筑结构的两个主轴方向分别计算水平地震作用，各方向的水平地震作用应由该方向抗侧力构件承担。

对有斜交抗侧力构件的结构，当相交角度大于 15°时，应分别计算各抗侧力构件方向的水平地震作用。

需要注意的是，斜向地震作用计算时，结构底部总剪力以及楼层剪力等数值一般要小于正交方向计算的结果，但对于斜向抗侧力构件来说，其截面设计的控制性内力和配筋结果却往往取决于斜向地震作用的计算结果，因此，当结构存在斜交构件时，不能忽视斜向地震作用计算。

此外，还需要注意斜交构件与斜交结构的差别。“有斜交抗侧力构件的结构”指结构中任一抗侧力构件与结构主轴方向斜交时，均应按规范要求计算各抗侧力构件方向的水平地震作用，而不是仅指斜交结构。

2. 水平地震作用的扭转效应

《建筑抗震设计规范》GB 50011—2010 规定，质量和刚度分布明显不对称的结构，应计入双向水平地震作用下的扭转影响；其他情况，应允许采用调整地震作用效应的方法计入扭转影响。

需要注意的是，对于质量和刚度分布明显不对称的结构，进行双向水平地震作用下的扭转耦联计算时不考虑偶然偏心的影响，但当双向耦联的计算结果小于单向偏心计算结果时，应按后者进行设计，即此类结构应按双向耦联不考虑偏心和单向考虑偏心两种计算结果的较大值进行设计。对于其他相对规则的结构，可按抗震规范第 5.2.3 条第 1 款的规定，采用边榀构件地震作用效应乘以增大系数的简化方法。

“质量和刚度分布明显不对称的结构”，一般指的是扭转特别不规则的结构，但规范未给予具体的量化，在实际工程中有一定的困难，一般应根据工程具体情况和工程经验确定，当无可靠经验时可依据楼层扭转位移比的数值确定，当不满足下列要求时可确定为

"质量和刚度分布明显不对称的结构"：

（1）对B级高度高层建筑、混合结构高层建筑及复杂高层建筑结构（包括带转换层的结构、带加强层的结构、错层结构、连体结构、多塔楼结构等）不小于1.3；

（2）其他结构不小于1.4。

偶然偏心距的取值，一般取为垂直地震作用方向的建筑物总长度的5%。理论上，偶然偏心距在各楼层的偏移方向是随机的，从工程安全角度考虑，应按偶然偏心距沿竖向最不利分布进行结构计算分析和后续的构件设计。然而，这样的"精确"处理会大大增加工程技术人员的工作量，而且计算结果的可信度也往往遭到质疑。因此，目前的实际工程操作是将每层质心沿主轴的同一方向（正向或负向）偏移。

3. 竖向地震作用的计算

《建筑抗震设计规范》GB 50011—2010规定，8、9度时的大跨度和长悬臂结构及9度时的高层建筑，应计算竖向地震作用，其中，大跨度和长悬臂结构可按表3-1界定。

大跨度和长悬臂结构 **表3-1**

设防烈度	大跨度	长悬臂
8度	≥24m	≥2.0m
9度	≥18m	≥1.5m

二、计算模型

建筑结构的计算分析模型应根据结构实际情况确定。所选取的分析模型应能较准确地反映结构中各构件的实际受力状况。

1. 楼盖刚性和计算模型的选择

《建筑抗震设计规范》GB 50011—2010规定，结构抗震分析时，应按照楼、屋盖的平面形状和平面内变形情况确定为刚性、分块刚性、半刚性、局部弹性和柔性等的横隔板，再按抗侧力系统的布置确定抗侧力构件间的共同工作并进行各构件间的地震内力分析。对质量和侧向刚度分布接近对称且楼、屋盖可视为刚性横隔板的结构，可采用平面结构模型进行抗震分析；其他情况，应采用空间结构模型进行抗震分析。

根据《建筑抗震设计规范》GB 50011—2010相关条款的解释，所谓刚性、半刚性、柔性横隔板分别指在平面内不考虑变形、考虑变形、不考虑刚度的楼、屋盖。需要说明的是，这样的定义，只是一种定性的解释，并非明确的定量界定，具体工程中楼盖的刚性认定还主要依赖于设计人员的经验判断。因此，抗震规范在后续的相关条款中，分别给出了楼盖长宽比、抗震墙间距、楼盖厚度及构造等详细要求。

从理论分析上看，楼盖的刚性决定着水平地震剪力在竖向抗侧力构件之间的分配方式，因此，反过来，也可以从水平力在竖向抗侧力构件之间的分配方式来判定楼盖的刚性：

（1）**刚性楼盖**：如果水平力是可按各竖向抗侧力构件的刚度分配，楼板可看作是刚性楼板，这时楼板自身变形相对竖向抗侧力构件的变形来说比较小。

（2）**柔性楼盖**：如果水平力的分配与各竖向抗侧力构件间的相对刚度无关，楼板可看作是柔性楼板，此时楼板自身变形相对竖向抗侧力构件的变形来说比较大。柔性楼板传递水平力的机理是类似于一系列支撑于竖向抗侧力构件间的简支梁。

（3）**半刚性楼盖**：实际结构的楼板是既不是完全刚性，也不是完全柔性，但为了简化计算，通常情况下是可以这样假定的。但是，如果楼板自身变形与竖向抗侧力构件的变形是同一个数量级，楼板体系不可假定为完全刚性或柔性，而为半刚性楼板。

通常情况下，现浇混凝土楼盖、带有叠合层的预制板楼盖、浇筑混凝土的钢板楼盖被看作是刚性楼盖，而不带叠合层的预制板楼盖、不浇筑混凝土的钢板楼盖以及木楼盖被视为柔性楼盖。一般情况下，这样分类是可以的，但在某些特殊场合，应注意楼板体系和竖向抗侧力体系之间的相对刚度，否则，会导致计算结果的误差大大超过工程设计的容许范围，进而造成设计结果存在安全隐患。因此，《建筑抗震设计规范》和《高层建筑混凝土结构技术规程》对抗侧力构件（抗震墙或剪力墙）间楼盖的长宽比、抗侧力构件间距以及楼盖的构造措施提出了明确的规定，目的是为了保证楼盖的刚度符合刚性假定。

关于楼盖刚性与柔性的界定，美国的 ASCE7-05 规范给出了明确的规定，我国工程设计人员在进行结构计算时可以参考使用：当两相邻抗侧力构件之间的楼板在地震作用下的最大变形量超过两端抗侧力构件侧向位移平均值的 2 倍时，该楼板即定义为柔性楼板（图 3-1）。

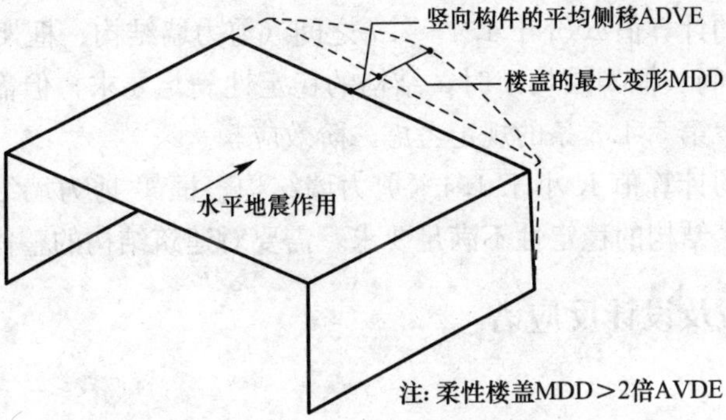

图 3-1　美国 ASCE7 规范关于柔性楼盖的定义

2. *P*-*Δ* 效应

建筑结构在外力作用下发生变形，结构质量位置发生变化，会产生二阶的倾覆力矩，因为这一倾覆力矩的数值等于层总重量 P 与层侧移 Δ 的乘积，所以一般被称为 P-Δ 效应，现今有关规范统称为重力二阶效应。

《建筑抗震设计规范》GB 50011—2010 第 3.6.3 条依据上述基本概念规定，当结构产生的附加的二阶倾覆力矩大于不考虑 P-Δ 效应的倾覆力矩的 10％时，应考虑几何非线性，即重力二阶效应的影响。

$$\theta_i=\frac{M_a}{M_0}=\frac{\Sigma G_i \cdot \Delta u_i}{V_i \cdot h_i}>0.1 \tag{3-1}$$

式中　θ_i——稳定系数；

ΣG_i——i 层以上全部重力荷载计算值；

Δu_i——第 i 层楼层质心处的弹性或弹塑性层间位移；

V_i——第 i 层地震剪力计算值；

h_i——第 i 层层间高度。

由前述的基本概念可知，影响重力二阶效应有两个关键因素，即结构的侧向刚度和结构的重力荷载，因此，《高层建筑混凝土结构技术规程》对结构的弹性刚度和重力荷载的相互关系给出了规定，当结构的刚度与重力荷载的相对比值（即通常所谓的刚重比）满足一定条件时，可不考虑重力二阶效应的影响。

刚重比指的是结构刚度与重力荷载的比值，它是检查判断结构重力二阶效应的主要参数，也是控制结构整体稳定性的重要因素。根据《高层建筑混凝土结构技术规程》的相关规定，刚重比可定义为：

$$R=\begin{cases}\dfrac{EJ_{\mathrm{d}}}{H^2\sum\limits_{i=1}^{n}G_i} & \text{剪力墙结构、框架-剪力墙结构、筒体结构}\\ \dfrac{D_i}{\sum\limits_{j=i}^{n}G_j/h_i}(i=1,2,\cdots,n) & \text{框架结构}\end{cases}\tag{3-2}$$

（1）当刚重比的计算值 R 不小于 2.7（剪力墙结构、框架-剪力墙结构、筒体结构）或 20（框架结构）时，结构的稳定性满足要求，同时，可不考虑二阶效应。

（2）当刚重比的计算值 R 介于 1.4～2.7 之间（剪力墙结构、框架-剪力墙结构、筒体结构）或 10～20 之间（框架结构）时，结构的稳定性满足要求，但需要按《高层建筑混凝土结构技术规程》第 5.4.3 条的规定考虑二阶效应。

（3）当刚重比的计算值 R 小于 1.4（剪力墙结构、框架-剪力墙结构、筒体结构）或 10（框架结构）时，结构的稳定性不满足要求，需要对建筑结构的整体布局进行调整。

三、重力荷载及设计反应谱

1. 重力荷载

计算地震作用时，建筑的重力荷载代表值应取结构和构配件自重标准值和各可变荷载组合值之和。各可变荷载的组合值系数，应按表 3-2 采用。

组合值系数 **表 3-2**

可变荷载种类		组合值系数
雪荷载		0.5
屋面积灰荷载		0.5
屋面活荷载		不计入
按实际情况计算的楼面活荷载		1.0
按等效均布荷载计算的楼面活荷载	藏书库、档案库	0.8
	其他民用建筑	0.5
起重机悬吊物重力	硬钩起重机	0.3
	软钩起重机	不计入

注：硬钩起重机的吊重较大时，组合值系数应按实际情况采用。

需要注意的是，计算建筑的重力荷载代表值时，可不考虑按等效均布计算的楼面消防车荷载。因为根据概率原理，当建筑工程发生火灾、消防车进行消防作业的同时，本地区发生 50 年一遇地震（多遇地震）的可能性是很小的。因此，对于建筑抗震设计来说，消防车荷载属于另一种偶然荷载，计算建筑的重力荷载代表值时，可不予以考虑。实际工程设计时，等效均布的楼面消防车荷载可按楼面活荷载对待，参与结构设计计算，但不参与地震作用效应组合。

2. 设计反应谱

（1）地震影响系数 α 的含义

《规范》地震影响系数 α，取单质点弹性结构在地震作用下的最大加速度反应与重力加速度比的平均值。因此，α 由地震动最大加速度 a_{max} 与结构地震反应放大倍数 β 组成，即

$$\alpha(T)=a_{max}\cdot\beta(T)/g=k\cdot\beta(T) \tag{3-3}$$

式中　T——结构自振周期；

k——地震系数，随设防水准不同，取值也不同，如表 3-3 所示。

地震系数 k 取值　　**表 3-3**

设防水准	设防烈度			
	6	7	8	9
	k			
多遇地震 50 年超越概率 63.2%	0.018	0.035（0.055）	0.07（0.11）	0.14
设防烈度地震 50 年超越概率 10%	0.05	0.10（0.15）	0.20（0.30）	0.40
罕遇地震 50 年超越概率 2%～3%	0.125	0.22（0.31）	0.40（0.51）	0.62

从表 3-3 可见，相当于设防烈度的 k 值，同《中国地震动峰值加速度区划图》GB 18306—2001 中的地震动峰值加速度和设计基本地震加速度值相一致，多遇地震和罕遇地震的地震系数 k 值，同《规范》规定的时程分析所用地震加速度时程的最大值相一致。

（2）地震影响系数最大值 α_{max}

$$\alpha_{max}=k\cdot\beta_{max} \tag{3-4}$$

式中　β_{max}——结构地震反应放大倍数最大值，同结构的阻尼比有关，当阻尼比为 0.05 时，β_{max} 取 2.25。

地震影响系数的最大值随设防水准与设防烈度不同按表 3-4 取值。

地震影响系数最大值 α_{max}　　**表 3-4**

设防烈度	6	7	8	9
第一阶段设计值	0.04	0.08（0.12）	0.16（0.24）	0.32
第二阶段设计值	0.28	0.50（0.72）	0.90（1.20）	1.40

（3）地震影响系数随结构自振周期 T 的变化

按《规范》反应谱法计算时，基本振型和高阶振型的地震影响系数 α，均随结构振型周期而变。

1）直线上升段，周期 0～0.1s 的区段。

2）水平段，自 0.1s～T_g 的区段，取最大值 α_{max}。

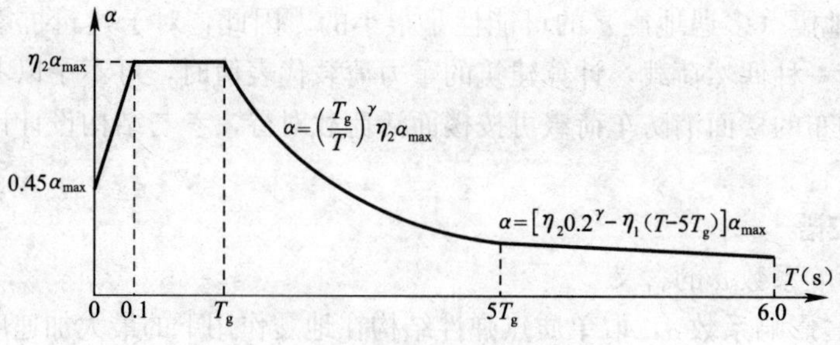

图 3-2 地震影响系数曲线

3）曲线下降段，自 T_g～$5T_g$ 区段，衰减指数取 0.9。

4）直线下降段，自 $5T_g$～6s 区段，下降调整系数为 0.02，阻尼调整系数为 1。

（4）设计特征周期 T_g 值

设计特征周期 T_g（s） **表 3-5**

设计地震分组	场地类别				
	I_0	I_1	Ⅱ	Ⅲ	Ⅳ
第一组	0.20	0.25	0.35	0.45	0.65
第二组	0.25	0.30	0.40	0.55	0.75
第三组	0.30	0.35	0.45	0.65	0.90

注：计算罕遇地震作用时，设计特征周期宜增加 0.05s。

（5）地震影响系数随结构阻尼比的变化

1）曲线下降段的衰减指数 γ

$$\gamma=0.9+\frac{0.05-\zeta}{0.3+6\zeta}$$

式中 γ——下降段的衰减指数；

ζ——阻尼比。

2）直线下降段的下降斜率调整系数 η_1

$$\eta_1=0.02+(0.05-\zeta)/(4+32\zeta)$$

式中 η_1——直线下降段的下降斜率调整系数，小于 0 时取 0。

3）阻尼调整系数 η_2

$$\eta_2=1+\frac{0.05-\zeta}{0.08+1.6\zeta}$$

式中 η_2——阻尼调整系数，当小于 0.55 时，应取 0.55。

四、计算方法

1. 底部剪力法

底部剪力法是计算规则结构水平地震作用的简化方法，按照弹性地震反应谱理论，结构底部总地震剪力与等效的单质点的水平地震作用相等，由此，可确定结构总水平地震作用及其沿高度的分布。计算时，各层的重力荷载代表值集中于楼盖处，在每个主轴方向可仅考虑一个自由度。

（1）适用范围

底部剪力法，一般适用于高度不超过 40m、以剪切变形为主且质量和刚度沿高度分布比较均匀的结构，以及近似于单质点体系的结构。

（2）总水平地震作用标准值

采用底部剪力法时，各楼层可仅取一个自由度，结构的水平地震作用标准值，应按下列公式确定（图 3-3）：

$$F_{Ek}=\alpha_1 G_{eq} \tag{3-5}$$

式中 F_{Ek}——结构总水平地震作用标准值；

α_1——相应于结构基本自振周期的水平地震影响系数值，应按抗震规范第 5.1.4、5.1.5 条确定，多层砌体房屋、底部框架砌体房屋，宜取水平地震影响系数最大值；

G_{eq}——结构等效总重力荷载，单质点应取总重力荷载代表值，多质点可取总重力荷载代表值的 85%。

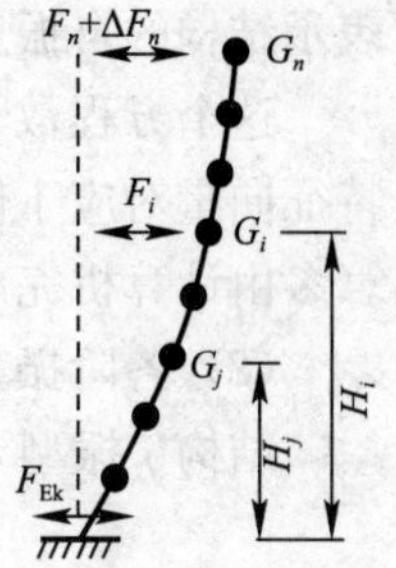

图 3-3　结构水平地震作用计算简图

（3）水平地震作用沿高度分布

$$F_i=\frac{G_iH_i}{\sum_{j=1}^{n}G_jH_j}F_{Ek}(1-\delta_n)\quad(i=1,2,\cdots,n) \tag{3-6}$$

$$\Delta F_n=\delta_n F_{Ek} \tag{3-7}$$

式中 F_i——质点 i 的水平地震作用标准值；

G_i、G_j——分别为集中于质点 i、j 的重力荷载代表值；

H_i、H_j——分别为质点 i、j 的计算高度；

δ_n——顶部附加地震作用系数，多层钢筋混凝土和钢结构房屋可按表 3-6 采用，其他房屋可采用 0.0；

ΔF_n——顶部附加水平地震作用。

顶部附加地震作用系数　　**表 3-6**

T_g（s）	$T_1>1.4T_g$	$T_1\leqslant1.4T_g$
$T_g\leqslant0.35$	$0.08T_1+0.07$	
$0.35<T_g\leqslant0.55$	$0.08T_1+0.01$	0.0
$T_g>0.55$	$0.08T_1-0.02$	

注：T_1 为结构基本自振周期。

2. 平动的振型分解反应谱法

平动的振型分解反应谱法是无扭转结构抗震分析的基本方法。它把结构同一方向各阶平动振型作为广义坐标系，每个振型是一个等效单自由度体系，可按反应谱理论确定每一个振型的地震作用并求得相应的地震作用效应（弯矩、剪力、轴向力和位移、变形等），再根据随机振动过程的遇合理论，用平方和平方根的组合（SRSS）得到整个结构的地震作用效应。

（1）结构反应的振型分解

一般情况下，描述结构在某个方向的运动，只需事先了解结构固有的 n 个自振周期的相应的振型，结构任一点的地震反应是 n 个等效单自由度体系地震反应和相应振型的线性组合，这就是振型分解的概念。

结构固有的自振周期和振型，是结构在不受任何外力作用时振动（称自由振动）的固有特性。将重力荷载代表值集中于楼层或质点之处，对应于自由振动的频率方程可写为：

$$-\omega^2[m]+[K]=0$$

表示结构的自振周期和振型取决于结构的质量分布［m］和刚度分布［K］。

这个方程数学上称为特征方程。特征方程的特征根对应于自振周期 T_g，特征方程的特征向量对应于体系的振动形状，也就是振型 X_{ji}。因而，结构各阶自振周期和振型的计算多由计算机完成。

（2）各阶振型的地震作用标准值

结构 j 振型 i 质点的水平地震作用标准值，应按下列公式确定：

$$F_{ji}=\alpha_j\gamma_j X_{ji}G_i \quad (i=1,2,\cdots,n,j=1,2,\cdots,m) \tag{3-8}$$

$$\gamma_j=\sum_{i=1}^{n}X_{ji}G_i\Big/\sum_{i=1}^{n}X_{ji}^2G_i \tag{3-9}$$

式中 F_{ji}——j 振型 i 质点的水平地震作用标准值；

α_j——相应于 j 振型自振周期的地震影响系数；

X_{ji}——j 振型 i 质点的水平相对位移；

γ_j——j 振型的参与系数，表示结构振动时 j 振型所占的比重。

（3）各阶振型地震作用效应的组合

确定每个振型的水平地震作用标准值后，就可按弹性力学方法求得每个振型对应的地震作用效应 S_j（弯矩、剪力、轴向力和位移、变形），然后按平方和平方根法（SRSS）加以组合。得到地震作用效应的计算值 S：

$$S_{Ek}=\sqrt{\Sigma S_j^2} \tag{3-10}$$

式中 S_{Ek}——水平地震作用标准值的效应；

S_j——j 振型水平地震作用标准值的效应，可只取前 2～3 个振型，当基本自振周期大于 1.5s 或房屋高宽比大于 5 时，振型个数应适当增加。

需要注意的是，地震作用效应（内力和变形）的组合不同于水平地震作用的组合，不可用 $F_i=\sqrt{\Sigma F_{ji}^2}$ 作为 i 质点的水平地震作用，再按弹性力学方法求得地震内力和位移。

3. 扭转耦联的振型分解反应谱法

扭转耦联的振型分解反应谱法，是不对称结构抗震分析的基本方法。它与平动的振型分解反应谱法不同之处是：

1）扭转耦联振型有平移分量也有转角分量。

2）各阶振型地震作用效应的组合，需采用完全二次项平方根法组合（CQC 法）。

（1）结构的扭转耦联振型

	主要特点
频率方程	① 刚度矩阵［K］包含平动刚度和绕质心的转动刚度 ② 质量矩阵［m］包含几种质量和绕质心的转动惯性矩

续表

	主要特点
振型	① 每个振型的平移分量和转角分量耦联，不出现单一分量的振动形式 ② 扭转效应较小时，当某分量所占比重很大，可近似得到该分量的振动形式
楼层位移参考轴	即使每个楼层只考虑质心处两个正交的水平移动和一个转角共三个自由度，楼层其他各点的位移也不相同。因而，任选某竖向参考轴计算，虽然各振型的自振周期相同，但所得到的振型不同。为此，要以各楼层质心连成的参考轴作为扭转振型的基准

(2) 各阶扭转振型的地震作用标准值

按扭转耦联振型分解法计算时，各楼层可取两个正交的水平位移和一个转角共三个自由度，并应按下列公式计算结构的地震作用和作用效应。

j 振型 i 层的水平地震作用标准值，应按下列公式确定：

$$\begin{aligned} F_{xji} &= \alpha_j \gamma_{tj} X_{ji} G_i \\ F_{yji} &= \alpha_j \gamma_{tj} Y_{ji} G_i \quad (i=1,2,\cdots,n, j=1,2,\cdots,m) \\ F_{tji} &= \alpha_j \gamma_{tj} r_i^2 \varphi_{ji} G_i \end{aligned} \tag{3-11}$$

式中 F_{xji}、F_{yji}、F_{tji}——分别为 j 振型 i 层的 x 方向、y 方向和转角方向的地震作用标准值；

X_{ji}、Y_{ji}——分别为 j 振型 i 层质心在 x、y 方向的水平相对位移；

φ_{ji}——j 振型 i 层的相对扭转角；

r_i——i 层转动半径，可取 i 层绕质心的转动惯量除以该层质量的商的正二次方根；

γ_{tj}——计入扭转的 j 振型的参与系数，可按下列公式确定：

当仅取 x 方向地震作用时

$$\gamma_{tj} = \sum_{i=1}^{n} X_{ji} G_i \Big/ \sum_{i=1}^{n} (X_{ji}^2 + Y_{ji}^2 + \varphi_{ji}^2 r_i^2) G_i \tag{3-12}$$

当仅取 y 方向地震作用时

$$\gamma_{tj} = \sum_{i=1}^{n} Y_{ji} G_i \Big/ \sum_{i=1}^{n} (X_{ji}^2 + Y_{ji}^2 + \varphi_{ji}^2 r_i^2) G_i \tag{3-13}$$

当取与 x 方向斜交的地震作用时，

$$\gamma_{tj} = \gamma_{xj} \cos\theta + \gamma_{yj} \sin\theta \tag{3-14}$$

式中 γ_{xj}、γ_{yj}——分别由式（3-12）、式（3-13）求得的参与系数；

θ——地震作用方向与 x 方向的夹角。

(3) 各阶扭转振型地震作用效应的组合

确定每个扭转振型在 x 方向、y 方向和转角方向的水平地震作用标准值之后，同样用弹性力学方法求出每个振型对应的地震作用效应，但要采用完全二次项平方根法（CQC）加以组合，得到地震作用效应的计算值 S。

1) 单向水平地震作用下的扭转耦联效应，可按下列公式确定：

$$S_{Ek} = \sqrt{\sum_{j=1}^{m} \sum_{k=1}^{m} \rho_{jk} S_j S_k} \tag{3-15}$$

$$\rho_{jk} = \frac{8\sqrt{\zeta_j \zeta_k} (\zeta_j + \lambda_T \zeta_k) \lambda_T^{1.5}}{(1-\lambda_T^2)^2 + 4\zeta_j \zeta_k (1+\lambda_T^2) \lambda_T + 4(\zeta_j^2 + \zeta_k^2) \lambda_T^2} \tag{3-16}$$

式中　S_{Ek}——地震作用标准值的扭转效应；

S_j、S_k——分别为 j、k 振型地震作用标准值的效应，可取前 9～15 个振型；

ζ_j、ζ_k——分别为 j、k 振型的阻尼比；

ρ_{jk}——j 振型与 k 振型的耦联系数；

λ_T——k 振型与 j 振型的自振周期比。

2）双向水平地震作用下的扭转耦联效应，可按下列公式中的较大值确定：

$$S_{Ek} = \sqrt{S_x^2 + (0.85S_y)^2} \tag{3-17}$$

或

$$S_{Ek} = \sqrt{S_y^2 + (0.85S_x)^2} \tag{3-18}$$

式中　S_x、S_y——分别为 x 向、y 向单向水平地震作用按式（3-16）计算的扭转效应。

4. 时程分析法

时程分析法是由建筑结构的基本运动方程，输入对应于建筑场地的若干条地震加速度记录或人工加速度波形（时程曲线），通过积分运算求得在地面加速度随时间变化期间内结构内力和变形状态随时间变化的全过程，并以此进行构件截面抗震承载力验算和变形验算。时程分析法亦称数值积分法、直接动力法等。

（1）基本方程及其解法

任一多层结构在地震作用下的运动方程是

$$[m]\{\ddot{u}\} + [C]\{\dot{u}\} + [K]\{u\} = -[m]\{\ddot{u}_g\} \tag{3-19}$$

式中，$\ddot{u}_g$ 为地震地面运动加速度波。计算模型不同时，质量矩阵 $[m]$、阻尼矩阵 $[C]$、刚度矩阵 $[K]$、位移向量 $\{u\}$、速度向量 $\{\dot{u}\}$ 和加速度向量 $\{\ddot{u}\}$ 有不同的形式。

地震地面运动加速度记录波形是一个复杂的时间函数，方程的求解要利用逐步计算的数值方法。将地震作用时间划分成许多微小的时段，相隔 Δt，基本运动方程改写为 i 时刻至 $i+1$ 时刻的半增量微分方程：

$$\begin{gathered}[m]\{\Delta\ddot{x}\}_{i+1} + [C]_i^{i+1}\{\Delta\dot{x}\}_i^{i+1} + [K]_i^{i+1}\{\Delta x\}_i^{i+1} + \{Q\}_i = -[m]\{\ddot{u}_g\}_{i+1} \\ \{Q\}_i = \{Q\}_{i-1} + [K]_{i-1}^i\{\Delta x\}_{i-1}^i + [C]_{i-1}^i\{\Delta\dot{x}\}_{i-1}^i \\ \{Q\}_0 = 0\end{gathered} \tag{3-20}$$

然后，借助于不同的近似处理，把 $\{\Delta\ddot{x}\}$、$\{\Delta\dot{x}\}$ 等均用 Δx 表示，获得拟静力方程：

$$[K]_i^{i+1}\{\Delta x\}_i^{i+1} = \{\Delta P^*\}_i^{i+1} \tag{3-21}$$

求出 $\{\Delta x\}_i^{i+1}$ 后，就可得到 $i+1$ 时刻的位移、速度、加速度及相应的内力和变形，并作为下一步计算的初值，一步一步地求出全部结果——结构内力和变形随时间变化的全过程。

在第一阶段设计计算时，用弹性时程分析，$[K]_i^{i+1}$ 保持不变；在第二阶段设计计算时，用弹塑性时程分析，$[K]_i^{i+1}$ 随结构及其构件所处的变形状态，在不同时刻取不同的数值。

（2）输入地震波的选择与控制

时程分析法计算的结果合适与否主要依赖于输入激励（地震波）是否合适。由于实际工程设计时，输入计算模型的地震波数量有限，只能反映少数地震、局部场点地震动特征，具有鲜明的“个性”，因此，规范规定时程分析法主要作为反应谱法的“补充”，同时，对输入地震波提出了如下的控制性要求：

1）数量要求

当取三组时程曲线进行计算时，结构地震作用效应宜取时程法的包络值和振型分解反应谱法计算结果的较大值；

当取七组及七组以上的时程曲线进行计算时，结构地震作用效应可取时程法的平均值和振型分解反应谱法计算结果的较大值。

2）质量（频谱）要求

多组时程曲线的平均地震影响系数曲线应与振型分解反应谱法所采用的地震影响系数曲线在统计意义上相符。所谓“在统计意义上相符”指的是，多组时程波的平均地震影响系数曲线与振型分解反应谱法所用的地震影响系数曲线相比，在对应于结构主要振型的周期点（T_1、T_2）上相差不大于20%。

弹性时程分析时，每条时程曲线计算所得结构底部剪力不应小于振型分解反应谱法计算结果的65%，多条时程曲线计算所得结构底部剪力的平均值不应小于振型分解反应谱法计算结果的80%。

3）构成要求

应按建筑场地类别和设计地震分组选取实际地震记录和人工模拟的加速度时程曲线，其中实际强震记录的数量不应少于总数的2/3。一般来说，输入3组时，按2+1原则选波；输入7组时，按5+2原则选波。

规范要求同时输入天然波和人工波的原因：

① 人工波是用数学方法生成的平稳或非平稳的随机过程，其优点是频谱成分丰富，可均匀地“激发”各阶振型响应；缺点是短周期部分过于“平坦”，与实际地震特性差距较大（图3-4）。

② 天然波是完全非平稳随机过程，其优点是高频部分（短周期）变化剧烈，利于“激发”结构的高振型；缺点是低频部分（长周期）下降过快，对长周期结构的反应估计不足（图3-5）。

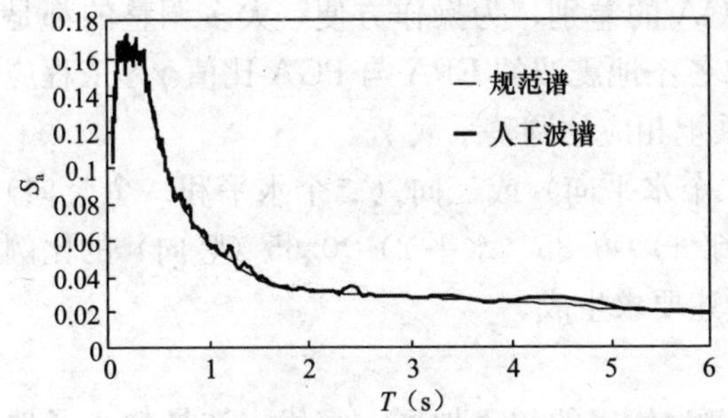

图3-4 人工波反应谱

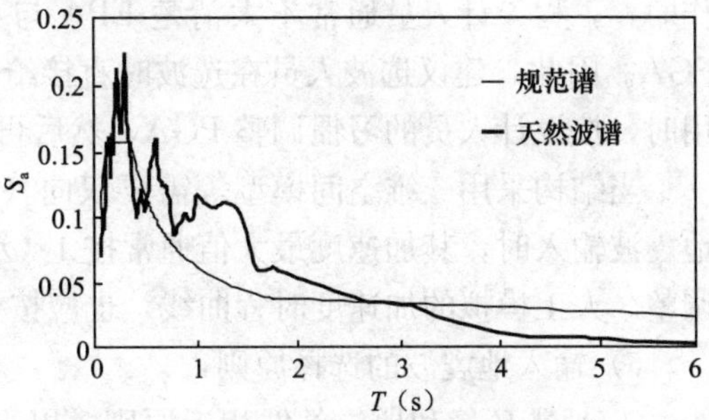

图3-5 天然波反应谱

4）长度（持时）要求

输入的地震加速度时程曲线的有效持续时间，一般从首次达到该时程曲线最大峰值的10%那一点算起，到最后一点达到最大峰值的10%为止（图3-6）；不论是实际的强震记录还是人工模拟波形，有效持续时间一般为结构基本周期的5～10倍，即结构顶点的位移可按基本周期往复5～10次。

要求不低于5次是为了保证持续时间足够长；要求不高于10次，最初的愿望是为了减少计算的工作量，鉴于目前计算机的计算能力已大大增强，上限10次的要求已不再特别强调，实际工程选波时要着重注意5次的底限要求。

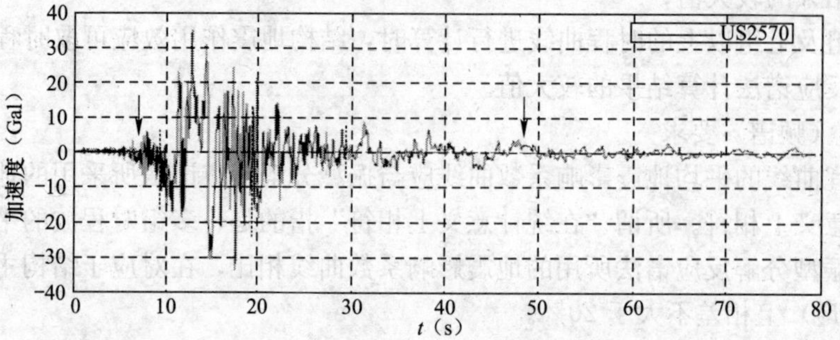

图3-6 地震波有效持续时间确定示例

5）大小（峰值）要求

研究表明，实际地震中对结构反应起决定性作用的是地震波的有效峰值加速度（Effective peak acceleration，EPA），而不是通常所谓的实际峰值加速度（Peak ground acceleration，PGA）。因此，《建筑抗震设计规范》GB 50011—2010在条文说明中特意强调，加速度的有效峰值应按规范正文的要求进行调整。

所谓有效峰值（EPA），指的是5％阻尼比的加速度反应谱在0.1～0.5s周期间的平均值 S_a 与标准反应谱动力放大系数最大值 β_{max} 的比值，即：

$$EPA = S_a/\beta_{max} \tag{3-22}$$

式中 S_a——5％阻尼反应谱在周期0.1～0.5s之间的平均值；

β_{max}——5％阻尼的动力放大系数最大值，我国取2.25，美国、欧洲取2.5，也有取3.0的。

一般来说，每条地震波的有效峰值EPA与实际的峰值PGA并不相等，但实际工程操作时，工程设计人员通常不太清楚EPA与PGA的差别，为操作方便，大多调整的都是PGA。因此，建议选波人员在选波时直接给出各条地震波的EPA与PGA比值 γ，工程应用时，按设计人员的习惯调整PGA，然后再乘上相应的调整系数 γ。

当结构采用三维空间模型等需要双向（二个水平向）或三向（二个水平和一个竖向）地震波输入时，其加速度最大值通常按1（水平1）∶0.85（水平2）∶0.65（竖向）的比例调整。人工模拟的加速度时程曲线，也应按上述要求生成。

6）输入地震波的选择原则：

① 地震环境和地质条件相近原则：以上海为代表的软土地区，宜优先选择软土场地的地震记录，比如墨西哥地震记录。

② 频谱特性相符的原则：即统计意义相符原则，实际操作时，应主要控制场地特征周期 T_g 和结构基本周期 T_1 两点处的反应谱误差：所选地震波的平均反应谱在 T_g 和 T_1 处谱值与规范谱相比，误差不超过20％。

③ 选强不选弱原则：尽量选择峰值较大的天然记录，因为原始记录的峰值越小，环境噪声的比重越大，对结构动力时程分析而言，只有强震部分才有意义。一般情况下，要求原始记录的最大峰值不小于0.1g。

五、地震作用调整

1. 鞭梢效应

(1) 震害表现

一些高层建筑常因功能上的需要，在屋顶上面设置比较细高的小塔楼。这些屋顶小塔楼在风力等常规荷载下都表现良好，无一发生问题；然而在地震作用下却一反常态，即使在楼房上体结构无震害或震害很轻的情况下，屋顶小塔楼也发生严重破坏。1964 年四川自贡地震，兴隆坳的几幢 4 层住宅，主体几乎无震害，而突出屋顶的楼梯间均严重破坏。1967 年河北河间地震，波及天津市，位于 5 度区的天津市百货大楼，7 层框架体系的主体震害很轻，但高出屋顶的平面尺寸较小的塔楼，破坏严重。天津南开大学主楼，为 7 层框架体系，高 27m，门厅处屋面以上有三层塔楼，顶高约 50m。1976 年 7 月唐山地震时，该楼位于 8 度区，框架体系主体几乎无震害，但其上塔楼破坏严重，向南倾斜约 200mm，同年 11 月宁河地震时，整个塔楼倒塌。唐山地震时，位于 6 度区的北京国务院第一招待所，8 层框架体系主体没有什么震害，但出屋顶的楼梯间却破坏严重。2008 年汶川地震中也存在大量的出屋面小塔楼破坏现象（图 3-7、图 3-8）。

(*a*) 8度区某砖混结构，顶部出屋面房间完全倒塌，下部结构基本完好

(*b*) 7度区某砖混结构，局部突出部位破坏严重，下面结构基本完好

图 3-7　汶川地震中砖混结构局部出屋面房间破坏情况

(*a*) 6度区某15层框架-剪力墙结构，主体结构完好

(*b*) 出屋面小塔楼破坏严重，柱端混凝土压碎，钢筋呈灯笼状

图 3-8　汶川地震中混凝土结构出屋面小塔楼破坏状况

(2) 鞭鞘效应的原理

屋顶塔楼，在平面尺寸和抗侧刚度方面，均比高层建筑的主体小得多。因此，当建筑在地震动作用下产生振动时，屋顶小塔楼不可能作为主楼的一部分，与主楼一起作整体振动；而是在高层建筑屋顶层振动的激励下，产生二次型振动，屋顶塔楼的振动得到了两次放大（图 3-9）。第一次放大，是高层建筑主体在地震动的激发下所产生的振动，其质量中心处的振动放大倍数，大致等于反应谱曲线给出的地震影响系数与地面运动峰值加速度 α 的比值，屋顶处的振动又大致等于质心处振动的两倍。第二次放大，是屋顶塔楼在建筑主体屋盖振动的激发下所产生的振动。第二次振动的放大倍数取决于塔楼自振周期与建筑主体自振周期的接近程度。当屋顶塔楼的某一自振周期与下部建筑主体的某一自振周期相等或接近时，塔楼将会因共振而产生最大的振动加速度；即使两者周期有较大的差距，屋顶塔楼也会产生比建筑主体屋盖处加速度大得多的振动加速度。此外，根据结构弹塑性时程分析结果，屋顶塔楼还会因其刚度的突然减小，产生塑性变形集中，进一步加大塔楼在地震作用下所产生的侧移。所以，高层建筑顶部塔楼的强烈局部振动效应，在结构设计中应该得到充分考虑。

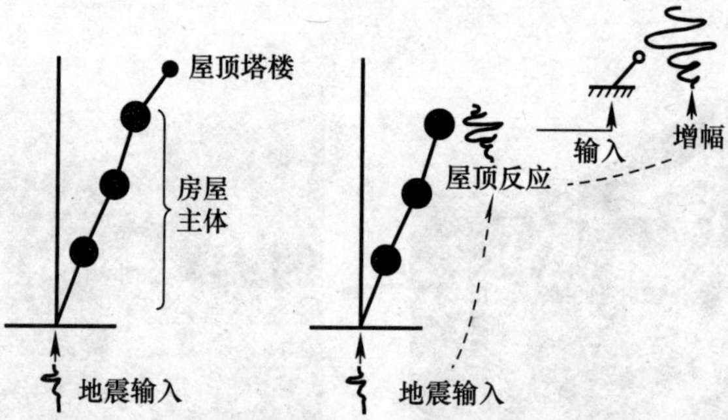

图 3-9　地震时屋顶小塔楼的两次振动放大

(3) 设计措施

地震时高层建筑屋顶上的小塔楼，由于动力效应的两次放大，以及出现塑性变形集中，振动强烈。屋顶小塔楼不仅受到比一般情况大得多的水平地震力，而且产生较大的层间变位。因此，对于屋顶塔楼，设计时应采取相应的对策，一是在计算中采用适当放大的地震力，二是在构造上采取提高结构延性的措施。

《建筑抗震设计规范》规定，采用底部剪力法时，突出屋面的屋顶间、女儿墙、烟囱等的地震作用效应，宜乘以增大系数 3，此增大部分不应往下传递，但与该突出部分相连的构件应予计入；采用振型分解法时，突出屋面部分可作为一个质点。

单层厂房突出屋面天窗架的地震作用效应应按下列规定考虑鞭梢的增大效应：

1) 横向地震作用：对有斜撑杆的三铰拱式钢筋混凝土和钢天窗架，其横向地震作用可采用底部剪力法计算，但跨度大于 9m 或 9 度时，地震作用效应应乘以 1.5 的增大系数；对于其他情况下的天窗架，横向地震作用应采用振型分解反应谱法计算。

2) 纵向地震作用：天窗架的纵向地震作用可采用空间结构分析法，并计及屋盖平面弹性变形和纵墙的有效刚度进行计算。对于柱高不超过 15m 的单跨和等高多跨混凝土无檩屋盖厂房的天窗架，其纵向地震作用可采用底部剪力法计算，但天窗架的地震作用效应应乘以增大系数，其值可按下列规定采用：

单跨、边跨屋盖或有纵向内隔墙的中跨屋盖：

$$\eta = 1 + 0.5n \tag{3-23}$$

其他中跨屋盖：

$$\eta = 0.5n \tag{3-24}$$

式中 η——效应增大系数；

n——厂房跨数，超过四跨时取四跨。

2. 最小地震力控制

由于地震影响系数在长周期段下降较快，对于基本周期大于 3.5s 的结构，由此计算所得的水平地震作用下的结构效应可能太小。而对于长周期结构，地震动态作用中的地面运动速度和位移可能对结构的破坏具有更大影响，但是规范所采用的振型分解反应谱法尚无法对此作出估计。出于结构安全的考虑，依据振型分解反应谱分析时采用的加速度反应谱，提出了对结构总水平地震剪力及各楼层水平地震剪力最小值的要求，规定了不同烈度下的剪力系数最小值，即结构任一楼层的水平地震剪力应符合下式要求：

$$V_{Eki} > \lambda \sum_{j=i}^{n} G_j \tag{3-25}$$

式中 V_{Eki}——第 i 层对应于水平地震作用标准值的楼层剪力；

λ——剪力系数，不应小于表 3-7 规定的楼层最小地震剪力系数值，对竖向不规则结构的薄弱层，表中数值尚应乘以 1.15 的增大系数；

G_j——第 j 层的重力荷载代表值。

楼层最小地震剪力系数值 **表 3-7**

类别	6 度	7 度	8 度	9 度
扭转效应明显或基本周期小于 3.5s 的结构	0.008	0.016 (0.024)	0.032 (0.048)	0.064
基本周期大于 5.0s 的结构	0.006	0.012 (0.018)	0.024 (0.036)	0.048

注：1. 基本周期介于 3.5s 和 5s 之间的结构，按插入法取值；
2. 括号内数值分别用于设计基本地震加速度为 $0.15g$ 和 $0.30g$ 的地区。

(1) 楼层剪力系数的调整方法

当结构的楼层剪力系数不满足上述要求时，应根据不满足的程度分别按下述方法进行调整。

1) 较多楼层不满足或底部楼层差得太多

如果振型分解反应谱法计算结果中有较多楼层的剪力系数不满足最小剪力系数要求（例如 15%以上的楼层）、或底部楼层剪力系数小于最小剪力系数要求太多（例如小于 85%），说明结构整体刚度偏弱（或结构太重），应调整结构体系，增强结构刚度（或减小结构重量），而不能简单采用放大楼层剪力系数的办法。

2) 底部的总剪力略小，中上部楼层均满足

如图 3-10 所示，当结构底部的总地震剪力略小于规范规定而中、上部楼层均满足最小值时，可根据结构的基本周期的不同分别采用以下方法调整：

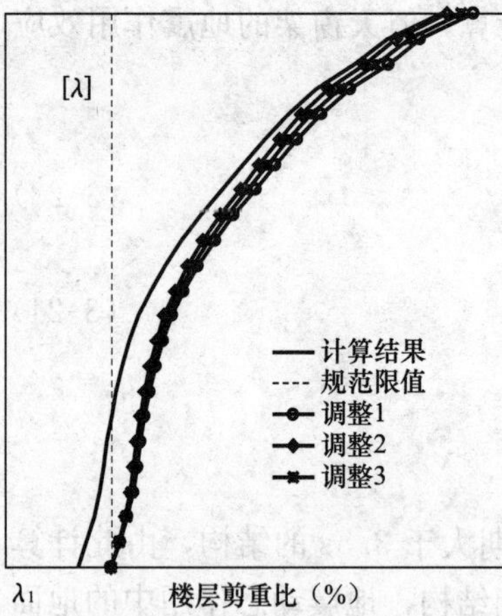

图 3-10 楼层地震剪力调整方法

① 当结构基本周期位于设计反应谱的加速度控制段，即 $T_1 < T_g$ 时，

$$\eta > [\lambda]/\lambda_1 \tag{3-26}$$

$$V_{Eki}^{*} = \eta V_{Eki} = \eta \lambda_i \sum_{j=i}^{n} G_j \quad (i = 1, \cdots, n) \tag{3-27}$$

式中 η——楼层水平地震剪力放大系数；

$[\lambda]$——规范规定的楼层最小地震剪力系数值；

λ_1——结构底层的地震剪力系数计算值；

V_{Eki}^{*}——调整后的第 i 楼层水平地震作用标准值。

② 当结构基本周期位于设计反应谱的位移控制段，即 $T_1 > 5T_g$ 时：

$$\Delta\lambda > [\lambda] - \lambda_1 \tag{3-28}$$

$$V_{Eki}^{*} = V_{Eki} + \Delta V_{Eki} = (\lambda_i + \Delta\lambda) \sum_{j=i}^{n} G_j \quad (i = 1, \cdots, n) \tag{3-29}$$

③ 当结构基本周期位于设计反应谱的速度控制段，即 $T_g \leqslant T_1 \leqslant 5T_g$ 时，

$$\eta > [\lambda]/\lambda_1 \tag{3-30}$$

$$\Delta\lambda > [\lambda] - \lambda_1 \tag{3-31}$$

$$V_{Eki}^{1} = \eta V_{Eki} = \eta \lambda_i \sum_{j=i}^{n} G_j \quad (i = 1, \cdots, n) \tag{3-32}$$

$$V_{Eki}^{2} = V_{Eki} + \Delta V_{Eki} = (\lambda_i + \Delta\lambda) \sum_{j=i}^{n} G_j \quad (i = 1, \cdots, n) \tag{3-33}$$

$$V_{Eki}^{*} = (V_{Eki}^{1} + V_{Eki}^{2})/2 \tag{3-34}$$

（2）注意事项

1）当底部总剪力相差较多时，结构的选型和总体布置需重新调整，不能仅采用乘以增大系数方法处理。

2）只要底部总剪力不满足要求，则以上各楼层的剪力均需要调整，不能仅调整不满足的楼层。

3）满足最小地震剪力是结构后续抗震计算的前提，只有调整到符合最小剪力要求才能进行相应的地震倾覆力矩、构件内力、位移等的计算分析；即应先调整楼层剪力，再计算内力及位移。

4）采用时程分析法时，其计算的总剪力也需符合最小地震剪力的要求。

5）最小剪重比的规定不考虑阻尼比的不同，是最低要求，各类结构，包括钢结构、隔震和消能减震结构均需一律遵守。

6）采用场地地震安全性评价报告的参数进行计算时，也应遵守本规定。但需注意，此时的最小地震剪力系数应按安评报告的反应谱最大值 $\alpha_{\max,安评}$ 确定，即

$$[\lambda] = \begin{cases} 0.20\alpha_{\max,安评} & T \leqslant 3.5 \\ [0.15 + (T - 3.5)/1.5]\alpha_{\max,安评} & 3.5 < T < 5.0 \\ 0.15\alpha_{\max,安评} & T \geqslant 5.0 \end{cases} \tag{3-35}$$

3. 地基与上部结构相互作用

由于地基和结构动力相互作用的影响，按刚性地基分析的水平地震作用在一定范围内有明显的折减。研究表明，水平地震作用的折减系数主要与场地条件、结构自振周期、上部结构和地基的阻尼特性等因素有关，如图 3-11 所示为《建筑抗震设计规范》规定的结构高宽比小于 3 时地震剪力折减系数与结构自振周期的关系曲线。由图示可知，对于柔性地基上的建筑结构，考虑土-结共同工作时地震剪力的折减系数随结构周期的增大而增大，即结构越柔，周期越长。

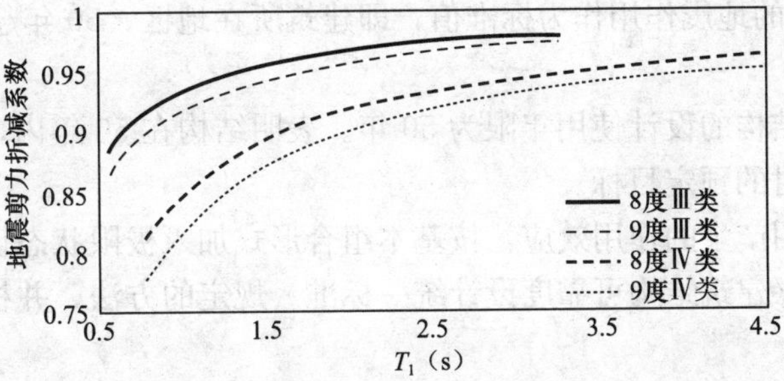

图 3-11　地震剪力折减系数与结构自振周期的关系曲线

理论研究还表明，对于高宽比较大的高层建筑，考虑地基与结构动力相互作用后水平地震作用的折减系数并非各楼层均为同一常数，由于高振型的影响，结构上部几层的水平地震作用一般不宜折减。大量计算分析表明，折减系数沿楼层高度的变化较符合抛物线型分布，为此，抗震规范提供了建筑顶部和底部的折减系数的计算规定，对于中间楼层，为了简化，采用按高度线性插值方法计算折减系数，即

$$\psi_i = \psi_0 + (1-\psi_0)h_i/H \tag{3-36}$$

式中　ψ_i——高宽比不小于 3 时，第 i 层地震剪力折减系数；

ψ_0——高宽比不小于 3 时，结构地震剪力的折减系数；

h_i——第 i 楼层的楼面至基础顶的高度；

H——结构的总高度。

注意事项：

（1）一般情况下，不计入地基与上部结构相互作用的影响。

（2）计入地基与上部结构相互作用影响的前提条件：

① 8、9 度，III、IV 类场地。

② 采用箱基、刚性较好的筏基和桩箱联合基础的钢筋混凝土高层建筑。

③ 结构基本自振周期处于特征周期的 1.2 倍至 5 倍范围内。

（3）考虑地基与上部结构相互作用影响的方法：

① 高宽比小于 3 时，各楼层的地震剪力统一乘以一个相同的折减系数。

② 高宽比不小于 3 时，各楼层的折减系数不同，注意插值计算。

（4）折减后，楼层地震剪力还应满足最小剪重比的控制要求。

第二节　截面抗震验算

一、抗震承载力计算的原则

建筑结构各类构件按承载能力极限状态进行截面抗震验算，是第一阶段抗震设计内容，结构抗震承载力验算应遵守以下的一些原则。

（1）一般结构的设计基准期为 50 年。表明第一阶段抗震设计时，地震作用视为可变作用，取 50 年一遇的地震作用作为标准值，即建筑所在地区，50 年超越概率为 62.3%的地震加速度值。

（2）一般抗震结构的设计使用年限为 50 年。表明结构在 50 年内，不需大修，其抗震能力仍可满足设计时的预定目标。

（3）由地震作用产生的作用效应，按基本组合形式加入极限状态设计表达式，其各分项系效，原则上按《建筑结构可靠度设计统一标准》规定的方法，并根据经济和设计经验确定。

（4）考虑地震作用效应后，结构构件可靠度指标应低于非抗震设计采用的可靠指标，当结构构件可能为延性破坏时，取可靠指标不小于 1.6，当结构构件为脆性破坏时，取可靠指标不小于 2.0。

（5）为使抗震与非抗震设计的设计表达式采用统一的材料抗力，引入了“承载力抗震调整系数”，按构件受力状态对非抗震设计的承载力作适当调整。

（6）《建筑抗震设计规范》GB 50011—2010 的承载能力极限状态表达式各项系数，基本上采用了规范 GBJ 11—89 的分析结果。

二、截面抗震承载力验算表达式

1. 基本表达式

《建筑抗震设计规范》GB 50011—2010，规定结构构件的地震作用效应同其他荷载效应的基本组合及极限状态表达式为

$$S = \gamma_G S_{GE} + \gamma_{Eh} S_{Ehk} + \gamma_{Ev} S_{Evk} + \Psi_w \gamma_w S_{wk} \tag{3-37}$$

$$S_{GE} = S_{Gk} \sum \Psi_{Ei} S_{Qik} \tag{3-38}$$

$$S \leqslant R/\gamma_{RE} \tag{3-39}$$

式中　S——构构件内力组合的设计值，包括组合的弯矩、轴力和剪力设计值；

γ_G——重力荷载分项系数，一般情况应采用 1.2，当重力荷载效应对构件承载力有利时，不应大于 1.0；

γ_{Eh}、γ_{Ev}——分别为水平、竖向地震作用分项系数；

γ_w——风荷载分项系数，应采用 1.4；

S_{GE}——重力荷载代表值效应，有起重机时，尚应包括悬吊物重力标准值的效应；

S_{Ehk}——水平地震作用标准值的效应，尚应乘以相应的增大系数或调整系数；

S_{Evk}——竖向地震作用标准值的效应，尚应乘以相应的增大系数或调整系数；

S_{wk}——风荷载标准值效应；

Ψ_w——风荷载组合值系数，一般结构取 0.0，风荷载起控制作用的高层建筑应采用 0.2；

Ψ_{Ei}——可变荷载组合值系数；

S_{Gk}——永久荷载标准值的效应；

S_{Qik}——第 i 个可变荷载标准值的效应。

2. 重力分项系数 γ_G

一般情况取 $\gamma_G=1.2$；当重力荷载效应对构件的承载力为有利时，可取 $\gamma_G=1.0$。

抗震设计中 $\gamma_G=1.0$ 的情况，有以下的验算项目。

抗震设计中需考虑重力荷载的构（部）件	验算以下项目时，$\gamma_G=1.0$
混凝土柱	大偏心受压验算
混凝土抗震墙	偏心受压验算
混凝土竖向构件	偏压时斜截面受剪验算
梁柱节点核心区	受剪验算
抗震墙地下缝	受剪验算
砌体构件	平均正应力计算
砌体件	偏压时偏心距计算

3. 地震作用分项系数

水平和竖向地震作用效应，有单独考虑其中之一或同时考虑的情况，分项系数 γ_{Eh} 和 γ_{Ev} 有不同的取值，如表 3-8 所示。

地震作用分项系数　　表 3-8

地震作用	γ_{Eh}	γ_{Ev}
仅计算水平地震作用	1.3	0.0
仅计算竖向地震作用	0.0	1.3
同时计算水平和竖向地震作用（水平地震为主）	1.3	0.5
同时计算水平和竖向地震作用（竖向地震为主）	0.5	1.3

4. 抗震承载力调整系数

构件的承载力设计值是一种抗力函数。对非抗震设计，按《建筑结构可靠度设计统一际准》的要求，将多系数设计表达式中的抗力分项系数 γ_R 转换为材料性能分项系数 γ_m，得到非抗震设计的抗力函数，即非抗震设计的承载力设计值。

对于第一阶段的抗震设计，《规范》统一采用 R/γ_{RE} 的形式来表示抗震设计的抗力函数，即抗震设计的承载力设计值。其中 R 表示各有关规范所规定的构件承载力设计值。抗震设计的抗力函数采用这种形式可使抗震设计与非抗震设计有所协调并简化计算。引入 γ_{RE} 体现了构件抗震设计的可靠指标与非抗震设计可靠指标的不同。

鉴于各有关规范的承载力设计值 R 的含义不同，相应的承载力抗震调整系数 γ_{RE} 的含义也有所不同，主要有以下三种类型：

(1) 用地基承载力调整系数 ζ_a 乘地基的承载力特征值 f_a，作为地基抗震承载力设计值，$f_{aE}=\zeta_a f_a$，天然地基竖向抗震验算公式不出现 γ_{RE}，而采用 $p\leqslant f_{aE}$ 的验算表达式。

(2) 以砌体抗震抗剪强度设计值 f_{vE} 替代《砌体结构设计规范》的 f_v，承重无筋砌体截面抗震承载力验算时，取 $\gamma_{RE}=1.0$。

(3) 直接借用非抗震设计的承载力设计值 R_d 除以承载力抗震调整系数 γ_{RE}，转换为抗震承载力设计值 $R_{dE}=R_d/\gamma_{RE}$；如：

1) 混凝土构件正截面受弯承载力抗震验算，直接将《混凝土结构设计规范》有关不等式的右端，均除以 γ_{RE}；

2) 钢结构构件的各种强度的抗震验算，直接将《钢结构设计规范》各有关不等式的右端，除以 γ_{RE}。

5. 地震作用效应调整

地震作用效应基本组合中，含有考虑抗震概念设计的一些效应调整。在《建筑抗震设计规范》及相关技术规程中，属于抗震概念设计的地震作用效应调整的内容较多，有的是在地震作用效应组合之前进行的，有的是在组合之后进行的，实施时需加以注意：

(1) 组合之前进行的调整有：

1)《建筑抗震设计规范》第 3.4.4 条刚度突变的软弱层地震剪力调整系数（不小于 1.15）和水平转换构件的地震内力调整系数（1.25～2.0）。

2)《建筑抗震设计规范》第 3.10.3 条近断层地震动参数增大系数（1.25～1.5）。

3)《建筑抗震设计规范》第 4.1.8 条不利地段水平地震影响系数增大系数（1.1～1.6）。

4)《高层建筑混凝土结构技术规程》第 4.3.16 条和第 4.3.17 条的周期折减系数。

5)《建筑抗震设计规范》第 5.2.3 条考虑扭转效应的边榀构件地震作用效应增大系数。

6)《建筑抗震设计规范》第 5.2.4 条考虑鞭梢效应的屋顶间等地震作用增大系数。

7)《建筑抗震设计规范》第 5.2.5 条和《高层建筑混凝土结构技术规程》第 4.3.12 条不满足最小剪重比规定时的楼层剪力调整。

8)《建筑抗震设计规范》第 5.2.6 条考虑空间作用、楼盖变形等对抗侧力的地震剪力的调整。

9)《建筑抗震设计规范》第 5.2.7 条考虑土-结作用楼层地震剪力折减系数。

10)《建筑抗震设计规范》第 6.2.10 条框支柱内力调整。

11)《建筑抗震设计规范》第 6.2.13 条框架-抗震墙结构二道防线的剪力（$0.2Q_0$）调整和少墙框架结构框架部分地震剪力调整。

12)《建筑抗震设计规范》第 6.6.3 条板柱-抗震墙结构地震作用分配调整。

13)《建筑抗震设计规范》第 6.7.1 条框架-核心筒结构外框地震剪力调整。

14)《建筑抗震设计规范》第 8.2.3 条第 3 款钢框架-支撑结构二道防线的剪力（$0.25Q_0$）调整。

15)《建筑抗震设计规范》第 8.2.3 条第 7 款钢结构转换构件下框架柱内力增大系数（1.5）。

16) 框架-支撑结构二道防线的剪力（$0.25Q_0$）调整。

17)《建筑抗震设计规范》第 9.1.9、9.1.10 条突出屋面天窗架的地震作用效应增大系数。

18)《建筑抗震设计规范》第 G.1.4 条第 3 款钢支撑-混凝土框架结构框架部分地震剪力调整。

19)《建筑抗震设计规范》第 G.2.4 条第 2 款钢框架-钢筋混凝土核心筒结构框架部分地震剪力（0.20Q_0）调整。

20)《建筑抗震设计规范》附录 J 的排架柱地震剪力和弯矩调整。

(2) 组合之后进行的调整有：

1)《建筑抗震设计规范》第 6.2.2 条强柱弱梁的柱端弯矩增大系数。

2)《建筑抗震设计规范》第 6.2.3 条柱下端弯矩增大系数。

3)《建筑抗震设计规范》第 6.2.4 条、6.2.5 条、6.2.8 条强剪弱弯的剪力增大系数。

4)《建筑抗震设计规范》第 6.2.6 条框架角柱内力调整系数（不小于 1.10）。

5)《建筑抗震设计规范》第 6.2.7 条抗震墙墙肢内力调整。

6)《建筑抗震设计规范》第 6.6.3 条第 3 款板柱节点冲切反力增大系数。

7)《建筑抗震设计规范》第 7.2.4 条底部框架-抗震墙砌体房屋底部地震剪力调整系数（1.2～1.5）。

8)《建筑抗震设计规范》第 8.2.3 条第 5 款偏心支撑框架中与消能梁段连接构件的内力增大系数。

第三节　抗震变形验算

一、多遇地震的弹性变形验算

根据《建筑抗震设计规范》第 1.0.1 条抗震设防目标规定，多遇地震作用下结构应处于弹性状态，为此，抗震规范及相关技术标准均规定，除了要对多遇地震下结构构件截面的抗震承载力进行验算外，尚应进行多遇地震下的弹性变形验算，从而满足第一水准的目标要求。

各类结构应进行多遇地震作用下的抗震变形验算，其楼层内最大的弹性层间位移应符合下式要求：

$$\Delta u_e \leqslant [\theta_e]h \tag{3-40}$$

式中　Δu_e——多遇地震作用标准值产生的楼层内最大的弹性层间位移；计算时，除以弯曲变形为主的高层建筑外，可不扣除结构整体弯曲变形；应计入扭转变形，各作用分项系数均应采用 1.0；钢筋混凝土结构构件的截面刚度可采用弹性刚度；

$[\theta_e]$——弹性层间位移角限值，宜按表 3-9 采用；

h——计算楼层层高。

弹性层间位移角限值　　**表 3-9**

结构类型	$[\theta_e]$
钢筋混凝土框架	1/550
钢筋混凝土框架-抗震墙、板柱-抗震墙、框架-核心筒	1/800
钢筋混凝土抗震墙、筒中筒	1/1000
钢筋混凝土框支层	1/1000
多、高层钢结构	1/250

二、罕遇地震下的弹塑性变形验算

1. 验算范围

根据我国《建筑抗震设计规范》的三水准抗震设防要求，当建筑物遭遇到高于本地区抗震设防烈度的罕遇地震影响时，不致倒塌或发生危及生命安全的严重破坏。因此，建筑物在大震作用下，虽然破坏比较严重，但整个结构的非弹性变形仍受到控制，与结构倒塌的临界变形尚有一段距离，从而保障建筑物内部人员的安全。为此，规范要求采用第三水准烈度地震（罕遇地震）参数，计算出结构（特别是柔弱楼层和抗震薄弱环节）的弹塑性层间位移角，使之小于《建筑抗震设计规范》的相关限值，同时，采取必要的抗震构造措施，从而满足罕遇地震的防倒塌要求。

考虑到结构弹塑性变形计算的复杂性，目前的规范规程针对不同的建筑结构提出了不同的要求（详见规范相关条文），具体实施时应注意把握：

（1）应进行弹塑性变形验算的建筑结构

1）甲类建筑结构。

2）9 度设防的乙类建筑结构。

3）隔震和消能减震设计的建筑结构。

4）高度超过 150m 的各类建筑结构，包括混凝土结构、钢结构以及各种混合结构。

5）7～9 度抗震设防，且楼层屈服强度系数小于 0.5 的钢筋混凝土框架结构和框排架结构。

6）符合下列条件之一的高大的单层钢筋混凝土柱厂房的横向排架：

- 8 度抗震设防且位于 III、IV 类场地；
- 9 度抗震设防。

注：高大的单层钢筋混凝土柱厂房，指按平面排架计算时，基本周期 $T_1>1.5s$ 的厂房。

（2）宜进行弹塑性变形验算的建筑结构

1）符合下列条件之一的竖向不规则建筑结构：

- 7 度抗震设防，高度超过 100m；
- 8 度抗震设防，Ⅰ、Ⅱ类场地，高度超过 100m；
- 8 度抗震设防，Ⅲ、Ⅳ类场地，高度超过 80m；
- 9 度抗震设防，高度超过 60m。

2）符合下列条件的乙类建筑结构：

- 7 度抗震设防且位于 III、IV 类场地；
- 8 度抗震设防。

3）板柱-抗震墙结构。

4）底部框架-抗震墙砌体房屋。

5）高度不大于 150m 的钢结构。

6）不规则的地下建筑结构。

注：地下建筑结构的规则性界定应符合《建筑抗震设计规范》GB 50011—2010 第 14.1.3 条的要求。

（3）关于楼层屈服强度系数的计算

楼层屈服强度系数 ξ_y 应按下式计算：

$$\xi_y = V_y / V_e \tag{3-41}$$

对排架柱：

$$\xi_y = M_y / M_e \tag{3-42}$$

式中 V_y——按构件实际配筋和材料强度标准值计算的楼层受剪承载力；

V_e——按罕遇地震作用标准值计算的楼层弹性地震剪力；

M_y——按实际配筋面积、材料强度标准值和轴向力计算的正截面受弯承载力；

M_e——按罕遇地震作用标准值计算的弹性地震弯矩。

实际结构的楼层受剪承载力 V_y 与结构所受的外力大小和分布方式等因素有关，计算是比较复杂的。由于地震作用的随机性以及结构破坏模式的不确定性，精确计算结构的楼层受剪承载力是很困难的事情。目前较为简化且实用的计算方法有三种，即弱柱法、弱梁法和节点失效法。

弱柱法：也称之为拟弱柱化法，假定柱端全部屈服，而梁端不屈服，由柱端的屈服弯矩推定柱的受剪承载力，进而得出楼层的受剪承载力 V_y。该方法由于计算相对简单，可操作性强，而且对强梁弱柱型结构来说，估计的结果与实际比较接近，因此，现行国家标准《建筑抗震鉴定标准》GB 50023—2009 在附录 C 中，推荐采用此方法进行钢筋混凝土结构楼层受剪承载力的评估与计算。

弱梁法：也称之为节点平衡法，假定梁端全部屈服，柱端不屈服，由梁端的屈服弯矩和节点平衡原理推定柱端承受的弯矩，进而计算柱子承受的剪力、楼层受剪承载力 V_y；

节点失效法：假定交汇于节点的若干梁柱端部屈服，致使节点基本丧失抗转动能力。根据部分梁柱端部的屈服弯矩和截面转角相等的原则推定其余杆件端部承受的弯矩，进而计算柱子承受的剪力和楼层受剪承载力 V_y。

大量算例及研究表明，上述 3 种方法中，节点失效法的 V_y 计算结果较为接近实际，弱柱法对 V_y 的估计偏大，而弱梁法则对 V_y 估计偏小。对于按现行标准规范（规程）设计的实际工程来说，建议采用节点失效法进行楼层受剪承载力 V_y 的计算。

2. 计算方法

根据《建筑抗震设计规范》GB 50011—2010 第 5.5.3 条的规定，建筑结构罕遇地震作用下薄弱楼层弹塑性变形计算方法主要有以下三种：

（1）简化方法

在分析总结根据大量剪切型结构薄弱楼层弹塑性层间位移反应的特点和规律的基础上，《建筑抗震设计规范》提出的一种薄弱楼层弹塑性变形估计方法。主要适用于 12 层以下且层刚度无突变的钢筋混凝土框架和框排架结构以及单层钢筋混凝土柱厂房。

罕遇地震作用下薄弱楼层弹塑性变形计算简化方法的基本过程与实例参见附录 D。

（2）静力弹塑性方法

近年来在国内外得到广泛应用的一种结构抗震能力评价的新方法。这一方法的核心思想就在于，希望用一系列连续的线弹性分析结果来估计结构的非线性性能，其基本过程如下：

1）根据建筑的具体情况建立相应的结构计算模型。

2）在结构计算模型上施加必要的竖向荷载。

3）按照一定的加载模式，在结构模型上施加一定的水平荷载，使一个或一批构件进入屈服状态。

4）修改上一步屈服构件的刚度（或使其退出工作状态），再在结构模型上施加一定量的水平荷载，使另一个或一批构件进入屈服状态。

5）不断重复第4）步，直到结构达到预定的破坏状态，记录结构每次屈服的基底剪力、结构顶部位移。

6）以基底剪力、结构顶部位移为坐标绘制结构的荷载-位移曲线。

7）采用能力谱方法或位移系数法确定结构在相应地震动水准下的位移，对结构性能进行评价。

应该说，静力弹塑性分析作为一种结构非线性响应的简化计算方法，在多数情况下它能够得出比静力甚至动力弹性分析更多的重要信息，而且操作简便。但是由于这种分析方法是在假定结构响应是以第一阶振型为主的基础上进行的，因此，按上述方法得到的荷载-位移曲线基本上只能够反应结构的一阶模态响应。对基本周期在1.0s以内的结构，这种方法基本上是有效的；而对于基本周期大于1.0s的柔性结构来说，就必须在分析的过程中考虑高阶振型的影响。

静力弹塑性分析的基本原理、步骤与计算算参见附录E。

（3）弹塑性时程分析方法

又称为动态分析方法。它是将数值化的地震波输入到结构体系的振动微分方程，采用逐步积分法进行结构弹塑性动力分析，计算出结构在整个强震时域中的震动状态全过程，给出各个时刻各杆件的内力和变形，以及各杆件出现塑性铰的顺序。

由于弹塑性动力时程分析方法能够计算地震反应全过程中各时刻结构的内力和变形状态，给出结构的开裂和屈服的顺序，发现应力和塑性变形集中的部位，从而判明结构的屈服机制、薄弱环节以及可能的破坏类型，因此被认为是结构弹塑性分析的最可靠方法。但是，弹塑性时程分析的计算分析工作繁琐，而且计算结果受到输入地震波、构件恢复力模型等影响较大，同时，由于现行各国规范有关弹塑性时程分析方法的规定又缺乏可操作性，因此，在实际抗震设计中该方法并没有得到广泛应用，仅在一些重要的建筑抗震分析中尝试性地使用，更多的时候还是仅限于理论研究。

3. 弹塑性变形验算的简化方法

（1）适用范围

1）层刚度无突变、层数不超过12层的钢筋混凝土框架和框排架结构。

2）单层钢筋混凝土柱厂房。

（2）主要依据

在强烈地震过程中，结构不断发生塑性内力重分配，其弹塑性变形具有独特的规律。根据近几十年的研究成果，关于剪切型多层框架结构在强烈地震作用下的弹塑性变形有以下几点规律，为提供简化计算方法创造了条件。

1）楼层屈服强度系数 ξ_y 是决定结构层间弹塑性变形和层间弹性变形比 η_p 的主要因素，ξ_y 值愈小，则 η_p 值愈大。

2）等强度结构的弹塑性层间位移最大值，一般均出现在底层。

3）刚度和屈服强度系数 ξ_y，沿高度分布均匀的框架，弹塑性层间位移 Δu_p，大于其弹性层间位移 Δu_e，增大倍数与房屋总层数及楼层屈服强度系数密切相关。

4）结构构件承载力是按小震作用计算的，ξ_y 值一般均较小，加之各截面的实际配筋往往与计算配筋不一致，各部位的变动和增大比例不尽相同，因而各楼层的 ξ_y 往往大小不一。ξ_y 值最小或相对较小的楼层，在强烈地震下可能率先屈服，由于塑性内力重分布而形成“塑性变形集中”。这个楼层就是抗震薄弱层，其变形能力的好坏，将直接影响整个结构的抗震性能，关系到大震下结构是否会倒塌。

(3) 基本流程

1) 结构实际屈服强度计算

根据结构构件的断面尺寸、实际配筋和材料强度标准值，按本书附录C计算各楼层的实际抗剪承载力 V_y^a。

2) 罕遇地震下结构弹性反应分析

采用罕遇地震的地震动参数（即罕遇地震下的地震影响系数最大值 α_{max}）进行结构弹性反应分析，计算出结构各楼层的弹性地震剪力 V_e 和弹性层间位移 Δu_e。

3) 罕遇地震下楼层屈服强度系数计算

由上述的楼层的实际抗剪承载力 V_y^a 和楼层的弹性地震剪力 V_e 按下式计算罕遇地震下各楼层的屈服强度系数 ξ_y：

$$\xi_y = V_y^a / V_e \tag{3-43}$$

4) 薄弱层判别

根据楼层屈服强度系数的分布情况，按下述原则确定结构薄弱楼层的位置：

① 等强结构

对于 ξ_y 基本均匀的结构，即各楼层屈服强度系数 ξ_y 大致相等的结构，取结构底层作为薄弱楼层。

② 非等强结构

大量的结构弹塑性地震反应分析结果表明，在楼层屈服强度系数沿高度分布不均匀的结构中，屈服强度系数最小的楼层，弹塑性层间侧移将最大。因此，要检验结构的变形，首先应该检验 ξ_y 最小的楼层和相对较小的楼层，即首先检验薄弱层的变形。一般地，当某楼层的屈服强度系数 ξ_y 满足下列条件之一时，即可认定该层为薄弱楼层：

对于一般楼层 $$\xi_{y,i} < (\xi_{y,i+1} + \xi_{y,i-1})/2 \tag{3-44}$$

对于底层 $$\xi_{y,1} < \xi_{y,2} \tag{3-45}$$

对于顶层 $$\xi_{y,n} < \xi_{y,n-1} \tag{3-46}$$

注意，对于整个结构而言，需要进行弹塑性变形计算的楼层（薄弱楼层）数量，一般应控制在2～3层以内。

③ 单层钢筋混凝土柱厂房

单层钢筋混凝土柱厂房，可取阶形柱的上柱作为薄弱部位。

5) 薄弱层的弹塑性变形计算

① 计算公式

按《建筑抗震设计规范》GB 50011—2010 第5.5.4条规定，结构薄弱层的弹塑性层间位移可按下列公式计算：

$$\Delta u_p = \eta_p \Delta u_e \tag{3-47}$$

或 $$\Delta u_p = \mu \Delta u_y = \frac{\eta_p}{\xi_y} \Delta u_y \tag{3-48}$$

式中 Δu_p——弹塑性层间位移；

Δu_y——层间屈服位移；

μ——楼层延性系数；

Δu_e——罕遇地震作用下按弹性分析的层间位移；

η_p——弹塑性层间位移增大系数，按下述规定取值；

ξ_y——楼层屈服强度系数。

② 关于 η_p 的取值

薄弱楼层弹塑性层间位移增大系数 η_p 应根据薄弱楼层的薄弱程度按下式取值：

$$\eta_p = [1.5 - 5(\rho - 0.5)/3]\eta_{p0} \tag{3-49}$$

$$\rho = \frac{2\xi_{y,i}}{\xi_{y,i-1} + \xi_{y,i+1}} \tag{3-50}$$

式中 η_p——弹塑性层间位移增大系数；

η_{p0}——弹塑性层间位移增大系数基准值，按表 3-10 取值；

$\xi_{y,i}$——第 i 楼层的屈服强度系数；

$\xi_{y,i-1}$——第 $i-1$ 楼层的屈服强度系数；

$\xi_{y,i+1}$——第 $i+1$ 楼层的屈服强度系数；

ρ——薄弱楼层的相对薄弱程度系数，大于 0.8 时，取 0.8，小于 0.5 时，取 0.5。

弹塑性层间位移增大系数基准值 η_{p0} **表 3-10**

结构类型	总层数 n 或部位	ξ_y		
		0.5	0.4	0.3
多层均匀框架结构	2～4	1.30	1.40	1.60
	5～7	1.50	1.65	1.80
	8～12	1.80	2.00	2.20
单层厂房	上柱	1.30	1.60	2.00

4. 弹塑性变形验算的静力弹塑性方法

（1）适用范围

高度 100m 以下、基本周期小于 3s、比较规则的高层建筑结构，可以采用此方法。超出这一范围的建筑结构，Pushover 方法不再适用。

（2）基本原理

1）基本假定

① 实际结构（一般为多自由度体系）的地震反应与某个等效单自由度体系的反应相关。该假定表明结构的地震反应由某一振型（一般为第一振型）起主要控制作用，而其他振型的影响不考虑。

② 结构沿高度的变形由形状向量表示，在整个地震反应过程中，不管结构的变形大小，形状向量保持不变。

2）一般步骤

① 根据建筑的具体情况建立相应的结构计算模型，计算模型应能够反映所有重要的弹性和非弹性反应特征。

② 在结构计算模型上施加必要的竖向荷载，计算结构在竖向荷载作用下的内力（将与水平

力作用下的内力叠加，作为某一级水平力作用下构件的内力，以判断构件是否开裂或屈服）。

③ 按照一定的加载模式，在结构模型上施加一定的水平荷载，确定其大小的原则是：水平力产生的内力与第②步计算的内力叠加后，恰好使一个或一批件开裂或屈服。

④ 修改上一步屈服构件的刚度（或使其退出工作状态），再在结构模型上施加一定量的水平荷载，使另一个或一批构件进入屈服状态。

⑤ 不断重复第④步，直到结构达到预定的破坏状态，记录结构每次屈服的基底剪力、结构顶部位移。

⑥ 以基底剪力、结构顶部位移为坐标绘制结构的荷载-位移曲线。

⑦ 采用能力谱方法或位移系数法确定结构在相应地震动水准下的位移，对结构的抗震性能进行评价。

（3）水平荷载分布形式

作用在结构高度方向的荷载分布形式，应能近似地包络住地震过程的惯性力沿结构高度的实际分布。水平荷载分布形式一般有以下几种：

1）均匀分布形式

假定各楼层的加速度反应相同，作用在各楼层上的水平侧向力与该楼层的质量成正比，作用在第 i 层的水平荷载由下式确定：

$$F_i = \frac{m_i}{\sum_{j=1}^{n} m_j} V_b \tag{3-51}$$

式中 m_i、m_j——分别为第 i 层和第 j 层的质量；

n——结构总层数；

V_b——结构的基底剪力。

这种模式强调了在结构下部楼层中，剪力比倾覆力矩更重要。当各层的质量相同时，各层的水平力大小相同，见图 3-12。

2）“基本振型分布”形式

当第一振型的参与质量超过总质量的 75%时，可以采用该分布模式。作用在第 i 层的水平荷载由下式确定：

$$F_i = \frac{w_i h_i^k}{\sum_{j=1}^{n} w_j h_j^k} Q_b \tag{3-52}$$

式中 Q_b——结构底部总剪力；

w_i——第 i 层的楼层重力荷载代表值；

h_i——第 i 层楼面距地面的高度；

n——结构总层数；

k——与结构周期 T 有关指数，当 $T<0.5$s 时，$k=1$；$T>2.5$s 时，$k=2$；中间用线性插值。

这种分布通常适用于基本振型的质量参与系数超过 75%的情况。如果取 $k=1$，就是规范底部剪力法中采用的公式，水平荷载沿高度为倒三角形分布。

3）“多振型组合分布”形式

取若干振型 N 进行组合（SRSS 或 CQC）计算结构各楼层的层间剪力，反算各楼层水平荷载，作为水平荷载模式（图 3-12）。这种分布适用于基本周期超过 1s 的结构，所取的振型数应满足振型质量参与系数超过 90%的条件。

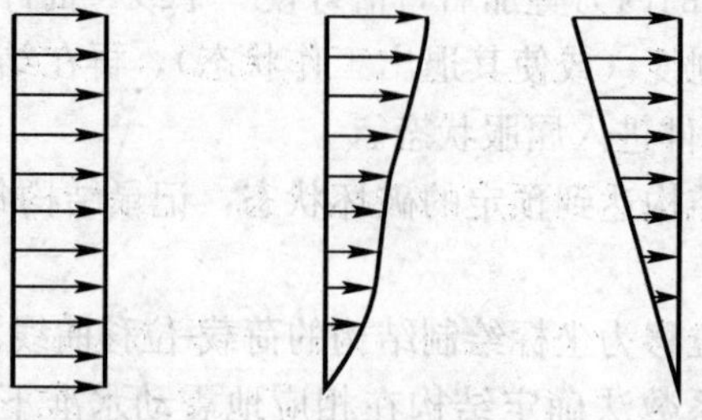

（a）均匀模式　（b）振型组合模式　（c）第一振型模式（倒三角形）

图 3-12　水平加载模式

设 j 振型下第 i 层的水平荷载、层间剪力为 F_{ij}、Q_{ij}，如下式所示：

$$F_{ij}=\alpha_j\gamma_jX_{ij}W_i \tag{3-53}$$

$$Q_{ij}=\sum_{m=i}^{n}F_{mj} \tag{3-54}$$

式中　α_j——加载前一步的第 j 周期对应的地震影响系数；

W_i——第 i 层的重力荷载代表值；

γ_j——第 j 振型参与系数；

X_{ij}——第 i 层第 j 振型的振型位移；

n——结构总层数。

N 个振型组合后，第 i 层剪力为：

$$Q_i=\sqrt{\sum_{j=1}^{N}Q_{ij}} \tag{3-55}$$

第 i 层等价水平荷载为：

$$P_i=Q_i-Q_{i+1} \tag{3-56}$$

4）自适应分布形式

当结构变形时，楼层水平荷载的分布形式，将根据结构屈服情况不断地进行修正。例如取楼层水平力分布与结构位移分布成正比、按每一加载段取结构的切线刚度计算的振型、或与每一加载段的楼层剪力成正比。这种分布形式需要更多的计算时间，但更符合结构的实际变形特征。

（4）结构抗震性能评价（一）——能力谱方法

能力谱法是美国规范 ATC-40 推荐的一种结构弹塑性性能评价方法，也是目前最为常用的一种弹塑性分析方法，其主要步骤如下：

1）计算结构荷载-位移曲线

采用静力推覆分析（Pushover）方法计算结构的基底剪力-顶点位移关系曲线，即结构的荷载-位移曲线（图 3-13）。

2）计算结构的能力谱曲线

将荷载-位移曲线变换为用谱加速度和谱位移表示的能力谱曲线（图 3-14）。结构能力

谱位移 S_d 及能力谱加速度 S_a 的计算按下式进行：

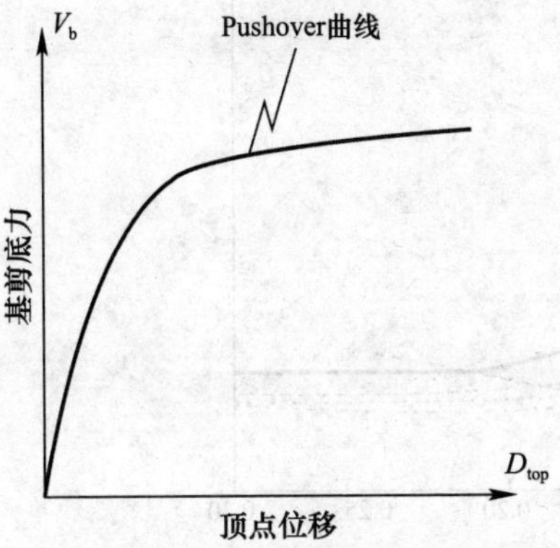

图 3-13 结构荷载-位移曲线

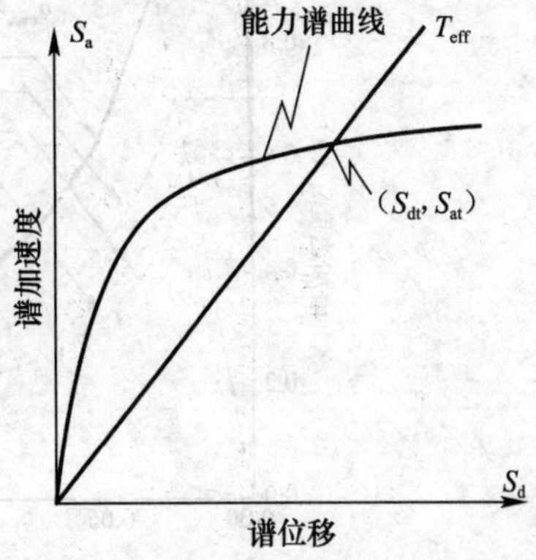

图 3-14 结构能力谱曲线

$$\gamma_1 = \frac{\sum_{i=1}^{n}(G_i X_{i1})/g}{\sum_{i=1}^{n}(G_i X_{i1}^2)/g},\quad \alpha_1 = \frac{\left[\sum_{i=1}^{n}(G_i X_{i1})/g\right]^2}{\left[\sum_{i=1}^{n}G_i/g\right]\left[\sum_{i=1}^{n}(G_i X_{i1}^2)/g\right]} \tag{3-57}$$

$$S_a = \frac{V_b/G}{\alpha_1},\quad S_d = \frac{D_{top}}{\gamma_1 X_{top,1}} \tag{3-58}$$

式中 γ_1——结构基本振型的振型参与系数；

α_1——结构基本振型的振型质量系数；

G_i——结构第 i 楼层重量；

g——重力加速度；

X_{i1}——基本振型在 i 层的位移；

$X_{top,1}$——基本振型在顶层的位移；

V_b——结构基底剪力；

G——结构总重量；

D_{top}——结构顶层位移；

S_a——能力谱加速度；

S_d——能力谱位移。

3）计算需求谱

将规范的反应谱按下述方法（公式）转换为用谱加速度与谱位移表示的需求谱：

$$S_d = S_a/\omega^2 = \frac{T^2}{4\pi^2}S_a \tag{3-59}$$

如图 3-15 所示为 GB 50011—2001 规范 8 度 II 类场地第 2 组罕遇地震下阻尼比分别为 5％、10％、15％和 20％的需求谱。

4）结构等效周期与等效阻尼的计算

结构在推覆（Pushover）过程中构件进入弹塑性状态，结构的周期、阻尼随着增加。对应于能力谱曲线上某点 $P(S_{di}, S_{ai})$，可以计算出相应的结构等效周期 T_{eff} 和等效阻尼比 β_{eff}。

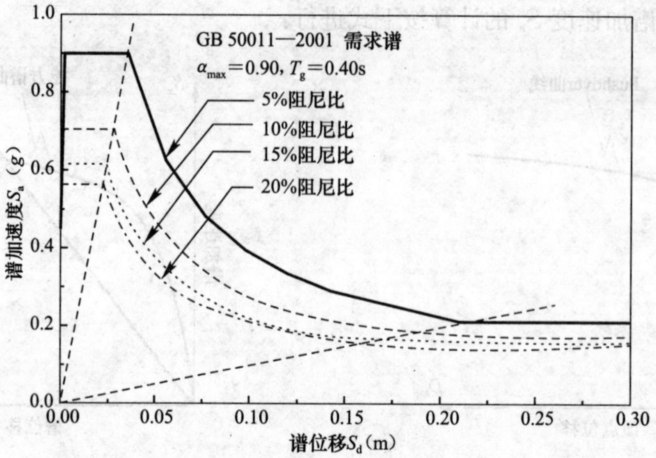

图 3-15 规范需求谱

结构等效周期 T_{eff} 可按下式计算：

$$T_{eff}=2\pi\sqrt{S_{di}/S_{ai}} \tag{3-60}$$

结构等效阻尼比 β_{eff} 可按下式计算：

$$\beta_{eff}=\beta_e+\kappa\beta_0 \tag{3-61}$$

$$\beta_0=\frac{E_D}{4\pi E_E},\quad E_D=4(S_{ay}S_{di}-S_{dy}S_{ai}),E_E=S_{ai}S_{di}/2 \tag{3-62}$$

式中 β_0——结构进入弹塑性状态后产生的附加阻尼比；

κ——附加阻尼修正系数，结构滞回特性较好时取 1.0，滞回特性一般时取 2/3，滞回特性较差时取 1/3；

β_e——结构弹性阻尼比；

E_D——结构构件进入弹塑性状态所消耗的能量；

E_E——结构最大弹性应变能；

S_{dy}、S_{ay}——按等面积原则确定的等效双线型能力谱曲线的屈服点坐标。

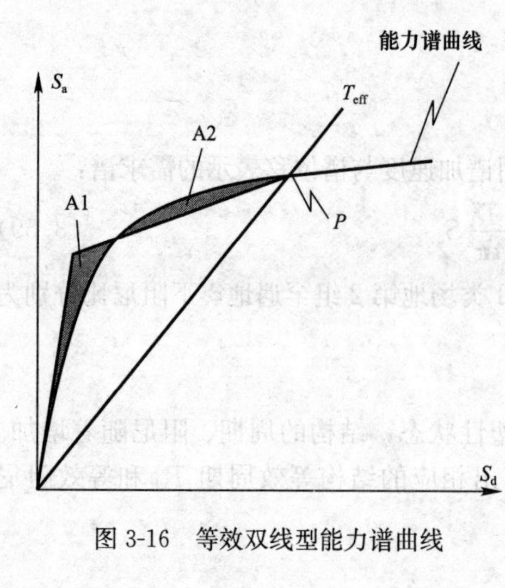

图 3-16 等效双线型能力谱曲线

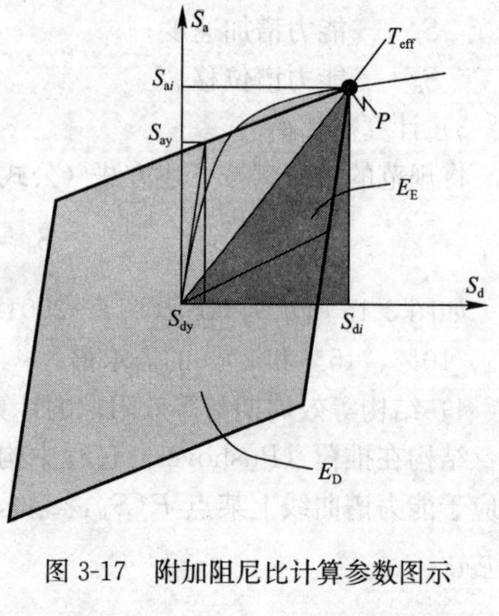

图 3-17 附加阻尼比计算参数图示

5）计算需求谱曲线，确定结构性能点

结构性能点的确定可以按下述步骤进行：

① 根据第 4）步计算的结构等效周期 T_{eff} 和等效阻尼比 β_{eff}，按规范反应谱计算相应的地震影响系数 α 或需求谱加速度 S_{ai}。

② 由式（3-59）计算相应的需求谱位移值 S_{di}。

③ 以（S_{di}，S_{ai}）为坐标在能力谱曲线的坐标图上绘制相应的点 D_{pi}。

④ 将上述点 D_{pi} 连成曲线，即为需求谱曲线。

⑤ 需求谱曲线与能力谱曲线的交点就是结构在该地震动水准下的性能点。

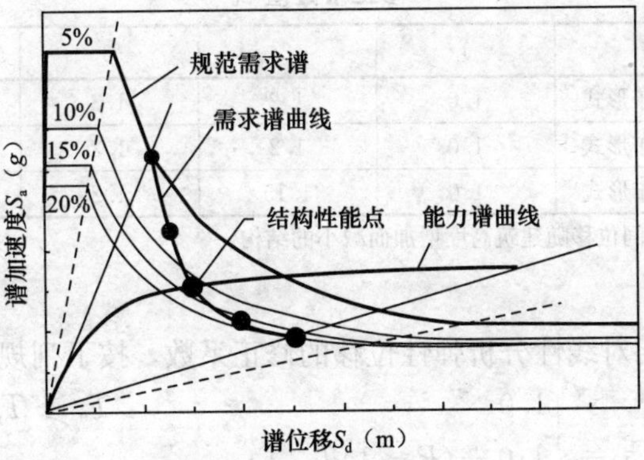

图 3-18　结构性能点的确定

6）结构性能评价

由结构的性能点，根据式（3-58）可得相应的结构顶点位移 D_{top}。根据得到的 D_{top}，结合 Pushover 的分析结果，采用插值的方法可以得到该地震动水准下结构的层间位移、层间位移角等指标，与性能目标要求的限值比较，就可以判断出该结构是否能满足相应的目标要求。

(5) 结构抗震性能评价（二）——位移系数法

这是 FEMA273 和 FEMA356 推荐的方法，即以弹性位移反应谱作为预测弹塑性最大位移反应的基准线，通过乘以几个系数进行修正。

1）计算公式

原结构顶层的目标位移通过下列公式来计算：

$$\delta_t = (C_0 C_1 C_2 C_3) \frac{T_{eq}^2}{4\pi^2} S_{ae} \tag{3-63}$$

式中　T_{eq}——等效单自由度体系的自振周期；

S_{ae}——等效单自由度体系的基本周期和阻尼比对应的弹性加速度反应谱值；

C_0——等效单自由度体系谱位移对应于多自由度结构体系顶点位移的修正系数；

C_1——非弹性位移相对线性分析弹性位移的修正系数；

C_2——考虑滞回曲线形状的捏拢效应的修正系数；

C_3——考虑 P-Δ 效应的修正系数。

2）参数取值

① C_0

C_0 为等效单自由度体系谱位移对应于多自由度结构体系顶点位移的修正系数，有如下几种算法：

a）取控制点处的第一振型参与系数值。

b）当采用自适应荷载分布模型时，按照结构达到目标位移时所对应的形状向量，计算控制点处的振型参与系数。

c）采用表 3-11 数值。

修正系数值 C_0 **表 3-11**

楼层数		1	2	3	5	≥10
一般建筑	任意荷载分布形式	1.0	1.2	1.3	1.4	1.5
剪切型建筑	三角荷载分布形式	1.0	1.2	1.2	1.3	1.3
	均匀荷载分布形式	1.0	1.15	1.2	1.2	1.2

注：剪切型建筑指楼层层间位移随建筑高度增加而减小的结构。

② C_1

C_1 为非弹性位移相对线性分析弹性位移的修正系数，按下列规定取值：

$$C_1=\begin{cases}1.0 & T_e \geqslant T_g \\ \dfrac{1.0+(R-1)T_g/T_e}{R} \geqslant 1.0 & T_e < T_g\end{cases} \tag{3-64}$$

$$T_e = T_i\sqrt{\frac{K_i}{K_e}} \tag{3-65}$$

$$R=\frac{S_a}{V_y/W}C_m \tag{3-66}$$

式中 T_e——结构计算主轴方向的等效基本周期；

T_g——加速度反应谱特征周期；

R——强度系数；

T_i——按弹性动力分析得到的基本周期；

K_i——结构弹性侧向刚度；

K_e——结构等效侧向刚度，如图 3-19 所示，将荷载-位移曲线用双线型折线代替，初始刚度为 K_i，在曲线上 0.6 倍屈服剪力处的割线刚度称为有效刚度 K_e；

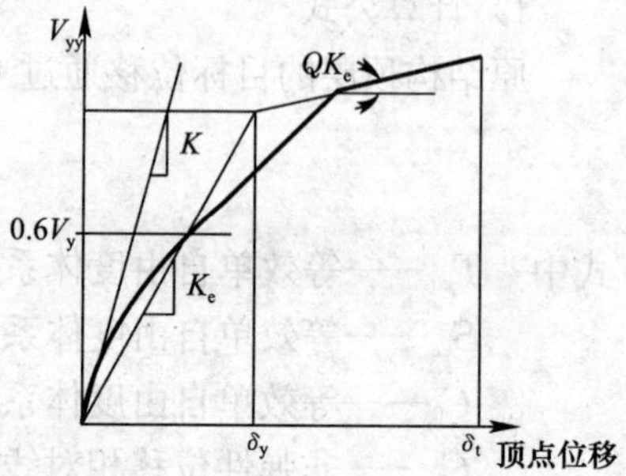

图 3-19 结构等效侧向刚度的确定

S_a——谱加速度（g）；

V_y——简化的非线性力-位移曲线所确定的屈服强度；

W——重力荷载；

C_m——等效质量系数，可取基本振型的等效振型质量；对于不同的建筑结构，考虑高振型质量参与效应时，也可按表 3-12 取值。

等效质量系数 C_m 表 3-12

建筑层数	RC 抗弯框架	RC 剪力墙	RC 托墙梁	抗弯钢框架	中心支撑钢框架	偏心支撑钢框架	其他
1-2	1.0	1.0	1.0	1.0	1.0	1.0	1.0
≥3	0.9	0.8	0.8	0.9	0.9	0.9	1.0

注：当结构基本周期大于 1.0s 时，取 C_m 等于 1.0。

③ C_2

C_2 表示滞回曲线形状的捏拢效应的修正系数，反映了在最大位移反应条件下结构刚度和强度的退化特性。对于一般建筑结构，根据设防目标的不同，C_2 取 1.0～1.2。

④ C_3

C_3 为考虑 $P\text{-}\Delta$ 效应的位移增大系数，对于具有正屈服刚度的结构，取 $C_3=1.0$；对于具有负屈服刚度的结构，按下式计算：

$$C_3 = 1.0 + \frac{|\alpha|(R-1)^{2/3}}{T_e} \tag{3-67}$$

α 为屈服刚度与等效弹性刚度之比。

(6) 弹塑性位移限值

在罕遇地震作用下，结构要进入弹塑性变形状态。根据震害经验、试验研究和计算分析结果，提出以构件（梁、柱、墙）和节点达到极限变形时的层间极限位移角作为罕遇地震作用下结构弹塑性层间位移角限值的依据。

结构薄弱层（部位）弹塑性层间位移应符合下式要求：

$$\Delta u_p \leqslant [\theta_p] h \tag{3-68}$$

式中 $[\theta_p]$——弹塑性层间位移角限值，可按表 3-13 采用；

h——薄弱层楼层高度或单层厂房上柱高度。

弹塑性层间位移角限值 表 3-13

结构类型	$[\theta_p]$
单层钢筋混凝土柱排架	1/30
钢筋混凝土框架	1/50
底部框架砌体房屋中的框架-抗震墙	1/100
钢筋混凝土框架-抗震墙、板柱-抗震墙、框架-核心筒	1/100
钢筋混凝土抗震墙、筒中筒	1/120
多、高层钢结构	1/50

国内外许多研究结果表明，不同结构类型的不同结构构件的弹塑性变形能力是不同的，钢筋混凝土结构的弹塑性变形主要由构件关键受力区的弯曲变形、剪切变形和节点区受拉钢筋的滑移变形等三部分非线性变形组成。影响结构层间极限位移角的因素很多，包括：梁柱的相对强弱关系，配箍率、轴压比、剪跨比、混凝土强度等级、配筋率等，其中轴压比和配箍率是最主要的因素，因此，对于钢筋混凝土框架结构的弹塑性层间位移角限值，抗震规范给出了以下几种规定：

1）当框架梁和柱满足规范规定的最低配筋构造要求时，弹塑性层间位移角限值取 1/50。

2）当框架柱的轴压比小于0.4时，弹塑性层间位移角限值可提高10%，即取1/45。

3）当框架柱全高的箍筋构造比抗震规范第6.3.9条规定的体积配箍率大30%时，弹塑性层间位移角限值可提高20%，即取1/42。

4）同时具备上述第2）和第3）项条件时，弹塑性层间位移角限值可提高的幅度不得超过25%，即最大弹塑性层间位移角限值不得超过1/40。

第四章 单层钢筋混凝土柱厂房

第一节 一般规定

单层厂房在工业建筑中得到广泛的应用。采用单层厂房，生产工艺流程相对简捷，地面上可以放置较重的机器设备和产品，内部生产运输容易组织。目前单层厂房主要是装配式结构，其抗震性能不仅取决于结构和构件的抗震能力，也取决于厂房的整体性，特别是连接的抗震性能。单层厂房的抗震性能虽然可以从计算和构造两方面加以解决，但正确的概念设计对于保证单层厂房地震时的安全性也是至关重要的。

单层厂房抗震设计时，应从提高厂房整体的抗震能力着手，使厂房在总体上满足抗震的要求，而不是仅仅考虑局部的构件和部位。在建筑结构布置上，要强调结构的质量和刚度分布均匀、对称协调；厂房体型简单规整、重心降低；在结构整体性上要求厂房具有较大的整体和空间稳定性；构件节点及其连接部分具有较好的变形和吸收能量的能力；在材料选择上要尽量采用轻质高强材料，以减轻厂房重量，降低地震作用。

上述抗震设计的基本概念，集中体现在厂房的总体布置、结构选型、结构整体性、连接与节点设计四个方面。

一、厂房总体布置

1. 厂房的平面位置

厂房的平面布置，应力求使所设计的厂房体型简单、对称均匀、规整平直。多跨厂房的各跨宜等长，避免产生扭转效应的影响。

与厂房贴建的房屋和构筑物不宜布置在厂房的角部。厂房的角部是两个主轴方向地震作用的交汇处，受力和变形比较复杂。当贴建的房屋位于厂房角部时，将使厂房的山墙和纵墙的交接处均为开口，此时严重削弱了结构的空间整体性，形成了质量和刚度的双向偏心，地震时扭转效应加大，造成结构受力和变形的不协调。特别是贴建房屋与厂房的刚度相差较大，动力反应显著不同，地震时厂房与贴建房屋变形不协调，对厂房和贴建房屋均产生不利影响。

与厂房贴建的房屋和构筑物也不宜布置在紧邻防震缝处。在地震作用下，防震缝处排架的侧移量较大；当有贴建房屋时，将产生互相碰撞和变形受到约束而产生严重破坏，唐山地震中出现过不少此类厂房倒塌或震害加重的震例。

起重机停放处排架的侧移刚度将增大，加大了局部的地震反应；特别是多跨厂房各跨起重机集中在同一轴线附近时，产生的震害更为严重。起重机停放的位置与上起重机铁梯的位置有关，因此厂房内上起重机的铁梯不应靠近防震缝设置，多跨厂房各跨上起重机的铁梯不宜设置在同一横向轴线附近。

2. 厂房的竖向布置

厂房的竖向布置，要避免质量和刚度沿高度的突变，多跨厂房的各跨宜等高，使厂房沿竖向受力均匀、变形协调。

厂房屋盖在纵横向都宜在同一柱高上，不宜采用不等高的屋盖布置。地震震害表明，沿竖向刚度和质量的突变处震害都比较严重，如不等高厂房高低跨交接处中柱的上柱截面和支承低跨屋盖的牛腿处，由于屋盖不在同一标高，厂房产生的高振型影响使地震破坏加重。当工艺或功能要求必须采用不等高厂房时，可采用防震缝将高低跨分成各自独立的单元，或考虑由于不等高产生的高振型影响，加强高低跨交接处中柱的抗震能力。

3. 厂房结构的总体布置

厂房结构的总体布置，应力求使厂房的质量和刚度分布均匀，尽量使质量中心与刚度中心重合，使厂房结构所受的地震作用分布均匀，地震时变形协调。

厂房两端山墙宜对称设置，不宜采用一端有山墙、另一端开口的结构布置，这种结构方案使厂房两端的刚度截然不同，质量中心与刚度中心不重合，导致开口一端排架柱变位加大，扭转效应明显，地震震害也较大。

厂房的纵墙布置宜尽量使各纵向柱列刚度对称均匀。不宜采用一侧有纵墙，另一侧无纵墙；一侧为刚度较大的砌体墙，另一侧为刚度较小的轻板；两侧柱列采用嵌砌砌体墙；中间柱列为柱间支撑；一侧为嵌砌墙，另一侧为贴砌墙。这种结构布置将造成纵向刚度的严重不均匀，刚度中心与质量中心产生较大的偏离，各柱列地震作用分配不均匀，变形不协调，导致柱列和屋盖的纵向破坏。

厂房内结构布置应避免产生局部刚度较大的区域。厂房内的工作平面与主体结构连接时，改变了主体结构的工作形态，由于产生应力集中而加大了地震反应，有时还可能产生短柱效应。此时不仅影响排架柱，也可能涉及柱顶的连接和相邻的屋盖结构。此种情况下，进行计算分析和采取加强的构造措施都较困难，设计时最好将工作平台与主体结构脱开。厂房内隔墙的布置也要尽量均匀，不宜在局部区域内过量集中，也不宜在厂房平面内无规则的布置；要避免由于内隔墙刚度分布不均匀造成整个厂房空间刚度不均匀，使地震作用的传递和分配复杂化。内隔墙最好沿若干个排架有规则地设置，并尽量连续布置，使地震作用的传递不中断。当因工艺要求必须设置不规则的内隔墙时，可以采取将墙体与柱脱开或外贴柱边的构造处理，避免墙体刚度对整个厂房刚度分布带来的不利影响。

在厂房的同一结构单元内，不应采用不同的结构形式。不同形式的结构，振动特性不同，侧移刚度也不同；在地震作用下，往往由于荷载、位移、强度的不均衡而造成结构的破坏。山墙承重和中间有横墙承重的单层钢筋混凝土柱厂房和端砖壁承重的天窗架，在唐山地震中破坏都较严重；因此厂房的端部应设置屋架，不应采用山墙承重，厂房单元内不应采用横墙和排架混合承重。

4. 防震缝的设置

当厂房的体型复杂时，可采用防震缝将厂房分成若干简单的结构单元，以减少由于体型复杂厂房的各部分由于振动特征不同，在地震作用下引起不同的变形和产生过大的内力，造成开裂和破坏。

厂房在下列情况下应设置防震缝：（1）厂房体型复杂时，如厂房的纵跨与横跨相交、厂房沿纵向屋盖高低错落、厂房沿横向高低跨刚度相差悬殊等；（2）厂房的角部或防震缝处有贴建的房屋和构筑物时；（3）两个主厂房之间的过渡跨应至少有一侧采用防震缝与主厂房分开。

防震缝的两侧应设双墙或双柱，而不宜做成开口式。防震缝的宽度应满足地震时相邻结构单元相对变位而不发生碰撞的要求。一般情况下，防震缝的宽度可采用50～90mm，在厂房纵横跨交接处、大柱网厂房或不设柱间支撑的厂房，防震缝的宽度可采用100～150mm。

当厂房在静力设计时已考虑设伸缩缝或沉降缝时，防震缝的设置可与之合并考虑，缝的宽度必须按防震缝宽度的要求设计。

二、厂房的结构选型

1. 天窗架的选型

天窗架是突出屋面的承重和抗侧力结构，地震时动力反应大，特别易造成较严重的沿厂房纵向的震害。

天窗架材料的选择应考虑尽量减轻其自重，以减小地震作用。不论采用何种结构形式，天窗屋盖的端壁板和侧板应尽量采用轻质材料，不宜采用大型屋面板。突出屋面的天窗宜采用钢结构，以适应地震时变形和抗震承载力的需要。6～8度时也可采用钢筋混凝土天窗架，其杆件截面应设计成矩形。

厂房宜采用突出屋面较小的避风型天窗，有条件或9度时应采用下沉式天窗，这种天窗具有良好的抗震性能，唐山地震中甚至经受了10度地震区的考验。9度时不宜采用突出屋面的Ⅱ形天窗。

如天窗从厂房的第二柱间开始设置，将使端开间的屋面板与屋架焊接的可靠性大大降低而导致地震时掉落，同时也大大降低屋面的纵向水平刚度。考虑到6度和7度时厂房的地震作用效应较小且很少有屋盖破坏的震害，以及通风和采光的要求，现行抗震规范规定8度和9度时天窗架宜从厂房单元端部第三柱间开始设置。当山墙能够开窗或采光要求不高时，天窗架尽可能从厂房单元端部第三柱间开始设置。

2. 屋架的选型

屋架是单层厂房屋盖的主要承重结构。地城震害表明：经过抗震设计的预应力混凝土屋架、预应力混凝土或钢筋混凝土屋面梁，地震时未发生因屋架或屋面梁本身结构问题而产生的震害。

不同类型屋架的抗震性能也存在差异，钢屋架可有效地降低屋盖自重，不仅能够承受较大的水平地震作用，还能承受较大的竖向地震作用，能显著地提高屋架的抗震承载力，增强其变形能力。轻型大型屋面板无檩屋盖和钢筋混凝土有檩屋盖的抗震性能也较好，经历过8～10度地震区的考验。

厂房屋架的设置，应根据其跨度、柱距、抗震设防烈度、场地情况等综合考虑：（1）一般情况下，厂房宜采用钢屋架或重心较低的预应力混凝土或钢筋混凝土屋架；（2）跨度不大于15m时，亦可采用钢筋混凝土屋面梁；（3）厂房跨度大于24m、或8度Ⅲ、Ⅳ类场地和9度时，应优先采用钢屋架；（4）柱距为12m时，可采用预应力混凝土托架（梁），当采用钢屋架时，亦可采用钢托架（梁）；（5）8度（0.3g）和9度时，跨度大于24m的厂房不宜采用大型屋面板。

有突出屋面天窗架的屋盖不宜采用预应力混凝土或钢筋混凝土空腹屋架，这种屋架的腹杆及上弦节点均较薄弱，在天窗两侧竖向支撑的附加地震作用下，容易产生节点破坏和腹杆折断的震害。

在选择钢筋混凝土屋架时，要采用整榀式结构，不应采用拼接式结构，以避免地震时因拼接节点不良而导致屋架的破坏。

3. 柱子的选型

单层厂房的柱子包括钢筋混凝土柱、钢柱及砖柱。从抗震性能来看，钢柱的抗震性能最好，钢筋混凝土柱次之，砖柱的抗震性能相对较差。

作为结构选型考虑，采用钢柱为好。以往钢柱的使用受到我国经济条件的限制，仅在一些特别重要的厂房或生产工艺有特殊要求的厂房中采用。随着我国国力的增强，钢柱的使用将越来越多。

目前，我国厂房结构中还是采用钢筋混凝土柱为主，钢筋混凝土柱的抗震性能也较好，经受过较高烈度区地震的考验。特别是在静力设计中，柱的截面和配筋考虑了风荷载和起重机荷载的作用，在承载力上有较大的安全储备。只要按照抗震要求进行设计，厂房的抗震要求能够得到满足。

柱子的截面要选择具有良好抗侧力刚度的截面形式。8 度和 9 度时，柱子截面宜采用矩形或工字形，或带斜腹杆的双肢柱，而不宜采用薄壁开孔或预制开孔腹板的工字形柱，也不宜采用平腹杆式的双肢柱，后者的抗侧刚度差，在地震中产生较大的侧向变位，导致柱子的剪切破坏。柱底至室内地坪以上 500mm 范围内和阶形柱的上柱宜采用矩形截面，以增强柱截面抗剪能力。

柱子的抗侧刚度不宜过大，以防止因刚度增大而导致厂房地震作用的显著加大，对厂房的总体抗震产生不利影响。柱子截面设计时，要使配筋量和钢筋布置有利于提高柱子的延性，使其在进入弹塑性阶段后，仍具有较好的变形能力和承载力。

4. 柱间支撑的选型

柱间支撑是单层厂房纵向的主要抗侧力构件，其抗侧刚度占中柱列的 90%以上，地震时，厂房的纵向水平地震作用主要靠柱间支撑承担。柱间支撑选型的原则是：具有较大的回转半径且用钢量较少，尽量减小杆件的长细比。

柱间支撑一般采用 T 形组合截面或槽钢，当排架柱截面高度较大或两侧均有起重机时，往往采用两个槽钢组成的双片支撑，或由四个角钢组成的格构式支撑。柱间支撑的斜杆与水平面的夹角不得大于 55°，当柱子高度很大时，亦可做成多节型交叉支撑。

5. 围护结构

单层厂房的围护结构，有时不仅具有围护作用，还具有抗侧力的功能。横向的山墙使屋盖的空间作用得到发挥，纵向的墙体减轻了边柱列的破坏。

目前，除钢结构厂房外，单层厂房的围护结构仍以砌体结构为主。从抗震的角度看，砌体墙自重大、抗震承载力低、延性差、地震时易于开裂破坏。一系列地震震害表明，砌体围护墙的破坏比轻质墙板或与柱柔性连接的大型钢筋混凝土墙板要严重得多。钢筋混凝土大型墙板对于增强厂房的整体性和提高围护墙自身抗震能力具有明显的优越性，可以有效地减小厂房的地震作用。有条件时，应尽量采用轻质墙板或大型墙板。

对于砌体围护墙，应采用与柱外贴式砌筑。如采用柱间嵌砌墙体，不仅由于厂房柱列刚度增大而增加了地震作用，地震作用在各柱列的分配也严重不均匀。即使单跨厂房，也不应采用两侧嵌砌墙体，虽然单跨厂房不存在纵向刚度不均匀问题，但采用嵌砌墙也会由于纵向柱列刚度的增加而增大纵向地震作用，特别是由于柱顶地震作用的集中对柱顶节点的抗震很不利。对于砌体围护墙，除应提高砌体强度外，还应加强与厂房出平面的锚拉；对于高大的山墙，应采用到顶的抗风柱和墙顶的屋面卧梁相连接来改善其出平面的抗震性能。

三、厂房结构的整体性

1. 确保屋盖的整体性

单层厂房屋盖的整体性直接关系到屋盖自身的整体空间刚度和抗震能力，也关系到屋盖产生的地震作用能否均匀协调地传递到厂房的柱子上。地震震害表明，屋盖整体性很差的厂房，不仅由于屋盖自身抗震能力弱而出现屋面板错位、屋架倾斜、屋面板坠落、屋架倒塌等震害，而且由于屋盖产生的地震作用不能向下部排架柱均匀传递，造成部分厂房柱破坏严重。

屋盖的整体性，主要依靠大型屋面板与屋架上弦的牢固焊接和设置屋盖支撑体系使屋盖形成具有一定整体刚度的空间结构体系。设计时再特别强调屋面板与屋架上弦焊接质量的要求。屋盖支撑要根据地震时的受力特点和传力需要布置，不能把支撑视为临时构造措施或仅按静力要求设置。

地震时所有的支撑杆件都是受力构件，所以各支撑系统的布置及支撑杆件的截面都应符合抗震要求。突出屋面天窗架支撑系统和厂房纵向柱列柱间支撑是厂房在纵向地震作用下的主要抗侧力构件，支撑刚度要合理选择。如刚度过大，会导致天窗和厂房纵向地震作用的加大；如刚度过小，会使支撑失去作用，导致天窗和厂房纵向柱列变位过大。一般宜考虑将支撑的刚度分散，设置多道支撑的方案。

厂房上下支撑在布置上要协调和配套，使上下支撑系统在受力上形成封闭的空间桁架体系，在刚度上均匀协调，在地震作用的传递上直接明确。如在柱间支撑开间内同时设置屋盂上弦横向支撑，地震时使屋盖上弦横向支撑与柱间支撑共同整体工作，直接将屋盖产生的地震作用传递到其下面的柱间支撑。

2. 合理的设置抗震圈梁

抗震圈梁将厂房围护墙形成整体并与厂房柱紧紧相连，使所有排架柱沿纵向形成共同受力的结构体系，为排架柱地震作用的空间分配提供了有利条件。

厂房柱顶标高处设置的圈梁作用更为显著，凡未设顶部圈梁的厂房，排架柱顶的变位较大，柱身和与之连接的围护墙体的震害严重；该圈梁不仅增强了墙体与厂房柱的抗震整体性，还可以有效地控制围护墙裂缝的开展和延伸，并限制了围护墙倒塌的范围。

地震震害表明，设置圈梁对于提高厂房角部墙体的抗震能力具有明显的作用，可以加强角部墙体的整体性，避免角度墙体发生严重的开裂破坏。

对于高大的厂房和不等高厂房，由于厂房顶部地震反应大，应沿厂房高度及不等高厂房的高跨封墙要增设抗震圈梁，并与厂房柱有可靠的锚拉。

四、厂房的连接和节点

单层厂房的连接和节点设计，对于整个厂房抗震能力的发挥至关重要，许多厂房地震中产生严重破坏和倒塌是由于连接节点设计不良造成的。在厂房结构中，只要连接节点产生破坏，各装配式的构件将失去联系，所有的支撑系统和圈梁等加强整体性的措施就会失去作用。因此，单层厂房的抗震设计要特别注重连接节点的部位。

在单层厂房连接节点中，主要的连接节点有：(1) 屋架与柱顶的连接节点；(2) 不等高厂房支撑低跨屋盖的柱牛腿与屋架的连接节点；(3) 柱与柱间支撑连接节点；(4) 天窗网侧竖向支撑与天窗立柱的连接节点。

单层厂房连接节点的抗震设计，应遵循下列原则：(1) 连接节点的承载力不小于所连接结构构件的承载力，连接节点的破坏不先于结构构件的破坏；(2) 连接节点应具有良好的变形能力，保证与之相连接的结构构件进入弹塑性工作阶段，节点不产生脆性破坏。

连接节点预埋件的设计应引起足够的重视，预埋件应具有良好的承受不同方向地震作用的能力，能够抵抗由地震引起的拉、弯、剪、扭等复合地震作用效应，预埋件与连接结构构件的节点板之间的连接构造应具有足够的承载力和良好的变形能力。

第二节　单层钢筋混凝土柱厂房抗震计算

一、横向抗震计算

1. 可不进行横向抗震验算的条件

单层厂房按《建筑抗震设计规范》GB 50011 的规定采取抗震构造措施并符合下列条件之一时，可不进行横向抗震验算：

(1) 7 度Ⅰ、Ⅱ类场地、柱高不超过 10m 且结构单元两端均有山墙的单跨及等高多跨厂房（锯齿形厂房除外）。

(2) 7 度时和 8 度（0.2g）Ⅰ、Ⅱ类场地的露天起重机栈桥。

2. 横向抗震计算方法

厂房的横向抗震计算，可采用空间分析法和平面排架分析法。平面排架分析又分为考虑和不考虑空间工作两种情况，使用时可根据厂房结构的具体情况选用如下：

(1) 混凝土无檩和有檩屋盖厂房，一般情况下宜计入屋盖的横向弹性变形，按串并联多质点空间分析法进行结构分析，计算时屋盖的基本刚度可取 2×10^4kN/m（无檩屋盖）和 0.6×10^4kN/m（有檩屋盖）。具体计算可按空间体系的振型分解反应谱法进行求解，由于此法计算工作量大，一般采用专门的结构电算程序来完成。

(2) 混凝土无檩和有檩屋盖厂房，当符合以下条件时，可采用平面排架分析法进行地震作用的计算，并考虑空间工作和扭转的影响进行调整：

1) 7 度和 8 度。

2) 厂房单元屋盖长度与总跨度之比小于 8 或厂房总跨度大于 12m。

3) 山墙的厚度不小于 240mm，开洞所占的水平截面面积不超过总面积的 50%，并与屋盖系统有良好的连接。

4) 柱顶高度不大于 15m。

注：①屋盖长度指山墙或与柱顶等高横墙的间距，仅一端有山墙或与柱顶等高横墙时，应取所考虑排架至山墙或与柱顶等高横墙的间距。

②高低跨相差较大的不等高厂房，总跨度可不包括低跨。

(3) 当厂房为轻型屋盖，屋盖刚度很小，且柱距相等时，可采用完全不考虑空间作用的单榀平面排架分析法进行地震作用的计算。

平面排架分析法可分为底部剪力法和振型分解反应谱法，对于一般的单跨和等高多跨厂房以及质量和刚度分布均匀的不等高多跨厂房，可采用底部剪力法。对于结构布置比较复杂、质量和刚度分布很不均匀的厂房，以及需要精确计算的重要厂房，则可以采用振型分解反应谱法。对比研究分析表明，采用底部剪力法计算所得的厂房排架横向水平地震作用值，与考虑高阶振型地震作用的振型分解反应谱法相比，计算结果仅相差10%左右。因此对一般厂房来说，两者的计算结果均能满足相应的抗震设计要求。

突出屋面天窗架的横向抗震计算可采用以下方法：

(1) 有斜撑杆的三铰拱式钢筋混凝土和钢天窗架的横向抗震计算可采用底部剪力法。

(2) 跨度大于 9m 或 9 度时，天窗架的地震作用效应应乘以增大系数，增大系数可采 1.5。

3. 平面排架计算单元的选取

(1) 对于各柱列柱距均相等的厂房，取柱距中心线作为划分单元的界限，如图 4-1 阴影所示。

(2) 对于各柱列柱距不相等的厂房，取最大柱距中心线作为划分单元的界限，如图 4-2 阴影所示。

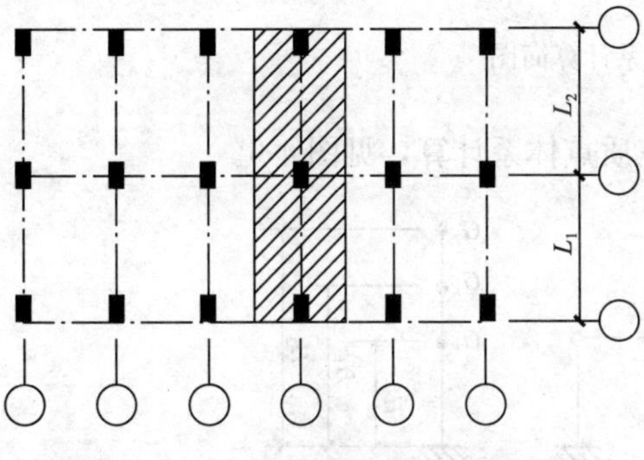

图 4-1　纵向柱列柱距相等时的计算单元

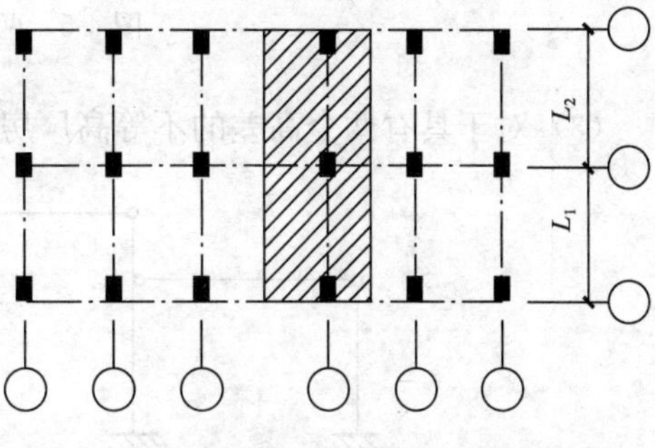

图 4-2　纵向柱列柱距不相等时的计算单元

(3) 对于中柱有规律抽柱且柱距相等、边柱柱距也相等的厂房，中柱取柱距中心线，边柱取柱距的轴线，计算时边柱刚度取原柱的两倍，如图 4-3 阴影所示。

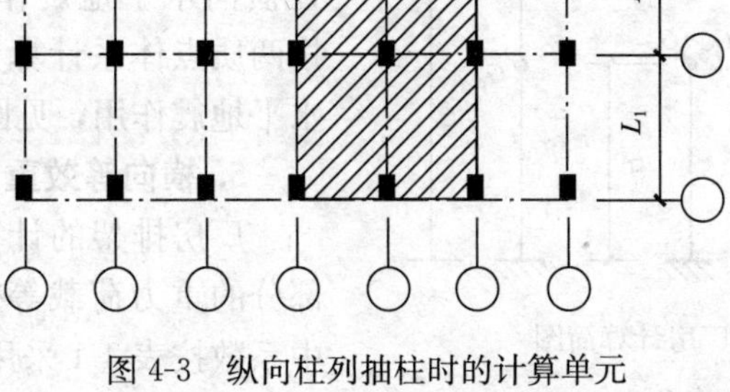

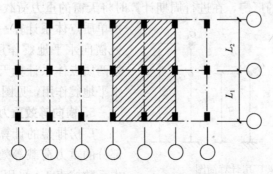

图 4-3　纵向柱列抽柱时的计算单元

（4）对于其他情况，计算单元应按实际采用，计算单元的划分应能反映结构的真实受力情况。

4. 平面排架计算简图

钢筋混凝土柱厂房横向抗震计算时，结构计算简图可按下列规定采用：

（1）对于单跨和等高多跨厂房，其计算简图可简化为单质点系，见图 4-4。

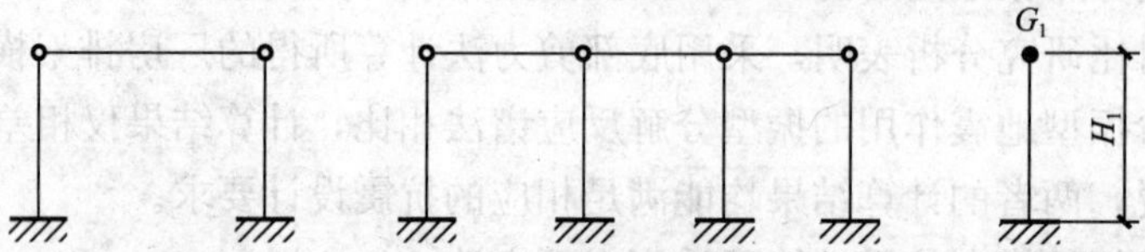

（*a*）单跨厂房　（*b*）等高多跨厂房　（*c*）单质点体系

图 4-4　单质点体系计算简图

（2）对于具有一个高差的不等高厂房可按两质点体系计算，见图 4-5。

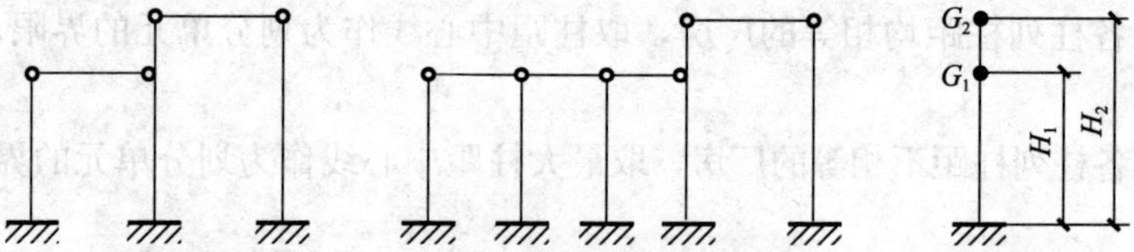

（*a*）两跨不等高厂房　（*b*）多跨不等高厂房　（*c*）两质点体系

图 4-5　两质点体系计算简图

（3）对于具有两个高差的不等高厂房可按三质点体系计算，见图 4-6。

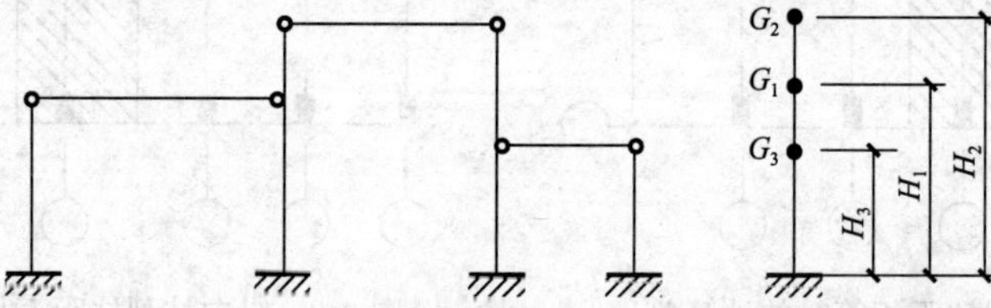

（*a*）三跨均平等高厂房　（*b*）三质点体系

图 4-6　三质点体系计算简图

（4）对于有天窗的厂房，在进行周期计算时将天窗的重力荷载集中到所在跨的柱顶，按单质点体系计算；在计算天窗屋盖标高处横向水平地震作用时才视为单独质点，按两质点体系计算天窗屋盖标高处的横向水平地震作用，见图 4-7。

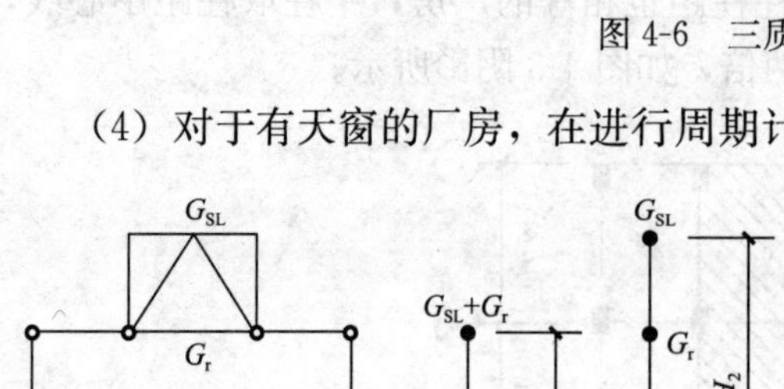

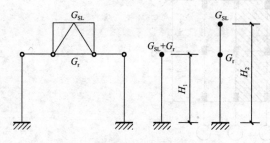

图 4-7　带天窗架厂房计算简图

5. 横向等效重力荷载计算

厂房排架的计算简图取单榀排架，各部分的重力荷载等效集中到柱顶，等效集中系数按表 4-1 采用。

重力荷载的等效集中系数 **表 4-1**

序号	换算集中到柱顶的各结构重力荷载	计算自振周期时的等效集中系数	计算地震作用时的等效集中系数
1	位于柱顶以上部分的重力荷载	1.00	1.00
2	柱及与柱等高的墙体的重力荷载	0.25	0.50
3	单跨、等高多跨厂房的起重机梁的重力荷载及不等高厂房边柱上起重机梁的重力荷载	0.50	0.75
4	不等高厂房高低跨交接处的中柱： （1）集中到低跨柱顶的下柱重力荷载 （2）上柱重力荷载及高跨封墙分别集中到高跨及低跨柱顶的重力荷载	0.25 0.50	0.50 0.50
5	不等高厂房高低跨交接柱高跨上的起重机梁： （1）靠近低跨屋盖的起重机梁的重力荷载集中到低跨柱顶 （2）位于高跨与低跨柱顶之间的起重机梁的重力荷载分别集中到高跨及低跨柱顶	1.00 0.50	1.00 0.50

对于起重机荷载，在计算厂房的自振周期时，可不计入起重机桥架重力荷载和起重量，但当一跨内额定起重量大于 50t 的起重机超过两台时，应将起重机桥架重力荷载平均分配给起重机所在跨的每榀排架，再等效集中到柱顶，等效集中系数可采用 0.5；在计算厂房排架的地震作用时，则假定起重机重力荷载所在的起重机梁面标高处为一单独集中质点，并计算作用在此集中质点上的起重机水平地震作用。

6. 底部剪力法

（1）计算步骤

采用底部剪力法进行厂房的横向水平地震作用计算时，可按以下步骤进行：

1）建立厂房的平面排架计算简图。

2）按照计算简图和表 4-1，计算质点的等效集中重力荷载。

3）计算厂房平面排架的基本周期。

4）根据求得的排架基本周期，按规定计算地震影响系数 α 后按底部剪力法计算公式计算排架各质点处的横向水平地震作用。

5）根据求得的排架横向水平地震作用计算排架的地震作用效应，并与排架柱的其他荷载效应相组合，最后得到排架柱各验算截面的组合地震作用效应。

（2）基本自振周期计算

采用底部剪力法计算地震作用时，厂房横向排架的基本自振周期可按下列公式计算：

1）单跨和等高多跨厂房按单质点体系计算时（图 4-8）：

$$T_1 = 2\psi_T \sqrt{G_1 \delta_{11}} \tag{4-1}$$

$$G_1 = 1.0(G_r + 0.5G_{sn} + 0.5G_d) + 0.25G_c + 0.25G_{wl} + 0.5G_b \tag{4-2}$$

对于等截面厂房柱：

$$\delta_{11} = \frac{H^3}{3E\sum I_i} \tag{4-3}$$

对于单跨阶形柱：

$$\delta_{11} = x_1\delta_b = (1 - x_1)\delta_a \tag{4-4}$$

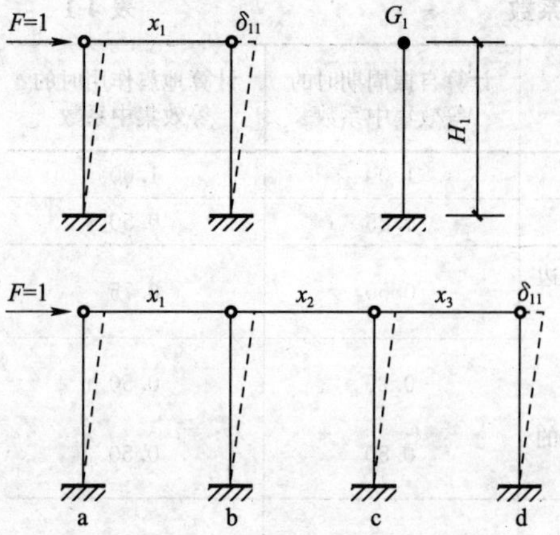

图 4-8　单跨和等高多跨厂房基本自振周期计算简图

对于两跨或三跨阶形柱：

$$\delta_{11} = (1 - x_1)\delta_a = (x_1 - x_2)\delta_b = (x_2 - x_3)\delta_c = x_3\delta_d \tag{4-5}$$

式中　ψ_T——计算周期调整系数，应按表 4-2 采用；

G_1——柱顶等效集中重力荷载代表值；

G_r——屋盖重力荷载代表值；

G_{sn}——雪荷载重力荷载代表值；

G_c——厂房柱重力荷载代表值；

G_d——积灰重力荷载代表值；

G_{wl}——外纵墙重力荷载代表值；

G_b——起重机梁重力荷载代表值；

H——柱的计算高度；

E——柱的混凝土弹性模量；

I_i——第 i 柱的截面惯性矩；

δ_{11}——单位水平力作用在柱顶时，柱顶产生的侧移；

δ_a、δ_b、δ_c、δ_d——分别为单位力作用下各柱的柱顶位移；

x_1、x_2、x_3——分别为相应各跨的横梁内力。

2）具有一个高差的不等高厂房按两质点体系计算时（图 4-9）：

$$T_1 = 2\psi_T\sqrt{\frac{G_1u_1^2 + G_2u_2^2}{G_1u_1 + G_2u_2}} \tag{4-6}$$

$$u_1 = G_1\delta_{11} + G_2\delta_{12} \tag{4-7}$$

$$u_2 = G_1\delta_{21} + G_2\delta_{22} \tag{4-8}$$

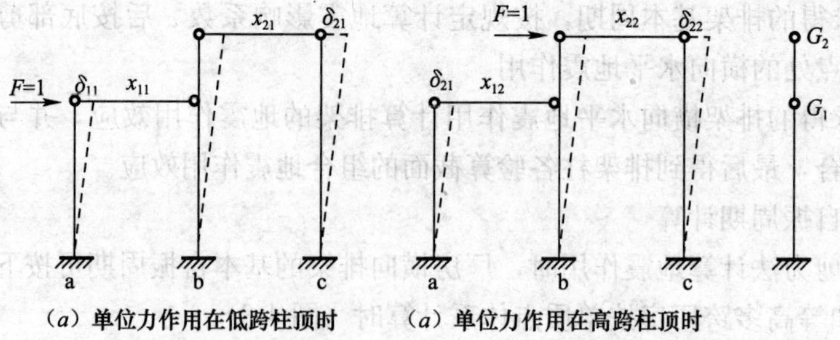

（*a*）单位力作用在低跨柱顶时　（*a*）单位力作用在高跨柱顶时

图 4-9　具有一个高差的不等高厂房基本自振周期计算简图

当高低跨交接处起重机梁靠近低跨层屋盖时，低跨柱顶集中质量：

$$G_1 = 1.0(G_{rl} + 0.5G_{sn} + 0.5G_d) + 0.25G_c + 0.25G_{cl} + 0.5G_{cu} + 0.25G_{wl} + 0.5G_{ws} + 0.5G_{bl} + 1.0G_{bh} \tag{4-9}$$

当高低跨交接处起重机梁靠近低跨层屋盖时，高跨柱顶集中质量：

$$G_2 = 1.0(G_{rh} + 0.5G_{sn} + 0.5G_d) + 0.25G_c + 0.5G_{cu} + 0.25G_{wh} + 0.5G_{ws} \tag{4-10}$$

当高低跨起重机梁介于低跨与高跨柱顶之间时，低跨柱顶集中质量：

$$G_1 = 1.0(G_{rl} + 0.5G_{sn} + 0.5G_d) + 0.25G_c + 0.25G_{cl} + 0.5G_{cu} + 0.25G_{wl} + 0.5G_{ws} + 0.5G_{bl} + 0.5G_{bh} \tag{4-11}$$

当高低跨起重机梁介于低跨与高跨柱顶之间时，高跨柱顶集中质量：

$$G_2 = 1.0(G_{rh} + 0.5G_{sn} + 0.5G_d) + 0.25G_c + 0.5G_{cu} + 0.25G_{wl} + 0.5G_{ws} + 0.5G_{bh} \tag{4-12}$$

$$\delta_{11} = (1 - X_{11})\delta_a \tag{4-13}$$

$$\delta_{12} = x_{12}\delta_a = \delta_{21} = x_{21}\delta_d \tag{4-14}$$

$$\delta_{22} = (1 - x_{22})\delta_d \tag{4-15}$$

式中 G_{rl}——低跨屋盖的重力荷载代表值；

G_{cl}——低跨柱子的重力荷载代表值；

G_{rh}——高跨屋盖的重力荷载代表值；

G_{ws}——高、低跨间纵墙重力荷载代表值；

G_{wl}——低跨外纵墙重力荷载代表值；

G_{wh}——高跨外纵墙重力荷载代表值；

G_{cu}——上柱重力荷载代表值；

G_{bl}——低跨起重机梁重力荷载代表值；

G_{bh}——高跨起重机梁重力荷载代表值；

δ_{11}——单位水平力作用在低跨柱顶时，在低跨柱顶产生的侧移；

δ_{12}——单位水平力作用在高跨柱顶时，在低跨柱顶产生的侧移；

δ_{21}——单位水平力作用在低跨柱顶时，在高跨柱顶产生的侧移；

δ_{22}——单位水平力作用在高跨柱顶时，在高跨柱顶产生的侧移。

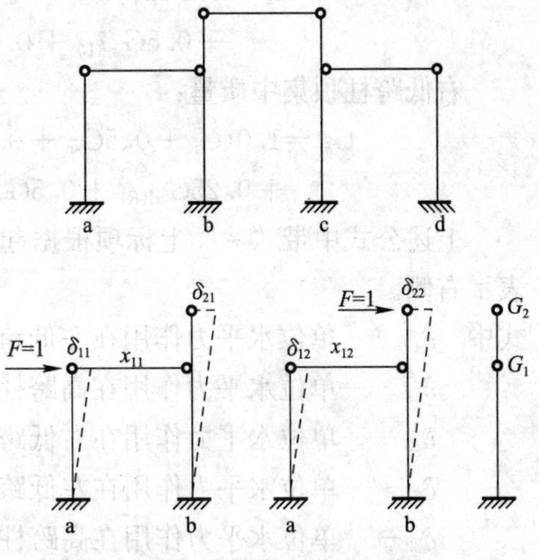

图 4-10　具有一个高差的三跨对称厂房基本自振周期计算简图

对于对称的中间高两侧低的不等高厂房，可利用对称条件取其一半进行计算，计算简图见图 4-10，公式（4-6）～公式（4-8）中高跨屋盖重力荷载 G_2 应改为 $G_2/2$。

3）具有两个高差的不等高厂房按三质点体系计算时（图 4-11）：

$$T_1 = 2\psi_T\sqrt{\frac{G_1u_1^2 + G_2u_2^2 + G_3u_3^2}{G_1u_1 + G_2u_2 + G_3u_3}} \tag{4-16}$$

$$u_1 = G_1\delta_{11} + G_2\delta_{12} + G_3\delta_{13} \tag{4-17}$$

$$u_2 = G_1\delta_{21} + G_2\delta_{22} + G_3\delta_{23} \tag{4-18}$$

$$u_3 = G_1\delta_{31} + G_2\delta_{32} + G_3\delta_{33} \tag{4-19}$$

左低跨柱顶集中质量：

$$G_1 = 1.0(G_r + 0.5G_{sn} + 0.5G_d) + 0.5G_{bl} + 0.5G^*_{bh(L)} + 0.25G_{cs(L)} + 0.25G_{cc(L)} + 0.5G_{ccu(L)} + 0.25G_{wl(L)} + 0.5G_{ws(L)} \tag{4-20}$$

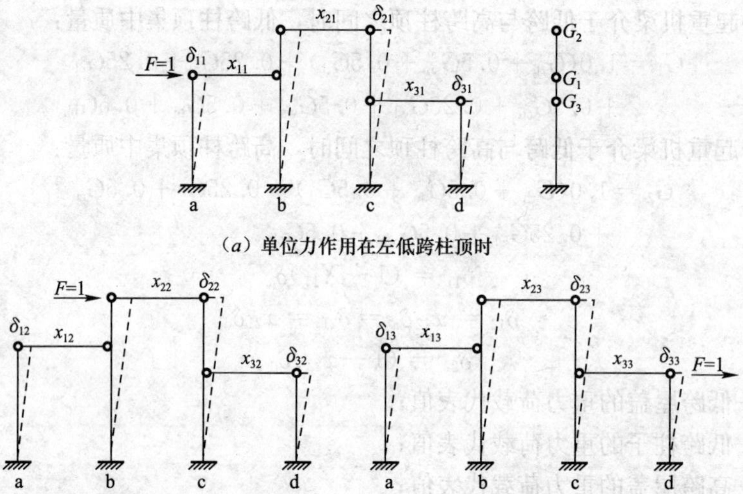

（a）单位力作用在左低跨柱顶时

（b）单位力作用在高跨柱顶时　　（c）单位力作用在右低跨柱顶时

图 4-11　具有两个高差的不等高厂房基本自振周期计算简图

高跨柱顶集中质量：

$$G_2 = 1.0(G_r + 0.5G_{sn} + 0.5G_d) + 0.5G_{ccu(L)} + 0.5G_{ccu(R)} + 0.5G_{ws(L)} + 0.5G_{ws(R)} + 0.5G^*_{bh(L)} + 0.5G^*_{bh(R)} \tag{4-21}$$

右低跨柱顶集中质量：

$$G_3 = 1.0(G_r + 0.5G_{sn} + 0.5G_d) + 0.5G_{bl} + 0.5G^*_{bh(R)} + 0.5G_{ccu(R)} + 0.25G_{ccl(R)} + 0.5G_{ws(R)} + 0.25G_{cs(R)} + 0.25G_{wl(R)} \tag{4-22}$$

上述公式中带“*”上标项根据起重机梁位置调整；下标（L）表示左侧，下标（R）表示右侧。

式中 δ_{11}——单位水平力作用在左低跨柱顶时，在左低跨柱顶产生的侧移；

δ_{12}——单位水平力作用在高跨柱顶时，在左低跨柱顶产生的侧移；

δ_{13}——单位水平力作用在右低跨柱顶时，在左低跨柱顶产生的侧移；

δ_{21}——单位水平力作用在左低跨柱顶时，在高跨柱顶产生的侧移；

δ_{22}——单位水平力作用在高跨柱顶时，在高跨柱顶产生的侧移；

δ_{23}——单位水平力作用在右低跨柱顶时，在高跨柱顶产生的侧移；

δ_{31}——单位水平力作用在左低跨柱顶时，在右低跨柱顶产生的侧移；

δ_{32}——单位水平力作用在高跨柱顶时，在右低跨柱顶产生的侧移；

δ_{33}——单位水平力作用在右低跨柱顶时，在右低跨柱顶产生的侧移。

G_{cs}——边柱重力荷载代表值；

G_{cc}——中柱重力荷载代表值；

G_{ccu}——中柱低跨屋面以上部分重力荷载代表值；

G_{ccl}——中柱低跨屋面以下部分重力荷载代表值。

需要指出的是，利用上述公式计算得到厂房排架基本周期 T_1 值，都是在假定屋架与厂房柱顶铰接的基础上进行的，而且没有考虑维护纵墙对排架侧向变形的约束影响，因而计算的周期值都偏大。实际上，屋架与柱顶的连接并非铰接，而存在一定刚性；纵墙的刚度也增大了排架柱的侧移刚度。所以，为考虑这两者刚度对排架基本周期的影响，应对计算所得的基本周期进行适当调整，使之比较接近于厂房平面排架在地震作用下的实际基本周期值。调整系数可按表 4-2 选取。

计算周期调整系数 **表 4-2**

厂房结构类别		ψ_T
钢筋混凝土屋架或钢屋架与钢筋混凝土柱组成的排架	有砖砌纵墙	0.8
	无砖砌纵墙	0.9

(3) 横向水平地震作用计算

1) 按底部剪力法计算排架结构的水平地震作用时，结构的计算简图如图 4-12 所示。排架的横向总水平地震作用标准值（总底部剪力）按下式确定：

$$F_{EK} = \alpha_1 G_{eq} \tag{4-23}$$

对于单质点体系：

$$F_{EK} = \alpha_1 G_{eq} \tag{4-24}$$

对于单竖杆多质点体系：

$$G_{eq} = 0.85\sum_{j=1}^{n} G_j \tag{4-25}$$

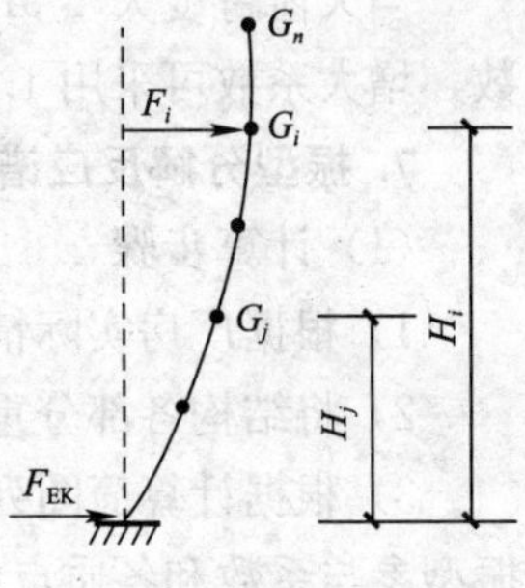

图 4-12 底部剪力法横向水平地震作用计算简图

对于多竖杆多质点体系：

$$G_{eq} = 0.90\sum_{j=1}^{n} G_j \tag{4-26}$$

对于多质点体系各质点的横向地震剪力标准值为：

$$F_i = \frac{G_i H_i}{\sum_{j=1}^{n} G_j H_j} F_{EK} \tag{4-27}$$

式中各质点的重力荷载代表值应根据表 4-1 中"计算地震作用时的等效集中系数"进行计算。

2) 起重机桥架水平地震作用计算

当厂房内设有桥式起重机，由起重机桥架自重产生的在起重机梁顶面标高处的水平地震作用标准值可按式 4-28 计算：

$$F_{cri} = \alpha_1 G_{cri}\frac{H_{cri}}{H_i} \tag{4-28}$$

式中 G_{cri}——第 i 跨内一台起重机桥架（包括小车）重力荷载作用在一根排架柱牛腿上的反力值；

H_{cri}——第 i 跨起重机梁顶面到柱基础顶面的高度；

H_i——第 i 跨柱顶到柱基础顶面的高度。

起重机地震作用由排架起重机所在跨左右二柱共同承受。当为多跨厂房时，需分别计算各跨的起重机地震作用。

3）突出屋面天窗架横向地震作用计算

有斜撑杆的三铰拱式钢筋混凝土和钢天窗架的横向抗震计算可采用底部剪力法，其他情况下，天窗架的横向水平地震作用可采用振型分解反应谱法。

天窗架的横向水平地震作用的底部剪力法计算按下式确定：

$$F_{sl}^{*}=\frac{G_{sl}H_{sl}}{\sum_{j=1}^{n}G_{j}H_{j}}F_{EK} \tag{4-29}$$

式中 G_{sl}——突出屋面部分天窗架的等效重力荷载代表值；

H_{sl}——天窗屋盖至厂房柱基础顶面高度。

当天窗跨度大于 9m 或抗震设防烈度为 9 度时，天窗架的地震作用效应应乘以增大系数，增大系数可采用 1.5。

7. 振型分解反应谱法

（1）计算步骤

1）根据厂房实际情况选取计算单元建立计算简图，计算简图与底部剪力法相同。

2）将结构各部分重力荷载等效集中到计算简图中的各质点。

3）根据计算简图列出动力学自由振动基本方程，计算结构各振型的周期以及相应的振型参与系数和各质点的相对水平位移。

4）求得结构自振周期并修正后，分别计算各振型下各质点的横向水平地震作用。

5）根据所求得的各质点在各振型下的水平地震作用，分别计算排架在该振型水平地震作用下的排架柱地震作用效应。

6）对排架柱在各振型下的地震作用效应进行振型组合，求出排架柱振型组合地震作用效应。

（2）基本自振周期计算

采用振型分解反应谱法计算地震作用时，厂房横向排架的自振圆频率、自振周期和振型可按下列公式计算：

1）两质点体系周期计算

① 自振圆频率：

$$\omega_1=\frac{A+\sqrt{A^2-4B}}{2B} \tag{4-30}$$

$$\omega_2=\frac{A-\sqrt{A^2-4B}}{2B} \tag{4-31}$$

$$A=0.1(G_1\delta_{11}+G_2\delta_{22})$$

$$B=0.01G_1G_2(\delta_{11}\delta_{22}-\delta_{12}^2)$$

式中 ω_1——第一振型自振圆频率；

ω_2——第二振型自振圆频率。

② 自振周期：

$$T_1=\psi_T\frac{2\pi}{\omega_1} \tag{4-32}$$

$$T_2 = \psi_T \frac{2\pi}{\omega_2} \tag{4-33}$$

式中　T_1——第一振型自振周期；

　　　T_2——第二振型自振周期。

③ 振型：

两质点体系振型如图 4-13 所示，质点相对位移按下式计算：

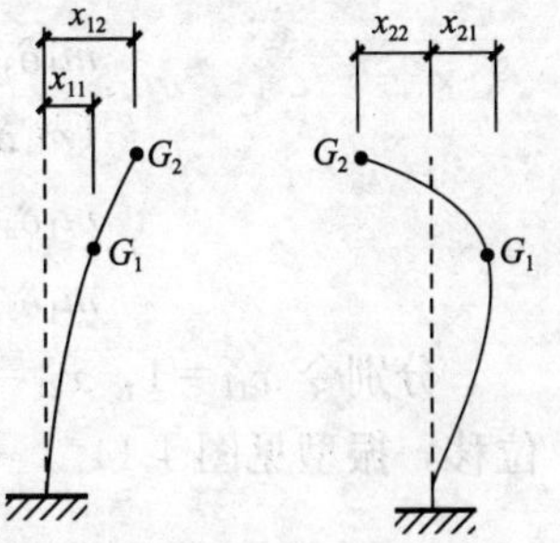

(a) 第一振型　　(b) 第二振型

图 4-13　两质点体系的振型

$$x_{j1} = 1$$

$$x_{j2} = \frac{10 - G_1\delta_{11}\omega_j}{G_2\delta_{12}\omega_j} \quad (j = 1,2) \tag{4-34}$$

式中　x_{j1}——结构 j 振型质点 1 的相对水平位移；

　　　x_{j2}——结构 j 振型质点 2 的相对水平位移。

2）三质点体系周期计算

① 结构各振型的自振圆频率可按下列频率方程计算：

$$\begin{vmatrix} (m_1\delta_{11}\omega_j^2 - 1) & m_2\delta_{12}\omega_j^2 & m_2\delta_{13}\omega_j^2 \\ m_1\delta_{21}\omega_j^2 & (m_2\delta_{22}\omega_j^2 - 1) & m_3\delta_{23}\omega_j^2 \\ m_1\delta_{31}\omega_j^2 & m_2\delta_{32}\omega_j^2 & (m_3\delta_{33}\omega_j^2 - 1) \end{vmatrix} = 0 \tag{4-35}$$

式中 $m_1 = \frac{G_1}{g}$，$m_2 = \frac{G_2}{g}$，$m_3 = \frac{G_3}{g}$，令 $\lambda_j = \frac{1}{\omega_j^2}$，式（4-35）可展开改写为：

$$\lambda_j^3 - (m_1\delta_{11} + m_2\delta_{22} + m_3\delta_{33})\lambda_j^2 + [m_1m_2(\delta_{11}\delta_{22} - \delta_{12}^2) + m_2m_3(\delta_{22}\delta_{23} - \delta_{23}^2) + m_3m_1(\delta_{33}\delta_{11} - \delta_{31}^2)]\lambda_j - m_1m_2m_3(\delta_{11}\delta_{22}\delta_{33} + 2\delta_{12}\delta_{23}\delta_{21} - \delta_{11}\delta_{23}^2 - \delta_{23}\delta_{31}^2 - \delta_{33}\delta_{12}^2) = 0 \tag{4-36}$$

解方程后可得三个正实根 λ_1、λ_2、λ_3，由此可得：

$$\omega_1^2 = \frac{1}{\lambda_1}, \quad \omega_2^2 = \frac{1}{\lambda_2}, \quad \omega_3^2 = \frac{1}{\lambda_3}$$

② 结构自振周期计算：

$$\left.\begin{aligned} T_1 &= \frac{2\pi}{\omega_1}\psi_T \\ T_2 &= \frac{2\pi}{\omega_2}\psi_T \\ T_3 &= \frac{2\pi}{\omega_3}\psi_T \end{aligned}\right\} \tag{4-37}$$

③ 前三阶振型下各质点的相对水平位移：

求解下列方程组：

$$\left.\begin{aligned} (m_1\delta_{11}\omega_j^2 - 1)x_{j1} + m_2\delta_{12}\omega_j^2x_{j2} + m_3\delta_{13}\omega_j^2x_{j3} &= 0 \\ m_1\delta_{21}\omega_j^2x_{j1} + (m_2\delta_{22}\omega_j^2 - 1)x_{j2} + m_3\delta_{23}\omega_j^2x_{j3} &= 0 \\ m_1\delta_{31}\omega_j^2x_{j1} + m_2\delta_{32}\omega_j^2x_{j2} + (m_3\delta_{33}\omega_j^2 - 1)x_{j3} &= 0 \end{aligned}\right\} \tag{4-38}$$

将 $j=1$，2，3 分别代入，可得以下三组方程：

$$\left.\begin{aligned} (m_1\delta_{11}\omega_1^2 - 1)x_{11} + m_2\delta_{12}\omega_1^2x_{12} + m_3\delta_{13}\omega_1^2x_{13} &= 0 \\ m_1\delta_{21}\omega_1^2x_{11} + (m_2\delta_{22}\omega_1^2 - 1)x_{12} + m_3\delta_{23}\omega_1^2x_{13} &= 0 \\ m_1\delta_{31}\omega_1^2x_{11} + m_2\delta_{32}\omega_1^2x_{12} + (m_3\delta_{33}\omega_1^2 - 1)x_{13} &= 0 \end{aligned}\right\} \tag{4-39}$$

$$\left.\begin{aligned}(m_1\delta_{11}\omega_2^2-1)x_{21}+m_2\delta_{12}\omega_2^2x_{22}+m_3\delta_{13}\omega_2^2x_{23}&=0\\ m_1\delta_{21}\omega_2^2x_{21}+(m_2\delta_{22}\omega_2^2-1)x_{22}+m_3\delta_{23}\omega_2^2x_{23}&=0\\ m_1\delta_{31}\omega_2^2x_{21}+m_2\delta_{32}\omega_2^2x_{22}+(m_3\delta_{33}\omega_2^2-1)x_{23}&=0\end{aligned}\right\}\tag{4-40}$$

$$\left.\begin{aligned}(m_1\delta_{11}\omega_3^2-1)x_{31}+m_2\delta_{12}\omega_3^2x_{32}+m_3\delta_{13}\omega_3^2x_{33}&=0\\ m_1\delta_{21}\omega_3^2x_{31}+(m_2\delta_{22}\omega_3^2-1)x_{32}+m_3\delta_{23}\omega_3^2x_{33}&=0\\ m_1\delta_{31}\omega_3^2x_{31}+m_2\delta_{32}\omega_3^2x_{32}+(m_3\delta_{33}\omega_3^2-1)x_{33}&=0\end{aligned}\right\}\tag{4-41}$$

分别令 $x_{11}=1$，$x_{21}=1$，$x_{31}=1$ 即可求得第一、二、三阶振型时 m_2、m_3 的相对水平位移，振型见图 4-14。

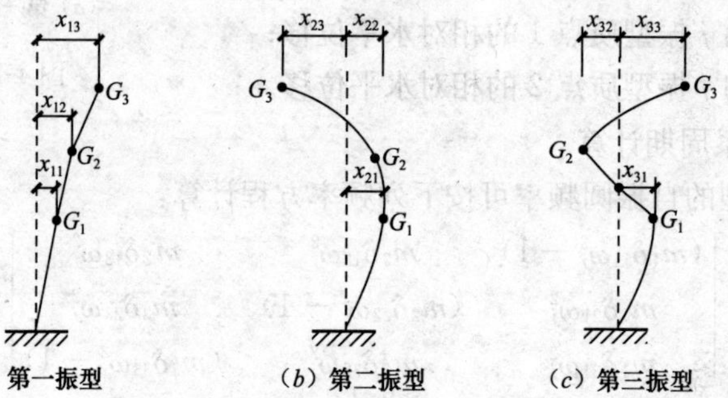

图 4-14　三质点体系的振型

3）多质点体系周期计算

① 结构各振型的自振圆频率可按下列频率方程计算：

$$\begin{vmatrix}\left(0.1G_1\delta_{11}-\dfrac{1}{\omega^2}\right) & 0.1G_2\delta_{12} & \cdots & 0.1G_n\delta_{1n}\\ 0.1G_2\delta_{21} & \left(0.1G_2\delta_{22}-\dfrac{1}{\omega^2}\right) & \cdots & 0.1G_n\delta_{2n}\\ \cdots & \cdots & \cdots & \cdots\\ 0.1G_1\delta_{n1} & 0.1G_2\delta_{n2} & \cdots & \left(0.1G_n\delta_{nn}-\dfrac{1}{\omega^2}\right)\end{vmatrix}=0\tag{4-42}$$

② 结构各振型的自振周期可按下式计算：

$$T_j=\psi_{\mathrm{T}}\frac{2\pi}{\omega_j}\quad(j=1,2,\cdots,n)\tag{4-43}$$

③ 振型可按下列振型方程计算，令其中任一非零位移等于 1，求出与 ω_j 相对应的各振型质点位移，一般情况下可取前三个振型（图 4-14）：

$$\left.\begin{aligned}&\left(0.1G_1\delta_{11}-\frac{1}{\omega_j^2}\right)x_{j1}+0.1G_2\delta_{12}x_{j2}+\cdots+0.1G_n\delta_{1n}x_{jn}=0\\ &0.1G_1\delta_{21}x_{j1}+\left(0.1G_2\delta_{22}-\frac{1}{\omega_j^2}\right)x_{j2}+\cdots+0.1G_n\delta_{2n}x_{jn}=0\\ &\cdots\cdots\\ &0.1G_1\delta_{n1}x_{j1}+0.1G_2\delta_{n2}x_{j2}+\cdots+\left(0.1G_n\delta_{nn}-\frac{1}{\omega_j^2}\right)x_{jn}=0\end{aligned}\right\}\tag{4-44}$$

(3) 排架横向水平地震作用标准值计算

多质点体系结构 j 振型质点 i 的水平地震作用标准值按下式计算：

$$F_{ji} = \alpha_j \gamma_j x_{ji} G_i \quad (i = 1,2,3\cdots,n; j = 1,2,3\cdots,n) \tag{4-45}$$

式中 x_{ji}——第 j 振型下质点 i 的相对水平位移；

γ_j——第 j 振型的振型参与系数，可按下式计算：

$$\gamma_j = \frac{\sum_{i=1}^{n} x_{ji} G_i}{\sum_{i=1}^{n} x_{ji}^2 G_i} \tag{4-46}$$

G_i——集中到质点 i 的重力荷载代表值。

1) 两质点体系

两质点体系各质点上各振型的水平地震作用应按下列公式计算，见图 4-15：

第一振型：

$$F_{11} = \alpha_1 \gamma_1 X_{11} G_1$$
$$F_{12} = \alpha_1 \gamma_1 X_{12} G_2 \tag{4-47}$$

第二振型：

$$F_{21} = \alpha_2 \gamma_2 X_{21} G_1$$
$$F_{22} = \alpha_2 \gamma_2 X_{22} G_2 \tag{4-48}$$

2) 三质点体系

各质点上各振型的水平地震作用应按下列公式计算，见图 4-16：

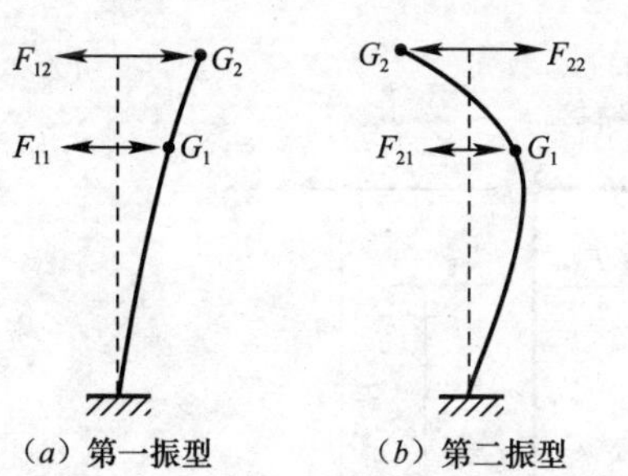

图 4-15 两质点体系地震作用计算简图

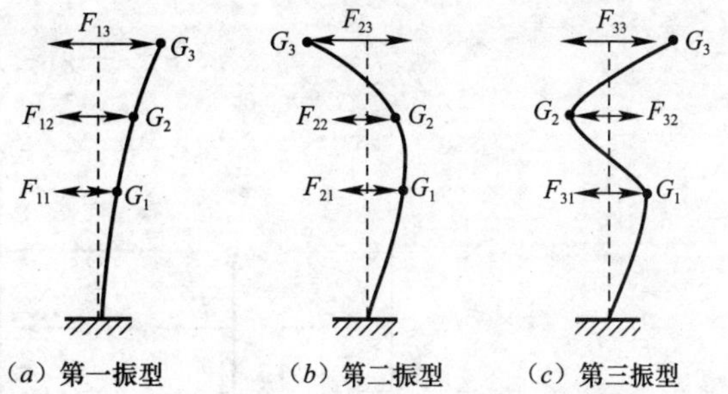

图 4-16 三质点体系地震作用计算简图

第一振型：

$$F_{11} = \alpha_1 \gamma_1 X_{11} G_1$$
$$F_{12} = \alpha_1 \gamma_1 X_{12} G_2$$
$$F_{13} = \alpha_1 \gamma_1 X_{13} G_3 \tag{4-49}$$

第二振型：

$$F_{21} = \alpha_2 \gamma_2 X_{21} G_1$$
$$F_{22} = \alpha_2 \gamma_2 X_{22} G_2$$
$$F_{23} = \alpha_2 \gamma_2 X_{23} G_3 \tag{4-50}$$

第三振型：

$$F_{31} = \alpha_3 \gamma_3 X_{31} G_1$$

$$F_{32} = \alpha_3 \gamma_3 X_{32} G_2$$

$$F_{33} = \alpha_3 \gamma_3 X_{33} G_3 \tag{4-51}$$

（4）起重机桥架产生的水平地震作用标准值计算

采用振型分解反应谱法进行起重机桥架的水平地震作用计算时，应视起重机所在处为一单独质点，按多质点系进行振型分解计算。但是为了简化，一般不按将起重机桥架作为单独质点的多质点体系来进行计算，而是假定在起重机高度处排架柱的振型幅值与所在跨度的柱顶振型幅值同号，并与其所在跨的高度成比例关系，起重机桥架产生的水平地震作用可按排架的第一振型进行计算，采用下式计算：

$$F_{cri} = \alpha_1 \gamma_1 X_{1i} G_{cri} \frac{H_{cri}}{H_i} \tag{4-52}$$

式中 α_1——相应于排架第一振型的水平地震影响系数；

γ_1——排架第一振型的振型参与系数；

X_{1i}——排架第一振型时起重机所在跨屋盖质点的相对位移；

G_{cri}——第 i 跨度内一台最大吨位起重机桥架重力荷载作用在一根排架柱牛腿上的反力值；

H_{cri}——起重机所处的高度；

H_i——起重机所在跨排架柱顶高度。

对于两质点体系不等高厂房，起重机桥架在其所在跨起重机梁处产生的水平地震作用可按下式进行计算，见图 4-17：

$$F_{cr1} = \alpha_1 \gamma_1 X_{11} G_{cr1} \frac{H_{cr1}}{H_1} \tag{4-53}$$

$$F_{cr2} = \alpha_1 \gamma_1 X_{12} G_{cr2} \frac{H_{cr2}}{H_2} \tag{4-54}$$

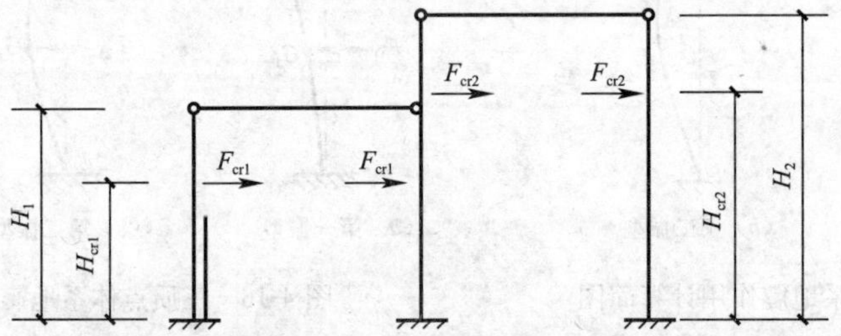

图 4-17　两质点体系起重机桥架地震作用计算简图

（5）排架地震作用效应的振型组合

在按振型分解反应谱法求得各质点对应的振型下所受的水平地震作用后，就可以将它们作为外力，对厂房排架进行内力分析，求出相应于各振型的排架地震作用效应（内力），即求得上述各 S_j（弯矩和剪力）。各振型地震作用效应 S（内力），其值按下列公式计算：

$$S = \sqrt{\sum_j S_j^2} \tag{4-55}$$

对两质点系不等高厂房

$$S = \sqrt{S_1^2 + S_2^2} \tag{4-56}$$

按内力表达则为

$$M=\sqrt{M_1^2+M_2^2}$$
$$V=\sqrt{V_1^2+V_2^2} \tag{4-57}$$

对三质点系不等高厂房

$$S=\sqrt{S_1^2+S_2^2+S_3^2} \tag{4-58}$$

按内力表达则为

$$M=\sqrt{M_1^2+M_2^2+M_3^2}$$
$$V=\sqrt{V_1^2+V_2^2+V_3^2} \tag{4-59}$$

上式中 S_1、S_2、S_3 分别为第一、二、三阶振型的地震作用效应标准值。

8. 厂房内设有钢筋混凝土平台时横向地震作用计算

(1) 满堂通长钢筋混凝土平台

当厂房内设有满堂通长平台钢筋混凝土平台时，需考虑厂房柱与平台的共同作用，地震作用可按下列公式计算（图 4-18）：

$$F_1=\lambda_1 F_{01}$$
$$F_2=\lambda_2 F_{01} \tag{4-60}$$

式中 F_{01}——将厂房上层作为单独体系时屋盖标高处的水平地震作用；

λ_1、λ_2——计算系数。

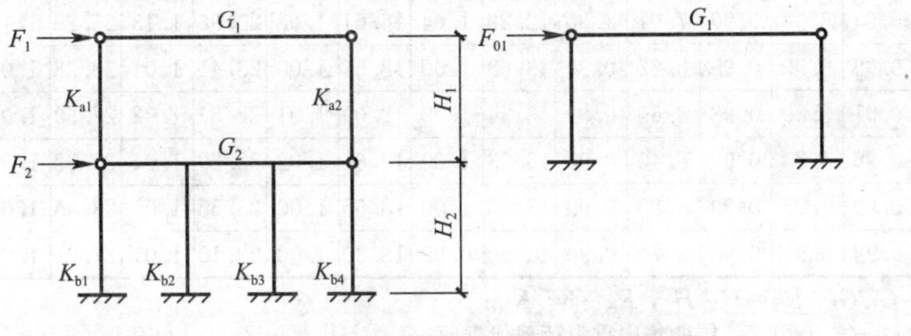

图 4-18 厂房内有满堂平台时的计算简图

计算系数 λ_1、λ_2 可按表 4-3 确定。

计算系数 λ_1、λ_2 表 4-3

R_H	R_G / R_K	1		2		3		4		5		6		7		8	
		λ_1	λ_2	λ_1	λ_2	λ_1	λ_2	λ_1	λ_2	λ_1	λ_2	λ_1	λ_2	λ_1	λ_2	λ_1	λ_2
1	0.05	1.00	2.62	1.18	4.75	1.33	5.83	1.48	6.69	1.61	7.39	1.75	7.99	1.88	8.49	2.01	8.92
	0.10	0.98	1.86	1.19	2.88	1.37	3.49	1.53	3.95	1.67	4.31	1.80	4.61	1.92	4.87	2.02	5.10
	0.15	0.94	1.43	1.15	2.15	1.33	2.58	1.48	2.91	1.60	3.19	1.71	3.43	1.80	3.66	1.87	3.89
	0.20	0.90	1.16	1.11	1.75	1.27	2.11	1.41	2.39	1.52	2.63	1.61	2.85	1.68	3.07	1.74	3.30
	0.25	0.85	0.98	1.07	1.51	1.22	1.82	1.35	2.07	1.44	2.29	1.52	2.50	1.58	2.72	1.63	2.94
	0.30	0.81	0.86	1.03	1.34	1.18	1.82	1.29	1.85	1.38	2.06	1.45	2.27	1.50	2.47	1.55	2.68
	0.35	0.78	0.76	0.99	1.22	1.13	1.48	1.24	1.69	1.32	1.89	1.39	2.09	1.44	2.29	1.48	2.49
	0.40	0.74	0.69	0.96	1.13	1.10	1.37	1.20	1.57	1.28	1.76	1.37	1.95	1.38	2.14	1.42	2.33
	0.45	0.72	0.63	0.94	1.05	1.06	1.28	1.16	1.48	1.24	1.66	1.29	1.84	1.33	2.02	1.37	2.20
	0.50	0.69	0.58	0.91	0.99	1.04	1.21	1.13	1.39	1.20	1.57	1.25	1.74	1.29	1.92	1.32	2.09

续表

R_H	R_G / λ_1 λ_2 / R_K	1		2		3		4		5		6		7		8	
		λ_1	λ_2	λ_1	λ_2	λ_1	λ_2	λ_1	λ_2	λ_1	λ_2	λ_1	λ_2	λ_1	λ_2	λ_1	λ_2
2	0.05	0.97	3.65	1.01	8.07	1.06	12.50	1.11	16.92	1.18	21.33	1.25	25.73	1.32	30.10	1.40	34.31
	0.10	0.95	3.29	1.03	7.26	1.14	11.21	1.26	15.12	1.39	18.60	1.47	20.38	1.56	22.00	1.64	23.50
	0.15	0.93	3.00	1.05	6.60	1.20	10.14	1.37	13.28	1.48	14.84	1.59	16.23	1.69	17.49	1.79	18.64
	0.20	0.91	2.76	1.06	6.04	1.26	9.25	1.41	11.30	1.54	12.61	1.66	13.76	1.77	14.80	1.88	15.74
	0.25	0.89	2.55	1.07	5.58	1.29	8.51	1.44	9.97	1.57	11.10	1.70	12.09	1.82	12.98	1.94	13.78
	0.30	0.88	2.38	1.07	5.58	1.31	7.82	1.45	9.00	1.59	10.00	1.72	10.88	1.85	11.66	1.97	12.35
	0.35	0.86	2.24	1.07	4.86	1.31	7.18	1.46	8.26	1.60	9.17	1.74	9.96	1.86	10.65	1.98	11.27
	0.40	0.85	2.11	1.06	4.57	1.31	6.68	1.46	7.67	1.61	8.50	1.74	9.22	1.87	9.86	1.99	10.42
3	0.05	0.98	3.87	0.99	8.55	1.00	13.26	1.02	17.98	1.04	22.69	1.06	27.40	1.08	32.11	1.11	36.82
	0.10	0.96	3.67	0.99	8.11	1.02	12.57	1.06	17.02	1.10	21.47	1.15	25.91	1.21	30.34	1.27	34.76
	0.15	0.94	3.49	0.98	7.71	1.04	11.94	1.10	16.16	1.17	20.36	1.25	24.54	1.34	28.71	1.43	32.87
	0.20	0.92	3.33	0.98	7.35	1.05	11.38	1.14	15.38	1.24	19.35	1.34	23.31	1.46	27.24	1.58	31.14
	0.25	0.91	3.18	0.98	7.03	1.07	10.87	1.18	14.67	1.30	18.45	1.43	22.19	1.56	25.90	1.68	28.64
	0.30	0.89	3.05	0.98	6.74	1.08	10.41	1.21	14.03	1.35	17.62	1.50	21.18	1.64	24.42	1.73	26.08
4	0.05	0.98	3.95	0.99	8.73	1.00	13.54	1.00	18.36	1.01	23.18	1.02	28.00	1.03	32.82	1.04	37.63
	0.10	0.97	3.82	0.98	8.44	0.99	13.08	1.01	17.73	1.03	22.39	1.05	27.03	1.08	31.68	1.10	36.32
	0.15	0.95	3.69	0.97	8.16	1.00	12.66	1.02	17.15	1.06	21.65	1.09	26.13	1.13	30.61	1.17	35.09
	0.20	0.94	3.58	0.96	7.91	1.00	12.26	1.04	16.61	1.08	20.96	1.13	25.29	1.19	29.61	1.25	33.93
5	0.05	0.99	3.99	0.99	8.82	0.99	13.68	1.00	18.54	1.00	23.41	1.01	28.28	1.01	33.16	1.02	38.03
	0.10	0.97	3.89	0.98	8.60	0.99	13.34	1.00	18.09	1.01	22.84	1.02	27.59	1.03	32.33	1.04	37.08
	0.15	0.96	3.80	0.97	8.40	0.98	13.03	1.00	17.66	1.02	22.29	1.04	20.92	1.06	31.55	1.08	36.18
6	0.05	0.99	4.02	0.99	8.87	0.99	13.76	1.00	18.65	1.00	23.55	1.00	28.45	1.00	33.35	1.01	38.25
	0.10	0.98	3.94	0.98	8.70	0.90	13.50	0.99	18.30	1.00	23.10	1.01	27.91	1.01	32.71	1.02	37.52

注：1. $R_G=G_2/G_1$，$R_H=H_1/H_2$，$R_K=K_2/K_1$；
2. G_1、G_2——上层、下层的集中重力荷载代表值；
3. H_1、H_2——上层、下层的层间高度；
4. K_1、K_2——上层、下层的侧移刚度。

（2）局部钢筋混凝土平台

厂房设有局部钢筋混凝土平台时，地震作用的计算可将局部平台作为一个质点参与厂房的整体工作，其计算简图可按图 4-19 采用，其等效计算简图可按图 4-20 采用。

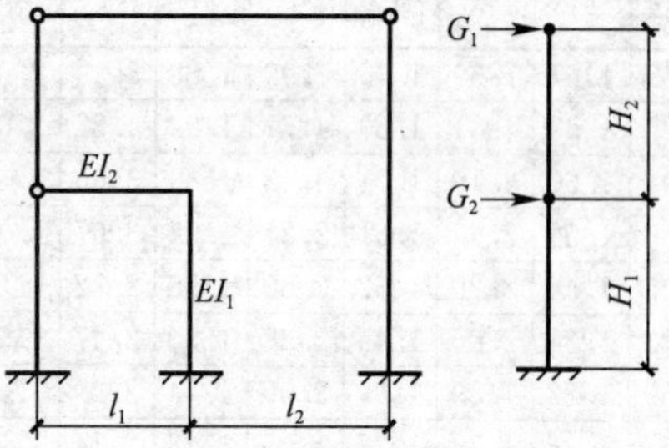

图 4-19　厂房内有局部钢筋混凝土平台的计算简图

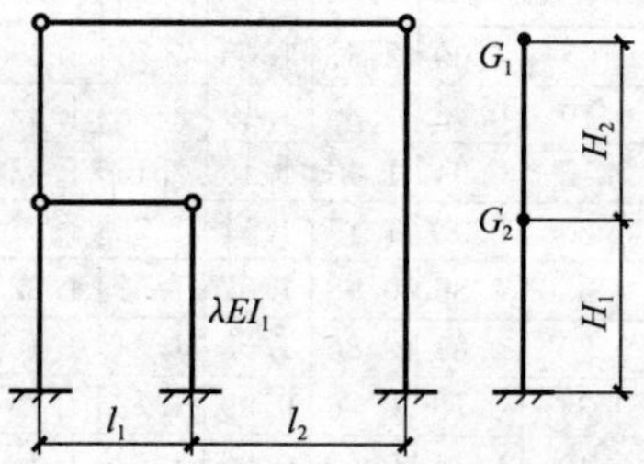

图 4-20　厂房内有局部钢筋混凝土平台的等效计算简图

计算整个厂房的自振周期时，局部平台的抗侧移刚度的确定，可将局部平台从整体结构中取出单独进行分析，其计算简图可按图 4-21 采用，抗侧移刚度可按下列方法计算：

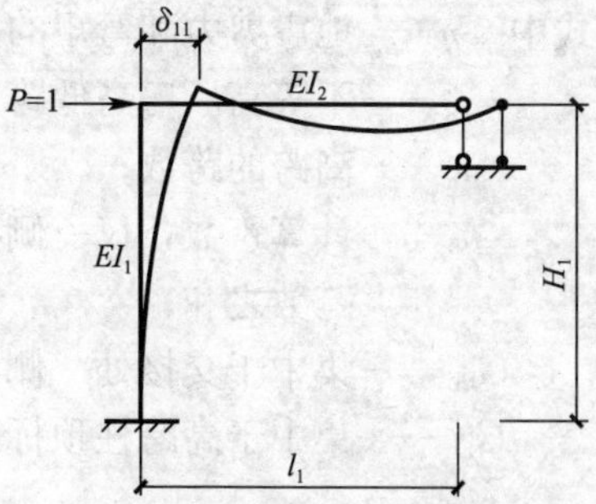

图 4-21　局部平台的抗侧移刚度计算简图

局部平台的抗侧移刚度 D_P，可按下式计算：

$$D_P = \frac{12EI_1(3h_1I_2 + l_1I_1)}{h_1^3(3h_1I_2 + 4l_1I_1)} \tag{4-61}$$

对于与局部平台等高的单独的悬臂柱，抗侧移刚度可按下式计算：

$$D = \frac{3EI_1}{h_1^3} \tag{4-62}$$

等效悬臂柱的惯性矩 I，可按下式计算：

$$I = \lambda I_1 \tag{4-63}$$

$$\lambda = \frac{D_P}{D} = \frac{12h_1I_2 + 4l_1I_1}{3h_1I_2 + 4I_1l_1}$$

式中　λ——等效抗侧移刚度系数；

I_1——悬臂柱的惯性矩。

9. 厂房横向排架的水平地震作用调整

(1) 钢筋混凝土屋盖的单层钢筋混凝土柱厂房当满足需考虑空间工作和扭转影响的条件时，按平面排架计算得到的排架柱地震剪力和弯矩，应按表 4-4 进行调整。

钢筋混凝土柱（除高低跨交接处上柱外）考虑空间工作和扭转影响的调整系数　表 4-4

屋盖	山墙		屋盖长度（m）											
			≤30	36	42	48	54	60	66	72	78	84	90	96
钢筋混凝土无檩屋盖	两端山墙	等高厂房			0.75	0.75	0.75	0.8	0.8	0.8	0.85	0.85	0.85	0.9
		不等高厂房			0.85	0.85	0.85	0.9	0.9	0.9	0.95	0.95	0.95	1.0
	一端山墙		1.05	1.15	1.2	1.25	1.3	1.3	1.3	1.3	1.35	1.35	1.35	1.35
钢筋混凝土有檩屋盖	两端山墙	等高厂房			0.8	0.85	0.9	0.95	0.95	1.0	1.0	1.05	1.05	1.1
		不等高厂房			0.85	0.9	0.95	1.0	1.0	1.05	1.05	1.1	1.1	1.15
	一端山墙		1.0	1.05	1.1	1.1	1.15	1.15	1.15	1.2	1.2	1.2	1.25	1.25

单层钢筋混凝土屋盖厂房在地震作用下存在着明显的空间作用效应，其对排架柱受力和变形的影响，主要取决于屋盖的横向水平刚度和山墙的设置及其间距。震害表明，一般来说位于厂房中间区段的柱子震害严重，位于靠山墙附近的柱子震害轻，即柱子的破坏程度随着其与山墙距离的缩小而减小，因此必须对按平面排架计算所得的排架横向地震作用进行考虑空间作用影响的调整。

(2) 不等高厂房高低跨交接处支承低跨屋盖牛腿以上各截面，其考虑空间作用影响对地震作用效应的调整与一般柱截面不同，按底部剪力法计算的地震剪力和弯矩应乘以增大系数，按振型分解反应谱法计算的结果可不用调整，增大系数可按下式计算：

$$\eta = \zeta\left(1 + 1.7\frac{n_h}{n_0}\cdot\frac{G_{EL}}{G_{Eh}}\right) \tag{4-64}$$

式中　η——地震剪力和弯矩的增大系数；

ζ——不等高厂房高低跨交接处的空间工作影响系数，可按表 4-5 采用；

n_h——高跨的跨数；

n_0——计算跨数，仅一侧有低跨时应取总跨数，两侧均有低跨时应取总跨数与高跨跨数之和；

G_{EL}——集中于交接处一侧各低跨屋盖标高处的总重力荷载代表值；

G_{Eh}——集中于高跨柱顶标高处的总重力荷载代表值。

高低跨交接处钢筋混凝土上柱空间工作影响系数 ζ　　**表 4-5**

屋盖	山墙	屋盖长度（m）									
		≤36	42	48	54	60	66	72	78	84	90	96
钢筋混凝土无檩屋盖	两端山墙	—	0.70	0.76	0.82	0.88	0.94	1.00	1.06	1.06	1.06	1.06
	一端山墙	1.25										
钢筋混凝土有檩屋盖	两端山墙	—	0.90	1.00	1.05	1.10	1.10	1.15	1.15	1.15	1.20	1.20
	一端山墙	1.05										

（3）厂房起重机梁顶标高处的上柱截面，由起重机桥架引起的地震剪力和弯矩应乘以增大系数，当按底部剪力法等简化计算方法计算时，增大系数可按表 4-6 采用。

桥架引起的地震剪力和弯矩增大系数　　**表 4-6**

屋盖类型	山墙	边柱	高低跨柱	其他中柱
钢筋混凝土无檩屋盖	两端山墙	2.0	2.5	3.0
	一端山墙	1.5	2.0	2.5
钢筋混凝土有檩屋盖	两端山墙	1.5	2.0	2.5
	一端山墙	1.5	2.0	2.0

这里需要注意的是，此处剪力和弯矩的放大仅用于起重机梁面标高处的柱截面，而且仅增加由起重机桥架引起的地震剪力和弯矩，不是该处柱截面的全部地震作用效应，此增大系数也不应往下传递至起重机梁面以下柱截面。

10. 地震作用效应组合与截面抗震验算

（1）地震作用效应组合

在求得厂房排架考虑空间作用进行调整的地震作用效应后，应将其与在其他荷载作用下的荷载效应进行组合。对于单层厂房，应予考虑组合的其他荷载有：屋盖结构及其他作用在排架上的结构构件自重、屋面积雪、屋面积灰、起重机梁自重、起重机自重（硬钩起重机时包括 30%吊重）等重力荷载效应。结构构件的地震作用效应和其他荷载效应的基本组合应按下式计算：

$$S = \gamma_G S_{GE} + \gamma_{Eh} S_{Ehk} + \gamma_{Ev} S_{Evk} \tag{4-65}$$

式中　S——结构构件内力组合的设计值，包括组合的弯矩、轴向力和剪力设计值；

γ_G——重力荷载分项系数，一般情况应采用 1.2，当重力荷载效应对构件承载能力有利时，不应大于 1.0；

γ_{Eh}、γ_{Ev}——分别为水平、竖向地震作用分项系数，应按表 4-7 采用；

S_{GE}——重力荷载代表值的效应，应按本章表 4-1 采用；有起重机时，尚应包括起重物重力标准值（硬钩起重机 30%）的效应；

S_{Ehk}——水平地震作用标准值的效应，尚应乘以相应的增大系数或调整系数；

S_{Evk}——竖向地震作用标准值的效应，尚应乘以相应的增大系数或调整系数。

地震作用分项系数 **表 4-7**

地震作用	γ_{Eh}	γ_{Ev}
仅考虑水平地震作用	1.3	0.0
仅考虑竖向地震作用	0.0	1.3
同时考虑水平与竖向地震作用	1.3	0.5

在实际计算时，对已经求得的排架在水平地震作用和其他各项荷载作用下的内力，相应乘以组合分项系数，并按式（4-65）进行组合，从而取得对结构进行截面强度验算的最不利内力组合 S。对于一般混凝土厂房来说，组合中不考虑风荷载；在进行起重机荷载组合时，起重机台数应按照本章规定采用；对水平荷载只考虑起重机桥架自重（硬钩时还应包括起重量的30%）产生的水平地震作用，不考虑起重机的横向制动力；对竖向荷载，起重机桥架自重和起重量均需计入，但是起重量的取值，应根据对排架的最不利组合采用。另外，要注意水平地震作用是往复作用的荷载，应使所组合的起重机荷载与水平地震作用方向一致，使排架计算截面产生最不利的效应。

用效应表达的效应组合计算公式如下：

1）无起重机厂房排架截面的效应组合

实际计算时，将计算所得的排架截面弯矩和剪力分别代入式 4-65，如仅考虑横向水平地震作用的组合表达式如下：

$$\left.\begin{aligned} M_i &= 1.2M_{GE} + 1.3M_{Ehk} \\ V_i &= 1.2V_{GE} + 1.3V_{Ehk} \end{aligned}\right\} \tag{4-66}$$

式中 M_i、V_i——地震组合下产生的排架截面弯矩和剪力设计值。

2）与起重机竖向重力荷载产生的地震作用效应组合

$$\left.\begin{aligned} M_i &= 1.2(M_{GE} + M_{cr}) + 1.3(M_{Ehk} + M_{Ecr}) \\ V_i &= 1.2(V_{GE} + V_{cr}) + 1.3(V_{Ehk} + V_{Ecr}) \end{aligned}\right\} \tag{4-67}$$

式中 M_{cr}、V_{cr}——在起重机（包括桥架和起重量）产生的排架截面的弯矩和剪力标准值。

（2）截面抗震验算

结构构件的截面抗震验算，应采用下列设计表达式：

$$S \leqslant R/\gamma_{RE} \tag{4-68}$$

式中 γ_{RE}——承载力抗震调整系数，除另有规定外，应按表 4-8 采用；

R——结构构件承载力设计值。

承载力抗震调整系数 γ_{RE} **表 4-8**

材料	结构构件	γ_{RE}
混凝土	梁	0.75
	轴压比小于 0.15 的柱	0.75
	轴压比不小于 0.15 的柱	0.80
	支承低跨屋盖的柱牛腿	1.0

当仅计算竖向地震作用时，各类结构构件承载力抗震调整系数宜采用 1.0。

二、纵向抗震计算

1. 可不进行纵向抗震验算的条件

单层厂房按《建筑抗震设计规范》GB 50011 的规定采取抗震构造措施并符合下列条件之一时，可不进行纵向抗震验算：

（1）7 度Ⅰ、Ⅱ类场地，柱高不超过 10m 且结构单元两端均有山墙的单跨和等高多跨厂房（锯齿形厂房除外）。

（2）7 度时和 8 度（0.20g）Ⅰ、Ⅱ类场地的露天起重机栈桥。

2. 纵向抗震计算方法

混凝土无檩和有檩屋盖及有较完整支撑系统的轻型屋盖厂房在纵向水平地震作用下的内力分析，严格来说应视屋盖为一水平剪切梁，厂房的纵向承重结构如纵向柱列、纵向柱间支撑和维护纵墙相互联系，并由屋盖将纵向构件连接成一个多质点的空间结构，如图 4-22 所示。其纵向抗震计算应采用下列方法：

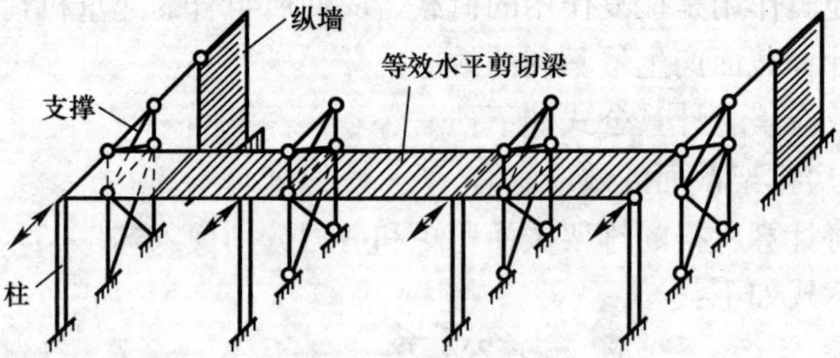

图 4-22　厂房纵向抗震计算的力学模型

（1）混凝土无檩和有檩屋盖及有较完整支撑系统的轻型屋盖厂房，可采用下列方法：

1）一般情况下，宜计入屋盖的纵向弹性变形，围护墙与隔墙的有效刚度，不对称时尚应计入扭转的影响，按串并联质点系进行空间结构分析。

2）柱顶标高不大于 15m 且平均跨度不大于 30m 的单跨或等高多跨厂房，宜采用修正刚度法计算。

（2）纵墙对称布置的单跨厂房和轻型屋盖的多跨厂房，可按柱列分片独立计算（即柱列法）。

3. 纵向等效重力荷载计算

单层厂房纵向抗震计算时，应以一个伸缩缝区段为计算单元。计算单层厂房纵向基本周期时，需要将本单元各部分重力荷载用“多质点系”与“单质点系”动能等效原则将它们等效集中到柱顶标高处。在计算单层厂房纵向水平地震作用时，还需要将起重机梁及其配件的重力荷载、起重机桥架自重（硬钩起重机尚应包括部分起重物重力荷载）等集中到起重机梁顶面标高处。两种情况下，单层厂房各部分重力荷载的等效集中系数可按表 4-9 取用。

纵向抗震计算时的重力荷载等效集中系数 **表 4-9**

序号	厂房结构各部分重力荷载	确定纵向基本周期时	确定纵向地震作用时	
			无起重机梁柱列	有起重机梁柱列
1	位于柱顶以上部位的重力荷载	1.0	1.0	1.0
2	柱	0.25	0.50	0.10（集中到柱顶） 0.40（集中到起重机梁顶）
3	山墙、到顶横墙	0.25	0.50	0.50
4	纵墙（包括贴砌墙、嵌砌墙）	0.35	0.70	0.70
5	起重机梁及配件	0.50	—	1.0（集中到起重机梁顶）
6	起重机桥架（硬钩起重机包括悬吊物重力荷载的30%）	—	—	1.0（集中到起重机梁顶）

（1）根据表 4-9，单跨及多跨等高厂房在计算纵向基本周期时，起重机桥架重力荷载和起重量可不计入，各柱列等效集中到柱顶标高处的重力荷载代表值可按下式计算：

$$G_i = 1.0G_{wp} + 1.0(1.0G_r + 0.5G_{sn} + 0.5G_d) + 0.25G_c + 0.25G_{wt} + 0.35G_w + 0.5G_b \tag{4-69}$$

式中 G_i——柱列等效集中到柱顶处的重力荷载代表值；

G_{wp}——位于柱顶以上部位的重力荷载；

G_r——屋盖重力荷载；

G_{sn}——雪荷载重力荷载；

G_d——积灰荷载重力荷载；

G_c——柱重力荷载；

G_{wt}——山墙与横墙的重力荷载；

G_w——纵墙（包括贴砌墙、嵌砌墙）重力荷载；

G_b——起重机梁及配件、起重机桥架重力荷载。

（2）在计算无起重机系统的柱列的纵向地震作用时，等效集中到柱顶的总等效重力荷载代表值为：

$$G_i = 1.0G_{wp} + 1.0(1.0G_r + 0.5G_{sn} + 0.5G_d) + 0.5G_{wt} + 0.70G_w + 0.50G_c \tag{4-70}$$

（3）在计算有起重机系统的柱列的纵向地震作用时，等效集中到起重机梁顶和柱顶的总等效重力荷载代表值分别为：

$$G_{mi} = 0.4G_c + 1.0G_b + 1.0G_{cr} \tag{4-71}$$

式中 G_{mi}——第 i 柱列等效集中到起重机梁顶标高处的重力荷载代表值；

G_{cr}——起重机桥架重力荷载代表值（硬钩起重机时应包含30%起重量）。

$$G_i = 1.0G_{wp} + 1.0(1.0G_r + 0.5G_{sn} + 0.5G_d) + 0.5G_{wt} + 0.70G_w + 0.10G_c \tag{4-72}$$

4. 纵向结构构件的刚度计算

由图 4-22 可见，单层厂房纵向结构的总侧移刚度 K 可以分解为图 4-23 所示的三个部分，ΣK_c 为纵向柱列各柱侧移刚度的总合；ΣK_b 为纵向柱列各片柱间支撑侧移刚度的总合；ΣK_w 为纵墙侧移刚度的总合。

$$K = \Sigma K_c + \Sigma K_b + \Sigma K_w \tag{4-73}$$

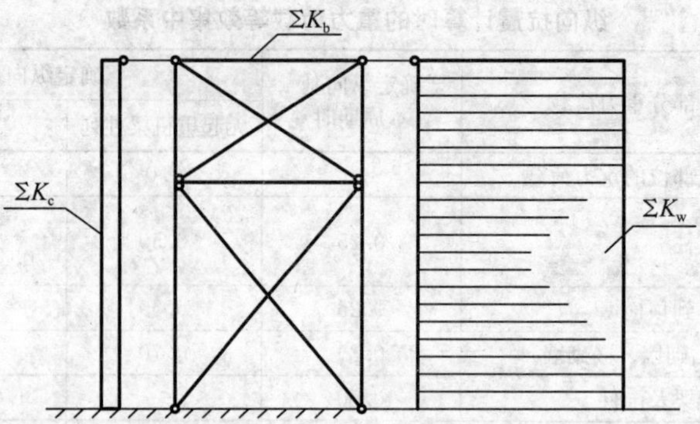

图 4-23　柱列抗侧力构件示意图

(1) 排架柱列纵向侧移刚度

变截面等高纵向柱列由一系列排架柱组成（图 4-24），每根柱的柔度 δ 表示为式（4-74），整列柱的柔度 δ_i 表示为式（4-75）：

$$\delta = \frac{H^3}{C_0 EI'_x \mu} \tag{4-74}$$

$$\delta_i = \frac{H^3}{C_0 \Sigma EI'_x \mu} \tag{4-75}$$

$$C_0 = \frac{3}{1+\lambda^3\left(\frac{1}{n}-1\right)} \tag{4-76}$$

式中　H——柱高；

EI'_x——下柱截面在纵向排架平面内的抗弯刚度；

μ——屋盖、起重机梁等纵向构件对柱抗弯刚度的影响系数。无起重机时取 1.10，有起重机时取 1.50；

λ——上柱高与柱高之比 H_s/H；

n——上柱截面模量与下柱截面模量之比 I_s/I_x。

因此，柱列的纵向侧移刚度 ΣK_c 可表示为：

$$\Sigma K_c = \frac{1}{\delta_i} = \frac{C_0 \Sigma EI'_x \mu}{H^3} \tag{4-77}$$

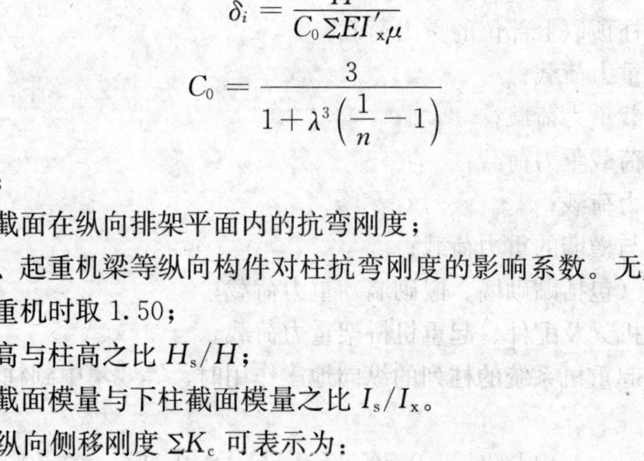

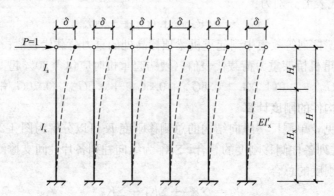

图 4-24　单位力作用下柱列位移示意图

(2) 砖墙的侧移刚度

纵向砖墙根据边界约束条件的不同可分为：上下两端均嵌固、上端自由下端嵌固两大类。根据墙体的开洞情况可分为：无开洞、单开洞、多开洞三类。以上特征相互组合后形成的墙体，其刚度的计算方法也有所不同。对于上下两端均嵌固的无洞墙体的刚度如图 4-25 所示，墙体侧移刚度 K_w 可按式（4-78）计算：

$$K_w=\frac{Et}{\rho^3+3\rho} \tag{4-78}$$

$$\rho=\frac{H}{B} \tag{4-79}$$

式中 E——砖砌体弹性模量；

t——砖墙厚度；

ρ——砖墙的高宽比。

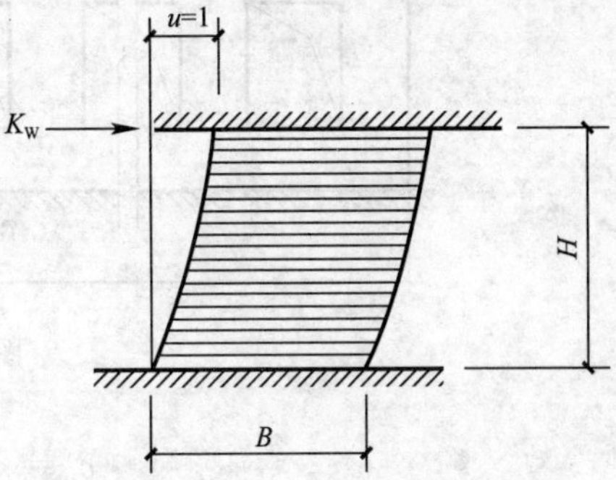

图 4-25 上下嵌固墙的刚度

对于上端自由下端嵌固的无洞墙体的侧移刚度 K_w 如图 4-26 所示，可按下列公式计算：

$$K_w=\frac{Et}{4\rho^3+3\rho} \tag{4-80}$$

对于上端自由下端嵌固的单洞墙体如图 4-27 所示，当 bh/BH 小于 0.16 及 h/H 小于 0.35 时，墙体侧移刚度 K_w 可按下列公式计算：

$$K_w=\frac{(1-1.2\alpha)Et}{4\rho^3+3\rho} \tag{4-81}$$

$$\alpha=\sqrt{\frac{bh}{BH}} \tag{4-82}$$

式中 α——墙开洞系数；

b——墙洞口宽度；

h——墙洞口高度。

对于多洞墙体的刚度 K_w 如图 4-28 所示，可按下列公式计算：

$$K_w=\frac{1}{\sum_{i=1}^{n}\delta_i} \tag{4-83}$$

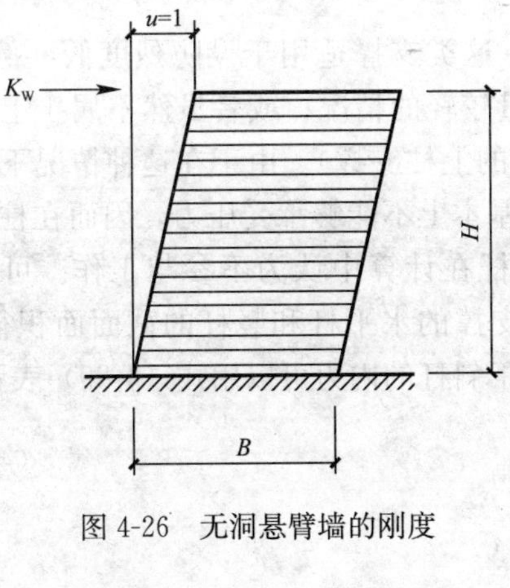

图 4-26 无洞悬臂墙的刚度

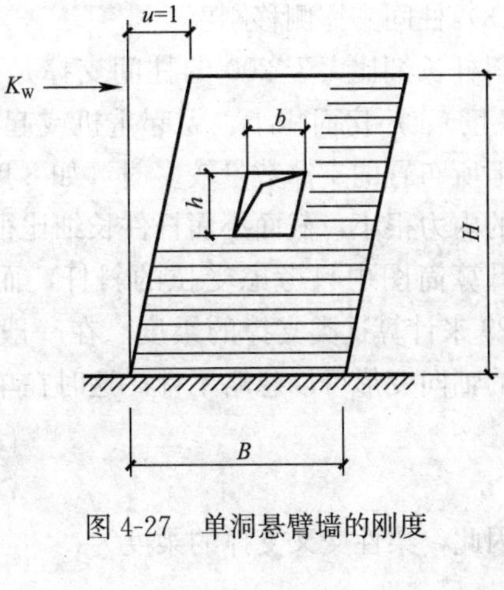

图 4-27 单洞悬臂墙的刚度

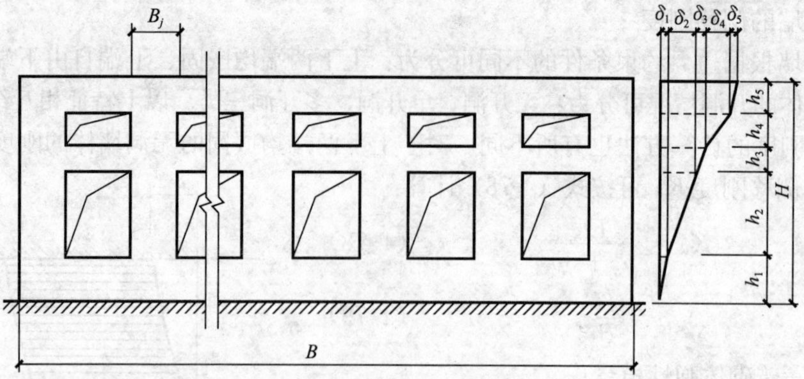

图 4-28　多洞墙的刚度

$$\delta_i = \frac{1}{K_i} \quad (i = 1, 2, \cdots, n) \tag{4-84}$$

对于墙带：

$$K_i = Et \frac{1}{4\rho_i^3 + 3\rho_i} \tag{4-85}$$

$$\rho_i = \frac{h_i}{B} \tag{4-86}$$

对于墙肢：

$$K_i = E_{\mathrm{i}} \sum_{j=1}^{n} \left(\frac{1}{\rho_j^3 + 3\rho_j} \right) \quad (j = 1, 2, \cdots, m) \tag{4-87}$$

$$\rho_j = \frac{h_i}{B_j} \tag{4-88}$$

式中　δ_i——第 i 段墙在单位水平力作用下的侧移；

K_i——第 i 段墙的侧移刚度；

ρ_i——第 i 墙带的高宽比；

h_i——第 i 段墙的高度；

ρ_j——第 j 墙肢的高宽比；

B_j——第 j 墙肢的宽度。

(3) 柱间支撑侧移刚度

斜杆长细比大于 200 的柱间支撑是柔性支撑。这类支撑适用于设防烈度低（例如 6 度、7 度）、厂房面积小、无起重机或起重机起重量较轻的情况；或者虽然不属于上述情况，但所布置的支撑数量较多时（如 8 度时所设置的上柱支撑）。由于在这种情况下支撑斜杆的内力很小，截面小而杆件长细比很大，斜杆基本上不能够承受压力，因而在柱间支撑的计算简图中只考虑受拉的斜杆，而受压的斜杆在计算中认为不参与工作。可以用图 4-29 来计算这类支撑的柔度。在一般情况下，支撑的水平杆和竖杆的截面面积很大，它们的轴向变形可以忽略不计。这时在单位力作用下斜杆的内力可以用式（4-89）表示：

$$\begin{cases} N_{51} = l_1 / L \\ N_{62} = l_2 / L \end{cases} \tag{4-89}$$

因此，柔性交叉支撑的柔度为：

$$\delta_{11}=\frac{(N_{51})^2 l_1}{EA_1}+\frac{(N_{62})^2 l_2}{EA_2}=\frac{1}{L^2E}\left(\frac{l_1^3}{A_1}+\frac{l_2^3}{A_2}\right) \tag{4-90}$$

式中 l_1、l_2——上、下柱支撑斜杆的长度；

A_1、A_2——上、下柱支撑斜杆的面积；

L——支撑水平杆的长度；

E——支撑斜杆材料的弹性模量。

柔性交叉支撑的刚度 K_b 为：

$$K_b=\frac{1}{\delta_{11}} \tag{4-91}$$

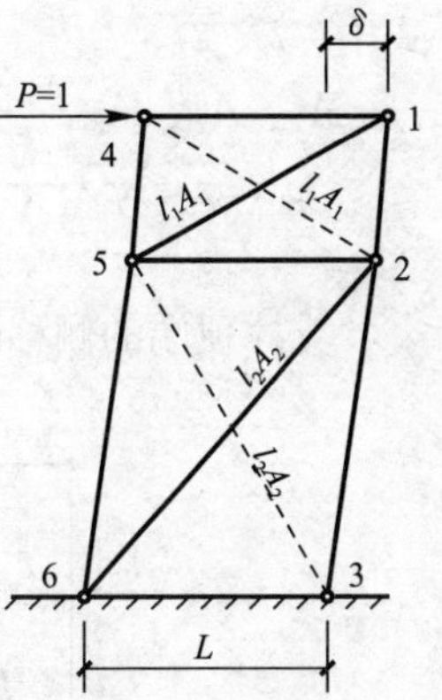

图 4-29　柔性支撑的侧移

斜杆长细比不大于 200 的柱间支撑是半刚性支撑。这类支撑适用于 8 度及以上烈度的较大跨度厂房。在这种情况下，由于支撑斜杆的内力较大，小截面型钢已不能满足强度和刚度的要求，故此时斜杆的长细比往往小于 150，具有一定的抗压强度和刚度，因而可以考虑这类支撑的斜拉杆和斜压杆均参加受力。水平杆和竖杆的变形仍可忽略。这时在单位力的作用下，两层交叉支撑在单位水平力作用下的侧移（图 4-30），可按式（4-92）、式（4-93）计算：

$$\delta_{11}=\frac{1}{ES_c^2}\left[\frac{l_1^3}{(1+\varphi_1)A_1}+\frac{l_2^3}{(1+\varphi_2)A_2}\right] \tag{4-92}$$

$$\delta_{22}=\delta_{12}=\delta_{21}=\frac{l_2^3}{ES_c^2(1+\varphi_2)A_2} \tag{4-93}$$

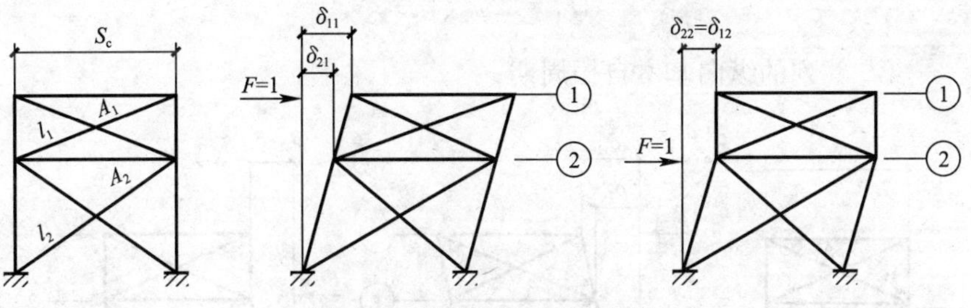

图 4-30　两层刚性支撑的侧移

式中 l_1、l_2——上、下柱支撑斜杆的长度；

A_1、A_2——上、下柱支撑斜杆的面积；

φ_1、φ_2——上、下柱斜杆轴心受压稳定系数，按现行国家标准《钢结构设计规范》GB 50017 采用；

S_c——支撑所在柱间的净距；

E——支撑斜杆材料的弹性模量。

支撑顶端的侧移刚度 K_b 如图 4-31 所示，可按式（4-91）计算。

三层交叉支撑，在单位水平力作用下的侧移（图 4-33），可按式（4-94）、式（4-95）计算：

$$\delta_{11}=\frac{1}{ES_c^2}\left[\frac{l_1^3}{(1+\varphi_1)A_1}+\frac{l_2^3}{(1+\varphi_2)A_2}+\frac{l_3^3}{(1+\varphi_3)A_3}\right] \tag{4-94}$$

$$\delta_{22}=\delta_{21}=\delta_{12}=\frac{1}{ES_c^2}\left(\frac{l_2^3}{(1+\varphi_2)A_2}+\frac{l_3^3}{(1+\varphi_3)A_3}\right) \tag{4-95}$$

式中　l_1、l_1、l_3——上、中、下柱支撑斜杆的长度；

A_1、A_2、A_3——上柱支撑斜杆的面积；

φ_1、φ_2、φ_3——上、中、下柱斜杆轴心受压稳定系数，按现行国家标准《钢结构设计规范》GB 50017 采用；

支撑顶端的侧移刚度 K_b 如图 4-32 所示，可按式（4-91）计算。

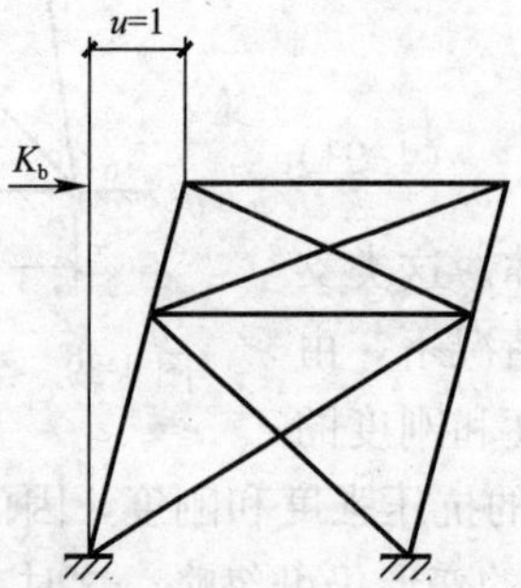

图 4-31　两层支撑顶端的刚度

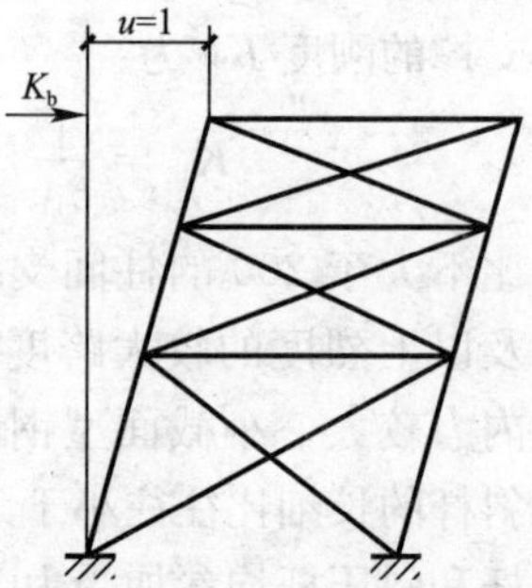

图 4-32　三层支撑顶端的刚度

5. 柱列法

（1）纵向基本周期计算

纵墙对称布置的单跨厂房和轻型屋盖的等高多跨厂房，按柱列分片独立计算水平地震作用时第 i 柱列的纵向基本自振周期，可按下式计算：

$$T_i = 2\psi_T \sqrt{\frac{G_i}{K_i}} \tag{4-96}$$

式中　T_i——第 i 柱列的纵向基本自振周期；

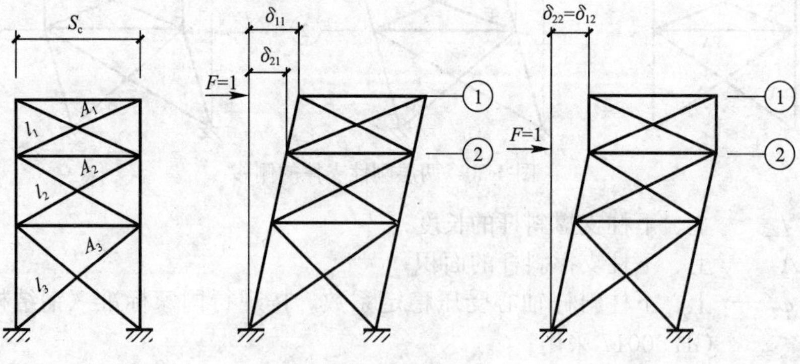

（a）斜杆截面及杆长　（b）单位力作用于顶部　（c）单位作用于中部

图 4-33　三层支撑的柔度

G_i——与式（4-69）对应的柱列等效集中到柱顶处的重力荷载代表值；

K_i——第 i 柱列纵向结构的总刚度（不考虑墙体开裂）；

ψ_T——计算周期调整系数，单跨厂房及多跨等高厂房的边柱列取 0.90，中柱列取 0.85。

（2）柱列纵向水平地震作用

各柱列计算简图如图 4-34 所示。对于无起重机厂房，作用于第 i 柱列柱顶标高处的纵向地震作用标准值，可按下式计算：

$$F_i = \alpha_1 G_i \tag{4-97}$$

式中 F_i——第 i 柱列柱顶标高处的纵向地震作用标准值；

G_i——与式（4-70）对应的柱列等效集中到柱顶处的重力荷载代表值；

α_1——相应于结构基本周期的水平地震影响系数。

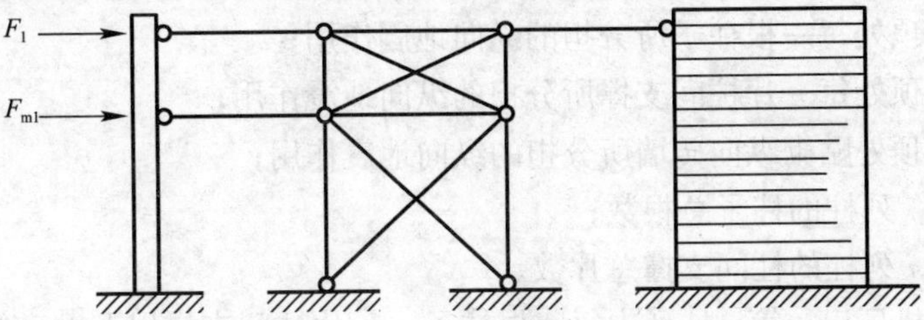

图 4-34 柱列水平地震作用

对于有起重机厂房，作用于第 i 柱列柱顶标高处的纵向地震作用标准值计算公式同式 4-97，但式中 G_i 应取与式 4-72 对应的柱列等效集中到柱顶处的重力荷载代表值。柱列各起重机梁顶标高处的纵向水平地震作用标准值，可按下式确定：

$$F_{mi} = \alpha_1 G_{ci} \frac{H_{ci}}{H_i} \tag{4-98}$$

式中 F_{mi}——第 i 柱列在起重机梁顶标高处的纵向地震作用标准值；

G_{ci}——与式 4-71 对应的柱列等效集中到起重机梁顶标高处的重力荷载代表值；

H_{ci}——第 i 柱列起重机梁顶高度；

H_i——第 i 柱列柱顶高度。

（3）纵向结构构件承受的纵向地震作用

第 i 柱列的纵向结构总刚度应该等于该柱列内柱子和柱间支撑的刚度和纵墙的折减刚度的总和，表达式如下：

$$K_i = \Sigma K_{ci} + \Sigma K_{bi} + \gamma \Sigma K_{wi} \tag{4-99}$$

式中 K_i——第 i 柱列的纵向结构总刚度（考虑墙体开裂的影响）；

K_{ci}——第 i 柱列每根柱的纵向刚度；

K_{bi}——第 i 柱列每片柱间支撑的纵向刚度；

K_{wi}——第 i 柱列贴砌砖纵墙的纵向刚度；

γ——砖墙开裂后的刚度降低系数，可按表 4-10 采用。

墙体刚度降低系数 γ　　表 4-10

墙体类型	烈度		
	7	8	9
贴砌围护墙	0.6	0.4	0.2
悬墙	0.4	0.2	0.1

对于无起重机厂房，第 i 柱列中每一根柱子、一片柱间支撑以及贴砌纵向砖墙所分担的纵向地震作用分别为：

$$F_c = \frac{\Sigma K_c}{n \cdot K_i} \cdot F_i \tag{4-100}$$

$$F_b = \frac{\Sigma K_b}{m \cdot K_i} \cdot F_i \tag{4-101}$$

$$F_w = \gamma \frac{\Sigma K_w}{K_i} \cdot F_i \tag{4-102}$$

式中 F_c——柱顶处每一根柱子所分担的纵向地震作用；

F_b——柱顶处每一片柱间支撑所分担的纵向地震作用；

F_w——柱顶处贴砌纵向砖墙所分担的纵向地震作用；

n——第 i 列柱的柱子总根数；

m——第 i 列柱的柱间支撑总片数。

对于有起重机厂房，第 i 柱列中每一根柱子、一片柱间支撑以及贴砌纵向砖墙在柱顶标高处所分担的纵向地震作用亦按照式（4-100）～式（4-102）计算。此时纵向地震作用标准值是采用由式（4-72）算出的柱列等效集中到柱顶处的重力荷载代表值求得的。起重机梁顶标高处各个纵向结构构件所分担的纵向地震作用分别为：

$$F_{cr} = \frac{\Sigma K_c}{n \cdot K_i} \cdot F_{mi} \tag{4-103}$$

$$F_{br} = \frac{\Sigma K_b}{m \cdot K_i} \cdot F_{mi} \tag{4-104}$$

$$F_{wr} = \gamma \frac{\Sigma K_w}{K_i} \cdot F_{mi} \tag{4-105}$$

式中 F_{cr}——起重机梁顶每一根柱子所分担的纵向地震作用；

F_{br}——起重机梁顶每一片柱间支撑所分担的纵向地震作用；

F_{wr}——起重机梁顶贴砌纵向砖墙所分担的纵向地震作用。

6. 修正刚度法

“修正刚度法”是对厂房纵向空间计算方法的简化，主要适用于单跨或多跨等高钢筋混凝土无檩和有檩屋盖的厂房。其基本思想是在确定厂房的纵向自振周期时，先假定整个屋盖为一刚体，把所有柱列的纵向刚度加在一起，按“单质点系”计算。因为屋盖实际上并非绝对刚性，因此在计算自振周期中引入修正系数 ϕ_T 以考虑屋盖变形的影响，而获得实际周期值。确定地震作用在各柱列之间的分配是，只有当屋盖的水平刚度为无穷大时，各柱列的地震作用才仅与柱列刚度单一因素成正比，并按柱列刚度比例进行分配。因为屋盖并非绝对刚性，地震作用分配系数就应该与柱列刚度和地震时柱列实际侧移的乘积成正比。因此，如果采用按柱列刚度比例分配的简单形式，又要反映屋盖变形的影响，逼近空间分析结果，就有必要根据该柱列地震时的侧移量对柱列刚度乘以修正系数，作为分配地震作用的依据。

按空间分析结果，第 i 柱列的水平地震作用 F_i 可以表示为：

$$F_i = K_i \cdot u_i = K_i \frac{u_i}{\bar{u}} \bar{u} = K_i \psi_3 \psi_4 \bar{u} \tag{4-106}$$

式中 K_i——第 i 柱列的刚度；

ψ_3——第 i 柱列考虑维护砖墙的刚度修正系数，可按表 4-12 取值；

ψ_4——第 i 柱列考虑柱间支撑的刚度修正系数，可按表 4-13 取值；

u_i——空间分析法计算所得第 i 柱列侧移；

$\bar{u}$——假设屋盖为绝对刚性时各柱列的平均侧移。

通过上式可以看出，柱列的水平地震作用可以按修正后的柱列刚度进行比例分配。

（1）纵向基本周期计算

确定厂房的纵向基本周期时，采用图 4-35 的计算简图，按下列公式计算：

$$T_1 = 2\phi_T\sqrt{\frac{\sum G_i}{\sum K_i}} \tag{4-107}$$

式中 K_i——第 i 柱列的刚度；

G_i——第 i 柱列集中到柱顶高度处的等效重力荷载，按式 4-69 计算；

ϕ_T——周期修正系数，对于单跨厂房取 1，对于计算简图为图 4-35 的厂房，可按表 4-11 取值。

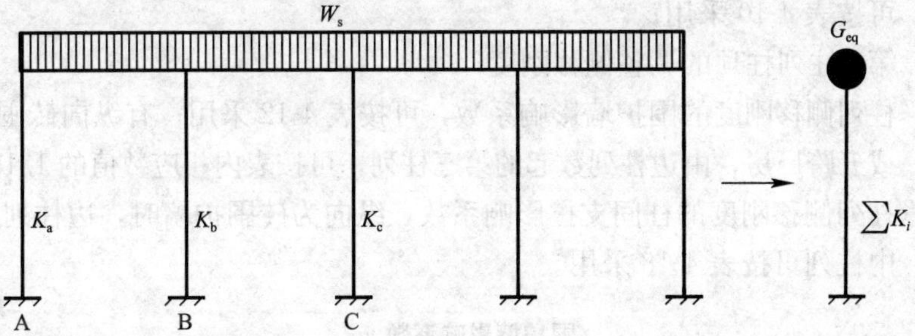

图 4-35　确定周期用的计算简图

厂房纵向周期修正系数 ϕ_T　　**表 4-11**

纵墙类型	无檩屋盖		有檩屋盖	
	边跨无天窗	边跨有天窗	边跨无天窗	边跨有天窗
砖墙	1.45	1.50	1.60	1.65
无墙、石棉瓦、挂板	1.0	1.0	1.0	1.0

当柱顶标高不大于 15m 且平均跨度不大于 30m 时，纵向基本周期可进一步简化按下列公式确定：

1）砖围护墙厂房，可按下式计算：

$$T_1 = 0.23 + 0.000025\psi_1 l\sqrt{H^3} \tag{4-108}$$

式中 ψ_1——屋盖类型系数，大型屋面板钢筋混凝土屋架可采用 1.0，钢屋架采用 0.85；

l——厂房跨度（m），多跨厂房可取各跨的平均值；

H——基础顶面至柱顶的高度（m）。

2）敞开、半敞开或墙板与柱子柔性连接厂房，可按式（4-108）进行计算并乘以下列围护墙影响系数：

$$\psi_2 = 2.6 - 0.002l\sqrt{H^3} \tag{4-109}$$

式中 ψ_2——围护墙影响系数，小于1.0时应采用1.0。

(2) 柱列纵向水平地震作用

等高多跨钢筋混凝土屋盖的厂房，各纵向柱列的柱顶标高处的地震作用标准值，可按下列公式确定：

$$F_i = \alpha_i G_{eq} \frac{K_{ai}}{\Sigma K_{ai}} \tag{4-110}$$

$$K_{ai} = \psi_3 \psi_4 K_i \tag{4-111}$$

式中 F_i——第 i 柱列柱顶标高处的纵向地震作用标准值；

α_i——相应于厂房纵向基本自振周期的水平地震影响系数；

G_{eq}——厂房单元柱列总等效重力荷载代表值，按式（4-70）（无起重机）或式（4-72）（有起重机）计算；

K_i——第 i 柱列柱顶的总侧移刚度，应包括 i 柱列内柱子和上、下柱间支撑的侧移刚度及纵墙的折减侧移刚度的总和，贴砌的砖围护墙侧移刚度的折减系数，可按表4-10采用；

K_{ai}——第 i 柱列柱顶的调整侧移刚度；

ψ_3——柱列侧移刚度的围护墙影响系数，可按表4-12采用；有纵向砖围护墙的四跨或五跨厂房，由边柱列数起的第三柱列，可按表内相应数值的1.15倍采用；

ψ_4——柱列侧移刚度的柱间支撑影响系数，纵向为砖围护墙时，边柱列可采用1.0，中柱列可按表4-13采用。

围护墙影响系数 ψ_3 **表 4-12**

围护墙类别和烈度		柱列和屋盖类别				
		边柱列	中柱列			
			无檩屋盖		有檩屋盖	
240 砖墙	370 砖墙		边跨无天窗	边跨有天窗	边跨无天窗	边跨有天窗
	7度	0.85	1.7	1.8	1.8	1.9
7度	8度	0.85	1.5	1.6	1.6	1.7
8度	9度	0.85	1.3	1.4	1.4	1.5
9度		0.85	1.2	1.3	1.3	1.4
无墙、石棉瓦或挂板		0.90	1.1	1.1	1.2	1.2

纵向采用砖围护墙的中柱列柱间支撑影响系数 ψ_4 **表 4-13**

厂房单元内设置下柱支撑的柱间数	中柱列下柱支撑斜杆的长细比					中柱列无支撑
	≤40	41～80	81～120	121～150	>150	
一柱间	0.9	0.95	1.0	1.1	1.25	1.4
二柱间	—	—	0.9	0.95	1.0	—

对于有起重机厂房，柱列各起重机梁顶标高处的纵向水平地震作用标准值，可按式（4-98）计算。

(3) 纵向结构构件承受的纵向地震作用

不管是有起重机或者是无起重机厂房，在柱顶标高处各个纵向结构构件所分担的纵向地震作用仍可按式（4-100）～式（4-102）计算。对于有起重机厂房，起重机梁顶标高处各个纵向结构构件所分担的纵向地震作用也可按式（4-103）～式（4-105）计算。

但是，有时为了简化计算，对于中小型厂房，可取整个柱列所有柱的总刚度为该柱列柱间支撑刚度的 10%，即取 $\Sigma K_c = 0.1\Sigma K_b$。据计算，采用此简化假定所带来的误差，对于柱底地震弯矩和柱间支撑地震内力，分别大致为 20% 和 10%。起重机水平地震作用，因偏离砖墙较远，也可考虑仅由柱和柱间支撑分担。这样一根柱和一片柱间支撑所分担的起重机水平地震作用可分别采用以下简化公式计算：

$$F_{cr} = \frac{1}{n \cdot 11} \cdot F_{mi} \tag{4-112}$$

$$F_{br} = \frac{K_b}{1.1\Sigma K_b} \cdot F_{mi} \tag{4-113}$$

7. 纵向空间分析方法

(1) 等高厂房纵向空间分析方法

1) 力学模型及计算简图

进行等高厂房的纵向抗震整体分析时，可视屋盖为有限刚度的剪切梁，厂房的各个纵向柱列为柱子、支撑和纵墙的并联体，由屋盖将它们联结成为一个空间结构。对于屋架端部高度较矮且无天窗的厂房，力学模型如图 4-36（*a*）所示；对于屋架端部较高且设置端部竖向支撑的有天窗厂房，力学模型如图 4-36（*b*）所示，由于中柱列上面左、右跨的两排屋架端支撑受力不等，在简图中不能合并为一根杆件。

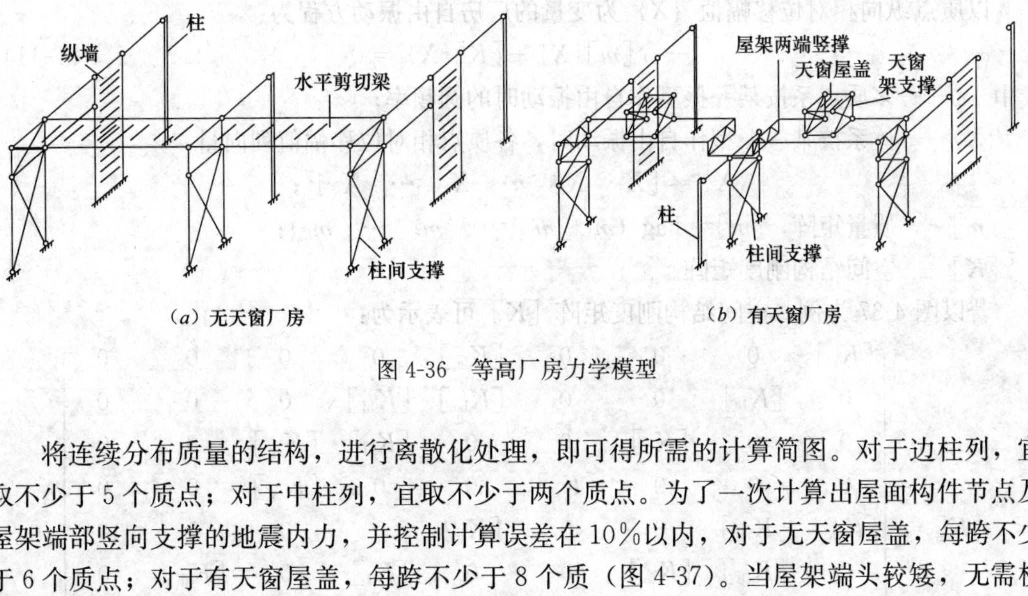

图 4-36 等高厂房力学模型

将连续分布质量的结构，进行离散化处理，即可得所需的计算简图。对于边柱列，宜取不少于 5 个质点；对于中柱列，宜取不少于两个质点。为了一次计算出屋面构件节点及屋架端部竖向支撑的地震内力，并控制计算误差在 10%以内，对于无天窗屋盖，每跨不少于 6 个质点；对于有天窗屋盖，每跨不少于 8 个质（图 4-37）。当屋架端头较矮，无需校验屋架端部竖向支撑的强度时，每跨屋盖的端部质点可以与柱顶质点合并，如 5、15 两个质点合并，7、21、22 三个质点合并等。

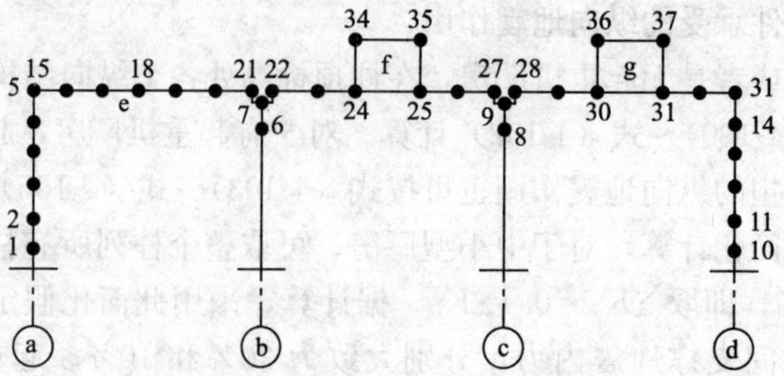

图 4-37　等高厂房纵向计算简图

若进行厂房纵向抗震分析时，仅需确定作用于各柱列的水平地震作用，而不需验算屋面构件及其连接的抗震强度时，也可按照“动能相等”原则（确定结构自振特性时）或“内力相等”原则（确定水平地震作用时），将每一柱列竖构件的全部质量，换算集中到柱顶，并与该柱列按跨中线划分的屋盖质量，合并为一个质量，将厂房凝聚为具有较少质点的“并联多质点系”，如图 4-38 所示。

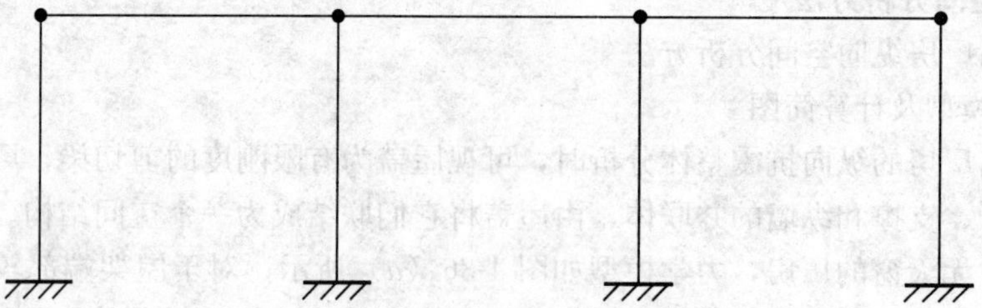
图 4-38　并联多质点系

2）振动方程

以质点纵向相对位移幅值 $\{X\}$ 为变量的厂房自由振动方程为：

$$-\omega^2[m]\{X\}+[K]\{X\}=0 \tag{4-114}$$

式中　ω——多质点系按某一振型作自由振动时的圆频率；

$\{X\}$——体系按某一振型作自由振动时，各质点相对位移幅值列向量，

$$\{X\}=[X_1 \quad X_2 \quad \cdots \quad X_i \quad \cdots \quad X_n]^{\mathrm{T}};$$

$[m]$——质量矩阵，$[m]=\mathrm{diag}\ (m_1 \quad m_2 \quad \cdots \quad m_i \quad \cdots \quad m_n)$；

$[K]$——空间结构刚度矩阵。

若以图 4-37 为例，空间结构刚度矩阵 $[K]$ 可表示为：

$$[K]=\begin{bmatrix} [K_a] & 0 & 0 & [K_{ae}] & 0 & 0 & 0 & 0 \\ 0 & [K_b] & 0 & 0 & [K_{be}] & [K_{bf}] & 0 & 0 & 0 \\ 0 & 0 & [K_c] & 0 & 0 & [K_{cf}] & [K_{cg}] & 0 & 0 \\ 0 & 0 & 0 & [K_d] & 0 & 0 & [K_{dg}] & 0 & 0 \\ [K_{ea}] & [K_{eb}] & 0 & 0 & [K_e] & 0 & 0 & 0 & 0 \\ 0 & [K_{fb}] & [K_{fc}] & 0 & 0 & [K_f] & 0 & [K_{fh}] & 0 \\ 0 & 0 & [K_{gc}] & [K_{gd}] & 0 & 0 & [K_g] & 0 & 0 \\ 0 & 0 & 0 & 0 & 0 & [K_{hf}] & 0 & [K_h] & 0 \\ 0 & 0 & 0 & 0 & 0 & 0 & [K_{kg}] & 0 & [K_k] \end{bmatrix}$$

式中 $[K_a]$、$[K_b]$、$[K_c]$、$[K_d]$——分别为柱列 a、b、c、d 的侧移刚度子矩阵；

$[K_e]$、$[K_f]$、$[K_g]$——为屋盖水平刚度子矩阵；

$[K_h]$、$[K_k]$——天窗屋面刚度子矩阵；

$[K_{ae}]$、$[K_{be}]$、$[K_{bf}]$、$[K_{cf}]$、$[K_{cg}]$、$[K_{dg}]$——分别为 a、b、c、d 柱列与屋盖之间的刚度子矩阵；

$[K_{fh}]$、$[K_{kg}]$——分别为 f、g 屋盖与天窗构件相互之间的连接刚度子矩阵。

3）周期和振型

将式（4-114）转换成求解矩阵特征值和特征向量的标准形式：

$$[K]^{-1}[m]\{X\} = \lambda\{X\} \tag{4-115}$$

式中 λ——多质点系动力矩阵 $[K]^{-1}$ $[m]$ 的特征值，$\lambda=\frac{1}{\omega^2}$，$\omega$ 为多质点系按某一振型作自由振动时的圆频率。

多质点系的自振周期列向量 $\{T\}$ 和振型矩阵 $\{A\}$ 为：

$$\{T\} = 2\pi\{\sqrt{\lambda}\} \tag{4-116}$$

$$[A] = [\{X_1\}\cdots\{X\}\cdots\{X_n\}] = \begin{bmatrix} X_{11} & \cdots & X_{j1} & \cdots & X_{n1} \\ X_{12} & \cdots & X_{j2} & \cdots & X_{n2} \\ \vdots & \cdots & \cdots & \cdots & \cdots \\ X_{1n} & \cdots & X & \cdots & X_{nn} \end{bmatrix} \tag{4-117}$$

4）质点水平地震作用

多质点系前 t 个振型质点纵向水平地震作用形成的矩阵为：

$$[F]_{n\times t} = g[m][A]_{n\times t}[\alpha][\gamma] \tag{4-118}$$

式中 $[\alpha]$——相应于各阶自振周期的地震影响系数形成的对角阵；

$$[\alpha] = \mathrm{diag}(\alpha_1 \quad \alpha_2 \quad \cdots \quad \alpha_j \quad \cdots \quad \alpha_t) \tag{4-119}$$

$[\gamma]$——各阶振型参与系数 γ_j 形成的对角阵；

$$[\gamma] = \mathrm{diag}(\gamma_1 \quad \gamma_2 \quad \cdots\gamma_j \quad \cdots\gamma_t),\quad \gamma_j = \frac{\sum_{i=1}^{n} m_i X_{ji}}{\sum_{i=1}^{n} m_i X_{ji}^2} \tag{4-120}$$

t（下角码）——需要组合的振型数，一般情况下，取 $t=5$。

5）空间结构侧移

考虑地震期间砖墙开裂，其刚度下降对各构件地震内力的影响，重新建立包含砖墙退化刚度在内的新的空间结构刚度矩阵 $[K']$，用它来求质点振型侧移 $[\Delta]$ 为：

$$[\Delta]_{n\times 5} = [K']^{-1}_{m\times n}[F]_{n\times 5} \tag{4-121}$$

式中，$[K']$ 等于弹性刚度矩阵 $[K]$ 中的各柱列侧移刚度子矩阵 $[K_i]$，换为考虑砖墙刚度退化后的 $[K_i']$ 为：

$$[K_i'] = [K_{ic}] + [K_{ib}] + \psi_1[K_{iw}] \tag{4-122}$$

式中 $[K_{ic}]$、$[K_{ib}]$、$[K_{iw}]$——分别为第 i 柱列中的柱、柱间支撑、围护墙的侧移刚度子矩阵；

ψ_1——砖墙开裂后的刚度降低系数，当设防烈度为 7、8、9 度时，对于到底围护墙 ψ_1 分别取 0.6、0.4、0.2，对于悬墙分别取 0.4，0.2，0.1。

6）构件振型地震内力

在柱列中，支撑和墙的刚度占柱列刚度 90％以上，它们均是剪切型构件，因而柱列可按剪切杆对待。屋架端部和天窗侧面竖向支撑也均为剪切型构件，屋盖和天窗屋面为等效剪切梁。正因为纵向空间结构全部由剪切构件组成，杆段内力与杆端相对侧移成正比，计算过程中无需再像厂房横向空间分析那样计算各杆段的杆端广义位移，可以直接利用杆端相对侧移确定杆端振型地震剪力。

从［Δ］中求出质点之间相对侧移 Δ'_{ji}，乘以相应构件的杆段剪切刚度 K'_i，即得该杆段的 j 振型地震剪力 V_{ji} 为（图 4-39）：

$$V_{ji} = K'_i \Delta'_{ji} \quad (j = 1 \sim 5) \tag{4-123}$$

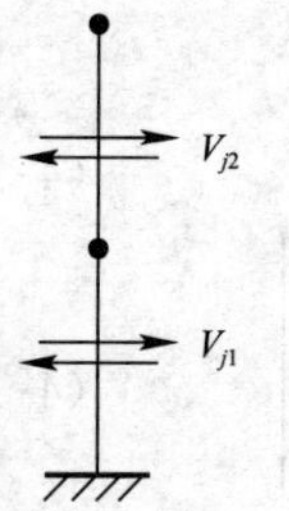

图 4-39　构件振型地震剪力

7）构件地震内力

取前 5 个振型的振型地震内力，按下式组合，即得构件杆段地震剪力 V_i 为：

$$V_i = \sqrt{\sum_{j=1}^{5} V_{ji}^2} \tag{4-124}$$

（2）不等高厂房纵向空间分析方法

1）力学模型及计算简图

对于不等高单层厂房的纵向抗震分析，应该采取包括屋盖纵向变形、屋盖整体转动、纵向砖墙有效刚度三要素的，能够充分反映非对称结构剪扭振动特性的空间结构力学模型，如图 4-40 所示。组成空间结构的水平构件，

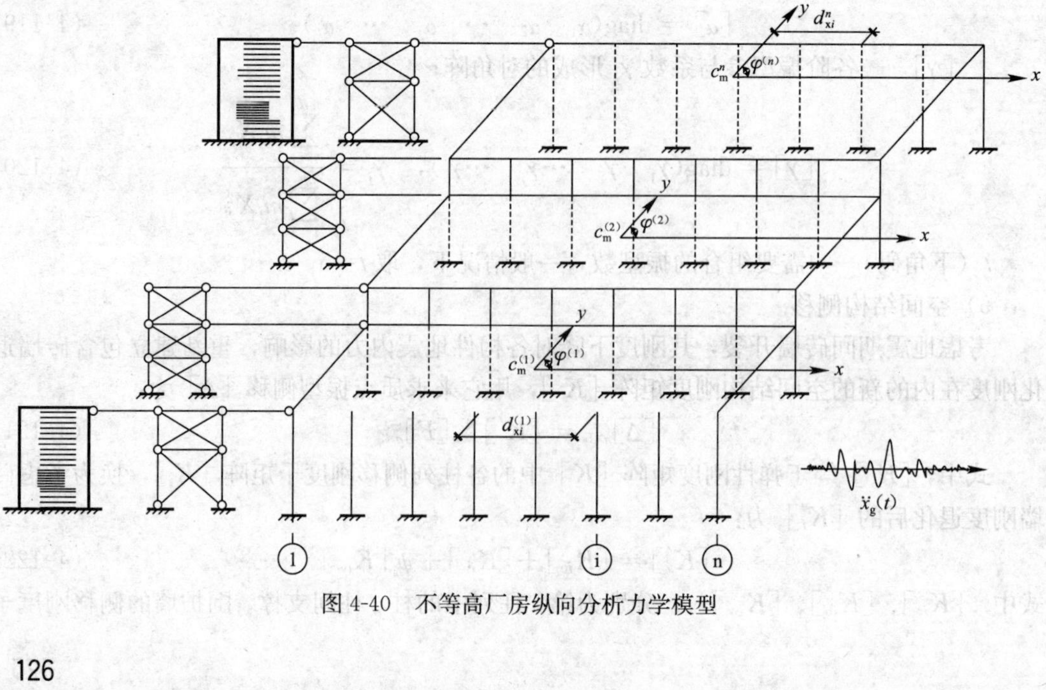

图 4-40　不等高厂房纵向分析力学模型

为代表各层屋盖的等效剪切梁；竖向构件，为代表各柱列的柱、墙、支撑并联体。

对于非对称结构的剪扭振动分析，由于运动方程比较复杂，按照“动能相等”或“内力相等”原则，采取凝聚的较少质点的“串并联多质点系”（图 4-41）。由于存在扭转振动，每个屋盖具有一个整体转动自由度。因而，整个多质点系的自由度，等于质点数目加上屋盖的层数。

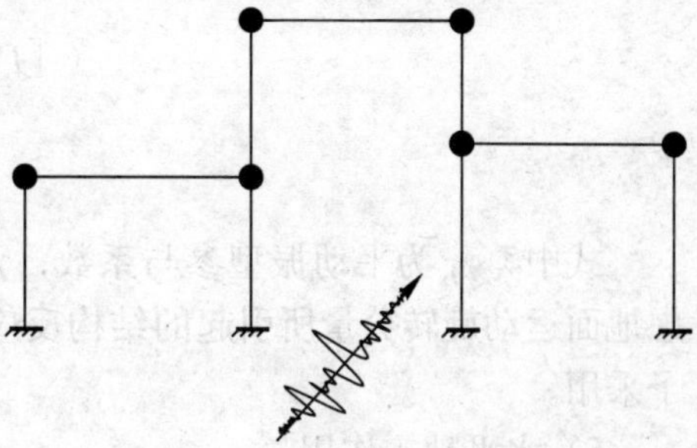

图 4-41 不等高厂房纵向计算简图

2）振动方程

以质点广义相对位移幅值 {U} 为变量的厂房自由振动方程如下：

$$-\omega^2[m]\{U\}+[K]\{U\}=0 \tag{4-125}$$

式中 ω——多质点系按某一振型作自由振动时的圆频率；

$\{U\}$——体系按某一振型作自由振动时，各质点广义相对位移幅值列向量，包含平动相对位移幅值 X 及屋盖整体转动幅值 φ；

$[m]$——广义质量矩阵，$[m]=\begin{bmatrix}[m_{xx}] & [m_{x\varphi}]\\ [m_{\varphi x}] & [m_{\varphi\varphi}]\end{bmatrix}$

$[m_{xx}]$——平动质量子矩阵；

$[m_{\varphi\varphi}]$——转动惯量子矩阵；

$[m_{x\varphi}]$、$[m_{\varphi x}]$——平动与扭转耦联质量子矩阵；

$[K]$——空间结构纵向广义侧移刚度矩阵，$[K]=\begin{bmatrix}[K_{xx}] & [K_{x\varphi}]\\ [K_{\varphi x}] & [K_{\varphi\varphi}]\end{bmatrix}$

$[K_{xx}]$——空间结构纵向平动时的刚度子矩阵；

$[K_{\varphi\varphi}]$——空间结构扭转刚度子矩阵；

$[K_{\varphi x}]$、$[m_{x\varphi}]$——空间结构平动与扭转耦联刚度子矩阵.

3）周期和振型

对刚度矩阵求逆，建立由柔度矩阵形成的动力矩阵 $[K]^{-1}$ $[m]$，参照横向空间分析中介绍的方法，求解其特征值和特征向量，从而得到空间结构自由振动周期列向量 $\{T\}$ 和剪扭二维振型矩阵 $[A]$。

$$\{T\}=2\pi\left\{\frac{1}{\omega}\right\} \tag{4-126}$$

$$[A]=\begin{bmatrix}[X]\\ [\Phi]\end{bmatrix}=\begin{bmatrix}\{X_1\}\cdots\{X_j\}\cdots\{X_N\}\\ \{\Phi_1\}\cdots\{\Phi_j\}\cdots\{\Phi_N\}\end{bmatrix}_{N\times N} \tag{4-127}$$

式中 $\{X_j\}$——j 振型中纵向平动分量列向量；

$\{\Phi_j\}$——j 振型中转动分量列向量；

N——体系的总自由度。

4）振型参与系数

非对称空间结构作纵向剪扭耦联振动时，其振型参与系数可按下式求得

$$[\Gamma]=\begin{bmatrix}\gamma_{1x} & \gamma_{1\varphi}\\ \vdots & \vdots\\ \gamma_{jx} & \gamma_{j\varphi}\\ \vdots & \vdots\\ \gamma_{Nx} & \gamma_{N\varphi}\end{bmatrix} \tag{4-128}$$

式中，γ_{jx}为平动振型参与系数；$\gamma_{j\varphi}$为扭转振型参与系数。目前工程设计中，暂不考虑地面运动旋转分量所引起的结构反应，故 γ_{φ} 属于无效系数，计算质点地震作用时，不予采用。

5）水平地震作用

对空间结构的 j 振型水平地震作用，包括质点的纵向水平地震作用 $[F_x]$ 和绕各层屋盖质心的水平地震力矩 $[M]$

$$\begin{bmatrix}[F_x]\\ [M]\end{bmatrix}_{N\times N}=g[\overline{m}]\cdot[A]\cdot[\alpha_x]\cdot[\gamma_x] \tag{4-129}$$

式中 $[\alpha_x]$、$[\gamma_x]$——分别为 x 方向平动分量地震影响系数和振型参与系数的对角方阵，

$[\alpha_x]=\mathrm{diag}(\alpha_{1x}\quad \alpha_{2x}\quad \cdots\quad \alpha_{jx}\quad \cdots\quad \alpha_{Nx})$

$[\gamma_x]=\mathrm{diag}(\gamma_{1x}\quad \gamma_{2x}\quad \cdots\quad \gamma_{jx}\quad \cdots\quad \gamma_{Nx})$

$[\overline{m}]$——按照柱列底部地震剪力相等原则将分布质量换算集中后所形成的空间结构广义质量矩阵。

6）空间结构广义位移

空间结构分别在各振型水平地震力和力矩作用下，所产生的质点平动位移和屋盖角位移按下式计算：

$$\begin{bmatrix}[x]\\ [\varphi]\end{bmatrix}=\begin{bmatrix}\{x_1\} & \cdots & \{x_j\} & \cdots & \{x_N\}\\ \{\varphi_1\} & \cdots & \{\varphi_j\} & \cdots & \{\varphi_N\}\end{bmatrix}=[K']^{-1}\begin{bmatrix}[F_x]\\ [M]\end{bmatrix} \tag{4-130}$$

式中 $\{x_j\}$——j 振型质点平动位移列向量；

$\{\varphi_j\}$——j 振型屋盖角位移列向量；

$\{K'\}$——考虑砖墙刚度退化影响的空间结构刚度矩阵。

7）柱列侧移

柱列的 j 振型侧移，等于 j 振型平动引起的侧移加上 j 振型屋盖转动引起的侧移。

$$\{\Delta_s^r\}=\{x_s^r\}+d_{ys}^r\{\varphi_s^r\} \tag{4-131}$$

$$\begin{bmatrix}\Delta_{1s}^r\\ \vdots\\ \Delta_{js}^r\\ \vdots\\ \Delta_{Ns}^r\end{bmatrix}=\begin{bmatrix}x_{1s}^r\\ \vdots\\ x_{js}^r\\ \vdots\\ x_{Ns}^r\end{bmatrix}+d_{ys}^r\begin{bmatrix}\varphi_1^r\\ \vdots\\ \varphi_j^r\\ \vdots\\ \varphi_N^r\end{bmatrix}$$

式中 $\{\Delta_s^r\}$——第 r 屋盖第 s 柱列各振型侧移列向量；

$\{x_s^r\}$——第 r 屋盖第 s 柱列平动位移列向量，其中元素 x_{js}^r，由式（4-130）计算得出；

$\{\varphi_s^r\}$——第 r 屋盖转角列向量，其中元素 φ_j^r 由式（4-130）计算得出。

8）柱列构件地震作用

第 s 柱列的柱、墙或支撑各振型地震作用

一般柱列

$$\{F_{se}^{r}\}=\{\Delta_{s}^{r}\}K_{se} \tag{4-132}$$

高低跨柱列

$$[\{F_{se}^{r}\}\{F_{se}^{r+1}\}]=[\{\Delta_{s}^{r}\}\{\Delta_{s}^{r+1}\}][K_{se}] \tag{4-133}$$

式中 $\{F_{se}^{r}\}$、$\{F_{se}^{r+1}\}$——作用于第 s 柱列一根柱、一片墙或一片支撑与第 r 和（r+1）屋盖联结处的各振型地震作用列向量；

K_{se}——第 s 柱列一根柱、一片墙或一片支撑的侧移刚度（K_{c}、K_{w} 或 K_{b}）；

$[K_{se}]$——高低跨柱列一根柱，一片墙或一片支撑的侧移刚度矩阵。

$$[K_{se}]=\begin{bmatrix}K^{r,r} & K^{r,r+1}\\ K^{r+1,r} & K^{r+1,r+1}\end{bmatrix}$$

9）柱列构件地震内力

由构件各振型地震作用，计算出 s 柱列各构件 j 振型地震内力，然后，按“平方和平方根”法则进行振型内力组合，即得构件地震内力。

8. 天窗架的纵向抗震计算

天窗架的纵向抗震计算，可采用空间结构分析法，并计入屋盖平面弹性变形和纵墙的有效刚度。为了验算天窗架的抗震强度，对各类有天窗厂房，可参照图 4-36 和图 4-37 建立力学模型和计算简图。空间结构分析法的计算步骤，可参照等高和不等高钢筋混凝土厂房的空间结构分析法进行。

对于柱高不超过 15m 的单跨和等高多跨钢筋混凝土无檩屋盖厂房，其突出屋面的天窗架可采用底部剪力法计算施加在天窗架顶部标高处的纵向地震作用。但是应考虑高振型对突出屋面顶部结构的影响而乘以效应增大系数 η，增大系数可按下列规定采用：

（1）单跨、边跨屋盖或有纵向内隔墙的中跨屋盖：

$$\eta=1+0.5n \tag{4-134}$$

（2）其他中跨屋盖：

$$\eta=0.5n \tag{4-135}$$

式中 η——效应增大系数；

n——厂房跨数，超过四跨时取四跨。

如果突出屋面的是纵向天窗，则应以考虑上述增大系数后分配到天窗顶部的纵向水平地震作用来验算纵向天窗的天窗架纵向支撑，验算方法同柱间支撑。如果突出屋面的是横向天窗，则应以同样的方法求得作用在天窗架上的纵向水平地震作用，并对天窗架进行强度验算，验算方法视天窗架的结构形式而定。

三、支撑系统的抗震计算

单层钢筋混凝土柱厂房的支撑系统包括柱间支撑和屋盖支撑两部分，它是保证厂房结构的空间整体稳定性和刚度的重要构件。此类构件的抗震计算，主要是确定作用在各支撑杆件上的地震作用力，然后根据求得的地震作用力对杆件截面进行抗震强度验算。

1. 柱间支撑的抗震计算

(1) 柱间支撑纵向水平地震作用计算

通过厂房纵向抗震计算可以得到分配在厂房每个柱列上的纵向水平地震作用，将每个柱列上的纵向水平地震作用按各纵向抗侧力构件（柱、柱间支撑及纵墙）的刚度进行分配，柱间支撑所承受的纵向水平地震作用可根据柱间支撑的侧移刚度进行分配确定，具体计算可参见本节式（4-101）及式（4-103）。在确定了柱间支撑所承受的纵向水平地震作用以后，就可以对柱间支撑的杆件进行截面抗震验算了。

(2) 柱间支撑斜杆截面的抗震验算

1) 柔性支撑：对于斜杆长细比大于 200 的柱间支撑按拉杆设计，其拉力按下式计算：

$$N_i = \frac{l_i}{(1+\varphi_i)S_c} \cdot V_{bi} \tag{4-136}$$

其承载力抗震验算公式为：

$$\sigma_{ti} = \frac{V_{bi} l_i}{(1+\varphi_i)A_n S_c} \leqslant \frac{f}{\gamma_{RE}} \tag{4-137}$$

2) 半刚性支撑：对于长细比不大于 200 的柱间支撑，在水平地震作用下，柱间支撑的受拉斜杆与受压斜杆是协同工作的。因此在验算此类柱间支撑受拉斜杆的抗震强度时，应同时考虑受压斜杆的作用，它将卸去拉杆的部分受力。规范规定对于长细比不大于 200 的柱间支撑斜杆截面可按拉杆验算，但应考虑压杆的卸载影响，其拉力应按下式计算：

$$N_i = \frac{l_i}{(1+\psi_c\varphi_i)S_c} \cdot V_{bi} \tag{4-138}$$

其承载力抗震验算公式为：

$$\sigma_{ti} = \frac{V_{bi} l_i}{(1+\psi_c\varphi_i)A_n S_c} \leqslant \frac{f}{\gamma_{RE}} \tag{4-139}$$

式中 N_i——第 i 个节间支撑斜杆抗拉验算时的轴向拉力设计值；

σ_{ti}——第 i 个节间支撑斜杆拉应力；

l_i、A_n——第 i 个节间斜杆的几何长度和净截面面积；

S_c——支撑所在柱间的净距；

f——钢材的抗拉强度设计值，按现行国家标准《钢结构设计规范》GB 50017 采用；

γ_{RE}——承载力抗震调整系数，可取 0.8；

V_{bi}——第 i 个节间支撑承受的地震剪力设计值；

φ_i——第 i 个节间斜杆轴心受压稳定系数，按现行国家标准《钢结构设计规范》GB 50017 采用；

ψ_c——压杆卸载系数，可按表 4-14 采用。

压杆卸载系数 **表 4-14**

压杆长细比 λ	60	70	80	90	100	120	150	200
卸载系数 ψ_c	0.70	0.67	0.65	0.62	0.60	0.58	0.55	0.50

3) 无贴砌墙的纵向柱列，上柱支撑与同柱列下柱支撑宜按等强设计。

2. 屋盖支撑的抗震计算

(1) 屋盖支撑水平地震作用的计算原则

1) 在计算由屋盖引起的作用在屋盖支撑上的水平地震作用时，厂房的自振周期 T 应取厂房计算单元整体的纵向自振周期，此时纵墙的刚度折减系数宜取 0.8。

2) 屋盖和山墙（通过抗风柱柱顶）产生的纵向水平地震作用，由厂房单元所有上弦横向支撑和屋面结构共同承担（井式天窗则按实际情况考虑）。

3) 由屋盖系统重力荷载产生的作用在屋盖支撑上的水平地震作用，在无天窗时可取屋架上弦节点两侧各 1/2 节间范围内的屋盖重力荷载部分所产生的水平地震作用集中于节点上进行计算。在有天窗架时，取天窗屋盖部分的重力荷载产生的水平地震作用通过天窗竖向支撑传递到所在屋架的节点上进行计算。

4) 由山墙墙体重力荷载所产生的作用在屋盖支撑上的水平地震作用，取山墙抗风柱柱顶的反力作用在与屋架相连的节点上再传至屋盖水平支撑的节点上进行计算；当抗风柱顶部的连接节点不在屋架弦杆的节点上时，应在屋架上弦与横向支撑连接节点的节间内增设横向支撑附加杆件将反力传至支撑的节点上再进行计算。

5) 窗部分的屋盖重力荷载所产生的作用在天窗架上的纵向水平地震作用，应由厂房计算单元内所有的天窗竖向支撑共同承担，平均分配给各道竖向支撑进行计算。

6) 梯形屋架的端部竖向支撑，其纵向水平地震作用，取厂房计算单元作用在柱顶的纵向水平地震作用分配到每道屋架端部竖向支撑的平均值进行计算。

7) 按照《建筑抗震设计规范》GB 50011 的规定布置上弦横向支撑时，可不进行支撑的截面抗震验算；但当 8 度且屋盖跨度不小于 21m 和 9 度时，宜对支撑端部的连接节点进行抗震验算；8 度Ⅲ、Ⅳ类场地且屋盖跨度不小于 24m 和 9 度时，应对支撑和端连接节点的连接件与螺栓进行抗震承载力验算；8 度和 9 度时，梯形屋架端部竖向支撑宜进行截面抗震验算。

(2) 屋盖上弦横向水平支撑地震作用计算

上弦横向水平支撑承担的地震作用标准值可按下式计算：

$$F_i = \left(\frac{F_{ri} + F_w}{n}\right)\psi_r \tag{4-140}$$

式中 F_i——第 i 道上弦横向支撑所承担的水平地震作用；

F_{ri}——由第 i 屋盖系统重力荷载产生的水平地震作用；

F_w——由山墙引起的水平地震作用在抗风柱柱顶产生的反力值；

n——计算单元内的上弦横向支撑道数；

ψ_r——考虑支撑与屋盖共同工作的计算上弦横向支撑的地震作用分配系数，按图 4-42 采用；

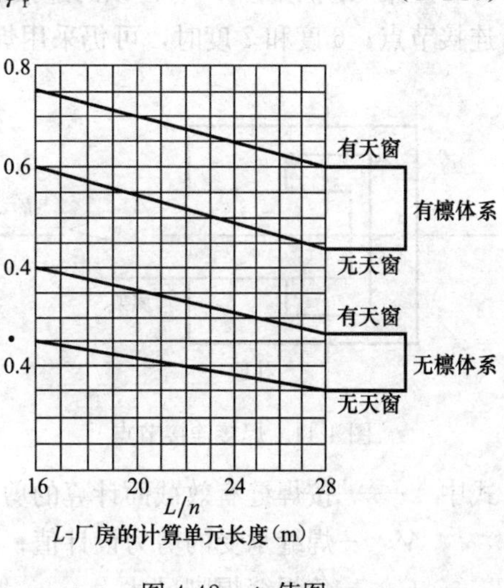

图 4-42　ψ_r 值图

(3) 屋盖上弦横向水平支撑杆件内力计算

屋盖上弦横向支撑杆件内力分析可按水平

桁架进行计算，计算简图如 4-43 所示。在水平地震作用下，可假定交叉支撑斜杆一杆受力，另一杆为零杆（图示虚线为零杆）；当地震作用与图所示方向相反时，则可采取实线斜杆为零杆。

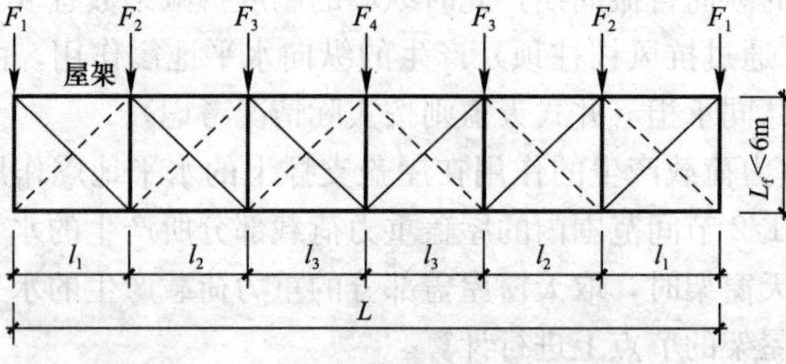

图 4-43　屋盖横向支撑计算简图

四、连接节点的抗震计算

单层钢筋混凝土柱厂房的节点，实际上是装配式的预制钢筋混凝土结构构件之间以及结构构件与支撑之间的连接，其承载能力取决于节点预埋件的构造和连接区域主体构件的强度。大量研究及震害表明，在单层厂房连接节点的破坏中，主要表现为预埋件的破坏，如锚筋拉断、剪断等，和埋件连接区域主体混凝土构件的破坏，如混凝土开裂、酥碎，钢筋变形、外露等。因而在节点抗震设计时，必须从预埋件构造和构件在埋件部位的强度两个方面采取相应措施，保证节点在地震作用下埋件和构件均不出现破坏。此外，地震作用在单层厂房的连接节点产生的应力是多维的，对于不相同位置处的节点，其承受的地震作用往往不尽相同，表现出的破坏形式也不相同。例如，屋架与柱顶的连接节点，承受压力和剪力作用，当存在扭转震动时还承受扭矩作用；柱间支撑与柱的连接节点，承受的是拉剪和压剪的复合作用等等。因此，在进行节点抗震设计和抗震计算时，应充分考虑各设计节点的受力特征，保证节点具有足够的抗震承载力并采取可靠的连接构造。

1. 屋架（或屋面梁）与柱顶连接节点的抗震计算

屋架（或屋面梁）与柱顶的连接，8 度时宜采用螺栓连接节点；9 度时宜采用钢板铰连接节点；6 度和 7 度时，可仍采用焊接连接节点。三种连接节点的抗震承载力计算可分别按以下方法进行：

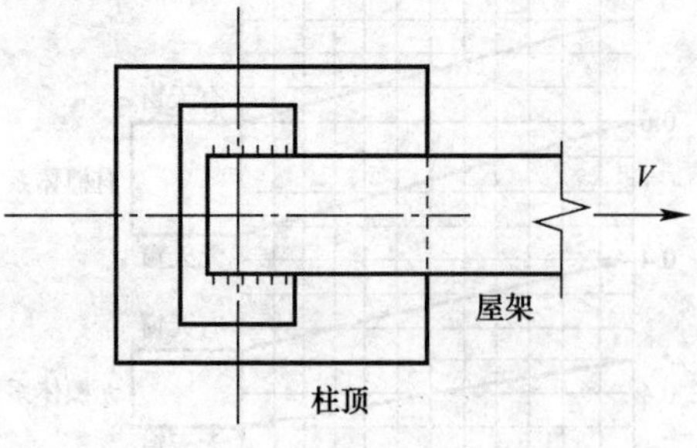

图 4-44　焊接连接节点

（1）焊接连接节点

当连接节点采用焊接连接时，如图 4-44 所示，应验算角焊缝的抗剪强度，可按下式进行计算：

$$\tau \leqslant \frac{\beta_H}{\gamma_{RE}} f_f^w \tag{4-141}$$

$$\tau = \frac{V}{0.7 h_f l_w} \tag{4-142}$$

式中　τ——按焊缝有效截面计算的剪应力；

V——焊缝承受的剪力设计值；

h_f——角焊缝焊脚尺寸；

l_w——角焊缝的计算长度；
f_f^w——角焊缝的抗剪强度设计值；
β_H——高空作业影响系数，可取 0.9；
γ_{RE}——承载力抗震调整系数，可取 0.9。

（2）螺栓连接节点

当连接节点采用螺栓连接时，如图 4-45 所示，应验算连接屋架（或屋面梁）与柱顶的螺栓的抗剪承载力，可按下式验算：

$$V \leqslant \frac{1}{1.2\gamma_{RE}} N_v^b \tag{4-143}$$

$$N_v^b = n_v \frac{\pi d^2}{4} f_v^b \tag{4-144}$$

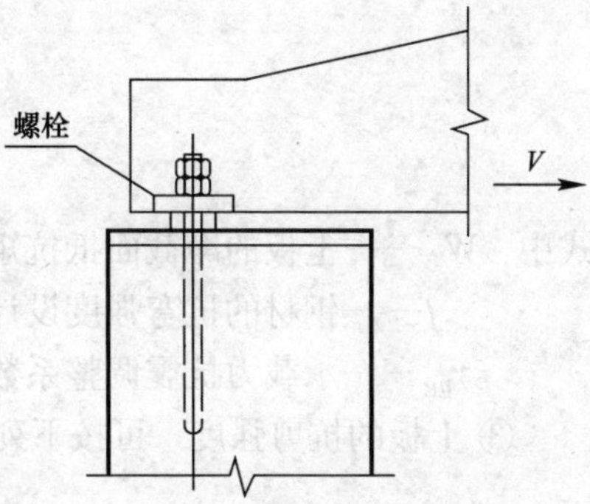

图 4-45　螺栓连接节点

式中　V——每个螺栓承受的剪力设计值；
N_v^b——每个螺栓受剪承载力设计值；
n_v——单个螺栓的受剪面数量；
f_v^b——螺栓的抗剪强度设计值；
d——螺栓杆直径；
γ_{RE}——承载力抗震调整系数，可取 0.9。

（3）钢板铰连接节点

钢板铰连接节点由上、下两块支承钢板焊接组成，下面一块钢板（下板）直接与柱顶埋板焊接，如图 4-46 所示，板的两端悬伸出柱处，上面一块钢板（上板）只在两端与下板相焊连，沿板的长向为自由边缘；在地震作用下，屋架（或屋面梁）支座传来的水平地震剪力首先传给上板，然后通过下板再传给柱顶。节点的连接计算主要是验算板和焊缝的抗震承载力，分别按上板和下板进行计算。

1）上板

上板可视为支承在下板上的两端固定梁，作用于上板的水平地震作用可取 $1.2V_c$（V_c 为作用于柱顶的水平地震剪力设计值）（图 4-47）。

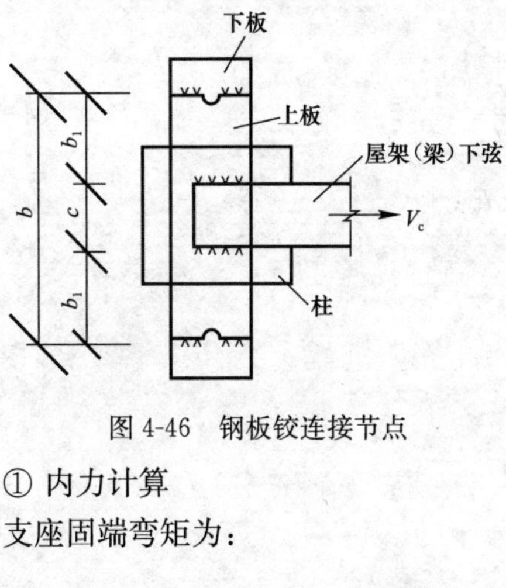

图 4-46　钢板铰连接节点

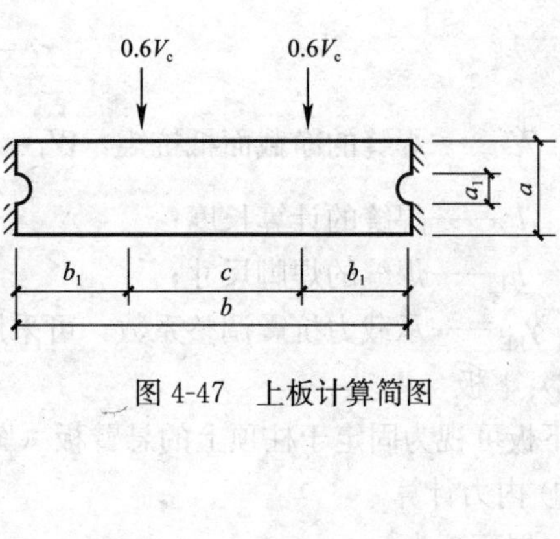

图 4-47　上板计算简图

① 内力计算

支座固端弯矩为：

$$M_1 = 0.6V_c b_1\left(1 - \frac{b_1}{b}\right) \tag{4-145}$$

跨中弯矩为：

$$M_2 = 0.6V_c \frac{b_1^2}{b} \tag{4-146}$$

上板剪力为：

$$V = 0.6V_c \tag{4-147}$$

② 上板的抗弯强度，可按下列公式验算：

跨中弯曲正应力：

$$\sigma \leqslant \frac{1}{\gamma_{RE}} \cdot f \tag{4-148}$$

$$\sigma = \frac{M_1}{W_A} \tag{4-149}$$

式中 W_A——上板的净截面抵抗矩；

f——钢材的抗弯强度设计值；

γ_{RE}——承载力抗震调整系数，可采用 1.0。

③ 上板的抗剪强度，可按下列公式验算：

$$\tau \leqslant \frac{1}{\gamma_{RE}} \cdot f_v \tag{4-150}$$

$$\tau = \frac{0.6V_c}{at} \tag{4-151}$$

式中 a——上板的净截面抵抗矩；

t——上板的厚度；

f——钢材的抗弯强度设计值；

f_v——钢材的抗剪强度设计值；

γ_{RE}——承载力抗震调整系数，可采用 1.0。

④ 焊缝的抗震强度，可按下列公式验算其剪应力：

$$\sqrt{\sigma_f^2 + \tau_f^2} \leqslant \frac{1}{\gamma_{RE}} \cdot f_f^w \tag{4-152}$$

$$\sigma_f - \frac{M_1}{W_f} \tag{4-153}$$

$$\tau_f = \frac{0.6V_c}{0.7h_f l_w} \tag{4-154}$$

式中 W_f——焊缝的净截面抵抗矩，$W_f = \frac{1}{6} 0.7h_f l_w^2$；

l_w——焊缝的计算长度；

h_f——焊缝的焊脚尺寸；

γ_{RE}——承载力抗震调整系数，可采用 1.0。

2）下板

下板可视为固定于柱顶上的悬臂板（图 4-48）。

① 内力计算

固端弯矩为：

$$M_3 = | M_1 - 0.6V_c b_2 | \tag{4-155}$$

下板剪力为：

$$V=0.6V_c \tag{4-156}$$

② 下板的抗弯强度，可按下列公式验算：

弯曲正应力：

$$\sigma\leqslant\frac{1}{\gamma_{RE}}\cdot f \tag{4-157}$$

$$\sigma=\frac{M_3}{W_g} \tag{4-158}$$

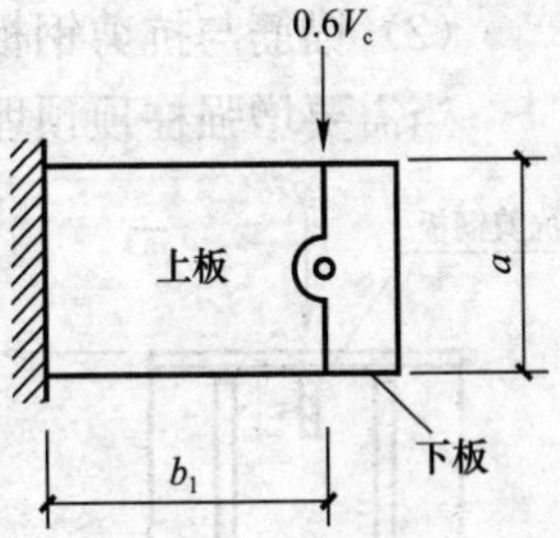

图 4-48　下板计算简图

式中　W_g——下板的净截面抵抗矩；

γ_{RE}——承载力抗震调整系数，可采用 1.0。

③ 下板的抗剪强度，可按下列公式验算其剪应力：

$$\tau\leqslant\frac{1}{\gamma_{RE}}\cdot f_v \tag{4-159}$$

$$\tau=\frac{0.6V_c}{at_2} \tag{4-160}$$

式中　t_2——下板的厚度；

γ_{RE}——承载力抗震调整系数，可采用 1.0。

2. 柱顶预埋件抗震计算

常用连接屋架（或屋面梁）和柱子的柱顶预埋件主要有两种类型：对于一般的柱的柱顶预埋件，可采用直锚筋的预埋件；而对于设有上柱柱间支撑的柱的柱顶埋件，则需采用锚筋加抗剪钢板的预埋件。

(1) 直锚筋埋件

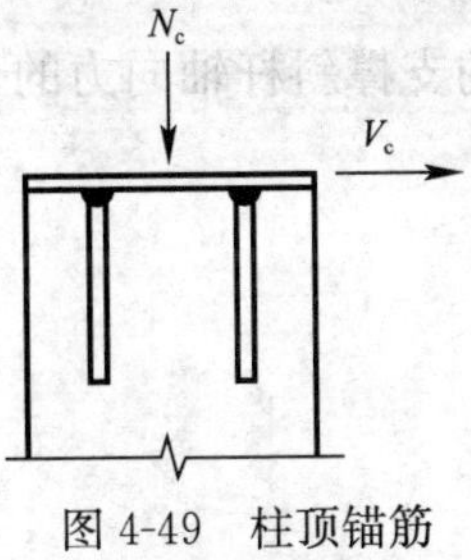

图 4-49　柱顶锚筋埋件示意图

如图 4-49 所示，在地震作用下，柱顶埋板既承受水平横向（排架方向）地震剪力，同时又承受屋盖重力荷载的竖向压力作用，处于压剪受力工作状态。其抗震承载力可按下式进行验算：

$$V_c-0.3N_c\leqslant\frac{0.8}{\gamma_{RE}}(\zeta_r\zeta_V f_y A_s) \tag{4-161}$$

$$\zeta_v=(4-0.08d)\sqrt{\frac{f_c}{f_y}} \tag{4-162}$$

式中　V_c——柱顶剪力设计值；

N_c——柱顶压力设计值；

ζ_r——验算方向锚筋排数影响系数，当锚筋按等间距布置时，二、三、四排分别采用 1.0、0.9、0.85；

ζ_v——锚筋的受剪影响系数，当大于 0.7 时采用 0.7；

A_s——锚筋截面面积；

d——锚筋直径（mm）；

f_y——锚筋抗拉强度设计值，当 f_y 大于 300N/mm² 时，取 f_y 等于 300N/mm²；

f_c——混凝土轴心抗压强度设计值；

γ_{RE}——承载力抗震调整系数，可采用 0.9。

(2) 锚筋与抗剪钢板组合的预埋件

当需要增强柱顶预埋件的抗剪承载能力时，可以在埋板底加焊一块与剪力作用方向相垂直的抗剪钢板，如图 4-50 所示。其抗剪承载力可按下式进行验算：

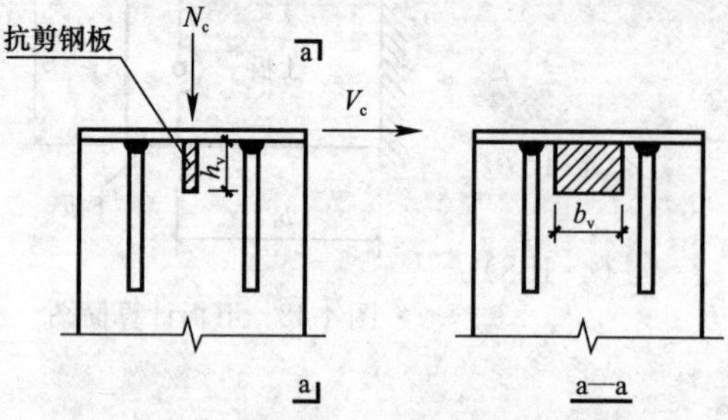

图 4-50　柱顶锚筋+抗剪钢板埋件示意图

$$V_c - 0.3N_c \leqslant \frac{0.7}{\gamma_{RE}}(\zeta_r\zeta_v f_y A_s + 0.7 f_c A_v) \tag{4-163}$$

式中　A_v——抗剪钢板的承压面积，$A_v = b_v \times h_v$；

当 $f_c A_v > 0.61(V_e - 0.3N_e)$ 时，应按 $f_c A_v = 0.61(V_c - 0.3N_e)$ 计算；

当 $N_c > 0.5 f_c A_m$ 时，应增大预埋件埋板面积（A_m）。

3. 柱间支撑与柱连接节点的抗震计算

柱间支撑与柱连接节点的抗震计算包括支撑端节点板与柱预埋件锚板连接焊缝的抗震强度验算和柱顶预埋件截面的抗震验算，分别按以下公式进行计算：

(1) 连接焊缝的抗震强度验算

连接焊缝的抗震承载力宜按下列公式验算：

$$N \leqslant \frac{1}{\gamma_{RE}} \frac{1.4 h_f l_w f_f^w}{\sqrt{(\psi_f \cos\theta)^2 + \sin^2\theta}} \tag{4-164}$$

$$\psi_f = 1 + \frac{6e_0}{l_w} \tag{4-165}$$

式中　N——连接焊缝的斜向拉力，可采用按全截面屈服点强度计算的支撑斜杆轴向力的 1.05 倍；

θ——柱间支撑斜杆的轴向力与其水平投影的夹角；

l_w——焊缝长度；

e_0——斜向拉力对焊缝中心的偏心距；

ψ_f——偏心影响系数；

γ_{RE}——承载力抗震调整系数，可采用 1.0。

(2) 预埋件截面的抗震验算

柱间支撑与柱连接节点的预埋件在地震作用下同时承受拉力和剪力作用（图 4-51），其锚件按不同的设计构造可分别采用下列公式进行抗震强度验算：

1) 埋件的锚件采用锚筋时，其截面抗震承载力宜按下列公式验算：

$$N \leqslant \frac{1}{\gamma_{RE}} \frac{0.8 f_y A_s}{\dfrac{\cos\theta}{0.8\zeta_m \psi} + \dfrac{\sin\theta}{\zeta_r \zeta_v}} \tag{4-166}$$

$$\psi_f = \frac{1}{1 + \dfrac{0.6e_0}{\zeta_r s}} \tag{4-167}$$

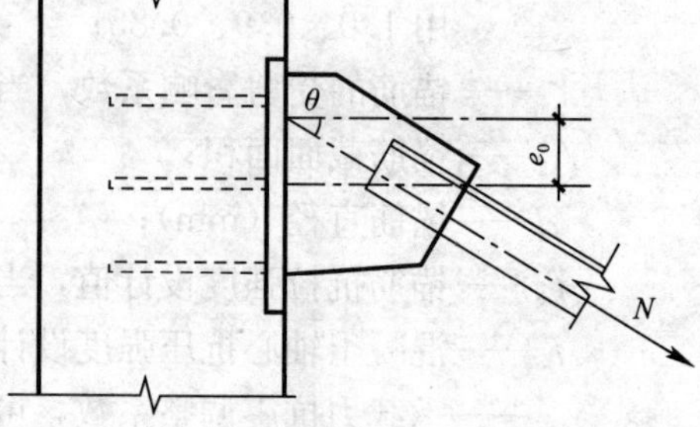

图 4-51　柱间支撑端节点受力示意图

$$\zeta_m = 0.6 + 0.25\frac{t}{d} \tag{4-168}$$

$$\zeta_v = (4 - 0.08d)\sqrt{f_c/f_y} \tag{4-169}$$

式中 N——预埋件的斜向拉力，可采用按全截面屈服点强度计算的支撑斜杆轴向力的 1.05 倍；

A_s——锚筋总截面面积；

ψ——偏心影响系数；

ζ_m——预埋件锚板的弯曲变形影响系数；

ζ_v——锚筋的受剪影响系数，大于 0.7 时应采用 0.7；

ζ_r——验算方向锚筋排数影响系数，二、三、四排分别采用 1.0、0.9、0.85；

e_0——斜向拉力对锚筋合力作用线的偏心距，应小于外排锚筋之间距离的 20%（mm）；

θ——斜向拉力与其水平投影的夹角；

s——外排锚筋之间的距离（mm）；

t——预埋件锚板的厚度（mm）；

d——锚筋直径（mm）；

γ_{RE}——承载力抗震调整系数，可采用 1.0。

在设计时锚件的锚筋应采用 HRB 335 级或 HRB 400 级变形钢筋，f_y 按现行《混凝土结构设计规范》GB 50010 采用，当 $f_y \geqslant 300N/mm^2$ 时取 $f_y = 300N/mm^2$。

2）当预埋件的锚件采用角钢加端板时，其截面抗震承载力宜按下列公式验算：

$$N \leqslant \frac{0.7}{\gamma_{RE}\left(\frac{\sin\theta}{V_{u0}} + \frac{\cos\theta}{\psi N_{u0}}\right)} \tag{4-170}$$

$$V_{u0} = 3n\zeta_r\sqrt{W_{min} b f_a f_c} \tag{4-171}$$

$$N_{u0} = 0.8 n f_a A_s \tag{4-172}$$

式中 n——角钢根数；

b——角钢肢宽；

W_{min}——中和轴与剪力方向垂直的角钢最小截面抵抗矩；

A_s——单根角钢的截面面积；

f_a——角钢抗拉强度设计值。

4. 屋盖横向水平支撑的端节点及屋架端部竖向支撑连接节点抗震计算

屋盖支撑（包括屋架上弦横向水平支撑、屋架两端竖向支撑，屋架下弦横向和有托架时的屋架下弦局部纵向支撑）与屋架的连接应采用螺栓连接（图 4-52）。螺栓的抗震强度按受拉、受剪进行验算。螺栓的直径可由下式计算确定：

$$\sqrt{N_t^2 + 1.05N_v^2} \leqslant \frac{1}{\gamma_{RE}} \cdot \frac{n\pi d_e^2}{4} \cdot f_t^b \tag{4-173}$$

式中 N_t——作用于竖向支撑或上弦横向支撑端部节点的纵向水平地震作用；

N_v——沿天窗架立柱或平行于屋架上弦方向的地震剪力；

n——螺栓根数；

d_e——螺栓螺纹处的有效直径；

f_t^b——螺栓的抗拉强度设计值；

γ_{RE}——承载力抗震调整系数，可采用0.9。

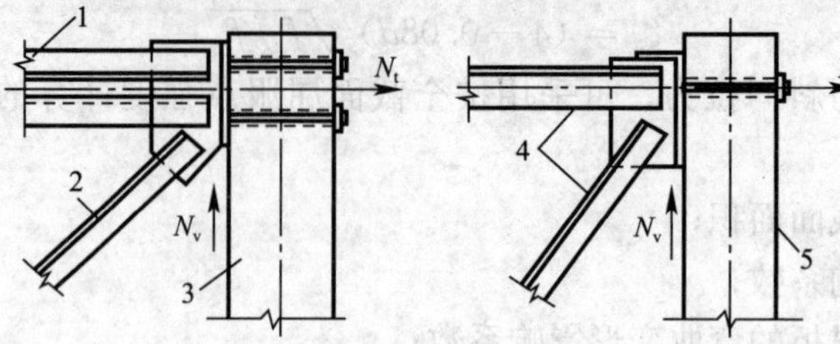

图 4-52　竖向支撑和屋架横向支撑的连接节点

注：1-屋架横向支撑（竖向支撑）；2-屋架上弦横向支撑；3-屋架上弦端部；4-天窗两侧或屋架端头竖向支撑；5-天窗架立柱或屋架端竖杆

5. 天窗架竖向支撑与立柱的连接节点抗震计算

天窗竖向支撑与立柱宜采用螺栓连接，可采用在立柱内预埋钢管（直径比螺栓直径大2mm）供螺栓穿越两端后再用螺帽紧固的构造。连接节点的受力主要是拉、剪，如图4-52所示。螺栓是承受地震拉力和剪力的主要杆件，其抗承载力计算可按以下公式进行：

$$\sqrt{\left(\frac{N_v}{N_v^b}\right)+\left(\frac{N_t}{N_t^b}\right)}\leqslant\frac{1}{\gamma_{RE}} \tag{4-174}$$

$$N_v^b=n_v\frac{\pi d^2}{4}f_v^b \tag{4-175}$$

$$N_t^b=\frac{\pi d_e^2}{4}f_t^b \tag{4-176}$$

式中　N_v、N_t——每个螺栓所承受的地震作用剪力与拉力设计值；

N_v^b、N_t^b——每个螺栓的受剪、受拉承载力设计值；

f_v^b、f_t^b——螺栓的抗剪、抗拉强度设计值；当采用C级普通螺栓时，取

$$f_t^b=170\text{N/mm}^2,\quad f_v^b=140\text{N/mm}^2;$$

n_v——单个螺栓的受剪面数量；

d_e——螺栓螺纹处的有效直径；

γ_{RE}——承载力抗震调整系数，可采用0.9。

6. 不等高厂房支承低跨屋盖柱牛腿的连接节点抗震计算

此节点计算由柱牛腿的抗横向水平地震剪力的水平受拉钢筋截面面积计算和牛腿顶面的预埋板竖向锚筋数量计算两部分组成，可按以下方法进行计算：

（1）柱牛腿的纵向水平受力钢筋截面积A_s，如图4-53（a）所示，可按下式进行计算确定：

$$A_s\geqslant\left(\frac{N_Ga}{0.85h_0f_y}+1.2\frac{N_E}{f_y}\right)\gamma_{RE} \tag{4-177}$$

式中　N_G——柱牛腿上重力荷载代表值产生的竖向压力设计值；

a——重力作用点至下柱近侧边缘的距离，当小于$0.3h_0$时，采用$0.3h_0$；

h_0——牛腿最大竖向截面的有效高度；

N_E——作用在牛腿面上的水平地震组合拉力设计值，取排架计算所得的最不利组合；

γ_{RE}——承载力抗震调整系数，可采用 1.0。

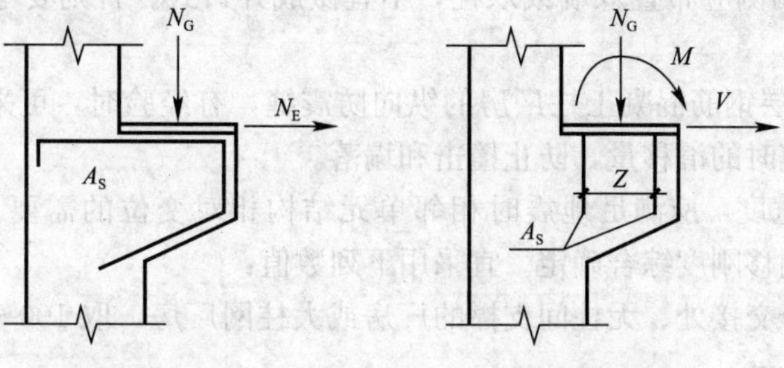

（a）牛腿受力示意图　　（b）牛腿埋件受力示意图

图 4-53　柱牛腿受力示意图

公式中的右侧第二项，即为因地震作用所增加的纵向受拉钢筋截面面积部分。

（2）牛腿顶面预埋板的竖向锚筋按以下公式进行计算：

埋板同时承受压、剪和弯作用，如图 4-53（b）所示。

先计算剪力比 λ，根据 λ 的幅值分别采用以下公式验算埋板的锚筋 A_s：

$$\lambda=\frac{V-0.3N_G}{0.8\zeta_r\zeta_v A_s f_y} \tag{4-178}$$

1）当 $\lambda\leqslant0.7$ 时，按下式进行验算：

$$A_s\geqslant\frac{M-0.4N_G z}{0.28\zeta_r\zeta_b f_y z}\gamma_{RE} \tag{4-179}$$

式中　M——作用在牛腿面上的重力荷载产生的弯矩设计值；

z——锚筋中心间距离；

ζ_b——埋板的弯曲变形折减系数，按表 4-15 采用；表中的 t、b 和 d 分别为埋板厚度、锚筋间距和锚筋直径；埋板的 b/t 宜≤12，t/b 宜≤0.6；

γ_{RE}——承载力抗震调整系数，可采用 1.0。

埋板的弯曲变形折减系数 ζ_b　　**表 4-15**

t/d	b/t			
	8	12	16	20
0.6	0.76	0.62	0.54	0.50
0.8	0.81	0.66	0.57	0.51

2）当 $\lambda>0.7$ 时，按下式进行验算：

$$A_s\geqslant\left(\frac{M-0.4N_G z}{1.04\zeta_r\zeta_b f_y z}+\frac{V-0.3N_G}{0.8\zeta_r\zeta_v A_s f_y}\right)\gamma_{RE} \tag{4-180}$$

计算时，上述所有内力设计值均应分别乘荷载分项系数 γ_G 和 γ_{Eh}。

第三节　抗震构造措施

一、防震缝

当厂房的平面或竖向布置较复杂时，宜设置防震缝将厂房分成平面和体型简单、规则的独立单元。防震缝宜按以下要求设置：

1. 防震缝的两侧应布置双墙或双柱，不宜做成开口式。否则要考虑扭转影响并采取加强措施。

2. 6～8 度单层钢筋混凝土柱厂房的纵向防震缝，有经验时，可采用滚轴支座，但应采取措施保证地震时的滑移量，防止撞击和塌落。

3. 防震缝的宽度，应满足地震时相邻单元结构相对变位的需要。可根据设防烈度、场地类别和房屋侧移刚度综合确定。宜采用下列数值：

在厂房纵横跨交接处、无柱间支撑的厂房或大柱网厂房，取 100～150mm，其他情况可采用取 50～90mm。

4. 当厂房已设有变形（沉降、温度）缝时，防震缝可结合该缝一并设置，但其缝宽及设置原则应按防震缝的规定采用。

二、屋盖与屋盖承重构件

1. 屋面板

大型屋面板与屋架的连接十分重要，它是保证厂房整体性的重要环节。历次地震的经验表明，在 7、8 度地震作用下，只要屋面板与屋架能保证三点焊的质量，一般均未发生屋盖出现严重震害。凡是大型屋面板未与屋架焊牢的，地震时均发现不少屋面板塌落情况，甚至造成屋盖倒塌的严重震害。因此屋面板应按下列要求采取措施：

(1) 屋面板与屋架（屋面梁）应有可靠的焊接，每块板应至少有三个支承点与屋架（屋面梁）焊牢；对于不能满足三点焊的靠山墙及伸缩缝处的屋面板，应通过吊钩将相邻屋面板焊连（图 4-54），对于不设吊钩的屋面板，应将相邻板角通过斜筋焊牢（图 4-55）。

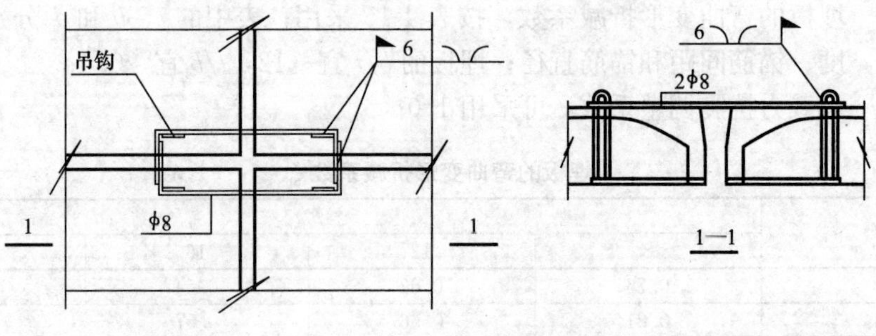

图 4-54　相邻吊钩焊连

(2) 大型屋面板在屋架上弦的支承长度不小于 60mm；位于屋架端部处的屋面板两端的支承点必须与屋架焊牢，焊缝长度不应小于 80mm，焊缝高度不应小于 6mm。

(3) 6 度和 7 度时，有天窗时厂房单元的端开间，或 8 度和 9 度时各开间，宜将垂直屋架方向的两侧相邻大型屋面板的顶面相互焊牢（图 4-55）。

(4) 非标准屋面板宜采用装配整体式接头，或将板四角切掉后与屋架（屋面梁）焊牢。

(5) 当采用先张法预应力混凝土大型屋面板时应采取措施增强主筋的锚固能力，亦可将主筋与肋端预埋板的 U 形槽口焊牢。

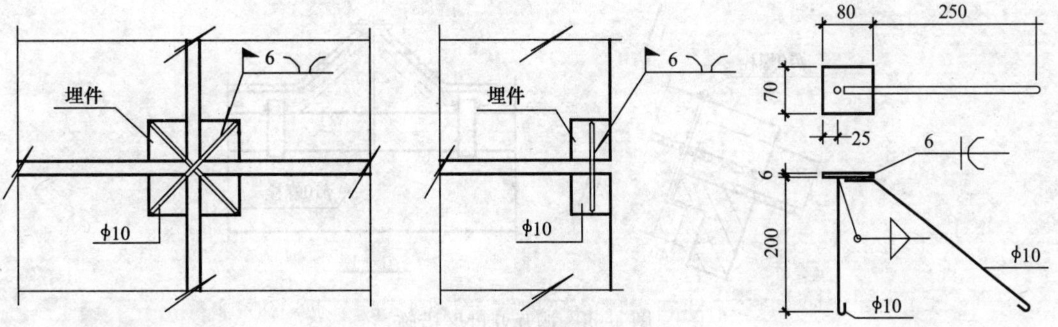

（a）一板节点　（b）端部节点

图 4-55　相邻板角焊连

（6）8 度和 9 度时，大型屋面板端头底面的预埋件宜采用角钢并宜与主筋焊牢。

（7）板间缝隙应采用不低于 C20 的细石混凝土浇灌密实。

2. 檩条

（1）檩条应与混凝土屋架（屋面梁）焊牢，檩条的搁置长度不应小于 70mm。

（2）檩条端部埋板与屋架预埋板的连接焊缝长度不宜小于 80mm，高度不应小于 6mm。檩条预埋件应有足够的锚固强度，按承受拉、剪配置锚筋；预应力混凝土檩条的主筋宜在端部设置 U 形锚板，并与主筋焊牢。

（3）脊部双檩之间应在距度 1/3 处相互拉结（图 4-56）。

（4）瓦楞铁、石棉瓦、压型钢板等轻型板材应与檩条拉结。

（5）对于混凝土槽瓦，应在每块的上端预留两个 40mm×8mm 的孔洞对准槽瓦的上边缘，然后将 L 形钢片插下，并打弯，钩住檩条（图 4-57）；9 度时，还应采用带钩螺栓将槽瓦的下端压紧（图 4-58）。

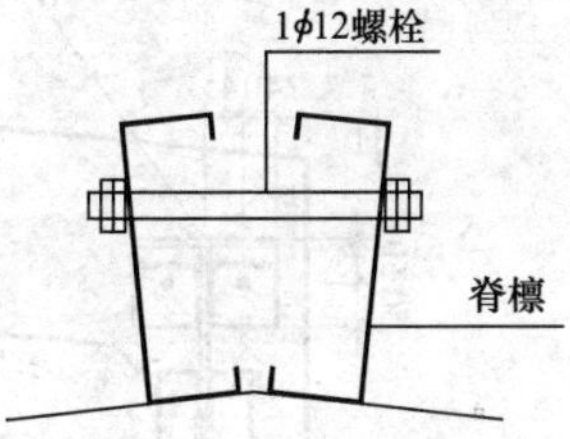

图 4-56　双脊檩的拉结

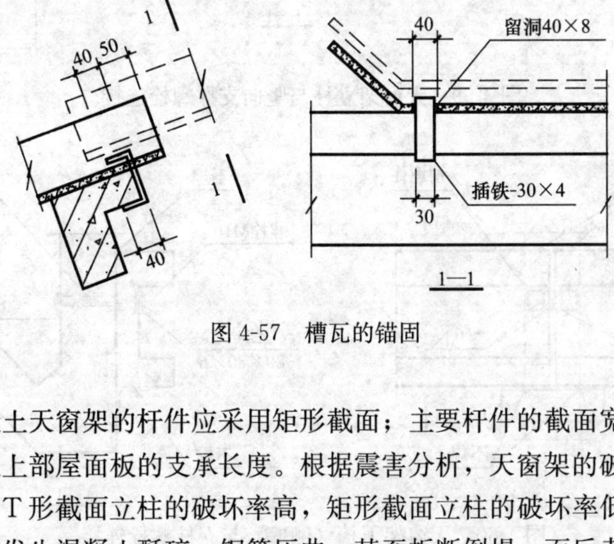

图 4-57　槽瓦的锚固

3. 天窗

（1）钢筋混凝土天窗架的杆件应采用矩形截面；主要杆件的截面宽度应保证杆件的平面外抗震强度以及上部屋面板的支承长度。根据震害分析，天窗架的破坏率与天窗架立柱的截面形式有关。T 形截面立柱的破坏率高，矩形截面立柱的破坏率低，且破坏程度也有较大差别。前者多发生混凝土酥碎、钢筋压曲、甚至折断倒塌，而后者绝大多数仅出现水

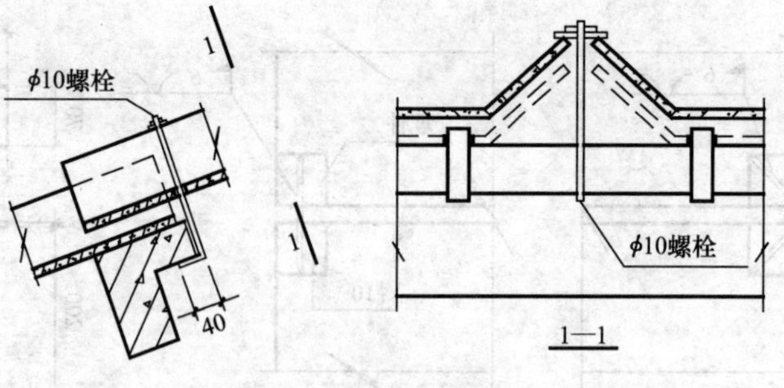

图 4-58　槽瓦 9 度区措施

平裂缝。故矩形立柱天窗架在 6～8 度区采取加强措施后仍可采用。

（2）立柱竖向配筋不宜小于 4ϕ10，靠节点处 500mm 范围内箍筋间距不宜大于 100mm；对于天窗单元两端的天窗架，立柱根部被削弱时，应在削弱部位增设钢筋加强。

（3）天窗两侧的竖向支撑是保护天窗纵向稳定的重要构件。为避免竖向支撑与天窗架立柱的刚性连接延性差、变形能力低的缺点，天窗架立柱与竖向支撑的连接宜采用螺栓连接（图 4-59）。

（4）天窗架两侧的下挡（或侧板）宜采用螺栓与天窗架立柱连接（图 4-60）。钢筋混凝土 Π 形天窗架的立柱，在与天窗下挡或侧板的连接处，最容易出现裂缝，甚至折断。

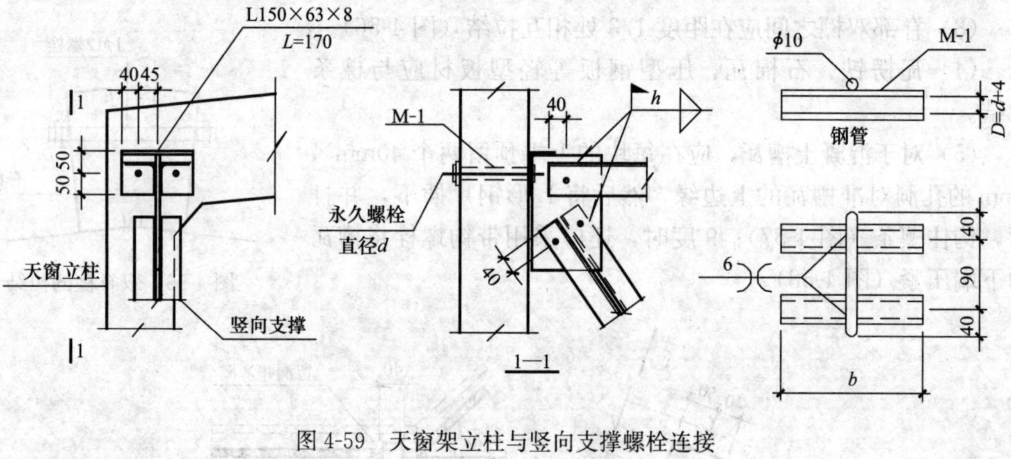

图 4-59　天窗架立柱与竖向支撑螺栓连接

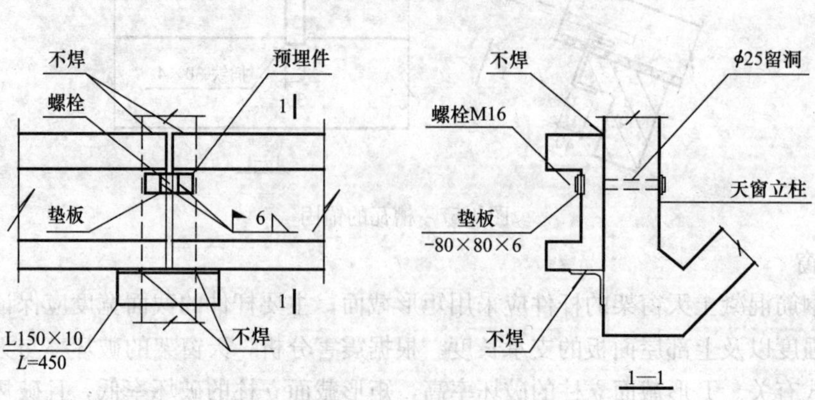

图 4-60　天窗架下档（侧壁）与立柱螺栓连接

原因是下挡或侧板与天窗架的连接，以往均采取刚性的焊接构造。下挡与天窗架立柱焊连后形成一个刚性结点，使立柱在此处发生刚度突变，引起变形集中，造成局部严重破坏。要改善这一状况，就应采取柔性连接代替刚性连接，减少侧板刚度对天窗架立柱纵向变形的约束。

（5）天窗架的端壁板和侧板宜采用轻质板材，以减少由自身刚度引起的不利地震影响。

（6）厂房变形缝两侧及靠山墙第一开间内，不应设置天窗。

4. 屋架（屋面梁）

屋架本身出现的震害主要发生在以下几个部位：屋架上弦折断、屋架端头小立柱折断、屋架端头上角破坏。因此，为了加强这些部位的抗剪抗弯强度，可采取下列构造措施：

（1）钢筋混凝土屋架上弦第一节间及梯形屋架端竖杆的配筋，6 度和 7 度时不宜小于 4ϕ12，8 度和 9 度时不宜小于 4ϕ14。

（2）钢筋混凝土屋架腹杆的长度与截面短边之比不宜大于 30。梯形屋架端竖杆的宽度宜与屋架上弦宽度相同。

（3）钢筋混凝土屋架当上弦端部设有支承屋面板的小立柱时，小立柱的截面不宜小于 200mm×200mm，高度不宜大于 500mm；柱内主筋宜采用 Π 形，6 度和 7 度时不宜小于 4ϕ12，8 度和 9 度时不宜小于 4ϕ14；锚固长度不宜小于 30 倍钢筋直径，箍筋宜采用封闭式，直径不应小于 6mm，间距不宜大于 100mm。

（4）与屋面板焊接的屋架（屋面梁）上弦预埋件平面尺寸不宜小于 200mm×200mm，屋架（屋面梁）端部顶面预埋件的锚筋，8 度时不宜小于 4ϕ10，9 度时不宜小于 4ϕ12，且锚筋至埋板边缘的距离等于保护层加 30mm。

（5）预应力混凝土屋架（屋面梁）和托架，设计时应遵守下列规定：

1）8 度Ⅲ、Ⅳ类场地和 9 度时，构件截面产生裂缝时预应力钢筋的计算拉应力，不宜超过强度标准值的 75%；不应采用极限延伸率低于 4% 的预应力钢筋。

2）后张法的预留孔洞，张拉后应灌浆填实。

（6）支撑与混凝土屋架的连接应采用螺栓连接（图 4-61）。

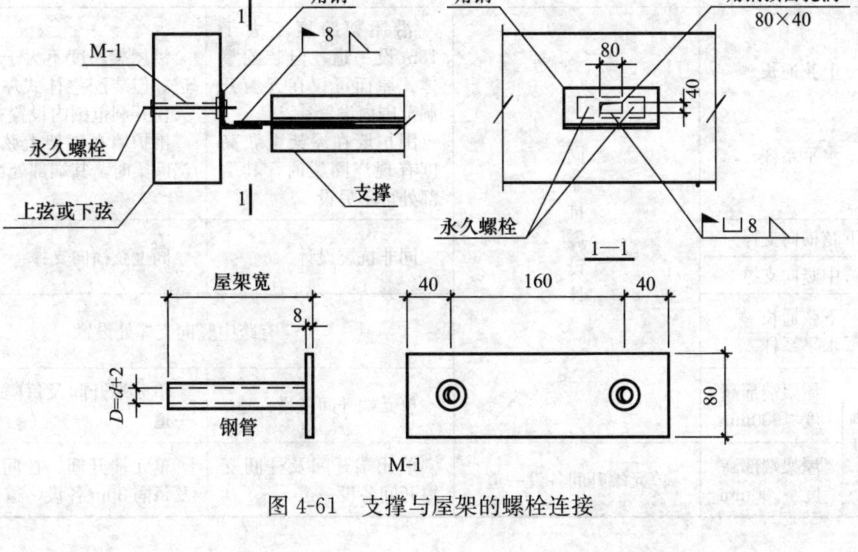

图 4-61　支撑与屋架的螺栓连接

三、屋盖支撑布置

屋盖支撑对于保证整个屋盖的整体性和结构稳定性具有重要作用。合理的支撑布置能有效地把屋盖纵向地震力传递给柱子，从而提高屋盖系统的抗震能力。

1. 钢筋混凝土有檩屋盖的支撑布置，宜符合表 4-16 的规定。

2. 钢筋混凝土无檩屋盖的支撑布置，宜符合表 4-17 的规定及按图 4-62、图 4-63 进行布置。

3. 当无檩屋盖设有中间井式天窗时，其支撑可按表 4-18 和图 4-64 要求进行布置。

有檩屋盖的支撑布置　　表 4-16

<table>
<tr><th colspan="2" rowspan="2">支撑名称</th><th colspan="3">烈度</th></tr>
<tr><th>6、7</th><th>8</th><th>9</th></tr>
<tr><td rowspan="4">屋架支撑</td><td>上弦横向支撑</td><td>单元端开间各设一道</td><td>单元端开间及单元长度大于 66m 的柱间支撑开间各设一道；天窗开洞范围的两端增设局部的支撑一道</td><td rowspan="3">单元端开间及单元长度大于 42m 的柱间支撑开间各设一道；天窗开洞范围的两端各增设局部的上弦横向支撑一道</td></tr>
<tr><td>下弦横向支撑</td><td colspan="2" rowspan="2">同非抗震设计</td></tr>
<tr><td>跨中竖向支撑</td></tr>
<tr><td>端部竖向支撑</td><td colspan="3">屋架端部高度大于 900mm 时，单元端开间及柱间支撑开间各设一道</td></tr>
<tr><td rowspan="2">天窗架支撑</td><td>上弦横向支撑</td><td>单元天窗端开间各设一道</td><td rowspan="2">单元天窗端开间及每隔 30m 各设一道</td><td rowspan="2">单元天窗端开间及每隔 18m 各设一道</td></tr>
<tr><td>两侧竖向支撑</td><td>单元天窗端开间及每隔 36m 各设一道</td></tr>
</table>

无檩屋盖的支撑布置　　表 4-17

<table>
<tr><th colspan="3" rowspan="2">支撑名称</th><th colspan="3">烈度</th></tr>
<tr><th>6、7</th><th>8</th><th>9</th></tr>
<tr><td rowspan="7">屋架支撑</td><td colspan="2">上弦横向支撑</td><td>屋架跨度小于 18m 时同非抗震设计，跨度不小于 18m 时在单元端开间各设一道</td><td colspan="2">单元端开间及柱间支撑开间各设一道；天窗开洞范围的两端各增设局部的支撑一道</td></tr>
<tr><td colspan="2">上弦通长水平系杆</td><td rowspan="5">同非抗震设计</td><td>沿屋架跨度不大于 15m 设一道，但装配整体式屋面可仅在天窗开洞范围内设置；
围护墙在屋架上弦高度有现浇圈梁时，其端部处可不另设</td><td>沿屋架跨度不大于 12m 设一道，但装配整体式屋面可仅在天窗开洞范围内设置；
围护墙在屋架上弦高度有现浇圈梁时，其端部处可不另设</td></tr>
<tr><td colspan="2">下弦横向支撑</td><td rowspan="2">同非抗震设计</td><td rowspan="2">同上弦横向支撑</td></tr>
<tr><td colspan="2">跨中竖向支撑</td></tr>
<tr><td colspan="2">下弦通长水平系杆</td><td colspan="2">有跨中竖向支撑处设置</td></tr>
<tr><td rowspan="2">两侧竖向支撑</td><td>屋架端部高度≤900mm</td><td>单元端开间各设一道</td><td>单元端开间及每隔 48m 各设一道</td></tr>
<tr><td>屋架端部高度>900mm</td><td>单元端开间各设一道</td><td>单元端开间及柱间支撑开间各设一道</td><td>单元端开间、柱间支撑开间及每隔 30m 各设一道</td></tr>
</table>

续表

支撑名称		烈度		
		6、7	8	9
天窗架支撑	天窗两侧竖向支撑	单元天窗端开间及每隔 30m 各设一道	单元天窗端开间及每隔 24m 各设一道	单元天窗端开间及每隔 18m 各设一道
	上弦横向支撑	同非抗震设计	天窗跨度≥9m 时，单元天窗端开间及柱间支撑开间各设一道	单元天窗端开间及柱间支撑开间各设一道

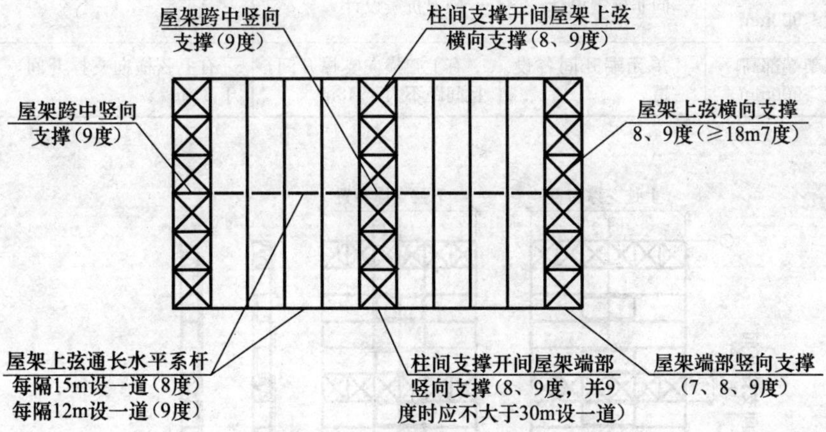

图 4-62　无檩屋盖支撑布置

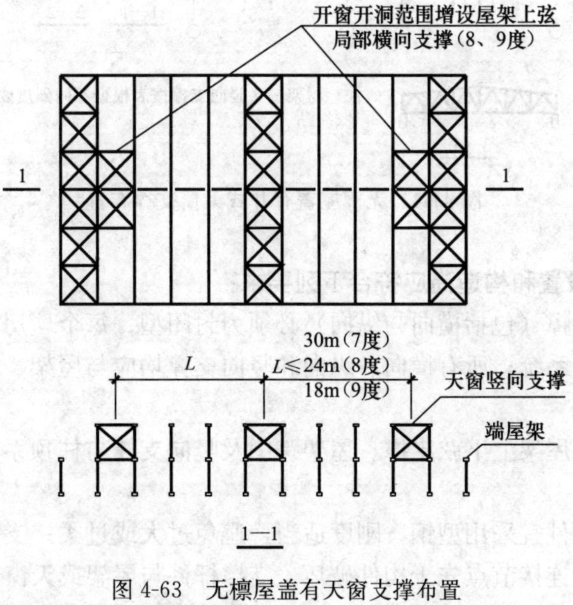

图 4-63　无檩屋盖有天窗支撑布置

中间井式天窗无檩屋盖支撑布置 **表 4-18**

支撑名称		烈度		
		6、7	8	9
上弦横向支撑 下弦横向支撑		单元端开间各设一道	单元端开间及柱间支撑开间各设一道	单元端开间及柱间支撑开间各设一道
上弦通长水平系杆		天窗范围内屋架跨中上弦节点设置		
下弦通长水平系杆		天窗两侧及天窗范围内屋架下弦节点设置		
跨中竖向支撑		有上弦横向支撑开间设置，位置与下弦通长系杆相对应		
两端竖向支撑	屋架端部高度≤900mm	同非抗震设计	同非抗震设计	有上弦横向支撑开间，且间距不大于 48m
	屋架端部高度＞900mm	单元端开间各设一道	有上弦横向支撑开间，且间距不大于 48m	有上弦横向支撑开间，且间距不大于 30m

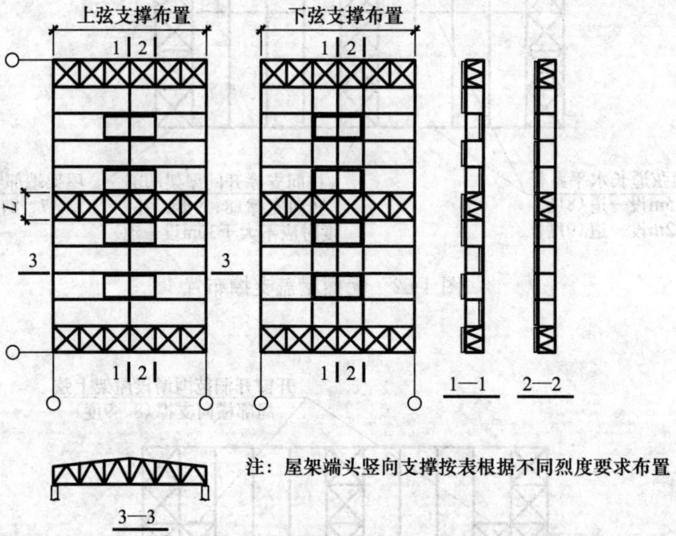

图 4-64　无檩屋盖有井式天窗支撑布置

4. 屋盖支撑的设置和构造尚应符合下列要求：

(1) 整个屋盖支撑（包括横向与纵向）必须为封闭型；每个厂房单元支撑应设置成独立的空间稳定的支撑系统；所有横向、纵向和竖向支撑均应与屋架、天窗架或檩条组成几何不变的桁架体系。

(2) 天窗支撑、屋架上下弦支撑、屋架跨中及竖向支撑与柱顶系杆、上下柱间支撑的布置应相互协调。

(3) 屋盖支撑杆件宜采用型钢，刚度适当，避免过大或过柔；支撑节点强度应大于或等于杆件强度，避免连接节点先于构件破坏。支撑杆件与屋架或天窗架的连接宜采用 C 级螺栓，每一杆件接头处的螺栓数不应少于二个，螺栓直径不小于 ϕ16。

(4) 天窗开间范围内，在屋架（屋面梁）脊点处应设置上弦通长水平压杆；8 度Ⅲ、Ⅳ类场地和 9 度时，梯形屋架端部上节点应沿厂房纵向设置通长水平压杆。

(5) 屋架跨中竖向支撑在跨度方向的间距，6～8 度时不大于 15m，9 度时不大于 12m；当仅在跨中设一道时，应设在跨中屋架屋脊处；当设两道时，应在跨度方同均匀设置。

(6) 柱距不小于 12m 且屋架的间距为 6m 的厂房，托架（梁）区段及其相邻开间应设下弦纵向水平支撑（图 4-65）。

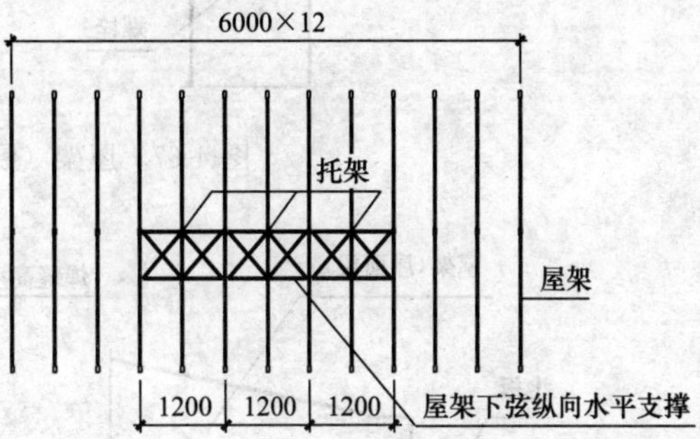

图 4-65　局部柱间有托架的纵向支撑布置

(7) 当天窗跨度等于或大于 12m 时，尚应在天窗架中央竖杆平面内增设一道竖向支撑与天窗架两侧竖向支撑配合设置。

(8) 当装配整体式屋盖设有Ⅱ型天窗或中间井式天窗时，则在天窗开洞范围内仍须设置上弦通长水平系杆。

(9) 8 度和 9 度跨度不大于 15m 的厂房屋盖采用屋面梁时，可仅在厂房单元两端各设端部竖向支撑一道；单坡屋面梁的屋盖支撑布置，宜按屋架端部高度大于 900 的屋盖支撑布置采用。

(10) 屋架和天窗架竖向支撑形式宜按图 4-66 选用。

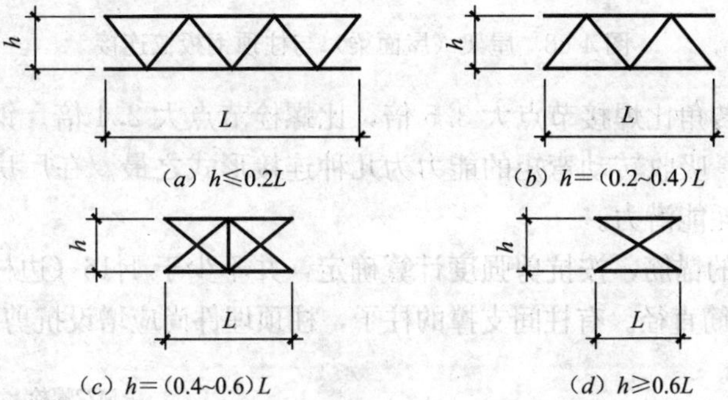

图 4-66　屋架和天窗架竖向支撑形式

四、屋架与柱连接

1. 屋架（屋面梁）与柱顶的连接，7 度时可采用焊接；8 度时宜采用螺栓连接（图 4-67）；9 度时宜采用钢板铰连接（图 4-68），亦可采用螺栓；屋架（屋面梁）端部的支座垫板厚度不宜小于 16mm。

屋架与柱顶连接节点的抗震性能比较：(1) 焊接节点接近于刚接。相对转角基本上不耗散能量，水平剪切变形几乎是直线变化，保持在弹性应变状态。其抗震性能低于螺栓节点和板铰节点；(2) 螺栓节点耗散水平剪切能力最好，相对位移比焊接节点大 8.3 倍，相对转角大 1.5 倍。因而螺栓节点的抗震性能优于焊接节点。但是，由于螺栓与螺孔之间有空隙，水平荷载较小时尚能正常工作，水平荷载较大时，节点将产生单向滑移，螺栓出现永久性偏斜。当烈度很高时，其抗震性能将有所降低。(3) 钢板铰节点相对位移比焊接节

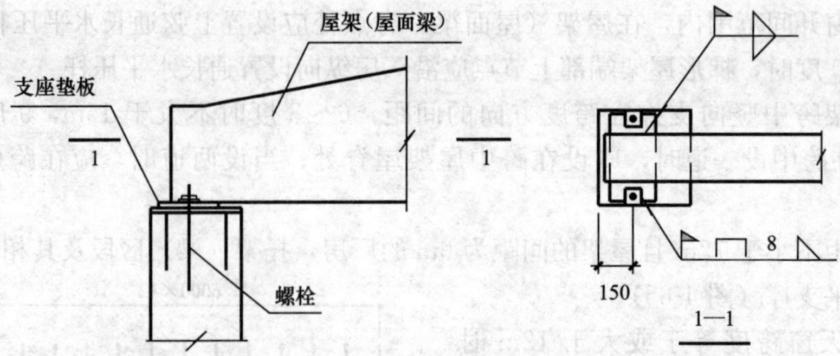

图 4-67　屋架（屋面梁）与柱顶螺栓连接

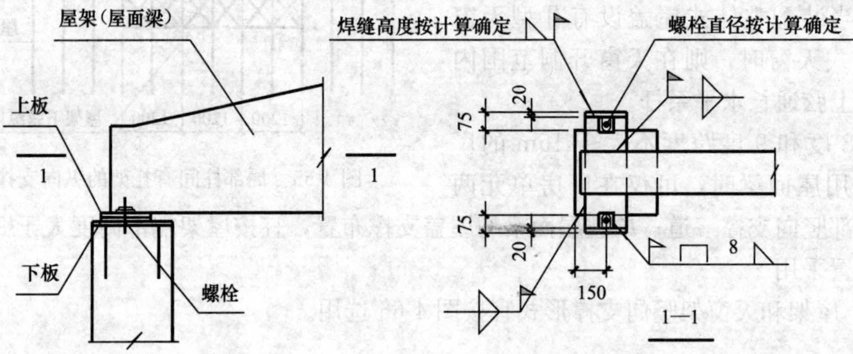

图 4-68　屋架（屋面梁）与柱顶钢板铰连接

点大 2.7 倍，相对转角比焊接节点大 3.5 倍，比螺栓节点大 2.4 倍。钢板铰节点除能耗散一定的水平荷载外，吸收转动弯矩的能力为几种连接形式之最。在厂房发生大变形的情况下，将具有很大的耗能潜力。

2. 柱顶预埋件的锚筋，按抗剪强度计算确定，并不少于 4ϕ16（边柱）和 8ϕ16（中柱）。锚固长度取 20 倍锚筋直径。有柱间支撑的柱子，柱顶埋件尚应增设抗剪钢板（图 4-69）。

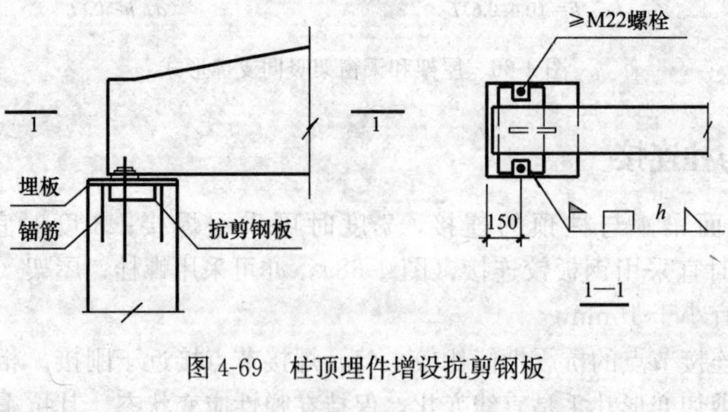

图 4-69　柱顶埋件增设抗剪钢板

3. 地震中不少单层厂房由于抗风柱柱顶与屋架的连接破坏，导致抗风柱上柱根部或下柱根部断裂、折断，严重者整根抗风柱连同山墙一起向外倾倒。为防止抗风柱的破坏，应加强抗风柱顶与屋架的连接，并加密抗风柱顶端的箍筋。山墙抗风柱的柱顶，应设置预埋板，使柱顶与端屋架的上弦（屋面梁上翼缘）可靠连接（图 4-70、图 4-71）。连接部位应位于上弦横向支撑与屋架的连接点处，不符合时可在支撑中增设次腹杆或设置型钢横梁，将水平地震作用传至节点部位。

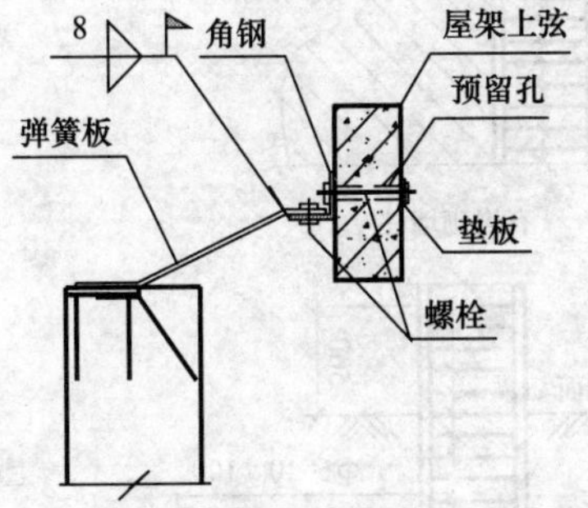

图 4-70　7 度和 8 度Ⅰ、Ⅱ类场地山墙抗风柱柱顶与端屋架连接

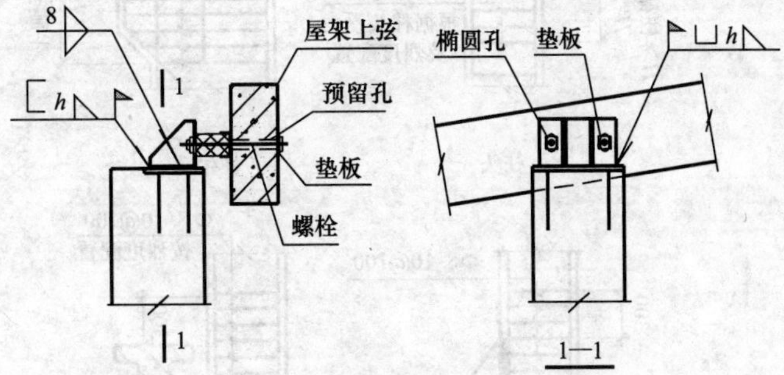

图 4-71　8 度Ⅲ、Ⅳ类场地和 9 度山墙抗风柱柱顶与端屋架连接

4. 相邻屋架（屋面梁）端部高度不同，但相差不大时，宜采用钢垫座将端部高度较小的屋架（屋面梁）垫高（图 4-72）。对有高差的柱头，应加强其配筋，防止地震时柱头被撕裂（图 4-73）。

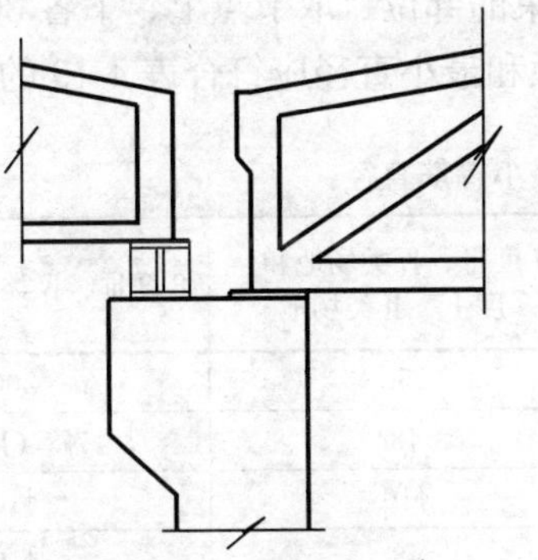

图 4-72　钢垫座垫高

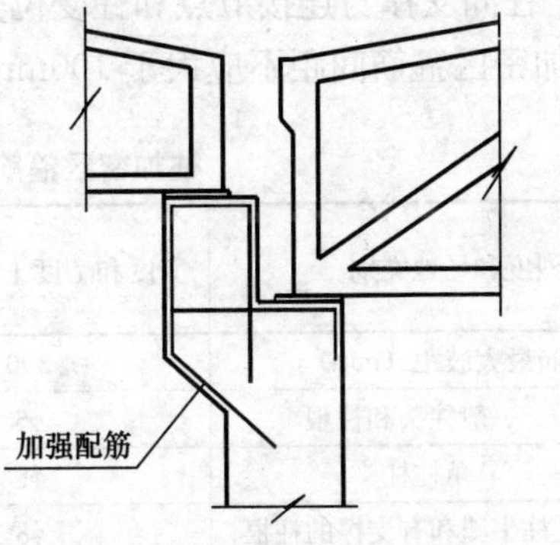

图 4-73　有高差柱头加强配筋

五、柱与柱间支撑

钢筋混凝土柱的震害部位和破坏状况主要有：柱的顶端因抗剪强度不足而发生斜向裂缝或柱头破碎；上柱根部或起重机梁顶面高度处因抗弯强度不足而出现水平裂缝，或混凝土局部压碎；变截面柱的柱肩因水平抗拉强度不足而出现竖向裂缝；高低跨柱支承低跨屋架的牛腿（柱肩）因水平抗拉强度不足而出现外斜或竖向裂缝；下柱根部因抗弯强度不足而出现水平裂缝或混凝土局部压碎等。为此提出了增强柱子抗剪承载能力和延性的一系列构造措施。

1. 下列范围内柱子的箍筋应加密（图 4-74）。

（1）柱头，取柱顶以下 500mm 并不小于柱截面长边尺寸。

（2）上柱，取阶形柱自牛腿面至起重机梁顶面以上 300mm 高度范围内。

（3）牛腿（柱肩），取全高。

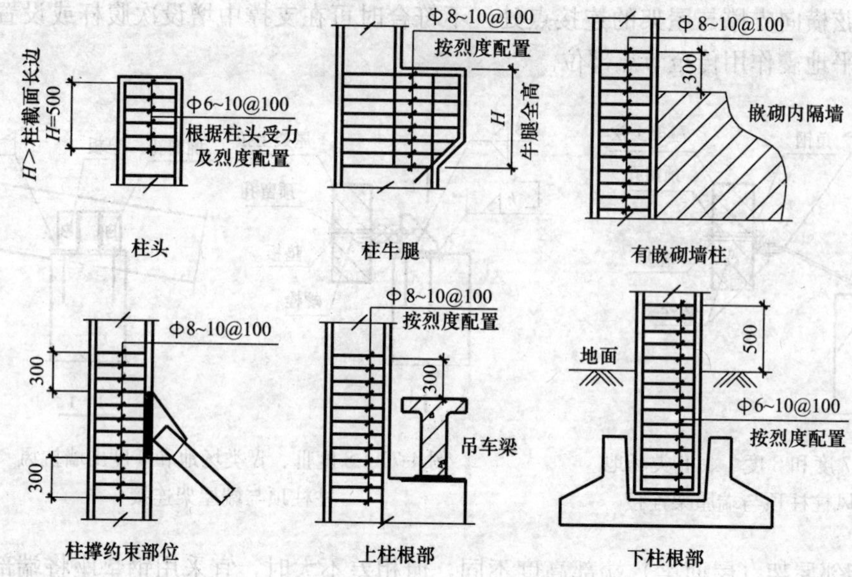

图 4-74 柱子箍筋加密区

（4）柱根，取下柱柱底至室内地坪以上 500mm。

（5）柱间支撑与连接节点和柱变位受平台等约束的部位，取节点上、下各 300mm。

2. 加密区箍筋间距不应大于 100mm，箍筋肢距和最小直径应符合表 4-19 的规定。

柱加密区箍筋最大肢距和最小箍筋直径 **表 4-19**

烈度和场地类别		6 度和 7 度Ⅰ、Ⅱ场地	7 度Ⅲ、Ⅳ类场地和 8 度Ⅰ、Ⅱ类场地	8 度Ⅲ、Ⅳ类场地和 9 度
箍筋最大肢距（mm）		300	250	200
箍筋的最小直径	一般柱头和柱根	φ6	φ8	φ8（φ10）
	角柱柱头	φ8	φ10	φ10
	上柱牛腿和有支撑的柱根	φ8	φ8	φ10
	有支撑的柱头和柱变位受约束部位	φ8	φ10	φ12

注：括号内数值用于柱根。

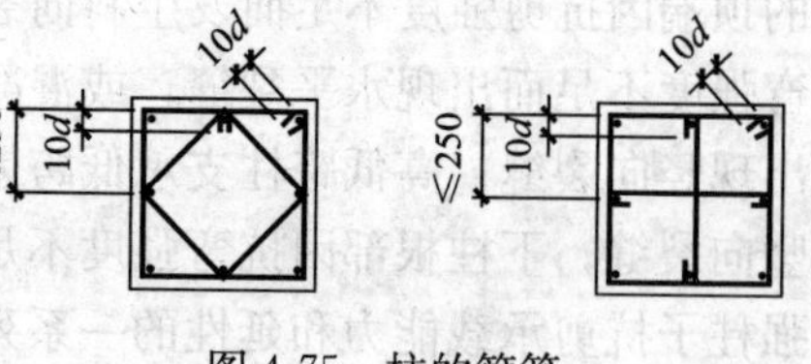

图 4-75 柱的箍筋

3. 箍筋末端做成不小于 135°的弯钩，并加 10 倍箍筋直径的直线段。

4. 为满足箍筋肢距所附加的拉筋，应同时钩住主筋和箍筋，拉筋的间距同箍筋（图 4-75）。

5. 在 7 度以上地震区，不等高单层厂房的高低跨柱，支承低跨屋架（屋面梁）的牛腿，普遍在预埋板螺栓处产生外斜裂缝，同时，上柱根部也多出现水平裂缝。阶形柱支承低跨屋架的柱肩则普遍产生竖向裂缝。厂房中柱因左右跨屋架端头高度不等而将柱顶一段做成阶形柱时，其柱肩也普遍产生竖向裂缝。因此，不等高厂房支承低跨屋盖的中柱牛腿连接节点应符合下列要求：

(1) 支承低跨屋盖的中柱牛腿（柱肩）的预埋件，应与牛腿（柱肩）中承受水平拉力部分的纵向钢筋焊接（图 4-76），且焊接的钢筋，6 度时和 7 度时不应少于 2ϕ12，8 度时不应少于 2ϕ14，9 度时不应少于 2ϕ16。

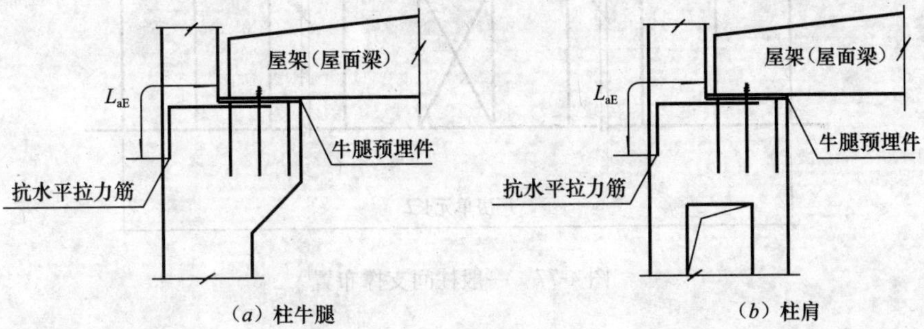

图 4-76 高低跨柱牛腿（柱肩）预埋件与抗水平拉力筋焊接

(2) 抗拉钢筋的锚固长度应按下式确定：

$$L_{aE} = l_a + \Delta l_a \tag{4-181}$$

式中 l_a——纵向受拉钢筋的最小锚固长度；

Δl_a——附加锚固长度，8 度时和 9 度时取 $5d$，6、7 度时可不考虑。

6. 排架柱的柱顶预埋件的锚筋应加强，8 度时宜采用 4ϕ14；9 度时宜采用 4ϕ16；有柱间支撑的柱子，柱顶的预埋件还应增设承受纵向地震作用的抗剪钢板，抗剪钢板的方向与厂房纵向垂直。

7. 山墙抗风柱的配筋，应符合下列要求：

(1) 抗风柱柱顶以下 300mm 和牛腿（柱肩）面以上 300mm 范围内的箍筋，直径不宜小于 6mm，间距不应大于 100mm，肢距不宜大于 250mm。

(2) 抗风柱的变截面牛腿（柱肩）处，宜设置纵向受拉钢筋。

8. 柱间支撑是单层厂房纵向的主要抗侧力构件，其抗推刚度约占整个中柱列抗推刚度的 90％以上，地震期间厂房的纵向水平地震作用主要靠柱间支撑来承担。地震震害表明，在地震作用下，未设柱间支撑的厂房，纵向破坏程度重，设置柱间支撑的厂房纵向震害轻。

厂房柱间支撑的布置，应符合下列规定：

(1) 一般情况下，应在厂房单元中部设置上、下柱间支撑，且下柱支撑应与上柱支撑配套设置（图 4-77）。

(2) 有起重机或 8 度和 9 度时，宜在厂房单元两端增设上柱支撑。

(3) 厂房单元较长或 8 度 III，IV 类场地和 9 度时，可在厂房单元中部 1/3 区段内设置两道柱间支撑（图 4-78）。

(4) 当需要提高厂房的抗扭能力时，可在厂房结构单元的端部设置一道上、下柱柱间支撑。

(5) 当厂房结构单元长度很短时，可在中部设置一道上、下柱柱间支撑，不必再在两端设置上柱支撑。

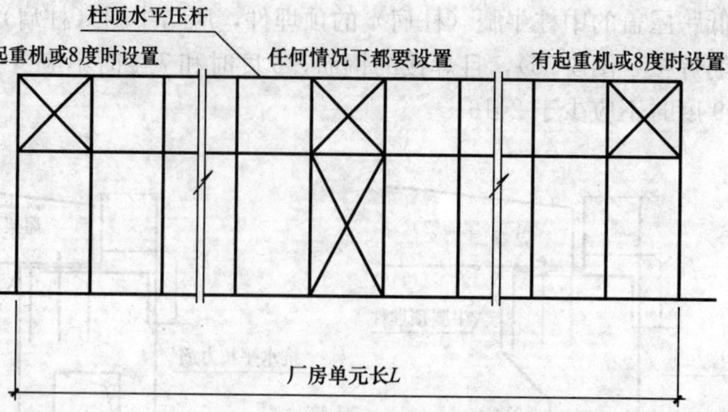

图 4-77　一般柱间支撑布置

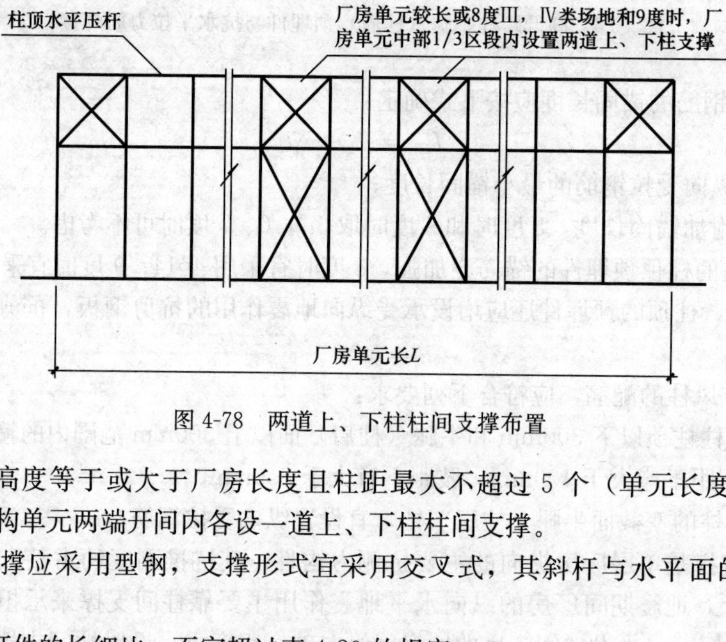

图 4-78　两道上、下柱柱间支撑布置

（6）厂房高度等于或大于厂房长度且柱距最大不超过 5 个（单元长度不超过 50m）时，可仅在结构单元两端开间内各设一道上、下柱柱间支撑。

9. 柱间支撑应采用型钢，支撑形式宜采用交叉式，其斜杆与水平面的交角不宜大于 55°。

10. 支撑杆件的长细比，不宜超过表 4-20 的规定。

交叉支撑斜杆的最大长细比　　表 4-20

位置	6 度和 7 度Ⅰ、Ⅱ类场地	7 度Ⅲ、Ⅳ类场地和 8 度Ⅰ、Ⅱ类场地	8 度Ⅲ、Ⅳ类场地和 9 度时Ⅰ、Ⅱ类场地	9 度Ⅲ、Ⅳ类场地
上柱支撑	250	250	200	150
下柱支撑	200	150	120	120

注：交叉杆的计算长度取节点与交叉点间的距离。

11. 地震震害表明，柱间支撑下节点的破坏程度和破坏率均大于上节点。为此，下柱支撑的下节点位置和构造措施，应保证将地震作用直接传给基础；当 6 度和 7 度不能直接传给基础时，应计及支撑对柱和基础的不利影响并采取加强措施。

（1）6 度和 7 度时，柱间支撑下节点可设在紧靠厂房地坪标高处的柱子上，但此时应考虑支撑内力对柱与基础的不利影响（图 4-79）。

（2）8 度Ⅰ、Ⅱ类场地时，柱间支撑下节点宜设置在靠近基础顶面处，并在支撑下节点处增设柱底水平系杆（图 4-80）。

（3）8 度Ⅲ、Ⅳ类场地和 9 度时，宜将柱间支撑下节点设计在基础上或设置在连接两个基础的基础梁上（图 4-81）。

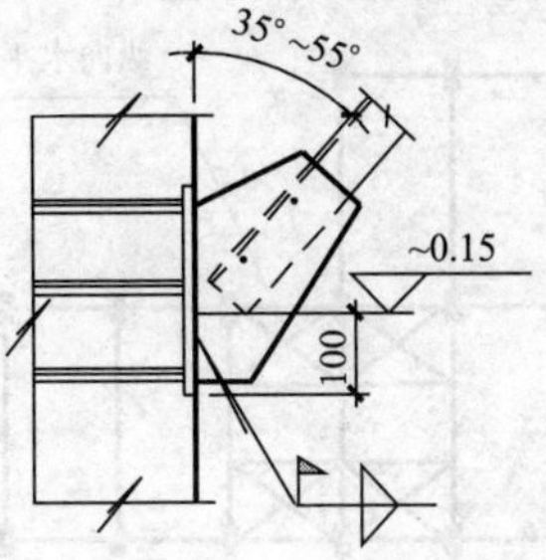

图 4-79　6、7 度柱撑下节点

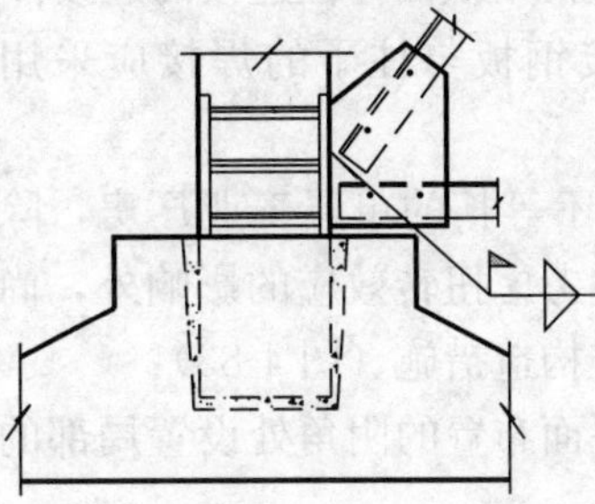
图 4-80　8 度Ⅰ、Ⅱ类场地柱撑下节点

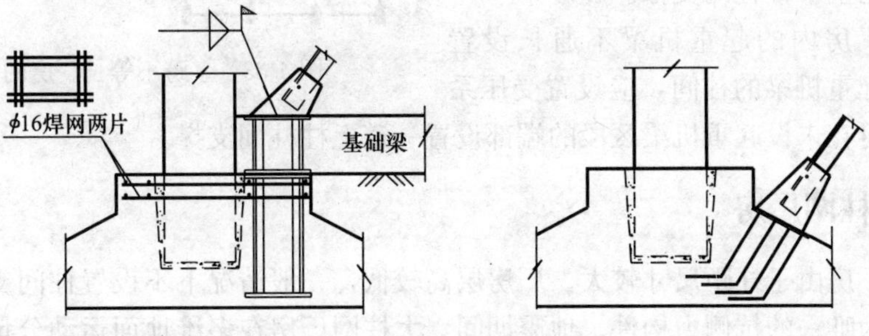

图 4-81　柱撑下节点设在基础上

12. 不等高厂房的高低跨柱间支撑应符合下列要求：

（1）保证高低跨屋盖的纵向水平地震作用能直接传给柱间支撑。

（2）保证高低跨内桥式起重机桥架重量引起的纵向水平地震作用以及起重机的纵向水平荷载能直接传给柱间支撑。

13. 交叉支撑在交叉点应设置节点板，其厚度不应小于 10mm，斜杆与交叉节点板应焊接，与端节点板宜焊接。

14. 连接柱间支撑的预埋件宜采用图 4-82 的形式。

15. 厂房的柱列设置柱顶水平系杆，对改善纵向水平地震作用的传递具有重要作用，使屋盖产生的纵向地震力能通过水平系杆均匀地传递给柱子及柱间支撑。柱顶的纵向水平系杆的设置，宜符合下列要求：

（1）8 度时，在有柱间支撑开间的柱顶宜设置水平压杆，厂房跨度大于或等于 18m 时，多跨厂房的中柱柱顶宜设置通长水平压杆，边柱柱顶有圈梁时可不设。

（2）9 度时，所有柱子的柱顶宜设置通长水平压杆。

（3）8 度和 9 度时，高低跨柱的低跨牛腿处，宜设置通长水平系杆。

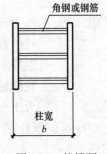

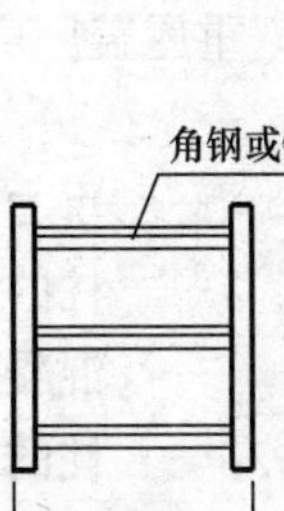

图 4-82　柱撑预埋件形式

(4) 压杆可与梯形屋架支座处通长水平系杆合并设置；当有屋架端头下节间通长水平压杆时，柱顶的纵向水平压杆可不设置。

(5) 钢筋混凝土系杆端部与屋架间的空隙应采用细石混凝土填实。

16. 起重机梁与柱的连接宜符合下列要求：

(1) 起重机梁顶面与柱连接的连接件截面不宜小于 100mm×100mm。

(2) 连接钢板与柱子的焊接应采用坡口焊。

17. 多跨不等长的单层工业厂房，除应在抗震分析中考虑扭转效应的影响外，尚宜采用下列抗震构造措施（图 4-83）：

(1) 在平面布置的阴角处设置局部的纵向水平支撑。

(2) 在平面布置突出长度的端部（端开间）设置一道上下柱柱间支撑。

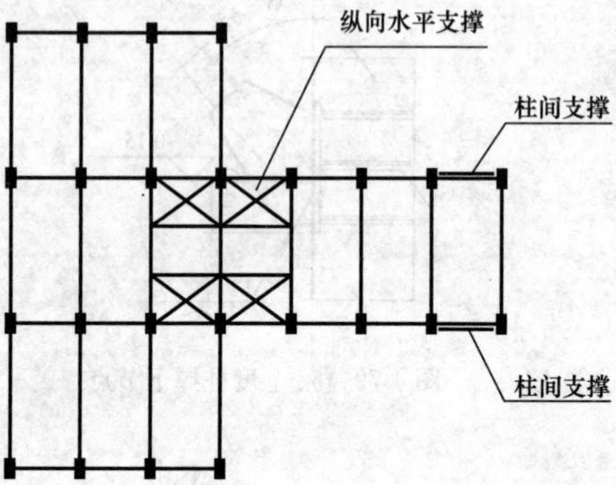

图 4-83　多跨不等长厂房的构造措施

18. 当厂房内的起重机梁不通长设置时，未设置起重机梁的柱间，应设置受压系杆，必要时可在未设起重机梁区段的端部设置一道上柱柱间支撑。

六、大柱网厂房

大柱网厂房由于柱距尺寸较大，厂房层高较低，一般情况下不设置柱间支撑，承重的混凝土柱成为唯一的抗侧力构件。地震期间，大柱网厂房在多维地面运动分量作用下，混凝土柱要承担纵横两个方向的水平地震作用，加之，大柱网厂房中的柱，因所负担的屋盖面积较大，轴向压力很大，因此，柱子受力较复杂，侧移刚度差，变形也大。柱的震害主要有：(1) 柱的斜向破坏即双向弯曲破坏；(2) 中柱比边柱破坏严重。

1. 柱截面宜采用正方形或接近正方形的矩形，边长不宜小于柱全高的 1/18～1/16。对于沿厂房某一方向（纵向或横向）当设置足够的柱间支撑时，平行于该方向的柱子边长可适当减少。

2. 重屋盖厂房考虑地震组合的柱脚轴压比，应符合下式要求：

$$N/bhf_c \leqslant \lambda_N \tag{4-182}$$

式中　N——重力荷载代表值对柱产生的轴压力；

b、h——柱的截面宽度和高度；

f_c——混凝土轴心抗压强度设计值。

λ_N——柱的轴压比限值。6、7 度时不宜大于 0.8，8 度时不宜大于 0.7，9 度时不应大于 0.6。

3. 纵向钢筋宜沿柱截面周边对称配置，间距不宜大于 200mm，角部宜配直径较大的钢筋。

4. 柱头和柱根的箍筋加密应符合下列要求：

(1) 加密范围，柱根取基础顶面至室内地坪以上 1m，且不小于柱全高的 1/6，柱头取柱顶以下 500mm，且不小于柱截面长边尺寸。

(2) 加密区箍筋间距不应大于 100mm，箍筋肢距不大于 200mm，箍筋直径不小于 $\phi 8$。

(3) 箍筋末端做成不小于 135°的弯钩，并加 10 倍箍筋直径的直线段。

(4) 为满足箍筋肢距所附加的拉筋，应同时钩住主筋和箍筋，拉筋的间距同箍筋（图 4-75）。

七、预埋件

1. 受力预埋件的锚板和锚筋（锚固角钢）的材料和构造应符合下列要求：

(1) 锚板和锚固角钢宜采用 Q235、Q345 级钢；锚筋应采用 HRB400 或 HPB300 钢筋，不应采用冷加工钢筋。

(2) 预埋件的锚筋（锚固角钢）应放置在构件外层主筋的内侧。

(3) 锚筋预埋件的锚板厚度应大于 0.6d（锚筋直径）；角钢预埋件的预埋板厚度应大于 $b/6$（b 为角钢肢宽）及 1.4 倍角钢厚度，锚筋中心至锚板边缘的距离不应小于 $2d$ 及 20mm。

(4) 锚筋预埋件的受拉直锚筋不宜少于 4 根，不宜多于 4 排，其直径不宜小于 8mm，亦不宜大于 25mm；对受剪预埋件的直锚筋不宜少于 2 根，而受剪力大的预埋件，除锚筋外，尚应增设抗剪钢板。

(5) 对弯折钢筋的预埋件弯折筋应沿剪力作用线的两侧对称布置。必须与直锚筋搭配使用时，可配置在直锚筋的一侧或两侧，弯折钢筋的弯起角度一般取 15°～30°，不宜大于 45°，其直径不应大于 18mm。

(6) 受拉直锚筋和弯折锚筋的锚固长度不应小于受拉钢筋锚固长度；当锚筋采用 HPB300 级钢筋时末端还应有弯钩。当无法满足锚固长度的要求时，应采取其他有效的锚固措施。受剪和受压直锚筋的锚固长度不应小于 $15d$，d 为锚筋的直径。

(7) 预埋件的锚固角钢宜采用等边角钢，末端须加焊挡板，挡板每边宽出角钢肢 10mm，挡板比角钢厚 1mm。

(8) 对受拉和受弯预埋件（图 4-84），其锚筋的间距 b、b_1 和锚筋至构件边缘的距离 c、c_1 均不应小于 $3d$ 和 45mm。

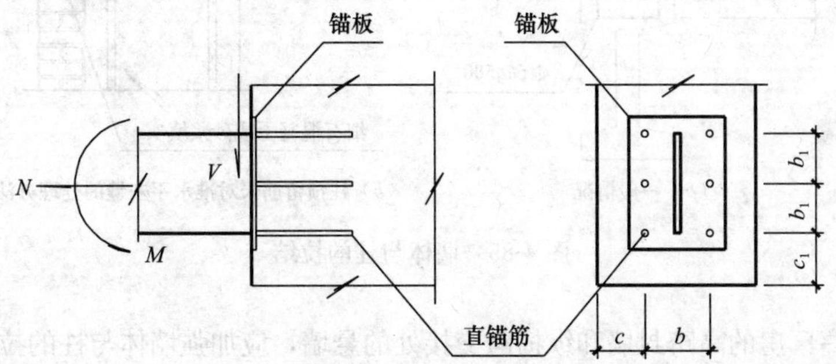

图 4-84　直锚筋预埋件

对受剪预埋件（图 4-84），其锚筋的间距 b、b_1 不应大于 300mm，且 b_1 不应小于 $6d$ 和 70mm，锚筋至构件边缘的距离 c_1 不应小于 $6d$ 和 70mm，b、c 均不应小于 $3d$ 和

45mm。

2. 预埋件锚筋（锚固角钢）与预埋板的焊接连接，应符合下列规定：

（1）直锚筋与预埋板应采用T形焊，不得采用弯成90°角的U形、L形锚筋与预埋板搭接焊，锚筋直径不大于20mm时，宜采用压力埋弧焊，锚筋直径大于20mm时，宜采用穿孔塞焊，采用手工焊时，焊缝高度不宜小于6mm及0.5d（HPB300钢筋）或0.6d（其他钢筋）。

（2）弯折钢筋一般采用搭接焊，但弯折点至焊缝端点的距离不宜小于2d或30mm。

（3）抗剪钢板与预埋件宜采用双面贴角焊缝，焊缝高度不宜小于0.5t_v（t_v为抗剪钢板厚度）。

（4）锚固角钢与预埋板宜采用双面贴角焊接，焊接高度不宜小于6mm和t_1减1～2mm（t_1为角钢厚度）。

八、围护结构

单层厂房的围护结构大多数是采用砌体，砌体的抗震性能较差，历次地震中，破坏率均较高，即使在6度区内，也有不少破坏和倒塌事例发生；7度以上地震区内，砌体围护墙的震害更是普遍。特别是不等高厂房高低跨交接处的高跨砌封墙、纵横跨交接处的高跨砌封墙及山墙，其倒塌后果更是严重。因此，要预防砌体向外倾倒，6度时，就应合理配置拉结钢筋。

1. 钢筋混凝土柱厂房的外墙砌体宜符合下列要求：

（1）砖的强度等级不应低于MU10，加气混凝土砌块的强度等级不应低于MU5。

（2）墙体的砂浆强度等级不应低于M5，砂浆宜采用混合砂浆。

2. 砌体与柱、屋盖构件和预制墙梁的拉结应符合下列要求：

（1）墙体应与柱子（包括抗风柱）牢固拉结：一般墙体应沿墙高每500mm与柱内伸出的2ϕ6钢筋拉结（图4-85）。

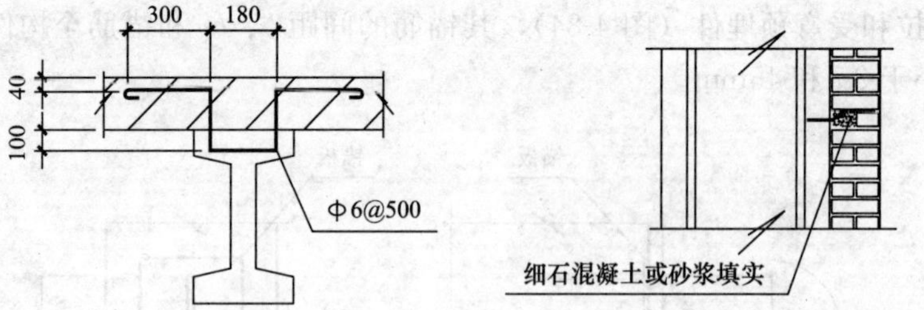

（a）一般情况　　（b）柱预留筋未对准水平灰缝的处理办法

图4-85　墙体与柱的拉结

（2）不等高厂房的高跨封墙和纵横跨交接处的悬墙，应加强墙体与柱的拉结（图4-86）。

（3）转角处的墙体，应沿两个主轴方向与厂房柱拉结（图4-87）。

（4）位于柱顶标高以上的纵墙，应与屋架（屋面梁）端部拉结，墙的顶部尚应与屋面板、天沟板拉结，拉结钢筋直接锚入墙内或在墙顶设置压顶圈梁与屋面板、天沟板连接（图4-88）。

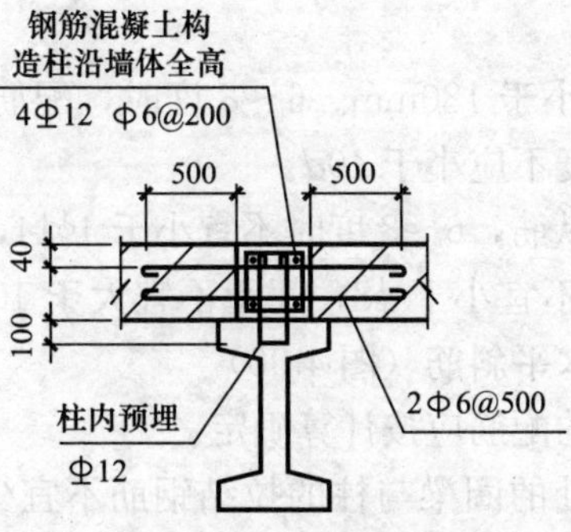

图 4-86 封墙、悬墙与柱拉结

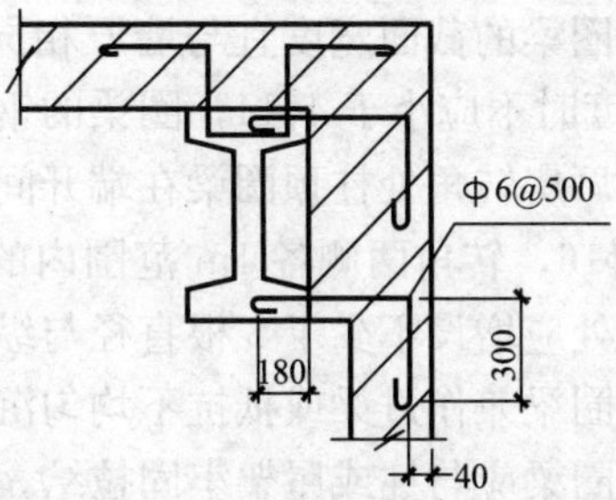

图 4-87 转角处墙体双向与厂房柱拉结

(5) 墙梁宜采用现浇；预制墙梁的底面应与梁下的墙顶拉结；预制墙梁与柱应锚拉(图 4-89)；厂房转角处相邻的预制墙梁应相互可靠连接。

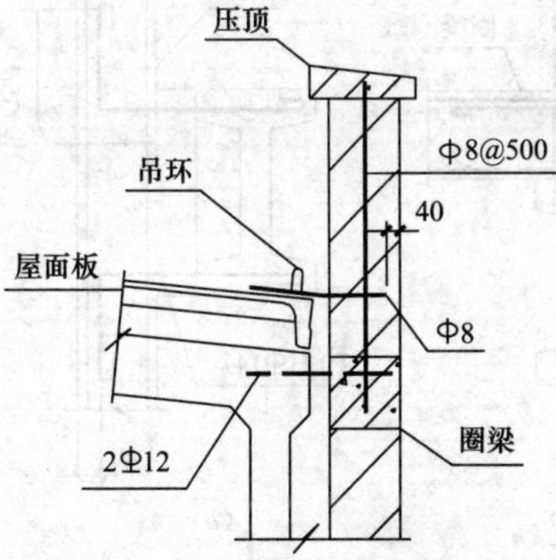

图 4-88 檐墙与屋面板的拉结

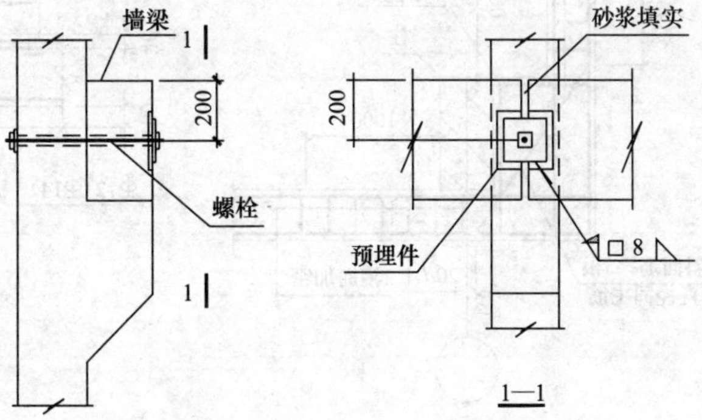

图 4-89 墙梁与柱的锚柱

3. 圈梁能提高墙体的整体性，合理布置圈梁，对墙体抗震十分有利。但圈梁必须与柱、屋架等有可靠的拉结，否则在水平地震作用下，非但起不了增强厂房整体性的作用，反而带同大片墙体外甩倾倒，震害加重。钢筋混凝土圈梁，除了因与柱拉结不良随同砖墙一起倒塌而折断外，圈梁本身因强度不足而发生的破坏仅见于厂房转角处和端开间的顶圈梁。故应加强顶圈梁在转角处和端开间的抗剪强度。砌体围护墙的圈梁应符合下列要求：

(1) 当厂房屋盖为梯形屋架时，应在梯形屋架端头上部和柱顶高度处各设一道现浇钢筋混凝土闭合圈梁，当屋架（屋面梁）端部高度小于 900mm 时，可仅在柱顶或屋架端头上部高度处设一道圈梁。

(2) 8 度和 9 度时，尚应沿墙高按上密下稀的原则每隔 4m 左右在窗顶增设圈梁一道。

(3) 不等高厂房的高跨封墙和纵横跨交接处的悬墙，圈梁的间距不宜大于 3m。

(4) 山墙顶部应在屋面板高度处设置现浇钢筋混凝土卧梁并应与纵墙上的屋架上弦高度处圈梁连续封闭。

4. 圈梁的构造应符合下列要求：

(1) 圈梁宜闭合，不能闭合时，应相互搭接，搭接部分的长度不应小于 2 倍上下圈梁的高差或一个柱间距。

（2）圈梁的截面宽度宜与墙厚相同，高度不小于 180mm。6～8 度时，配筋不应小于 4ϕ12，9 度时不应小于 4ϕ14，圈梁的钢筋搭接长度不应小于 40*d*。

（3）厂房转角处柱顶圈梁在端开间范围内的纵筋，6～8 度时不宜小于 4ϕ14，9 度时不宜小于 4ϕ16，转角两侧各 1m 范围内的箍筋直径不宜小于 ϕ8，间距不宜大于 100mm，圈梁在转角处应增设不少于 3 根直径与纵筋相同的水平斜筋（图 4-90）。

（4）圈梁兼作过梁或抵抗不均匀沉降时，梁的配筋应按计算确定。

（5）圈梁应与柱或屋架牢固拉结，厂房柱顶处的圈梁与柱的拉结钢筋不宜少于 4ϕ12，变形缝处的拉结钢筋不宜小于 4ϕ14，拉接钢筋伸入混凝土内的长度不小于 35*d*（图 4-91）。

（6）角柱应在两个方向设置钢筋与圈梁拉结（图 4-92）。

（7）山墙卧梁与屋面板应拉结（图 4-93）。

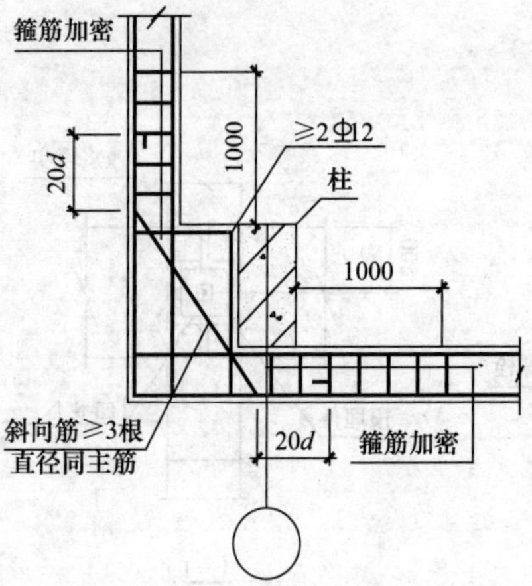

图 4-90　转角处圈梁构造

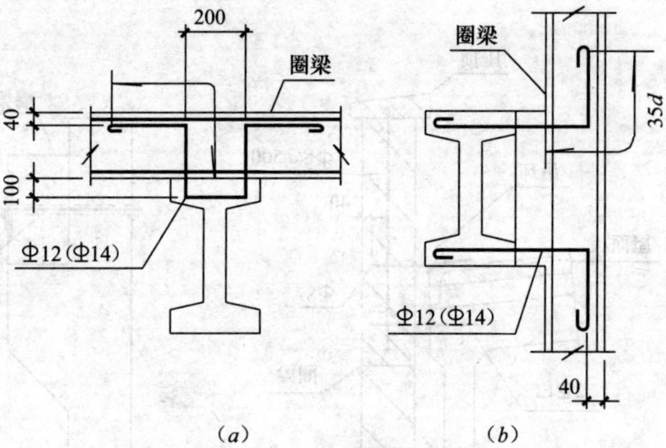

图 4-91　圈梁与柱的拉结

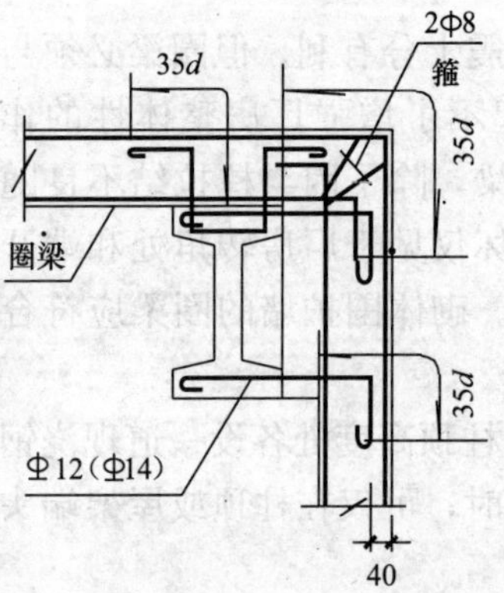

图 4-92　转角处圈梁与柱拉结

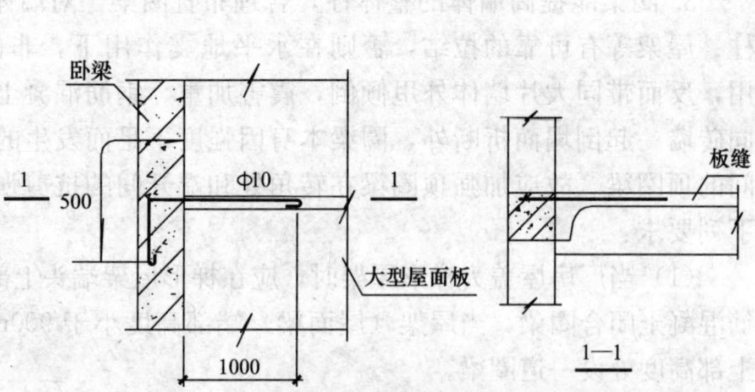

图 4-93　山墙卧梁与屋面板拉结

5. 女儿墙为悬臂结构，地震反应大，抗震能力差，受震后容易破坏倾倒。无锚拉女儿墙高度不应超过 500mm，当超过时，6 度～8 度且高度不大于 1m 的女儿墙可按图 4-94（*a*）采取锚固措施；6 度～8 度且高度大于 1m 以及 9 度时的女儿墙可按图 4-94（*b*）采取锚固措施；位于厂房出口上部，毗邻附属房屋上部以及高跨封墙上面的女儿墙，必须采取锚固措施；9 度时不得采用无拉结的女儿墙。

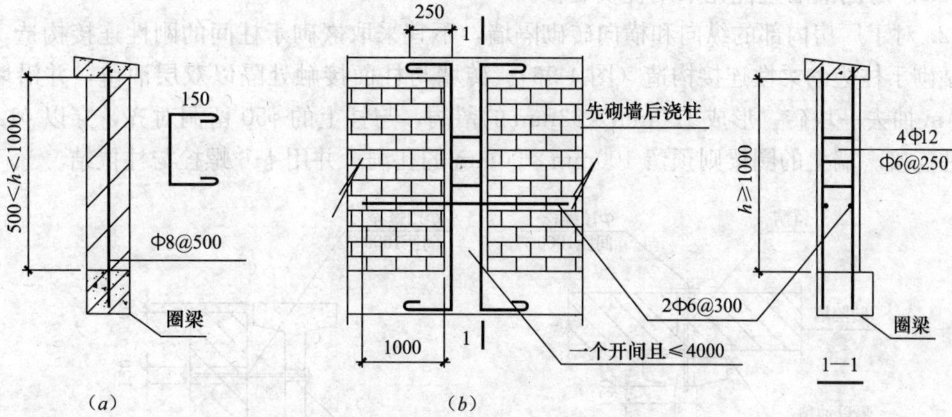

图 4-94　女儿墙拉结图

6. 8 度Ⅲ、Ⅳ类场地和 9 度时，砖围护墙下的预制基础梁应采用现浇接头，当另设条形基础时，在柱基础顶面标高处应设置连续的现浇钢筋混凝土圈梁，其配筋不应少于 4ϕ12。

7. 当墙板与柱为柔性连接时，肋形墙板上连接孔周围的横向钢筋应加密，在孔两侧各 100mm 范围内，横向钢筋的间距不应大于 50mm。

8. 墙板的连接与支承应符合下列要求：

(1) 8 度和 9 度时，墙板与厂房柱或屋架宜采用柔性连接（图 4-95）：墙板的上节点采用 U 形钢筋将板顶面预埋钢板与柱面预埋钢板焊接，下节点不再与柱连接，而是采用钢插销来固定位置。

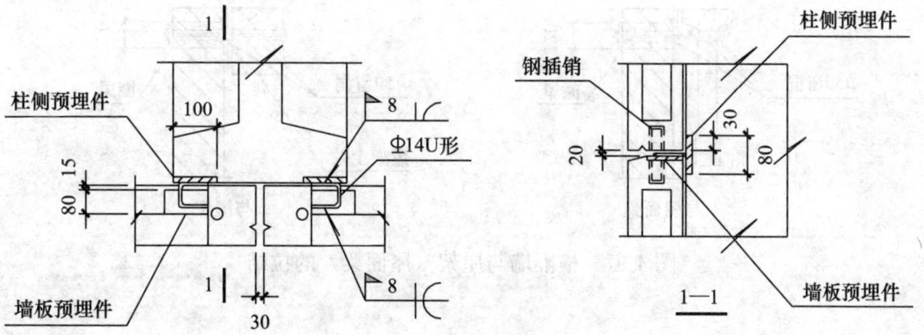

图 4-95　墙板与柱柔性连接

(2) 墙板的支承长度不应小于 80mm。

(3) 檐下板、女儿墙板、山尖板及其压顶构件与屋面板或屋架有可靠连接。

(4) 墙板防震缝应与厂房防震缝配合设置，防震缝的建筑处理应能适应地震作用引起的变形。

9. 厂房的山墙，不宜下部采用钢筋混凝土大型墙板，山尖采用砌体墙或轻质墙板。

10. 墙板连接孔周围的横向钢筋应加密（在孔两侧各 100m 范围内楼向钢筋的间距不

大于 50mm）。

11. 厂房内隔墙宜优先采用轻质墙板。

12. 对于厂房内部的纵向和横向砖砌隔墙，不宜采取嵌砌于柱间的刚性连接构造，宜改为贴砌于柱边的柔性连接构造（图 4-96）。砖墙与柱面接触处隔以双层油毡，并沿墙高每隔 1m 抽去一块砖，形成 120mm×63mm 的留洞，与柱上的 ϕ50 留洞对齐，穿以 ϕ12 螺栓与柱连接。墙上的圈梁则预留 100mm×50mm 的孔洞，并用 ϕ16 螺栓与柱拉结。

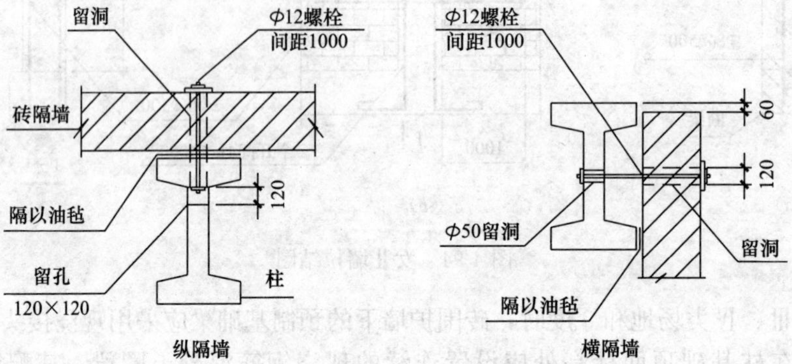

图 4-96　隔墙与柱柔性连接

13. 到顶的贴砌横隔墙，顶部应设置厚 120 的现浇钢筋混凝土圈梁，若该处浇混凝土有困难时，亦可改用 M5 砂浆带（内配 2ϕ10 通长钢筋）。圈梁或砂浆带及砖墙与屋架上弦（屋面梁）接触处应隔以双层油毡。圈梁或砂浆带应沿墙长每隔 1.5m 预留一个 ϕ50 孔洞，穿以 ϕ16 螺栓与屋架上弦（屋面梁）拉结（图 4-97）。

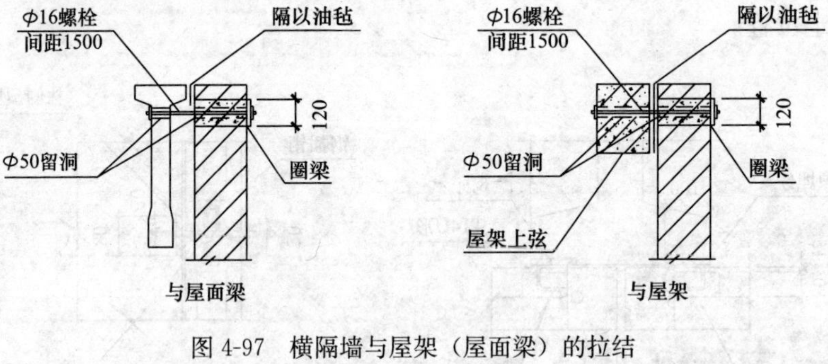

图 4-97　横隔墙与屋架（屋面梁）的拉结

第五章　单层钢结构厂房

钢结构单层厂房，在结构形式、使用特点、受力特征、荷载性质等诸多方面，与多高层钢结构房屋不尽相同，因此其抗震要求有其特点。

根据当前单层钢结构厂房的具体建设情况，大致可分为传统的典型厂房和轻型墙屋面围护厂房两类。

传统的典型单层钢结构厂房体系，横向框架基本柱距 12m，设置托架支承中间的屋架，屋架间距 6m，大型屋面板和墙面板围护，布置相应的屋面支撑、柱间支撑，纵向矩形天窗采光。这种典型厂房体系成形已 50～60 年，一般不至于再有大的变化，其应用也越来越少。这类厂房通常称为重屋盖厂房，或无檩屋盖厂房。

压型钢板以及其他轻型材料围护的单层钢结构厂房称为轻型围护厂房。一般情况下，压型钢板轻型围护厂房，即是有檩屋盖厂房、轻屋盖厂房。轻型围护厂房历经三十多年的发展，现已十分普及，正在逐步代替传统的典型单层钢结构厂房。有鉴于此，本章主要阐述轻型围护厂房的抗震设计。

轻型围护厂房的屋盖横梁，当厂房跨度不超过 36m 时，通常采用变截面实腹屋面梁，并与厂房柱刚性连接；跨度较大时，则采用屋架。基于轻型围护厂房的大规模工程实践经验，宝钢开发了屋盖横梁两端实腹并与柱刚接，其余部分为桁架，桁架腹杆、隅撑和屋面檩条在同一竖向平面的框桁架体系，应用于跨度大的单层钢结构厂房。这种屋盖结构体系，构件的力学性能与结构体系的受力协调一致，也易实现耗能机构，并美观可靠，施工方便，耗钢量低。

一般情况下，设置桥式起重机的轻型围护单层钢结构厂房，经济柱距为 12～15m；但是，遇深厚软土地基时，结合桩基造价综合考虑，经济柱距则可为 12～18m。

第一节　一 般 规 定

一、结构布置

1. 结构体系

单层钢结构厂房平面和竖向布置的总原则，是使质量分布和刚度分布均匀，厂房受力合理、变形协调。厂房的结构体系布置应符合下列要求：

1）厂房的横向抗侧力体系，可采用刚接框架、铰接框架、门式刚架或其他结构体系。厂房的纵向抗侧力体系，8、9 度时应设置柱间支撑，6、7 度时，宜设置柱间支撑，也可采用刚接框架。

2）厂房内设置桥式起重机时，起重机梁系统构件与厂房框架柱的连接应能可靠地传递纵向水平地震作用。

3）为保证地震作用的有效传递和结构整体性能，应按照屋盖支撑的抗震构造要求设置完整的屋盖支撑系统。

4）屋架在柱顶铰接时，宜采用螺栓连接。

除遵守上述结构体系布置的基本要求外，尚应注意如下要求：

1）多跨厂房宜采用等高（双坡屋面）厂房。当采用高低跨布置时，为减小低跨厂房地震作用的传递和降低对高跨柱承载力的影响，低跨的屋盖横梁与高跨柱的连接应选择合适位置（例如，低跨的屋盖横梁接在高跨肩梁标高处）。一般情况下，低跨屋面梁与高跨柱宜采用铰接，或采用其他措施。

2）砌体辅助建构筑物，不应与厂房结构相连，也不应布置在厂房角部和紧邻防震缝处。

3）两个主厂房之间的过渡跨，至少在一侧应设置防震缝与主厂房脱开。

4）多跨厂房通往起重机的钢梯，不宜布置在同一榀横向框架附近。

5）厂房同一结构单元内，不宜采用不同的结构形式，不应采用钢框架和砌体横墙混合承重。

6）厂房端部应设置屋盖横梁，不应采用山墙承重。

2. 防震缝

单层钢结构厂房防震缝的布置，一般可参照钢筋混凝土柱厂房的有关规定执行。

防震缝的宽度应根据设防烈度、与相邻房屋可能碰撞的最高点高度、厂房的结构及其布置情况确定，不宜小于混凝土柱厂房防震缝宽度的1.5倍。当高烈度区或厂房较高时，或当厂房坐落在软弱场地或有明显扭转效应时，还需适当增加防震缝宽度。当防震缝宽度通过结构动力分析计算确定时，应在设防烈度的地震动参数下，厂房结构不碰撞且有足够的余地。

单层钢结构厂房的防震缝通常与温度伸缩缝结合布置。轻型围护厂房往往多跨连绵，横向整体宽度很大，但一般可不设置沿柱全高的双柱纵向温度伸缩缝，而只是通过上柱顶部叉分设置双柱，形成所谓的“音叉式”伸缩缝；或者把上柱顶部叉分双柱中的一个，设计为上下铰接连接的“摇摆柱”。显然，这种温度伸缩缝也兼具防震缝的作用，其缝宽应由计算分析确定，一般应要求在设防烈度的地震动参数下，小柱还留有足够的侧移空间。

二、围护体系

降低厂房屋盖和围护结构的重量，对抗震十分有利。震害调查表明，采用压型钢板、硬质金属面夹芯板等轻型板材的钢结构厂房抗震效果很好；采用柔性连接大型混凝土墙板围护的厂房，其抗震性能明显优于砌体围护墙的。大型混凝土墙板与厂房柱刚性连接，对厂房的抗震不利，并对厂房的纵向温度变形、厂房柱不均匀沉降以及各种振动也都不利。因此，大型混凝土墙板与厂房柱之间一般不应采用刚性连接。

厂房围护墙一般应符合如下要求：

1）厂房的围护材料应优先采用轻型板材和轻型型钢。

2）预制钢筋混凝土墙板应与厂房柱柔性连接，其连接应具有足够的延性，以适应设防烈度地震下主体结构的变形要求。

3）砌体围护墙应紧贴柱边砌筑且与柱拉结。7度时不宜采用嵌砌墙体，8、9度时不应采用嵌砌墙体。

4）布置刚性非承重墙时，应避免引起主体结构强度、刚度分布的突变。

第二节 抗震计算

单层钢结构厂房可按纵、横两个方向分别进行抗震计算。

单层厂房抗震计算的阻尼比，可根据墙屋面围护的类型取0.045～0.05，工程中一般取0.05。众所周知，单层钢结构厂房在弹性状态工作的阻尼比较小。钢结构厂房用脉动法和起重机刹车进行大位移自由衰减阻尼比测试的结果，小位移阻尼比在0.012～0.029之间，平均阻尼比0.018；大位移阻尼比在0.0188～0.0363之间，平均阻尼比0.026。然而，线性黏滞阻尼是计算模型的属性，而不是实际结构的属性。阻尼比增减的影响，可由设计地震作用的取值大小所体现，即可按调整设计地震作用大小的方式计入。

单层钢结构厂房的围护墙类型较多。抗震计算时，围护墙的自重和刚度取值主要由其类型和与厂房柱的连接所决定。为了使抗震计算更符合厂房的实际情况，围护墙的自重和刚度取值应结合其类型和与厂房柱的连接方式来决定：

1）轻型墙板或与柱柔性连接的预制混凝土墙板，应计入其全部自重，但不应计入其刚度。

2）柱边贴砌且与柱有拉结的普通黏土砖砌体围护墙，应计入其全部自重；当沿墙体纵向进行地震作用计算时，尚可计入普通黏土砖砌体墙的折算刚度，折算系数，7、8和9度可分别取0.6、0.4和0.2。

一、横向框架的抗震验算

单层钢结构厂房横向框架地震作用计算的单元划分、质量集中等，均可参照钢筋混凝土柱厂房的。厂房横向框架地震作用计算时，应根据屋盖高差、起重机设置情况，采用能反映厂房横向框架地震反应特点的单质点、两质点和多质点计算模型。

1）一般情况下，宜采用考虑屋盖弹性变形的空间分析方法。

2）对于平面规则、抗侧刚度均匀的轻屋盖厂房，可按平面框架进行计算。等高厂房可采用底部剪力法，高低跨厂房应采用振型分解反应谱法。

钢筋混凝土柱厂房乘以增大系数以考虑高振型影响的经验简化方法，不适用于钢结构厂房，因此高低跨单层钢结构厂房不能采用底部剪力法计算。

厂房横向框架的地震作用和构件的抗震验算，既可以采用《建筑抗震设计规范》GB 50011第五章规定的采用多遇地震作用效应组合的方法，也可以采用简化的性能化设计方法。

1. 按多遇地震作用效应组合设计

厂房横向框架可按《建筑抗震设计规范》GB 50011第五章的规定，采用多遇地震影响系数，在多遇地震作用效应和其他荷载效应的基本组合下，进行地震作用和结构抗震验算。

厂房横向框架柱梁的板件宽厚比，是决定其延性耗能性能的主要因素，也是决定单位面积耗钢量的主要因素。我国抗震规范一直把框架柱梁的板件宽厚比作为重要的构造措施处理，《建筑抗震设计规范》GB 50011—2010对于单层钢结构厂房框架的板件宽厚比，要求区分重屋盖厂房和轻屋盖厂房予以确定。

(1) 重屋盖厂房

重屋盖厂房框架柱、梁的板件宽厚比限值，7、8、9 度的抗震等级可分别按四、三、二级采用（表 5-1）。

重屋盖厂房框架柱梁的板件宽厚比限值 **表 5-1**

构件	烈度 / 抗震等级 / 板件名称	7	8	9
		四	三	二
柱	H 形截面翼缘外伸部分	13	12	11
	H 形截面腹板	52	48	36
梁	H 形截面翼缘外伸部分	11	10	9
	H 形截面腹板	$85-120N_b/(Af)\leqslant75$	$80-110N_b/(Af)\leqslant70$	$72-100N_b/(Af)\leqslant65$

注：1. 表列数值适用于 Q235 钢，采用其他牌号钢材时，应乘以 $\varepsilon_k=\sqrt{235/f_y}$。
2. $N_b/(Af)$ 为梁的轴压比。

然而，重屋盖厂房采用屋架的居多，采用实腹屋面梁的较少。

(2) 轻屋盖厂房

轻屋盖厂房框架塑性耗能区的板件宽厚比限值，可根据其承载力的高低按性能目标确定。当构件的强度和稳定的承载力满足高承载力——2 倍多遇地震作用下的要求（$\gamma_G S_{GE}+\gamma_{Eh}2S_{Ehk}+\gamma_{Ev}2S_{Evk}\leqslant R/\gamma_{RE}$）时，可采用表 5-2 中的 S4 级截面（弹性设计截面）的板件宽厚比。当构件的强度和稳定的承载力满足中等承载力——1.5 倍多遇地震作用下的要求（$\gamma_G S_{GE}+\gamma_{Eh}1.5S_{Ehk}+\gamma_{Ev}1.5S_{Evk}\leqslant R/\gamma_{RE}$）时，可采用表 5-2 中的 S3 截面（部分塑化截面）的板件宽厚比。

框架构件的截面板件宽厚比等级的限值 **表 5-2**

构件	截面板件宽厚比等级		S1	S2	S3	S4	S5
柱	H 形截面	翼缘 b/t	$9\varepsilon_k$	$11\varepsilon_k$	$13\varepsilon_k$	$15\varepsilon_k$	20
		腹板 h_0/t_w	$(33+13\alpha_0^{1.3})\varepsilon_k$	$(38+13\alpha_0^{1.4})\varepsilon_k$	$(42+18\alpha_0^{1.5})\varepsilon_k$	$(45+25\alpha_0^{5/3})\varepsilon_k$	250
	箱形截面	壁板、腹板间翼缘 b_0/t	$30\varepsilon_k$	$35\varepsilon_k$	$42\varepsilon_k$	$45\varepsilon_k$	—
	圆管截面	径厚比 D/t	$50\varepsilon_k^2$	$70\varepsilon_k^2$	$90\varepsilon_k^2$	$100\varepsilon_k^2$	—
梁	工字形截面	翼缘 b/t	$9\varepsilon_k$	$11\varepsilon_k$	$13\varepsilon_k$	$15\varepsilon_k$	20
		腹板 h_0/t_w	$65\varepsilon_k$	$72\varepsilon_k$	$93\varepsilon_k$	$124\varepsilon_k$	250

注：1. ε_k 为钢号修正系数，$\varepsilon_k=\sqrt{235/f_y}$。
2. 参数 $\alpha_0=(\sigma_{max}-\sigma_{min})/\sigma_{max}$，$\sigma_{max}$为腹板计算边缘的最大压应力；$\sigma_{min}$为腹板计算高度另一边缘相应的应力，压应力取正值，拉应力取负值。
3. b、t、h_0、t_w 分别是工字形、H 形截面的翼缘外伸宽度、翼缘厚度、腹板净高和腹板厚度，对轧制型钢截面，不包括翼缘腹板过渡处圆弧段；对于箱形截面 b、t 分别为壁板间的距离和壁板厚度；D 为圆管截面外径。
4. 当箱形截面柱单向受弯时，其腹板限值应根据 H 形截面腹板采用。
5. 腹板的宽厚比，可通过设置加劲肋减小。

塑性耗能区外的板件宽厚比限值，可采用表 5-2 中的 S4 级截面的板件宽厚比。鉴于单层单跨刚架厂房的潜在塑性铰位置一般在梁底上柱截面，且梁端的截面模量通常比上柱大，即使考虑遭遇强烈地震时梁底上柱截面进入塑性强化阶段，屋面梁多处于弹性工作状态。这种情况的屋面梁相当于两端施加柱塑性弯矩的简支梁，因此不管框架柱采用何种板件宽厚比等级，实腹屋面梁只需要采用弹性设计截面（S4 级板件宽厚比），按现行《钢结构设计规范》GB 50017 设计即可。

2. 按简化性能化设计

钢结构单层厂房横向框架的设计地震作用，与采用的构件以及截面的延性性能紧密相关。因而通常可按“高延性，低弹性承载力”或“低延性，高弹性承载力”两类抗震设计思路进行性能化设计。前者谓之“延性耗能”思路，后者则简称“弹性承载力超强”思路。它们相辅相成，互为补充，各有各的适用范围。即钢结构抗震设计可在结构的“弹性承载力”和“延性耗能”之间权衡、选择，既可采用提高钢结构延性耗能性能而降低承载力的设计方法，也可采用提高结构弹性承载力而降低其延性的设计方法，从而获得较好的经济性和安全性。

一般情况下，单层钢结构厂房的抗震设防，采用“弹性承载力超强”思路进行简化性能化抗震设计，可取得较好经济性的大致范围是：

1）低烈度区的一般厂房。

2）控制框架构件受力的是风荷载组合，而不是地震作用效应组合的厂房。

显然，这里的地震作用效应组合是指接近设防烈度的地震作用效应组合，而不是多遇地震作用效应组合。

3）由正常使用极限状态的位移（刚度）要求主导框架构件截面大小的厂房。

单层厂房横向框架，也可根据选定的截面板件宽厚比等级，按下式进行抗震性能化计算：

$$\gamma_G S_{GE} + \gamma_{Eh} \Omega S_{Ehk} + \gamma_{Ev} \Omega S_{Evk} \leqslant R/\gamma_{RE} \tag{5-1}$$

其中，Ω 为地震效应调整系数，按表 5-3 取值。

地震效应调整系数 Ω 取值表 **表 5-3**

截面板件宽厚比等级	S1	S2	S3	S4	S5
地震效应调整系数 Ω		1	1.5	2	2.5

显然，按式（5-1）进行框架的简化性能化设计，与采用多遇地震作用效应组合计算而按性能化设计的方式确定框架板件宽厚比的最终结果，是一致的。

式（5-1）取 Ω=1，即是按《建筑抗震设计规范》GB 50011 第 5 章规定的采用多遇地震作用效应组合进行抗震验算。鉴于目前钢结构抗震性能化设计的规定尚不完善，因此，不论地震效应调整系数 Ω 取何值的组合内力进行厂房框架构件的弹性设计，但其位移限值仍需借用（或折算到）多遇地震组合（即 Ω=1）的计算结果来控制。

采用“弹性承载力超强”思路进行抗震设计的轻型围护厂房，一般采用 S4 级截面（弹性设计截面），8、9 度区的有些厂房可采用 S3 级截面（部分塑化截面）。设计实践表明，对于目前普遍流行的压型钢板围护的单层钢结构厂房，直接采用弹性设计截面（S4 级截面）并取 Ω=2，虽然提高了设计地震作用，但由于这类厂房重量小，地震作用一般不控制构件受力，却因放松了板件宽厚比的限值，可在保证安全性的条件下降低耗钢量。

一般说来，性能化设计时一般采用钢材的屈服强度 f_y 计算结构承载力标准值 R_k，而式（5-1）中则由钢材的设计强度 f 计算结构构件承载力设计值 R。就此角度看，采用上述的简化性能化设计方法进行抗震设计，是偏向安全一方的。

3. 轻型门式刚架的简化性能化设计

目前广泛流行轻型门式刚架单层厂房。轻型门式刚架可采用 S5 等级（超屈曲截面）的截面板件宽厚比。

轻型门式刚架厂房在地震中有良好的表现，但这并非是其抗震性能好，而是由于其质量很小，使结构承受的地震作用很小，遭遇强烈地震时也可处于弹性状态工作。计算分析表明，有些无桥式起重机的门式刚架轻型厂房，即使采用 8 度区的罕遇地震进行计算分析，还仍有静力设计内力控制的。

轻型门式刚架的设计原则采用基于有效截面概念的弹性设计。柱脚铰接轻型门式刚架构件变截面的设计思想，是期望实施构件等应力设计。轻型门式刚架冗余度低，既不能塑性耗能，也不能发生塑性重分布，从而只能采用“弹性承载力超强”的抗震设计思路。无疑，轻型门式刚架采用多遇地震组合进行抗震验算，过度借助结构延性耗能来降低计算地震作用，既不合理也不恰当。

据日本 AIJ《限界状态设计指针》，轻型门式刚架（腹板宽厚比 150～200）仍会有些许塑性变形。因此，轻型门式刚架抗震性能化设计时，可取计算阻尼比 0.05，地震效应调整系数 $2.0 \leqslant \Omega \leqslant 2.5$，按式（5-1）进行抗震验算。其实，采用 $\Omega = 2.5 \sim 2.0$ 所作的抗震验算，大都不控制轻型门式刚架构件的受力（或对变截面作稍微调整），而其真正价值在于发现并针对性地排除门式刚架的抗震局部薄弱环节，改进其构造要求。

上述的地震效应调整系数的下限值 $\Omega = 2.0$，适用于可划归为适度设防（丁类）要求的轻型门式刚架厂房，例如农业厂房以及一些不重要的仓库、机械厂房。

根据震害资料，遭遇强烈地震时，轻型门式刚架变形较大，但未见有坍塌破坏的报道，只是变形大而可导致卷帘门卡轨，一些非结构受损等，影响正常使用。因此，抗震设计时，要求机械非结构、电气非结构不应与厂房有过多联系。

轻型门式刚架围护质量轻，计算分析表明，其二阶效应影响可略去不计。毋庸赘述，地震时轻型门式刚架的位移限值取决于与其相连的非结构的要求。纯粹由压型钢板围护而柱脚铰接的轻型门式刚架厂房，只要满足静力设计使用功能的位移限值要求，一般无需对其抗震设计规定位移限值。

轻型门式刚架的端板连接节点，应能可靠传递设防烈度的地震作用。

对于 8 度及以上设防烈度区采用砌体围护墙的轻型门式刚架厂房，经济性并不好。其实，采用砌体围护墙的厂房，本来就不归属轻型钢结构房屋的范畴。轻型门式刚架是从美国泊来的，美国 ASCE/SEI7 规范和 MBMA 导则对其墙面、屋面重量都有明确限制。

二、纵向框架的抗震验算

1. 抗震验算

厂房纵向框架的地震作用可采用振型分解法，柱列等高时也可采用底部剪力法计算，并按《建筑抗震设计规范》GB 50011 第 5 章规定的多遇地震作用效应组合进行结构和构件的抗震验算。

（1）计算周期的折减

鉴于反应谱曲线下降段的地震作用影响系数变化梯度大，结构的自振周期对地震作用的取值很敏感。考虑到围护墙对边柱列的刚度贡献很难准确预计，计算纵向柱列框架的地震作用时，可能会使所得的纵向中间柱列框架的基本周期相对偏长，因此其计算周期宜采用折减系数予以修正。当采用砌体围护墙时，可近似取 0.8 及以下的周期折减系数；当采用轻型围护时可近似取 0.85 及以下的周期折减系数。

（2）柱列的地震作用分配

采用柱边贴砌且与柱拉结的砖砌体围护墙厂房，其纵向抗震计算可参照钢筋混凝土柱厂房的有关规定。

轻型板材围护墙通过墙架构件与厂房框架柱连接，预制混凝土大型墙板可与厂房框架柱柔性连接。这些围护墙类型和连接方式，对框架柱纵向侧移的影响较小。即，当各柱列的刚度基本相同时，其纵向柱列的变位亦基本相同。因此，采用轻型板材围护墙或与柱柔性连接的大型墙板厂房，可采用底部剪力法计算，各纵向柱列的地震作用可按下列原则分配：

1）轻屋盖可按纵向柱列承受的重力荷载代表值的比例分配。

2）钢筋混凝土无檩屋盖可按纵向柱列刚度比例分配。

3）钢筋混凝土有檩屋盖可取上述两种分配结果的平均值。即，有檩屋盖可按柱列所承受的重力荷载代表值比例分配和按单柱列计算，并取两者之较大值。

2. 纵向框架的受力性能

厂房纵向框架和横向框架的抗震性能不同，纵向框架不存在横向抗弯框架那样的耗能机构，所以也不能取用横向框架的地震作用折减系数。

厂房纵向框架计算分析时普遍流行的设计假定，是柱脚铰接。这对静力设计是合宜的，并偏向安全一方。然而，由抗震构造措施要求采用插入式、埋入式柱脚，皆属刚性连接；即使是外露式柱脚虽属半刚性连接，但也更接近于刚性连接。因此，当遭遇强烈地震时，纵向柱列可分担一定的水平地震作用。纵向框架 H 形实腹柱往往弱轴受弯，承担的水平地震作用较小；而设置桥式起重机的双肢柱，单肢的强轴往往受弯，承担的水平地震作用则相对较大。

当遭遇强烈地震时，结构调动所有额外承载力储备抵御地震作用。因此，采用多遇地震作用效应组合，支撑杆应力比控制在 0.75 及以下，柱脚铰接的纵向框架抗震计算结果，相当于取 1.8 倍的小震作用、支撑杆达屈服强度、柱脚刚接（考虑与基础刚接的柱列承担 20%的水平地震作用估计）。简言之，上述有利于厂房纵向框架抗震的因素相当于预留了抵抗强烈地震的裕度。因此，无论厂房纵向框架柱列采用何种等级的板件宽厚比，皆采用多遇地震组合进行抗震验算，而不需再进行抗震性能化设计。

三、柱间支撑

厂房纵向框架主要由柱间支撑抵御水平地震作用。柱间支撑是厂房纵向框架耗散地震能量的主要构件，应在相连的梁柱屈曲和连接破裂前受拉屈服。

对于 H 形截面柱弱轴受弯的纵向柱列框架，柱间支撑大体上要承担 80%以上的水平地震作用。柱间支撑是单层钢结构厂房抗震的关键环节。厂房纵向框架往往只有柱间支撑一道防线，却是震害多发部位（图 5-1、5-2）。因此，柱间支撑设计时，需把支撑斜杆及与其连接的柱、梁作为支撑框架系统整体加以考虑。即，柱间支撑框架系统的承载力设计，不只是支撑斜杆、斜杆与钢柱连接节点的承载力设计，而应包括与支撑斜杆相接的周圈梁、柱的承载力设计，以及基础拉梁和柱脚的设计。

（*a*）槽钢X形柱间支撑整体失稳　（*b*）角钢X形柱间支撑节点断裂

（*c*）格构门式柱间支撑屈曲　（*d*）槽钢X形支撑屈曲、端部连接断裂

图 5-1　阪神地震柱间支撑的屈曲和破坏

1. 柱间支撑系统的承载力

（1）支撑斜杆是否屈曲对柱间支撑框架系统受力的影响

厂房纵向采用多遇地震（小震）组合内力进行弹性设计。设计实践表明，采用设防地震（中震）参数进行计算分析，柱间支撑斜杆可能屈曲，也可能不屈曲。柱间支撑屈曲与否，对与支撑相连的框架柱受力有影响。柱间支撑是否屈曲，对设置较大吨位起重机的格构下柱影响不大，但对上柱（通常采用实腹 H 截面）的影响则不容忽视。遭遇强烈地震时，如受压侧支撑斜杆屈曲卸载，则受拉侧支撑斜杆内力增大，从而可导致钢柱沿 H 截面弱轴整体失稳（图 5-2）。因而需区分支撑斜杆屈曲或不屈曲两种情况，分别验算框架柱受力。

（*a*）震害实例一　（*b*）震害实例二

图 5-2　与 X 形柱间支撑连接的 H 截面柱整体失稳

(2) 与 X 形柱间支撑相连钢柱的附加压力

采用多遇地震作用效应组合进行设计的 X 形柱间支撑，当遭遇强烈地震时，支撑斜杆可能受拉屈服，也可能不屈服。但无论支撑斜杆是否屈服，比之于多遇地震作用效应组合的设计内力，强烈地震作用下支撑斜杆受力增大，与其相连的钢柱受力也相应增加，这也可引起上柱沿 H 截面弱轴整体失稳（图 5-2）。

因此，柱间支撑框架系统的钢柱，应考虑遭遇强烈地震时支撑斜杆传来的这种力的放大（图 5-3）。参考有关资料，对于上柱可考虑支撑斜杆计算内力 N_1 的 150%（即附加内力 $\Delta N_1=0.5N_1$）的竖向分量施加于相连柱的柱顶，并与屋盖传至的轴力叠加进行上柱的长细比选择及强度、稳定性验算。150%的支撑斜杆计算内力相当于达到其受拉屈服时的力 $0.75A_{brn}f\times1.5\approx A_{brn}f_y$（$A_{brn}$—支撑斜杆的净截面积，$f$—支撑钢材屈服强度设计值；$f_y$—支撑钢材屈服强度）。这与美国 AISC341 规范考虑钢柱需能承受支撑传递力 $R_yA_{br}f_y$（R_yf_y—预期的支撑钢材屈服应力）的做法类似。

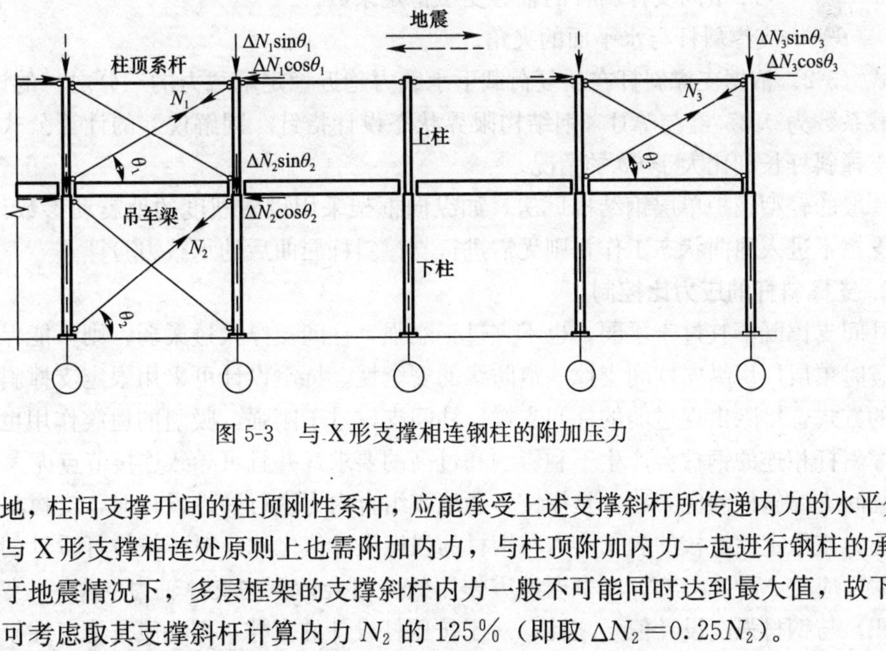

图 5-3　与 X 形支撑相连钢柱的附加压力

相应地，柱间支撑开间的柱顶刚性系杆，应能承受上述支撑斜杆所传递内力的水平分量。

下柱与 X 形支撑相连处原则上也需附加内力，与柱顶附加内力一起进行钢柱的承载力验算。鉴于地震情况下，多层框架的支撑斜杆内力一般不可能同时达到最大值，故下柱的附加内力可考虑取其支撑斜杆计算内力 N_2 的 125%（即取 $\Delta N_2=0.25N_2$）。

不过，下柱 X 形支撑与设置的起重机工作制紧密相关，其截面（长细比）有时系由设置的起重机情况所决定，且相对于上柱支撑也较大，故即使达到 1.5 倍的支撑杆计算内力一般也不致屈服。然而，源于起重机荷载的移动属性，导致正常使用状态和地震作用状态框架下柱的承受荷载有较大差异，静力设计赋予下柱的承载能力在遭遇地震时则转化为抗震能力。即，框架下柱有较大的抗震超强（抗震能力储备）。因此，在这种情况下，可不需再考虑进行支撑传递的附加内力作用下的下柱承载力验算。

此外，X 形柱间支撑抗震设计时往往会简化为一根斜杆受拉，而不考虑另一根斜杆的作用。显然，当支撑长细比较小时，这种简化低估了柱间支撑屈曲前纵向框架的刚度，也可能低估地震作用，但支撑屈曲后则偏向安全一方。X 形支撑简化为一根斜杆受拉只有在其长细比较大时才适用。一般认为支撑斜杆长细比大于 150 时，可考虑这种简化。但不论是否简化，都宜计入前述的支撑斜杆传递到相连柱的附加压力。

（3）支撑斜杆屈曲后的稳定承载力。

反复地震荷载作用下，支撑斜杆屈曲后的荷载——位移曲线呈退化下降趋势。要准确计算支撑斜杆屈曲后的承载力，就必须掌握退化卸载的情况。但实际设计计算这种稳定承载力退化下降却十分困难。一般情况下，柱间支撑采用两种设计方法：其一是，支撑抵抗水平地震作用的承载力，取受压支撑杆屈曲临界承载力的 2 倍；其二是，根据受压杆件的承载力曲线简化，考虑拉伸支撑斜杆的协调作用。目前，工程设计中常用第二种设计方法。

单层钢结构厂房的柱间 X 形支撑、V 形、Λ 形支撑应考虑拉压杆共同作用，采用下式进行验算：

$$N_t = \frac{1}{(1+0.3\varphi_i)}\frac{V_{bi}}{\cos\theta} \tag{5-2}$$

式中 N_t——第 i 节间支撑斜杆抗拉验算时的轴向拉力设计值；

V_{bi}——第 i 节间支撑承受的地震剪力设计值；

φ_i——第 i 节间支撑斜杆的轴心受压稳定系数；

θ——支撑斜杆与水平面的夹角。

式（5-2）依据支撑斜杆在反复荷载下承载力趋近稳定承载力的三分之一的试验结论，取卸载系数为 0.3。经与 AIJ《钢结构限界状态设计指针．同解说》的计算公式校核，适用于支撑斜杆长细比大于 60 的情况。

一般的轻型围护单层钢结构厂房，如纵向框架采用设防烈度的地震动参数计算分析，柱间支撑不进入屈曲状态工作，则无需进行支撑斜杆屈曲后的承载力验算。

2. 支撑斜杆的应力比控制

柱间支撑既不宜过于柔弱，也不宜过于刚强。柱间支撑太过柔弱，则不能保证遭遇强烈地震时单层厂房纵向柱间支撑一道防线的安全性。抗震设计可采用限定支撑斜杆截面应力比的方式，排除出现过弱的柱间支撑。柱间支撑过于刚强，吸引的地震作用也越大，对与支撑斜杆相连的钢柱会产生不利影响和过高的要求，并且可导致连接节点庞大。

柱间支撑斜杆的应力比，是指按多遇地震组合内力进行弹性设计时，支撑斜杆的强度计算应力或稳定性校核的名义应力与钢材的强度设计值之比。对于按拉杆设计的支撑，一般是截面应力 N_E/A_{brn}（N_E—多遇地震作用效应组合计算的支撑轴力；A_{brn}—支撑斜杆净截面积）与钢材强度设计值 f 之比；对于按压杆设计的支撑，则一般是稳定性校核的支撑斜杆截面名义应力 $N_E/(\varphi A_{br})$（φ—轴心受压构件的稳定系数；A_{br}—支撑斜杆毛截面积）与钢材强度设计值 f 之比。

柱间支撑斜杆的应力比不宜大于 0.75。采用限定支撑斜杆应力比的方式，在计算中考虑支撑截面积增大，冀望在增强支撑斜杆的同时，计入对与其相连的钢柱的不利影响。显然，若仅采用柱间支撑斜杆的内力设计值乘以放大系数，则只提高了支撑斜杆本身的抗震承载力，而不能计入增强支撑斜杆所导致的传递给相连钢柱的支撑力增大，从而易引起上柱发生无侧移整体失稳（图 5-2）。

3. V 或 Λ 形柱间支撑的尖顶横梁

由于 V 或 Λ 形支撑几何构形的特殊性，需考虑受压支撑杆屈曲后，支撑拉杆与压杆之间所产生的竖向不平衡力对尖顶横梁的作用。

V、Λ 形支撑随着结构侧移增大，压杆屈曲，承载力降低，而拉杆受力可持续增大至屈服。对于一般型钢制作的支撑，拉杆与压杆之间产生的竖向不平衡力 Q 考虑为：

$$Q = \sin\theta(1 - 0.3\varphi_i)A_{br}f_y \tag{5-3}$$

式中 A_{br}——支撑斜杆截面积。

细柔长细比（如 $\lambda > 200$）的支撑斜杆虽然具有较高的屈曲后承载力，但它对减小竖向不平衡力的作用可以略去不计；很粗壮的支撑（如 $\lambda < 60$），尽管在反复荷载下承载力降低较少，但不是常规钢结构厂房所典型应用的。所以，在单层钢结构厂房一般应用的支撑杆长细比范围内，需要考虑和评估竖向不平衡力 Q 对横梁工作情况的影响。

竖向不平衡力 Q 作用下，型钢（包括钢管）制作的实腹横梁以及兼作横梁的柱顶系杆，在支撑尖顶处可能产生塑性铰，也可能不产生塑性铰。为了防止厂房纵向柱间支撑框架侧向承载力出现不期望的恶化，横梁应具有足够的承载力，以抵抗潜在的支撑显著屈曲后的荷载重分布。控制实腹横梁不屈服的条件，可假设其两端铰接导出：

$$M_{bp,N} \geqslant 0.25S_c\sin\theta(1 - 0.3\varphi_i)A_{br}f_y \tag{5-4}$$

式中 $M_{bp,N}$——考虑轴力作用的横梁全截面塑性抗弯承载力；

S_c——支撑所在柱间的净距。

当然，如按设防烈度的地震动参数计算分析，柱间支撑不进入屈曲状态工作，则也就无需采用式（5-4）进行验算。

单层厂房纵向柱列框架的受力特征，要求 V、Λ 形柱间支撑的尖顶横梁不得出现塑性铰。一般地，柱距较小的厂房可以采用增大尖顶横梁截面来控制，或首选 X 形柱间支撑回避。不过，轻型围护厂房的柱距往往较大，如采用控制横梁截面不屈服而容许支撑屈曲的方式设计，则尖顶横梁需要可观的截面尺寸，因而宜采用控制支撑斜杆遭遇设防烈度地震不屈曲方式进行支撑系统设计。这对轻型围护厂房很容易做到，也是合适的选择。

无疑，采用约束屈曲支撑与尖顶横梁通过合理设计组合的支撑系统，可以避免尖顶横梁截面屈服。这种支撑系统，结合释放温度应力的要求，已经在超长超大型单层钢结构厂房中应用。

四、屋盖系统

1. 竖向地震作用

8、9 度时，跨度大于 24m 的屋盖横梁、托架（梁），以及虽然跨度小于 24m 但需支承跨度大于 24m 屋盖横梁的托架（梁），应计算其竖向地震作用。

厂房的竖向地震作用具有局部性。因此，不需从整体结构的角度考虑，而只需考虑构件本身及其支承构件。例如，在某一跨的竖向地震作用，不需考虑传递到另一跨。一般情况下，厂房屋盖的一些简支构件，竖向地震作用由规定的构件自身及其连接承受，不需考虑传递给其他构件。然而，对于直接传递竖向地震作用的构件，需计入屋盖横梁传至的竖向地震作用。典型构件如跨度小于 24m 的托架，虽其本身不需考虑竖向地震作用，但当其支承跨度大于 24m 的屋盖横梁时，托架及其与钢柱的连接应考虑承受屋盖横梁传来的竖向地震作用。

对于屋盖横梁、支承桁架上设置较重设备的情况，由于轻屋盖厂房的框架构件往往较轻柔，特别是轻屋盖时，因此，不论其跨度大小都应计算竖向地震作用。

2. 屋盖支承桁架和水平支撑

（1）屋盖支承桁架

托架、支承天窗架的竖向桁架、竖向支撑桁架等支承桁架承受的作用力包括屋盖自重产生的地震力，尚需将其传递给主框架，故其杆件截面需由计算确定。屋架、支承桁架的腹杆与弦杆连接的极限承载力，一般不应小于腹杆的塑性承载力的 1.2 倍。

（2）屋盖水平支撑

屋盖横向水平支撑、纵向水平支撑的交叉斜杆均按拉杆设计，并取相同的截面面积；直压杆可按斜拉杆受拉屈服时承受的压力设计。屋盖交叉支撑有一杆中断时，交叉节点板的承载力不应小于杆件塑性承载力的 1.2 倍。屋盖水平支撑节点可采用焊接或螺栓牢固连接，连接的极限承载力不宜小于杆件的塑性承载力。

五、连接和节点

钢结构的连接节点，是区别于混凝土结构的显著特征之一。钢构件之间的连接节点设计，通常采用两种基本方法。一种是按计算内力进行设计，另一种则是围绕承载能力（等强原则、极限承载力）进行设计。鉴于目前钢结构单层厂房广泛采用实腹屋面梁，因此本章主要阐述这种实腹梁柱刚性连接。

1. 横向框架的连接节点

单层刚架的梁柱刚性连接、拼接的极限承载力验算及其相应的构造措施，皆应针对单层刚架的受力特征和遭遇强震作用时的可能破损机构进行。

（1）横向刚架的受力特征和破损机构

单层厂房横向跨度大，屋面梁的截面高度通常由刚度限值所决定，其梁端的截面模量往往比上柱的要大。一般情况下，横向刚架边柱的最大应力区往往出现在梁底上柱截面；多跨横向刚架的中间柱列，则通常出现在柱顶梁端截面。这是厂房单层刚架在相当广泛范围内成立的受力特征（图 5-4）。的确，大多数单层厂房横向刚架呈“强梁弱柱”的形式。

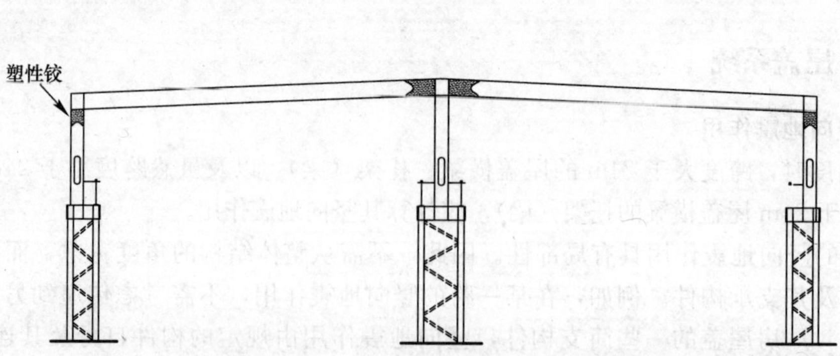

图 5-4　单层厂房的潜在塑性耗能区位置

单层等高刚架的柱顶和柱底出现塑性铰，是其极限承载力状态。单层刚架在柱顶出现塑性铰只是刚架演变为排架，因而单层等高刚架厂房可放弃“强柱弱梁”的抗震设计概念。

当单层厂房设置起重吨位大的桥式起重机时，需要强劲粗壮的格构式下柱。然而，压型钢板墙屋面的重量很轻，其上柱却只需要较小的截面。显然，由于格构式下柱刚度很大，当遭遇强烈水平地震作用时，厂房柱底一般不会形成塑性铰，但可上移至上柱底部附近位置。即破损机构演变为在上柱屋面梁刚架中形成。并且，分析比较表明，随计算采用的地震作用增大，框架柱的最大应力区有时也可由柱顶迁移至上柱底部，即上柱底部有时最先出现塑性铰。因此，为了保证厂房横向框架的稳定性，这种情况的上柱与屋面梁一般应采用刚性连接。

相应地，在单层横向刚架耗能区设置侧向支承的抗震构造措施，也应针对其受力特征展开。简言之，如横向刚架采用"延性耗能"的抗震设计思路，则应在边列柱梁底上柱、中列柱梁端的耗能区域设置侧向支承，期望塑性铰发挥应有的转动能力。

(2) 框架梁端塑性耗能区长度

一般情况下，框架梁端的塑性耗能区长度 L_{bp} 实用计算式为：

$$L_{bp} = \max\{L_n/10, 1.5h\} \tag{5-5}$$

式中 L_n、h——分别为梁净跨和梁高。

当塑性耗能区位于梁底上柱时，其长度可参考上式确定。

2. 梁柱刚性连接的承载力

(1) 梁柱刚性连接的常用形式

钢结构厂房采用实腹屋面梁时，典型的梁柱刚性连接，一是现场梁柱直接连接（图 5-5*a*）；二为采用柱顶预留短梁，现场梁-梁拼接的梁柱连接形式（图 5-5*b*），即所谓的"柱树（Column-tree）"形式。实际工程中，以采用梁端梁-梁拼接（图 5-5*b*）的居多。梁的拼接除了采用图 5-5*b* 的混合连接外，也经常采用翼缘、腹板全部为高强度螺栓摩擦型连接的方式。

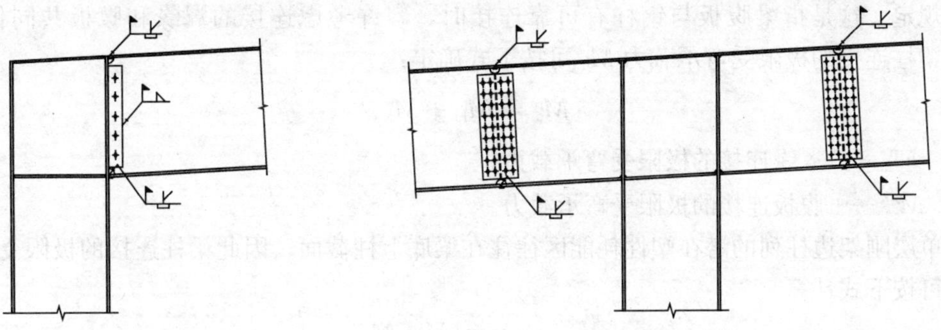

(*a*) 梁端直接连接　　(*b*) 梁端梁-梁拼接（混合连接）

图 5-5　实腹屋面梁与上柱的连接节点

(2) 高强螺栓梁端梁-梁拼接的承载力设计注意要点

梁端梁-梁拼接位于最大应力区（潜在耗能区）时，即使在使用极限状态连接的应力也可能很大。高强度螺栓摩擦型连接的极限状态就是其承压型连接。因此，需采用高强度螺栓摩擦型连接并按多遇地震组合的内力进行弹性设计，再进行连接的极限承载力（承压型连接）验算。但是，按多遇地震组合内力进行的高强度螺栓摩擦型连接弹性设计，并非一定可保证梁端梁-梁拼接至少的抗滑移承载力，因而需按梁连接截面塑性承载力的 0.6 倍进行梁端梁-梁拼接的高强度螺栓抗滑移承载力补充验算。

由于遭遇地震时梁翼缘承受拉压循环作用，在梁翼缘薄弱位置撕裂是破坏形式之一，其最终发生的截面破裂位置在距柱翼缘表面最近的梁翼缘螺栓孔所在截面，因此，当拼接位于最大应力区时，螺栓孔面积需控制在 $(1-f_y/f_u)A_f$ 之内，即按下式进行抗断裂验算：

$$A_f f_y \leqslant 0.7 A_{fn} f_u \tag{5-6}$$

式中 A_f——翼缘板毛截面面积；

A_{fn}——翼缘板扣除螺栓孔的净截面面积。

（3）梁的拼接位置及其承载力要求

框架梁拼接的抗震承载力验算，与是否避开梁端潜在塑性耗能区的长度 L_{bp} 有关，即与拼接位置有关。如框架梁的拼接位置到柱翼缘表面的距离 L_{bc} 不小于 L_{bp}，即满足：

$$L_{bc} \geqslant \max\{L_n/10, 1.5h\} \tag{5-7}$$

则可认为框架梁拼接位置避开了潜在塑性耗能区。此时，因框架梁在弹性工作区拼接，一般可按与较小被拼接梁截面的承载力等强度的原则设计。反之，如条件限制不能避开塑性耗能区，则应考虑连接系数进行梁端梁-梁拼接极限受弯、受剪承载力验算。显然，当运输等条件容许时，拼接位置离柱翼缘表面远一些，有助于连接偏向安全侧。

当框架梁采用梁端加腋的构造形式，并合理设计时，梁的最大应力区可外移至变截面处。

（4）梁端连接的承载力验算

一般情况下，最大应力区的梁柱刚性连接、梁端梁-梁拼接应考虑连接系数进行极限受弯、受剪承载力验算。

《建筑抗震设计规范》（GB 50011—2010）对梁柱连接的极限受弯承载力 M_u^j 未作具体计算规定。这是指梁腹板与钢柱有可靠连接时，容许考虑连接的翼缘和腹板共同作用。即，梁柱连接的极限受弯承载力 M_u^j 可按下式确定：

$$M_u^j = M_{fu}^j + M_{wu}^j \tag{5-8a}$$

式中 M_{fu}^j——翼缘连接的极限受弯承载力；

M_{wu}^j——腹板连接的极限受弯承载力。

单层刚架边柱列的潜在塑性耗能区往往在梁底上柱截面，因此梁柱连接的极限受弯承载力可按下式计算。

$$M_u^j \geqslant \eta_j \min\{M_{pc}, M_{pb}\} \tag{5-8b}$$

式中 η_j——连接系数，按表 5-4 选用；

M_{pc}、M_{pb}——梁底上柱截面、梁计算截面的全塑性受弯承载力。

框架梁柱的连接系数 η_j **表 5-4**

母材牌号	焊接连接	螺栓连接	备注
Q235	1.40	1.45	高空焊接的连接，连接系数可增加 0.05
Q345	1.30	1.35	

注：翼缘焊接、腹板栓接时，连接系数分别按表中连接形式选用。

梁柱连接的极限受剪承载力 V_u^j 应满足下式要求：

$$V_u^j \geqslant 1.2 \times 2M_{pb}/L_n + V_{Gb} \tag{5-9}$$

式中　L_n——梁净跨；

V_{Gb}——梁在重力荷载代表值作用下，按简支梁计算的梁端截面剪力设计值。

轻型围护厂房的单层框架采用弹性设计截面（S4 级截面）和部分塑化截面（S3 级截面）有很好的经济性。然而，相较于塑性设计截面（S1、S2 级截面），弹性设计截面的板件较薄柔，可达到截面部分屈服的抗弯能力，但不能达到塑性弯矩。对于采用弹性设计截面抗震钢框架的梁柱刚性连接的承载力要求，可建立在发展期望的耗能区截面的承载力（$\eta_j \min\{M_{pc}, M_{pb}\}$）与结构系统传递的最大弯矩的较小值的基础上。因此，采用弹性设计截面的梁柱刚性连接，可按下述两条要求之一进行设计。

1）采用弹性设计截面（S4 级截面）的梁柱刚性连接，应能可靠地传递设防烈度地震组合内力。即，采用设防烈度的地震动参数进行结构分析，得到连接的内力，计入承载力抗震调整系数 γ_{RE}，进行连接的承载力弹性设计。对于采用部分塑化截面（S3 级截面）的 H 形截面梁柱刚性连接，只需按上述的连接设计内力乘以截面塑性发展系数 γ_x（取 1.05），进行连接的弹性承载力设计即可。

2）如果不采用上述计算内力的方式进行梁柱刚性连接的承载力设计，则需考虑连接系数，按式（5-9）进行梁柱刚性连接的极限承载力验算。

弹性设计截面梁柱连接的抗剪承载力验算时，计算剪力取上述 1）和 2）所对应受力状态的。

3. 构件弹性工作区的拼接

柱、梁的拼接接长位置，应避开框架潜在塑性耗能区（最大应力区），选择弯矩较小、在地震作用下弯矩波动变化较小的弹性工作区。

地震作用交变反复，这是钢结构抗震设计区别于塑性设计的重要方面，故传递或承受地震作用的框架构件的拼接和连接，宜采用承载能力设计的方式。刚接框架屋盖横梁的拼接，当位于横梁潜在塑性耗能区以外时，宜按与被拼接截面等强度设计。

采用弹性设计截面的框架，如梁端连接采用可靠传递设防地震作用为设计准则，则跨中现场拼接原则上也可采用设防地震组合的计算内力，考虑连接系数 η_j（这里相当于安全系数）、抗震调整系数 γ_{RE} 进行弹性设计。显然，这种拼接的承载力不宜低于较小被连接截面塑性承载力的 0.5 倍，即拼接的承载力不得小于 $0.5W_{pb}f_y$。

4. 节点域

单层轻型围护厂房一般采用 S3、S4 板件宽厚比等级的截面，其梁柱围成的节点域的受剪正则化宽厚比 λ_{ps} 不应大于 0.8；采用 S5 级截面的轻型门式刚架，λ_{ps} 也不宜大于 1.2。λ_{ps} 应按下式计算：

当 $h_c/h_b \geqslant 1.0$ 时：

$$\lambda_{ps} = \frac{h_b/t_w}{37\sqrt{5.34 + 4\,(h_b/h_c)^2}}\,\frac{1}{\varepsilon_k} \tag{5-10a}$$

当 $h_c/h_b < 1.0$ 时：

$$\lambda_{ps} = \frac{h_b/t_w}{37\sqrt{4 + 5.34\,(h_b/h_c)^2}}\,\frac{1}{\varepsilon_k} \tag{5-10b}$$

式中　h_c、h_b——分别为节点域腹板的宽度和高度。

采用 S3、S4 和 S5 截面板件宽厚比等级的梁柱所构成的节点域，其承载力可按下式计算：

$$\frac{\min\{M_c, M_{bL}+M_{bR}\}}{V_p} \leqslant f_{ps}/\gamma_{RE} \tag{5-11a}$$

柱为 H 形或工字形截面时： $V_p = h_{b1} h_{c1} t_w$ (5-11b)

柱为箱形截面时： $V_p = 1.8 h_{b1} h_{c1} t_w$ (5-11c)

式中 M_{bL}、M_{bR}——分别为节点域两侧梁端按式（5-1）考虑地震作用效应调整组合的弯矩设计值；

M_c——柱顶按式（5-1）考虑地震作用效应调整组合的弯矩设计值；

V_p——节点域的体积；

h_{c1}、h_{b1}、t_w——分别为柱翼缘中心线之间的宽度、梁翼缘中心线之间的高度、节点域腹板的厚度；

f_{ps}——节点域的抗剪承载力，当 $0.6<\lambda_{ps}\leqslant 0.8$ 时，$f_{ps}=(7-5\lambda_{ps})f_v/3$；当 $0.8<\lambda_{ps}\leqslant 1.2$ 时，$f_{ps}=[1-0.75(\lambda_{ps}-0.8)]f_v$；当柱轴压比 $N/(Af_y)>0.4$ 时，f_{ps}应进行修正。

当节点域宽厚比不符合要求或承载力不满足公式（5-11）的要求时，节点域应采取措施补强。应当注意，节点域设置竖向或横向加劲肋，可以提高节点域的临界抗剪应力，但不能提高节点域的抗剪屈服承载力。设置节点域斜向加劲肋，稳定和强度承载力都有提高。

5. 楔形加腋节点

单层刚架也经常采用楔形加腋节点，H 形截面刚架的楔形加腋节点如图 5-6 所示。

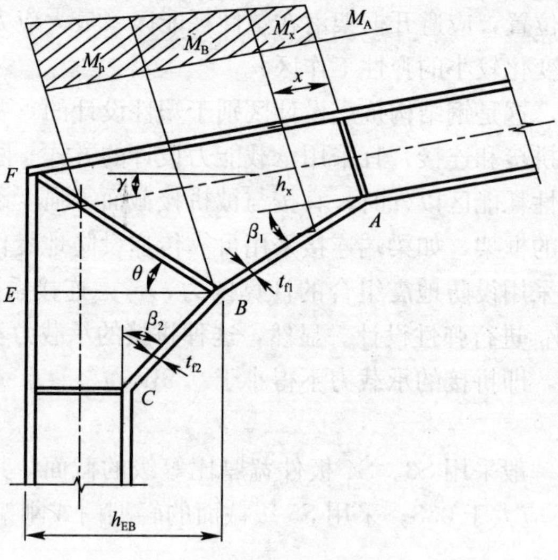

图 5-6 楔形加腋节点

（1）加腋区段的翼缘板

加腋区段的翼缘板厚度可按下式验算：

$$t_{f1} \geqslant \frac{1}{2}\left[h_x - \sqrt{h_x^2\left(\frac{b}{b-t_w}\right) - \frac{4M_pM_x}{M_A f_y (b-t_w)}}\right] \tag{5-12}$$

式中 t_{f1}——加腋区内翼缘板厚度；

h_x——沿梁轴线距 A 点 x 处加腋段截面的高度，可近似地取上、下翼板中心线之间的距离；

M_x——距 A 点 x 处的弯矩；

M_A——沿梁轴线 A 点处的弯矩；

M_p——梁截面的塑性弯矩；

b——下翼缘的宽度；

t_w——加腋区的腹板厚度。

(2) 楔形加腋节点的斜向加劲肋

楔形加腋节点中斜向加劲肋 BF 的截面面积（腹板两侧加劲肋的截面面积之和），可按下式计算确定：

$$A_d = \max\left\{\frac{[A_{f1}\cos(\beta_1+\gamma)-A_{f2}\sin\beta_2]}{\cos\theta}\frac{f_y}{f_{d,y}}, \frac{\cos\gamma}{\cos\theta}\left[\frac{A_f f_y}{f_{d,y}}-\frac{f_{vy}}{f_{d,y}}t_w h_{EB}\frac{\cos(\theta+\gamma)}{\cos\theta}\right]\right\} \tag{5-13}$$

式中 A_d——斜向加劲肋的截面面积；

A_{f1}、A_{f2}——分别为加腋区 AB 和 BC 段下翼缘的截面面积；

β_1——加腋区 AB 段与刚架柱轴线之间的夹角；

β_2——加腋区 BC 段与刚架柱轴线之间的夹角；

θ——斜向加劲肋与水平面之间的夹角；

f_y——加腋区上、下翼缘板钢材的屈服强度；

$f_{d,y}$——斜向加劲肋钢材的屈服强度；

γ——刚架梁轴线（或上翼缘）与水平面之间的夹角；

A_f——加腋区上翼缘板的截面面积，一般可与刚架梁上翼缘相同；

f_{vy}——加腋区腹板的抗剪屈服强度；

h_{EB}——加腋区 B 点处水平截面的计算高度，可取上、下（外、内）翼缘板中心线之间的水平距离。

式（5-12）和（5-13）适用于采用 S1、S2 级截面的刚架楔形加肋节点。

6. 柱间支撑连接

震害调查表明，柱间支撑与钢柱及其他构件的连接节点，是厂房主要震害发生部位之一（图 5-1*b*、*d*）。柱间支撑连接节点应能保证有效传递地震作用。

连接的承载力计算应符合下列规定：

1）X 形支撑杆端的连接，单角钢支撑应计入强度折减，8、9 度时不得采用单面偏心连接。

2）X 形支撑有一杆中断时，交叉节点板的屈服承载力、支撑斜杆与交叉节点板焊接连接的承载力，不得小于支撑杆全截面塑性承载力的 1.2 倍。即，当节点板和支撑斜杆采用相同的钢材时，X 形支撑交叉点的杆端切断处节点板的截面面积，不得小于被连接的支撑斜杆截面面积的 1.2 倍。

3）支撑杆端连接焊缝的重心应与杆件重心相重合。

4）支撑杆端与钢柱及其他构件连接的极限承载力，不得小于支撑全截面塑性承载力的 1.2 倍。

对于支撑杆端的常用连接构造（图 5-7），一般可选用连接系数 η_j（表 5-5），按下列要求进行抗震承载力设计。

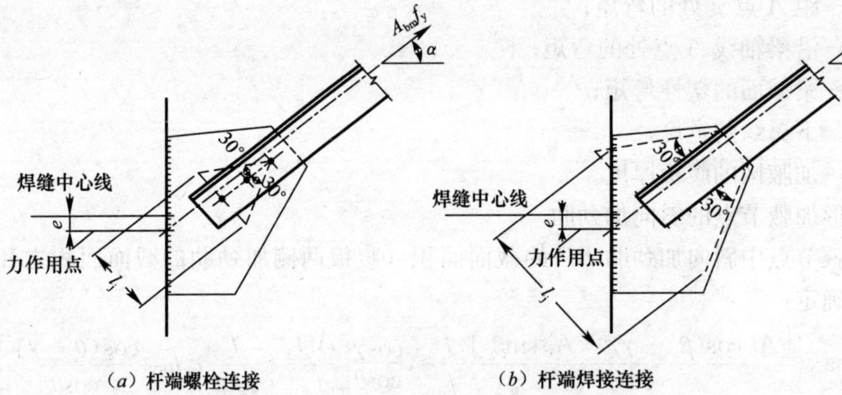

图 5-7 柱间支撑杆端连接节点计算简图

柱间支撑的连接系数 η_j **表 5-5**

母材牌号	焊接连接	螺栓连接	备注
Q235	1.25	1.30	高空焊接的连接，连接系数可增加 0.05
Q345	1.20	1.25	

① 节点板的厚度应满足下式要求：

$$t_j \geqslant 1.2\frac{A_{brn}f_y}{l_j f_{yj}} \tag{5-14}$$

式中 t_j——节点板的厚度；

A_{brn}——支撑斜杆的净截面面积；

l_j——节点板的传力计算宽度，力的扩散角可取 30°；

f_y、f_{yj}——分别为支撑斜杆和节点板钢材的屈服强度。

② 节点板与柱（梁）的连接焊缝的承载力可按下式验算：

$$\eta_j A_{brn} f_y \sqrt{\left(\frac{\sin\alpha}{A_f^w}\right)^2 + \left[\cos\alpha\left(\frac{e}{W_f^w}+\frac{1}{A_f^w}\right)\right]^2} \leqslant f_u^f \tag{5-15}$$

式中 e——支撑轴力作用点与连接焊缝中心之间的偏心距（见图 5-7）；

A_f^w、W_f^w——分别为连接焊缝的有效截面面积和截面模量；

f_u^f——角焊缝的抗剪强度，Q235 钢材采用 E43 型焊条时，取 240N/mm^2；Q345 钢材，采用 E50 型焊条时取 280N/mm^2，采用 E55 型焊条时取 315N/mm^2。

③ 支撑斜杆与节点板的连接：

$$\eta_j A_{brn} f_y \leqslant A_f^w f_u^f \tag{5-16}$$

④ 支撑斜杆与节点板采用高强度螺栓摩擦型连接时，其极限状态是高强度螺栓承压型连接：

$$\eta_j A_{brn} f_y \leqslant n N_u^b \tag{5-17}$$

式中 n——高强度螺栓数目；

N_u^b——一个高强度螺栓的极限受剪承载力和对应板件极限承压力的较小值。

下柱支撑通常也采用与基础承台连接的方式，使支撑内力直接传递到基础承台，以减少柱底剪力。

7. 屋架刚接时上弦与柱的连接

刚接框架的屋架上弦与柱相连的连接板，在设防地震（“中震”）下不宜出现塑性变形。

实践表明，采用大型屋面板的重屋盖厂房，屋架上弦与柱连接处出现塑性铰的传统做法，往往引起过大的变形，导致厂房出现使用功能障碍。

第三节 抗震构造措施

一、屋盖系统

1. 屋盖主要构件的长细比

屋盖系统中，承受和传递地震作用的屋架、支承桁架的杆件，当遭遇强烈地震时可发生弦杆屈曲（图5-8），因此，屋架、支承桁架杆件的容许长细比应符合现行《钢结构设计规范》GB 50017的规定，并应按直接承受动力荷载的条件选用。但矩形、梯形屋架与钢柱刚接时，端部第一节间下弦应按压杆设计，其长细比不应大于150。

一般情况下，柱顶刚性系杆的长细比不宜大于150。在设置柱间支撑的柱间，柱顶刚性系杆的长细比宜适当小于其他柱间的。当柱顶刚性系杆兼作V形或Λ形支撑尖顶横梁时，其长细比计算时不得考虑支撑的支点作用。

图5-8 阪神地震震害，屋架下弦屈曲

屋盖水平支撑杆件的长细比，一般可取为350。小型厂房，也通常取为400。

2. 屋盖支撑系统

屋盖水平支撑的布置原则，是期望屋盖水平荷载能有效传递并均匀分布于结构整体。屋盖支撑系统（包括系杆）的布置和构造需要满足的主要功能是：保证屋盖的整体性（主要指屋盖各构件之间不错位）、屋盖横梁平面外的稳定性，保证屋盖和山墙水平地震作用传递路线的合理、简捷，且不中断。

一般情况下，屋盖横向支撑宜对应于上柱柱间支撑布置，故其间距通常取决于柱间支撑间距。8、9度时，屋盖上、下弦横向支撑与柱间支撑应布置在同一开间，以加强结构单元的整体性。

（1）无檩屋盖（重屋盖）

无檩屋盖一般采用通用的1.5m×6.0m预制大型屋面板。大型屋面板与屋架的连接需保证三个角点牢固焊接，才能起到上弦水平支撑的作用。

无檩屋盖的横向支撑、竖向支撑、纵向天窗架支撑的布置，宜符合表5-6的要求。

无檩屋盖的支撑系统 **表 5-6**

<table>
<tr><th colspan="3" rowspan="2">支撑名称</th><th colspan="3">烈度</th></tr>
<tr><th>6、7</th><th>8</th><th>9</th></tr>
<tr><td rowspan="5">屋架支撑</td><td colspan="2">上、下弦横向支撑</td><td>屋架跨度小于 18m 时同非抗震设计；屋架跨度不小于 18m 时，在厂房单元端开间各设一道</td><td colspan="2">厂房单元端开间及上柱支撑开间各设一道；天窗开洞范围的两端各增设局部上弦支撑一道</td></tr>
<tr><td colspan="2">上弦通长水平系杆</td><td rowspan="4">同非抗震设计</td><td colspan="2">在屋脊处、天窗架竖向支撑处、横向支撑节点处和屋架两端处设置</td></tr>
<tr><td colspan="2">下弦通长水平系杆</td><td colspan="2">屋架竖向支撑节点处设置；当屋架与柱刚接时，为保证屋架下弦平面外长细比不大于 150，在屋架端节间处设置</td></tr>
<tr><td rowspan="2">竖向支撑</td><td>屋架跨度小于 30m</td><td>厂房单元两端开间及上柱支撑各开间各设一道</td><td>同 8 度设防，并屋架端部的竖向支撑沿厂房纵向的间距不得大于 42m</td></tr>
<tr><td>屋架跨度大于等于 30m</td><td>厂房单元的端开间，屋架 1/3 跨度处和上柱支撑开间内的屋架端部设置，并应与上、下弦横向支撑相对应</td><td>同 8 度设防，并屋架端部竖向支撑沿厂房纵向的间距不得大于 36m</td></tr>
<tr><td rowspan="3">纵向天窗架支撑</td><td colspan="2">上弦横向支撑</td><td>天窗架单元两端开间各设一道</td><td colspan="2">天窗架单元端开间，及柱间支撑开间各设一道</td></tr>
<tr><td rowspan="2">竖向支撑</td><td>中间</td><td>跨度不小于 12m 时在中央设置，其道数与两侧相同</td><td colspan="2">跨度不小于 9m 时在中央设置，其道数与两侧相同</td></tr>
<tr><td>两侧</td><td>天窗架单元端开间及每隔 36m 设置</td><td>天窗架单元端开间及每隔 30m 设置</td><td>天窗架单元端开间及每隔 24m 设置</td></tr>
</table>

注：1. 本表为矩形或梯形屋架端部支承在屋架下弦或与柱刚接的情况。当屋架支承在屋架上弦时，下弦横向支撑同非抗震设计。
2. 支撑杆宜采用型钢，设置交叉支撑时，支撑杆的容许长细比限值取为 350。

屋架的主要横向支撑，应设置在传递厂房框架支座反力的平面内。即，当屋架为端斜杆上承式时，应以上弦横向支撑为主；当屋架为端斜杆下承式时，以下弦横向支撑为主。由于大型屋面板吊装施工的要求，当主要横向支撑设置在屋架的下弦平面区间内时，宜对应地设置上弦横向支撑；当采用以上弦横向支撑为主的屋架区间内时，一般可不设置对应的下弦横向支撑。

(2) 有檩屋盖（轻屋盖）

有檩屋盖主要是指彩色压型钢板、硬质金属面夹芯板等轻型板材和屋面檩条组成的屋盖。压型钢板等轻质屋面材料应与屋面檩条可靠连接。

1) 屋面檩条

屋面檩条不仅承受和传递竖向荷载，而且往往兼作屋盖横梁上弦（上翼缘）的通长水平系杆，也往往兼作屋盖横向水平支撑的直压杆。因此，屋面檩条是屋盖支撑的一部分，应优先选用刚度大且受力可靠的结构形式。

单层钢结构厂房的经济柱距大体为12～18m，冷弯薄壁型钢一般不能直接用作为檩条，通常采用高频焊接薄壁H型钢檩条，间或也采用简支轻型桁架檩条。

高频焊接薄壁H型钢按简支方式设计的檩条，一般由挠度决定其截面高度，故通常采用低碳钢（Q235），而连续檩条则往往由承载力决定截面，可采用低合金钢（Q345）。连续檩条的两种做法如图5-9所示。从施工方便的角度考虑，大都采用图5-9（*a*）所示的两个柱距连续的檩条。高频焊接薄壁H型钢檩条采用连续梁方式，相比于采用简支方式，可获得较好的经济效益。

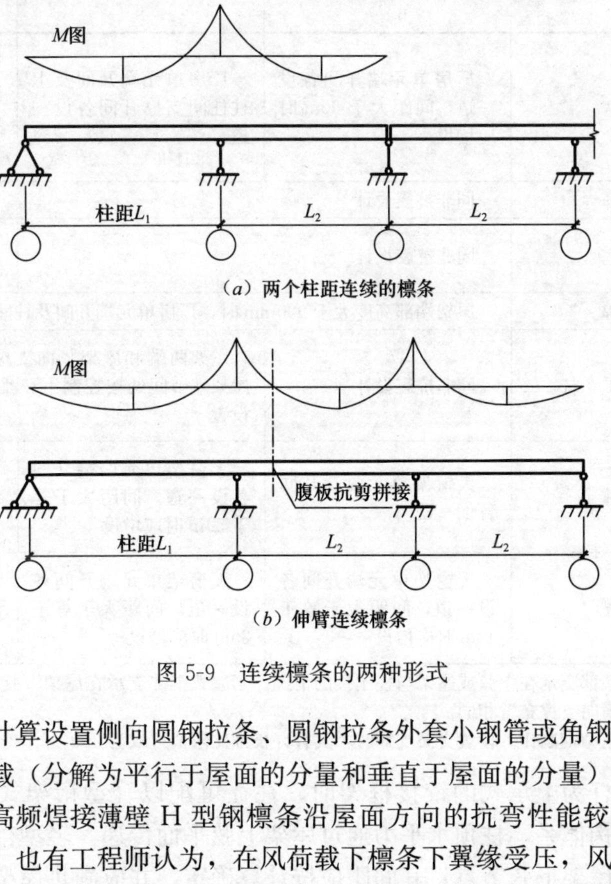

图5-9　连续檩条的两种形式

檩条之间应按计算设置侧向圆钢拉条、圆钢拉条外套小钢管或角钢拉条。因屋面有坡度，檩条在重力荷载（分解为平行于屋面的分量和垂直于屋面的分量）作用下，呈双向弯曲工作状态。鉴于高频焊接薄壁H型钢檩条沿屋面方向的抗弯性能较差，所以拉条应靠近檩条上翼缘布置。也有工程师认为，在风荷载下檩条下翼缘受压，风上吸荷载比檩条自重荷载大，故拉条应靠近下翼缘布置。其实，风荷载属短期作用，即使下翼缘发生短期弹性失稳，当风荷载卸除后，屋面恒载总是使下翼缘趋向于稳定，并呈受拉状态。

屋面檩条与天窗架或屋盖横梁的连接应牢固可靠。屋面檩条可以通过檩托与屋架上弦连接；高频焊接薄壁H型钢檩条直接与屋盖横梁连接。

2）屋架的横向支撑布置

厂房屋盖支撑的布置与起重机吨位及其工作制有关。静力设计许可时，有檩屋盖宜将主要横向支撑设置在屋架上弦平面，水平地震作用通过上弦平面传递。相应地，屋架亦应采用端斜杆上承式。端斜杆上承式屋架支座处传力较好，安装时的稳定性也好，并且，一般可不考虑屋架受力后的弹性伸长影响（上弦的压缩变形弥补了屋架受荷下挠伸直时的支座向外推移）。

设置横向支撑开间的柱顶刚性系杆或竖向支撑、屋面檩条应加强，使屋盖横向支撑能通过屋面檩条、柱顶刚性系杆或竖向支撑等构件可靠地传递水平地震作用。但当采用下沉式横向天窗时，应在屋架下弦平面设置封闭的屋盖水平支撑系统。

有檩屋盖的横向支撑、竖向支撑、纵向天窗架支撑的布置（型钢檩条一般都可兼作上弦系杆，故未列入），宜符合表 5-7 的要求。

有檩屋盖的横向支撑、竖向支撑、纵向天窗架支撑布置　　表 5-7

支撑名称		烈度		
		6、7	8	9
屋架支撑	上弦横向支撑	厂房单元端开间各设一道，间距大于 60m 时应增设	厂房单元端开间及上柱柱间支撑开间各设一道	同 8 度设防，并纵向天窗开洞范围内端部各增设局部上弦横向支撑一道
	下弦横向支撑	同非抗震设计		
	跨中竖向支撑	同非抗震设计		屋架跨度大于等于 30m 时，跨中增设一道
	两侧竖向支撑	屋架端部高度大于 900mm 时，厂房单元端开间及柱间支撑开间各设一道		
	下弦通长水平系杆	同非抗震设计	屋架两端和屋架竖向支撑处设置；与柱刚接时，屋架端节间处按控制下弦平面外长细比不大于 150 设置	
纵向天窗架支撑	上弦横向支撑	天窗架单元两端开间各设一道	天窗架单元两端开间各设一道，间距大于等于 54m 时应增设	天窗架单元两端开间各设一道，间距大于等于 48m 时应增设
	两侧竖向支撑	天窗架单元端开间各设一道，间距大于等于 42m 时应增设	天窗架单元端开间各设一道，间距大于等于 36m 时应增设	天窗架单元端开间各设一道，间距大于等于 24m 时应增设

注：1. 本表为屋架端部支承在上弦或屋架与柱刚接的情况。当屋架端部支承在屋架下弦时，下弦横向支撑的布置与表中上弦横向支撑布置相同。
2. 支撑杆宜采用型钢制作。设置交叉支撑时，其容许长细比限值可取为 350。

采用屋架端斜杆为上承式的铰接框架时，往往可配以轻型桁架式檩条。这种压型钢板、屋架、檩条结构体系，柱顶水平力通过屋架上弦平面传递。轻型桁架式檩条所伸出的斜杆（隅撑）支承屋架下弦节点，其间距应按计算确定，并应满足屋架下弦的平面外长细比的要求，因而不设置下弦通长水平系杆。轻型桁架式檩条及其伸出的斜杆（隅撑）应可靠传递 $A_{ch}f_y/50$（A_{ch}—屋架下弦截面积）的力。同时，在横向水平支撑开间的屋架两端应设置竖向支撑；厂房跨度较大时，需按表 5-7 配置竖向支撑的规定，跨中若干部位的桁架式檩条需满足竖向支撑桁架的要求进行设计。

屋架的腹杆一般按檩条位置设置，隅撑按屋架节点成对布置，间距由计算和保证节间平面外长细比的要求设置，以保证屋架的侧向稳定性。

3）实腹屋面梁的支撑的布置

当跨度不超过 30m 时，轻屋盖适宜于采用实腹屋面梁的单层刚架。压型钢板屋面的坡度很平缓，单层刚架的跨变效应可略去不计。单层刚架的屋盖水平支撑可布置在实腹屋面梁的上翼缘平面。屋盖横向水平支撑、纵向天窗架支撑可参照表 5-7 的要求布置。

屋面梁受压下翼缘应成对设置隅撑侧向支承，隅撑的另一端与屋面檩条连接。

4）与隅撑连接的檩条的受力验算

屋面檩条及其两端连接应足以承受隅撑传至的作用力。屋面檩条应通过计算验证是否满足了此要求。

在荷载作用下，檩条受力分析时不能把隅撑作为支承点。相反，檩条作为屋盖横梁的隅撑支点时，必须保证檩条及其两端连接足以承受隅撑传至的作用力，其计算模型如图 5-10 所示。

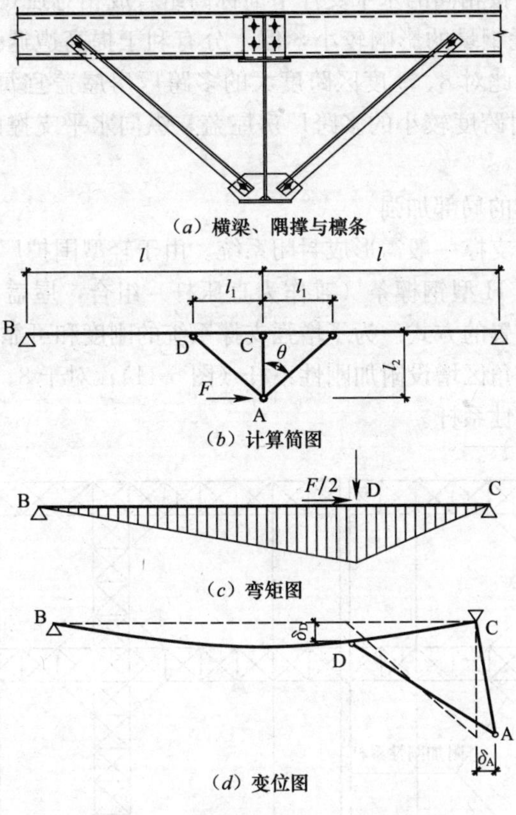

图 5-10　与隅撑相接檩条的计算模型

计算模型对简支檩条和两个柱距连续的檩条都适用（图 5-10 中，隅撑与檩条的连接节点按简支檩条画出，而计算简图则按连续檩条画出），其作用力 F 可按下式计算：

$$F = A_{ch} f_y / 50 \tag{5-18}$$

式中　A_{ch}——屋盖横梁下翼缘或下弦的截面面积；

　　　f_y——屋盖横梁下翼缘或下弦的钢材屈服强度。

由图 5-10 算出檩条及其连接的内力，即可验算檩条及其连接的承载力。屋盖横梁下翼缘的位移，可取图中按檩条简支计算的位移 δ_A 与檩条在 $F/2$ 作用下的轴向变形 δ_N 之和。必要时，檩条的竖向位移 δ_D 可用于验算檩条的刚度要求。

（3）纵向水平支撑的布置

屋盖纵向水平支撑的布置比较灵活。除了需满足静力设计时的要求外，抗震设计应据具体情况综合分析，以达到合理布置纵向水平支撑的目的。

屋盖纵向水平支撑的布置，一般情况下应符合下列规定：

1）当采用托架支承屋盖横梁的屋盖结构时，应沿厂房单元全长设置纵向水平支撑。

2）对于高低跨厂房，在低跨屋盖横梁端部支承处，应沿屋盖全长设置纵向水平支撑。

3）纵向柱列局部柱间采用托架支承屋盖横梁时，应沿托架的柱间及向其两侧至少各延伸一个柱间设置屋盖纵向水平支撑。

4）当设置沿结构单元全长的纵向水平支撑时，应与横向水平支撑形成封闭的水平支撑体系。多跨厂房屋盖的纵向水平支撑间距布置相隔一般不宜超过两跨，至多不得超过三跨；高跨和低跨宜各自按相同的水平支撑平面标高组合成相对独立的封闭支撑体系。

屋盖水平支撑对耗钢量的影响较小，但十分有利于提高遭遇强烈地震时屋盖的整体性，从而减少震害，因此对8、9度区跨度大的多跨厂房屋盖宜每跨设置纵向水平支撑，至多不宜超过两跨；对跨度较小的多跨厂房屋盖，纵向水平支撑的间距布置相隔一般不宜超过两跨。

(4) 屋盖水平支撑的局部加强

屋盖纵、横向水平支撑一般需形成封闭系统。由于轻型围护厂房的柱距较大，交叉斜杆通常与高频焊接轻型H型钢檩条（兼作为直压杆）组合，屋盖横向水平支撑通常不采用在设置柱间内满堂布置的方式。为了增强支撑系统的刚度和可靠传力，必要时，在8、9度区可考虑在封闭支撑角区增设附加刚性系杆（图5-11）；对于8、9度区重屋盖厂房，宜在支撑角区增设附加刚性系杆。

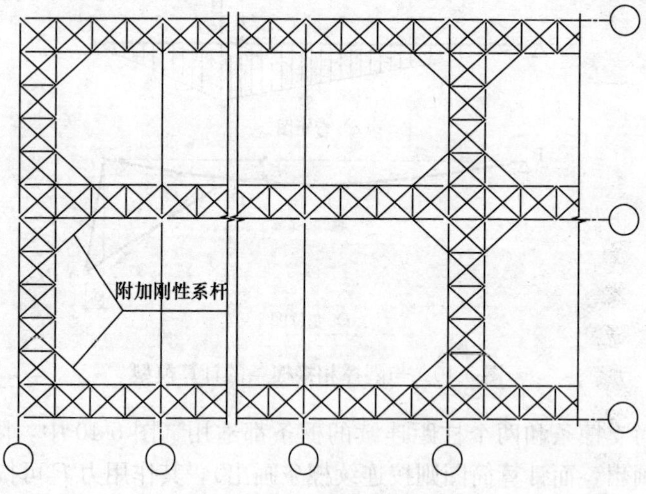

图5-11 屋盖支撑的局部加强

(5) 几种不恰当的屋盖布置

工程实践中，轻型围护的厂房屋盖曾经采用过网架体系。然而，网架屋盖对温度应力和柱基沉降都较敏感，在正常使用状态曾发生过边缘杆件屈曲现象。同样，当遭遇强烈地震时，网架屋盖的边缘杆件也发生屈曲现象（图5-12）。因此，一般情况下，单层钢结构厂房不适宜采用网架屋盖。

对跨度大的厂房，也实践过柱顶铰接的三管桁架屋盖（图5-13），但这种屋盖构造较复杂，施工效率较低，耗钢量并不算低。

图 5-12　阪神地震震害，网架屋盖边缘杆件屈曲

图 5-13　柱顶铰接三管桁架屋盖

二、框架柱的长细比

一般的多高层钢结构房屋荷重大，但层高不高且较统一，因此期望框架柱截面厚实以占据较小的使用空间并承受较大的荷重，而工业厂房框架柱有时很高。

对于轻屋盖厂房，压型钢板围护荷重较小，框架上柱也有足够的空间展开截面。目前连绵多跨的单层厂房通常采用双坡屋面，以减少压型钢板屋面的拼接渗水和避免内天沟的积水漏雨。显然，这种多跨厂房的一些中间柱列的上柱往往很高。总体上，厂房框架的上柱比多高层钢结构房屋的常用柱高要大许多。

1. 框架柱的长细比限值

厂房框架柱的长细比，轴压比小于 0.2 时不宜大于 150；轴压比不小于 0.2 时不宜大于 $120\varepsilon_k$（修正系数 $\varepsilon_k=\sqrt{235/f_y}$）。

应当注意，采用实腹屋面梁的厂房上柱框架，横梁与柱刚度相近，其性能属经典刚架范畴，所以在计算钢柱长细比时，需考虑屋面梁的变形，而不可采用屋面梁刚度无穷大的假设。

众所周知，压杆的稳定性与其承受的压力紧密相关。轻型围护厂房上柱的轴压比很小，并且在水平地震作用下，多跨横向刚架中间柱列的轴压比变化也较小。因此，轻型围护厂房上柱的常用长细比 λ 在 $120\varepsilon_k$～150（弹性屈曲范围的长细比）之间。但应注意，柱间支撑框架系统的上柱，在长细比选择时应计入支撑斜杆传递的柱顶附加压力，以避免遭遇强烈地震时上柱发生整体屈曲。

2. 构件长细比的钢号修正准则

目前一些抗震钢结构设计规范或规程的构件长细比限值，动辄要求进行钢号修正，无论构件是受拉还是受压，也不管构件的长细比限值大小。毋庸讳言，构件长细比限值钢号修正方式不合理，不仅引出悖论，而且也造成不必要的浪费。因此，这里就构件长细比限值的钢号修正问题给出简易的判定准则。

1）拉杆长细比限值不需作钢号修正。对拉杆长细比设定上限值，主要是为了防止拉杆在外界振源激励下发生抖动、挠曲、下垂和松弛。例如，工厂生产用的动力基础、落锤、破碎机等皆可以是激励拉杆抖动的振源，起重机刹车也可引起过度细长的杆件抖动。

2）受压构件的长细比是否需要进行钢号修正，与它是发生弹性屈曲还是发生非弹性屈曲有关。无疑，欧拉（Euler）公式是压杆弹性稳定性分析的基础。

当压杆的长细比 $\lambda > \lambda_E$（λ_E—欧拉长细比）时，发生弹性屈曲，临界承载力与钢材屈服强度无关，故其长细比限值不必进行钢号修正。反之，如 $\lambda \leqslant \lambda_E$，则压杆进入非弹性屈曲状态，与钢材的屈服强度紧密相关，因而需作钢号修正。

低碳钢热轧型钢的残余应力可达 $0.5f_y$，焊接型钢的残余应力可大于 $0.5f_y$（可高达 $0.65f_y$），但残余应力并不随钢号提高而增加，即 Q235 钢和 Q345 钢的残余应力大体相当。经综合权衡并参考美国文献，取钢材的弹性限界 f_p 为 $0.5f_y$，则对于 Q235 钢 $\lambda_E \approx 130$。因此，当采用 Q345 等低合金钢时，如压杆长细比大于 130，则不需进行钢号修正。反之，则需进行钢号修正。

上述长细比钢号修正准则也适用于压弯构件。

三、框架的板件宽厚比限值

见本章第二节。

四、柱间支撑

柱间支撑对整个厂房的纵向刚度、自振特性、塑性铰产生部位都有影响。柱间支撑的布置应合理确定其间距，合理选择和配置其刚度，以减小厂房整体扭转。

1. 柱间支撑的布置

柱间支撑布置时应注意，重屋盖（大型屋面板无檩屋盖）厂房，柱顶的集中质量往往要大于各层起重机梁处的集中质量，其地震作用对各层柱间支撑大体相同，因此上层柱间支撑的刚度总和宜接近下层柱间支撑的。轻屋盖厂房，柱顶集中质量较小，故上柱柱间支撑可适当细柔一些。

一般情况下，应按下列要求布置柱间支撑：

1）厂房结构单元的各纵向柱列，应在厂房中部或接近中部的柱间布置一道柱间下柱支撑；当柱距数不超过 5 个，且厂房长度小于 60m 时，亦可在厂房单元的两端柱间布置下柱支撑。柱间上柱支撑应布置在厂房单元两端柱间和具有下柱支撑的柱间。

2）对于黏土砖贴砌或者大型预制墙板围护墙的厂房，当 7 度厂房单元长度大于 120m、8 度和 9 度厂房结构单元大于 90m 时，在厂房结构单元 1/3 区段内应各布置一道下柱支撑。

3）压型钢板墙屋面围护，其波形垂直厂房纵向，对结构的约束较小，从而可放宽厂房柱间支撑的间距。即采用压型钢板等轻型围护材料的厂房，当 7 度厂房结构单元长度大于 150m，8 度和 9 度厂房结构单元大于 120m 时，在厂房结构单元 1/3 区段内应各布置一道下柱支撑。

2. 柱间支撑的几何构型

单层钢结构厂房的柱间支撑一般采用中心支撑。

（1）X 形支撑

X 形布置的柱间支撑用料省，抗震性能可靠，应首先考虑采用。X 形支撑斜杆与水平面的夹角，不宜大于 55°。

（2）V 形或 Λ 形支撑

轻型围护的单层钢结构厂房的经济柱距大约是 12～18m，为单层混凝土柱厂房的基本柱距（6m）的几倍。由于柱距较大，X 形柱间支撑布置往往比较困难，在工程中也可采用V形或Λ形、门形柱间支撑等。但V形或Λ形布置的支撑抗震性能比X形柱间支撑的要差，设计时应充分考虑这种支撑的抗震不利因素。

V形和Λ形支撑斜杆可采用屈曲约束支撑，与尖顶横梁一起组合成为耗能体系。这种支撑体系，也有利于释放厂房纵向的温度应力。

(3) 单斜杆支撑

纵向柱列的水平地震作用基本通过柱间支撑传递到基础，因而往往在与柱间支撑相连的基础之间需设置基础梁，以可靠传递水平地震作用。对称布置的单斜杆柱间支撑的抗震性能，与X形柱间支撑的相当。因此，下柱柱间支撑可采用对称布置的单斜杆。

单斜杆底端与基础梁连接，顶端与框架柱连接。

3. 支撑斜杆的长细比和板件宽厚比

(1) 长细比限值

柱间支撑斜杆的长细比，一般情况下，可按表5-8的规定选用：

柱间支撑的长细比限值 **表5-8**

部位 \ 受力状态	受压构件长细比限值	受拉构件长细比限值	
		有重级工作制起重机的厂房	一般建筑结构
上柱	200	350	400
下柱（起重机梁系统以下）	150	200	300

对于按压杆设计的X形柱间支撑，抗震设计的计算长度 l_0 可直接取 $0.5l_i$（l_i—支撑杆总长）。这在弹性和非弹性范围内，支撑杆屈曲前、后稳定承载力计算时都适用。

按受拉构件选用长细比（按拉杆设计）时，支撑杆的计算长度 l_0 一般是取其总长 l_i 的，即 $l_0=l_i$。

V形和Λ形支撑杆，以及对称布置的单斜杆支撑，需按受压构件的要求控制其长细比。

双拼角钢形成的T形、十字形截面的支撑斜杆，在其计算长度内至少须设置两块垫板。

(2) 板件宽厚比限值

抗震设计容许柱间支撑在梁柱屈曲和连接破裂之前受拉屈服。支撑的抗震性能十分复杂，包含了受拉屈服、受压屈服和屈曲、往复荷载下的承载力劣化、弹塑性状态下的板件局部屈曲、低周疲劳失效等诸多物理现象。试验表明，局部屈曲往往导致支撑破裂而影响其抗震性能。因此，为了延缓和防止局部屈曲，减小低周疲劳和破裂的敏感性，柱间支撑斜杆的板件宽厚比，轻屋盖厂房一般应符合表5-9中BS3级截面的要求，重屋盖厂房应符合BS3级截面要求，但8、9度区宜符合BS2级截面的要求。

柱间支撑斜杆的截面板件宽厚比等级的限值 **表5-9**

截面板件宽厚比等级		BS1	BS2	BS3
H形截面	翼缘 b/t	$8\varepsilon_k$	$9\varepsilon_k$	$10\varepsilon_k$
	腹板 h_w/t_w	$30\varepsilon_k$	$35\varepsilon_k$	$42\varepsilon_k$
角钢	角钢肢宽厚比	$8\varepsilon_k$	$9\varepsilon_k$	$10\varepsilon_k$
圆管截面	径厚比 D/t	$40\varepsilon_k^2$	$56\varepsilon_k^2$	$72\varepsilon_k^2$

4. 柱间支撑斜杆的拼接接长

一般情况下，V形和Λ形柱间支撑斜杆，X形柱间支撑交叉点之间，应采用整根型钢制作。当采用热轧型钢作支撑杆件并不得不拼接接长时，由于热轧型钢存在非常厚实的圆弧角区，试验表明，采用坡口全熔透焊不易达到等强接长的要求，需附加拼接板才可达到等强接长的要求。

五、柱脚

震害表明，外露式柱脚破坏的特征是锚栓剪断、拉断，或拔出。由于柱脚锚栓破坏，使钢结构倾斜，严重者导致厂房坍塌。外包式柱脚表现为顶部箍筋不足的破坏。

厂房框架柱脚应能可靠传递柱身承载力，宜采用埋入式、插入式或外包式柱脚，6、7度时也可采用外露式柱脚。

单层厂房框架柱可划分为两类，其一是单肢柱，即通常所称的实腹柱（包括钢管、组合槽钢形成的空腹式钢柱）；其二则是格构柱。两类框架柱的受力状态不同，其柱脚设计也应区别对待。

1. 实腹柱（单肢柱）

实腹柱刚接柱脚，承受弯矩、剪力和轴力共同作用。一般情况下，首先应考虑柱脚的承载力不小于柱截面塑性屈服承载力的1.2倍。即，满足下式要求：

$$M_u \geqslant 1.2M_{pc,N} \tag{5-19}$$

式中 M_u——刚接柱脚的极限受弯承载力；

$M_{pc,N}$——柱截面全塑性受弯承载力，需计入多遇地震组合轴力的影响。

（1）埋入式、插入式柱脚

1）埋入式柱脚的埋入深度不应小于2.0倍的柱截面高度，插入式柱脚进入混凝土基础的深度，不宜小于2.5倍的柱截面高度，并两者皆应符合下式要求：

$$d \geqslant \sqrt{6M_{pc,N}/b_f f_c} \tag{5-20}$$

式中 d——柱脚埋入深度；

b_f——翼缘宽度；

f_c——基础混凝土抗压强度设计值。

2）埋入式柱脚埋入段柱受拉翼缘外侧所需焊钉数量，可按下式计算：

$$n \geqslant \frac{\frac{2}{3}\left(N\frac{A_f}{A}+\frac{M}{h_{c0}}\right)}{V_s} \tag{5-21}$$

式中 n——柱受拉翼缘外侧所需焊钉数量；

M、N——分别为多遇地震组合的柱脚弯矩设计值、轴力设计值；

A、A_f——分别为柱截面的面积、柱翼缘的截面面积；

h_{c0}——柱翼缘截面的中心距；

V_s——一个圆柱头焊钉连接件的受剪承载力设计值，可按现行《钢结构设计规范》GB 50017的规定计算。

3）插入式柱脚（图5-14）一般不设置焊钉，其插入段的剪力传递（轴力）需满足下式：

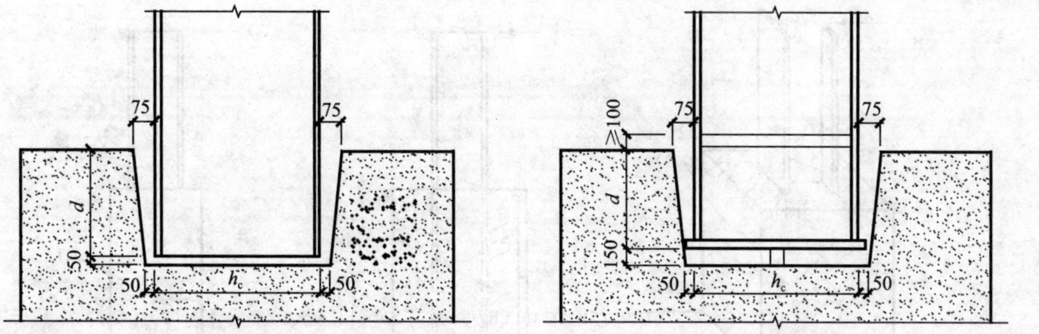

（a）无底板　　（b）带底板

图 5-14　实腹柱插入式柱脚

$$N \leqslant 0.75 f_t S d \tag{5-22}$$

式中　f_t——基础混凝土抗拉强度设计值；

　　S——插入段实腹柱截面的周长。

（2）外包式柱脚

外包式柱脚属于钢和混凝土组合结构，内力传递复杂，影响因素多，目前还存在一些未充分明晰的内容，因此，诸如各部分的形状、尺寸以及补强方法等构造要求较多。

混凝土外包式柱脚的钢柱弯矩（图 5-15），大致上外包柱脚顶部钢筋位置处最大，底板处约为零。在此弯矩分布假定下所对应的承载机构如图 5-16 所示。也即，在外包混凝土刚度较大，且充分配置顶部钢筋的条件下，主要假定外包柱脚顶部开始从钢柱向混凝土传递内力。

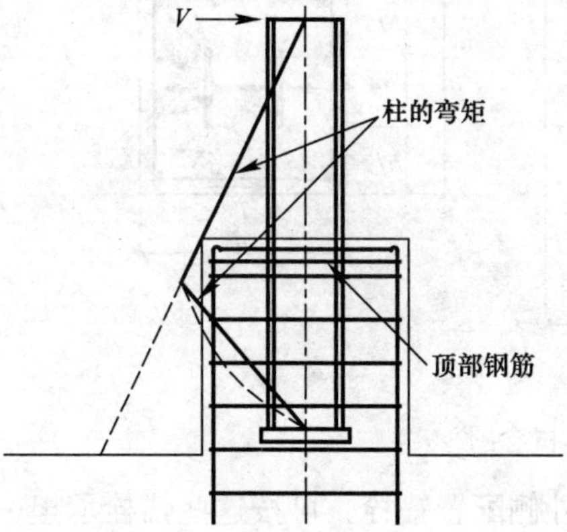

图 5-15　外包式柱脚的弯矩

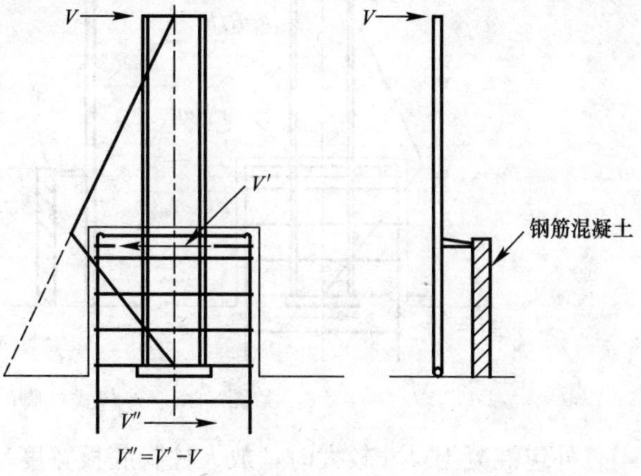

图 5-16　计算简图

外包式柱脚典型的破坏模式（图 5-17）有：

1）钢柱的压力导致顶部混凝土压坏。

2）外包混凝土剪力引起的斜裂缝。

3）主筋锚固处破坏。

4）主筋弯曲屈服。

其中，前三种破坏模式会导致承载力急剧下降，变形能力较差。因此，外包混凝土顶

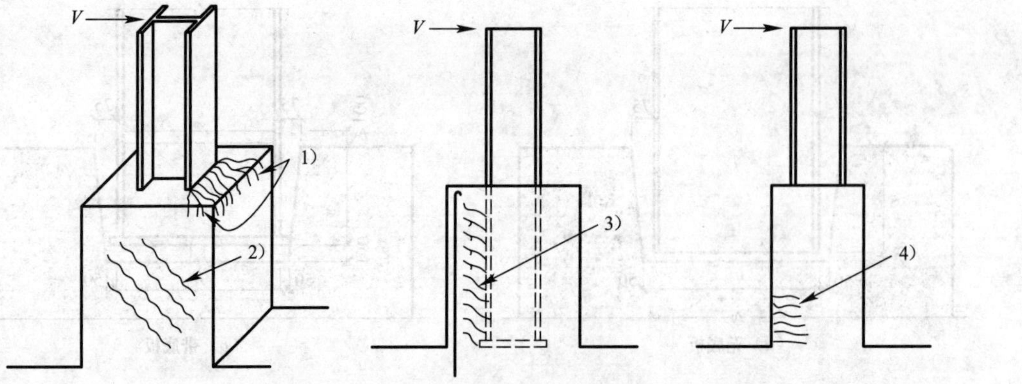

图 5-17　外包式柱脚的主要破坏模式

部应配置足够的抗剪补强钢筋，通常集中配置 3 道构造箍筋，以防止顶部混凝土被压碎和保证水平剪力传递。外包式柱脚箍筋按 100mm 的间距配置，以避免出现受剪斜裂缝，并应保证钢筋的锚固长度和混凝土的外包厚度。

随外包柱脚加高，外包混凝土上作用的剪力相应变小，但主筋锚固力变大，可有效提高破坏承载力。外包混凝土高度，通常取柱宽的 2.5 倍及以上。外包混凝土厚度，不宜小于 160mm。

综上所述，钢柱向外包混凝土传递内力在顶部钢筋处实现，因此外包混凝土部分按钢筋混凝土悬臂梁设计（图 5-18）即可。

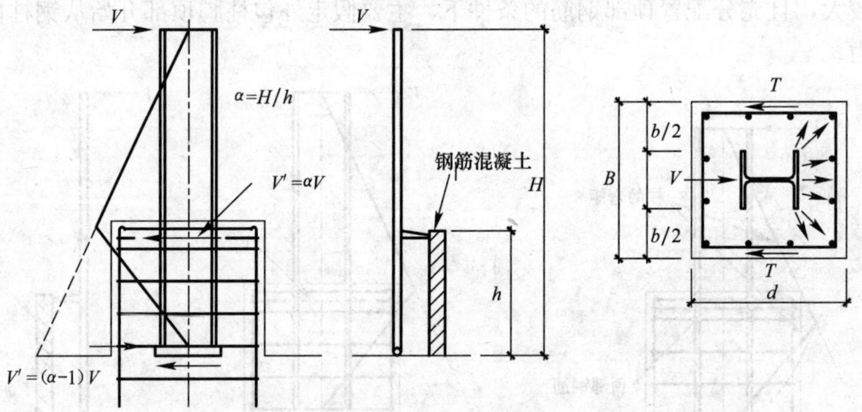

图 5-18　外包式柱脚的计算概念图

外包混凝土尺寸较大时，放大柱脚底板宽度，柱外侧配置锚栓，可按这些锚栓承担一定程度的弯矩来设计外包式柱脚，其传力机构如图 5-19 所示，此时底板下部轴力和弯矩可分开处理。简言之，轴力由底板直接传递至基础，对于弯矩，受拉侧纵向钢筋和锚栓看作受拉钢筋，用柱脚内力中减去锚栓传递部分的弯矩。

柱脚受拉时，在弯矩较小的钢柱中性轴附近追加设置锚栓，较为简便的设计方法是由锚栓承担拉力。

《建筑抗震设计规范》GB 50011 规定，采用外包式柱脚时，实腹 H 形截面柱的钢筋混凝土外包高度不宜小于 2.5 倍的钢柱截面高度，箱形截面柱或圆管截面柱的钢筋混凝土外包高度不宜小于 3.0 倍的钢柱截面高度或圆管截面直径。

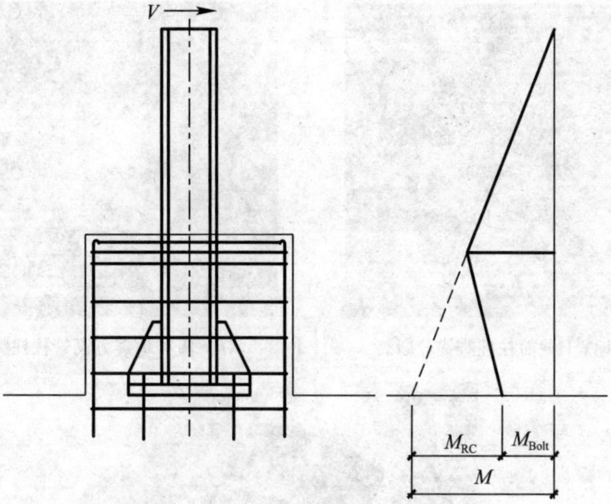

图 5-19　外包式柱脚锚栓的计算方法

外包式柱脚的柱底钢板，可根据计算确定，但其厚度不宜小于 16mm；锚栓直径不宜小于 M16，且应有足够的锚固深度。

(3) 插入和外包组合式柱脚

按刚性柱脚的要求以及厂房施工的特点，宝钢建设工程已在一些厂房实践了插入和外包组合式柱脚，效果较好。所谓的插入和外包组合式柱脚，是指先在基础承台设置一定深度的杯口，临时固定插入的柱脚，以便于安装施工时调整钢框架和保证其稳定性，同时在承台面预留出上半部的外包式柱脚的钢筋；当结构安装完毕或部分安装完毕后，现浇钢柱插入部分的填充混凝土和外包柱脚的钢筋混凝土。这种柱脚造价低，性能较好，施工也较方便。

插入和外包组合式柱脚中，钢柱埋在混凝土中的长度，执行外包式柱脚的要求。

(4) 外露式柱脚

震害调查表明，外露式柱脚属震害多发部位（图 5-20)。

从力学的角度看，实腹柱的外露式柱脚作为半刚性考虑更加合适。与钢柱的全截面屈服承载力相比，在多数情况下柱脚由锚栓屈服所决定的塑性弯矩较小。外露式柱脚受弯时的力学性能主要取决于锚栓。如锚栓受拉屈服后能充分发展塑性，则承受反复荷载作用时，外露式柱脚的恢复力特性呈典型的滑移型滞回特性。但实际的柱脚，往往在锚栓载面未削弱部分屈服前，螺纹部分就发生断裂，难以有充分的塑性发展。并且，当柱截面大到一定程度时，设计大于其极限抗弯承载力的外露式柱脚往往很困难。因此，当柱脚承受的地震作用大时，采用外露式既不经济，也不合适。

1) 对于实腹柱外露式柱脚，一般可按下述两条途径进行抗震设计：

① 首先，按可靠传递实腹钢柱截面塑性弯矩要求，满足式（5-19）的要求进行设计。显然，这是从承载能力角度考究柱脚连接设计，不需引入 γ_{RE}。

② 其次，如执行①的要求设计困难，则可采用内力的方式进行设计。6、7 度区采用外露式柱脚时，建议按 $\gamma_G S_{GE}+\gamma_{Eh}(1.2\sim1.5)S_{Ehk}\leqslant R/\gamma_{RE}$（其中，$\Omega=1.2$ 用于框架，$\Omega=1.5$ 用于柱间支撑框架系统）进行柱脚的抗震验算；也可以近似按 $\gamma_G S_{GE}+\gamma_{Eh}2S_{Ehk}\leqslant R/\gamma_{RE}$ 计算

（*a*）阪神地震H截面柱柱脚锚栓断裂

（*b*）阪神地震方钢管柱柱脚锚栓断裂

（*c*）汶川地震格构柱整体式柱脚锚栓断裂

图 5-20　外露式柱脚的震害

结果乘以 2/3，取 $\gamma_{RE}=0.75$ 进行柱脚的弹性承载力设计。其实，此时相当于取 $\Omega=2$，而锚栓屈服的方式进行设计。

2）关于柱脚锚栓的抗震验算，我国规范与国际上一些规范的差异甚大。例如，日本规范把锚栓分为有延伸能力和无延伸能力两种。有延伸能力锚栓，是指在锚栓杆全截面屈服前，螺纹部分不被拉断，按螺纹制作方法不同，一般要求锚栓材料的屈强比不超过 0.7～0.75。对于采用无延伸能力锚栓的柱脚，采用一次设计的计算内力，并将其水平地震作用乘以 2～2.5 倍（框架为 2，支撑框架最大 2.5），进行锚栓的极限承载力（锚栓屈服强度乘以锚栓螺纹截面面积）验算。

我国对柱脚锚栓习惯于采用弹性设计方式，并取锚栓强度设计值 f_t^a（如 Q235，$f_t^a=140N/mm^2$）约为锚栓钢材屈服强度的 0.6 倍。虽然抗震规范未提及计算柱脚的内力放大系数，但工业厂房设计时，一般采取把计算要求的锚栓直径规格提高一到二档（例如，计算要求锚栓直径为 M39，而实际采用 M42 及以上），或把锚栓计算内力扩大 1.2～1.3 倍。

根据单质点底部剪力比较，日本一次设计的底部剪力在反应谱平台段，要小于我国规范的，但在平台段后的曲线下降段则基本相当。考虑到设计习惯之间的差距，也考虑到在施工要求方面日本比我国现行的要精致一些，因此建议采用上述柱脚设计的内力组合，采用 1.2（抗弯框架柱脚）或 1.5（与柱间支撑相连的框架柱脚）的地震效应调整系数。经粗略折算，此建议的要求，与日本的要求大体相当。

3）当小型格构柱采用整体式外露式柱脚（图 5-20*c*）时，可按上述②的要求进行设计。

4）一般情况下，要求锚栓不得承受柱底剪力。外露式柱脚应按规定设置剪力键，以可靠传递水平地震作用。

一些国外规范允许柱脚锚栓承受一定的柱底剪力，但其与之配套的施工要求也相对严格。目前我国在工程中常用的结构安装施工方式，是采用大锤砸扳手拧紧锚栓，不能准确控制拧紧力，从而可导致各柱脚锚栓间的拧紧力离散性较大。同时，施工直埋螺栓时的标高误差较大，可导致锚栓螺纹段在基础混凝土面以上的空腔中裸露较长。一般情况下，柱脚底板与混凝土基础面之间采用钢垫板调整柱脚标高，安装完毕后加灌细石混凝土，由于混凝土干缩等因素的影响，混凝土与柱脚底板间的摩擦系数也是很离散的。

不言而喻，如采用较精致的施工方式，考虑柱脚锚栓承受一定的柱底剪力是合理的；但按目前常规的施工方式，不考虑柱脚锚栓承受柱底剪力是合宜的。

5）外露式柱脚锚栓一般应保证屈强比要求。如锚栓屈强比不满足要求，则应有足够的承载力超强。

锚栓应具有足够的锚固长度，并采用双螺帽拧紧。

2. 格构柱（双肢柱）

格构柱分肢主要呈拉压工作状态。格构柱一般采用杯口插入式柱脚和外露式柱脚。

（1）插入式柱脚

格构柱杯口插入式柱脚（图 5-21）的最小插入深度不得小于单肢截面高度（或外径）的 2.5 倍，且不得小于柱总宽度的 0.5 倍，也不得小于 500mm。目前，一些设计规范或规程中给出的最小插入深度，是按一般静力试验确定的，不适用于地震条件下，故比上述的要小。

格构柱杯口插入式柱脚，可按下列公式进行插入段强度计算：

1）当格构柱的受压肢带柱底板时，可按下式验算：

$$N_E \leqslant 0.75 f_t S d + \beta f_c A_c \tag{5-23a}$$

$$\beta = \sqrt{A_d / A_c} \tag{5-23b}$$

式中 N_E——受压柱肢的多遇地震组合最大轴力设计值；

β——混凝土局部受压的强度提高系数；

A_c——柱肢底板面积；

A_d——局部承压的计算面积。

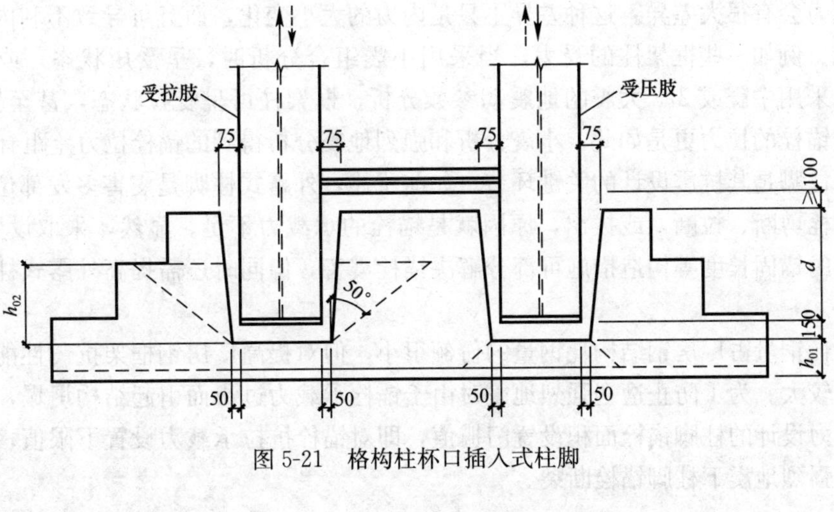

图 5-21 格构柱杯口插入式柱脚

2）计算格构柱的受拉肢以及无柱底板的格构柱受压肢时，不考虑柱底板的支承作用，即略去式（5-23a）中不等式右边第二项。

3）双肢柱的受拉肢和受压肢，尚应按下列公式验算冲切强度：

$$\frac{N_{E1}}{0.6\mu_m h_{01}} \leqslant f_t \tag{5-24a}$$

$$\frac{N_{E2}}{0.6\mu_m h_{02}} \leqslant f_t \tag{5-24b}$$

式中　N_{E1}、N_{E2}——分别为受拉肢、受压柱肢的多遇地震组合最大轴力设计值；

h_{01}、h_{02}——冲切的计算高度，按图 5-21 所示采用；

μ_m——冲切计算高度 1/2 处的周长。

插入式柱脚采用内力的方式进行抗震验算，由于这些公式的来源大都是静力试验的结果，故习惯上不考虑 γ_{RE} 调整，以策安全。

（2）外露式柱脚

格构柱分离式外露式柱脚（图 5-22），可按 $\gamma_G S_{GE} + \gamma_{Eh}(1.2\sim1.5)S_{Ehk} \leqslant R/\gamma_{RE}$（其中，1.2 适用于抗弯框架，1.5 适用于柱间支撑框架）进行柱脚锚栓的抗震验算。

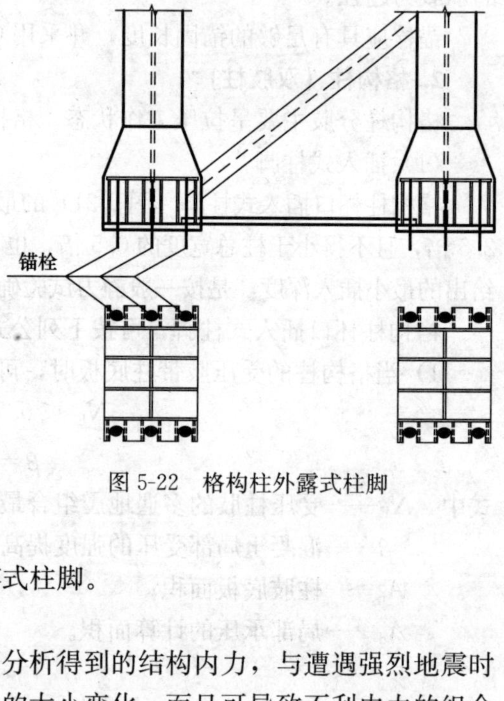

图 5-22　格构柱外露式柱脚

采用外露式柱脚时，柱间支撑框架系统的钢柱柱脚，不论计算是否需要，都必须设置剪力键，以可靠抵抗水平地震作用。柱脚锚栓不宜用以承受柱底水平剪力，柱底剪力应由钢底板与基础间的摩擦力或设置抗剪键及其他措施承担。柱脚锚栓应可靠锚固。

关于锚栓的其他要求，可参见实腹柱的外露式柱脚。

3. 外露式柱脚锚栓的最小承载力限值

众所周知，考虑结构延性采用多遇地震作用分析得到的结构内力，与遭遇强烈地震时的结构内力会有很大差异。这种差异不只是内力的大小变化，而且可导致不利内力的组合发生变化。例如一些框架柱的受力，当采用小震组合分析时，呈受压状态，或者拉力很小；而如采用中震或 2/3 大震的地震动参数分析，框架柱可呈受拉状态，甚至拉力较大。对于柱脚锚栓的拉力更是如此，小震分析和强烈地震分析得到的锚栓拉力差距有时很大。

厂房柱脚是其抗震设计的关键环节。如前所述，外露式柱脚是震害多发部位，其表现形式是锚栓剪断、拉断，或拔出，原因就是锚栓的承载力不足。显然，采取设置剪力键、保证锚栓的锚固长度等构造措施可部分解决锚栓震害，但同时还需提高外露式柱脚的最小承载力。

锚栓耗钢量占厂房钢结构耗钢量的份额很小，但对提高厂房钢框架抗震性能，防止坍塌的作用较大。为了防止遭遇强烈地震时由于锚栓承载力过小而引起结构坍塌，必须对采用计算内力设计的柱脚锚栓面积设置门槛值，即对锚栓抗拉承载力设置下限值，以防止不期而遇的强烈地震下柱脚锚栓断裂。

另一方面，钢结构框架连接应考虑其连续性要求，连接的承载力不应小于较小被连接构件承载力的一半。

综合上述，当采用内力设计法时，外露式柱脚锚栓的最小承载力一般应符合下列要求：

1）实腹柱外露式刚接柱脚的抗弯承载力（锚栓的承载力按锚栓全截面乘以屈服强度计算）至少应达到钢柱截面全塑性受弯承载力 $M_{pc,N}$ 的 0.5 倍以上。

2）框架铰接柱脚，锚栓的全截面抗拉屈服承载力不宜小于钢柱最小截面受拉屈服承载力的一半。对轻型门式刚架铰接柱脚，以柱底截面（不包括加劲肋面积）计算钢柱的受拉屈服承载力。

3）分离式柱脚格构柱受拉肢的锚栓受拉承载力（按锚栓全截面面积乘以屈服强度 f_y 计算），不宜小于分肢受拉屈服承载力的 0.5 倍。

笔者随机抽查 5 个厂房的格构柱单肢与其锚栓全截面面积的比值。对于钢管混凝土格构柱，锚栓与其上单肢钢管的面积比是 0.83～1.04；焊接型钢格构柱，锚栓与单肢的面积比是 0.42～0.79。因此，上述格构柱分肢对应的锚栓最小面积的限定值，是适度的，也是容易做到的。

第六章　单层砖柱厂房

第一节　一般规定

一、适用范围

单层砖柱厂房是指由砖墙、砖柱（组合砖柱）或部分钢筋混凝土柱承重的单跨或多跨单层厂房，内部设置的纵墙和横墙较少。屋盖结构可分为轻型屋盖和重型屋盖，轻型屋盖是指木屋盖和轻钢屋架、压型钢板、瓦楞铁等层面的屋盖；重型屋盖是指钢筋混凝土实腹梁或屋架，上覆大型屋面板等。

单层砖柱厂房由于构造简单、施工方便、造价低廉、就地取材等优点，在地方中、小型企业中应用得还比较普遍。但是单层砖柱厂房由于比较空旷，抗震性能比钢筋混凝土柱厂房和钢结构厂房相比还有很大的差距，因此在抗震设防区使用时应有所限制。单层砖柱厂房一般适用于6～8度（0.2g）的烧结普通砖（黏土砖、页岩砖）、混凝土普通砖砌筑的砖柱（墙垛）承重的中小型单层工业厂房，厂房为单跨或等高多跨且无桥式起重机，厂房跨度不大于15m且柱顶标高不大于6.6m。

二、厂房总体布置

1. 地震时砖排架房的破坏程度，不仅决定于各主要抗侧力构件的材料和强度，还与整个房屋的振动性状密切相关。平面不规整，墙体布置不对称，体型不规则，都会使房屋在地震作用下的振动变得很复杂，不仅出现空间剪切变形，还会伴有扭转振动，使震害加重，而且复杂体型引起的强烈局部振动将更加重突变部位的震害。因此，为了增加房屋的总体抗震能力，消除局部震害，厂房的平立面体型应简单规正，力求从总体上使结构质量和刚度分布均匀，质量中心与刚度中心重合，避免刚度突变和应力集中。这一抗震设计原则对脆性、低强度材料的砖排架尤为重要。

砖柱厂房的平面宜设计成矩形。如确系生产需要，采取L形或T形平面时，应对平面转角处的屋盖和墙体采取适当加强措施，以满足空间作用的传力要求和防止应力集中、墙角开裂等所造成的危害。可以采取以下加强措施：在屋架底面标高处设置高度为240mm、宽度不小于墙厚的现浇钢筋混凝土圈梁；在墙角设置与墙厚同宽的钢筋混凝土构造柱；用螺栓将屋架与圈梁锚固。

2. 对于堆放散装物体的仓库，为了避免粒料所生侧压力造成震害，最好采用圆形筒仓；若采取矩形平面的砖排架库房时，除了墙顶设置现浇钢筋混凝土圈梁并与屋架妥善锚固外，为了提高外墙的抗弯能力，外纵墙每开间壁柱以及山墙壁柱均应采用组合砖柱。

3. 砖柱厂房应特别注意采用简单的体型。对于必须设置的配电间、工具间等小工房，或附属小建筑物，不宜布置在厂房角部，且不论是贴建在厂房内还是贴建在厂房外，如为钢筋混凝土屋盖，应采用防震缝与主厂房分离开。

三、厂房结构布置

1. 厂房的结构布置应避免设置开口防震缝，缝的两侧应设置成对的砖横墙。确因生产需要必须设置开口防震缝时，防震缝处及其附近一到两个排架。

2. 砖排架柱是单层砖柱厂房的主要承重构件和横向抗侧力构件。由于砖柱的强度和延性低，抗震性能特别是抗倒塌能力差。因此，在单层砖柱厂房中不应采用抽柱的结构布置，以保证厂房横向有足够的强度和刚度。

3. 地震区的单层砖柱厂房，不仅在横向要有足够的强度和刚度，且在纵向也要有足够的强度和刚度。厂房的外纵墙一般均能满足这一纵向抗震的要求，对敞棚和多跨厂房的纵向独立砖柱列，可在柱间设置与柱等高的抗震墙来承受纵向地震作用，不宜采用交叉支撑来取代柱列间的纵向抗震墙。

厂房纵向的独立砖柱柱列，可在柱间设置与柱等高的抗震墙承受纵向地震作用，不设置抗震墙的独立砖柱柱顶，应设置通长水平压杆。

砖抗震墙可设置在厂房两端的一到两个开间内，若按抗震验算，所设置的纵向抗震墙的抗剪强度不能满足要求，而又不能增设抗震墙时，可在抗震墙内分层配置通长的水平钢筋，考虑砌体和水平钢筋的共同作用，横向配筋黏土砖墙的合理配筋率以0.07％～0.17％为宜；配筋量过少时，钢筋将不起作用；配筋量过多，则钢筋又发挥不了作用。

4. 厂房的两端应设置承重山墙，不宜采用端排架承重。

5. 厂房内的横向内隔墙宜做成抗震墙，非承重隔墙宜采用轻质墙，当采用非轻质隔墙时应与砖排架柱脱开或柔性连接，否则应考虑隔墙对砖排架柱及其与屋架连接节点的附加地震剪力。

6. 单层砖柱厂房的外围不宜一侧有纵墙，另一侧为开敞或大面积开洞的纵墙，否则应在抗震验算和构造上考虑纵向扭转效应的影响。

7. 单层砖柱厂房的两端第一开间内不应设置出屋面天窗，并避免采用抗震性能差的天窗端砖壁承重形式。

四、防震缝的设置

厂房体型复杂或有贴建建、构筑物时，不论是贴建在厂房内还是贴建在厂房外，均宜设防震缝将其分割成体型简单的独立单元。防震缝的设置宜符合下列要求：

1. 轻型屋盖厂房可不设防震缝。

2. 钢筋混凝土屋盖厂房与贴建房屋之间宜设防震缝，厂房与贴建房屋之间的防震缝的宽度可采用50～70mm，防震缝处应设置双柱或双墙。

3. 厂房纵、横跨交接处设防震缝时，缝宽可用100～150mm。

4. 当厂房的屋架下弦底面与生活间的屋面或楼面能够设计在同一标高时，可将砖排架厂房与多层砌体结构的生活间连为一体，不设防震缝，利用生活间作为厂房的横向抗侧力构件，但须注意以下几点：

（1）要考虑厂房外纵墙与生活间的纵向侧移刚度差异而引起的扭转效应。

（2）厂房壁柱顶端锚固屋架的混凝土垫块必须与生活间横墙上的圈梁相连通，连接钢筋不小于4ϕ10，与圈梁内钢筋的搭接长度不少于35倍钢筋直径。

(3) 验算生活间横墙在其自身及厂房传来的地震作用的共同作用下的抗震强度。

5. 单层砖柱厂房与连接的工作平台、栈桥通廊等构筑物应各自独立、用足够宽的防震缝将它们分开，缝宽不小于两侧建构筑物地震时实际侧移量之和加 10mm，且不小于 50mm。

6. 防震缝宜结合伸缩缝和沉降缝设置，变形缝应符合防震缝的要求。

五、屋盖结构

地震经验表明：加强房屋的整体性，充分发挥房屋的空间作用是提高单层砖柱厂房抗震性能的有效措施。有条件时单层砖柱厂房宜采用重量较轻又能保证厂房空间工作的屋盖，如钢筋混凝土有檩屋盖或轻型无檩屋盖；有条件时宜适当加大房屋的跨度，减小房屋的长度，控制山墙的间距；内横墙宜做成抗震墙；强加屋盖支撑系统；设置柱顶闭合圈梁等措施，使厂房的横向水平地震作用尽可能多的通过屋盖系统传递给山、横墙，以减轻砖排架在地震作用下的负担。

厂房屋盖宜采用轻型屋盖。

六、排架砖柱

砖砌体属脆性材料，延性系数小，变形能力差，且抗剪、抗拉、抗弯强度很低，侧向变形即使不大，也会使砖柱发生水平断裂，随着侧移的增加，裂缝向砖柱的深部延伸，使砖柱截面受压区减小，局压增大，以致砌体压碎、崩落，造成厂房横向倒塌。为了保证厂房的抗震安全，除限制砖排架的使用范围外，尚应合理选择砖排架柱的截面形式。

震害调查表明：无筋砖柱仅靠加大截面尺寸来提高抗震能力，作用甚微，地震烈度较高时，要防止砖柱破坏，需加配竖向钢筋。

砖柱竖向配筋方式应采用组合砖柱，不宜采用砌体内配筋和砖包混凝土芯柱的形式。因组合砖柱的强度、变形能力和延性系数远大于无筋砖柱，且承载能力的离散性比无筋砖柱低得多，而砌体内配筋容易由于竖向钢筋与砌体之间的粘结差，钢筋与砌体不能形成整体，使钢筋不能发挥应有的作用；而砖包混凝土芯柱，在地震时，外包砖块容易破碎散落，使构件长细比增大，压弯能力降低，不是理想的抗震构件。

现行国家标准《建筑抗震设计规范》GB 50011 规定：6 度和 7 度时，可采用十字形截面的无筋砖柱，8 度时不应采用无筋砖柱。

七、隔墙与山墙

纵向和横向内隔墙宜采用砖抗震墙，非承重横隔墙和非整体砌筑且不到顶的纵向隔墙应采用轻质墙；当采用轻顶墙时，应计及隔墙对柱及其与屋架（屋面架）连接节点的附加地震剪力。独立的纵向和横向内隔墙应采取措施保证其平面外的稳定性，且顶部应设置现浇钢筋混凝土压顶梁。

山墙在单层砖柱厂房的抗震中担负着重要作用，它既可以通过厂房的空间工作，分担厂房传来的一部分横向水平地震作用，减轻砖排架的负担，同时它还承受一部分屋面荷载。在地震作用下，即使是山墙顶部的破坏，也可能导致厂房端开间屋盖的倒塌。因此，在抗震设计中应着重保证山墙构件的强度和稳定。现行国家标准《建筑抗震设计规范》GB 50011 规定：厂房两端均应设置承重山墙；山墙应沿屋面设置现浇钢筋混凝土卧梁，并应与屋盖构件锚拉；山墙壁柱的截面和配筋，不宜小于排架柱，壁柱应通到墙顶并与卧梁或屋盖构件连接。

第二节 抗震计算

一、横向抗震计算

1. 厂房可不进行横向截面抗震验算的条件

7 度（0.10g）Ⅱ类场地，柱顶柱高不超过 4.5m，且结构单元两端均有山墙的单跨及等高多跨砖柱厂房，当按规定采取抗震构造措施时，可不进行横向截面抗震验算。

2. 厂房横向抗震计算方法

(1) 轻型屋盖厂房可按平面排架进行计算。

(2) 钢筋混凝土屋盖厂房和密铺望板的瓦木屋盖厂房，可按平面排架进行计算并计及空间工作，并按规定调整地震作用效应。

3. 平面排架分析方法

(1) 计算简图

厂房屋盖为轻型屋盖时，屋盖沿水平方向刚度很小，可近似地不考虑屋盖水平刚度，在横向地震作用下，砖排架和山墙各自单独工作。

1) 单跨或等高多跨的单层砖柱厂房，可取单自由度体系作为计算简图（图 6-1），还可进一步简化为单质点的悬臂结构模型，并取厂房的一个开间作为计算单元，进行排架分析。

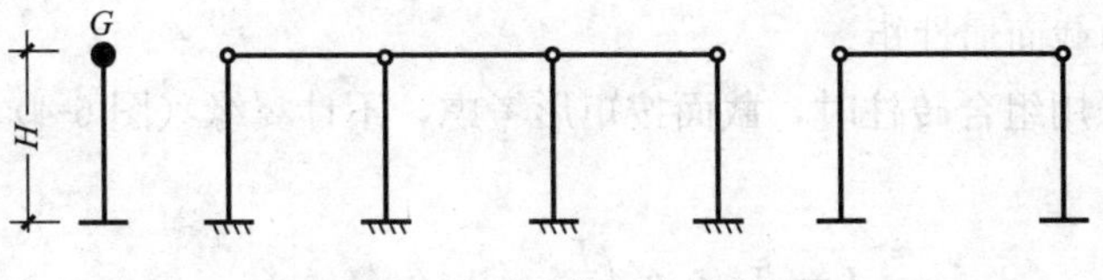

图 6-1 单质点体系计算简图

2) 边柱为砖柱，中柱为钢筋混凝土柱的混合排架，计算简图可按下列情况采用：

① 组合砖柱，柱下端可按固接考虑（图 6-2a）。

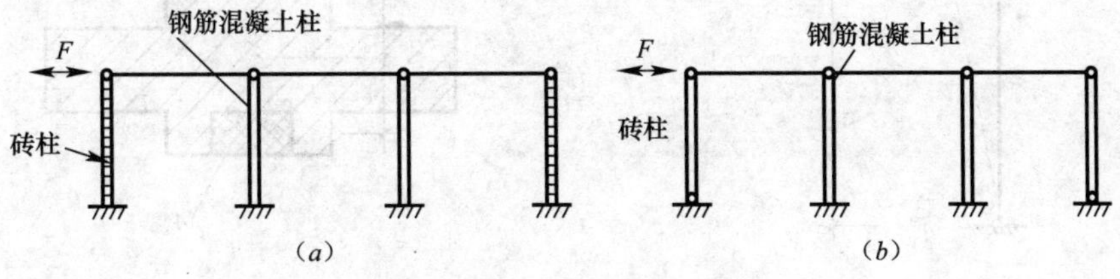

图 6-2 混合排架计算简图

(a) 砖柱下端固接；(b) 砖柱下端铰

② 无筋砖柱，在确定厂房自振周期时，柱下端按固接考虑（图 6-2*a*）在计算水平地震作用时，柱下端宜按铰接考虑（图 6-2*b*）。

（2）重力荷载计算

1）按弯曲杆件动能相等原则，计算排架基本周期用的一榀排架换算集中柱顶高度处的重力荷载 G，其值可按下式确定：

$$G = 0.25G_c + 0.25G_{wl} + 1.0(G_r + 0.5G_{sn} + 0.5G_d) \tag{6-1}$$

式中 G_c——柱自重；

G_{wl}——纵墙自重；

G_r——屋面荷载；

G_{sn}——雪荷载；

G_d——屋面积灰荷载。

在 G 的计算式中，等号右边各分项均取国家现行标准《建筑荷载规范》中所规定的标准值。雪荷载和屋面积灰荷载的质量集中系数均为 1.0，前面的系数 0.5 是组合值系数。

2）按柱底弯矩相等原则，计算排架地震作用的一榀排架换算集中到柱顶高度处的等效重力荷载 $\overline{G}$，其值可按下式计算确定：

$$\overline{G} = 0.5G_c + 0.5G_{wl} + 1.0G_r + 0.5G_{sn} + 0.5G_d \tag{6-2}$$

（3）单排架分析方法

1）单柱侧移柔度

等截面的独立砖柱和带墙砖壁柱（包括配筋砖柱和组合砖柱），当柱底固定、柱顶为自由端时，单位水平力作用下的侧移 u_A（图 6-3）为

$$u_A = \frac{H^3}{3EI} \tag{6-3}$$

式中 H——柱高，由柱基础大放脚顶面算至柱顶，一般情况下，也可近似地由地面下 500mm 算起；

I——柱的截面惯性矩。

带墙砖壁柱采用组合砖柱时，截面按矩形考虑，不计翼缘（图 6-4），截面惯性矩按下式计算：

$$I = I_0 + A_c\left(\frac{E_c}{E} - 1\right)(x_1^2 + x_2^2) \tag{6-4}$$

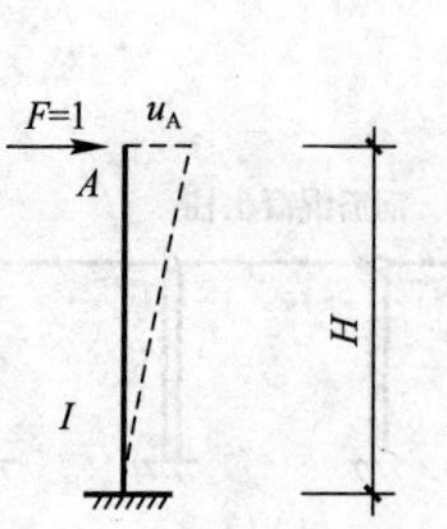

图 6-3 等截面单柱柔度

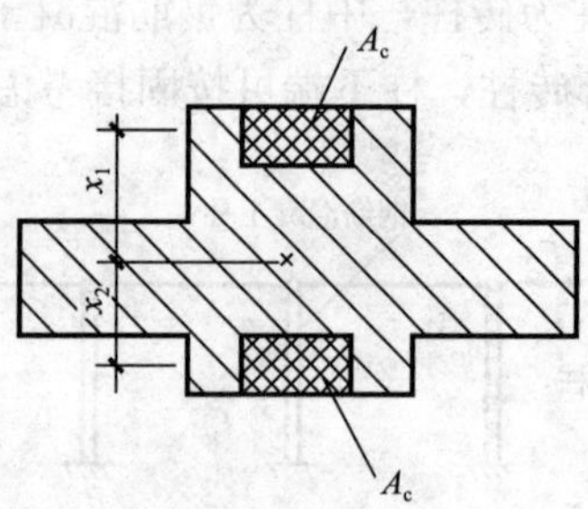

图 6-4 组合砖柱

式中 I_0——当全截面均为砖砌体时的惯性矩；

A_c——砖柱一侧的混凝土截面面积；

E_c、E——分别为混凝土和砌体的弹性模量；

x_1、x_2——混凝土部分的形心到整个截面形心的距离。

2）排架侧移柔度

① 简化假定

a）排架在水平外力作用下，屋架、屋面梁等排架横梁所产生的轴向变形均很小，可略去不计。因而，进行排架分析时，可假定横梁为刚性杆。

b）屋架、屋面梁与柱顶的联结具有一定的嵌固作用，为了方便计算，确定排架侧移柔度时，仍假定为铰接。至于屋架与柱顶联结的嵌固作用对排架柔度的影响，将在计算排架周期的公式中加以反映。

c）一般情况下，假定排架柱脚固接于柱基础的顶面，不考虑柱基础倾斜的影响。

d）计算排架柔度系数时，取柱的全截面及砖砌体或混凝土的弹性模量，不考虑地震时柱身可能出现裂缝所引起的刚度降低。

② 等高砖排架

因为假定横梁不产生轴向变形，外力作用下，一榀排架中各柱顶端的侧移值相等。排架刚度等于各柱侧移刚度之和，排架受到柱顶处单位水平力的作用时，排架的侧移 δ（图 6-3），分情况按下列公式确定：

等截面柱

$$\delta = \frac{H^3}{3E\Sigma I} \tag{6-5}$$

式中 H——柱高，由柱基础大放脚顶面算至柱顶面；

ΣI——一榀排架各柱截面惯性矩之和，对于组合砌体砖柱，惯性矩按式（6-4）计算。

变截面柱

$$\delta = \frac{1}{\Sigma \frac{1}{\delta_i}} \quad (i = a, b, c) \tag{6-6}$$

式中 δ_i——一榀排架中第 i 根柱在柱顶处单位水平力作用下所引起的柱顶侧移，即单柱侧移柔度；

$\Sigma \frac{1}{\delta_i}$——一榀排架各柱侧移刚度之和，即排架的侧移刚度。

③ 等高混合排架

对于边柱为砖柱或带壁柱砖墙，中柱为钢筋混凝土柱的等高混合排架，上述计算排架柔度系数均适用。但需注意，计算单柱侧移柔度系数时，应取各自的弹性模量。

$$\delta = \frac{H^3}{3\Sigma E_i I_i} \tag{6-7}$$

E_i 的取值：当为钢筋混凝土柱时为 E_c，砖柱和组合砖柱时取砌体的弹性模量 E；组合砖柱的截面惯性矩 I_i 应按式（6-4）计算。

（4）等高排架的基本周期

等高排架（图 6-6）的基本周期 T_1 按下式计算。

$$T_1 = 2\psi_T\sqrt{G\delta} \tag{6-8}$$

式中 ψ_T——考虑屋架与砖柱连接的固结作用，对周期的调整系数，当采用钢筋混凝土屋架时，$\psi_T=0.9$，当采用木屋架、钢木屋架或轻钢屋架时，$\psi_T=1.0$；

δ——单位水平集中力作用于一榀排架柱顶时所引起的柱顶侧移（图 6-5）；

G——根据动能相等原则，一榀排架换算集中到柱顶处的重力荷载代表值。

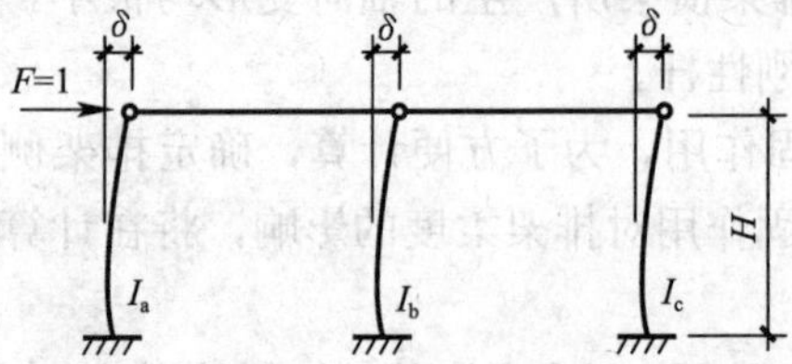

图 6-5　等高排架的柔度

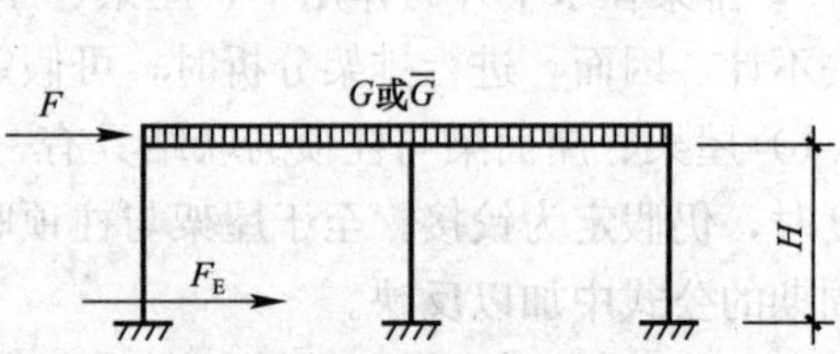

图 6-6　等高排架

砖柱厂房中所设置的起重机，吨位均比较小，数量一般也不超过两台，起重机桥的质量占整个厂房质量的比例较小，对以排架为代表的厂房自振特性的影响较小。所以，计算排架基本周期时，起重机桥的质量可略去不计。

（5）水平地震作用

1）排架总水平地震作用

一榀排架的弹性总水平地震作用（排架底部地震剪力标准值）为：

$$F_E = \xi\alpha_1\overline{G} \tag{6-9}$$

式中 α_1——相应于单排架基本周期 T_1 的水平地震影响系数值；

$\overline{G}$——产生地震作用的一榀排架有效总重力荷载，即按柱底弯矩相等原则，一榀排架换算集中到柱顶处的重力荷载；

ξ——考虑厂房空间工作的水平地震作用调整系数，按表 6-1 采用。

砖柱考虑空间作用的效应调整系数　　表 6-1

屋盖类型	山墙或承重（抗震）横墙间距（m）										
	≤12	18	24	30	36	42	48	54	60	66	72
钢筋混凝土无檩屋盖	0.60	0.65	0.70	0.75	0.80	0.85	0.85	0.90	0.95	0.95	1.00
钢筋混凝土有檩屋盖或密铺望板瓦木屋盖	0.65	0.70	0.75	0.80	0.90	0.95	0.95	1.00	1.05	1.05	1.10

2）屋盖处地震作用

由于是单层等高房屋，一榀排架屋盖处的水平地震作用，等于该排架的弹性总水平地震作用，故

$$F = F_E = \xi\alpha_1\overline{G} \tag{6-10}$$

3）排架柱地震内力

排架顶部的水平地震作用 F，按各柱的侧移刚度比例分配到各柱顶端（图 6-7），然后将各柱视作分离体，即可求得作用于各柱柱底截面或其他截面的地震内力（弯矩和剪力）。

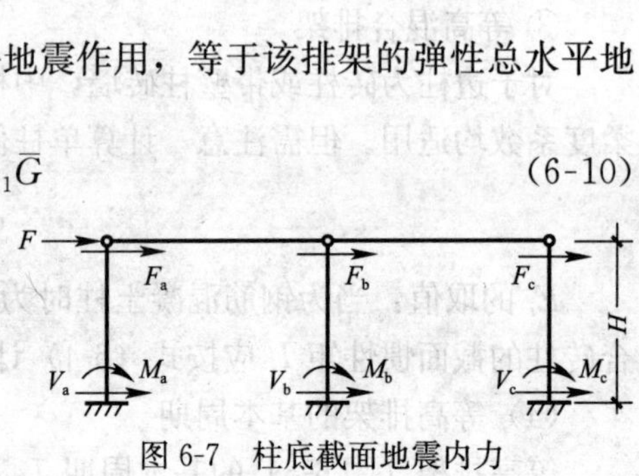

图 6-7　柱底截面地震内力

各柱顶端的水平地震作用为

$$F_a = \frac{\frac{1}{\delta_a}}{K}F = \frac{F}{K\delta_a},\quad F_b = \frac{F}{K\delta_b},\quad F_c = \frac{F}{K\delta_c} \tag{6-11}$$

$$K = \frac{1}{\delta_a} + \frac{1}{\delta_b} + \frac{1}{\delta_c}$$

式中　F——一榀排架顶部的水平地震作用，因为地面运动是往复的，计算时应考虑 F 为正向或负向两种情况；

δ_a、δ_b、δ_c——柱 a、柱 b、柱 c 的侧移柔度；

K——一榀排架各柱侧移刚度之和。

作用于各柱柱底截面的地震弯矩和地震剪力分别为

$$\left.\begin{aligned} &M_a = F_a \cdot H,\quad M_b = F_b \cdot H,\quad M_c = F_c \cdot H \\ &V_a = F_a,\quad V_b = F_b,\quad V_c = F_c \end{aligned}\right\} \tag{6-12}$$

因为地震作用的方向是往复变化的，所以按上式计算得的截面地震弯矩和地震剪力可以同时为正号，也可以同时为负号。

4. 空间分析法

（1）力学模型

装配式钢筋混凝土无檩和有檩屋盖的水平刚度是有限的，国内外的一些试验数据和厂房实测数据，提供了可以用于工程抗震分析的屋盖水平刚度具体数值。为了正确描述采用此类弹性（半刚性）屋盖的砖排架房屋的实际振动性状，合理确定结构的地震内力，有必要采取空间结构力学模型，及多竖杆的“串并联多质点系”计算简图（图 6-8）。根据我们的对比计算，确定房屋的自振特性时，根据动能相等原则将墙柱重量换算集中到柱顶，确定地震作用时，根据柱底弯矩相等原则更换质量集中系数，那么，对于等高房屋，采取“并联多质点系”计算简图（图 6-9）也是可行的。

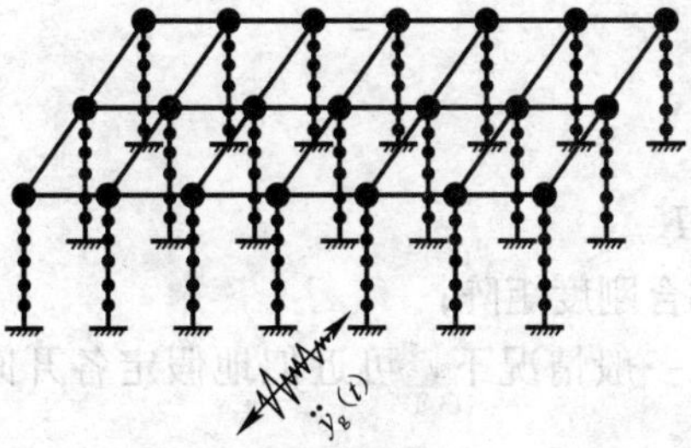

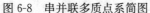

图 6-8　串并联多质点系简图

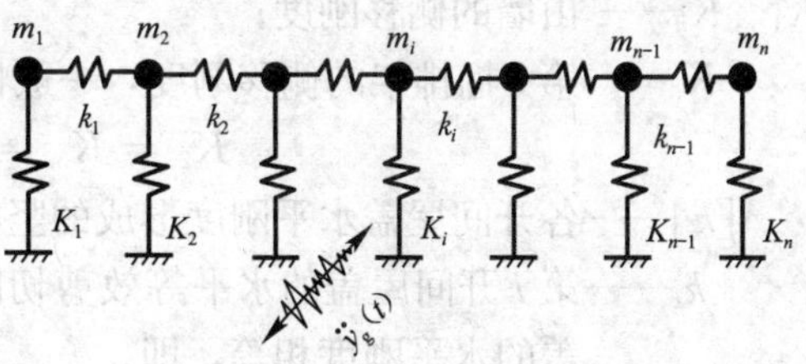

图 6-9　并联多质点系简图

（2）振动方程

砖排架房屋的长度一般均小于伸缩缝的最大间距，很少采取开口伸缩缝，房屋两端均有山墙。因而等高的砖排架房屋，沿厂房的纵向和横向均为对称结构，即使在地面运动双向平动分量的作用下，房屋所发生的横向振动和纵向振动也是相互独立的，并不发生纵横向耦联振动。所以，砖排架房屋的横向抗震分析和纵向抗震分析可以分别单独进行。弹性（半刚性）屋盖砖排架厂房在沿房屋横向的单向地面平动分量作用下的振动方程式为

$$[m]\{\ddot{y}\}+[C]\{\dot{y}\}+[K]\{y\}=-[m]\{1\}\ddot{y}_g \tag{6-13}$$

式中 $[m]$、$[K]$——多质点系的质量矩阵和侧移刚度矩阵；

$[C]$——结构阻尼矩阵，$[C]=a_1[m]+a_2[K]$；

$\{y\}$、$\{\dot{y}\}$、$\{\ddot{y}\}$——体系沿厂房横向运动时质点的相对位移、相对速度、相对加速度列向量；

$\ddot{y}_g$——沿厂房横向的地面平动加速度分量；

$\{1\}$——单位列向量。

利用数值分析法求解式（6-13），即得砖排架结构的地震反应，但计算工作量很大。当前实际工程的抗震设计多采用基于反应谱理论的振型分解法，从而使式（6-13）的解转化为砖排架房屋自由振动方程的解，并可进一步转变为空间结构动力矩阵的标准特征值问题，计算工作大为简化。

以质点相对位移幅值表示的等高砖排架房屋空间结构自由振动的振幅方程式为

$$-\omega^2[m]\{Y\}+[K]\{Y\}=0 \tag{6-14}$$

$$[m]=\mathrm{diag}[m_1\quad m_2\quad \cdots\quad m_i\quad \cdots\quad m_n]$$

$$[K]=[K']+[k]$$

$$[K']=\mathrm{diag}[K_1\quad K_2\quad \cdots K_i\quad \cdots\quad K_n]$$

$$[k]=\begin{bmatrix} k_1 & -k_1 & & & \\ -k_1 & k_1+k_2 & -k_2 & & 0 \\ & -k_2 & k_2+k_3 & -k_3 & \\ & 0 & \cdots\cdots & & \\ & & & -k_{n-1} & k_{n-1} \end{bmatrix}$$

式中 $\{Y\}$——质点相对位移幅值列向量，$\{Y\}=[Y_1\quad Y_2\quad \cdots\quad Y_i\quad \cdots\quad Y_n]^T$；

m_i——第 i 质点的质量，一般情况下，$m_1=m_n$，$m_2=m_3=\cdots=m_i=\cdots=m_{n-1}$；

ω——结构按某一振型作自由振动时的圆频率；

$[K']$——山墙、排架等竖构件的侧移刚度矩阵；

K_1、K_n——山墙的侧移刚度；

K_i——第 i 榀排架的侧移刚度，一般情况下，

$$K_2=K_3=\cdots=K_{n-1}$$

$[k]$——各开间屋盖水平刚度形成的竖构件耦合刚度矩阵；

k_i——第 i 开间屋盖的水平等效剪切刚度，一般情况下，可近似地假定各开间屋盖的水平刚度相等，即

$$k_1=k_2=\cdots=k_{n-1}=\frac{B}{d}\bar{k}$$

B——整个屋盖的宽度，即各跨度之和，$B=\sum L$；

d——开间宽度，一般为 6m 或 4m；

$\bar{k}$——平面尺寸为 1m×1m 时屋盖沿厂房横向的水平等效剪切刚度基本值，根据现有实测资料，对于大型屋面板屋盖和钢筋混凝土有檩屋盖分别取 2×10^4kN/m 和 0.6×10^4kN/m。

(3) 周期和振型

1) 计算公式

对式 (6-14) 各项均前乘以 $[K]$ 的逆阵 $[K]^{-1}$，并移项，得

$$[K]^{-1}[m]\{Y\} = \frac{1}{\omega^2}\{Y\} \tag{6-15}$$

令 $[f]=[K]^{-1}[m]$，$\lambda=\frac{1}{\omega^2}$，则式 (a) 可改写为

$$[f]\{Y\} = \lambda\{Y\} \tag{6-16}$$

式 (6-14) 所表示的自由振动方程的解，已转化为标准形式矩阵的特征值和特征向量问题。

求解式 (6-14) 得到的特征向量 $\{Y_j\}$ 就是并联多质点系的第 j 振型；解得的特征值 λ_j，就是多质点系 j 振型圆频率平方的倒数，故 j 振型的周期为

$$T_j = \frac{2\pi}{\omega} = 2\pi\sqrt{\lambda_j} \tag{6-17}$$

2) 空间振型的特征

并联多质点系所代表的单层等高厂房，各个空间振型的变化主要表现在屋盖平面(图 6-10)。当厂房两端山墙的侧移刚度相等，结构完全对称时，第一、第三、第五等单数振型为对称振型，第二、第四、第六等双数振型为反对称振型。不考虑扭转振动的多竖杆的并联多质点系的振型参与系数的计算式，与单竖杆的串联多质点系的振型参与系数的计算式完全相同。反对称振型的特点是，振型左一半的幅值与右一半的幅值，数值相等，方向相反，故振型参与系数为零。因此，第二、第四、第六等双数振型对于结构地震作用而言是无效振型。遇合前三个振型的地震内力实际上仅包含两个有效振型，遇合前五个振型则包含三个有效振型。对较多数量厂房的空间分析结果表明，一般情况下，宜遇合周期较长的前三个振型的地震内力。

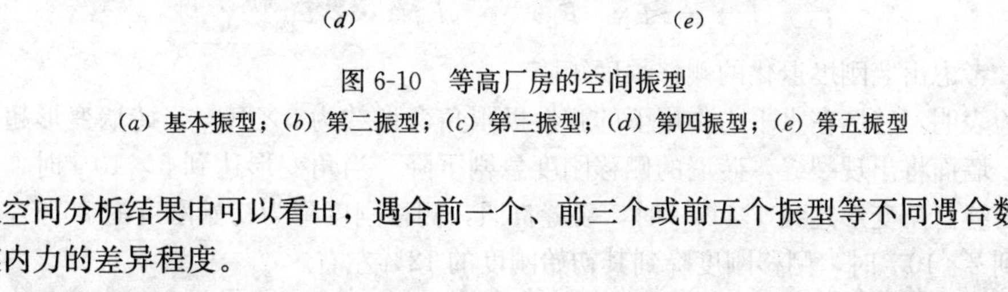

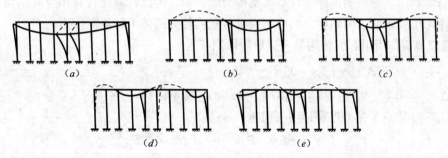

图 6-10　等高厂房的空间振型

(a) 基本振型；(b) 第二振型；(c) 第三振型；(d) 第四振型；(e) 第五振型

从空间分析结果中可以看出，遇合前一个、前三个或前五个振型等不同遇合数的排架柱地震内力的差异程度。

(4) 质点地震作用

按照振型分解原理，对于多质点系，地面运动在各质点处所引起的地震作用被分解为各个振型的地震作用，分别作用于结构之上。通过结构分析，分别求出结构在各个振型地

震作用下的构件地震内力。按照振型遇合法则，求得结构在地震作用下各构件的截面地震内力，以便与静力荷载组合，进行强度验算。

作用于质点 m_i 上的 j 振型地震作用为

$$F_{ji}=\alpha_j\gamma_j Y_{ji}\bar{G}_i \quad (i=1,2,\cdots,n;j=1,2,\cdots,a) \tag{6-18}$$

式中 n——质点数，等于厂房开间数加一；

a——需要组合的振型数，一般取 $a=3$；

α_j——相应于周期 T_j 的地震影响系数；

Y_{ji}——厂房第 i 质点的 j 振型相对侧移；

γ_j——j 振型的参与系数，

$$\gamma_j=\frac{\sum_{i=1}^{n}m_iY_{ji}}{\sum_{i=1}^{n}m_iY_{ji}^2} \tag{6-19}$$

$\bar{G}_i$——产生地震作用的第 i 质点的有效总重力荷载。

需要说明的是，振型参与系数的数值大小问题。一般的计算方法中，常假定某一振型幅值中的最大值为 1.0，这样计算出来的基本振型参与系数总是接近于 1 而稍大于 1。但是，采用诸如雅可比法求解标准特征值时，往往要求对特征向量作正交规格化处理，以致基本振型参与系数不再接近于 1，或者更多，其大小取决于对特征向量缩小的倍数。

(5) 结构侧移

对于串联多质点系，由于采取刚性楼盖假定，各构件在同一高度处的侧移值相等，按上式计算出的质点地震作用，可以直接按照各竖向构件的侧移刚度比例分配。采取并联多质点系计算简图时，由于弹性屋盖的水平变形，按上式求得的质点地震作用，不是直接对各竖向构件上的地震作用，而是对整个空间结构节点上的地震作用。欲求竖向构件的地震内力，尚需利用变形协调条件进行空间结构力学分析。为此，需先计算出空间结构在各振型地震作用单独影响下的侧移，然后再反求各竖构件分离体上的地震作用。

j 振型地震作用引起的结构第一变形阶段侧移为

$$\{\Delta_j\}=[\Delta_{j1}\quad\Delta_{j2}\quad\cdots\quad\Delta_{ji}\quad\cdots\quad\Delta_{jn}]^T=[K]^{-1}\{F_j\} \tag{6-20}$$

式中 Δ_{ji}——第 i 竖构件（排架或山墙）顶端的 j 振型侧移；

$\{F_j\}$——质点 j 振型地震作用列向量，

$$\{F_j\}=[F_{j1}\quad F_{j2}\quad\cdots\quad F_{ji}\quad\cdots\quad F_{jn}]^T \tag{6-21}$$

(6) 考虑山墙刚度退化的侧移柔度矩阵

试验表明，砖墙在水平力作用下的弹性极限角变形约为 3×10^{-4}，砖墙变形超过此一界限时，墙面将出现裂缝，砖墙的侧移刚度急剧下降。当角变形达到 5×10^{-4}时，开始出现对角裂缝。角变形达到 1×10^{-3}时，裂缝贯通，侧移刚度降为初始刚度的 25%左右，角变形达到 2×10^{-3}时，侧移刚度降到其初始刚度的 12%左右。

地震震害表明，7 度及以上地震区内的砖排架房屋，山墙很少不发生裂缝，细微裂缝更难避免。影响地震作用强弱的因素多而复杂，要做到准确预测还有一定困难。按基本烈度进行设防的厂房，遭遇到强烈地震时，破坏将能得到控制，比未设防厂房的破坏程度要轻得多，但很难保证山墙不出现细微裂缝。由于抗震设防标准允许结构进入塑性变形状态，山墙刚度最大，地震期间无疑将超过弹性变形极限，进入非弹性变形阶段。

山墙是屋盖作为水平构件时的支座，它在地震期间出现裂缝，侧移刚度下降，将对厂房的空间作用产生影响。进行结构地震内力分析时，若不考虑这一点，将使排架的计算结果偏于不安全。因此，确定厂房排架在地震荷载作用下的侧移和地震内力时，应该采取山墙开裂后的退化侧移刚度取代原来的山墙初始弹性刚度，重新建立整个房屋空间结构第二变形阶段侧移刚度矩阵 $[\overline{K}]$，并求逆得柔度矩阵 $[\overline{K}]^{-1}$：

$$\overline{K}=[K'']+[k]$$

$$[K'']=\mathrm{diag}[CK_1 \quad K_2 \quad K_3 \quad \cdots \quad K_i \quad \cdots \quad K_{n-1} \quad CK_n] \tag{6-22}$$

式中 C——地震期间山墙出现裂缝后侧移刚度退化系数，根据各烈度区山墙的平均震害程度和砖墙试验数据综合确定，工程设计时可取0.2。

j 振型地震作用引起的第二变形阶段结构侧移为

$$\{\Delta'_j\}=[\Delta'_{j1} \quad \Delta'_{j2} \quad \cdots \quad \Delta'_{ji} \quad \cdots \quad \Delta'_{jn}]^{\mathrm{T}}=[\overline{K}]^{-1}\{F_j\} \tag{6-23}$$

式中 Δ'_{ji}——考虑山墙刚度退化时第 i 竖构件（排架或山墙）顶端的 j 振型侧移。

（7）排架和山墙地震作用

山墙或排架顶端的 j 振型水平地震作用，分别等于结构处于第一或第二变形阶段时，各该构件的侧移乘以各自的侧移刚度，即

$$\left.\begin{aligned}&F_{j1}=K_1\Delta_{j1},\quad F_{jn}=K_n\Delta_{jn},\\&F_{ji}=K_i\Delta'_{ji}\quad(i=2,3,\cdots,n-1)\end{aligned}\right\} \tag{6-24}$$

式中 F_{j1}、F_{jn}——作用于山墙顶端的 j 振型水平地震作用；

F_{j2}、…、$F_{j,n-1}$——分别作用于各榀排架顶端的 j 振型水平地震作用。

（8）地震内力

分别计算出山墙、排架等竖构件分离体的前五个振型水平地震作用引起的截面地震内力，然后按照“平方和的方根”法则进行组合，得各截面实际地震剪力和弯矩：

$$V_j=\sqrt{\sum_{j=1}^{5}V_{ji}^2},\quad M_i=\sqrt{\sum_{j=1}^{5}M_{ji}^2} \tag{6-25}$$

式中 V_{ji}、M_{ji}——竖构件第 i 截面的 j 振型地震剪力和弯矩。

二、纵向抗震计算

1. 厂房可不进行纵向抗震验算的条件

（1）7度（0.1g）Ⅰ、Ⅱ类场地，柱顶标高不超过4.5m，按规定采取抗震构造措施，结构单元两端均有山墙的单跨及等高多跨厂房。

（2）7度（0.1g）Ⅰ、Ⅱ类场地，柱顶柱高不超过6.6m，按规定采取抗震构造措施，厂房两侧设有厚度不小于240mm且开洞截面面积不超过50%的外纵墙，结构单元两端均有山墙的单跨厂房。

2. 厂房纵向抗震计算方法

（1）钢筋混凝土屋盖厂房宜采用振型分解反应谱法进行计算。

（2）钢筋混凝土屋盖的等高多跨厂房，可采用修正刚度法。

(3) 纵墙对称布置的单跨厂房和轻型屋盖的多跨厂房，可采用柱列分片独立进行计算。

3. 柱列法

柱列法是将房屋沿每跨的纵向中心线切开（图 6-11），对每个柱列分别单独地进行地震作用计算和地震内力分析。柱列法适用于单跨厂房和柔性屋盖的等高多跨厂房的纵向抗震验算。

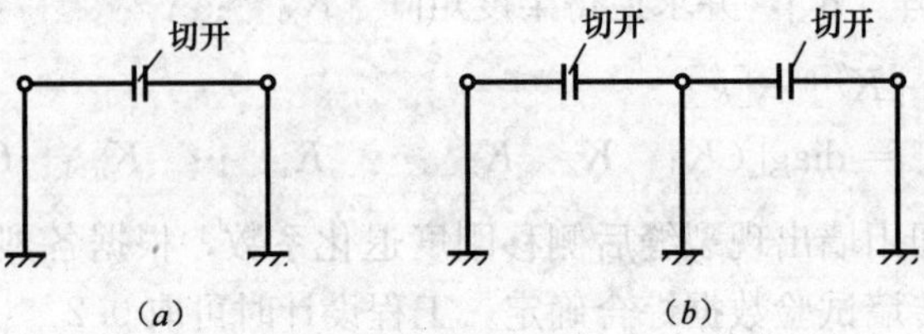

图 6-11　柱列法计算简图

(a) 单跨；(b) 等高多跨

(1) 计算简图

单层砖柱厂房采用柱列法进行纵向抗震验算时，纵向以一个柱列作为计算单元。砖排架厂房的边柱列多为带壁柱的开洞砖墙（图 6-12a），中柱列多为一列砖柱加 2～4 开间实体砖墙（图 6-12b）。

(2) 重力荷载计算

1) 按剪切杆件动能相等原则，计算纵向柱列基本自振周期用的纵向 S 柱列换算集中柱顶高度处的重力荷载 G_s，其值可按下式计算确定：

$$G_s = 0.25G_c + 0.25G_{wt} + 0.35G_{wl} + 1.0[G_r + 0.5G_{sn} + 0.5G_d] \tag{6-26}$$

式中　G_{wt}——山墙重力荷载代表值。

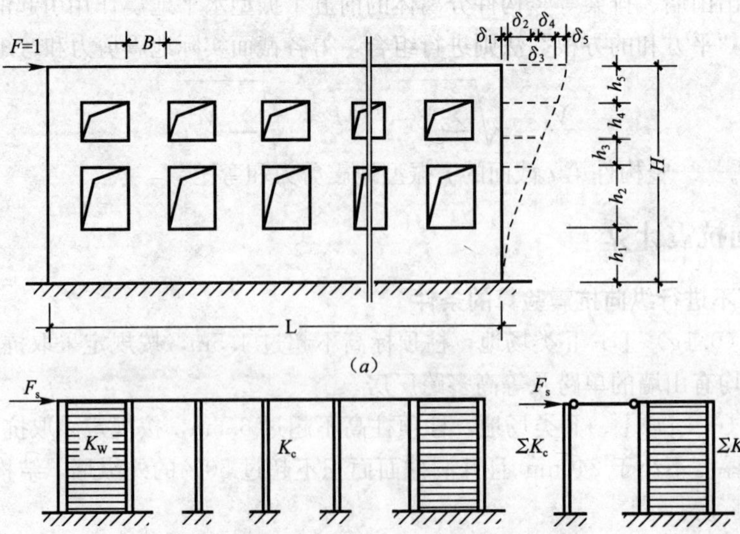

图 6-12　单层砖柱厂房纵向柱顶计算简图

(a) 多洞墙；(b) 柱一墙并联体

G_s 的计算中，等号右边各分项 G 的数值，均取国家现行标准《建筑结构荷载规范》中所规定的标准值。G_{sn}和 G_d 的系数 0.5 是组合值系数。

2）按柱列底部剪力相等原则，计算纵向柱列地震作用的纵向 S 柱列换算集中柱顶高度处的重力荷载$\overline{G}_s$，其值可按下式计算：

$$\overline{G}_s = 0.5G_c + 0.5G_{wt} + 0.7G_{wl} + 1.0[G_r + 0.5G_{sn} + 0.5G_d] \quad (6\text{-}27)$$

（3）纵向柱列的侧移柔度

单层砖柱厂房纵向柱列的侧移柔度可按下述两种情况分别确定：

1）边柱列

边柱列为具有多层洞口的多开间砖墙（图 6-12*a*）。

窗洞上下的水平砖带因高宽比值很小，仅需计算剪切变形；窗间墙可视为上下两端嵌固的墙肢并计算弯曲和剪切两项变形。

上下两端均为嵌固的墙肢的侧移柔度可按下式计算（图 6-13）：

$$\delta_w = \frac{H^3}{12GI} + \frac{\xi H}{GA} \quad (6\text{-}28)$$

式中 I——墙肢的截面惯性矩，$I=\frac{tB^3}{12}$，t=墙厚；

ξ——剪应变不均匀系数，矩形截面，$\xi=1.2$；

G——砖砌体的剪切模量，$G=0.4E$；

A——墙肢的横截面面积，$A=Bt$。

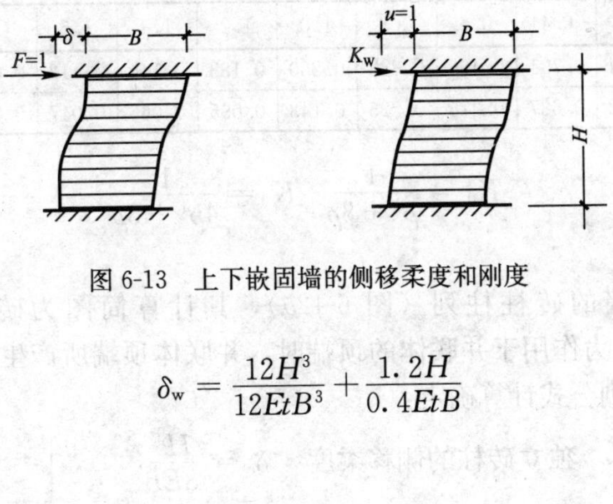

图 6-13　上下嵌固墙的侧移柔度和刚度

$$\delta_w = \frac{12H^3}{12EtB^3} + \frac{1.2H}{0.4EtB} \quad (6\text{-}29)$$

令 $\rho=\frac{H}{B}$，上式变为：

$$\left.\begin{aligned} \delta_w &= \frac{\rho^3+3\rho}{Et} \\ K_w &= \frac{1}{\delta_w} = \frac{Et}{\rho^3+3\rho} = EtK_0 \\ K_0 &= \frac{1}{\rho^3+3\rho} \end{aligned}\right\} \quad (6\text{-}30)$$

边列柱具有多层洞口的多开间砖墙（图 6-12*a*），在单位水平力作用于墙顶时，等于各墙段砖墙侧移 δ_i 之和，即：

$$\left.\begin{aligned}\delta &= \sum_{i=1}^{n}\delta_i \\ \delta_i &= \frac{1}{K_i}\end{aligned}\right\} \tag{6-31}$$

对于实体水平砖带

$$K_i = Et(K_0)_i \quad (i = 1,3,5\cdots)$$

对于有洞口的多肢墙段

$$K_i = \sum_{s=1}^{m} K_{is} = Et\sum_{s=1}^{m}(K_0)_{is} \quad (i = 2,4\cdots)$$

式中 E——砖砌体的弹性模量；

t——砖墙厚度，对于有壁柱的墙肢，可按截面积相等原则换算为等厚矩形截面（图 6-14）；

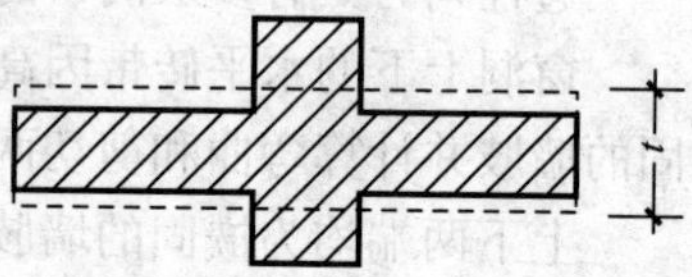

图 6-14　带壁柱墙肢由换算厚度

m——有洞口的多肢墙段的段数；

$(K_0)_i$——沿竖向第 i 墙段的相对刚度，按 i 墙段的高长比 $\rho=\dfrac{h_i}{L}$ 值查表 6-2 或按式（6-30）计算确定；

$(K_0)_{is}$——第 i 墙段中第 s 墙肢的相对刚度，按 s 墙肢的高宽比 $\rho=-\dfrac{h_i}{B}$ 值查表 6-2 或按式（6-30）计算确定。

上下嵌固墙肢或无洞悬臂砖墙的平面内相对侧移刚度 K_0 和 K_0'　　**表 6-2**

ρ	0.1	0.2	0.4	0.6	0.8	1.0	1.2	1.4	1.6	1.8	2.0	2.5	3.0
K_0	3.322	1.644	0.791	0.496	0.343	0.250	0.188	0.144	0.112	0.089	0.071	0.043	0.028
K_0'	3.289	1.582	0.687	0.375	0.225	0.143	0.095	0.066	0.047	0.035	0.026	0.014	0.009

$$K_0 = \frac{1}{\rho^3 + 3\rho} \quad K_0' = \frac{1}{4\rho^3 + 3\rho} \tag{6-32}$$

2）中列柱

对于设有抗震墙的砖柱柱列（图 6-12*b*），其计算简图为砖柱和砖墙的并联体（图 6-12*b*）。单位水平力作用于并联体的顶端时，并联体顶端所产生的侧移，即并联体顶端的侧移柔度可按下列公式计算确定：

$$\left.\begin{aligned}&\text{独立砖柱的侧移柔度}\quad \delta_c = \frac{H^3}{3EI} \\ &\text{独立砖柱的侧移刚度}\quad K_c = \frac{1}{\delta_c} = \frac{3EI}{H^3}\end{aligned}\right\} \tag{6-33}$$

抗震墙的柔度，按底端固定，上端自由的悬臂墙考虑（图 6-15）。

$$\delta_w = \frac{H^3}{3EI} + \frac{\xi H}{GA} = \frac{12H^3}{3EtB^3} + \frac{1.2H}{0.4EBt}$$

$$= \frac{4H^3}{EtB^3} + \frac{3H}{EBt}$$

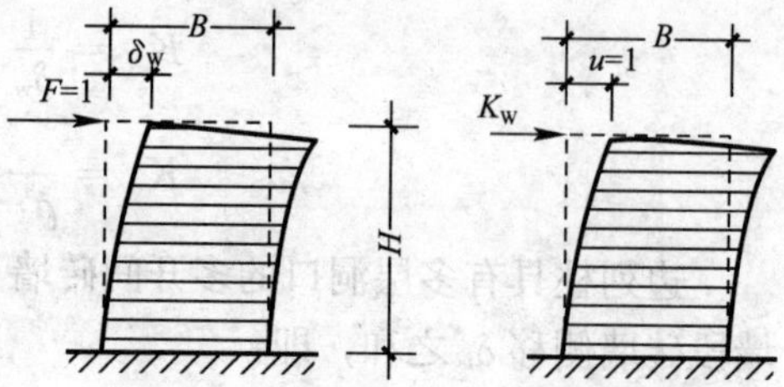

图 6-15　悬壁墙的侧移柔度和刚度

令 ρ=H/B，上式变为：

$$
\left.\begin{aligned}
\delta_{\mathrm{w}} &= \frac{4\rho^3+3\rho}{Et} \\
K_{\mathrm{w}} &= \frac{1}{\delta_{\mathrm{w}}} = \frac{Et}{4\rho^3+3\rho} = EtK'_0 \\
K'_0 &= \frac{1}{4\rho^3+3\rho}
\end{aligned}\right\} \tag{6-34}
$$

砖柱和砖墙并联体顶端的侧移柔度为

$$
\delta = \frac{1}{\sum_{i=1}^{n} K_{ci} + \sum_{j=1}^{m} K_{\mathrm{w}j}} = \frac{1}{\frac{3nEI}{H^3} + mEtK'_0} \tag{6-35}
$$

式中 K_{ci}——第 i 个独立砖柱的抗侧移刚度；

$K_{\mathrm{w}j}$——第 j 片抗震砖墙的抗侧移刚度；

n、m——纵向一柱列中独立砖柱的根数与抗震墙的片数；

I——砖柱截面的惯性矩；

H——砖柱和抗震墙的计算高度；

E——砖砌体的弹性模量；

t——抗震墙的厚度；

B——抗震墙的宽度；

K'_0——一片抗震墙的相对刚度，无洞悬臂砖墙的相对刚度，可按其高宽比 ρ 值查表 6-2 或按式（6-33）计算确定。

（4）柱列的纵向基本周期

第 s 柱列（边柱列或中柱列）沿厂房纵向单独自由振动时的基本周期可按下式计算：

$$
T_s = 2\pi\sqrt{m_s\delta} \approx 2\sqrt{G_s\delta} \tag{6-36}
$$

式中 δ——一个柱列沿厂房纵向的侧移柔度；

m_s、G_s——第 s 柱列的集中质量和相应重力荷载。

（5）柱列的纵向地震作用

整个边柱列或中柱列顶部的纵向水平地震作用标准值，可按下式计算：

$$
F_s = \alpha_s \overline{G}_s \tag{6-37}
$$

式中 $\overline{G}_s$——按照柱列底部剪力相等原则，第 s 柱列换算集中墙顶处的重力荷载；

α_s——相应于 s 柱列的基本周期 T_s 的地震影响系数。

（6）柱列中的墙、柱地震内力

1）边柱列

边柱列为开有门窗洞口的带壁柱砖墙，在墙顶处作用于整个柱列的纵向水平地震作用 F_s，按墙肢的侧移刚度或其相对刚度 K_0 比例分配，然后根据各窗间墙分得的地震剪力验算其抗剪强度。当外纵墙上开有多层窗洞时，验算上层窗间墙的抗剪强度时，应从 F_s 中扣除验算截面高度以下的墙、柱重力荷载所引起的水平地震作用。

作用于一片窗间墙上的纵向水平地震剪力可按下式计算：

$$
V_s = \frac{(K_0)_{is}}{\sum_{s=1}^{m}(K_0)_{is}} \tag{6-38}
$$

式中　$(K_0)_{is}$——一片窗间墙的相对侧移刚度。

2）中柱列

中柱列多为墙、柱并联体，在柱顶处作用于整个柱列的纵向水平地震作用 F_s，按墙和柱的侧移刚度比例分配。

作用于一根柱顶端的纵向水平地震作用和柱底截面的纵向地震弯矩，可分别按下式计算：

$$\left.\begin{aligned} F_c &= \frac{K_c}{\Sigma K_c + \Sigma K_w} \cdot F_s \\ M_c &= F_c \cdot H \end{aligned}\right\} \tag{6-39}$$

作用于一片抗震墙顶端的纵向水平地震作用和墙底截面的地震剪力，可分别按下式计算：

$$\left.\begin{aligned} F_w &= \frac{K_w}{\Sigma K_c + \Sigma K_w} \cdot F_s \\ V_w &= F_w \end{aligned}\right\} \tag{6-40}$$

式中　K_c、K_w——分别为一根柱、一片墙的侧移刚度。

（7）构件截面内力组合和强度验算

进行墙柱等构件的截面抗震强度验算时，应将按上式计算得的截面地震内力以及等效静荷载作用下的截面内力，分别乘以相应的分项数后进行组合，然后应用强度验算公式检验是否满足要求。

4. 修正刚度法

修正刚度法适用于钢筋混凝土无檩或有檩屋盖等高多跨厂房的纵向抗震验算。

（1）纵向基本周期

单层砖柱厂房的纵向基本周期可按下式计算：

$$T_1 = 2\psi_T \sqrt{\frac{\Sigma G_s}{\Sigma K_s}} \tag{6-41}$$

式中　K_s——第 s 柱列的侧移刚度，它等于柱列侧移柔度的倒数，$K_s = \frac{1}{\delta_s}$；

ψ_T——周期修正系数，查表 6-3 确定；

G_s——第 s 柱列的集中重力荷载，包括柱列左右各半跨的屋盖和山墙重力荷载，及按动能等效原则换算集中到柱顶或墙顶处的墙、柱重力荷载。

厂房纵向基本周期修正系数 ψ_T　　　**表 6-3**

屋盖类型	钢筋混凝土无檩屋盖		钢筋混凝土有檩屋盖	
	边跨无天窗	边跨有天窗	边跨无天窗	边跨有天窗
周期修正系数	1.3	1.35	1.4	1.45

（2）厂房纵向总水平地震作用

单层砖柱厂房沿厂房纵向作用的总水平地震作用可按下式计算：

$$F_{EK} = \alpha_1 \Sigma \overline{G}_s \tag{6-42}$$

式中　α_1——相应于单层砖柱厂房纵向基本周期 T_1 的地震影响系数。

(3) 单柱列地震作用

沿厂房纵向第 s 柱列顶端的水平地震作用标准值，可按下式计算：

$$F_s = \frac{\psi_s K_s}{\Sigma \psi_s K_s} F_{EK} \tag{6-43}$$

式中 F_s——第 s 柱列顶端的纵向水平地震作用标准值；

F_{EK}——厂房纵向总水平地震作用，

ψ_s——反映屋盖水平变形影响的柱列刚度调整系数，根据屋盖类型和各柱列的纵墙设置情况，查表 6-4 确定。

柱列刚度调整系数 ψ_s **表 6-4**

纵墙设置情况		屋盖类型			
		钢筋混凝土无檩屋盖		钢筋混凝土有檩屋盖	
		边列柱	中列柱	边列柱	中列柱
砖柱敞棚		0.95	1.1	0.9	1.1
各柱列均为带壁柱砖墙		0.95	1.1	0.9	1.2
边柱列为带壁柱砖墙	中列柱的纵墙不少于 4 开间	0.7	1.4	0.75	1.5
	中列柱的纵墙少于 4 开间	0.6	1.8	0.65	1.9

5. 空间分析方法

(1) 力学模型

采用钢筋混凝土无檩或有檩屋盖的多跨厂房，因为屋盖在水平方向具有一定的刚度，各个纵向柱列受到屋盖的牵制，不再能各自独立运动，而是作为一个整体进行振动。因此，进行厂房的纵向抗震分析时，应该根据其空间结构（图 6-16）的力学特性，建立起以水平剪切杆代表屋盖、竖向剪弯杆代表纵向柱列的空间结构力学模型，并进一步将连续体的分布质量相对集中，离散化为多质点系。现以两跨等高厂房、最简单的验算情况为例，采取具有 3 个自由度的“并联多质点系”（图 6-17），作为纵向抗震分析的计算简图。

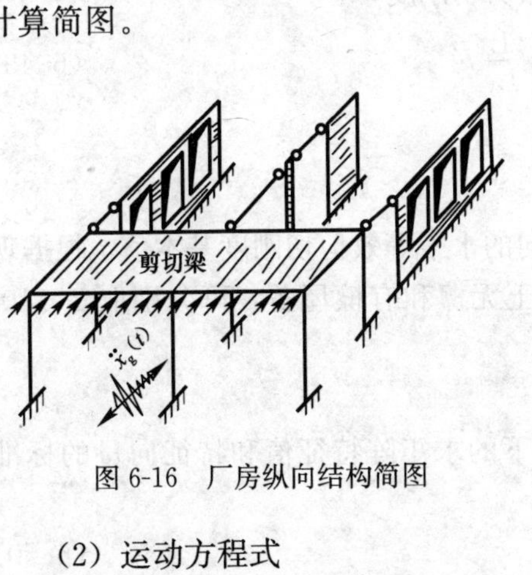

图 6-16 厂房纵向结构简图

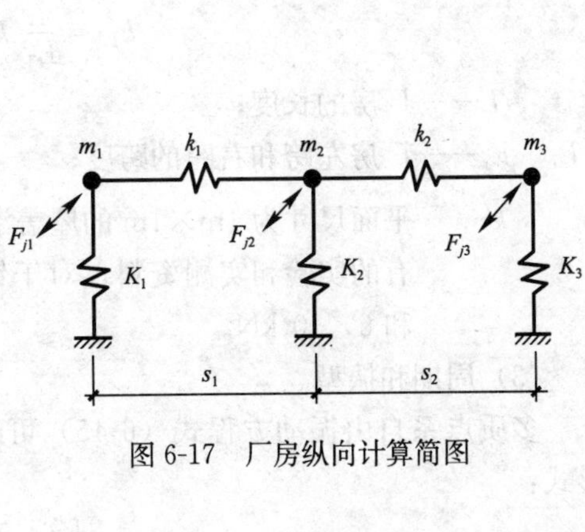

图 6-17 厂房纵向计算简图

(2) 运动方程式

等高砖排架厂房对纵轴而言也多为对称结构。当仅考虑地面运动的平动分量而忽略其转动分量时，厂房沿纵向将仅产生平动（差异平移，即平移加屋盖水平变形引起的差异侧移），而无扭转振动。厂房在纵向地面平动单分量作用下的振动方程式为

$$[m]\{\ddot{x}\}+[C]\{\dot{x}\}+[K]\{X\}=-[m]\{1\}\ddot{x}_g \tag{6-44}$$

式中 $[m]$、$[K]$、$[C]$ ——多质点系的质量矩阵、侧移刚度和阻尼矩阵；

$\{x\}$、$\{\dot{x}\}$、$\{\ddot{x}\}$ ——体系沿厂房纵向运动时质点的相对位移、相对速度、相对加速度列向量；

$\ddot{x}_g$——沿厂房纵向的地面平动加速度分量。

式（6-44）的解就是结构的地震反应，但计算工作很大。目前在实际工程中多采用基于反应谱理论的振型分解方法，将多质点系的振动转化为多个等效的单质点系的振动。从而可以借用单质点系自由振动的解及反应谱曲线，作为式（6-44）的近似解。

以质点相对位移幅值为变量的两跨等高厂房（图 6-17）纵向自由振动方程式为

$$-w^2[m]\{X\}+[K]\{X\}=0 \tag{6-45}$$

$$[m]=\mathrm{diag}[m_1 \quad m_2 \quad m_3]$$

$$[K]=[\overline{K}]+[k]$$

$$\overline{K}=\mathrm{diag}[K_1 \quad K_2 \quad K_3] \tag{6-46}$$

$$[k]=\begin{bmatrix} k_1 & -k_1 & 0 \\ -k_1 & k_1+k_2 & -k_2 \\ 0 & -k_2 & k_2 \end{bmatrix} \tag{6-47}$$

式中 w——体系按某一振型作自由振动时的圆频率；

$\{X\}$ ——体系按某一振型作自由振动时各质点相对位移幅值列向量，

$$\{X\}=[X_1 \quad X_2 \quad X_3]^{\mathrm{T}} \tag{6-48}$$

m_i——第 i 质点的质量，按照体系动能相等原则换算集中到第 i 柱列上端的质量；

$[\overline{K}]$——柱列侧移刚度矩阵，其中元素 K_1、K_3 为边柱列侧移刚度，K_2 为中柱列侧移刚度；

$[k]$——由屋盖纵向水平刚度形成的竖构件耦联刚度矩阵；

k_1、k_2——分别在左跨或右跨屋盖的纵向水平等效剪切刚度，

$$k_1=\frac{L}{L_{\mathrm{L}}}\overline{k'}, \quad k_2=\frac{L}{L_{\mathrm{r}}}\overline{k'} \tag{6-49}$$

L——厂房的长度；

L_{L}、L_{r}——厂房左跨和右跨的跨度；

$\overline{k'}$——平面尺寸为 1m×1m 的屋盖沿厂房纵向的水平等效剪切刚度基本值，根据现有的实验和实测资料，对于钢筋混凝土无檩和有檩屋盖，可分别取 2×10^4 和 6×10^3kN。

（3）周期和振型

多质点系自由振动方程式（6-45）可改写成如下的求矩阵特征值和特征向量的标准形式：

$$[f]\{X\}=\lambda\{X\} \tag{6-50}$$

式中 $[f]$——多质点系的动力矩阵，

$$[f]=[K]^{-1}[m];$$

λ——动力矩阵的特征值，$\lambda=\frac{1}{w^2}$，w 为多质点系自由振动圆频率。

按照第四章的方法求解式（6-50），所得特征向量 $\{X_1\}$、$\{X_2\}$、$\{X_3\}$ 就是代表厂房纵向多质点系的第一、第二、第三振型；所得特征值 λ_1、λ_2、λ_3 可以用来计算多质点系的3个自振周期 T_1、T_2 和 T_3：

$$T_j=2\pi\sqrt{\lambda_j}\quad(j=1,2,3) \tag{6-51}$$

（4）质点地震作用

根据式（6-51）计算出的周期查地震影响系数曲线，可得相应于3个振型的3个地震影响系数 α_1、α_2 和 α_3。根据求解式（6-50）所得振型，可以计算出各振型的振型参与系数 γ_j，从而得各振型质点地震作用：

$$[F]=g[\overline{m}][X][\alpha][\gamma] \tag{6-52}$$

即

$$\begin{bmatrix} F_{11} & F_{21} & F_{31} \\ F_{12} & F_{22} & F_{32} \\ F_{13} & F_{23} & F_{33} \end{bmatrix}=g\begin{bmatrix} \overline{m}_1 & & 0 \\ & \overline{m}_2 & \\ 0 & & \overline{m}_3 \end{bmatrix}\begin{bmatrix} X_{11} & X_{21} & X_{31} \\ X_{12} & X_{22} & X_{32} \\ X_{13} & X_{23} & X_{33} \end{bmatrix}\begin{bmatrix} \alpha_1 & & 0 \\ & \alpha_2 & \\ 0 & & \alpha_3 \end{bmatrix}\begin{bmatrix} \gamma_1 & & 0 \\ & \gamma_2 & \\ 0 & & \gamma_3 \end{bmatrix} \tag{6-53}$$

式中 $\overline{m}_i$——按照柱列底部地震内力（剪力或弯矩）相等原则换算集中到柱列上端的集中质量。

（5）柱列地震作用

按式（6-52）计算出的质点地震作用，是施加于厂房纵向空间结构节点上的地震作用，需要进行空间分配后，才能得到作用于柱列分离体上的水平地震作用。方法可以是，先计算出空间结构分别在各振型质点地震作用下的质点侧移，即柱列上端的纵向侧移，然后乘以柱列纵向刚度，得作用于柱列（分离体）上端的各振型地震作用 F_j（图6-18）。

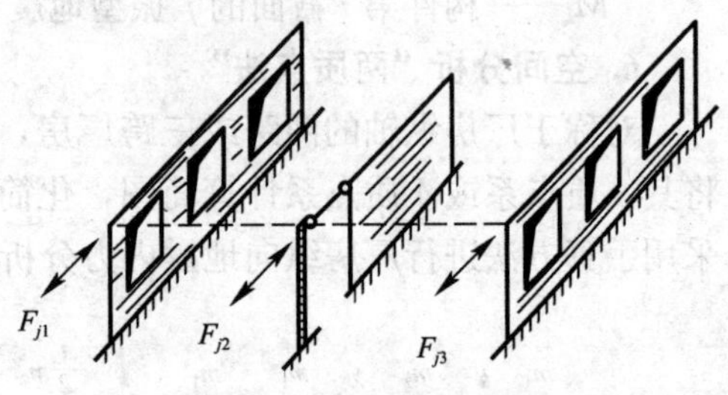

图6-18 柱列地震作用

考虑到地震期间砖墙不可避免地要出现细微裂缝，刚度下降，对厂房纵向地震作用在柱列间的分配产生显著影响。分析指出，如不考虑砖墙刚度退化的影响，将使中柱列内的独立砖柱按计算分配得的水平地震作用小于实际值，而偏于不安全。因此，当中柱列未设置砖抗震墙，为确定中柱列地震力而计算中柱列的纵向侧移时，对于边柱列纵墙，应该采取结构第二变形阶段纵墙微裂状态下的实际刚度，重新建立厂房纵向空间结构的刚度矩阵 $[K']$ 及其柔度矩阵 $[K']^{-1}$。下面仍以双跨厂房为例：

$$[K']=[K'']+[k] \tag{6-54}$$

$$[K'']=\mathrm{diag}[CK_1\quad K_2\quad CK_3]$$

式中 C——地震期间砖墙微裂时的刚度降低系数，根据现有实验资料，可取 $C=0.2$。

厂房纵向空间结构在各振型质点地震作用分别影响下，第一和第二变形阶段，各柱列上端所产生的纵向侧移分别为

$$[\Delta] = [K]^{-1}[F] \tag{6-55}$$

$$[\Delta'] = [K']^{-1}[F] \tag{6-56}$$

当厂房各纵向柱列均设置纵墙时，各柱列（分离体）上端的各振型水平地震作用，按下式计算：

$$[F] = [K][\Delta] \tag{6-57}$$

当厂房仅边柱列有纵墙而中柱列无纵墙时，从［Δ］中取出边柱列的各振型侧移 Δ_{j1} 和 Δ_{j3}，从［Δ'］中取出中柱列的侧移 Δ'_{j2}，组成边柱列处于第一变形阶段及中柱列处于第二变形阶段混合型柱列侧移矩阵［$\bar{\Delta}$］，并用它右乘柱列弹性侧移刚度矩阵，得各柱列（分离体）上端各振型最大水平地震作用：

$$[F] = [K][\bar{\Delta}] \tag{6-58}$$

即

$$\begin{bmatrix} F_{11} & F_{21} & F_{31} \\ F_{12} & F_{22} & F_{32} \\ F_{13} & F_{23} & F_{33} \end{bmatrix} = \begin{bmatrix} K_1 & & 0 \\ & K_2 & \\ 0 & & K_3 \end{bmatrix} \begin{bmatrix} \Delta_{11} & \Delta_{21} & \Delta_{31} \\ \Delta'_{12} & \Delta'_{22} & \Delta'_{32} \\ \Delta_{13} & \Delta_{23} & \Delta_{33} \end{bmatrix}$$

（6）截面抗震强度验算

将柱列上端的 j 振型水平地震作用，按该柱列内砖柱、砖墙或墙肢的侧移刚度比例进行分配，并计算出需作强度验算的各截面的 j 振型地震内力 V_{ji} 和 M_{ji}，再按下式进行振型组合，得各截面的设计地震内力，将此地震内力与相配套的等效静力荷载作用下的内力，分别乘以各自的分项系数后进行叠加，作为组合内力，进行抗震强度验算。

$$V_i = \sqrt{\sum_{i=1}^{5} V_{ji}^2}$$

$$M_i = \sqrt{\sum_{i=1}^{5} M_{ji}^2}$$

式中 V_i——构件第 i 截面的 j 振型地震剪力；

M_i——构件第 i 截面的 j 振型地震弯矩。

6. 空间分析“两质点法”

对称于厂房纵轴的两跨或三跨厂房，进行纵向抗震空间分析时，可利用对称化方法，将其 3 质点系或 4 质点系计算简图，化简为两质点系（图 6-19），从而可以利用下列公式采用手算方法进行厂房纵向地震内力分析。

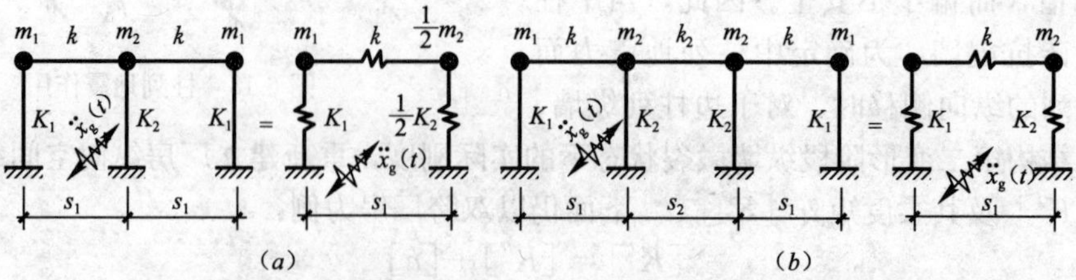

图 6-19 多质点系的对称化处理

(*a*) 两跨厂房；(*b*) 三跨厂房

因为仅有两个自由度，能够很方便地列出并联两质点系空间结构的侧移刚度矩阵，并可利用现成公式进行求逆，得它的侧移柔度矩阵。接着按相应公式计算两质点系的动力矩阵特征值，及其自由振动周期和振型。以后，就是按通常方法确定质点地震作用、质点侧移、柱列地震作用、构件截面地震内力，以及内力组合和截面抗震强度验算。

(1) 侧移刚度矩阵

并联两质点系所代表的厂房纵向空间结构的侧移刚度矩阵，由柱列侧移刚度（K_1、K_2）和屋盖水平刚度（k）所组成，矩阵中的各元素可分别情况按下列算式直接写出：

两跨厂房

$$[K]=\begin{bmatrix}k_{11} & k_{12}\\ k_{21} & k_{22}\end{bmatrix}=\begin{bmatrix}K_1+k & -k\\ -k & \frac{1}{2}K_2+k\end{bmatrix} \tag{6-59}$$

三跨厂房

$$[K]=\begin{bmatrix}k_{11} & k_{12}\\ k_{21} & k_{22}\end{bmatrix}=\begin{bmatrix}K_1+k & -k\\ -k & K_2+k\end{bmatrix} \tag{6-60}$$

式中 K_1、K_2——厂房原来结构的边柱列和中柱列的纵向侧移刚度；

k——厂房边跨屋盖的纵向水平刚度。

(2) 侧移柔度矩阵

虽然可以直接利用刚度系数计算质点系的自振周期和振型，但在下一步计算中，需要通过计算体系在质点地震作用下的侧移，来反求作用于柱列分离体上的地震作用，因而需要建立体系的柔度矩阵 $[\delta]$。它可以利用两阶矩阵求逆的公式直接写出：

$$[\delta]=\begin{bmatrix}\delta_{11} & \delta_{12}\\ \delta_{21} & \delta_{22}\end{bmatrix}=\begin{bmatrix}\frac{k_{22}}{|k|} & \frac{k_{21}}{|k|}\\ \frac{-k_{12}}{|k|} & \frac{k_{11}}{|k|}\end{bmatrix} \tag{6-61}$$

$$|k|=k_{11}k_{22}-(k_{12})^2$$

(3) 周期和振型

1) 特征值

① 两跨厂房

$$\lambda_1\text{ 或 }\lambda_2=\frac{1}{2}\left(m_1\delta_{11}+\frac{1}{2}m_2\delta_{22}\right)\pm\frac{1}{2}\sqrt{\left(m_1\delta_{11}-\frac{1}{2}m_2\delta_{22}\right)^2+2m_1m_2(\delta_{12})^2} \tag{6-62}$$

② 三跨厂房

$$\lambda_1\text{ 或 }\lambda_2=\frac{1}{2}(m_1\delta_{11}+m_2\delta_{22})\pm\frac{1}{2}\sqrt{(m_1\delta_{11}-m_2\delta_{22})^2+4m_1m_2(\delta_{12})^2} \tag{6-63}$$

式中 m_1、m_2 和 G_1、G_2——按体系动能相等原则确定的质点 1、2 的质量和重力荷载，$m_1=G_1/g$，$m_2=G_2/g$。

2) 周期

基本周期

第二周期

$$\left.\begin{aligned}T_1&=2\pi\sqrt{\lambda_1}\\ T_2&=2\pi\sqrt{\lambda_2}\end{aligned}\right\} \tag{6-64}$$

3）振型

① 两跨厂房

基本振型

第二振型

$$\left.\begin{aligned} X_{11}=1,\quad X_{12}=\frac{2}{m_2\delta_{12}}(\lambda_1-m_1\delta_{11}) \\ X_{21}=1,\quad X_{22}=\frac{2}{m_2\delta_{12}}(\lambda_2-m_1\delta_{11}) \end{aligned}\right\} \tag{6-65}$$

② 三跨厂房

基本振型

第二振型

$$\left.\begin{aligned} X_{11}=1,\quad X_{12}=\frac{1}{m_2\delta_{12}}(\lambda_1-m_1\delta_{11}) \\ X_{21}=1,\quad X_{22}=\frac{1}{m_2\delta_{12}}(\lambda_2-m_1\delta_{11}) \end{aligned}\right\} \tag{6-66}$$

4）振型参与系数

① 两跨厂房

基本振型参与系数

第二振型参与系数

$$\left.\begin{aligned} \gamma_1=\frac{G_1X_{11}+\frac{1}{2}G_2X_{12}}{G_1X_{11}^2+\frac{1}{2}G_2X_{12}^2} \\ \gamma_2=\frac{G_1X_{21}+\frac{1}{2}G_2X_{22}}{G_1X_{21}^2+\frac{1}{2}G_2X_{22}^2} \end{aligned}\right\} \tag{6-67}$$

② 三跨厂房

基本振型参与系数

第二振型参与系数

$$\left.\begin{aligned} \gamma_1=\frac{G_1X_{11}+G_2X_{12}}{G_1X_{11}^2+G_2X_{12}^2} \\ \gamma_2=\frac{G_1X_{21}+G_2X_{22}}{G_1X_{21}^2+G_2X_{22}^2} \end{aligned}\right\} \tag{6-68}$$

（4）质点地震作用

1）两跨厂房

基本振型质点地震作用

第二振型质点地震作用

$$\left.\begin{aligned} F_{11}&=\alpha_1\gamma_1X_{11}\bar{G}_1 \\ F_{12}&=\frac{1}{2}\alpha_1\gamma_1X_{12}\bar{G}_2 \\ F_{21}&=\alpha_2\gamma_2X_{21}\bar{G}_1 \\ F_{22}&=\frac{1}{2}\alpha_2\gamma_2X_{22}\bar{G}_2 \end{aligned}\right\} \tag{6-69}$$

2）三跨厂房

基本振型质点地震作用

第二振型质点地震作用

$$\left.\begin{aligned}F_{11}&=\alpha_1\gamma_1X_{11}\bar{G}_1\\F_{12}&=\alpha_1\gamma_1X_{12}\bar{G}_2\\F_{21}&=\alpha_2\gamma_2X_{21}\bar{G}_1\\F_{22}&=\alpha_2\gamma_2X_{22}\bar{G}_2\end{aligned}\right\}\tag{6-70}$$

式中 $\bar{G}_1$、$\bar{G}_2$——按照结构底部地震内力（剪力或弯矩）相等原则换算集中到柱列上端的重力荷载。

α_1、α_2——相应于基本周期和第二周期的地震影响系数。

（5）柱列侧移

两质点系所代表的空间结构，两个质点在某一振型地震作用下的侧移，等于振型地震作用列向量后乘体系的柔度矩阵：

$$[\Delta_{ji}]=[\delta_{ji}][F_{ji}]$$

即

$$\begin{bmatrix}\Delta_{11} & \Delta_{21}\\ \Delta_{12} & \Delta_{22}\end{bmatrix}=\begin{bmatrix}\delta_{11} & \delta_{12}\\ \delta_{21} & \delta_{22}\end{bmatrix}\begin{bmatrix}F_{11} & F_{21}\\ F_{12} & \delta_{22}\end{bmatrix}\tag{6-71}$$

（6）构件地震内力

通常方法是，计算出各振型的质点侧移后，乘以柱列刚度得作用于柱列分离体上的振型地震作用，然后按该柱列内构件的侧移刚度比例分配，并求出各振型的构件截面地震内力，再进行振型组合。对于“两质点系”的简化计算模型，仅柱列上端作用有水平地震作用，使计算过程得以简化。求出各振型的质点侧移后，可先按振型组合法则计算组合侧移，用组合侧移一次计算出柱列地震作用、构件截面地震内力，然后与配套的静荷载截面内力“叠加”，进行截面强度验算。

质点 1 和质点 2 的组合侧移分别为

$$\Delta_1=\sqrt{\Delta_{11}^2+\Delta_{21}^2},\quad \Delta_2=\sqrt{\Delta_{12}^2+\Delta_{22}^2}\tag{6-72}$$

作用于柱列（分离体）上端的水平地震作用，对于两跨厂房和三跨厂房，均等于柱列刚度乘以顶端侧移。

边柱列上端水平地震作用

中柱列上端水平地震作用

$$\left.\begin{aligned}F_1&=K_1\Delta_1\\F_2&=K_2\Delta_2\end{aligned}\right\}\tag{6-73}$$

中柱列一根砖柱上端的纵向水平地震作用为

中柱列一片砖墙上端的纵向水平地震作用为

$$\left.\begin{aligned}F_c&=K_c\Delta_2\\F_w&=K_w\Delta_2\end{aligned}\right\}\tag{6-74}$$

式中 K_c、K_w——一根砖柱、一片砖墙的侧移刚度。

当中柱列未设置纵向砖抗震墙，确定中柱列纵向地震作用时，应按式（6-56）、式（6-58）考虑砖墙刚度退化的影响。

第三节 抗震构造措施

一、屋盖支撑布置

厂房的静力设计，由于风荷载等水平力对整个屋盖侧向稳定的影响很小，屋架间支撑的主要功能是作为屋架上下弦的侧向支承，减小上下弦的计算长细比，提高其受压稳定性。因而在常规荷载作用下，支撑内力很小。即使支撑的布置不够合理，数量较少，杆件和连接构造较弱，也很少发现支撑破坏的事例。但厂房遭遇地震时，情况就不一样。地震作用使厂房前后左右摇晃，屋盖自身质量引起的水平惯性力，欲使整个屋盖发生侧向失稳，使屋架间的支撑承受较大拉力或压力，当它超过支撑杆件及其连接的设计强度时，就造成支撑破坏，屋架倾斜，甚至整个屋盖倒塌。因此，对于建造在地震区的砖排架房屋，应特别注意屋架间支撑的合理布置。

1. 钢筋混凝土屋盖的支撑布置，应符合第四章有关规定。

2. 钢屋架、压型钢板、瓦楞铁等轻型屋盖的支撑，应符合第五章有关规定。

3. 木屋盖的支撑布置，宜符合表 6-5 的规定（图 6-20，图 6-21）。

木屋盖的支撑布置 **表 6-5**

支撑名称		烈度		
		6、7	8	
		各类屋盖	满铺望版	稀铺望板或无望板
屋架支撑	上弦横向支撑	同非抗震设计		屋架跨度大于 6m 时，房屋单元两端第二开间及每隔 20m 设一道
	下弦横向支撑	同非抗震设计		
	跨中竖向支撑	同非抗震设计		
天窗架支撑	天窗两侧竖向支撑	同非抗震设计	不宜设置天窗	
	上弦横向支撑			

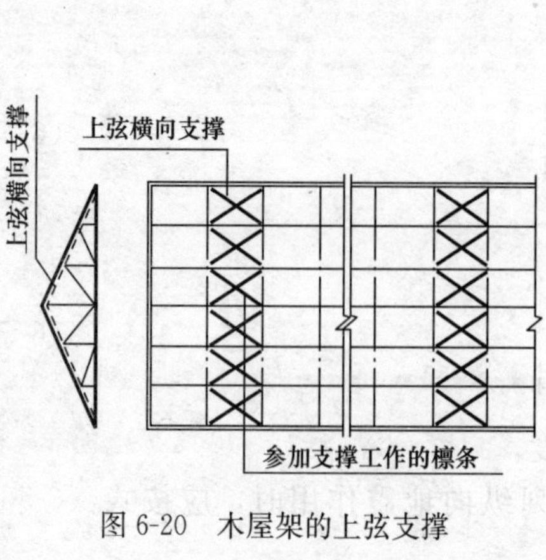

图 6-20 木屋架的上弦支撑

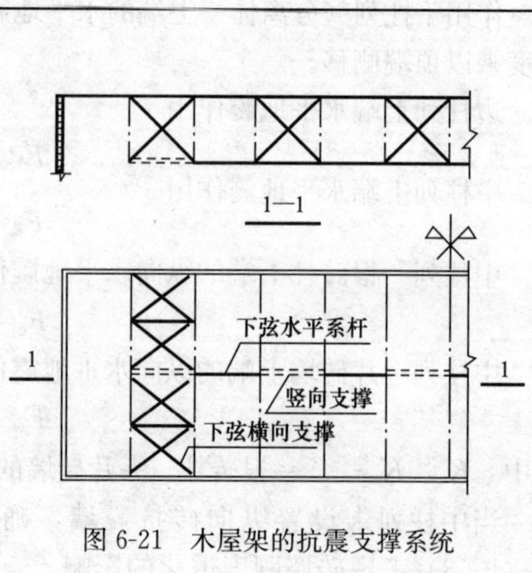

图 6-21 木屋架的抗震支撑系统

二、屋面构件连接

1. 钢筋混凝土屋盖屋面构件连接

应符合第四章有关规定。

2. 钢屋架、压型钢板轻型屋盖屋面构件的连接

应符合第五章的规定。

3. 木屋盖屋面构件的连接

(1) 檩条与屋架的连接

檩条必须与屋架钉牢，并应有较长的搁置长度。木檩条在屋架上宜采用搭接接头，并用较长圆钉与木屋架的上弦钉牢（图 6-22）。一般不宜采用对接接头，如因檩条长度所限，只能采用对接接头时，除每根檩条端头要与屋架钉牢外，在接头外要加钉夹板。

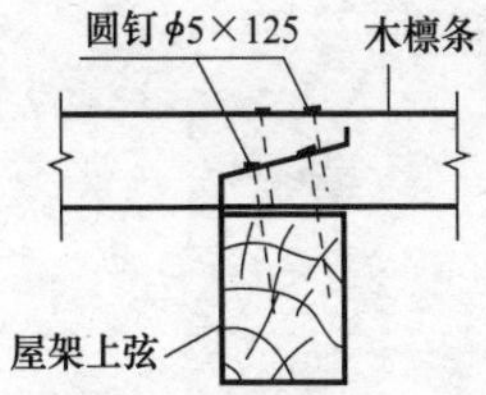

图 6-22 檩条与屋架的连接

(2) 支撑与屋架的连接

支撑与屋架、天窗的连接应采用螺栓。兼作上弦横向支撑中直杆的檩条以及兼作竖向支撑中上弦的檩条也应改用螺栓以加强与屋架上弦的连接。天窗架上的檐口檩条，因要传递水平地震作用，宜采用螺栓与天窗架连接。

(3) 木天窗架与木屋架的连接

木天窗架的边柱宜采用通长的木夹板与屋架的竖腹杆连通（图 6-23），或用铁板加强天窗架边柱与屋架上弦的连接（图 6-24）。

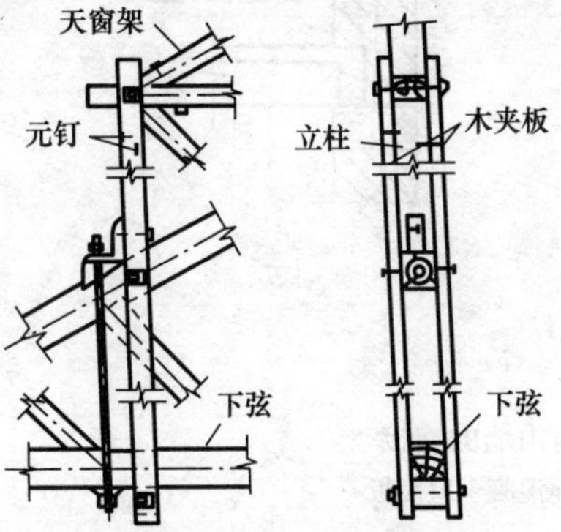

图 6-23 天窗边柱的木夹板

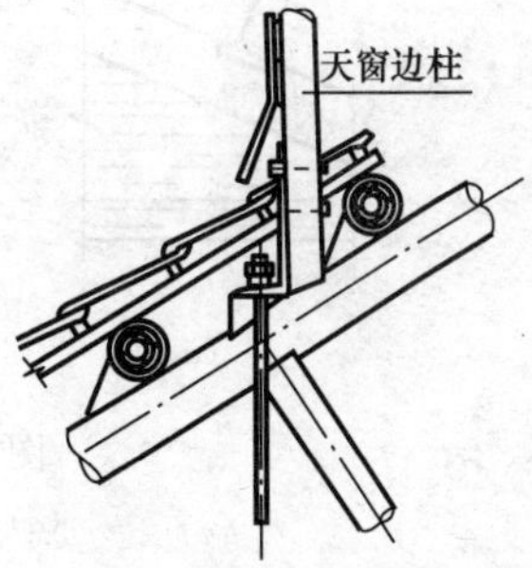

图 6-24 铁板加强天窗架边柱与屋架上弦的连接

4. 屋架（屋面梁）与砖柱（墙）的连接

屋架（屋面梁）与柱顶垫块或墙顶圈梁，应采用螺栓或焊接牢固连接（图 6-25）。

5. 屋面构件与山墙顶部的连接

屋面构件应与山墙卧梁可靠锚拉，搁置长度不应小于 120mm，有条件时可采用檩条伸出墙的屋面结构（图 6-26、图 6-27）。

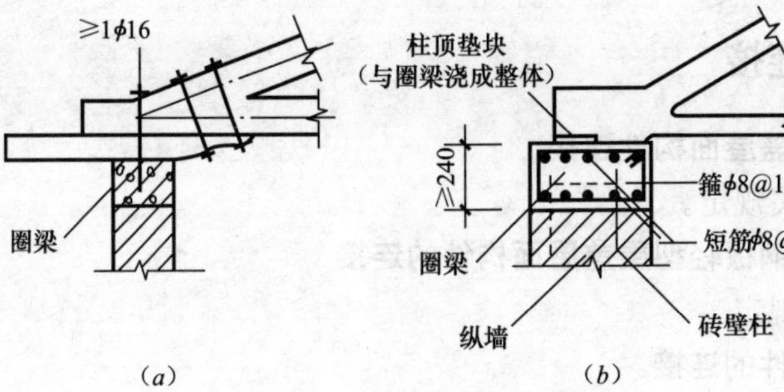

图 6-25　屋架与砖柱的连接

(*a*) 木屋架；(*b*) 钢筋混凝土屋架

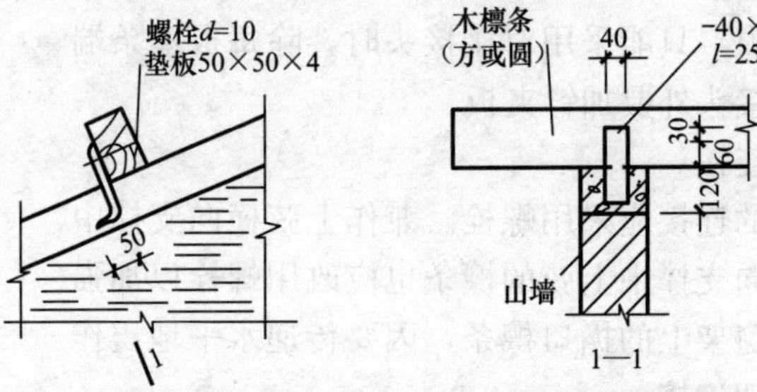

图 6-26　木檩条与山墙卧梁的连接

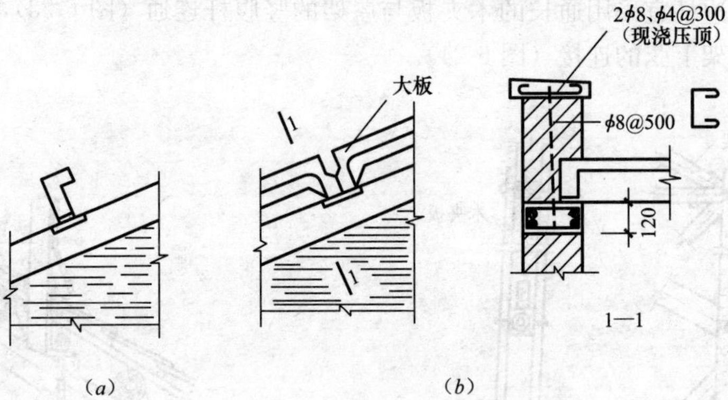

图 6-27　混凝土屋面与山墙的连接

(*a*) 混凝土檩条；(*b*) 钢筋混凝土屋面板

三、砖柱的构造

1. 无筋砖柱

砖柱截面形式宜采用在砖墙两侧设砖垛，并尽量使两侧砖垛凸出的尺寸相等或相差不大的十字形截面。

2. 组合砖柱（图 6-28）

组合砖柱的构造应符合下列要求：

(1) 砖柱宽度为 370mm 时，采取钢筋混凝土面层做法（图 6-28*a*），砖柱宽度等于或大于 490mm 时，采取柱身内留竖槽的做法（图 6-28*b*）。

（2）砖的强度等级不宜低于 MU10，砌筑用砂浆的强度等级不低于 M5，组合砖柱中混凝土的强度等级不应低于C20。

（3）竖向钢筋保护层的厚度，地面以上为 25mm，地面以下为 35mm。

（4）钢筋混凝土面层的厚度不宜小于60mm，也不大于 100mm，采用竖槽配筋方式时，取半砖厚，即 120mm。

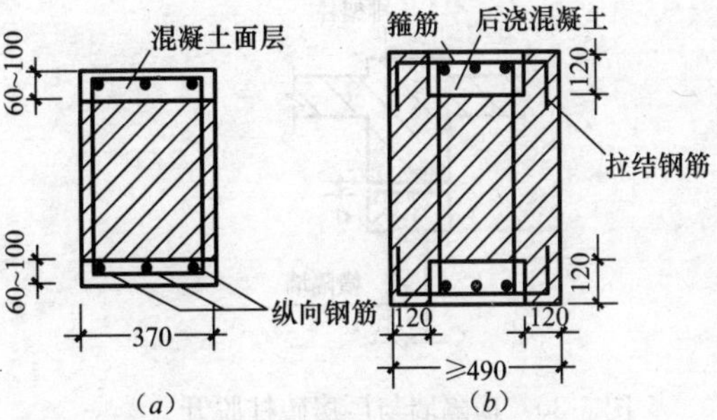

图 6-28　钢筋混凝土组合砖柱

（5）竖向钢筋可采用 HPB300 级或HRB335 级钢，直径不小于 10mm，也不宜大于 16mm，钢筋的净间距不应小于 50mm。

（6）竖向受拉钢筋的配筋率不应小于 0.1%。

四、墙体的构造

1. 纵、横墙的连接

7 度且墙顶高度大于 4.8m 或 8 度时，外墙转角及承重内横墙与外墙交接处，当不设置构造柱时，应沿墙高每 500mm 配置 2ϕ6 钢筋，每边伸入墙内不少于 1m，柱顶以上部位的钢筋宜适当加密加长（图 6-29）。

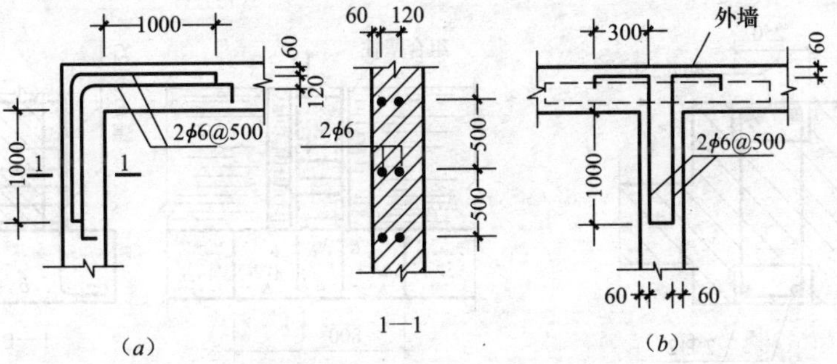

图 6-29　纵、横墙交接点配筋

（a）外墙转角；（b）内外墙与外墙交接处

2. 隔墙的连接

（1）横隔墙与砖柱的连接

厂房内的横隔墙及布置在厂房内或厂房外的变电间、工具间等小房间的横隔墙应与厂房排架砖柱和纵墙脱开，缝宽应符合防震缝的要求（图 6-30）。

（2）纵隔墙与砖柱的连接

到顶的纵隔墙与砖柱之间可采取任何连接方式。不到顶的纵隔墙应与砖柱柔性连接，将不到顶的纵隔墙贴靠在砖柱的一边，并在砖柱面贴一层或两层油毡，使墙与柱分开。为增强隔墙的稳定性，墙柱间应沿墙全高每隔 250mm 左右用 ϕ6 钢筋拉结。此外，纵隔墙的端部与山墙之间应留有缝隙，缝宽取等于防震缝的宽度（图 6-31）。

3. 山墙的构造

（1）壁柱到顶

砖山墙的壁柱应伸到墙顶，并与卧梁或屋盖构件连接。

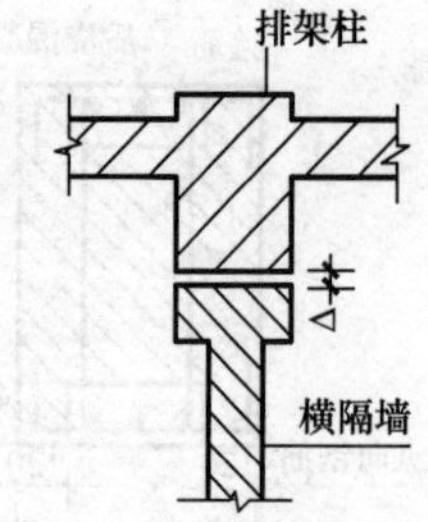

图 6-30　横隔墙与厂房砖柱脱开

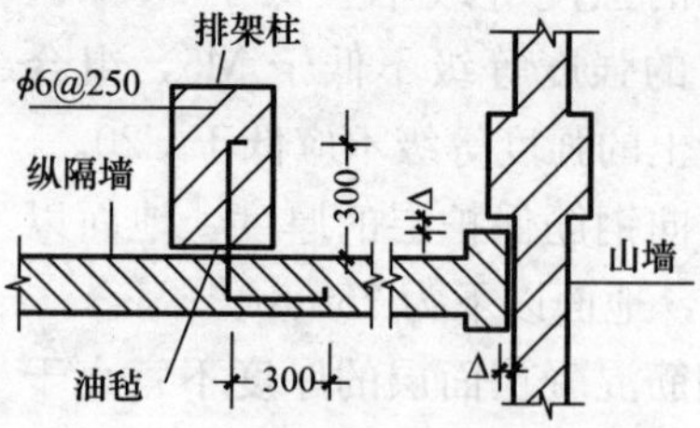

图 6-31　纵隔墙与砖柱柔性连接

（2）砖柱配筋

8 度的砖柱厂房，山墙砖壁柱内应竖向配筋。山墙壁柱的截面与配筋，不宜小于排架柱。

竖向配筋的方式，宜采用组合砖壁柱（图 6-32）。组合砖柱，上端应与墙顶的锚拉屋面构件用的钢筋混凝土卧梁相连，下端应伸到室外地面下一定深度，使柱根锚固可靠。当山墙采用混凝土带形基础时，壁柱竖向钢筋可直接锚固于混凝土基础内。当山墙采用灰土类带形基础时，应于壁柱所在位置挖去一块灰土基础，换填以 C20 混凝土。此局部混凝土基础应与灰土基础同宽，长度可比砖壁柱每边宽 100～150mm，并预埋与壁柱竖筋的数量和直径相同的插筋（图 6-33），与壁柱竖筋搭接。

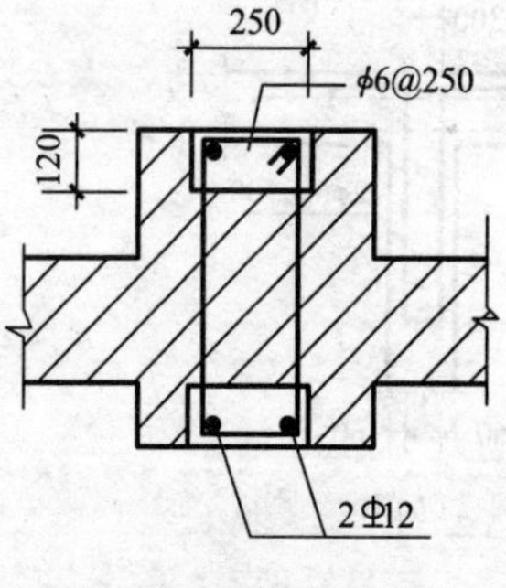

图 6-32　山墙组合壁柱

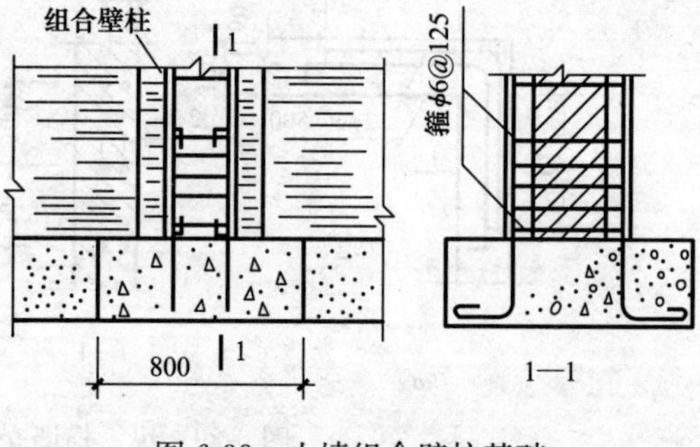

图 6-33　山墙组合壁柱基础

（3）女儿墙配筋

当烈度高于 7 度时，应在女儿墙内沿墙长每隔 500mm 配置 1ϕ8 竖向钢筋，上端锚入混凝土压顶，下端锚入屋面构件底面处的混凝土卧梁内（图 6-34）。

五、构造柱的构造

1. 截面和配筋

钢筋混凝土构造柱的截面尺寸一般为 240mm×240mm；山墙或承重内横墙的厚度为 370mm 时，其截面宽度宜取 370mm，即取等于砖墙的厚度。

竖向钢筋采用 4ϕ12，箍筋通常采用 ϕ6，间距 250mm～300mm。墙端构造柱在各楼层的上下端 400mm～500mm 范围内，箍筋应适当加密，一般，其间距可取 100mm。

2. 构造柱与砖墙的拉结

地震作用下，墙面可能严重裂缝，为使有较大块体与构造柱共同工作，应在墙柱之间配置水平联系钢筋，如图 6-35 所示。

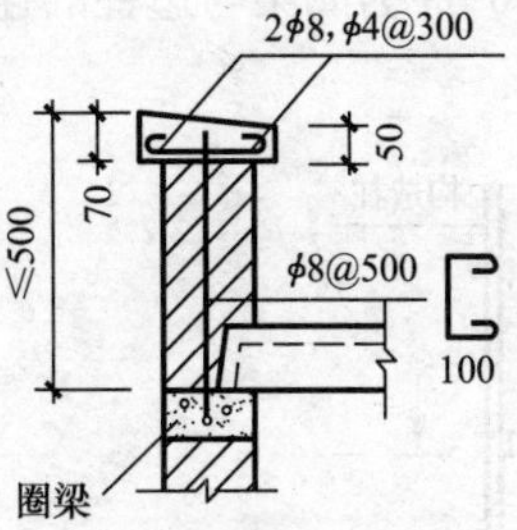

图 6-34　山墙女儿墙配筋

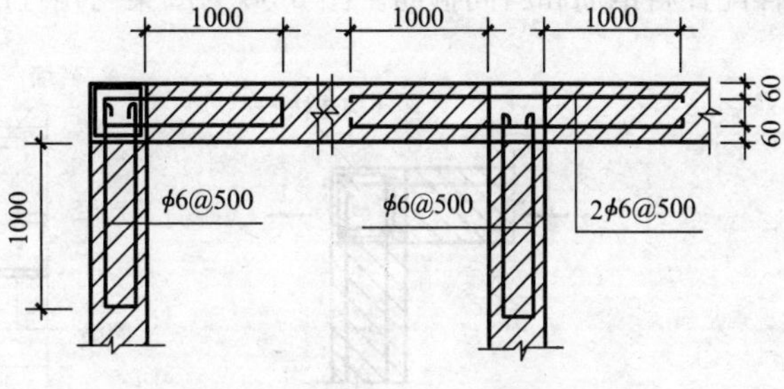

图 6-35　构造柱与砖墙的拉结

3. 底端的锚固

当横墙的基础墙内设有圈梁时，构造柱的底端可锚固在该圈梁内，锚有构造柱钢筋的一段圈梁宜加厚为 240mm。无基础墙圈梁时，构造柱的底端应伸到基础并锚固于混凝土基础之中。

六、圈梁的构造

1. 截面和配筋

一般情况下，各道圈梁均应与砖墙同宽，截面高度取 180mm，8 度时，墙顶圈梁和基础墙圈梁的截面高度宜取 240mm。

各道圈梁的纵向钢筋均不应少于 4ϕ12，箍筋可采用 ϕ6 钢筋，间距一般不大于 300mm（图 6-36）。圈梁可采用 C20 混凝土。

2. 圈梁节点

（1）圈梁角部节点（L 形）处，除纵向钢筋伸入节点内的锚固长度应不少于受拉钢筋的搭接长度外，节点核心区内还应配置两根斜方向箍筋，并于内角处配置两根 45°斜向钢筋（图 6-37）。

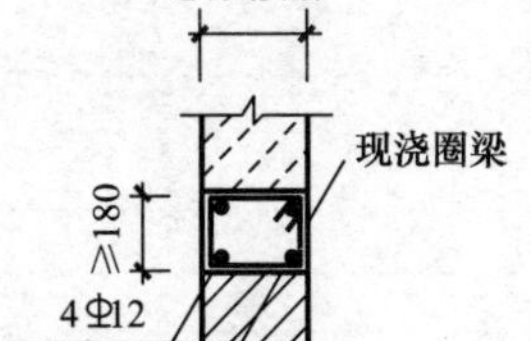

图 6-36　圈梁截面和配筋

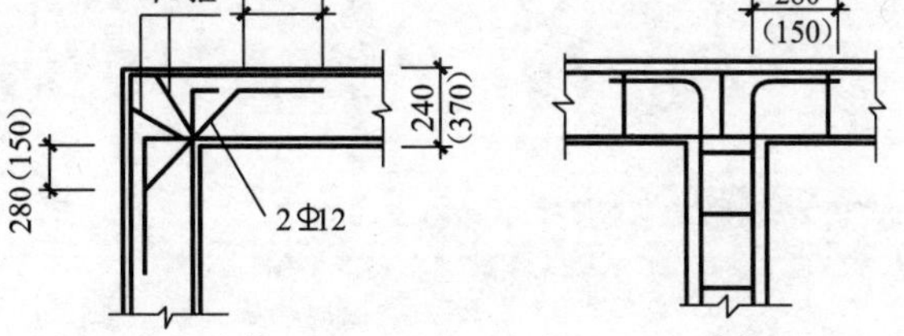

(*a*)　　(*b*)

图 6-37　圈梁节点

(*a*) L 形节点；(*b*) T 形节点

（2）内横墙与外纵墙圈梁交接（T 形节点）处，圈梁应设在同一水平，连为一体。外墙上圈梁的纵向钢筋应连续通过，内墙上的圈梁纵向钢筋，伸入外墙圈梁内的锚固长度，不应小于钢筋混凝土构件中受拉钢筋搭接长度的规定（图 6-37）。

3. 圈梁与构造柱的连接

砖墙两端设有构造柱时，由于有构造柱对砖墙的约束，圈梁与构造柱的连接，仅需将圈梁纵向钢筋伸入节点内的长度不少于规范对受拉钢筋搭接长度 l_d 的规定即可，不必像圈梁节点那样配置斜钢筋和斜向箍筋。图 6-38 为圈梁与角柱的连接；图 6-39 为圈梁与边柱的连接。

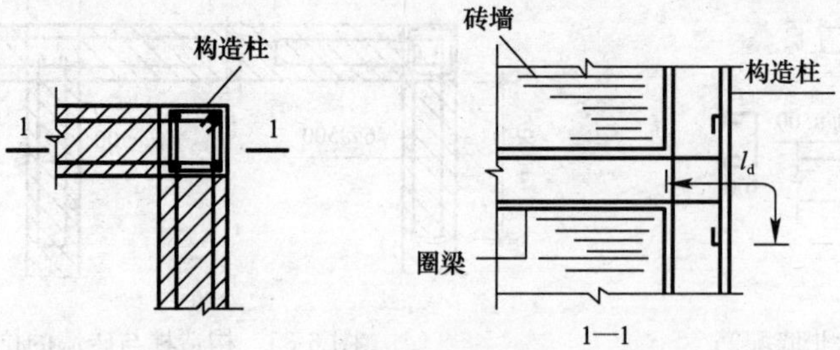

图 6-38　圈梁与角柱的连接

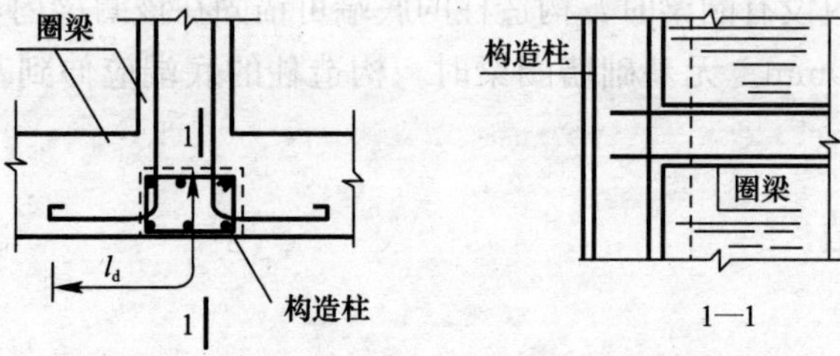

图 6-39　圈梁与边柱的连接

第七章　多层钢筋混凝土厂房

第一节　多层钢筋混凝土框架厂房

一、一般规定

1. 结构布置

多层工业厂房主要适用于较轻型的工业、在工艺上利用垂直工艺流程有利的工业，或利用楼层能创造较合理的生产条件的工业等，如纺织、服装、针织、制鞋、食品、印刷、光学、无线电、半导体以及轻型机械制造及各种轻工业等。多层工业厂房多为 2～5 层，在 6～8 度设防烈度地区时，多层工业厂房可以采用框架结构体系，当楼层更高或者建设在更高设防烈度地区时，宜根据结构布置情况，优先采用框架支撑结构体系或者框架-剪力墙结构体系。

多层厂房框架结构设计时，结构布置的合理性对于整体抗震性能优劣非常重要，一般而言应遵循以下原则：

（1）在满足工艺条件前提下，厂房柱网的布置尽量对称均匀，结构轴线宜保持正交，框架应双向设置，且应尽量使两个方向的抗侧刚度相近。

（2）框架结构的刚度中心与厂房的质量中心尽量靠拢，电梯间、大型设备不宜布置在厂房一端，以免厂房出现空间结构扭转。

（3）框架结构立面局部收进以及楼层刚度变化不宜过大，楼层承载力变化宜平缓，框架不应因抽柱或抽梁而使传力途径突然变化。

（4）框架柱与梁宜对中布置，其偏心距不宜大于柱宽的 1/4。

（5）框架结构填充墙平面布置尽量均匀对称，以免引起抗侧刚度、结构质量的偏置；竖向布置宜均匀，以免导致质量和刚度突变。

（6）历次震害表明，单跨框架结构的超静定次数少，结构冗余度不足，属于单道设防体系，抗震性能较差，容易在大震作用下形成机构从而发生倒塌。规范规定甲、乙类厂房以及高度大于 24m 的丙类厂房，不应采用单跨框架结构，高度不大于 24m 的丙类厂房不宜采用单跨框架结构。

（7）多层钢筋混凝土框架平面布置特别不规则时，可考虑设置防震缝将结构分成不同的较为规则的抗震单元。其防震缝应符合下列要求：

1）当高度不超过 15m 时宽度不应小于 100mm，高度超过 15m 时，6 度、7 度、8 度和 9 度分别每增加高度 5m、4m、3m 和 2m，防震缝宽度宜加宽 20mm；

2）8、9 度框架结构厂房防震缝两侧结构层高相差较大时，可根据需要在缝两侧沿房屋全高各设置不少于两道垂直于防震缝的抗撞墙，抗撞墙的布置宜避免加大扭转效应，其长度可不大于 1/2 层高。

（8）采用装配整体式楼、屋盖时，应采取措施保证楼、屋盖的整体性及其与主体结构的可靠连接；装配整体式楼、屋盖配筋现浇面层厚度不应小于 50mm。

（9）多层工业厂房楼梯间宜采用现浇钢筋混凝土结构，楼梯间的布置不应导致结构平面特别不规则。楼梯构件可与主体结构整体现浇，也可将楼梯板滑动支承于平台板上，以减少楼梯构件对主体结构刚度的影响，对于布置在角部的楼梯间，优先考虑滑动布置，以减少结构扭转。

（10）多层框架结构如果采用独立基础，有下列情况之一时宜沿两个主轴方向设置基础连系梁：

1）一级框架和Ⅳ类场地的二级框架。

2）各柱基础底面在重力荷载代表值作用下的压应力差别较大。

3）基础埋置较深或各基础埋置深度差别较大。

4）地基主要受力层范围内存在软弱黏性土层、液化土层或严重不均匀土层。

5）采用桩基础时，单排桩垂直向承台之间。

2. 适用高度

一般情况下，多层钢筋混凝土框架厂房（含现浇预应力混凝土框架）层高较大，多为 4～8m，部分竖向流程控制的加工型厂房层高可达十几米，如电缆加工厂等。除了因特殊竖向加工工艺要求致使厂房整体高度较大外，一般多层厂房高度不超过 40m。

多层钢筋混凝土框架厂房，一般适用的最大高度应符合表 7-1 的要求。对于平面和竖向均不规则的框架结构，适用的最大高度宜适当降低，设计中一般可考虑减少 10%左右，可按表 7-1 控制。

多层钢筋混凝土框架厂房适用的最大高度（m）　　表 7-1

框架类型	设防烈度				
	6	7	8（0.2g）	8（0.3g）	9
一般框架	60	50	40	35	24
平面竖向均不规则框架	55	45	35	30	20

3. 构件抗震等级

多层钢筋混凝土框架厂房应根据设防类别、烈度、结构类型和房屋高度采用不同的抗震等级，丙类厂房的抗震等级应按表 7-2 确定。

丙类多层厂房钢筋混凝土框架的抗震等级　　表 7-2

	设防烈度						
	6		7		8		9
高度	≤24	>24	≤24	>24	≤24	>24	≤24
框架	四	三	三	二	二	一	一
大跨度框架	三		二		一		一

注：大跨度框架指跨度不小于 18m 的框架。

实施中尚应注意以下几点：

（1）建筑场地为Ⅰ类时，除 6 度外应允许按表 7-2 内降低一度所对应的抗震等级采取抗震构造措施，但相应的计算要求不应降低。

（2）接近或等于高度分界时，可结合房屋不规则程度及场地、地基条件确定抗震等级，对于平面和竖向结构布置均不规则、Ⅲ类及Ⅳ类场地土、地基条件差的建筑，可考虑就高采用抗震等级。

（3）框架结构厂房防震缝两侧设置的抗撞墙的抗震等级可同框架结构。

（4）设置少量抗震墙的框架结构，在规定的水平力作用下，底层框架部分所承担的地震倾覆力矩大于结构总地震倾覆力矩的50%时，其框架的抗震等级应按框架结构确定，抗震墙的抗震等级可与其框架的抗震等级相同。

（5）当甲乙类建筑按规定提高一度确定其抗震等级，而厂房的高度超过表7-1相应规定的上界时，应采取比一级更有效的抗震措施：一般而言，可提高构造配筋率，严格控制轴压比；超过上界较大时，也可采用较大的内力调整系数等措施。

二、抗震计算

多层钢筋混凝土框架厂房地震作用及效应计算、结构抗震变形验算、构件抗震验算等除了满足第三章要求外，尚应满足本节具体要求。

1. 整体结构地震作用效应分析

多层钢筋混凝土框架厂房整体地震作用计算应采用空间整体模型：框架柱、框架梁应采用空间梁模型，屋盖、楼盖根据实际情况选择相应的有限元模型（凹凸不规则或楼板局部不连续时，应采用符合楼板平面内实际刚度变化的计算模型；高烈度或不规则程度较大时，宜计入楼板局部变形的影响）。除此之外，尚应注意以下几点：

（1）对于和框架整体浇筑的楼梯构件，应计入楼梯构件对地震作用及其效应的影响。此时应注意采用的计算分析软件是否具备此功能，如果不能直接模拟，也可采用商业软件中的板壳模拟，或者简化为支撑，分析其对整体结构及局部构件受力的影响。

（2）柱中线与梁中线之间偏心大于柱宽的1/4时，应计入偏心的影响。尤其是建筑外围梁，当其上布置砌体墙时，偏心对柱受力影响较大。设计人员尚应了解设计软件中对于偏心设置的模型处理办法，以便更好地指导设计。

（3）框架结构厂房防震缝两侧设置抗撞墙时，框架构件的内力应按设置和不设置抗撞墙两种计算模型的不利情况取值。

（4）全现浇钢筋混凝土框架厂房以及装配整体式钢筋混凝土框架厂房，阻尼比可采用0.05；预应力混凝土结构自身的阻尼比可采用0.03，并可按钢筋混凝土结构部分和预应力混凝土结构部分在整个结构总变形能所占的比例折算为等效阻尼比。

（5）周期折减系数可取0.8～0.9，具体可根据填充墙数量、填充墙材料及刚度综合考虑确定，必要时可简单试算确定相应影响；对于两个方向填充墙布置数量差别较大时，可在不同方向取用不同的周期折减系数，设计时分两个模型计算，取不利值控制。

（6）设置少量抗震墙的框架结构，其框架部分的地震剪力值，宜采用框架结构模型和框架-抗震墙结构模型二者计算结果的较大值；抗震墙连梁的刚度折减系数不宜小于0.50，设计时应特别关注连梁折减对墙肢内力影响以及对整体结构的影响，必要时加以分析，以免盲目取值。结构位移验算时，抗震墙连梁刚度也可按不折减考虑。

（7）应按下列规定计入非结构构件的影响：

1）地震作用计算时，应计入支承于结构构件的建筑构件和建筑附属机电设备的重量。

2）对柔性连接的建筑构件可不计入刚度，对嵌入抗侧力构件平面内的刚性非结构构件应计入其刚度影响，计算时可采用周期调整等简化方法。

3）支承非结构构件的结构构件，应将非结构构件地震作用效应作为附加作用对待。

（8）结构构件的地震作用计算方法，应符合下列要求：

1）各构件和部件的地震力应施加于其重心，水平地震力应沿任一水平方向。

2）一般情况下，非结构构件自身重量产生的地震作用可采用等效侧力法计算；对支承于不同楼层或防震缝两侧的非结构构件，除自身重量产生的地震作用外，尚应同时计及地震时支承点之间相对位移产生的作用效应。

3）建筑附属设备（含支架）的体系自振周期大于 0.1s 且其重量超过所在楼层重量的 1%或建筑附属设备的重量超过所在楼层重量的 10%时，宜进入整体结构模型的抗震设计，也可采用《建筑抗震设计规范》GB 50011 附录 M 第 M.3 节的楼面谱方法计算。其中，与楼盖非弹性连接的设备，可直接将设备与楼盖作为一个质点计入整个结构的分析中得到设备所受的地震作用。

除上述要求之外，结构整体地震作用及效应计算尚应满足以下要求：

（1）抗震验算时，结构任一楼层的水平地震剪力满足表 3-7 的规定。

（2）结构布置不规则（具体定义参考《建筑抗震设计规范》GB 50011）时，应符合以下要求：

1）扭转不规则时，应计入扭转影响，对扭转较大的部位应采用局部的内力增大系数。

2）竖向不规则的结构，刚度小的楼层的地震剪力应乘以不小于 1.15 的增大系数；竖向抗侧力构件不连续时，该构件传递给水平转换构件的地震内力应根据烈度高低和水平转换构件的类型、受力情况、几何尺寸等，乘以 1.25～2.0 的增大系数；楼层承载力突变时，薄弱层抗侧力结构的受剪承载力不应小于相邻上一楼层的 65%。

2. 地震作用下变形验算

多层框架结构的抗震变形验算，应符合第三章第三节的要求；对于有筒仓钢筋混凝土框架弹性层间位移角限值应从严控制，取 1/650。

3. 构件内力设计调整

钢筋混凝土框架结构应按本节规定，调整构件的组合内力设计值后，方可按照第三章以及本节 4 中要求进行截面验算。

（1）框架柱内力设计值调整

1）框架梁柱节点处柱端弯矩调整

一级框架结构柱端组合的弯矩设计值应符合下式要求：

$$\Sigma M_c = 1.2\Sigma M_{bua} \tag{7-1}$$

二、三级框架的梁柱节点处，除框架顶层节点、轴压比小于 0.15 的柱节点、框支梁与框支柱的节点外，柱端组合的弯矩设计值应符合下式要求：

$$\Sigma M_c = \min\{\eta_c \Sigma M_b, 1.1\Sigma M_{bua}\} \tag{7-2}$$

四级框架的梁柱节点处，除框架顶层节点、轴压比小于 0.15 的柱节点、框支梁与框支柱的节点外，柱端组合的弯矩设计值应符合下式要求：

$$\Sigma M_c = \eta_c \Sigma M_b \tag{7-3}$$

式中 ΣM_c——节点上下柱端截面顺时针或反时针方向组合的弯矩设计值之和，上下柱端的弯矩设计值，可按弹性分析分配；

ΣM_b——节点左右梁端截面反时针或顺时针方向组合的弯矩设计值之和，一级框架节点左右梁端均为负弯矩时，绝对值较小的弯矩应取零；

ΣM_{bua}——节点左右梁端截面反时针或顺时针方向实配的正截面抗震受弯承载力所对应的弯矩值之和，根据实配钢筋面积（计入梁受压筋和相关楼板钢筋）和材料强度标准值确定；

η_c——框架柱端弯矩增大系数，一、二、三、四级框架可分别取 1.7、1.5、1.3、1.2。

对于角柱以及支撑筒仓竖壁的柱，经上述调整后的组合弯矩设计值尚应乘以不小于 1.10 的增大系数。当反弯点不在柱的层高范围内时，柱端截面组合的弯矩设计值可乘以上述柱端弯矩增大系数。

2）底层柱弯矩调整

一、二、三、四级框架结构的底层柱下端、支承筒仓竖壁的框架柱的上下端截面组合的弯矩设计值，应分别乘以增大系数 1.7、1.5、1.3 和 1.2，底层柱纵向钢筋应按上下端的不利情况配置。对于角柱以及支撑筒仓竖壁的柱，经上述调整后的组合弯矩设计值尚应乘以不小于 1.1 的增大系数。

3）柱剪力调整

一级框架柱剪力设计值应按下式调整：

$$V = 1.2(M_{cua}^b + M_{cua}^t)/H_n \tag{7-4}$$

二、三级框架柱剪力设计值应按下式调整：

$$V = \min\{\eta_{vc}(M_c^b + M_c^t)/H_n, 1.1(M_{cua}^b + M_{cua}^t)/H_n\} \tag{7-5}$$

四级框架柱剪力设计值应按下式调整：

$$V = \eta_{vc}(M_c^b + M_c^t)/H_n \tag{7-6}$$

对于角柱以及支撑筒仓竖壁的柱，经上述调整后的组合剪力设计值尚应乘以不小于 1.1 的增大系数。

式中 V——柱端截面组合的剪力设计值；

H_n——柱的净高；

M_c^b、M_c^t——分别为柱的上下端顺时针或反时针方向截面组合的弯矩设计值，应符合上述 1）、2）的规定；

M_{cua}^b、M_{cua}^t——分别为偏心受压柱的上下端顺时针或反时针方向实配的正截面抗震受弯承载力所对应的弯矩值，根据实配钢筋面积、材料强度标准值和轴压力等确定；

η_{vc}——柱剪力增大系数；二、三、四级框架可分别取 1.3、1.2、1.1。

（2）框架梁内力设计值调整

一级框架梁梁端截面组合的剪力设计值应按下式调整：

$$V = 1.1(M_{bua}^l + M_{bua}^r)/l_n + V_{Gb} \tag{7-7}$$

二、三级框架梁梁端截面组合的剪力设计值应按下式调整：

$$V = \eta_{vb}(M_b^l + M_b^r)/l_n + V_{Gb} \tag{7-8}$$

式中　V——梁端截面组合的剪力设计值；

l_n——梁的净跨；

V_{Gb}——梁在重力荷载代表值（9 度时高层工业厂房还应包括竖向地震作用标准值）作用下，按简支梁分析的梁端截面剪力设计值；

M_b^l、M_b^r——分别为梁左右端反时针或顺时针方向组合的弯矩设计值，一级框架两端弯矩均为负弯矩时，绝对值较小的弯矩应取零；

M_{bua}^l、M_{bua}^r——分别为梁左右端反时针或顺时针方向实配的正截面抗震受弯承载力所对应的弯矩值，根据实配钢筋面积（计入受压筋和相关楼板钢筋）和材料强度标准值确定；

η_{vc}——梁端剪力增大系数，二级框架可取 1.2，三级框架可取 1.1。

4. 构件及节点验算

构件和节点抗震验算除了符合本书第三章要求外，尚应满足本节要求。对于预应力混凝土框架结构，构件截面抗震验算时，本书第三章地震作用效应基本组合中尚应增加预应力作用效应项，其分项系数一般情况应采用 1.0，当预应力作用效应对构件承载力不利时应采用 1.2。

（1）构件抗剪截面要求

梁、柱截面组合的剪力设计值应符合下列要求：

跨高比大于 2.5 的梁和剪跨比大于 2 的柱：

$$V \leqslant \frac{1}{\gamma_{RE}}(0.20 f_c b h_0) \tag{7-9}$$

剪跨比不大于 2 的柱：

$$V \leqslant \frac{1}{\gamma_{RE}}(0.15 f_c b h_0) \tag{7-10}$$

剪跨比应按下式计算：

$$\lambda = M^c/(V^c h_0) \tag{7-11}$$

式中　λ——剪跨比，应按柱端截面组合的弯矩计算值 M^c、对应的截面组合剪力计算值 V^c 及截面有效高度 h_0 确定，并取上下端计算结果的较大值；反弯点位于柱高中部的框架柱可按柱净高与 2 倍柱截面高度之比计算；

V——按本节调整后的梁端、柱端截面组合的剪力设计值；

f_c——混凝土轴心抗压强度设计值；

b——梁、柱截面宽度，圆形截面柱可按面积相等的方形截面柱计算；

h_0——截面有效高度。

（2）框架节点核心区抗震验算

一、二、三级框架的节点核心区应进行抗震验算，四级框架节点核心区可不进行抗震验算，但应符合抗震构造措施的要求。

1）节点核心区组合的剪力设计值应符合下式要求：

$$V_j \leqslant \frac{1}{\gamma_{RE}}(0.30 \eta_j f_c b_j h_j) \tag{7-12}$$

V_j 为梁柱节点核心区组合的剪力设计值，分别按式（7-13）和式（7-14）计算。

一级框架

$$V_{\mathrm{j}}=\frac{1.15\sum M_{\mathrm{bua}}}{h_{\mathrm{b0}}-a'_{\mathrm{s}}}\left(1-\frac{h_{\mathrm{b0}}-a'_{\mathrm{s}}}{H_{\mathrm{c}}-h_{\mathrm{b}}}\right) \tag{7-13}$$

二级、三级框架

$$V_{\mathrm{j}}=\frac{\eta_{\mathrm{jb}}\sum M_{\mathrm{b}}}{h_{\mathrm{b0}}-a'_{\mathrm{s}}}\left(1-\frac{h_{\mathrm{b0}}-a'_{\mathrm{s}}}{H_{\mathrm{c}}-h_{\mathrm{b}}}\right) \tag{7-14}$$

式中 η_{j}——正交梁的约束影响系数，楼板为现浇，梁柱中线重合，四侧各梁截面宽度不小于该侧柱截面宽度的 1/2 且正交方向梁高度不小于框架梁高度的 3/4 时，可采用 1.5，9 度时宜采用 1.25，其他情况均可采用 1.00；

h_{j}——节点核心区的截面高度，可采用验算方向的柱截面高度；

b_{j}——节点核心区的截面有效验算宽度，当验算方向的梁截面宽度不小于该侧柱截面宽度的 1/2 时，可采用该侧柱截面宽度；当小于柱截面宽度的 1/2 时，可采用式（7-15）计算；当梁、柱的中线不重合且偏心距不大于柱宽的 1/4 时，核心区的截面有效验算宽度可采用式（7-15）与式（7-16）中较小值；

$$b_{\mathrm{j}}=\min(b_{\mathrm{b}}+0.5l_{\mathrm{c}},b_{\mathrm{c}}) \tag{7-15}$$

$$b_{\mathrm{j}}=0.5(b_{\mathrm{b}}+b_{\mathrm{c}})+0.25h_{\mathrm{c}}-e \tag{7-16}$$

H_{c}——柱的计算高度，可采用节点上、下柱反弯点之间的距离；

h_{b}——梁的截面高度，节点两侧梁截面高度不等时可采用平均值；

η_{jb}——节点剪力增大系数，一级应取 1.35，二级应取 1.20；

b_{b}——梁截面宽度；

h_{c}——验算方向的柱截面高度；

b_{c}——验算方向的柱截面宽度；

h_{b0}——梁截面的有效高度，节点两侧梁截面高度不等时可采用平均值；

e——梁与柱中线偏心距；

a'_{s}——梁受压钢筋合力点至受压边缘的距离；

γ_{RE}——抗震承载力调整系数，取 0.85。

2）节点核心区截面抗震受剪承载力应符合以下要求：

$$V_{\mathrm{j}}\leqslant\frac{1}{\gamma_{\mathrm{RE}}}\left(1.1\eta_{\mathrm{j}}f_{\mathrm{t}}b_{\mathrm{j}}h_{\mathrm{j}}+0.05\eta_{\mathrm{j}}N\frac{b_{\mathrm{j}}}{b_{\mathrm{c}}}+f_{\mathrm{yv}}A_{\mathrm{svj}}\frac{h_{\mathrm{b0}}-a'_{\mathrm{s}}}{s}\right) \tag{7-17}$$

9 度时

$$V_{\mathrm{j}}\leqslant\frac{1}{\gamma_{\mathrm{RE}}}\left(0.9\eta_{\mathrm{j}}f_{\mathrm{t}}b_{\mathrm{j}}h_{\mathrm{j}}+f_{\mathrm{yv}}A_{\mathrm{svj}}\frac{h_{\mathrm{b0}}-a'_{\mathrm{s}}}{s}\right) \tag{7-18}$$

式中 N——对应于组合剪力设计值的上柱组合轴向压力较小值，其取值不应大于柱的截面面积和混凝土轴心抗压强度设计值的乘积的 50%，当 N 为拉力时，可取 $N=0$；

f_{yv}——箍筋的抗拉强度设计值；

f_{t}——混凝土轴心抗拉强度设计值；

A_{svj}——核心区有效验算宽度范围内同一截面验算方向箍筋的总截面面积；

s——箍筋间距。

预应力筋穿过框架节点核心区时，节点核心区的截面抗震验算，应计入总有效预加力以及预应力孔道削弱核心区有效验算宽度的影响。

（3）扁梁截面设计

1）截面验算

地震荷载作用下，某一方向扁梁除承受本身的弯矩和剪力外，尚应承受与之相交的另一方向扁梁传来的扭矩。作用在扁梁上的扭矩，可按下列公式计算：

中柱节点：

$$T_x=\frac{1}{2}\left(M_y^l\frac{A_{soy}^l}{A_{sy}^l}+M_y^r\frac{A_{soy}^r}{A_{sy}^r}\right) \tag{7-19}$$

$$T_y=\frac{1}{2}\left(M_x^l\frac{A_{sox}^l}{A_{sx}^l}+M_x^r\frac{A_{sox}^r}{A_{sx}^r}\right) \tag{7-20}$$

边柱节点：

$$T_x=\frac{1}{2}\left(M_y^r\frac{A_{soy}^r}{A_{sy}^r}\right) \tag{7-21}$$

$$T_y=\frac{1}{2}\left(M_x^r\frac{A_{sox}^r}{A_{sx}^r}\right) \tag{7-22}$$

式中 T_x——作用在 x 向扁梁上的扭矩；

T_y——作用在 y 向扁梁上的扭矩；

M_y^l、M_y^r——作用在 y 向框架节点左、右侧扁梁端的弯矩设计值；

M_x^l、M_x^r——作用在 x 向框架节点左、右侧扁梁端的弯矩设计值；

A_{soy}^l、A_{soy}^r——y 向框架节点左、右侧扁梁端未通过柱内的纵向受拉钢筋截面面积；

A_{sox}^l、A_{sox}^r——x 向框架节点左、右侧扁梁端未通过柱内的纵向受拉钢筋截面面积；

A_{sy}^l、A_{sy}^r——y 向框架节点左、右侧扁梁端全部纵向受拉钢筋截面面积；

A_{sx}^l、A_{sx}^r——x 向框架节点左、右侧扁梁端全部纵向受拉钢筋截面面积。

平行于地震作用方向的扁梁端处于弯矩和剪力共同作用，其截面限制条件及承载力可按普通框架梁的方法计算；垂直于地震作用方向的扁梁端，处于弯矩、剪力、扭矩共同作用下，其截面限制条件及承载力计算，应符合下列要求：

$$\frac{V}{bh_0}+\frac{T}{0.8W_t}\leqslant 0.2\beta_c f_c/\gamma_{RE} \tag{7-23}$$

$$\mathrm{M}\leqslant M_u/\gamma_{RE} \tag{7-24}$$

$$V\leqslant \alpha V_u/\gamma_{RE} \tag{7-25}$$

$$T\leqslant \alpha T_u/\gamma_{RE} \tag{7-26}$$

式中 V、V_u——分别为剪力、受剪承载力；

M、M_u——分别为弯矩、受弯承载力；

T、T_u——分别为扭矩、受扭承载力；

W_t——截面受扭塑性抵抗矩；

β_c——混凝土强度影响系数；

α——地震作用下承载力降低系数，取 0.8。

扁梁截面配筋可按弯矩、剪力和扭矩分别计算的纵向受拉钢筋和箍筋面积叠加后确定。

2）节点核心区验算

扁梁框架节点核心区的受剪承载力，根据核心区的破坏情况，分别计算。

框架节点在图 7-1 所示的核心区 1 范围内破坏，其剪力可按下列公式计算：

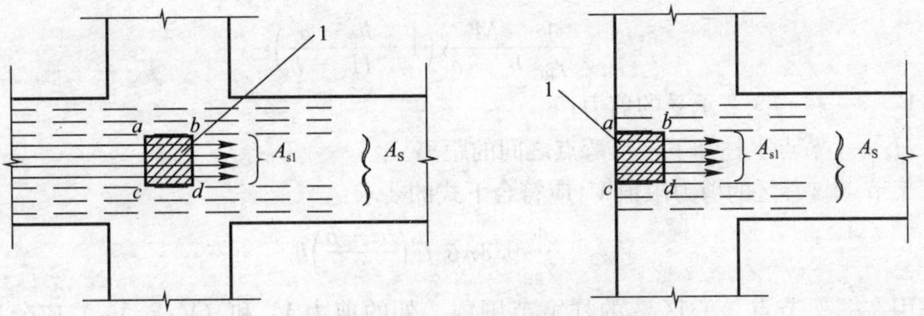

A_s—全部纵向受拉钢筋；　A_{s1}—通过核心区1的纵向受拉钢筋；　1—破坏范围

图 7-1　节点在核心区 1 范围内破坏

注：*abcd* 形成的范围称作核心区 1。

中柱节点：

$$V_{j1}=\frac{1}{\gamma_{RE}}\left(\frac{M_x^l\dfrac{A_{s1}^l}{A_s^l}+M_x^r\dfrac{A_{s1}^r}{A_s^r}}{h_0-a'}-\frac{M_x^l+M_x^r}{H_c-h}\right) \tag{7-27}$$

边柱节点：

$$V_{j1}=\frac{1}{\gamma_{RE}}\left(\frac{M_x^r\dfrac{A_{s1}^r}{A_s^r}}{h_0-a'}-\frac{M_x^r}{H_c-h}\right) \tag{7-28}$$

式中　V_{j1}——核心区 1 承受的剪力；

A_{s1}^l、A_{s1}^r——节点左、右侧梁通过核心区 1 的纵向受拉钢筋截面面积；

A_s^l、A_s^r——节点左、右侧梁的全部纵向受拉钢筋截面面积；

H_c——节点上柱和下柱反弯点之间的距离。

框架节点在图 7-2 所示的核心区 2 范围内破坏，其剪力可按下列公式计算：

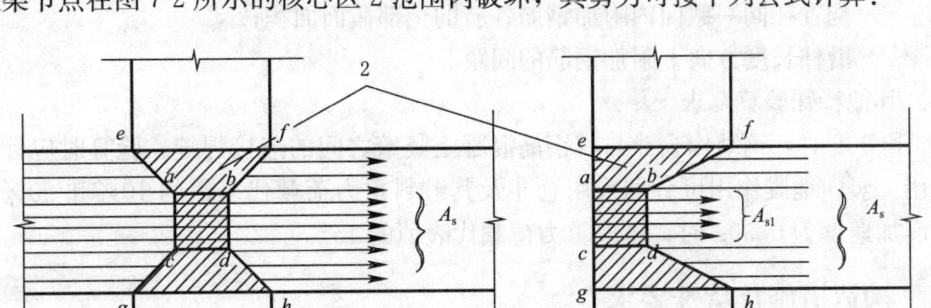

2—破坏范围

图 7-2　节点在核心区 2 范围内破坏

注：*aefb* 和 *dhgc* 形成的范围称作核心区 2。

中柱节点：

$$V_{j2}=\frac{1}{\gamma_{RE}}\frac{(M_x^l+M_x^r)}{h_0-a'}\left(1-\frac{h_0-a'}{H_c-h}\right) \tag{7-29}$$

边柱节点：

$$V_{j2}=\frac{1}{\gamma_{RE}}\frac{M_x^r}{h_0-a'}\left(1-\frac{h_0-a'}{H_c-h}\right) \tag{7-30}$$

式中 V_{j2}——核心区 2 承受的剪力；

H_c——节点上柱和下柱反弯点之间的距离。

框架节点核心区的剪力限值 V_{j2} 应符合下式的要求：

$$V_{j2}\leqslant\frac{1}{\gamma_{RE}}0.3\eta_j\beta_c f_c\left(\frac{b_c+b}{2}\right)h_c \tag{7-31}$$

作用在框架节点核心区 2 的柱宽范围内、外的剪力 V_{j1} 和（$V_{j2}-V_{j1}$）应分别符合式（7-32）的要求，对柱宽范围外的核心区不考虑轴向压力 N 对受剪承载力的有利作用。

$$V_j\leqslant\frac{1}{\gamma_{RE}}\left[1.1\eta_j f_t A_j+0.05\eta_j N+f_{yv}A_{sv}\frac{(h_0-a')}{s}+\alpha_a f_{ya}A_{sa}\frac{(h_0-a')}{s_a}\right] \tag{7-32}$$

式中 η_j——梁对节点的约束影响系数，对两个正交方向有梁约束的中间节点柱宽范围内的核心区取为 1.5；其他情况的核心区取为 1.0；

A_j——节点核心区的面积，对柱宽范围内的核心区 1 取为图 7-1 所示的 *abcd* 面积；对柱宽范围外的核心区 2 取为图 7-2 所示的 *abef* 和 *cdhg* 面积；

N——节点上柱底部的轴向压力设计值，当 N 大于 $0.5f_cb_ch_c$ 时，取为 $0.5f_cb_ch_c$；当 N 为拉力时，取 $N=0$；

A_{sv}——配置在同一截面内箍筋各肢的全部截面面积；

s——沿柱长度方向上箍筋的间距；

α_a——附加钢筋（腰筋或箍筋）的强度折减系数：在核心区 *abcd* 面积内的附加钢筋，取 $\alpha_a=1$；在核心区 *abef* 和 *cdhg* 面积内的附加钢筋，取 $\alpha_a=0.8$；

f_{yv}——箍筋的抗拉强度设计值；

f_{ya}——附加钢筋的抗拉强度设计值；

A_{sa}——配置在同一截面内附加钢筋各肢的全部截面面积；

s_a——沿柱长度方向上附加钢筋的间距。

（4）其他特殊验算要求

8 度和 9 度时，钢结构仓斗与其钢筋混凝土竖壁之间的连接焊缝，验算时应计入竖向地震作用。竖向地震作用可分别采用仓斗及其贮料重力荷载代表值的 10%和 20%，设计基本地震加速度为 0.30g 时，可取重力荷载代表值的 15%。

三、构造措施及特殊要求

1. 框架梁抗震构造要求

（1）框架梁的截面尺寸

1）截面宽度不宜小于 200mm，预应力混凝土框架梁截面宽度不宜小于 250mm。

2）截面高宽比不宜大于 4。

3）净跨与截面高度之比不宜小于 4。

4）二、三、四级框架梁可采用梁宽大于柱宽的扁梁：采用扁梁的楼、屋盖应现浇，梁中线宜与柱中线重合，扁梁应双向布置。

5）钢筋混凝土扁梁高度，可取梁计算跨度的1/16～1/22；预应力混凝土扁梁高度，可取梁计算跨度的1/20～1/25；扁梁截面高度不宜小于板厚的2.5倍。

6）扁梁的截面宽高比不宜大于3。

7）扁梁截面尺寸宜符合下式要求，并应满足现行有关规范对挠度和裂缝宽度的规定：

$$b_b \leqslant 2b_c \tag{7-33}$$

$$b_b \leqslant b_c + h_b \tag{7-34}$$

$$h_b \geqslant 16d \tag{7-35}$$

式中 b_c——柱截面宽度，圆形截面取柱直径的0.8倍；

b_b——扁梁宽度；

h_b——扁梁高度；

d——柱纵筋直径。

8）框架边梁采用扁梁时，其宽度不宜大于柱截面的高度。

9）预应力混凝土扁梁的预压应力不应过大，扁梁受拉边缘混凝土产生的拉应力应符合下式的要求：

按荷载效应准永久组合计算时：

$$\sigma_{ct} \leqslant 0.5f_{tk} \tag{7-36}$$

按荷载效应标准组合计算时：

$$\sigma_{ct} \leqslant 1.0f_{tk} \tag{7-37}$$

式中 σ_{ct}——受拉边缘混凝土拉应力；

f_{tk}——混凝土轴心抗拉强度标准值。

10）框架梁附属于筒仓竖壁时，其截面尺寸可不受上述条款限制。

（2）框架梁的钢筋配置

1）梁端计入受压钢筋的混凝土受压区高度和有效高度之比，一级不应大于0.25，二、三级不应大于0.35，以确保梁端具有足够的塑性转动能力，根据试验结果，满足以上要求的梁位移延性系数可达3～4。

梁端受压区高度计算时，宜按梁端截面实际受拉和受压钢筋面积进行。

2）梁端截面的底面和顶面纵向钢筋配筋量的比值，除按计算确定外，一级不应小于0.5，二、三级不应小于0.3。梁底面的钢筋可增加负弯矩时的塑性转动能力，还能防止在地震中梁底出现正弯矩时过早屈服和破坏过重，从而影响承载力和变形能力的正常发挥，此比值限制可以保证梁端的变形能力。

3）根据震害调查，梁端的破坏主要集中在1.5倍～2.0倍梁高的长度范围内，因此，此范围内箍筋加密可以有效提高两端塑性变形能力。梁端箍筋加密区的长度、箍筋最大间距和最小直径应按表7-3采用，当梁端纵向受拉钢筋配筋率大于2%时，表中箍筋最小直径数值应增大2mm。

梁端箍筋加密区的长度、箍筋的最大间距和最小直径　　　表 7-3

抗震等级	加密区长度（采用较大值）(mm)	箍筋最大间距（采用最小值）(mm)	箍筋最小直径（mm）
一	$2h_b$，500	$h_b/4$，$6d$，100	10
二	$1.5h_b$，500	$h_b/4$，$8d$，100	8
三	$1.5h_b$，500	$h_b/4$，$8d$，150	8
四	$1.5h_b$，500	$h_b/4$，$8d$，150	6

注：d 为纵向钢筋直径，h_b 为梁截面高度；箍筋直径大于 12mm、数量不少于 4 肢且肢距不大于 150mm 时，一、二级的最大间距允许适当放宽，但不得大于 150mm。

4）梁端纵向受拉钢筋的配筋率不宜大于 2.5%。沿梁全长顶面、底面的配筋，一、二级不应少于 2ϕ14，且分别不应少于梁顶面、底面两端纵向配筋中较大截面面积的 1/4；三、四级不应少于 2ϕ12。

5）框架梁钢筋贯通中柱，可以避免纵向钢筋屈曲区向节点内渗透，致使降低框架的刚度和耗能性能。一、二、三级框架梁内贯通中柱的每根纵向钢筋直径，不应大于矩形截面柱在该方向截面尺寸的 1/20。

6）梁端加密区的箍筋肢距，一级不宜大于 200mm 和 20 倍箍筋直径的较大值，二、三级不宜大于 250mm 和 20 倍箍筋直径的较大值，四级不宜大于 300mm。

（3）扁梁的构造要求

1）框架扁梁选用的混凝土强度等级、混凝土受压区高度、纵向受拉钢筋的最大和最小配筋率、纵向受压钢筋与纵向受拉钢筋的截面面积比值、框架扁梁端纵向受力钢筋在梁柱节点内的锚固要求以及其他配筋构造等均与普通框架梁相同。

2）扁梁内的箍筋末端应设置在混凝土受压区内，并应做成不小于 135°的弯钩；弯钩端头平直段长度不应小于箍筋直径的 10 倍。

3）框架扁梁端截面内宜有大于 60%的上部纵向受力钢筋穿过柱子，且可靠地锚固在柱核心区内；对一、二级抗震等级，扁梁内贯穿中柱的每根纵向钢筋直径，不宜大于柱在该方向截面尺寸的 1/20；对于边柱节点，框架扁梁端的截面内未穿过柱子的纵向受力钢筋应可靠地锚固在框架边梁内。

4）框架扁梁端箍筋的加密区长度：一级抗震等级取 $2.5h$ 或 500mm 两者中的较大值；二、三、四级抗震等级取 $2h$ 或 500mm 两者中的较大值。

5）当中柱节点和边柱节点在扁梁交角处的板面顶层纵向钢筋和横向钢筋间距大于 200mm 时，可在板面布置附加的斜向钢筋（图 7-3）。

6）框架边梁采用扁梁时，框架边梁需配置协调扭转所需要的附加抗扭纵向钢筋和箍筋。附加抗扭纵向钢筋的最小配筋率：$\rho_{tl,\min} \geqslant 0.85 f_t/f_y$，附加抗扭箍筋的最小配筋率：$\rho_{sv,\min} \geqslant 0.28 f_t/f_{yv}$，考虑协调扭转而配置的箍筋，其间距不宜大于 $0.75b$（b 为边梁截面的短边长度），且在扁梁与框架边梁交叉的结合部，尚需考虑扁梁传给边梁的附加剪力，该范围内的箍筋需适当加强。

7）框架扁梁结构框架柱内节点核心区的配箍量及构造要求同普通框架；柱外核心区，可配置附加水平箍筋及拉筋，拉筋的直径，不宜小于 8mm；当核心区受剪承载力不能满足计算要求时，可配置附加腰筋（图 7-3）。

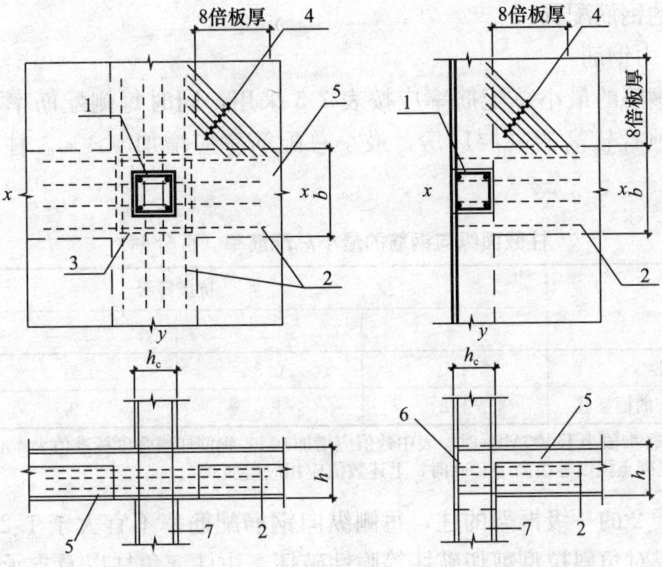

（a）中柱节点　（b）边柱节点

1—柱内核心区箍筋；2—核心区附加腰筋；3—核心区附加水平箍筋；
4—板面附加斜向钢筋；5—扁梁；6—框架边梁；7—柱

图 7-3　扁梁柱节点的配筋构造

2. 框架柱抗震构造要求

（1）框架柱的截面尺寸

1）框架柱截面一般采用矩形，其宽度和高度四级或不超过 2 层时不宜小于 300mm，一、二、三级且超过 2 层时不宜小于 400mm。

2）剪跨比宜大于 2。

3）截面长边与短边的边长比不宜大于 3。

4）轴压比是影响柱的破坏形态和变形能力的重要因素。为了保证柱的塑性变形能力和保证框架的抗倒塌能力，需要限制框架柱的轴压比。设筒仓框架柱的延性比一般框架柱差，筒仓下的柱破坏较多，因此设筒仓框架，其柱的轴压比限值应从严（设有筒仓的框架指设有纵向的钢筋混凝土筒仓竖壁，且竖壁的跨高比不大于 2.5，大于 2.5 时应按不设筒仓确定）。柱轴压比不宜超过表 7-4 的规定，建造于Ⅳ类场地且较高的高层厂房，柱轴压比限值应适当减小。

柱轴压比限值　　**表 7-4**

结构类型	抗震等级			
	一	二	三	四
框架结构	0.65	0.75	0.85	0.90
支撑筒仓的框架柱	0.60	0.70	0.80	0.85

注：表内限值适用于剪跨比大于 2 且混凝土强度等级不高于 C60 的柱；剪跨比不大于 2 的柱，轴压比限值应降低 0.05；剪跨比小于 1.5 的柱，轴压比限值应专门研究并采取特殊构造措施；沿柱全高采用井字复合箍且箍筋肢距不大于 200mm、间距不大于 100mm、直径不小于 12mm，或沿柱全高采用复合螺旋箍、螺旋间距不大于 100mm、箍筋肢距不大于 200mm、直径不小于 12mm，或沿柱全高采用连续复合矩形螺旋箍、螺旋净距不大于 80mm、箍筋肢距不大于 200mm、直径不小于 10mm，轴压比限值均可增加 0.10，上述三种箍筋的最小配箍特征值均应按增大的轴压比确定；无论如何构造，柱轴压比不应大于 1.05。

(2) 框架柱的钢筋配置

1) 柱纵向受力钢筋

柱纵向受力钢筋的最小总配筋率应按表 7-5 采用，同时每侧配筋率不应小于 0.2%，对建造于Ⅳ类场地且较高的高层厂房，最小总配筋率应增加 0.1%。柱总配筋率不应大于 5%。

柱截面纵向钢筋的最小总配筋率（百分率） **表 7-5**

柱类别	抗震等级			
	一	二	三	四
中柱和边柱	1.0	0.8	0.7	0.6
角柱、支承筒仓竖壁的框架柱	1.2	1.0	0.9	0.8

注：钢筋屈服强度标准值小于 400MPa 时，表中数值应增加 0.1，钢筋屈服强度标准值为 400MPa 时，表中数值应增加 0.05；混凝土强度等级高于 C60 时，上述数值应相应增加 0.1。

剪跨比不大于 2 的一级框架的柱，每侧纵向钢筋配筋率不宜大于 1.2%，以避免发生粘结型剪切破坏或对角斜拉型剪切破坏等脆性破坏。边柱、角柱以及支承筒仓竖壁的框架柱在小偏心受拉时，柱内纵筋总截面面积应比计算值增加 25%，使柱的屈服弯矩远大于开裂弯矩，保证屈服时有较大的变形能力。

另外，柱的纵向钢筋宜对称配置。截面边长大于 400mm 的柱，纵向钢筋间距不宜大于 200mm；柱纵向钢筋的绑扎接头应避开柱端的箍筋加密区。

2) 加密区箍筋配置

柱的箍筋加密和合理配置对柱截面核心区混凝土能起约束作用，并显著地提高混凝土极限压应变，改善柱的变形能力，防止该区域内主筋压屈和斜截面出现严重裂缝。箍筋的约束作用与轴压比、含箍量、箍筋形式、肢距以及混凝土与箍筋强度比等因素有关，相关规定如下：

一般情况下，箍筋的最大间距和最小直径，应按表 7-6 采用。一级框架柱的箍筋直径大于 12mm 且箍筋肢距不大于 150mm 及二级框架柱的箍筋直径不小于 10mm 且箍筋肢距不大于 200mm 时，除底层柱下端外，最大间距应允许采用 150mm；三级框架柱的截面尺寸不大于 400mm 时，箍筋最小直径应允许采用 6mm；四级框架柱剪跨比不大于 2 时，箍筋直径不应小于 8mm。剪跨比不大于 2 的框架柱以及支承筒仓竖壁的框架柱箍筋间距不应大于 100mm。

柱箍筋加密区的箍筋最大间距和最小直径 **表 7-6**

抗震等级	箍筋最大间距（采用较小值，mm）	箍筋最小直径（mm）
一	$6d$，100	10
二	$8d$，100	8
三	$8d$，150（柱根 100）	8
四	$8d$，150（柱根 100）	6（柱根 8）

注：d 为柱纵筋最小直径；柱根指底层柱下端箍筋加密区。

柱的箍筋加密范围，应按下列规定采用：柱端取截面高度、柱净高的 1/6 和 500mm 三者的最大值；底层柱的下端不小于柱净高的 1/3；刚性地面上下各 500mm；剪跨比不大于 2 的柱、因设置填充墙等形成的柱净高与柱截面高度之比不大于 4 的柱、一级和二级框架的角柱、支承筒仓竖壁的框架柱取全高。在柱段内设置牛腿，其牛腿的上、下柱段净高与截面高度之比不大于4的柱段，应取全高，大于4时可取其柱段端各500mm。另外，8度、9度的框架结构防震缝两侧结构层高相差较大时，防震缝两侧框架柱的箍筋应沿房屋全高加密。

柱箍筋加密区的箍筋肢距，一级不宜大于200mm，二、三级不宜大于250mm，四级不宜大于300mm，且至少每隔一根纵向钢筋宜在两个方向有箍筋或拉筋约束，采用拉筋复合箍时，拉筋宜紧靠纵向钢筋并钩住箍筋。

柱箍筋加密区的体积配箍率，应按下列规定采用：剪跨比不大于2的柱宜采用复合螺旋箍或井字复合箍，其体积配箍率不应小于1.2%，9度一级时不应小于1.5%；支承筒仓竖壁的框架柱宜采用复合螺旋箍或井字复合箍，最小配箍特征值应比表7-7内数值增加0.02，且体积配箍率不应小于1.5%。除上述要求外，柱箍筋加密区的体积配箍率应符合下式要求：

$$\rho_v \geqslant \lambda_v f_c / f_{yv} \tag{7-38}$$

式中 ρ_v——柱箍筋加密区的体积配箍率，一级不应小于0.8%，二级不应小于0.6%，三、四级不应小于0.4%；计算复合螺旋箍的体积配箍率时，其非螺旋箍的箍筋体积应乘以折减系数0.80；

f_c——混凝土轴心抗压强度设计值，强度等级低于C35时，应按C35计算；

f_{yv}——箍筋或拉筋抗拉强度设计值；

λ_v——最小配箍特征值，宜按表7-7采用。

柱箍筋加密区的箍筋最小配箍特征值　　表7-7

抗震等级	箍筋形式	柱轴压比								
		≤0.3	0.4	0.5	0.6	0.7	0.8	0.9	1.0	1.05
一	普通箍、复合箍	0.10	0.11	0.13	0.15	0.17	0.20	0.23	—	—
	螺旋箍、复合或连续复合矩形螺旋箍	0.08	0.09	0.11	0.13	0.15	0.18	0.21	—	—
二	普通箍、复合箍	0.08	0.09	0.11	0.13	0.15	0.17	0.19	0.22	0.24
	螺旋箍、复合或连续复合矩形螺旋箍	0.06	0.07	0.09	0.11	0.13	0.15	0.17	0.20	0.22
三、四	普通箍、复合箍	0.06	0.07	0.09	0.11	0.13	0.15	0.17	0.20	0.22
	螺旋箍、复合或连续复合矩形螺旋箍	0.05	0.06	0.07	0.09	0.11	0.13	0.15	0.18	0.20

注：普通箍指单个矩形箍和单个圆形箍，复合箍指由矩形、多边形、圆形箍或拉筋组成的箍筋；复合螺旋箍指由螺旋箍与矩形、多边形、圆形箍或拉筋组成的箍筋；连续复合矩形螺旋箍指用一根通长钢筋加工而成的箍筋；中间值可按内插法确定。

3）非加密区箍筋配置

考虑到柱子在层高范围内剪力不变及可能的扭转影响，为避免柱子非加密区的受剪能力突然降低很多，导致柱的中段破坏，非加密区的最小箍筋量要求如下：柱箍筋非加密区的体积配箍率不宜小于加密区的50%。箍筋间距，一、二级框架柱不应大于10倍纵向钢筋直径，三、四级框架柱不应大于15倍纵向钢筋直径。

4）柱的剪跨比不大于1.5时，柱的破坏形态一般为剪切脆性破坏型，所以需采取特殊构造措施，要求符合下列规定：

箍筋应提高一级配置，一级时应适当提高箍筋配置；柱高范围内应采用井字形复合箍

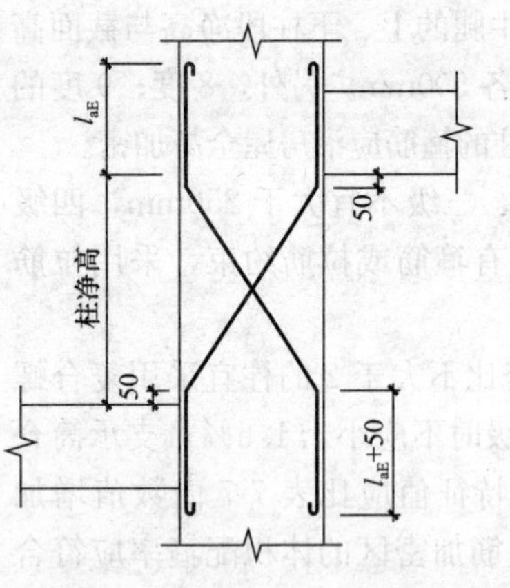

图 7-4　对角斜筋布置示意图

（矩形箍或拉筋），应至少每隔一根纵向钢筋有一根拉筋；柱的每个方向应配置两根对角斜筋（图 7-4），以改善短柱的延性，控制裂缝宽度，对角斜钢筋的直径，一、二级分别不应小于 20mm、18mm，三、四级不应小于 16mm，对角斜筋的锚固长度不应小于受拉钢筋抗震锚固长度 l_{aE} 加 50mm。

3. 框架节点抗震构造要求

框架节点核心区箍筋的最大间距和最小直径宜按表 7-6 以及加密区箍筋配置要求采用；一、二、三级框架节点核心区配箍特征值分别不宜小于 0.12、0.10 和 0.08，且体积配箍率分别不宜小于 0.6%、0.5% 和 0.4%。柱剪跨比不大于 2 的框架节点核心区，体积配箍率不宜小于核心区上、下柱端的较大体积配箍率。

4. 楼板、屋盖构造要求

多层厂房框架结构楼板、屋盖优先考虑现浇结构。二、三、四级框架的楼板、屋盖也可采用钢筋混凝土预制板，预制板上应设不低于 C30 的细石混凝土后浇层，其厚度不应小于 50mm，应内设 ϕ6 双向间距 200mm 的钢筋网。预制板的板肋下端宜与支承梁焊接或者将预制板外露钢筋间点焊连接。预制板之间在支座处的纵向缝隙内应设置焊接钢筋网，其伸出支座长度不宜小于 1.0m，详见图 7-5；纵向钢筋直径，上部不宜小于 8mm，下部不宜小于 6mm；板缝应采用 C30 细石混凝土浇灌。

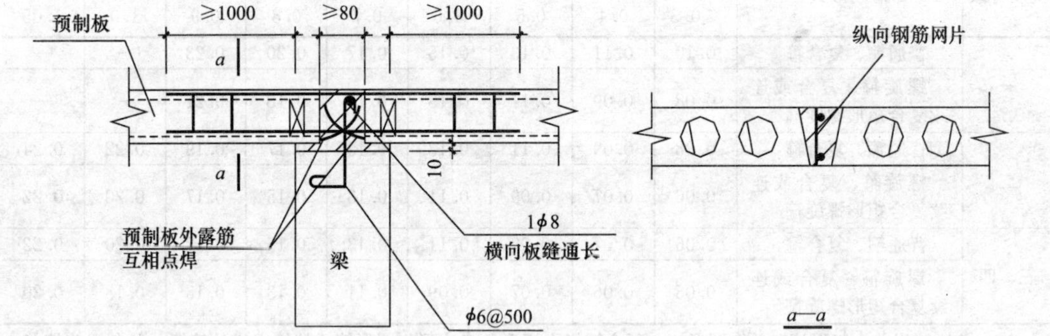

图 7-5　预制板构造做法

5. 预应力框架其他构造要求

预应力混凝土结构的抗震构造尚应满足以下要求：

（1）预应力混凝土框架结构的混凝土强度等级不宜低于 C40。

（2）后张预应力框架宜采用有粘结预应力筋，抗震等级为一级的框架，不得采用无粘结预应力筋。

（3）抗侧力的预应力混凝土构件，应采用预应力筋和非预应力筋混合配筋方式。二者的比例应依据抗震等级按有关规定控制，其预应力强度比不宜大于 0.75。

（4）预应力混凝土框架梁端纵向受拉钢筋的最大配筋率、底面和顶面非预应力钢筋配筋量的比值，按预应力强度比相应换算后应符合钢筋混凝土框架梁的要求。

(5) 预应力混凝土框架柱可采用非对称配筋方式；其轴压比计算，应计入预应力筋的总有效预加力形成的轴向压力设计值，并符合钢筋混凝土结构中对应框架柱的要求；箍筋宜全高加密。

(6) 后张预应力筋的锚具不宜设置在梁柱节点核心区；预应力筋-锚具组装件的锚固性能，应符合专门的规定。

6. 框架梁上开矩形洞口的特殊要求

多层钢筋混凝土工业厂房的框架梁，根据需要在梁中部开设矩形洞时，其设计与构造除了符合现行国家标准《混凝土结构设计规范》GB 50010 的有关规定外，尚应满足以下要求：

(1) 矩形洞口尺寸及位置

矩形洞口位置宜设于剪力较小的 $l/3$ 跨中区域，必要时亦可设于梁端 $l/3$ 的区域内，洞高度中心与梁高度中心的偏心宜偏向受拉区，偏心距不宜大于梁高 h 的 0.05 倍，其位置应满足表 7-8 和图 7-6 的规定。

矩形洞尺寸和位置限值 **表 7-8**

跨中 $l/3$ 区域				梁端 $l/3$ 区域				
h_h/h	l_h/h	h_c/h	l_h/h_h	h_h/h	l_h/h	h_c/h	l_h/h_h	s_2/h
≤0.40	≤1.60	≥0.30	≤4.0	≤0.30	≤0.80	≥0.35	≤2.60	≥1.5

注：表中 l 为梁的净跨度；h_h 为洞高度；h 为梁高；h_c 为洞顶到梁顶的距离；l_h 为洞宽度；s_2 为洞到柱边的净距离。

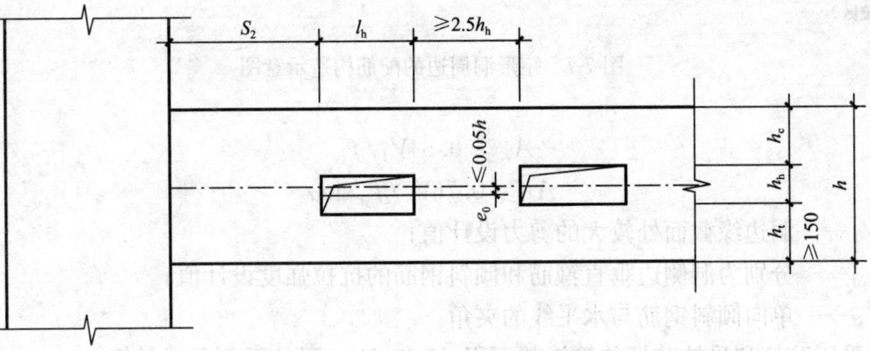

图 7-6 梁中开矩形孔洞的位置

(2) 孔洞周边配置钢筋要求

当洞高度小于梁高的 1/6 及 100mm，且孔洞长度小于 $h/3$ 及 200mm 时，其周边钢筋可按构造配置（图 7-7）。弦杆纵筋 A_{s2}、A_{s3} 可采用 2ϕ10～2ϕ12，箍筋采用 ϕ6，间距不应大于 0.5 倍弦杆有效高度及 100mm；垂直箍筋 A_v 宜靠近洞边缘；单向倾斜钢筋 A_d 可取 2ϕ12，其与水平线之间的夹角 α 可取 45°。当洞尺寸不满足上述要求时，洞边的配筋应按计算确定，但不应小于按构造要求设置的钢筋。

(3) 补强钢筋计算

1) 洞一侧垂直、倾斜补强钢筋 A_v、A_d 按下式计算：

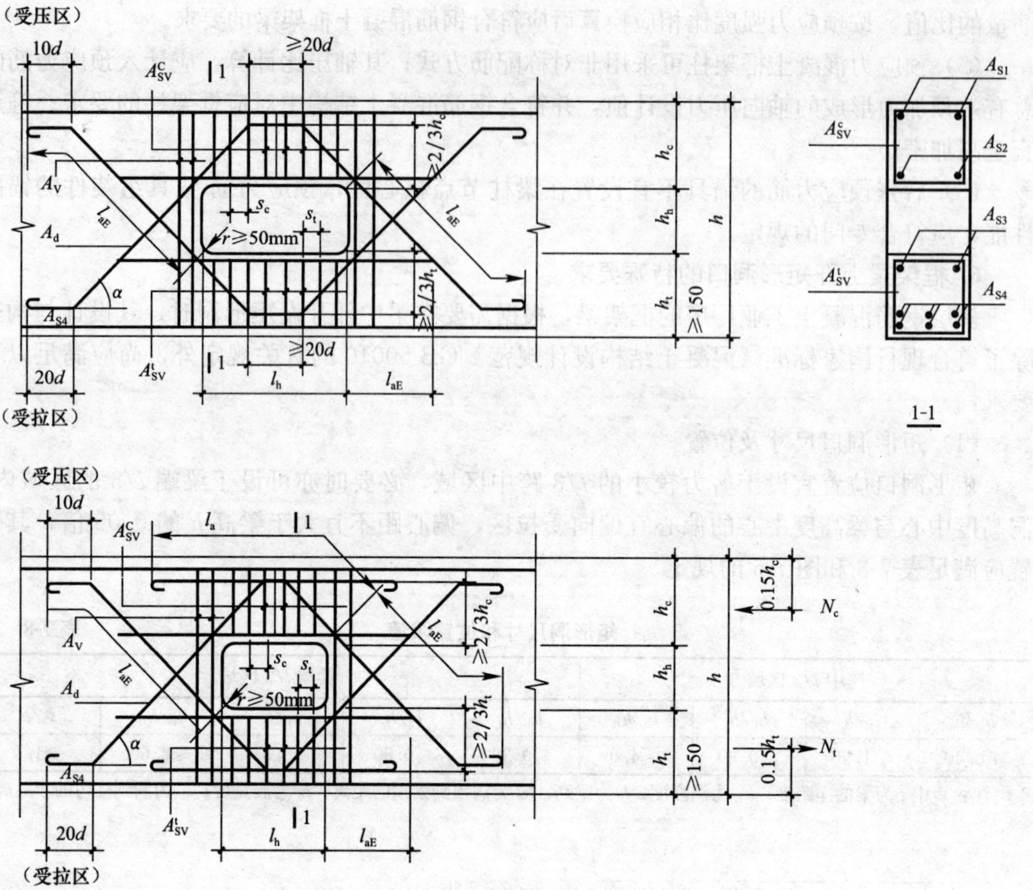

图 7-7　矩形洞周边的配筋构造示意图

$$A_{v} \geqslant 0.54V_1/f_{yv} \tag{7-39}$$

$$A_{d} \geqslant 0.76V_1/f_{yd}\sin\alpha \tag{7-40}$$

式中　V_1——洞边缘截面处较大的剪力设计值；

f_{yv}、f_{yd}——分别为洞侧边垂直箍筋和倾斜钢筋的抗拉强度设计值；

α——单向倾斜钢筋与水平线的夹角。

2）受压弦杆和受拉弦杆的箍筋截面积 A_{sv}^{c} 和 A_{sv}^{t}，可按下列公式计算：

$$A_{sv}^{c} \geqslant \left(V_c - \frac{1.75}{\lambda_c + 1.0} bh_0^c f_t - 0.07N_c\right)\frac{s_c}{f_{yv}h_0^c} \tag{7-41}$$

$$A_{sv}^{t} \geqslant \left(V_t - \frac{1.75}{\lambda_t + 1.0} bh_0^t f_t + 0.2N_t\right)\frac{s_t}{f_{yv}h_0^t} \tag{7-42}$$

$$N_c = N_t = \frac{M}{0.5h_c + h_h + 0.55h_t} \tag{7-43}$$

式中　V_c、V_t——分别为受压弦杆和受拉弦杆分配的剪力设计值；$V_c = \beta V$，$V_t = 1.2V - V_c$；并满足：$V_c \leqslant 0.25bh_0^c f_c$，$V_t \leqslant 0.25bh_0^c f_c$

V——洞中心截面处的剪力设计值，取不考虑地震组合与考虑地震组合两种工况中的剪力设计值较大值，及 $V = \max\{V_N, \gamma_{RE}V_E\}$；

β——剪力分配系数，一般取 0.9；

λ_c、λ_t——分别为受压弦杆和受拉弦杆的剪跨比，$1 \leqslant \lambda_c \leqslant 3$，$1 \leqslant \lambda_t \leqslant 3$，当 $A_{s1} = A_{s2}$ 时，$\lambda_c = 0.5 l_h / h_0^c$；当 $A_{s1} > A_{s2}$ 时，$\lambda_c = 0.75 l_h / h_0^c$；当 $A_{s4} > A_{s3}$ 时，$\lambda_t = 0.75 l_h / h_0^t$；

l_h、h_h——分别为洞长度和高度；

h_0^c、h_0^t——分别为受压弦杆和受拉弦杆的有效高度；

N_c、N_t——分别为受压弦杆和受拉弦杆承受的轴向压力和轴向拉力；当 $N_c > 0.3 b h_c f_c$ 时，取 $N_c = 0.3 b h_c f_c$；当按计算得出的 A_{sv}^t 反算 V_t 值小于 $f_{yv} A_{sv}^t h_0^t / s_t$ 时，应取 $V_t = f_{yv} A_{sv}^t h_0^t / s_t$，且 $f_{yv} A_{sv}^t h_0^t / s_t$ 值不得小于 $0.36 b h_0^t f_t$；

M——洞中心截面处的弯矩设计值，取不考虑地震组合与考虑地震组合两种工况中的弯矩设计值较大值，即 $M = \max\{M_N, \gamma_{RE} M_E\}$。

3）受压弦杆的纵向钢筋 A_{s2}，可按对称配筋偏心受压构件计算。

当 $\xi \leqslant \xi_b$ 时，为大偏心受压

$$\xi = \frac{N_c}{f_c b h_0^c} \tag{7-44}$$

$$A_{s2} \geqslant \frac{N_c e - \xi(1 - 0.5\xi) f_c b h_0^{c2}}{f'_y (h_0^c - a')} \tag{7-45}$$

当 $\xi > \xi_b$ 时，为小偏心受压，A_{s2} 仍按上式计算，但 ξ 按下式计算：

$$\xi = \frac{N_c - \xi_b f_c b h_0^c}{\dfrac{N_c e - 0.43 f_c b h_0^{c2}}{(0.8 - \xi_b)(h_0^c - a')} + f_c b h_0^c} + \xi_b \tag{7-46}$$

式中 N_c——受压弦杆轴向压力；

ξ_b——界限相对受压区高度，可取 0.55；当为 HRB400、HRBF400、RRB400 级钢筋时，可取 0.52；当为 HRB500、HRBF500 级钢筋时，可取 0.48；

e——轴向力作用点至受拉钢筋的距离：$e = e_i + 0.5 h_c - a$；

e_i——初始偏心距，$e_i = e_0^c + e_a$，$e_0^c = M_c / N_c$，$M_c = V_c l_h / 2$；

e_a——附加偏心距，应取 20mm 和偏心方向截面尺寸的 1/30 两者中的较大者；

$l_h/2$——弦杆反弯点至洞边的距离，假设反弯点位于弦杆中点。

4）受拉弦杆内的纵向钢筋 A_{s3}、A_{s4}（图 7-8）可近似地按非对称配筋的偏心受拉构件计算。

当轴向力 N_t 作用在受拉弦杆上、下缘纵向钢筋 A_{s3}、A_{s4} 之间时（小偏心受拉），A_{s3} 由截面 1-1（N_t，M_{t1}），A_{s4} 由截面 2-2（N_t，M_{t2}）按下式计算：

$$A_{s3}, A_{s4} \geqslant \frac{N_t e'}{f_y (h_t - a - a')} \tag{7-47}$$

轴向力 N_t 不作用在受拉弦杆上、下缘纵向钢筋 A_{s3}、A_{s4} 之间时（大偏心受拉），A_{s3}、A_{s4} 按下列公式计算：

$$A_{s3} \geqslant \frac{N_t e - f_c b x (h_0^t - 0.5x)}{f'_y (h_0^t - a')} \tag{7-48}$$

$$A_{s4} \geqslant \frac{N_t + f'_y A_{s3} + f_c b x}{f_y} \tag{7-49}$$

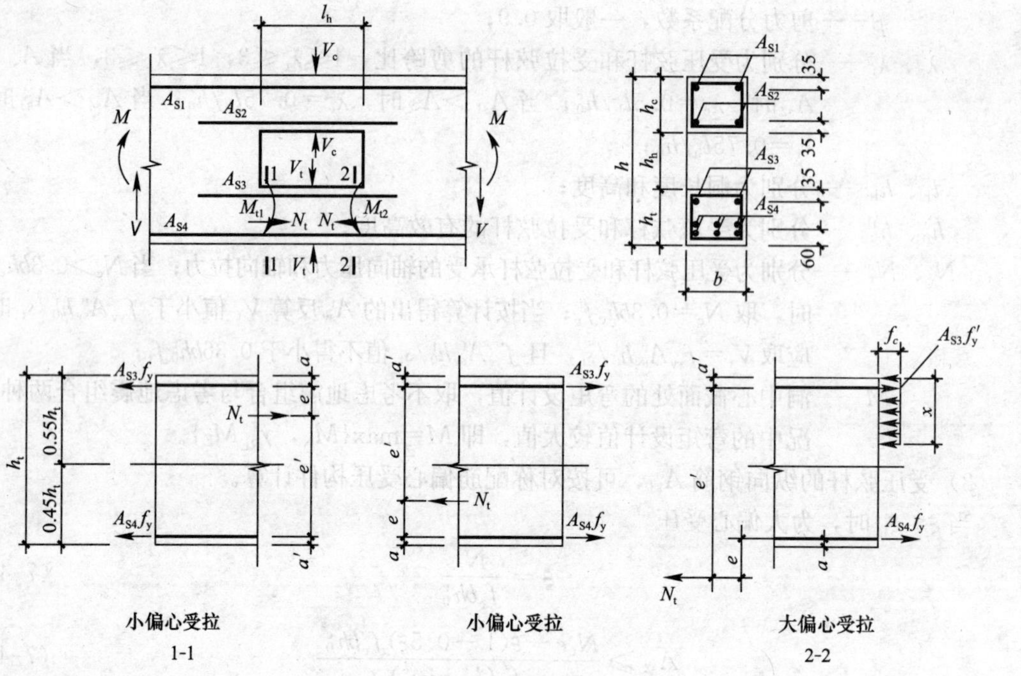

图 7-8　偏心受拉构件受力图

式中　x——混凝土受压区高度，应满足 $2a' \leqslant x \leqslant \xi_b h_0^t$ 的要求。

上述 A_{s4} 的计算值不应小于不开洞梁的纵向钢筋截面面积 A_s，当 A_{s4} 的计算值小于 A_s 时，应取 A_s。

7. 框架梁上开圆孔洞的特殊要求

多层钢筋混凝土工业厂房的框架梁，根据需要在梁中部开设圆形洞时，其设计与构造除了符合现行国家标准《混凝土结构设计规范》GB 50010 的有关规定外，尚应满足以下要求：

(1) 圆形洞口尺寸及位置

孔洞位置宜设于剪力较小的 $l/3$ 跨中区域，必要时亦可设于梁端 $l/3$ 的区域内，其位置应满足表 7-9 和图 7-9 的规定。对于 $d_0/h \leqslant 0.2$ 及 150mm 的小直径孔洞，圆孔中心位置应满足 $-0.1h \leqslant e_0 \leqslant 0.2h$（负号表示偏向受压区）。

圆孔尺寸及位置　　**表 7-9**

e_0/h	跨中 $l/3$ 区域			梁端 $l/3$ 区域			
	d_0/h	h_c/h	s_3/d_0	d_0/h	h_c/h	s_2/h	s_3/d_0
≤0.1（偏向拉区）	≤0.40	≥0.30	≥2.0	≤0.30	≥0.35	≥1.5	≥3.0

注：表中 l 为梁的净跨度；d_0 为孔洞直径；h 为梁高；h_c 为孔洞上顶至梁顶的距离；s_2 为孔洞到柱边的净距离，s_3 为孔洞之间的距离，e_0 为孔洞中心到梁高度中心的偏心距。

(2) 孔洞周边配置钢筋要求

1) 当孔洞直径 d_0 小于 $h/10$ 及 100mm 时，孔洞周边可不设补强钢筋。

2) 当孔洞直径 d_0 小于 $h/5$ 及 150mm 时，孔洞周边可按构造设置补强钢筋，弦杆纵向钢筋 A_{s2}、A_{s3} 可采用 $2\phi10 \sim 2\phi12$，弦杆箍筋采用 $\phi6$，间距不应大于 0.5 倍弦杆有效高度

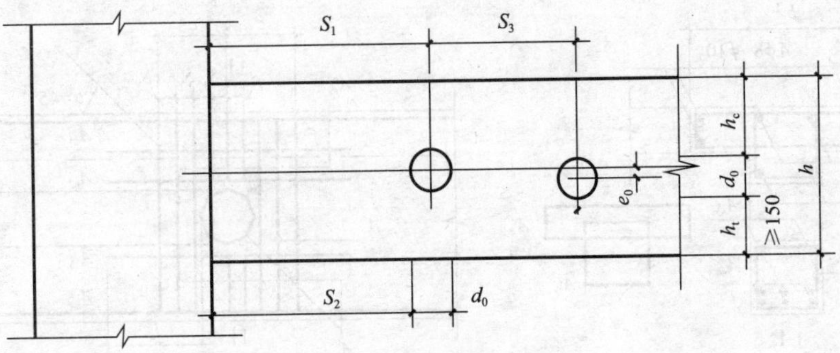

图 7-9　圆形孔洞位置

及 100mm；孔洞两侧补强钢筋（A_v、A_d）宜靠近孔洞边缘，倾斜钢筋 A_d 可取 2ϕ12，其倾角 α 可取 45°（图 7-10）。

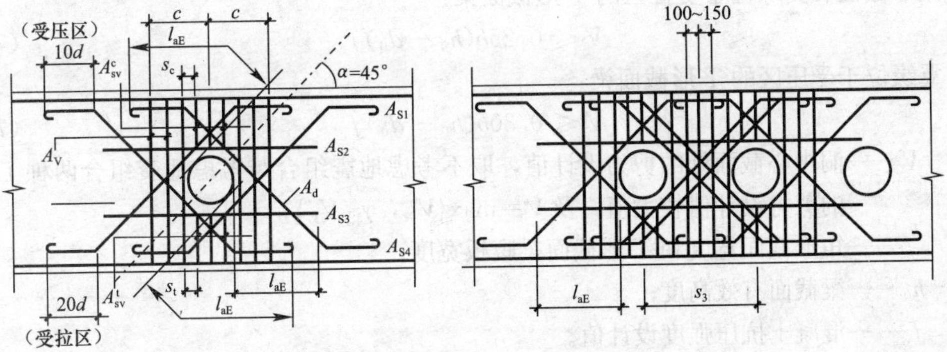

图 7-10　圆形孔洞周边的配筋构造示意图

3）当孔洞直径 d_0 大于梁高的 0.2 倍或大于 150mm 时，孔洞周边的配筋应按计算确定，但不得小于按构造要求设置的钢筋：孔洞上下弦杆内的纵向钢筋 A_{s2}，A_{s3} 可按下列原则选用，并不得小于梁受压区纵向钢筋 A_{s1}。

当 $d_0 \leqslant 200$mm 时，采用 2ϕ12；

当 200mm$<d_0\leqslant$400mm 时，采用 2ϕ14；

当 400mm$<d_0\leqslant$600mm 时，采用 2ϕ16。

两侧的垂直箍筋应贴近孔边布置，其范围为：

$$c = h_0^c + d_0/2 \quad \text{且}\ c \geqslant 0.5h_0 \tag{7-50}$$

式中　h_0^c——孔洞受压弦杆截面的有效高度。

4）T 形截面梁当翼缘位于受压区时，一般可按矩形截面设计，而不考虑翼缘的有利作用。当由于截面尺寸受到限制需要考虑翼缘的有利作用时，孔洞周边的配筋除满足构造要求外，尚应满足下列要求：

当受压弦杆为图 7-11 所示的 T 形截面时，其伸入腹杆的垂直箍筋（A_{sv1}^c）直径 d_1 应比在翼缘内的箍筋（A_{sv2}^c）直径 d_2 大一个直径等级，并满足 $A_{sv1}^c/s_c = A_{sv}^c/s_c$ 的要求；孔洞范围内的箍筋间距按计算值 s_c 确定；孔洞以外和弦杆纵筋（A_{s2}）以内的翼缘中宜设置箍筋，其间距取孔洞边缘箍筋的间距 s_v。

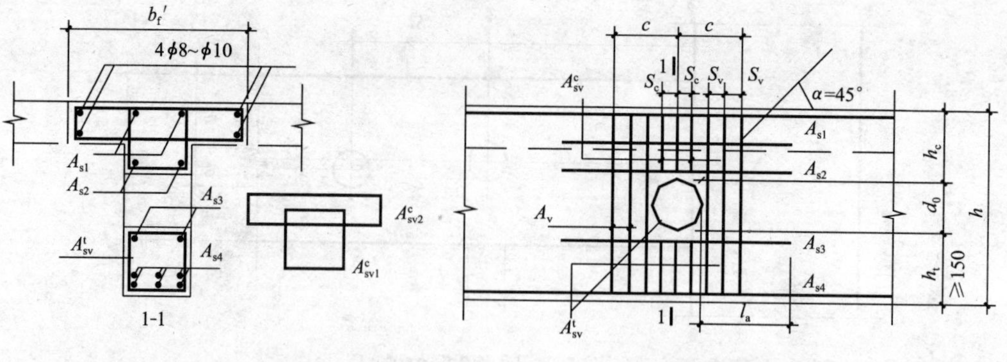

图 7-11　T 形截面开圆孔梁的配筋构造示意图

(3) 补强钢筋计算

1) 截面控制条件

矩形截面和翼缘位于受拉区的 T 形截面梁：

$$V \leqslant 0.25b(h_0 - d_0)f_c \tag{7-51}$$

翼缘位于受压区的 T 形截面梁：

$$V \leqslant 0.30b(h_0 - d_0)f_c \tag{7-52}$$

式中　V——洞中心截面处的剪力设计值，取不考虑地震组合与考虑地震组合两种工况中的剪力设计值较大值，及 $V = \max\{V_N, \gamma_{RE}V_E\}$；

b——矩形截面宽度和 T 形截面梁腹板宽度；

h_0——梁截面有效高度；

f_c——混凝土抗压强度设计值。

2) 孔洞两侧的补强钢筋按下列公式计算：

矩形截面梁

$$V \leqslant \frac{1.75}{\lambda + 1}bh_0 f_t\left(1 - 1.61\frac{d_0}{h}\right) + 2(A_v f_{yv} + A_d f_{yd}\sin\alpha) \tag{7-53}$$

T 形截面梁

$$V \leqslant 0.7bh_0 f_t\left(1 - 1.61\frac{d_0}{h}\right) + 2(A_v f_{yv} + A_d f_{yd}\sin\alpha) \tag{7-54}$$

取

$$A_d f_{yd} = 2A_v f_{yv} \tag{7-55}$$

式中　λ——梁的剪跨比，$\lambda = M/Vh_0$；

A_v——孔洞一侧 c 值范围内的垂直箍筋截面面积；

A_d——孔洞一侧 c 值范围内的倾斜钢筋截面面积；

f_{yv}——孔洞一侧的垂直箍筋抗拉强度设计值；

f_{yd}——孔洞一侧的倾斜钢筋抗拉强度设计值。

3) 孔洞上、下弦杆内箍筋的计算，应符合下列规定：

翼缘位于受拉区的 T 形截面梁，可按矩形截面梁进行设计；当翼缘位于受压区时，可计入翼缘的有利作用，其有效宽度取 $b_f' = 2b$ 或 $b_f' = b + 2h_f'$ 两者中的较小值；

矩形截面梁

$$V_c \leqslant 0.9bh_0^c f_t + \frac{A_{sv}^c}{s_c} h_0^c f_{yv} + A_d f_{yd} \sin\alpha + 0.07N_c \tag{7-56}$$

$$N_c = M/(0.5h_c + d_0 + 0.55h_t) \tag{7-57}$$

T形截面梁

$$V_c \leqslant 0.9[bh_0^c + (b'_f - b)h'_f]f_t + \frac{A_{sv}^c}{s_c} h_0^c f_{yv} + A_d f_{yd} \sin\alpha + 0.07N_c \tag{7-58}$$

式中 b'_f——翼缘的有效宽度；

h'_f——翼缘厚度；

V_c——受压弦杆分配的剪力，$V_c = \beta V$；

β——剪力分配系数，一般取0.8；

N_c——受压弦杆承受的轴向压力，取 $N_c \leqslant 0.3bh_c f_c$；

M——洞中心截面处的弯矩设计值，取不考虑地震组合与考虑地震组合两种工况中的弯矩设计值较大值，即 $M = \max\{M_N, \gamma_{RE} M_E\}$。

受拉弦杆内箍筋（A_{sv}^t）一般情况下，可偏安全地取用受压弦杆内箍筋（A_{sv}^c）。

8. 填充墙构造要求

钢筋混凝土框架结构中的非承重墙体宜优先采用轻质墙体材料，对于砌体填充墙，应符合下列要求：

(1) 填充墙在平面和竖向的布置，宜均匀对称，宜避免形成薄弱层或短柱，应避免结构形成刚度突变。

(2) 填充墙应能够适应框架结构的侧向变形；当墙体与悬挑构件相连接时，尚应具有相应的竖向变形的能力。

(3) 应采取措施减少对主体结构的不利影响，并应设置拉结筋、水平系梁、圈梁、构造柱等与主体结构可靠拉结。

(4) 砌体的砂浆强度等级不应低于M5；实心块体的强度等级不宜低于MU2.5，空心块体的强度等级不宜低于MU3.5；墙顶应与框架梁密切结合。

(5) 填充墙应沿框架柱全高每隔500～600mm设2ϕ6拉筋，拉筋伸入墙内的长度，6、7度时宜全长贯通，8、9度时应全长贯通。

(6) 墙长大于5m时，墙顶与梁宜有拉结；墙长超过8m或层高2倍时，宜设置钢筋混凝土构造柱；墙高超过4m时，墙体半高宜设置与柱连接且沿墙全长贯通的钢筋混凝土水平系梁。

(7) 楼梯间两侧填充墙与柱之间应加强拉结，楼梯间和人流通道的填充墙尚应采用钢丝网砂浆面层加强。

(8) 砌体女儿墙在人流出入口和通道处应与主体结构锚固；非出入口无锚固的女儿墙高度，6～8度时不宜超过0.5m；非出入口女儿墙9度时应有锚固。防震缝处女儿墙应留有足够的宽度，缝两侧的自由端应予以加强。

9. 其他非结构构件构造要求

(1) 其他非结构构件

连接幕墙、围护墙、隔墙、女儿墙、雨篷、商标、广告牌、顶篷支架、大型储物架等建筑非结构构件的预埋件、锚固件的部位，应采取加强措施，以承受建筑非结构构件传给主体结构的地震作用；各类顶棚的构件与楼板的连接件，应能承受顶棚、悬挂重物和有关机电设施的自重和地震附加作用，其锚固的承载力应大于连接件的承载力；悬挑雨篷或一端由柱支承的雨篷，应与主体结构可靠连接；玻璃幕墙、预制墙板、附属于楼屋面的悬臂构件和大型储物架的抗震构造，应符合相关专门标准的规定。

（2）建筑附属机电设备支架

建筑附属机电设备的支架应具有足够的刚度和强度，其与建筑结构应有可靠的连接和锚固，应使设备在遭遇设防烈度地震影响后能迅速恢复运转；建筑附属机电设备的基座或连接件应能将设备承受的地震作用全部传递到建筑结构上；固定建筑附属机电设备预埋件、锚固件的部位，应采取加强措施，以承受附属机电设备传给主体结构的地震作用；建筑内的高位水箱应与支撑结构构件可靠连接，且应计及水箱及所含水重对建筑结构产生的地震作用效应。

下列附属机电设备的支架可不考虑抗震设防要求：重力不超过 1.8kN 的设备；内径小于 25mm 的燃气管道和内径小于 60mm 的电气配管；矩形截面面积小于 $0.38m^2$ 和圆形直径小于 0.70m 的风管；吊杆计算长度不超过 300mm 的吊杆悬挂管道。

管道、电缆、通风管和设备的洞口设置，应减少对主要承重结构构件的削弱；洞口边缘应有补强措施；管道和设备与建筑结构的连接，应能允许二者间有一定的相对变位。

建筑附属机电设备不应设置在可能导致其使用功能发生障碍等二次灾害的部位；对于有隔振装置的设备，应注意其强烈振动对连接件的影响，并防止设备和建筑结构发生谐振现象；在设防地震下需要连续工作的附属设备，宜设置在建筑结构地震反应较小的部位，相关部位的结构构件应采取相应的加强措施。

第二节　钢筋混凝土框架-侧向排架厂房

一、一般规定

1. 结构布置

框架（或框架-抗震墙）与排架侧向连接组成的框排架结构（图 7-12a～c），较多用于冶金、发电、水泥、化工和矿山等厂房。其特点是平面、立面布置不规则、不对称，纵向、横向和竖向的质量分布很不均匀，结构的薄弱环节较多，结构地震反应特征和震害要比框架结构和排架结构复杂，表现出更显著的空间作用效应。因此，设计时要特别重视以下结构布置概念设计。

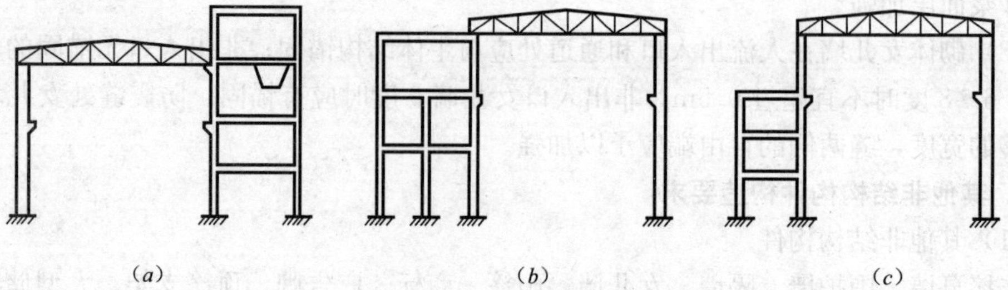
(*a*)　(*b*)　(*c*)

图 7-12　侧向框排架结构厂房示意图

(1) 整体结构布置

钢筋混凝土框架（-抗震墙）-排架厂房（简称侧向框排架）的结构布置，在满足工艺要求条件下，厂房的平面尽量选择矩形，立面宜简单、对称，尽量减少侧向框排架结构的不规则布置，不应采用严重不规则的侧向框排架结构。设计中应注意如下要点：

1）在结构单元平面内，框架、抗震墙、柱间支撑等抗侧力构件在平面内宜规则、对称、均匀布置。

2）框架、抗震墙、柱间支撑等抗侧力构件应沿结构全高设置，竖向抗侧力构件的截面尺寸宜自下而上逐渐减小，并应避免抗侧力构件的侧移刚度和承载力突变。

3）各柱列的侧移刚度宜均匀。

4）侧向框排架结构中的框架、抗震墙均应双向设置，双向设置以及纵横向抗震墙相连，不但可以加大侧移刚度，还有利于提高塑性变形能力。

5）侧向框排架结构中框架部分高度大于 24m 时，不宜采用单跨框架结构，单跨框架结构是指框架结构中某个主轴方向均为单跨，框架结构某个主轴方向有局部的单跨框架以及框架抗震墙结构中的单跨框架，可不作为单跨框架结构控制。

6）为了减少在地震作用下可能导致核心区受剪面积不足的影响和减小柱的附加弯矩，柱中线与抗震墙中线、梁中线之间的偏心距不宜大于柱宽的 1/4。

7）质量大的设备不宜布置在结构单元边缘的平台上，宜设置在距结构刚度中心较近的部位；当不可避免时，宜将平台与主体结构分开，也可在满足工艺要求的条件下采用低位布置。

8）不宜采用较大的悬挑结构。

9）侧向框排架结构应通过合理选择结构方案，尽量不设防震缝。除胶带运输机和链带设备外，固定设备不应跨防震缝布置。对于设有筒仓或大型设备，质量和刚度沿纵向分布有突变、结构的平面和竖向布置不规则、房屋贴建于侧向框排架结构时，应通过合理设置防震缝，减小结构的地震作用效应。此时，防震缝的两侧应各自设置承重结构。防震缝的最小宽度应符合如下规定：

高度不大于 15m 的贴建房屋与侧向框排架结构间，6 度、7 度时，不应小于 100mm；8 度、9 度时，不应小于 110mm；侧向框排架结构（包括设置少量抗震墙的框排架结构）单元间，结构高度不超过 15m 时，不应小于 100mm；结构高度超过 15m 时，对 6～9 度，分别每增高 5m、4m、3m、2m，宜加宽 20mm；框架-抗震墙的框排架结构的防震缝宽度，结构高度不超过 15m 时，不宜小于 100mm；结构高度超过 15m 时，对 6～9 度，分别每增高 5m、4m、3m、2m，宜加宽 15mm。

10）排架跨屋盖与框架跨的连接结点设在框架跨的层间，会使排架跨屋盖的地震作用集中到框架柱的中间（层间处），并形成短柱，从而成为结构的薄弱环节，因此排架跨屋架或屋面梁支承在框架柱上时，排架跨的屋架下弦或屋面梁底面宜布置在与框架跨相应楼层的同一标高处，应尽量避免排架跨屋盖设在框架柱的层间；排架跨的屋架或屋面梁不宜支承在框架柱顶伸出的单柱上（图 7-12c），当采用时，应在计算和构造上采取增强单柱延性和承载力的措施，并在柱顶 A 处设置一道纵向钢筋混凝土连梁，当 AC 段柱较高时，宜在中间增设一道纵向连系梁（图 7-13）。

11）侧向框排架结构楼梯间宜采用现浇钢筋混凝土结构，楼梯间的布置不应导致结构

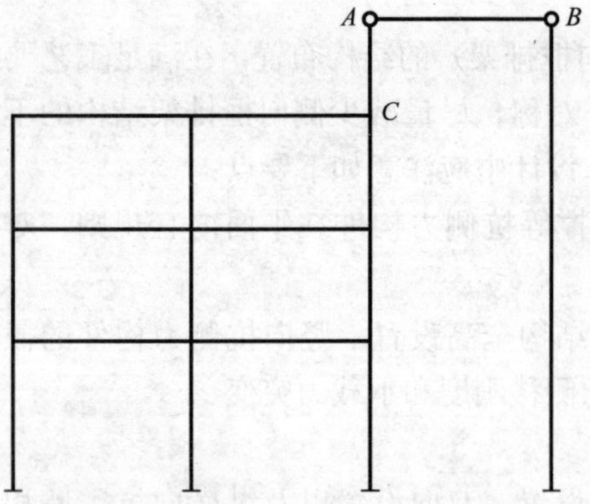

图 7-13 框架柱与排架柱连接示意

平面特别不规则。楼梯构件可与主体结构整体现浇，也可将楼梯板滑动支承于平台板上，以减少楼梯构件对主体结构刚度的影响，对于布置在角部的楼梯间，优先考虑滑动布置。

（2）排架柱

侧向框排架结构的排架柱应根据截面高度不同采用矩形、工字形截面柱或斜腹杆双肢柱，采用现浇柱时，尽量采用矩形截面；不应采用薄壁工字形柱、腹板开孔工字形柱或预制腹板的工字形柱，当采用工字形截面柱时，柱底至室内地坪以上 500mm 高度范围内、阶形柱的上柱和牛腿处的各柱段均应采用矩形截面。

侧向框排架结构的山墙抗风柱可采用矩形、工字形截面钢筋混凝土柱，扩建时端山墙抗风柱亦可采用 H 形钢柱。当排架跨较高时，宜设置山墙抗风梁或桁架作为山墙抗风柱的支承点。

（3）抗震墙

框架-抗震墙结构中，抗震墙是主要抗侧力构件，宜贯通房屋全高。结构较长时，侧移刚度较大的纵向抗震墙不宜设置在结构的端开间，以避免温度效应对结构的不利影响。当存在较长的抗震墙时，宜设置跨高比大于 6 的连梁形成洞口，将一道抗震墙分成较均匀的若干墙段，各墙段的高宽比不宜小于 3。为增加整体抗侧刚度，可以结合楼梯间设置抗震墙，但应避免因此造成较大的扭转效应。

抗震墙洞口宜上下对齐，避免墙肢传力路径突变。洞边距端柱不宜小于 300mm，以保证柱作为边缘构件发挥其作用。在抗震墙的两端（不包括洞口两侧）宜设置端柱或与另一方向的抗震墙相连。

为了保证墙肢出现塑性铰后仍具有足够的延性，抗震墙底部应布置加强部位，其高度应从地下室顶板算起。当房屋高度大于 24m 时，底部加强部位的高度可取底部两层和墙体总高度的 1/10 的较大值，当房屋高度不大于 24m 时，底部加强部位可取底部一层；当结构计算嵌固端位于地下一层底板或以下时，底部加强部位尚应向下延伸到计算嵌固端。

（4）楼板、屋盖的长宽比

为了使楼板、屋盖具有传递水平地震作用的剪切刚度，框架-抗震墙中，抗震墙之间无大洞口的楼板、屋盖的长宽比不宜超过表 7-10 的规定。

抗震墙之间无大洞口的楼板、屋盖的长宽比　　表 7-10

楼板、屋盖类型	6 度	7 度	8 度	9 度
现浇楼板、屋盖	4	4	3	2
装配整体式楼板、屋盖	3	3	2	不宜采用

（5）屋架或屋面梁

侧向框排架结构厂房屋盖宜选用钢屋架或重心较低的预应力混凝土、钢筋混凝土屋架，以减小小柱受力：当跨度不大于15m时可采用钢筋混凝土屋面梁，当跨度大于24m，或8度Ⅲ、Ⅳ场地和9度设防时，宜选用钢屋架。

对于突出屋面天窗架的屋盖，地震作用下天窗两侧竖向支撑对屋架节点、斜腹杆等产生严重的破坏现象，不宜采用钢筋混凝土屋架；由于块体拼装屋架（或屋面梁）的整体性差，拼装节点是薄弱环节，也不宜采用预应力混凝土屋架。

8度（0.30g）和9度时，跨度大于24m的厂房采用预制大型屋面板时，地震破坏较严重，因此不宜采用。

(6) 天窗

震害表明，突出屋面的天窗对结构抗震是不利的。屋盖天窗宜采用突出屋面较小的避风型天窗、下沉式天窗或采光屋面板等形式。在满足建筑功能的条件下，天窗架的高度应尽量降低。为了减小对天窗架和下部结构的地震作用效应，天窗屋盖、端壁板和侧板宜采用轻型板材。

为了防止在排架跨屋面纵向水平刚度削弱太太，对结构抗震不利，同时防止屋面板在地震时掉落，结构单元两端的第一开间不应设置天窗。对于8度和9度设防的厂房，宜从第三开间开始设置天窗。突出屋面的天窗宜采用钢天窗架。6～8度设防时，可采用矩形截面杆件的钢筋混凝土天窗架。端天窗架不应采用端壁板替代。

(7) 上下起重机的钢梯

为了保证起重机停用时，起重机桥架停放在对结构抗震有利的部位，在结构单元内一端有山墙另一端无山墙时，应在靠近山墙的端部设置上下起重机的钢梯；在结构单元内两端均有山墙或均无山墙时，应在单元中部设置上下起重机的钢梯；多跨厂房可按以上原则分散布置钢梯。

(8) 基础布置

侧向框排架结构柱的独立基础设置基础系梁的要求可参照本章第一节框架结构要求。一般情况下，连梁均应设在基础顶部，不宜设在基础顶的上部，致使柱与基础之间形成短柱。

框架-抗震墙中的抗震墙基础应有良好的整体性和抗转动的能力，以避免在地震作用下抗震墙基础产生较大的转动而降低了抗震墙的侧移刚度。

2. 适用高度

震害调查及试验研究表明，钢筋混凝土结构的抗震设计要求不仅与设防类别、设防烈度和场地有关，而且与结构类型和结构高度等有关；如设筒仓、短柱和薄弱层等的框架结构应有更高的抗震要求。钢筋混凝土多层厂房侧向框排架结构，其适用的最大高度应符合表7-11的规定。

钢筋混凝土框架和框架-抗震墙适用的最大高度（m） **表7-11**

结构类型	6度	7度	8度		9度
			0.2g	0.3g	
框架	55 (50)	50 (45)	40 (35)	35 (30)	24 (19)
框架-抗震墙	120 (110)	110 (100)	90 (80)	70 (60)	45 (40)

注：括号内的数值用于设有筒仓的框架和框架-抗震墙；表中高度指室外地面到主要屋面板板顶的高度（不包括局部突出屋面部分）；超过表中所列高度时，应进行专门研究和论证，并采取加强措施。

3. 抗震等级

钢筋混凝土侧向框排架结构的框架和抗震墙应根据设防类别、烈度、结构类型和房屋高度采用不同的抗震等级。丙类侧向框排架结构的框架和抗震墙的抗震等级应按表 7-12 确定。

丙类侧向框排架结构的框架和抗震墙的抗震等级　　表 7-12

结构类型			6 度		7 度		8 度		9 度
框架结构	不设筒仓的框架	高度（m）	≤24	＞24	≤24	＞24	≤24	＞24	≤24
		框架	四	三	三	二	二	一	一
	设筒仓的框架	高度（m）	≤19	＞19	≤19	＞19	≤19	＞19	≤19
		框架	四	三	三	二	二	一	一
	大跨度框架		三		二		一		一

结构类型			6 度		7 度			8 度			9 度	
框架-抗震墙结构	不设筒仓的框架	高度（m）	≤55	＞55	＜24	24～55	＞55	＜24	24～55	＞55	＜24	24～45
		框架	四	三	四	三	二	三	二	一	二	一
	设筒仓的框架	高度（m）	≤50	＞50	＜19	19～50	＞55	＜19	19～50	＞50	＜19	19～40
		框架	四	三	四	三	二	三	二	一	二	一
	抗震墙		三		三	二		二	一		一	

注：工程场地为Ⅰ类时，除 6 度外应允许按表内降低一度所对应的抗震等级采取抗震构造措施，但相应的计算要求不应降低。

二、抗震计算

1. 整体结构地震作用效应分析

6 度时的不规则侧向框排架结构、建造于Ⅳ类场地上高度大于 40m 的侧向框排架结构，以及 7～9 度时的侧向框排架结构，应按第三章有关多遇地震的规定进行水平、竖向地震作用和地震作用效应计算。

采用空间结构模型计算侧向框排架结构地震作用及效应，框架柱、框架梁采用空间梁模型，抗震墙采用壳单元，屋盖、楼盖根据实际情况选择相应的有限元模型。除此之外，尚应符合下列规定：

（1）复杂侧向框排架结构进行多遇地震作用下的内力和变形分析时，应采用不少于两个不同的力学模型，并应对其计算结果进行分析比较，按不利情况设计。

（2）设有天窗且不计入侧向框排架结构计算模型时，地震作用计算时可将天窗的质量集中在天窗架下部屋架或屋面梁处。

（3）设有筒仓的侧向框排架结构，筒仓设有横向和纵向竖壁时，贮料荷载应分配给纵向和横向竖壁上；当仅设有纵向竖壁（横向为梁）时，贮料荷载应仅分配给纵向竖壁上。

（4）采用振型分解反应谱法计算时，其振型数不宜少于 12 个，并应保证计算的结构振型参与质量不小于总质量的 90%。

（5）计算的结构自振周期应乘以 0.8～0.9 的周期折减系数，具体可根据围护结构、隔墙的多少、节点的刚接与铰接、地坪嵌固及排架跨内的操作平台等影响综合确定。

(6) 对于和框架整体浇筑的楼梯构件，应计入楼梯构件对地震作用及其效应的影响，具体方法按本章第一节要求实施。

(7) 柱中线与抗震墙中线、梁中线与柱中线之间的偏心距大于柱宽的 1/4 时，应计入偏心的影响。

(8) 设置少量抗震墙的框架结构，其框架部分的地震剪力值，宜采用框架结构模型和框架-抗震墙结构模型二者计算结果的较大值。

(9) 计算位移时，连梁刚度可不折减；内力计算时，抗震墙连梁的刚度折减系数不宜小于 0.50。

(10) 框架-抗震墙结构计算内力和变形时，其抗震墙应计入端部翼墙的共同工作。

(11) 全现浇钢筋混凝土侧向框排架厂房，阻尼比可采用 0.05。

(12) 排架跨山墙抗风柱的抗震计算宜纳入侧向框排架结构的计算模型，进行整体抗震分析。

(13) 侧向框排架结构中突出屋面的天窗架及其两侧垂直支撑，抗震计算时应将其作为侧向框排架结构的组成部分，纳入结构的整体计算模型，进行侧向框排架结构的横向（对天窗架）和纵向（对垂直支撑）地震作用计算。

天窗架横向和纵向也可采用如下简化计算：天窗架横向抗震计算，对有斜腹杆的钢筋混凝土天窗架和钢天窗架，可采用底部剪力法；9 度或天窗架跨度大于 9m 时，天窗架的地震作用效应应乘以增大系数，增大系数可采用 1.5；天窗架纵向抗震计算，可采用双质点体系即屋盖和天窗架分别设置质点的底部剪力法，其地震作用效应应乘以增大系数 2.5；采用底部剪力法计算时，地震作用效应的增大部分可不往下传递。

(14) 对于非结构构件地震作用影响，按照本章第一节要求实施。

(15) 有筒仓的侧向框排架结构计算地震作用时，筒仓料的重力荷载代表值为其自重荷载标准值（可变荷载）乘以组合值系数得到的值，筒仓料的组合值系数取 1.0，贮料重力荷载代表值可按下式确定：

$$G_{zeq} = \Psi G_z \tag{7-59}$$

式中 G_{zeq}——贮料重力荷载代表值；

Ψ——充盈系数，对单仓和双联仓，可取 0.9；对多联仓，可取 0.8；

G_z——按筒仓实际容积计算的贮料荷载标准值。

(16) 质量和刚度分布明显不对称的侧向框排架结构地震作用计算时，应计入双向水平地震作用下的扭转影响。双向水平地震作用标准效应可采用平方和开方计算，取两个方向地震作用效应组合的较大值。其中单向水平地震作用下的扭转耦联效应可按下列公式确定：

$$S_{Ek} = \sqrt{\sum_{j=1}^{m}\sum_{k=1}^{m}\rho_{jk}S_jS_k} \tag{7-60}$$

$$\rho_{jk} = \frac{8\sqrt{\zeta_j\zeta_k}(\zeta_j + \lambda_T\zeta_k)\lambda_T^{1.5}}{(1-\lambda_T^2)^2 + 4\zeta_j\zeta_k(1+\lambda_T^2)\lambda_T + 4(\zeta_j^2+\zeta_k^2)\lambda_T^2} \tag{7-61}$$

式中 S_{Ek}——地震作用标准值的扭转效应，即为两个正交方向地震作用在每个构件的同一局部坐标方向的扭转耦联效应；

S_j、S_k——分别为 j、k 振型地震作用标准值的效应，可取前 9～15 个振型；

ζ_j、ζ_k——分别为 j、k 振型的阻尼比；

ρ_{jk}——j 振型与 k 振型的耦联系数；

λ_T——k 振型与 j 振型的自振周期比。

除上述要求之外，结构整体地震作用及效应计算尚应满足以下要求：

（1）抗震验算时，结构任一楼层的水平地震剪力满足表 3-7 的规定。

（2）侧向框排架结构不规则时，应符合本章第一节二、1 中相关内力调整要求。

（3）侧移刚度沿竖向分布基本均匀的框架-抗震墙结构，任一层框架部分承担的剪力值不应小于侧向框排架结构底部总地震剪力的 20％和框架部分各楼层地震剪力最大值 1.5 倍中的较小值。

2. 框排架结构简化计算

侧向框排架结构应优先采用空间结构模型计算地震作用及效应，当位于 7 度及 8 度地区的无檩体系屋盖，柱距 6m，结构类型和起重机设置符合表 7-13～表 7-20 中结构简图的要求，且结构高度不大于图中规定值时，侧向框排架结构也可按多质点平面结构计算，然后进行地震作用空间效应调整。

按平面结构计算时，尚应符合下列规定：

（1）应采用振型分解反应谱法，其振型数不应少于 6 个。

（2）不应计入墙体刚度、双向水平地震作用和扭转影响。

（3）周期折减系数，横向可取 0.9，无纵墙时纵向可取 0.9，有纵墙时纵向可取 0.8。

具体柱的地震作用效应调整系数按表 7-13～表 7-20 取用，框架梁端的空间效应调整系数可取其上柱和下柱的空间效应调整系数的平均值。表中钢筋混凝土框排架柱柱段划分可按表 7-21 确定。

框排架结构纵向计算时柱的空间效应调整系数（一）　　表 7-13

柱列	上段柱			中段柱			下段柱			结构简图
	结构纵向长度（m）			结构纵向长度（m）			结构纵向长度（m）			
	30	42	54	30	42	54	30	42	54	
A	1.3	1.3	1.3	0.8	0.8	0.8	0.8	0.8	0.8	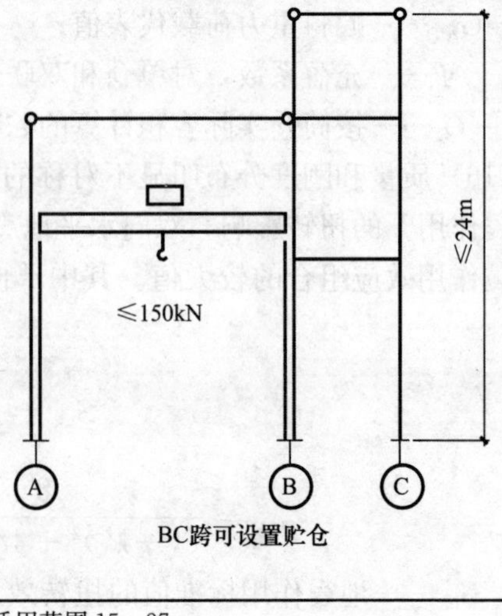
B	1.3	1.3	1.3	0.9	0.9	0.9	0.9	0.9	0.9	
C	1.3	1.3	1.3	1.0	1.0	1.0	0.9	0.9	0.9	BC跨可设置贮仓

注：中间值可采用线性内插法确定；框排架结构跨度总和的适用范围 15～27m。

框排架结构横向计算时柱的空间效应调整系数（一） **表 7-14**

山墙	柱段	结构纵向长度（m）									结构简图
		30			42			54			
		A	B	C	A	B	C	A	B	C	
一端有山墙	上段柱	1.5	1.1	1.1	1.5	1.3	1.3	1.5	1.5	1.5	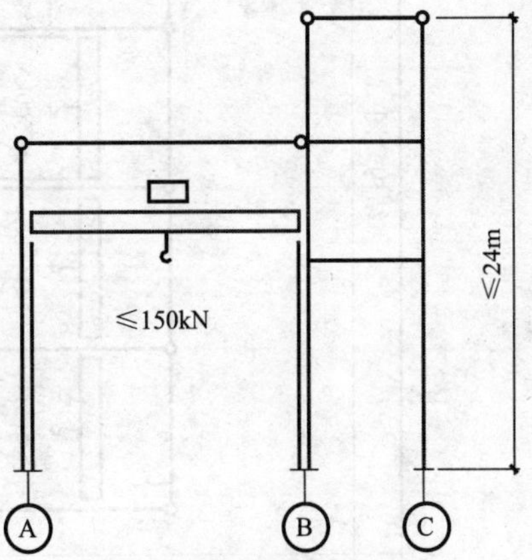
	中段柱	1.0	1.2	1.2	1.0	1.3	1.3	1.1	1.3	1.3	
	下段柱	1.3	1.1	1.1	1.3	1.2	1.2	1.3	1.3	1.3	
两端有山墙	上段柱	1.5	1.3	1.3	1.5	1.3	1.3	1.5	1.4	1.4	
	中段柱	1.0	1.1	1.1	1.0	1.1	1.1	1.2	1.2	1.2	
	下段柱	1.2	1.1	1.1	1.2	1.1	1.1	1.2	1.2	1.2	

BC跨可设置贮仓

注：中间值可采用线性内插法确定；框排架结构跨度总和的适用范围 15～27m。

框排架结构纵向计算时柱的空间效应调整系数（二） **表 7-15**

柱列	上段柱 结构纵向长度（m）			中段柱 结构纵向长度（m）			下段柱 结构纵向长度（m）			结构简图
	30	42	54	30	42	54	30	42	54	
A	0.8	0.8	0.8	0.8	0.8	0.8	0.9	0.9	0.9	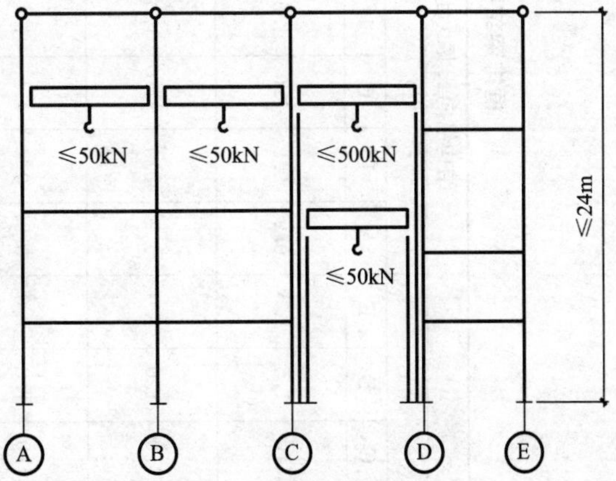
B	0.8	0.8	0.8	0.8	0.8	0.8	0.9	0.9	0.9	
C	1.0	1.0	1.0	0.8	0.8	0.8	0.9	0.9	0.9	
D	1.1	1.1	1.1	1.1	1.1	1.1	1.2	1.2	1.2	
E	1.3	1.3	1.3	1.3	1.3	1.3	1.3	1.3	1.3	

DE跨可设置贮仓

注：中间值可采用线性内插法确定；框排架结构跨度总和的适用范围 38～50m。

表 7-16

框排架结构横向计算时柱的空间效应调整系数（二）

山墙	柱段	30 A	30 B	30 C	30 D	30 E	42 A	42 B	42 C	42 D	42 E	54 A	54 B	54 C	54 D	54 E
一端有山墙	上段柱	0.8	0.8	1.0	1.5	1.5	0.9	0.9	1.0	1.5	1.5	0.9	0.9	1.0	1.5	1.5
	中段柱	0.8	0.8	1.0	1.0	1.0	0.9	0.9	1.0	1.0	1.0	1.0	1.0	1.0	1.0	1.0
	下段柱	0.8	0.8	1.0	1.0	1.0	0.9	0.9	1.0	1.1	1.1	0.9	0.9	1.0	1.1	1.1
两端有山墙	上段柱	0.8	0.8	1.0	1.5	1.5	0.9	0.9	1.0	1.5	1.5	0.9	0.9	1.0	1.5	1.5
	中段柱	0.8	0.8	1.0	0.9	0.9	0.8	0.8	0.9	0.9	1.0	0.9	0.9	0.9	0.9	0.9
	下段柱	0.9	0.9	1.0	1.0	1.0	0.9	0.9	1.0	1.1	1.1	0.9	0.9	1.0	1.0	1.0

（表头：结构纵向长度（m））

结构简图

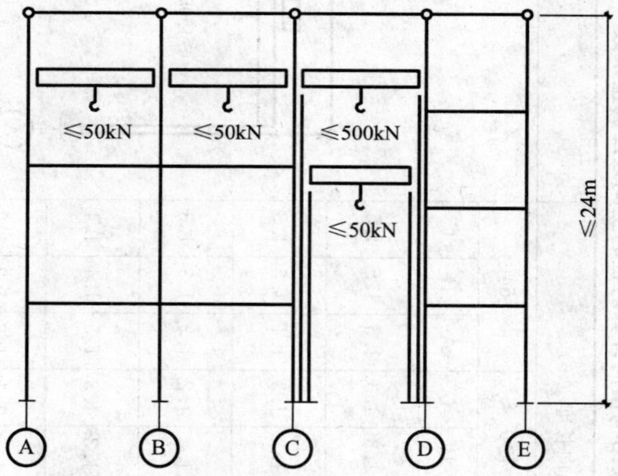

DE跨可设置贮仓

注：中间值可采用线性内插法确定；框排架结构跨度总和的适用范围 38～50m。

框排架结构纵向计算时柱的空间效应调整系数（三） **表 7-17**

柱列	上段柱			中段柱			下段柱			结构简图
	结构纵向长度（m）			结构纵向长度（m）			结构纵向长度（m）			
	30	42	54	30	42	54	30	42	54	
A	0.8	0.8	0.8	0.8	0.8	0.8	0.8	0.8	0.8	
B	0.9	0.9	0.9	0.9	0.9	0.9	0.9	0.9	0.9	
C	1.0	1.0	1.0	1.0	1.0	1.0	1.0	1.0	1.0	
D	1.3	1.3	1.3	1.0	1.0	1.0	1.0	1.0	1.0	
E	1.3	1.3	1.3	0.8	0.8	0.8	1.1	1.1	1.1	

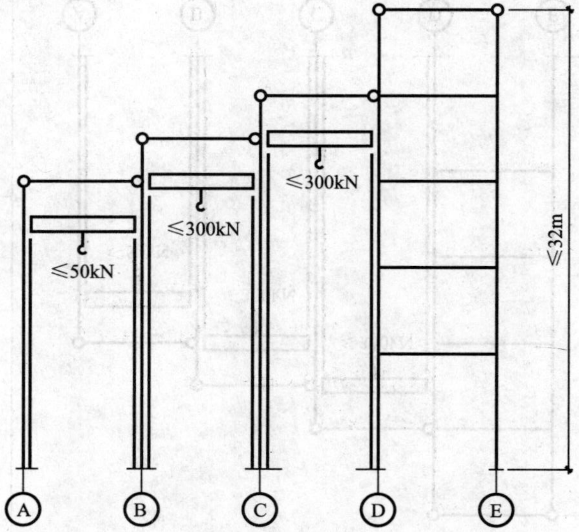

DE跨可设置贮仓

注：中间值可采用线性内插法确定；框排架结构跨度总和的适用范围 54～66m。

框排架结构横向计算时柱的空间效应调整系数（三） 表 7-18

山墙	柱段	结构纵向长度（m）															结构简图
		30					42					54					
		A	B	C	D	E	A	B	C	D	E	A	B	C	D	E	
一端有山墙	上段柱	1.5	1.1	1.4	0.9	0.9	1.4	1.2	1.4	0.9	0.9	1.3	1.3	1.4	1.0	1.0	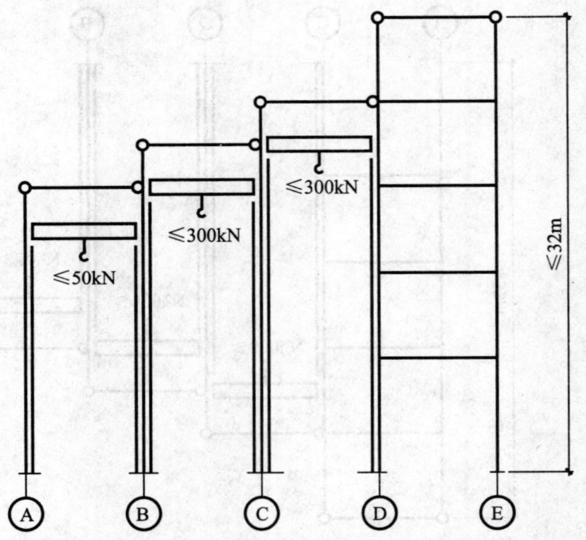
	中段柱	1.2	1.1	1.4	0.9	0.9	1.2	1.3	1.4	1.0	1.0	1.1	1.5	1.4	1.1	1.1	
	下段柱	1.3	1.0	1.0	1.0	1.0	1.2	1.0	1.1	1.0	1.0	1.1	1.1	1.2	1.1	1.1	
两端有山墙	上段柱	1.5	1.1	1.3	0.8	0.8	1.4	1.2	1.3	0.8	0.8	1.3	1.3	1.3	0.9	0.9	
	中段柱	1.2	1.1	1.3	0.8	0.8	1.2	1.3	1.3	0.9	0.9	1.1	1.4	1.4	1.0	1.0	
	下段柱	1.2	0.9	0.9	0.9	0.9	1.2	0.9	1.0	0.9	0.9	1.1	1.1	1.1	1.0	1.0	

DE跨可设置贮仓

注：中间值可采用线性内插法确定；框排架结构跨度总和的适用范围 54～66m。

框排架结构纵向计算时柱的空间效应调整系数（四） **表 7-19**

柱列	上段柱 结构纵向长度（m）			中段柱 结构纵向长度（m）			下段柱 结构纵向长度（m）		
	30	42	54	30	42	54	30	42	54
A	0.8	0.8	0.8	0.8	0.8	0.8	0.9	0.9	0.9
B	0.8	0.8	0.8	0.9	0.9	0.9	1.0	1.0	1.0
C	0.8	0.8	0.8	0.9	0.9	0.9	1.0	1.0	1.0
D	0.8	0.8	0.8	0.9	0.9	0.9	0.9	0.9	0.9

结构简图

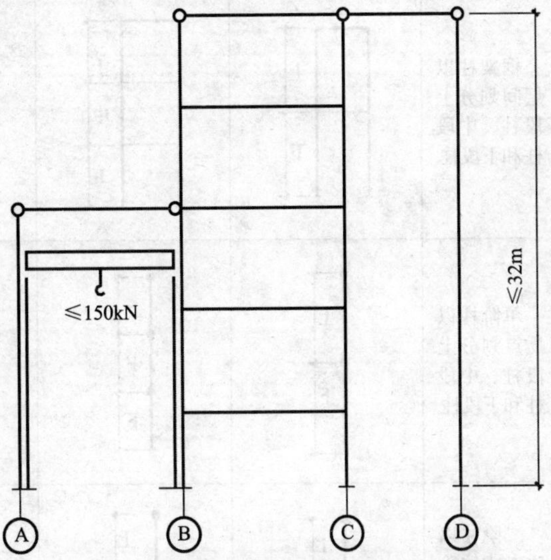

BC跨可设置贮仓

注：中间值可采用线性内插法确定；框排架结构跨度总和的适用范围 45～57m。

框排架结构横向计算时柱的空间效应调整系数（四） **表 7-20**

山墙	柱段	结构纵向长度（m） 30				42				54			
		A	B	C	D	A	B	C	D	A	B	C	D
一端有山墙	上段柱	1.0	0.8	0.8	1.5	1.0	0.9	0.9	1.3	1.1	1.0	1.0	1.1
	中段柱	1.0	0.9	0.9	1.2	1.0	1.0	1.0	1.1	1.1	1.0	1.0	1.1
	下段柱	1.0	0.9	0.9	1.3	1.1	1.0	1.0	1.2	1.1	1.0	1.0	1.1
两端有山墙	上段柱	0.9	0.8	0.8	1.4	0.9	0.9	0.9	1.2	1.0	0.9	0.9	1.1
	中段柱	0.9	0.8	0.8	1.1	1.0	0.9	0.9	1.0	1.0	0.9	0.9	1.0
	下段柱	1.0	0.8	0.9	1.2	1.0	0.9	0.9	1.1	1.0	0.9	0.9	1.0

结构简图

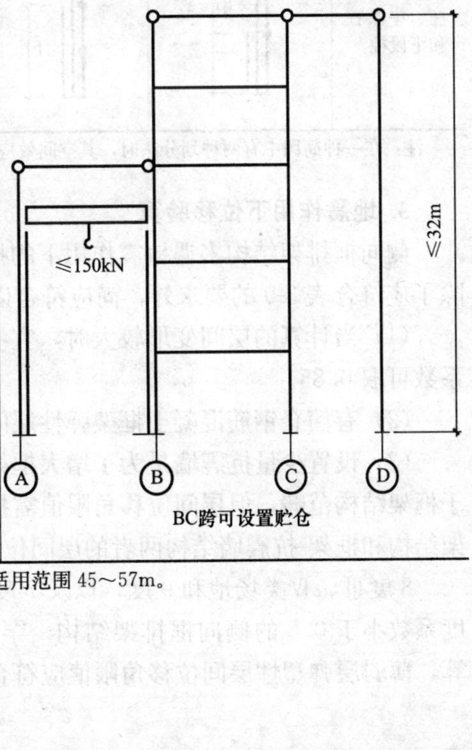

BC跨可设置贮仓

注：中间值可采用线性内插法确定，框排架结构跨度总和的适用范围 45～57m。

框排架柱的柱段划分 **表 7-21**

柱的形式	柱段划分
框架柱以层间划分上段柱、中段柱和下段柱	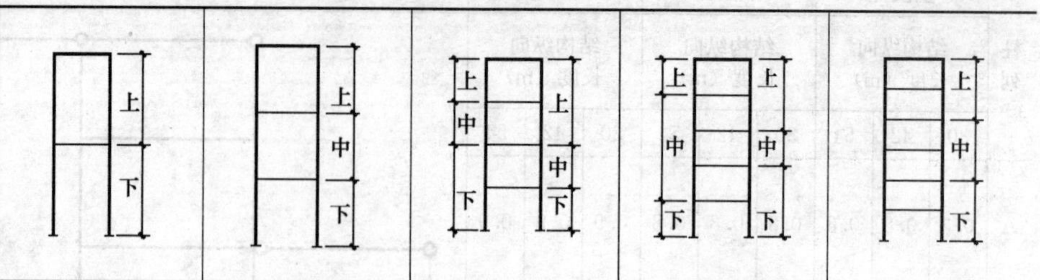
单阶柱以质点划分上段柱、中段柱和下段柱	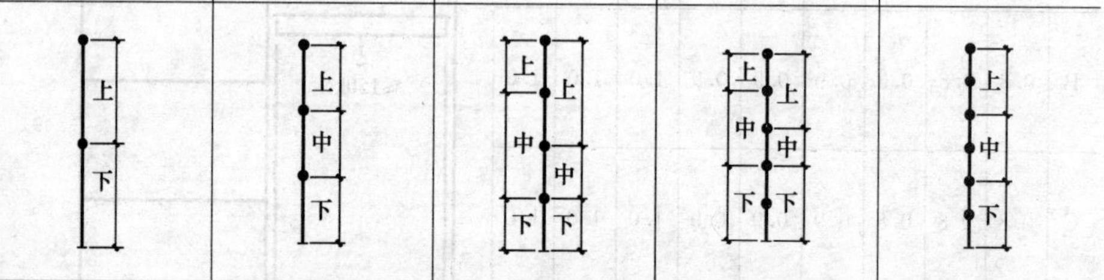
二阶柱以质点或柱阶划分上段柱、中段柱和下段柱	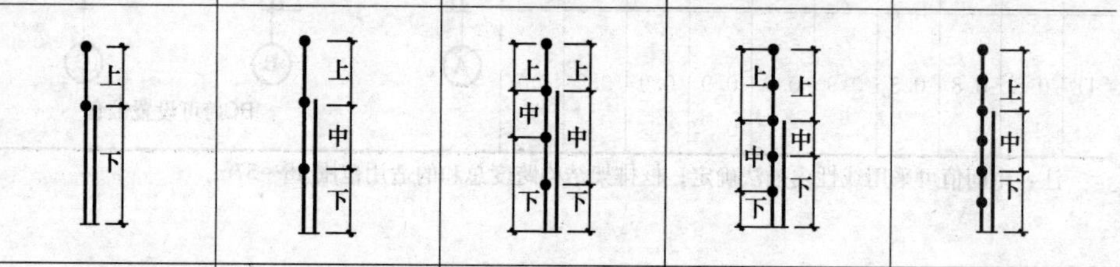
三阶柱以阶划分上段柱、中段柱和下段柱	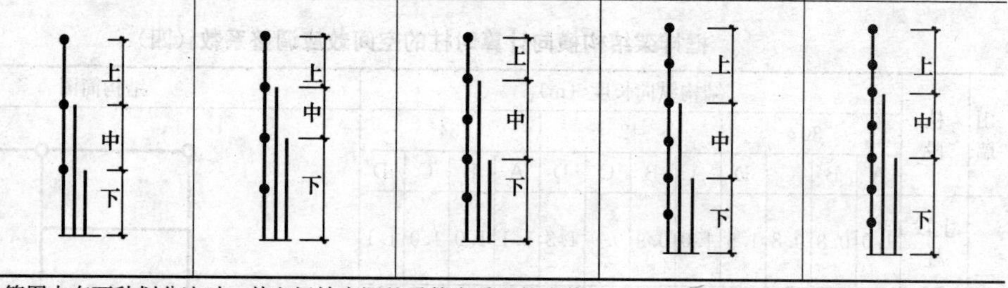

注：在一种简图中有两种划分法时，其空间效应调整系数应采用较大值。

3. 地震作用下位移验算

侧向框排架结构多遇地震作用下的抗震变形验算，其结构楼层内最大的弹性层间位移除了应符合表 3-9 的要求外，尚应符合以下要求：

（1）当计算的层间变形较大时，宜考虑钢筋混凝土构件开裂时的刚度退化，刚度折减系数可取 0.85。

（2）有筒仓钢筋混凝土框架弹性层间位移角限值应从严控制，取 1/650。

（3）设置少量抗震墙是为了增大框架结构的刚度，满足层间位移角限值的要求，仍属于框架结构范畴，但层间位移角限值需按底层框架部分承担的地震倾覆力矩的大小，在框架结构和框架-抗震墙结构两者的层间位移角限值之间偏于安全采用内插法确定。

8 度Ⅲ、Ⅳ类场地和 9 度，以及 7 度Ⅰ～Ⅳ类场地和 8 度Ⅰ、Ⅱ类场地的楼层屈服强度系数小于 0.5 的侧向框排架结构，罕遇地震作用下应按式（3-68）进行弹塑性变形验算，薄弱层弹塑性层间位移角限值应符合表 7-22 要求。

弹塑性层间位移角限值 **表 7-22**

结构类型		$[\theta_p]$
无筒仓	框架	1/50
	排架柱	1/30
无筒仓	框架-抗震墙	1/100
	排架柱	1/50
有筒仓	框架	1/60
	排架柱	1/40
有筒仓	框架-抗震墙	1/120
	排架柱	1/70

注：有筒仓的框架位移角限值指筒仓竖壁下柱的弹塑性位移，筒仓上柱仍可按无筒仓的框架位移角限值采用；当框架结构柱轴压比小于 0.4、支承筒仓竖壁的框架柱轴压比小于 0.3 时，均可提高 10%；当柱全高的箍筋构造大于表 7-7 规定的最小配箍特征值 30%时，可提高 20%，但累计不应超过 25%。

4. 构件内力设计调整

钢筋混凝土框架结构应按本节规定，调整构件的组合内力设计值后，方可按照第三章及以下的要求进行截面验算，以确保"强柱弱梁，强节点弱杆件，强剪弱弯"以及罕遇地震作用下结构良好的出铰顺序。

(1) 框架柱内力设计值调整

1) 框架梁柱节点处柱端弯矩调整

框架梁柱节点处柱端设计值调整应满足本章第一节要求；对框架-抗震墙侧向框排架结构中的框架柱节点处柱端弯矩调整，二级框架 η_c 可取 1.2，三、四级框架 η_c 可取 1.1。

2) 底层柱弯矩调整

底层柱弯矩设计值调整应满足本章第一节要求；对于框架-抗震墙侧向框排架，只要求一、二级支撑筒仓竖壁的框架柱按上述要求调整，其他框架柱截面组合的弯矩设计值可不作调整。

3) 剪力设计值调整

框架柱组合的剪力设计值调整应满足本章第一节要求；对框架-抗震墙侧向框排架结构，框架柱剪力调整二级框架 η_c 可取 1.2，三、四级框架 η_c 可取 1.1。

(2) 框架梁、抗震墙连梁剪力设计值调整

无抗震墙的侧向框排架，框架梁剪力设计值调整应满足本章第一节要求；含抗震墙的侧向框排架，框架梁剪力设计值调整应满足以下要求：

9 度的一级框架梁、抗震墙连梁梁端截面组合的剪力设计值应按式 (7-7) 调整；除上述外的一、二、三级框架梁、抗震墙连梁梁端截面组合的剪力设计值应按式 (7-8) 调整。对于梁端剪力增大系数 η_{vb}，一级可取 1.3，其他同前。

(3) 抗震墙剪力设计值调整

9 度的一级抗震墙底部加强部位截面组合的剪力设计值应符合下式要求：

$$V = 1.1\frac{M_{wua}}{M_w}V_w \tag{7-62}$$

除上述外的一、二、三级的抗震墙底部加强部位，其截面组合的剪力设计值应按下式调整：

$$V=\eta_{vw}V_w \tag{7-63}$$

式中 V——抗震墙底部加强部位截面组合的剪力设计值；

M_{wua}——抗震墙底部截面按实配纵向钢筋面积、材料强度标准值和轴力等计算的抗震受弯承载力所对应的弯矩值，有翼墙时应计入墙两侧各一倍翼墙厚度范围内的纵向钢筋；

M_w——抗震墙底部截面组合的弯矩设计值；

η_{vw}——抗震墙剪力增大系数，一级可取 1.6，二级可取 1.4，三级可取 1.2；

V_w——抗震墙底部加强部位截面组合的剪力计算值。

另外，抗震墙各墙肢截面组合的内力设计值应按下列规定采用：一级抗震墙的底部加强部位以上部位，墙肢的组合弯矩设计值应乘以增大系数，其值可采用 1.2，剪力应相应调整，以使塑性铰区位于墙肢的底部加强部位；双肢抗震墙中，墙肢不宜出现小偏心受拉，当任一墙肢为偏心受拉时，另一墙肢的剪力设计值、弯矩设计值均应乘以增大系数 1.25，由于地震是往复的作用，每肢抗震墙都有可能出现全截面受拉开裂，故每肢墙都应考虑增大弯矩和剪力设计值。

5. 构件及节点验算

构件及节点验算除了满足本章第一节多层框架规定以外，尚应满足以下规定：

(1) 短肢墙体

抗震墙的墙肢长度不大于墙厚的 3 倍时，应按柱的有关要求进行设计；矩形墙肢的厚度不大于 300mm 时，尚宜全高加密箍筋。

(2) 构件抗剪截面要求

为了控制钢筋混凝土结构的梁、柱、抗震墙和连梁等构件的剪压比，实际即是限制构件最小截面，其截面组合的剪力设计值应符合下列规定：

跨高比大于 2.5 的梁和连梁及剪跨比大于 2 的柱和抗震墙应符合式（7-9）要求；跨高比不大于 2.5 的连梁、剪跨比不大于 2 的柱和抗震墙、支承筒仓竖壁的框架柱，以及落地抗震墙的底部加强部位应符合式（7-10）要求；剪跨比应按式（7-11）计算。V 为按本节规定调整后的梁端、柱端或墙端截面组合的剪力设计值；b 为梁、柱截面宽度或抗震墙墙肢截面宽度；h_0 为截面有效高度，抗震墙可取墙肢截面长度。

(3) 柱牛腿（柱肩）的特殊要求

支承低跨屋盖的柱牛腿（柱肩）的纵向受拉钢筋截面面积应按下式确定，第一项为承受重力荷载时所需要的纵向钢筋面积，第二项为承受水平拉力所需要的纵向钢筋面积：

$$A_s \geqslant \left(\frac{N_G a}{0.85h_0 f_y}+1.2\frac{N_E}{f_y}\right)\gamma_{RE} \tag{7-64}$$

式中 A_s——水平受拉钢筋的截面面积；

N_G——柱牛腿面上重力荷载代表值产生的压力设计值；

a——重力荷载作用点至下柱近侧边缘的距离，当小于 $0.3h_0$ 时应采用 $0.3h_0$；

h_0——牛腿最大竖向截面的有效高度；

f_y——钢筋抗拉强度设计值；

N_E——柱牛腿面上地震组合的水平拉力设计值；

γ_{RE}——承载力抗震调整系数，可采用 1.0。

(4) 屋架的特殊验算要求

除了满足相关验算要求外，7度（0.15g）Ⅲ、Ⅳ类场地和8度、9度时，屋架尚应补充以下验算要求：

1）应计算横向水平地震作用对排架跨的屋架下弦产生的拉、压效应（在托架上的屋架可不计算该效应）。

2）排架跨屋架或屋面梁与柱顶（或牛腿）的连接应进行抗震验算。

3）排架跨在设置屋架横向水平支撑的跨间宜计入由于纵向水平地震作用产生的两柱列位移差对屋架弦杆和支撑腹杆的不利影响。

三、抗震构造措施

1. 框架抗震构造要求

框架抗震构造措施除了满足本章第一节要求外，尚应符合以下要求：

(1) 侧向框排架柱的截面宽度和高度均不宜小于400mm。

(2) 在框架抗震墙结构中，框架处于第二道防线，其中框架柱与框架结构的柱相比，其重要性较低，为此可适当增大轴压比限值，但是柱轴压比不宜超过表7-23的规定。

柱轴压比 **表7-23**

结构类型	抗震等级			
	一级	二级	三级	四级
框架-抗震墙	0.75	0.85	0.9	0.95

(3) 柱纵向受力钢筋的最小总配筋率，框架-抗震墙中的柱可比表7-5数值减少0.1。

2. 抗震墙部分抗震构造要求

抗震墙结构的抗震构造措施除了满足现行国家标准《建筑抗震设计规范》GB 50011有关抗震墙结构基本抗震构造措施外，尚应满足以下要求：

(1) 墙体厚度

一般而言，各层层高变化较大、层高较高，为了保证在地震作用下墙体出平面的稳定性，抗震墙的厚度不应小于160mm，且不宜小于层高或无支长度的1/20；底部加强部位的墙厚不应小于200mm，且不宜小于层高或无支长度的1/16。

(2) 轴压比

墙肢轴压比指墙的轴压力设计值与墙的全截面面积和混凝土轴心抗压强度设计值乘积之比值。抗震墙墙肢试验研究表明，轴压比超过一定值，很难成为延性抗震墙，因此对轴压比进行限制。

一、二、三级抗震墙在重力荷载代表值作用下墙肢的轴压比，一级时，9度不宜大于0.4，8度时不宜大于0.5；二、三级时不宜大于0.6，轴压比控制范围由底部加强部位到全高。

计算墙肢轴压力设计值时，不计入地震作用组合，但应取分项系数1.2。

(3) 暗梁及边缘构件布置

有抗震墙端柱时，在楼盖处应设置梁或暗梁，梁可做成宽度与墙厚度相同的暗梁，截面高度不宜小于墙厚度的2倍及400mm的较大值，也可与该片框架梁截面等高；端柱截面宜与同层框架柱相同。以上措施确保抗震墙嵌入框架内，可有效提升其塑性变形能力。

抗震墙端柱在小偏心受拉时，柱内纵向钢筋总截面面积应比计算值增加25%；抗震墙底部加强部位的端柱和紧靠抗震墙洞口的端柱，应按框架柱箍筋加密区的要求沿全高加密箍筋。

抗震墙两端和洞口两侧应设置边缘构件，边缘构件应包括暗柱、端柱和翼墙，并应符合下列规定：底层墙肢底截面的轴压比大于表7-24的规定的一、二、三级抗震墙时，应在底部加强部位及相邻的上一层设置约束边缘构件，在其他部位可设置构造边缘构件。对于底层墙肢底截面轴压比不大于表7-24规定的抗震墙及四级抗震墙，墙肢两端可设置构造边缘构件。

抗震墙设置构造边缘构件的最大轴压比 **表7-24**

抗震等级或烈度	一级（9度）	一级（8度）	二级、三级
轴压比	0.1	0.2	0.3

约束边缘构件沿墙肢的长度、配箍特征值、箍筋和纵向钢筋（图7-14）除应符合计算要求外，宜符合表7-25的规定。

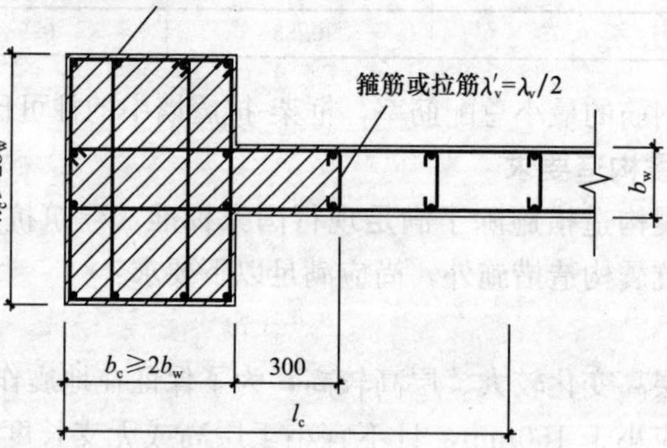

(*a*) 端柱

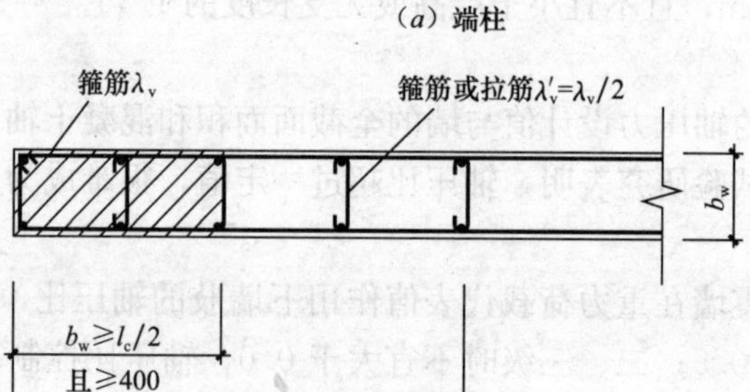

(*b*) 暗柱

图7-14 抗震墙约束边缘构件

约束边缘构件范围及配筋要求 **表 7-25**

项目	一级（9度）		一级（8度）		二级、三级	
	$\lambda \leqslant 0.2$	$\lambda > 0.2$	$\lambda \leqslant 0.3$	$\lambda > 0.3$	$\lambda \leqslant 0.4$	$\lambda > 0.4$
l_c（暗柱）	$0.20h_w$	$0.25h_w$	$0.15h_w$	$0.20h_w$	$0.15h_w$	$0.20h_w$
l_c（翼墙或端柱）	$0.15h_w$	$0.20h_w$	$0.10h_w$	$0.15h_w$	$0.10h_w$	$0.15h_w$
λ_v	0.12	0.20	0.12	0.20	0.12	0.20
纵向钢筋（取较大值）	$0.012A_c$，8ϕ16		$0.012A_c$，8ϕ16		$0.010A_c$，6ϕ16（三级 6ϕ14）	
箍筋或拉筋沿竖向间距	100mm		100mm		150mm	

注：抗震墙的翼墙长度小于其厚度的 3 倍或端柱截面边长小于墙厚的 2 倍时，按无翼墙、无端柱查表；l_c 为约束边缘构件沿墙肢长度，且不小于墙厚和 400mm；有翼墙或端柱时，不应小于翼墙厚度或端柱沿墙肢方向截面高度加 300mm；λ_v 为约束边缘件的配箍特征值，体积配箍率可按式（7-38）计算，并可适当计入满足构造要求且在墙端有可靠锚固的水平分布钢筋的截面面积；h_w 为抗震墙墙肢长度；λ 为墙肢轴压比；A_c 为图 7-14 约束边缘构件阴影部分的截面面积。

构造边缘构件的范围可按图 7-15 采用；构造边缘构件的配筋应符合受弯承载力要求，并宜符合表 7-26 的要求。

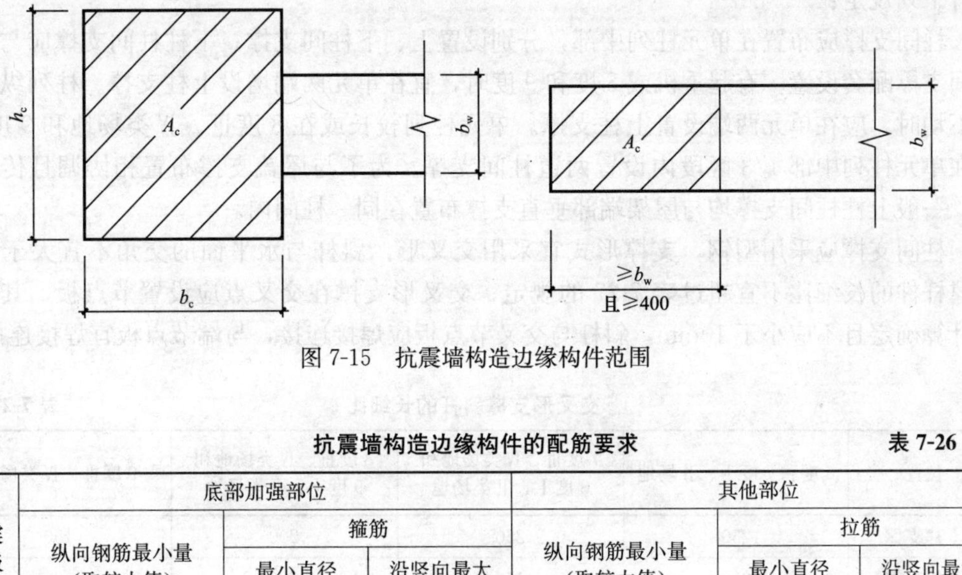

图 7-15　抗震墙构造边缘构件范围

抗震墙构造边缘构件的配筋要求 **表 7-26**

抗震等级	底部加强部位			其他部位		
	纵向钢筋最小量（取较大值）	箍筋		纵向钢筋最小量（取较大值）	拉筋	
		最小直径（mm）	沿竖向最大间距（mm）		最小直径（mm）	沿竖向最大间距（mm）
一	$0.010A_c$，6ϕ16	8	100	$0.008A_c$，6ϕ14	8	150
二	$0.008A_c$，6ϕ14	8	150	$0.006A_c$，6ϕ12	8	200
三	$0.006A_c$，6ϕ12	6	150	$0.005A_c$，4ϕ12	6	200
四	$0.005A_c$，4ϕ12	6	200	$0.004A_c$，4ϕ12	6	250

注：A_c 为边缘构件截面面积，即图 7-15 中抗震墙截面的阴影部分；其他部位的拉筋，水平间距不应大于纵向钢筋间距的 2 倍，转角处宜采用箍筋；当端柱承受集中荷载时，其纵向钢筋、箍筋直径和间距应满足柱的相应要求。

（4）墙体配筋及连梁设计要求

抗震墙的竖向钢筋和横向分布钢筋的配筋率均不应小于 0.25%，并应双排布置；钢筋最大间距不应大于 300mm，最小直径不应小于 10mm，且不宜大于墙厚的 1/10；拉筋间距不应大于600mm，直径不应小于6mm。以上要求除了承受弯矩和剪力外，还可以减少混凝土收缩裂缝和减少反复荷载作用下的交叉斜裂缝，保证裂缝出现后不发生脆性剪拉破坏并有足够的承载力，增加一定的延性。

跨高比较小的高连梁，可设水平缝形成双连梁、多连梁或采取其他加强受剪承载力的构造，比如配置不参与受力计算的构造斜向交叉钢筋等，保证其破坏形态为弯曲破坏；顶层连梁的纵向钢筋伸入墙体的锚固长度范围内应设置箍筋。

3. 框架（框架-抗震墙）部分楼板、屋盖构造要求

侧向框排架结构楼板、屋盖优先考虑现浇结构。二、三、四级框架和框架-抗震墙的楼板、屋盖也可采用钢筋混凝土预制板，相应的要求参照本章第一节三、4的规定。

4. 排架抗震构造要求

（1）支撑布置

1）纵向柱列柱间支撑及系杆布置

为了提高排架纵向柱列抗侧刚度，可采用钢筋混凝土框架或钢筋混凝土框架抗震墙，也可采用柱间支撑形式传递和承受结构纵向地震作用。采用柱间支撑时，其设置和构造应符合下列规定：

柱间支撑应布置在单元柱列中部，分别设置上、下柱间支撑；下柱柱间支撑应与上柱柱间支撑配套设置。有起重机或8度和9度时，宜在单元两端增设上柱支撑。柱列纵向刚度不均时，应在单元两端设置上柱支撑。单元柱列较长或在8度Ⅲ、Ⅳ类场地和9度时，可在单元柱列中部1/3区段内设置两道柱间支撑。为了与屋盖支撑布置相协调且传力合理，一般上柱柱间支撑均与屋架端部垂直支撑布置在同一柱间内。

柱间支撑应采用型钢，支撑形式宜采用交叉形，斜杆与水平面的交角不宜大于55°；支撑杆件的长细比不宜超过表7-27的规定；交叉形支撑在交叉点应设置节点板，其厚度应计算确定且不应小于10mm，斜杆与交叉节点板应焊接连接，与端节点板宜焊接连接。

交叉形支撑斜杆的长细比 **表7-27**

位置	6度和7度Ⅰ、Ⅱ场地	7度Ⅲ、Ⅳ类场地和8度Ⅰ、Ⅱ类场地	8度Ⅲ、Ⅳ类场地和9度Ⅰ、Ⅱ类场地	9度Ⅲ、Ⅳ类场地
上柱支撑	250	250	200	150
下柱支撑	200	150	120	120

下柱支撑的下节点位置和构造措施应保证将地震作用直接传给基础；当6度和7度（0.10g）不能直接传给基础时，应计及支撑对柱和基础的不利影响并采取加强措施。

8度且屋架跨度不小于18m或9度时，柱头、高低跨柱的低跨牛腿处应设置通长水平系杆，且应按压杆设计。

2）屋盖支撑及系杆布置

设置屋盖支撑系统是保证屋盖整体性的重要抗震措施，为了使排架跨屋面的刚度与框架跨刚度相协调，以减小扭转效应，排架屋盖需要设置完整的支撑体系。有檩屋盖具体支撑布置宜符合表7-28要求，无檩屋盖支撑布置宜符合表7-29要求。

有檩屋盖的支撑布置 **表 7-28**

支撑名称		6 度、7 度	8 度	9 度
屋架支撑	上弦和下弦横向水平支撑	单元两端第一开间设置	单元两端第一开间和单元长度大于或等于 48m 时的柱间支撑开间设置	单元两端第一开间和单元长度大于或等于 42m 时的柱间支撑开间设置
			设有天窗时，在天窗开洞范围的两端上弦各增设局部支撑	
	下弦纵向水平支撑	屋盖不等高时，各跨两侧设置；屋盖等高时，各跨仅一侧设置，其中边跨在边柱列设置		
	跨间竖向支撑	有上弦、下弦横向水平支撑的开间，跨度小于 30m 时，在跨中设置一道；跨度大于或等于 30m 时，在跨内均匀设置二道	有上弦、下弦横向水平支撑的开间，跨度小于 27m 时，在跨中设置一道；跨度大于或等于 27m 时，在跨内均匀设置二道	有上弦、下弦横向水平支撑的开间，跨度小于 24m 时，在跨中设置一道；跨度大于或等于 24m 时，在跨内均匀设置二道
	下弦通长水平系杆	与跨间竖向支撑对应设置		
	两端竖向支撑	单元两端第一开间设置	单元两端第一开间和柱间支撑开间设置	
开窗两侧竖向支撑及上弦横向支撑		单元天窗两端第一开间及每隔 30m 设置	单元天窗两端第一开间及每隔 24m 设置	单元天窗两端第一开间及每隔 18m 设置

无檩屋盖的支撑布置 **表 7-29**

支撑名称			6 度、7 度	8 度	9 度
屋架支撑	上弦、下弦横向水平支撑		单元两端第一开间设置	单元两端第一开间及柱间支撑开间设置；设有天窗时，在天窗开洞范围的两端上弦各增设局部支撑	
	下弦纵向水平支撑		屋盖不等高时，各跨两侧设置；屋盖等高时，各跨仅一侧设置；其中边跨在边柱列设置		
	跨间竖向支撑		有上弦、下弦横向水平支撑的开间，跨度小于 30m 时，在跨中设置一道；跨度大于或等于 30m 时，在跨内均匀设置二道	有上弦、下弦横向水平支撑的开间，跨度小于 27m 时，在跨中设置一道；跨度大于或等于 27m 时，在跨内均匀设置二道	有上弦、下弦横向水平支撑的开间，跨度小于 24m 时，在跨中设置一道；跨度大于或等于 24m 时，在跨内均匀设置二道
	上弦、下弦通长水平系杆		与竖向支撑对应设置		
	两端竖向支撑	屋架端部高度≤900mm	单元两端第一开间设置		单元两端第一开间和单元长度大于或等于 42m 时的柱间支撑开间设置
		屋架端部高度＞900mm	单元两端第一开间设置	单元两端第一开间及柱间支撑开间设置	单元天窗两端第一开间、柱间支撑开间及每隔 30m 设置
天窗两侧竖向支撑及上弦横向支撑			单元天窗两端第一开间及每隔 30m 设置	单元天窗两端第一开间、柱间支撑开间及每隔 24m 设置	单元天窗两端第一开间、柱间支撑开间及每隔 18m 设置

注：8 度和 9 度时跨度不大于 15m 的薄腹梁屋盖，可在结构单元两端和设有上柱支撑的开间，各设端部竖向支撑一道；跨度大于或等于 15m 的薄腹梁屋盖，支撑布置宜按屋架屋盖支撑布置的规定采用，单坡屋面梁屋盖的支撑布置，宜按端部高度大于 900mm 的屋架屋盖支撑布置的规定采用；8 度Ⅲ、Ⅳ类场地和 9 度时，梯形屋架端部上节点应沿屋盖纵向设置通长水平压杆。

另外，屋盖支撑尚应符合下列规定：天窗开洞范围内，在屋架脊点处应设置通长上弦水平系杆，且应按压杆设计；8 度且屋架跨度不小于 18m 或 9 度时，屋架端部上弦、下弦处应设置通长水平系杆，且应按压杆设计；与框架相连的排架跨，其屋架下弦标高低于框架跨顶层标高时，下弦纵向水平支撑应按等高屋盖设置；屋架放在托架（梁）上时，托架（梁）区段及其相邻开间应设下弦纵向水平支撑，以增强抽柱处下弦的水平刚度；屋面支撑杆件宜用型钢。

（2）节点连接要求

1）柱间支撑与柱连接节点

柱间支撑与柱连接节点预埋件的锚件，8 度Ⅲ、Ⅳ类场地和 9 度时，宜采用角钢加端板，其他情况可采用不低于 HRB335 级的热轧钢筋，但锚固长度不应小于锚筋直径的 30 倍或增设端板。

2）屋架或屋面梁与柱顶（牛腿）的连接

6 度～8 度时宜采用螺栓连接（图 7-16），其直径应按计算确定，但不宜小于 M22，9 度时宜采用钢板铰，亦可采用螺栓连接；屋架或屋面梁端部支承垫板的厚度不宜小于 16mm，柱顶预埋件的锚筋，8 度时不宜少于 4ϕ14，9 度时不宜少于 4ϕ16；有柱间支撑的柱顶预埋件尚应增设抗剪键。

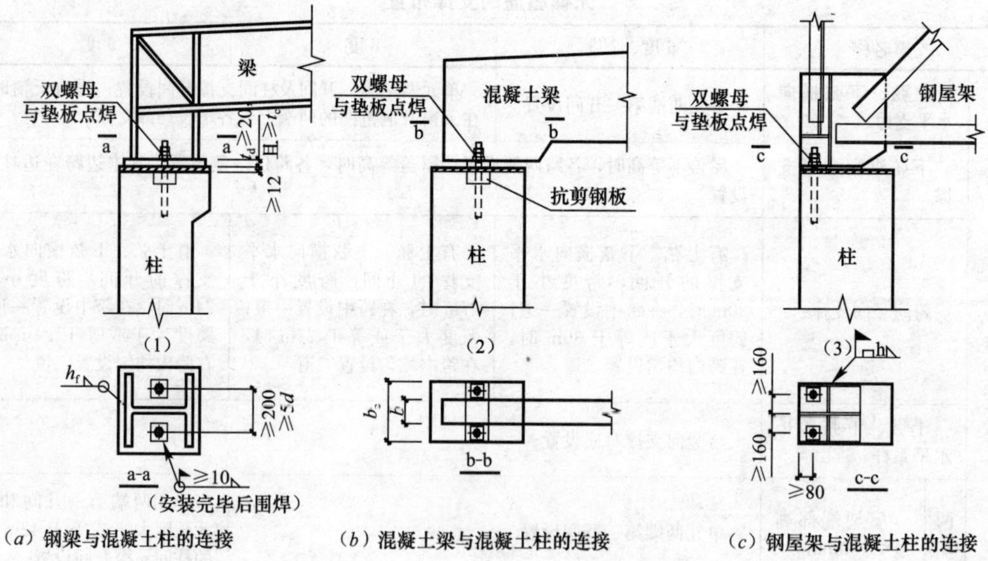

（a）钢梁与混凝土柱的连接　　（b）混凝土梁与混凝土柱的连接　　（c）钢屋架与混凝土柱的连接

图 7-16　梁与柱连接节点

支承低跨屋架或屋面梁的牛腿上的预埋件，应与牛腿中按计算承受水平拉力的纵向钢筋焊接；其焊接的钢筋，6 度和 7 度时不应少于 2ϕ12，8 度时不应少于 2ϕ14，9 度时不应少于 2ϕ16。焊缝强度应大于纵向钢筋的强度；其他情况可采用锚筋形式的预埋板，其锚筋长度不应小于受拉钢筋抗震锚固长度 l_{aE} 加 50mm，钢筋的焊缝强度应大于锚筋的强度，锚筋直径应按计算确定。

3）山墙抗风柱与屋架或屋面梁连接

为了避免山墙抗风柱形成悬臂柱，6度、7度和8度Ⅰ、Ⅱ类场地且抗风柱高度不大于10m时，抗风柱柱顶可仅与屋架上弦（或屋面梁上翼缘）连接（图7-17）；其他情况应与屋架上弦和下弦均有连接。连接点的位置应设置在屋架的上弦和下弦横向水平支撑的节点处，不符合时应在横向水平支撑中增设次腹杆或设置型钢横梁。

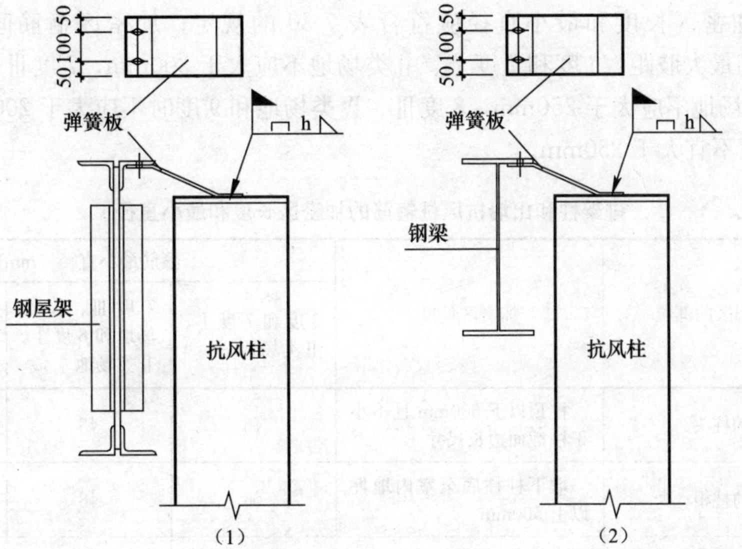

（a）抗风柱与钢屋架的连接　（b）抗风柱与钢梁的连接

图7-17　梁与柱连接节点

4）有檩屋盖构件的连接

檩条与檩托应牢固连接，檩托与屋架或屋面梁应焊接，并应有足够的支承长度；双脊檩应在跨度1/3处相互拉结；压型钢板应与檩条可靠连接，瓦楞铁、石棉瓦等应与檩条拉结。

5）无檩屋盖构件的连接

无檩屋盖体系，各构件相互连成整体是结构抗震的重要保证。其屋盖构件的连接应符合下列规定：大型屋面板应与屋架或屋面梁焊牢，靠柱列的屋面板与屋架或屋面梁的连接焊缝长度不应小于80mm，焊脚尺寸不应小于6mm；6度和7度时有天窗屋盖单元的端开间或8度和9度时的各开间，宜将相邻的大型屋面板四角顶面预埋件采用短筋焊接连接；8度和9度时，大型屋面板端头底面的预埋件宜采用角钢并与主筋焊牢；屋架或屋面梁端部顶面预埋件的锚筋，8度时不宜少于4ϕ10，9度时不宜少于4ϕ12，预埋件的钢板厚度不宜小于8mm。

6）突出屋盖的钢筋混凝土天窗架，其两侧墙板与天窗立柱宜采用螺栓连接。如果天窗架在横向与纵向刚度很大时，也可采用焊接连接。

7）排架跨设置起重机走道板、端屋架与山墙间的填充小屋面板、天沟板、天窗端壁和天窗侧板下的填充砌体等构件，均应与支承结构有可靠的连接。

8）采用钢筋混凝土大型墙板时，墙板与柱或屋架宜采用柔性连接。

(3) 截面及配筋构造要求

1) 排架柱和山墙抗风柱加密区箍筋配置

地震震害表明，排架柱列的上柱和下柱的根部、屋架或屋面梁与柱连接的柱顶处、高低跨牛腿上柱和下柱处以及山墙抗风柱的柱头部位等易产生裂缝、折断，并造成屋盖倒塌。为了避免在上述柱段内产生剪切破坏并保证形成塑性铰后有足够的延性，需在这些部位采取箍筋加密措施。

箍筋的加密区长度和最小直径应符合表 7-30 的规定；加密区箍筋间距不应大于 100mm；箍筋最大肢距：6 度和 7 度Ⅰ、Ⅱ类场地不应大于 300mm，7 度Ⅲ、Ⅳ类场地和 8 度Ⅰ、Ⅱ类场地不应大于 250mm，8 度Ⅲ、Ⅳ类场地和 9 度时不应大于 200mm，山墙抗风柱箍筋肢距不宜大于 250mm。

排架柱和山墙抗风柱箍筋的加密区长度和最小直径　　表 7-30

序号	加密区的部位	加密区长度	箍筋最小直径（mm）		
			6 度和 7 度Ⅰ、Ⅱ类场地	7 度Ⅲ、Ⅳ类场地和 8 度Ⅰ、Ⅱ类场地	8 度Ⅲ、Ⅳ类场地和 9 度
1	上柱的柱头	柱顶以下 500mm 且不小于柱截面边长尺寸	ϕ6	ϕ8	ϕ8
2	下柱的柱根	取下柱柱底至室内地坪以上 500mm	ϕ6	ϕ8	ϕ10
3	支承起重机梁牛腿	牛腿顶面至起重机梁顶面以上 500mm	ϕ8	ϕ8	ϕ10
4	山墙抗风柱变截面柱段	变截面处上下各 500mm	ϕ8	ϕ8	ϕ10
5	支承屋架或屋面梁的牛腿柱段	牛腿及其上下各 500mm	ϕ8	ϕ10	ϕ10
6	上柱有支撑的柱头	柱顶以下 700mm	ϕ8	ϕ10	ϕ12
7	柱中部的支撑连接处	连接板的上下各 500mm	ϕ8	ϕ10	ϕ10
8	柱变位受平台等约束的部位	约束部位上下各 300mm	ϕ8	ϕ10	ϕ12
9	下柱有支撑的柱根部和角柱根部	柱底至室内地坪以上 500mm	ϕ8	ϕ10	ϕ10
10	角柱柱头	柱顶以下 500mm 且不小于柱截面变长尺寸	ϕ8	ϕ10	ϕ10

注：序号 1、2 和 8 应包括山墙抗风柱；序号 5，对牛腿上、下柱段净高与截面高度之比不大于 4 的柱段，应取全高。

如果排架柱侧向受约束且剪跨比不大于 2，柱顶预埋钢板和柱箍筋加密区的构造尚应符合下列规定：柱顶预埋钢板沿排架平面方向的长度宜取柱顶的截面高度，且不得小于截面高度的 1/2 及 300mm；屋架的安装位置，宜减小在柱顶的偏心，其柱顶轴向力的偏心距不应大于截面高度的 1/4；排架平面内的柱顶轴向力偏心距在截面高度的 1/6～1/4 范围内时，柱顶箍筋加密区的箍筋体积配筋率，9 度不宜小于 1.2%；8 度不宜小于 1.0%；6、

7 度不宜小于 0.8%；加密区箍筋宜配置四肢箍，肢距不应大于 200mm。

2）支承排架跨屋架或屋面梁的牛腿配筋

牛腿在地震作用下，受拉、压、剪和扭等，受力状态复杂。除预埋件与牛腿受力钢筋焊接连接外，牛腿的箍筋直径不应小于 10mm 和柱的箍筋直径，其间距不应大于 100mm；牛腿的箍筋应按受扭箍筋配置。

3）混凝土梯形屋架特殊要求

屋架的端竖杆、第一节间上弦杆在屋架静力计算时均作为非受力杆件，地震作用下带来平扭耦联振动，这两个杆件受压、弯、剪和扭等，受力状态复杂。端竖杆截面宽度宜与上弦宽度相同；第一节间上弦和端竖杆的配筋，6 度和 7 度时，不宜少于 4ϕ12，8 度和 9 度时，不宜少于 4ϕ14。

第三节 钢筋混凝土框架-顶层排架厂房

一、一般规定

1. 结构布置

钢筋混凝土框架-顶层排架（以下简称竖向框排架）结构的框架布置要求参照本章第一节，屋盖布置要求参照第四章第三节，除此之外，尚应满足以下要求：

（1）顶层的排架重心宜与下部结构刚度中心接近或重合，多跨排架宜等高等长（图 7-18）。

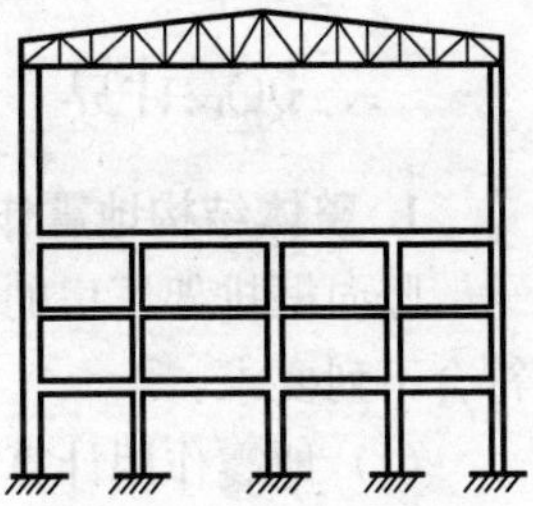

图 7-18 竖向框排架厂房示意图

（2）顶层排架嵌固楼层宜避免开设大洞口，其楼板厚度不宜小于 150mm；顶层排架设置纵向柱间支撑处，楼盖不应设有楼梯间或开洞。

（3）纵向端部应设屋架、屋面梁或采用框架结构承重，不应采用山墙承重；排架跨内不应采用横墙和排架混合承重，以免造成刚度、荷载、材料强度不均衡。

（4）上部排架结构纵向结构布置一般采用两种体系：框架体系或者增加柱间支撑。前者根据顶层的柱高，纵向柱列各对称布置 1～2 道框架梁，并与排架柱刚接，形成纵向刚接框架；后者在纵向柱列中间各设置 1～2 道竖向钢支撑，柱间支撑斜杆中心线应与连接处的梁柱中心线汇交于一点并优先连接到框架梁上。

（5）框架柱截面一般采用正方形，排架柱截面一般采用矩形，短边沿纵向布置，排架柱应竖向连续延伸至底部。

（6）竖向框排架结构屋盖可考虑钢筋混凝土屋架，采用有檩体系屋盖或者大型屋面板；也可采用轻钢屋面，即主结构采用钢屋架（或钢梁、钢桁架），钢檩条上布置压型钢板等板材。

屋盖采用有檩体系时，应加强屋盖支撑设置和构件之间的连接，保证屋盖具有足够的水平刚度。

（7）顶层跨度不大情况下，如跨度小于 18m 时，可优先考虑横向采用（门式）刚架形式，纵向采用框架形式。

2. 适用高度

多层钢筋混凝土竖向框排架厂房适用的最大高度应符合表 7-31 的要求。

多层钢筋混凝土竖向框排架厂房适用的最大高度（m） **表 7-31**

	烈度				
	6	7	8（0.2g）	8（0.3g）	9
高度	55	45	35	30	20

3. 抗震等级

竖向框排架结构厂房的框架部分及排架柱，应根据设防烈度、结构类型和框排架整体高度，按表 7-32 采用不同的抗震等级。

丙类竖向框排架结构的框架和排架柱抗震等级 **表 7-32**

结构类型		6 度		7 度		8 度		9 度
不设筒仓的框架	高度（m）	≤24	>24	≤24	>24	≤24	>24	≤24
	框架	四	三	三	二	二	一	一
设筒仓的框架	高度（m）	≤20	>20	≤20	>20	≤20	>20	≤20
	框架	四	三	三	二	二	一	一
排架		三	三	二	二	二	一	一
大跨度框架		三		二		一		一

二、抗震计算

1. 整体结构地震作用效应分析

竖向框排架厂房的地震作用及效应计算，除了满足本章第一节二、1 中要求外，尚应符合下列要求：

（1）地震作用计算时，质点质量宜设置在梁柱轴线交点、牛腿、柱顶、柱变截面处和柱上集中荷载处。

（2）确定重力荷载代表值时，可变荷载应根据行业特点和使用条件，对楼面活荷载取相应的组合值系数，贮料的荷载组合值系数可采用 0.9。

（3）顶层排架结构一般为薄弱楼层，地震作用下变形相对集中，即便采用空间整体模型分析，也需要适当放大顶层横向排架设计地震力，放大的地震力仅用于排架柱截面设计，不考虑向下传递。

顶层横向排架设计地震弯矩和剪力放大系数 β 可根据排架与下部框架的楼层剪切刚度比，按表 7-33 取值。

排架设计地震弯矩和剪力放大系数 β **表 7-33**

排架与下部框架的楼层剪切刚度比 γ	β
≤0.4	1.5
0.4～0.7	线性插值确定
≥0.7	1.0

γ 可按下式计算：

$$\gamma=(n-1)\frac{G_nA_n}{h_n}\Big/\sum_{i=1}^{n-1}\frac{G_iA_i}{h_i} \tag{7-65}$$

式中　n——厂房楼层数；

A_n、A_i——厂房第 n、i 层柱截面面积之和；

G_n、G_i——厂房第 n、i 层柱混凝土剪变模量。

（4）楼层有贮仓和支承重心较高的设备时，其重力荷载除参与结构整体分析外，还应考虑水平地震作用下产生的附加弯矩。支承构件和连接验算时应计入该水平地震作用产生的附加弯矩，该水平地震作用可按下式计算：

$$F_s=\alpha_{max}(1.0+H_x/H_n)G_{eq} \tag{7-66}$$

式中　F_s——设备或料斗重心处的水平地震作用标准值；

α_{max}——水平地震影响系数最大值；

G_{eq}——设备或料斗的重力荷载代表值；

H_x——设备或料斗重心至室外地坪的距离；

H_n——厂房高度。

除上述要求之外，结构整体地震作用及效应计算尚应满足以下要求：

（1）抗震验算时，结构任一楼层的水平地震剪力满足表 3-7 的规定。

（2）竖向框排架结构不规则时，框架部分应符合本章第一节二、1 中相关内力调整要求。

2. 地震作用下位移验算

竖向框排架结构的抗震变形验算，下部框架部分应符合第三章第三节的要求，上部排架柱及伸出框架跨屋顶支承排架跨屋盖的单柱，层间位移角不应超过 1/400；8 度Ⅲ、Ⅳ类场地和 9 度时，上部排架柱及伸出框架跨屋顶支承排架跨屋盖的单柱，弹塑性位移角不应超过 1/30。

3. 构件内力设计调整

竖向框排架厂房构件抗震验算，除了满足本章第一节二、2 中要求外，尚应符合下列要求：

（1）一、二、三、四级支承贮仓竖壁的框架柱，其组合弯矩设计值、剪力设计值调整视同角柱处理。

（2）竖向框排架结构与排架柱相连的框架节点处，柱端组合的弯矩设计值应按式（7-1）～式（7-3）进行调整。

（3）顶层排架设置纵向柱间支撑时，与柱间支撑相连排架柱的下部框架柱，一、二级框架柱由地震引起的附加轴力应分别乘以调整系数 1.5、1.2；计算轴压比时，附加轴力可不乘以调整系数。

4. 构件及节点验算

竖向框排架厂房构件及节点抗震验算，除了满足本章第一节二、3 中要求外，尚应符合下列要求：

当一、二级框架梁柱节点两侧梁截面高度差大于较高梁截面高度的 25％或 500mm 时，尚应按下式验算节点下柱抗震受剪承载力：

$$\frac{\eta_{jb}M_{b1}}{h_{01}-a_s'}-V_{col}\leqslant V_{RE} \tag{7-67}$$

9 度及一级时可不符合上式，但应符合：

$$\frac{1.15M_{\mathrm{b1ua}}}{h_{01}-a_{\mathrm{s}}'}-V_{\mathrm{col}}\leqslant V_{\mathrm{RE}} \tag{7-68}$$

式中 η_{jb}——节点剪力增大系数，一级取 1.35，二级取 1.2；

M_{b1}——较高梁端梁底组合弯矩设计值；

M_{b1ua}——较高梁端实配梁底正截面抗震受弯承载力所对应的弯矩值，根据实配钢筋面积（计入受压钢筋）和材料强度标准值确定；

h_{01}——较高梁截面的有效高度；

α_{s}'——较高梁端梁底受拉时，受压钢筋合力点至受压边缘的距离；

V_{col}——节点下柱计算剪力设计值；

V_{RE}——节点下柱抗震受剪承载力设计值。

三、抗震构造措施

竖向框排架厂房抗震构造措施，除了满足本章第一节三中要求外，尚应符合下列要求：

(1) 排架柱配筋要求不宜低于第四章第三节五中要求。

(2) 竖向框排架结构的顶层排架设置纵向柱间支撑时，与柱间支撑相连排架柱的下部框架柱，纵向钢筋配筋率、箍筋的配置应满足本章第一节三、2 中对支承筒仓竖壁的框架柱的要求且箍筋加密区取柱全高。

(3) 纵向排架支撑连接节点要求：

支撑下节点应设在框架梁端，如图 7-19 所示；对于支撑上节点，应尽量使支撑斜杆和水平杆的端面与柱顶面靠近，节点板厚度不宜小于 10mm，排架柱宽度小于锚筋锚固长度时，可考虑弯折锚筋、加焊端板或者改为焊端板的小角钢代替锚筋，如图 7-20 所示。

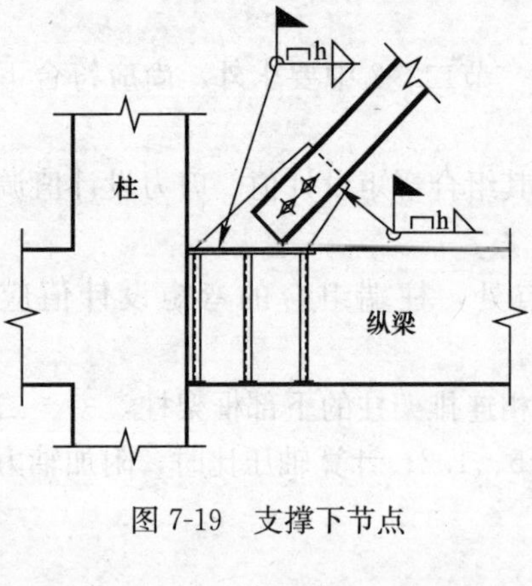

图 7-19　支撑下节点

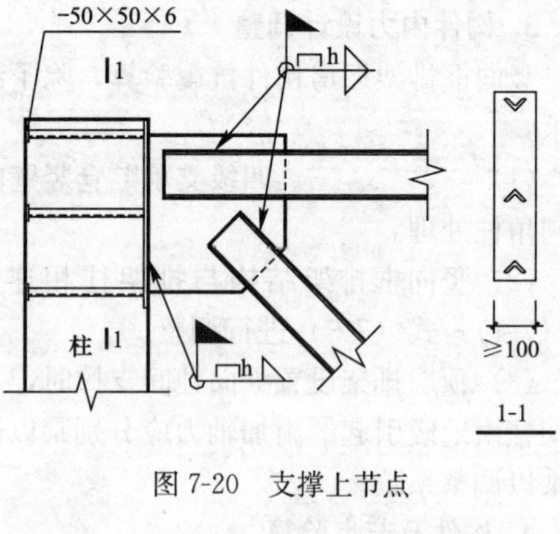

图 7-20　支撑上节点

第八章　多层钢结构厂房

多层钢结构厂房与多高层钢结构房屋的主要区别，在于它特殊的功能需求——满足工业设备运行、防护和操作的要求。多层钢结构厂房的范围很广，结构形式变化多端，既可以是单个设备或者罐体的支承结构厂房，也可以是炼钢车间、选矿车间等采用所谓“框排架”的大型钢结构厂房。

工业厂房的功能设计，围绕工业生产线的设施、装备的使用需求所展开。由于生产工艺不同，工业厂房体型有些较简洁，而有些则十分复杂，不规则性很强。不言而喻，对于复杂的多层钢结构厂房，若以一般多高层钢结构房屋抗震设计的规则性等要求度量，有时设计会十分困难。因此，多层钢结构厂房的抗震设计，应重视结构布置优选，根据其具体的荷载特征以及传递路径、结构特点进行多方法的系统计算、比较分析，综合判断，选择合理而恰当的抗震构造措施。

（1）围护系统

多层钢结构厂房的围护系统变化很大，围护系统也是工业建筑与民用建筑的关键区别之一。多层钢结构厂房的围护系统取决于生产性质和工艺要求，可以采用彩钢板轻型围护、大型预制混凝土板、砌体墙，或者不设置围护。当然，有些多层工业厂房（如一些轻工业厂房）与民用房屋的围护系统大体相同。

（2）荷载

多层工业厂房存在大量不同于民用房屋的荷载，如热作用效应等工业特殊荷载，并且荷载及其组合值系数往往比较模糊。

检修、安装荷载的行业性强，有的楼面荷载很大，但其大部分却仅存在于设备就位和安装过程中，属短期临时荷载，在安装或检修完工后，就只有少量零件和操作荷载。这类临时荷载与地震遇合的概率很低。因此，应尽量按实际情况正确确定设备荷载的大小及其作用位置，尽量准确估计检修、操作荷载的大小，恰当评估热作用效应（如工业炉附近）等工业特殊荷载的作用，根据生产工艺特点，确定不同区域（如操作区、检修区、原料和成品堆放区、走道等）的设备、操作、检修、堆放和事故荷载分布图，用于计算分析。

简言之，确定重力荷载代表值时，可变荷载应根据行业的特点，对楼面检修荷载、成品或原料堆积楼面荷载、设备和料斗及管道内的物料等，采用相应的组合值系数。

（3）多层钢结构厂房的抗震等级

考虑到有些多层钢结构厂房的复杂性，《建筑抗震设计规范》GB 50011 规定的抗震等级分界比民用钢结构房屋降低了 10m。多层钢结构厂房的抗震等级见表 8-1。

（4）注意要点

由于多层钢结构厂房的结构布置取决于工艺要求，不像多层民用房屋那样规则，并且有些厂房还牵涉到大量工业非结构，因而抗震设计时应注意：

1）不可轻易采用楼层刚度无限大的假定。楼板开洞、部分缺失或中间变换楼面标高等任何一个因素，都可导致侧向地震作用传到柱间支撑开间的假定不成立。

多层钢结构厂房的抗震等级　　表 8-1

框架高度	烈度			
	6	7	8	9
≤40m		四	三	二
>40m	四	三	二	一

2）由于楼层开孔多，或部分缺失，厂房柱两个正交的方向，即使相同标高部位也并非都有侧向支承。

3）框架的层高不尽相同，即使同一楼层的标高也可能不尽相同，从而易出现抗震弱层（指承载力）、软层（指刚度）和薄弱环节。

概而言之，进行抗震分析前，应恰当评估计算模型以及计算假设的合理性和适宜性，防止框架出现软弱层和薄弱环节。

从结构学角度讲，多层钢结构厂房与多层民用钢结构房屋不存在明确的界限，因此一些虽然从事工业生产却具有明显多高层钢结构房屋特征的厂房，可按《建筑抗震设计规范》GB 50011 第 8 章的有关规定设计。为了节约篇幅，尽量减少阐述与之相重复的内容，故而本章只针对工业特征明显的多层钢结构厂房，但补充现行规范中未提及，多层钢结构厂房设计时却又常遇的内容。

第一节　多层钢结构框架厂房

一、一般规定

多层钢结构框架厂房的布置，除应符合《建筑抗震设计规范》GB 50011 第 8 章的有关要求外，尚应符合下列规定：

1. 机械设备布置

（1）重型设备宜尽量低位布置。

装料后的设备、料斗总重心应接近楼层的支承点处，可降低设备或料斗的地震作用对支承结构所产生的附加效应。

（2）当设备重量直接由基础承受，且设备竖向需要穿过楼层时，厂房楼层应与设备分开。设备与楼层之间的缝宽，不得小于防震缝的宽度。

细柔设备穿过楼层时，由于各楼层梁的竖向挠度难以同步，如采用分层支承，则各楼层结构的受力不明确。同时，在水平地震作用下，各层的层间位移对设备产生附加作用，严重时可损坏旋转设备。因此，如细而高的设备必须借助厂房楼层侧向支承才能稳定，则楼层与设备之间应采用能适应层间位移差异的柔性连接，或者采用其他措施。

2. 楼盖（工作平台）

多层钢结构厂房楼盖宜采用现浇混凝土的组合楼板，亦可采用装配整体式楼盖或钢铺板，并应符合下列要求：

（1）混凝土楼盖应与钢梁有可靠的连接。

（2）当楼板开设孔洞时，应有可靠的措施保证楼板传递地震作用。

有关楼盖的布置、设计和构造措施，参见本章第二节。

二、抗震计算

1. 地震作用计算

一般情况下，多层钢结构框架厂房宜采用空间结构模型分析。但结构布置规则，质量分布均匀时，亦可以分别沿结构横向和纵向进行计算。

现浇钢筋混凝土楼板，当板面开孔小且用抗剪连接件与钢梁连接成整体时，据具体情况可视为刚性楼盖或有限刚度楼盖。

在多遇地震下，结构阻尼比可据框架的高度采用 0.03～0.04；在罕遇地震下，阻尼比可采用 0.05。

（1）按多遇地震作用计算

多层钢结构框架厂房可按《建筑抗震设计规范》GB 50011 第五章的规定，采用多遇地震影响系数，多遇地震作用效应和其他荷载效应的基本组合，进行地震作用和结构抗震验算。

（2）简化性能化设计

钢结构截面的板件宽厚比是决定其受力性能关键参数。钢构件截面性能根据其板件宽厚比划分为塑性设计截面、塑性强度截面、部分塑化截面、弹性设计截面和薄柔截面，采用性能化设计可以有效发挥钢结构各类截面的受力性能。钢结构性能化设计可遵循“高延性-低弹性承载力”和“低延性-高弹性承载力”两类思路进行（图 8-1）。前者谓之“延性耗能”思路，后者则称“弹性承载力超强”思路。

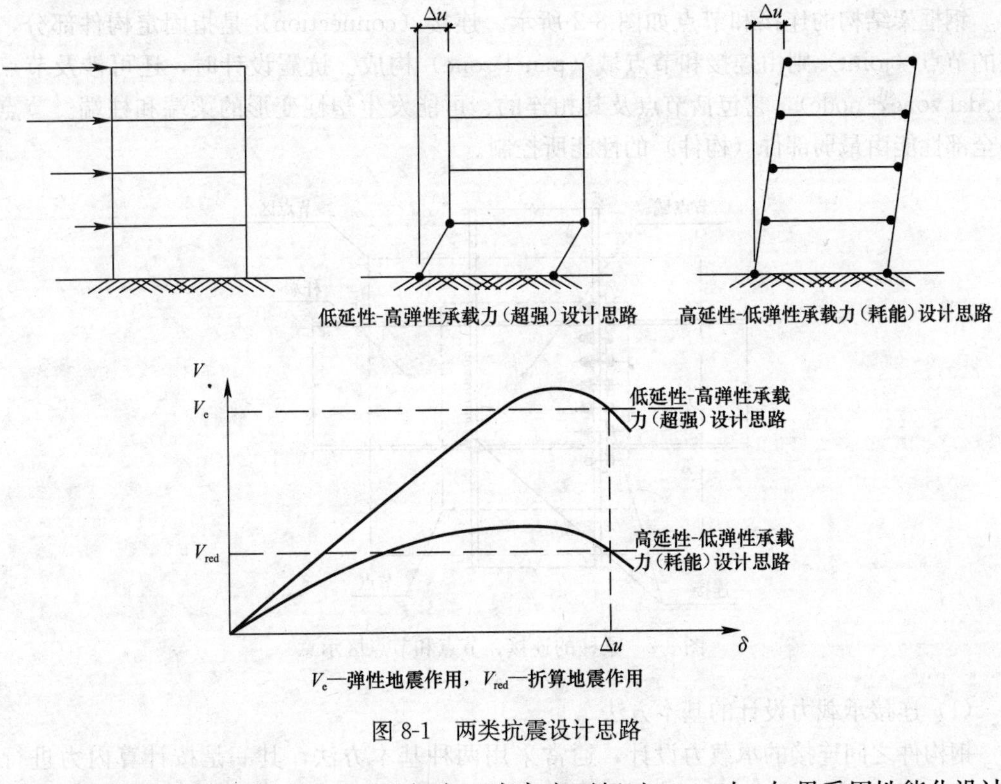

图 8-1　两类抗震设计思路

《建筑抗震设计规范》GB 50011 规定，当高度不超过 40m 时，如果采用性能化设计的方法，可以分别按“高延性-低弹性承载力”或“低延性-高弹性承载力”的抗震设计思路来确定板件宽厚比（见本节“抗震构造措施”）。换言之，如果选定截面板件宽厚比等级，则可按下式进行简化的性能化设计计算：

$$\gamma_G S_{GE} + \gamma_{Eh}\Omega S_{Ehk} + \gamma_{Ev}\Omega S_{Evk} \leqslant R/\gamma_{RE} \tag{8-1}$$

式中，Ω——地震作用效应调整系数，按表 8-2 取值。

地震效应调整系数 Ω 取值 表 8-2

截面板件宽厚比等级	S1	S2	S3	S4
地震作用效应调整系数 Ω		1	1.5	2

S1、S2、S3 和 S4 级截面板件宽厚比限值见本书第五章表 5-2。按简化性能化设计的要求进行抗震分析时，应根据具体情况，可对特殊构件、或特殊子结构、或特殊部位提高截面板件宽厚比等级的要求。

对于体型比较规则的厂房，当在低烈度区，或荷载较小，或静力抗风设计赋予结构较大的承载力储备，或位移限值要求使结构较大超强时，采用简化性能化设计，按“弹性承载力超强”的抗震设计思路，框架可采用弹性设计截面（板件宽厚比等级 S4），从而取得较好的经济性。

不言而喻，按上述简化性能化设计的结果，与采用多遇地震组合计算并由性能化设计方式确定板件宽厚比的最终结果，是一致的。

2. 连接的承载力

钢框架结构的连接和节点如图 8-2 所示。连接（connection）是指固定构件部分，梁柱的节点（joint）则由连接和节点域（panel zone）构成。抗震设计时，还可涉及节点区（nodal zone，node），它包括节点及其相连的、可能发生塑性变形的梁端和柱端。节点区的全部性能由最弱部件（构件）的性能所控制。

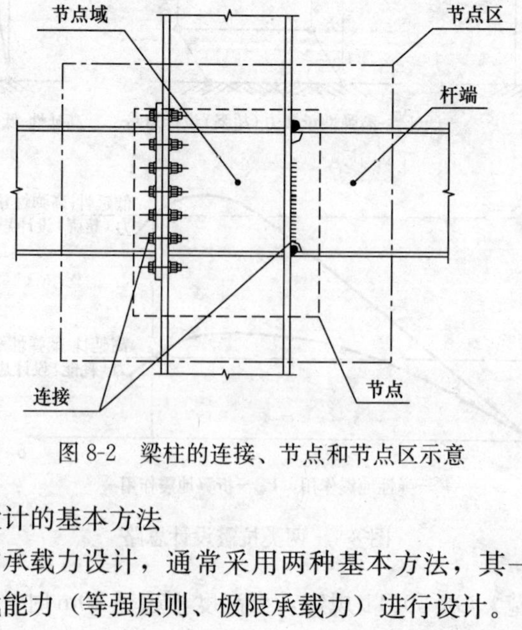

图 8-2 梁柱的连接、节点和节点区示意

(1) 连接承载力设计的基本方法

钢构件之间连接的承载力设计，通常采用两种基本方法，其一是按计算内力进行设计，其二则是围绕承载能力（等强原则、极限承载力）进行设计。

计算内力连接设计法，常用于内力较小部位的连接，或次要构件的连接。但为了保证构件的连续性和减小对构件挠度的影响，即使计算内力很小，连接也至少须按传递被连接构件承载力的一半进行设计。即，一般钢构件连接的最小抗弯承载力至少应达到 $0.5Wf_y$（W—截面模量，f_y—钢材的屈服强度）；但抗震钢结构构件连接的最小抗弯承载力宜按不小于 $0.5W_pf_y$（W_p—塑性截面模量）考虑。

承载能力连接设计法，以被连接构件能充分塑化而连接不断裂为准则，要求连接可靠传递相当于构件极限承载力的内力。因此，围绕构件承载能力的连接设计，可发挥构件的塑性变形能力，确保框架的延性变形性能。换言之，连接按承载能力的设计，可保证结构进入极限状态工作时构件能达到全截面塑性承载力。这种设计法，通常用于轴心拉杆的拼接、支撑杆端连接、梁柱连接和柱脚等。应当指出，钢结构连接设计的等强（Full strength），与力学上的等强不尽相同。一般情况下，若钢结构连接的极限承载力超过被连接构件的塑性承载力，即认为是等强连接。

然而，钢构件截面的受力性能由其板件宽厚比决定，塑性设计截面（厚实截面）能达到全截面塑性承载力，弹性设计截面（S4 级截面）可达到部分截面屈服的抗弯能力，但不能达到塑性弯矩。因此，对于采用弹性设计截面（包括部分塑化截面，S3 级）的抗震钢框架，梁柱刚性连接的承载力验算，可以采用期望的耗能区截面的承载力（η_jM_{pb}）与结构系统传递的最大弯矩（指设防烈度或接近设防烈度的地震作用下的）的较小值。即在计算内力（结构系统传递的最大弯矩）和承载能力连接设计法之间比较取值。

无需赘述，承载力抗震调整系数 γ_{RE}，只适用于按计算内力所进行的连接弹性设计；若采用承载能力连接设计法，则无需考虑。

（2）梁柱刚性连接的极限承载力验算

框架梁端潜在耗能区长度 L_{bp} 一般可按下式确定：

$$L_{bp} = \max\{L_n/10, 1.5h\} \tag{8-2}$$

式中 L_n、h——分别为梁净跨和梁高。

1）一般情况下，潜在耗能区的梁柱刚性连接应考虑连接系数进行极限受弯、受剪承载力验算。

梁柱刚性连接的极限受弯承载力 M_u^j 可按下式确定：

$$M_u^j = M_{fu}^j + M_{wu}^j \tag{8-3}$$

式中 M_{fu}^j——翼缘连接的极限受弯承载力；

M_{wu}^j——腹板连接的极限受弯承载力。

梁柱连接的极限受弯承载力需满足下式：

$$M_u^j \geqslant \eta_j M_{pb} \tag{8-4a}$$

$$M_u^j \geqslant \eta_j \min\{M_{pc}, M_{pb}\} \tag{8-4b}$$

式中 M_{pb}、M_{pc}——柱截面、梁计算截面的全塑性受弯承载力；

η_j——连接系数，按本书第五章表 5-4 选用。

式（8-4b）仅适用于框架顶层等无"强柱弱梁"要求的梁柱连接。

但是，梁柱连接的极限受弯承载力 M_u^j 计算时，若要计入腹板连接的贡献 M_{wu}^j，则首先需评估所采用的腹板连接是否合理可靠。

梁柱连接的极限受剪承载力 V_u^j 需满足下式：

$$V_u^j \geqslant 1.2 \times 2M_{pb}/L_n + V_{Gb} \tag{8-4c}$$

式中　V_{Gb}——梁在重力荷载代表值作用下，按简支梁计算的梁端截面剪力设计值。

2）框架梁柱采用弹性设计截面时，其梁柱刚性连接的承载力验算，可取期望发展的耗能区截面的承载力（$\eta_j M_{pb}$）与结构系统传递的最大弯矩的较小值。一般情况下，可按下列方式计算：

① 采用弹性设计截面（S4 级截面）的梁柱刚性连接，采用设防烈度的地震动参数计算分析得到连接的内力，计入承载力抗震调整系数 γ_{RE}，进行连接的承载力弹性设计。

采用部分塑化截面（S3 级截面）的 H 形截面梁柱刚性连接，只需按上述的连接设计内力乘以截面塑性发展系数 $\gamma_x = 1.05$，进行连接的弹性承载力设计。

② 如果不采用上述计算内力（结构系统传递的最大弯矩）的方式进行梁柱刚性连接的承载力设计，则需考虑连接系数，按式（8-4）进行梁柱刚性连接的极限承载力验算。

显然，弹性设计截面梁柱连接的抗剪承载力验算时，计算剪力取上述①和②所对应受力状态的。

（3）混合连接的极限承载力

由于施工方便，也较经济，多层钢结构框架厂房广泛应用混合连接（梁翼缘采用熔透焊缝连接、腹板采用高强度螺栓连接），但国内阐述其计算方法的参考文献却很少。有鉴于此，这里演引其计算方法。

梁端直接混合连接（图 8-3a）需分别进行腹板螺栓群连接、拼接板与柱的焊接连接的极限承载力验算。

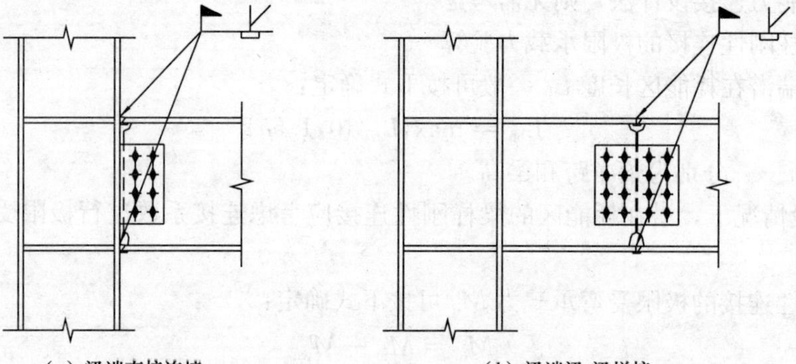

（a）梁端直接连接　　（b）梁端梁 梁拼接

图 8-3　混合连接示意

混合连接时的极限受弯承载力 M_u^j 按式（8-3）计算。翼缘连接的极限受弯承载力 M_{fu}^j 和腹板连接的极限受弯承载力 M_{wu}^j 分别为：

$$M_{fu}^j = A_f h_{b1} f_u \tag{8-5a}$$

$$M_{wu}^j = W_{wpe} f_y \tag{8-5b}$$

式中　A_f——翼缘板截面面积；

h_{b1}——梁翼缘中心线之间的距离；

f_u——钢材抗拉强度；

W_{wpe}——腹板扣除上下扇形切角后的有效塑性截面模量，采用高强度螺栓连接时取拼接板和腹板有效塑性截面模量的较小值。

腹板螺栓群极限承载力验算时需考虑腹板连接极限受弯承载力 $M^{\mathrm{j}}_{\mathrm{wu}}$，与极限受弯状态的剪力 $V^{\mathrm{j}}_{\mathrm{u}}$ 共同作用。$V^{\mathrm{j}}_{\mathrm{u}}$ 可由式（8-4c）取等号算出。

虽然腹板高强度螺栓连接达极限受弯承载力时，螺栓群的内力传递机制尚未弄清，但据以往的试验和解析研究证实，假定所有螺栓均达到极限受剪承载力是合适的。腹板高强度螺栓连接的极限承载力可采用以下两方法之一计算。

1）各螺栓按到梁中性轴的距离传递弯矩，各螺栓同时受弯矩和剪力作用。

各螺栓扣除剪力影响后的极限受剪承载力 N_{bux} 为：

$$N_{\mathrm{bux}} = \sqrt{N_{\mathrm{bu}}^2 - (V^{\mathrm{j}}_{\mathrm{u}}/n)^2} \tag{8-6}$$

式中 N_{bu}——每颗高强度螺栓的极限受剪承载力；

n——腹板连接处每侧的螺栓数量。

腹板高强度螺栓群的极限受弯承载力 M_{bu} 为：

$$M_{\mathrm{bu}} = \sum N_{\mathrm{bux}} \cdot y_i \tag{8-7}$$

式中 y_i——各螺栓到梁中性轴的距离。

当 $M_{\mathrm{bu}} \geqslant M^{\mathrm{j}}_{\mathrm{wu}}$ 时，即认为可确保腹板高强度螺栓群的极限受弯、受剪承载力达到要求。

显然，梁端梁-梁混合拼接（图 8-3b）的极限承载力验算也可参照上述梁端混合连接的方式进行。

2）将螺栓群分为两部分，靠近上、下翼缘的一部分螺栓仅承担弯矩，靠近梁中心轴的一部分螺栓仅承担剪力（图 8-4），分别进行验算。表面上看，此计算假设较粗糙，其实并不尽然。笔者根据试验结果并采用有限元跟踪计算表明，随梁端弯矩增大，工字形截面塑性屈服从边缘纤维逐步向梁的中性轴发展的过程中，由于钢材屈服流动状态所承受的剪应力比其在弹性状态时要小得多，从而导致梁端在极限状态发生剪应力集中在腹板中性轴附近区域的受力情况，因此这计算假设是符合框架刚性连接梁端极限状态实际受力情况的。

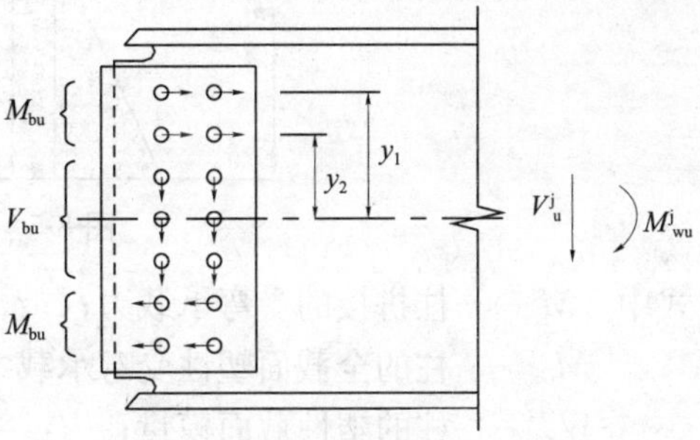

图 8-4　梁腹板连接螺栓群的受力假定

如果承担弯矩部分螺栓的极限受弯承载力 M_{bu}、承担剪力部分螺栓的极限受剪承载力 V_{bu} 满足下式：

$$\begin{cases} M_{\mathrm{bu}} \geqslant M^{\mathrm{j}}_{\mathrm{wu}} \\ V_{\mathrm{bu}} \geqslant V^{\mathrm{j}}_{\mathrm{u}} \end{cases} \tag{8-8}$$

则认为可保证腹板螺栓群的极限承载力满足要求。

(4) 梁端高强度螺栓梁-梁拼接的承载力

鉴于高强度螺栓摩擦型连接的极限状态就是承压型连接，因此梁端梁-梁拼接全部采用高强度螺栓连接时，应采用摩擦型连接进行弹性设计，采用承压型连接进行极限承载力验算。为了防止高强度螺栓摩擦型连接过早进入极限状态，潜在耗能区的高强度螺栓拼接，需按梁连接截面塑性承载力的 0.6 倍进行其抗滑移补充校核，翼缘的螺栓孔面积必须限制在 $(1-f_{\mathrm{y}}/f_{\mathrm{u}})A_{\mathrm{f}}$ 之内，并应进行螺栓孔截面的抗断裂验算。

（5）框架柱的拼接

框架柱的工地拼接位置应便于施工，宜避开框架的潜在耗能区（最大应力区），选择弯矩较小、在地震作用下弯矩波动变化较小的弹性工作区。

框架柱的拼接的承载力不应小于按上柱两端呈全截面塑性屈服状态计算的拼接处的内力，且不得小于柱全截面塑性受弯承载力的0.5倍（图8-5）。即，钢柱拼接的承载力应符合公式（8-9）。

$$M_{j}=\eta_{j}\left(1-\frac{h_{j}}{yh}\right)M_{pc} \tag{8-9a}$$

$$M_{j}\geqslant 0.5W_{pc}f_{y} \tag{8-9b}$$

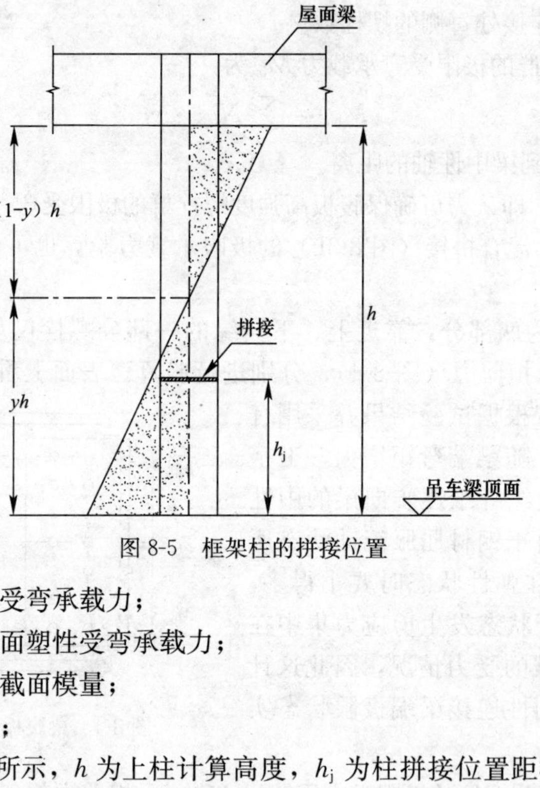

图8-5 框架柱的拼接位置

式中 M_j——柱拼接的受弯承载力；

M_{pc}——柱的全截面塑性受弯承载力；

W_{pc}——柱的塑性截面模量；

η_j——连接系数；

h_j、h、y——如图8-5所示，h为上柱计算高度，h_j为柱拼接位置距楼面的距离，y为柱的反弯点与上柱高度的比值。

显然，式（8-9）是钢柱拼接起码的承载力要求，对由稳定性决定承载力的细柔钢柱是足够的，对由强度确定承载力的粗壮钢柱一般采用等强度拼接接长。不过，现在的设计图纸动辄要求采用全熔透焊，认为采用了熔透焊就安全可靠。震害调查表明，有的钢柱断裂发生在拼接焊缝附近，正是焊接缺陷构成的薄弱部位；厚板焊接时过热，使焊缝附近钢材延性降低。

（6）框架连接的关键性焊缝

框架结构的梁翼缘与柱的连接焊缝、抗剪连接板与柱的连接焊缝、梁腹板与柱的连接焊缝、柱的拼接焊缝（包括与柱腹板的连接焊缝）属于关键性焊缝，设计施工皆应十分重视。

（7）设备与钢构件的连接

楼盖（工作平台）上，直接支承设备、料斗的构件及其连接，应计入设备等产生的地震作用。一般的设备对支承构件及其连接产生的水平地震作用，可按照下列规定计算，该水平地震作用对支承构件产生的弯矩、扭矩，取设备重心至支承构件形心距离计算：

$$F_s = \alpha_{max}(1.0 + H_x / H_n) G_{eq} \tag{8-10}$$

式中 F_s——设备或料斗重心处的水平地震作用标准值；

α_{max}——水平地震影响系数最大值；

G_{eq}——设备或料斗的重力荷载代表值；

H_x——设备或料斗重心至室外地坪的距离；

H_n——厂房高度。

3. 框架梁柱节点区

（1）强柱弱梁验算

多层钢结构厂房框架，一般不采用梁端截面削弱（RBS）构造，通常采用梁端加腋使塑性铰外移的做法。

对于等截面梁，梁柱节点左右梁端和上下柱端的全塑性承载力，一般应满足下式的要求。

$$\sum W_{pc}(f_{yc} - N/A_c) \geqslant \eta \sum W_{pb} f_{yb} \tag{8-11}$$

式中 W_{pc}、W_{pb}——分别为交汇于节点的柱和梁的塑性截面模量；

f_{yc}、f_{yb}——分别为柱和梁的钢材屈服强度；

N——多遇地震组合的柱轴力；

A_c——柱截面面积；

η——强柱系数，一级或地震作用控制时，取1.25；二级或1.5倍地震作用控制时，取1.2；三级或2倍地震作用控制时，取1.1。

但是，下列情况可例外：

1）顶层的框架柱。

2）不满足式（8-11）的框架柱，沿验算方向的受剪承载力总和小于该楼层框架受剪承载力的20%；且该楼层每一柱列不满足式（8-11）的框架柱的受剪承载力总和小于本柱列全部框架柱受剪承载力总和的33%。这里的柱列，是指一个列线的柱列或垂直于该柱列方向平面尺寸10%范围内的几列平行的柱列。

3）规则框架，本层的受剪承载力比相邻上一层的高出25%。

应当注意，由于钢材屈服强度的离散性，检测表明，有时Q235钢材的实际屈服强度f_{ay}要超过Q345的公称屈服强度。显然，这对抗震非常不利，可以颠覆延性耗能结构体系的前提条件（强柱弱梁、梁铰机制等基本假设）。因此，对于延性耗能结构的耗能区，必须限制钢材实际屈服强度的上限值$f_{ay,max}$（可按不超过上一级钢材屈服强度公称值的要求限定），构件弹性区域期望钢材屈服强度公称值是其下限值。

（2）梁端形式

多层钢结构厂房框架的混凝土楼板有时很厚，框架梁也易遭受碰撞。从目前的工程调查看，还少见有采用RBS（翼缘削弱梁）构造的实例。因此，在决定采用RBS（翼缘削弱梁）形式前应评估其适用性。美国的RBS形式主要用于其“特殊抗弯框架”，即RBS形式主要适用于按“延性耗能”抗震思路设计而采用塑性设计截面的框架梁。

梁翼缘宽度减小，可以起到延迟翼缘局部屈曲的作用，但腹板屈曲和弯扭屈曲的可能性增加。减小梁翼缘宽度后，通常是腹板首先屈曲，然后是弯扭屈曲和翼缘局部屈曲。然而，厂房框架的柱截面较大时，其翼缘外伸长度也大，RBS构造的弯扭屈曲容易引起钢柱很大的扭矩效应。因而RBS构造附近应设置侧向支承以减小钢柱的扭转效应。

如果对RBS的适用性评估存异议，则宜采用其他节点加强形式。

梁端节点加强形式较多。对于多层钢结构厂房框架，从改善抗震性能的角度和实用的角度考虑，采用梁端加腋连接是合理的，应用也较多。图8-6表示梁端腹板加腋和翼缘加腋形式及其设计概念图。图8-6（*a*）中，水平梁段下翼缘可根据具体要求延伸到柱翼缘。

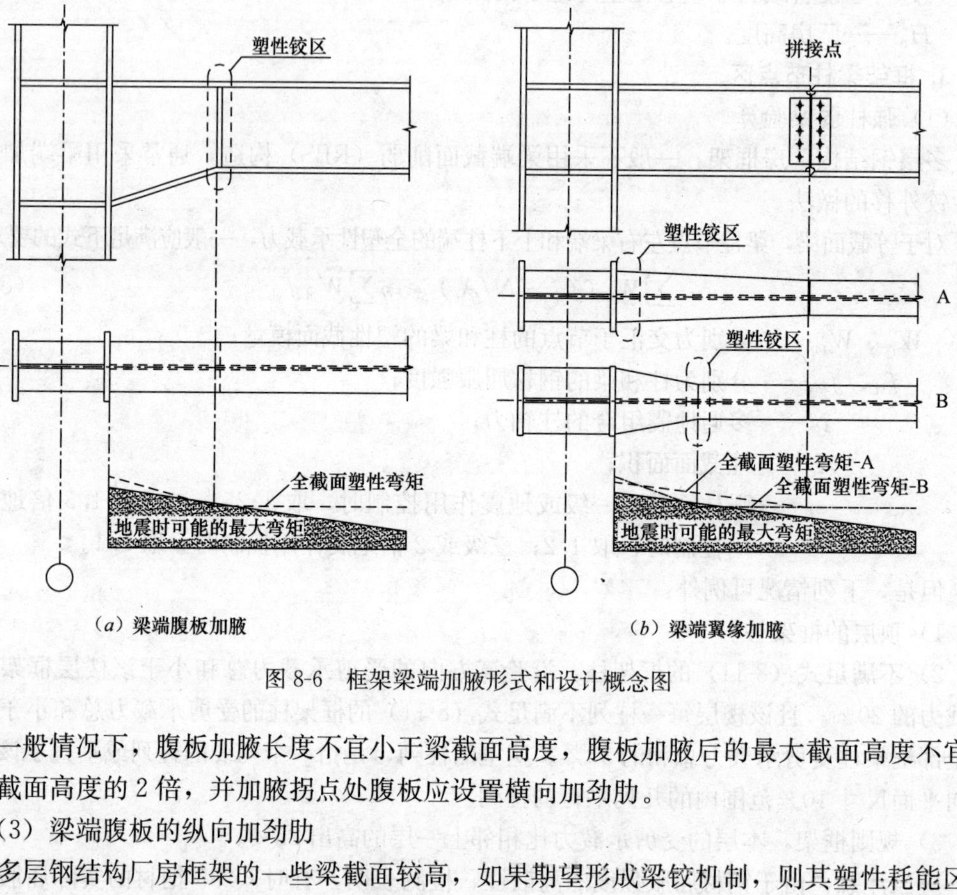

图8-6　框架梁端加腋形式和设计概念图

一般情况下，腹板加腋长度不宜小于梁截面高度，腹板加腋后的最大截面高度不宜大于梁截面高度的2倍，并加腋拐点处腹板应设置横向加劲肋。

(3) 梁端腹板的纵向加劲肋

多层钢结构厂房框架的一些梁截面较高，如果期望形成梁铰机制，则其塑性耗能区的板件宽厚比要求严格，梁腹板往往需要采用较厚的钢板。

国内外对于钢框架刚性连接节点静力和拟静力性能的研究较多，但钢框架梁设置纵向加劲肋后截面的抗震性能，尚未发现有研究文献报道。美国FEMA-350提到“虽然腹板可设置纵向加劲肋限制局部屈曲，但加劲肋可能对连接性能有不利影响”。日本BCJ规范也述及“如设置纵向加劲肋能达到FA、FB截面等级的同等性能，则可降低腹板厚度”。但BCJ规范没有提到如何评价“同等性能”，日本的实际建筑工程设计也几乎不考虑采用设置纵向加劲肋的方式。

据“工业建筑钢结构抗震设计成套技术研究”（上海市优秀学科带头人计划项目，课题编号：09XD1420500）进行的5个足尺梁柱刚性连接构件滞回性能试验结果，在框架梁端腹板（弹性设计截面，即S4级截面）塑性耗能区设置纵向加劲肋后，可超过S2级截面或抗震二级框架的板件宽厚比要求的延性性能要求（图8-7）。

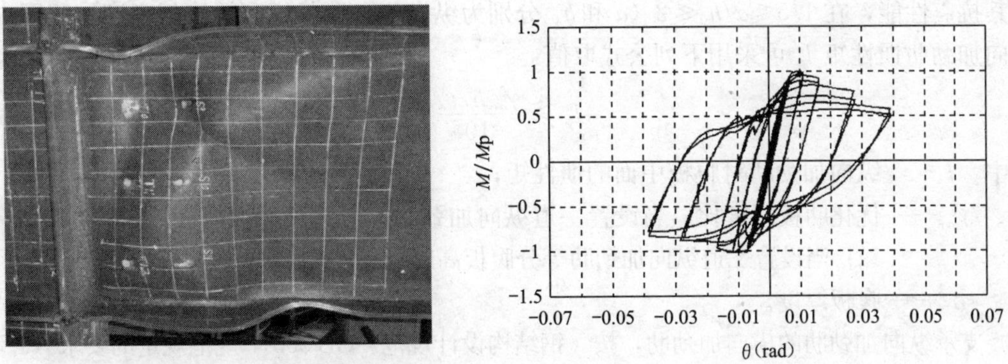

（*a*）试件A-0的失效状态和滞回曲线（梁翼缘b/t=7.3，腹板$h_0/t_w=120$，承载力降至$0.85M_u$时，正/负向平均延性系数$\mu=4.00$；承载力降至$0.8M_u$时，层间位移角$\theta=0.026$rad；有效阻尼比$\xi_a=0.22$）

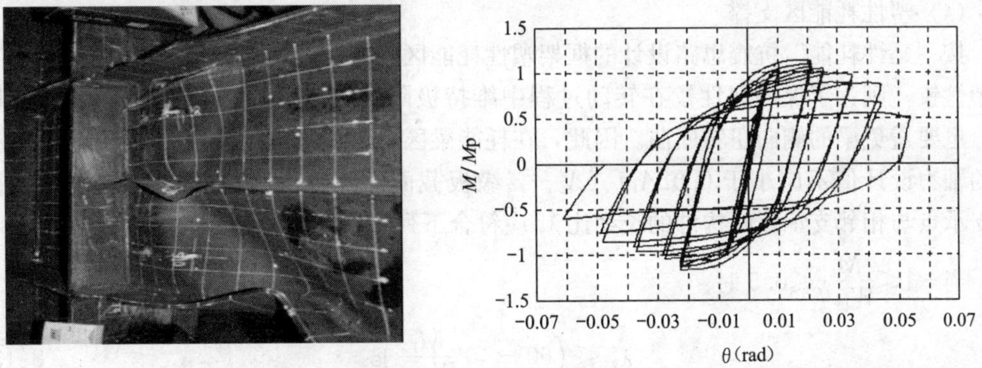

（*b*）试件A-1的失效状态和滞回曲线（梁翼缘b/t=7.3，加劲腹板$h_0/t_w=120$，腹板中间一道纵向加劲肋。承载力降至$0.85M_u$时，正/负向平均延性系数$\mu=5.30$；承载力降至$0.8M_u$时，层间位移角$\theta=0.045$rad；有效阻尼比$\xi_a=0.35$）

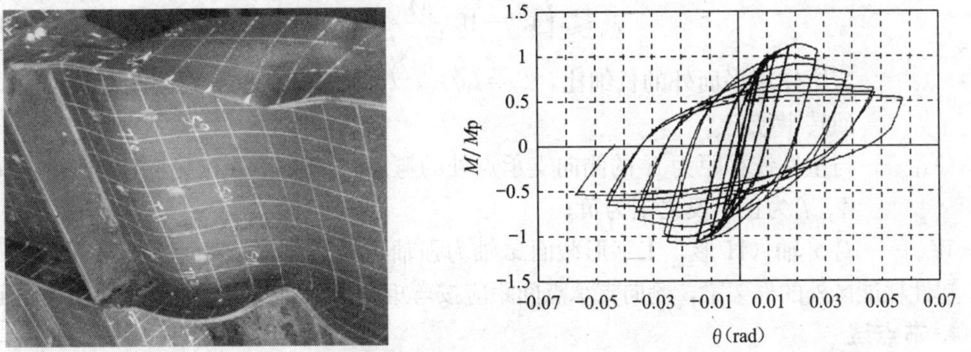

（*c*）试件C-0的失效状态和滞回曲线（梁翼缘b/t=7.1，腹板$h_0/t_w=65$，满足抗震二级框架的截面板件宽厚比要求；承载力降至$0.85M_u$时，正/负向平均延性系数$\mu=4.35$；承载力降至$0.8M_u$时，层间位移角$\theta=0.040$rad；有效阻尼比$\xi_a=0.32$）。

图 8-7　框架梁柱边节点梁腹板设置纵向加劲肋前后的抗震性能试验对比

根据试验结果，在框架塑性耗能区设置纵向加劲肋可以较大改善其延性性能。毋庸赘述，多层钢结构厂房框架在梁端耗能区腹板适宜于设置纵向加劲肋，不仅降低耗钢量，提供良好的抗震性能，而且也简化设计。

基于板壳理论和对试验结果的研究，H 形截面梁端潜在塑性铰区设置纵向加劲肋以保证其抗震性能，在 $1.5\leqslant a/h_0\leqslant 2$（$a$ 和 h_0 分别为纵向加劲肋长度和梁腹板高度）范围内，纵向加劲肋惯性矩 I_s 可采用下列公式取值：

$$I_s \geqslant \frac{\gamma^0_{\sigma,\tau} h_0 t_w^3}{10} \tag{8-12}$$

式中 I_s——纵向加劲肋对腹板中面的惯性矩；

$\gamma^0_{\sigma,\tau}$——优化肋板刚度比，当设置一道纵向加劲肋等分腹板高度时，$\gamma^0_{\sigma,\tau}\geqslant 180(a/h_0-1)$；当设置二道纵向加劲肋等分腹板高度时，$\gamma^0_{\sigma,\tau}\geqslant 110a/h_0$；

t_w——腹板厚度。

支承纵向加劲肋的横向加劲肋，按《钢结构设计规范》GB 50017 规范规定的要求（$I_s\geqslant 3h_0t_w^3$）设计，并满足相应的构造要求即可。但应注意，塑性耗能区内不得设置横向加劲肋，否则将降低延性。

(4) 塑性耗能区支撑

按“延性耗能”抗震思路设计的框架塑性耗能区，期望遭遇强烈地震时在预定部位出现塑性铰，则为了保证塑性铰在转动过程中维持极限受弯承载力，既要避免板件局部屈曲，也要避免梁的侧向扭转屈曲。因此，在耗能梁区上下翼缘应设置侧向支承，侧向支撑杆的轴力设计值不应小于 $0.02A_f f$（A_f—翼缘板截面面积），以防止梁的扭转屈曲发生。该支承点与相邻支承点间构件的长细比 λ_y 应符合下列要求：

当 $-1\leqslant\frac{M_1}{W_{px}f}\leqslant 0.5$ 时：

$$\lambda_y \leqslant \left(60-40\frac{M_1}{W_{px}f}\right)\varepsilon_k \tag{8-13a}$$

当 $0.5<\frac{M_1}{W_{px}f}\leqslant 1.0$ 时：

$$\lambda_y \leqslant \left(45-10\frac{M_1}{W_{px}f}\right)\varepsilon_k \tag{8-13b}$$

式中 λ_y——弯矩作用平面外的长细比，$\lambda_y=l_1/r_y$，l_1 为侧向支承点间的距离，r_y 为截面回转半径；

M_1——与塑性铰相距为 l_1 的侧向支承点处的弯矩，当长度 l_1 内为同向曲率时，$M_1/W_{px}f$ 为正，反之则为负；

W_{px}——对 x 轴（H 形、工字形截面 x 轴为强轴）的塑性截面模量。

塑性耗能区外的框架梁，侧向支承点间距应按弯矩作用平面外的整体稳定性计算确定。

4. 节点域

框架柱节点域塑性机构延性好且稳定。但是，节点域却不能作为抗弯框架基本的局部耗能机构。按“延性耗能”抗震思路设计抗弯框架时，需遵守“强柱弱梁”准则，期望遭遇强烈地震时整个框架实现“梁铰机构”，而避免出现“柱铰机构”（即局部软层机构），希冀框架柱保持弹性。但若接受节点域作为基本耗能机构，则与“强柱弱梁”准则发生冲突。同时，若柱节点域发生过度的剪切塑性变形，导致梁柱连接焊缝的应变集中，并可在地震初期即伴随着大量的焊接连接破损。目前，国际流行规范皆采用限定的方式接受节点域的剪切塑性变形，容许梁端塑性铰变形与节点域剪切变形同时发生（如欧洲规范），或者梁端塑性铰先于节点域发生塑性变形（如日本规范）。

节点域的宽厚比和承载力验算可按照《钢结构设计规范》GB 50017 的方法设计，也可参考《建筑抗震设计规范》GB 50011 的方法设计。

(1)《钢结构设计规范》GB 50017 的方法

梁柱刚性连接时，横向加劲肋的厚度不应小于梁的翼缘板厚度，节点域的受剪正则化宽厚比 λ_{ps} 不宜大于 0.6。当采用简化性能化设计而采用 S3、S4 级截面时，也不应大于 0.8。

1) 节点域的受剪正则化宽厚比 λ_{ps} 按下式计算：

当 $h_c/h_b \geqslant 1.0$ 时：

$$\lambda_{ps} = \frac{h_b/t_w}{37\sqrt{5.34+4(h_b/h_c)^2}}\frac{1}{\varepsilon_k} \tag{8-14a}$$

当 $h_c/h_b < 1.0$ 时：

$$\lambda_{ps} = \frac{h_b/t_w}{37\sqrt{4+5.34(h_b/h_c)^2}}\frac{1}{\varepsilon_k} \tag{8-14b}$$

式中 h_c、h_b——分别为节点域腹板的宽度和高度；

t_w——柱腹板节点域的厚度。

2) 节点域的抗剪承载力应按下列公式验算：

当 $\lambda_{ps} \leqslant 0.6$ 时，

$$0.85\frac{M_{pbL}+M_{pbR}}{V_p} \leqslant \frac{4}{3}f_{yv} \tag{8-15a}$$

当 $0.6 < \lambda_{ps} \leqslant 0.8$ 时，

$$0.85\frac{M_{pbL}+M_{pbR}}{V_p} \leqslant \frac{1}{3}(7-5\lambda_{ps})f_{yv} \tag{8-15b}$$

柱为 H 形（工字形）截面时：

$$V_p = h_{b1}h_{c1}t_w \tag{8-15c}$$

柱为箱形截面时：

$$V_p = 1.8h_{b1}h_{c1}t_w \tag{8-15d}$$

柱为圆钢管截面时：

$$V_p = (\pi/2)h_{b1}d_c t_c \tag{8-15e}$$

式中 M_{pbL}、M_{pbR}——分别为节点域两侧梁端截面的塑性弯矩；

V_p——节点域的体积；

h_{c1}——柱翼缘中心线之间的宽度；

h_{b1}——梁翼缘中心线之间的高度；

t_w——柱腹板节点域的厚度；

d_c、t_c——圆钢管中径、节点域钢管壁厚；

f_{yv}——节点域钢材的抗剪屈服强度。

当柱的轴压比 $N/(A_c f_y) > 0.4$ 时，式（8-15a）和（8-15b）右边的承载力应乘以 $\sqrt{1-[N/(A_c f_y)]^2}$ 进行轴压比修正。

为了满足的节点域的宽厚比限值要求，通常可利用节点域加劲肋（如利用 H 截面梁与节点域连接时所伸入的腹板连接板）。显然，竖向（或横向）加劲肋在节点域腹板宽厚比较大时可以提高其临界抗剪应力，但不能提高抗剪屈服承载力。因此，抗剪承载力验算仍应取整个节点域板幅按式（8-15）进行。

（2）《建筑抗震设计规范》GB 50011 的方法

节点域的屈服承载力应符合下列要求：

$$\psi \frac{M_{\mathrm{pbL}}+M_{\mathrm{pbR}}}{V_{\mathrm{p}}} \leqslant \frac{4}{3} f_{\mathrm{yv}} \tag{8-16a}$$

H 形（工字形）截面柱和箱形截面柱节点域应按下列公式验算：

$$t_{\mathrm{w}} \geqslant (h_{\mathrm{b}}+h_{\mathrm{c}})/90 \tag{8-16b}$$

$$\frac{M_{\mathrm{bL}}+M_{\mathrm{bR}}}{V_{\mathrm{p}}} \leqslant \frac{4 f_{\mathrm{v}}}{3 \gamma_{\mathrm{RE}}} \tag{8-16c}$$

式中 ψ——折减系数，三、四级框架取 0.6，一、二级框架取 0.7；

f_{v}——钢材的抗剪强度设计值；

γ_{RE}——节点域承载力抗震调整系数，取 0.75；

M_{bL}、M_{bR}——分别为节点域两侧梁的弯矩设计值。

（3）关于节点域的计算公式

1）《建筑抗震设计规范》GB 50011 节点域设计公式（8-16）中，承载力验算式（8-16a）系采用日本 AIJ《限界状态设计指针》的规定，而宽厚比限值式（8-16b）则采用美国 AISC341 特殊抗弯框架的要求。但是，在引用国外节点域设计公式时存在误处。

AIJ《限界状态设计指针》的节点域抗剪承载力验算公式，采用节点域抗剪承载力提高到 4/3 倍的方式，以考虑略去柱剪力（一般的框架结构中，略去柱端剪力项可导致节点域弯矩增加约 1.1～1.2 倍）、节点域弹性变形占结构整体的份额小、节点域屈服后的承载力有所提高等有利因素。

AIJ《限界状态设计指针》要求一般情况下节点域不先于梁柱进入塑性，即按下式进行判别计算：

$$\frac{M_{\mathrm{ybL}}+M_{\mathrm{ybR}}}{V_{\mathrm{p}}} \leqslant \frac{4}{3} f_{\mathrm{yv}} \tag{8-17a}$$

式中 M_{ybL}、M_{ybR}——分别为与节点域连接的左右梁端截面边缘纤维屈服的受弯承载力。

如果节点域先于梁端屈服，则其承载力需满足下式：

$$0.7 \frac{M_{\mathrm{pbL}}+M_{\mathrm{pbR}}}{V_{\mathrm{p}}} \leqslant \frac{4}{3} f_{\mathrm{yv}} \tag{8-17b}$$

同时 AIJ《限界状态设计指针》要求，框架二次设计的保有承载力验算必须考虑节点域屈服对抗震的不利影响。无需赘述，《建筑抗震设计规范》GB 50011 不进行二次设计，因此仍应要求节点域不先于框架梁端屈服的判别条件来验算，即仍需按式（8-17a）进行验算。

AISC341 对其“特殊抗弯框架（SMF）”，为了防止节点域在循环的大塑性剪切变形中过早发生屈曲，规定节点域厚度需满足经验公式，即式（8-16b）。AISC341 对其“中等抗弯框架（IMF）”和“普通抗弯框架（OMF）”的节点域只需执行 AISC360 规范一般钢结构的规定。

综上所述，《建筑抗震设计规范》GB 50011 在式（8-16a）左边的折减系数 ψ 取 0.6 或 0.7，是偏向不安全的。但式（8-16b）的节点域板厚采用了 AISC341 的特殊抗弯框架的严格要求，同时《钢结构设计规范》GB 50017—2003 对非抗震框架都要求满足式（8-16b），因而大多数情况下按式（8-16a）的承载力验算不起控制作用。

2）《钢结构设计规范》GB 50017 的节点域验算公式，是基于节点域腹板宽厚比的承载力验算，其主要的背景材料如下：

H 形截面梁全截面塑性弯矩一般为边缘屈服弯矩的 1.15 倍左右，因此节点域承载力验算式（8-15a）与式（8-17a）基本等价。采用梁端塑性弯矩的形式表示，只是兼顾了我国工程师的习惯。当然，按式（8-17a）验算更简洁明了。

柱轴压比较小时一般无需考虑轴力对节点域承载力的影响。AIJ 设计指针和 AISC 规程都规定，当轴压比超过 0.4 时，节点域抗剪承载力需进行修正。

AISC341 对其“中等抗弯框架（IMF）”和“普通抗弯框架（OMF）”的节点域宽厚比，只要求满足 AISC360 规范一般钢结构的规定。AISC360 取剪切屈曲临界应力等于腹板剪切屈服应力时的 $\lambda_{ps} \leqslant 0.85$。

欧洲 EC8-05，除了在第 3 部分的建筑加固中要求节点域宽厚比满足式（8-16b）外，其余的则要求执行 EC3 的规定。EC3-05 要求节点域 $\lambda_{ps} \leqslant 0.69$（EC3-94 要求节点域 $\lambda_{ps} \leqslant 0.8$）。EC-05 的节点域宽厚比限值是要求节点域和梁端同步进入塑性，并且节点域耗散的能量不超过节点区耗散能量的 30%。

日本 JSCE 规定的受剪腹板进入剪切塑性屈服的限界是 $\lambda_{ps} \leqslant 0.6$。AIJ 设计指针介绍了抗剪承载力提高系数取 4/3 的定量评估。定量评估均基于试验结果，并给出了试验的范围和适用范围，经核算得适用范围为 $\lambda_{ps} \leqslant 0.52$。

美国、欧洲、日本规范的节点域宽厚比限值可统一以受剪正则化宽厚比 λ_{ps} 表述，并与节点域抗剪承载力的试验结果的比较如图 8-8 所示。

节点域腹板基本排除非弹性剪切屈曲时可取 $E_t = 0.03E$（E—钢材的弹性模量，E_t—瞬时切线模量），则塑性因子 $\sqrt{E_t/E} = 0.173$，由四周简支板受剪稳定分析得，节点域发生塑性屈服的受剪正则化宽厚比限界为 $\lambda_{ps} \leqslant 0.4$。由图 8-8 可知，节点域宽厚比 $\lambda_{ps} \leqslant 0.4$ 时，大量的试验结果都表明节点域不发生屈曲。$\lambda_{ps} \leqslant 0.4$ 的要求，相当于式（8-16b）的要求（AISC341 对 SMF 的要求），并且与试验结果吻合更好。因此，对于延性要求高的多高层钢结构房屋和按“延性耗能”思路设计的厂房框架，节点域宽厚比可按 $\lambda_{ps} \leqslant 0.4$ 的要求控制，以避免节点域在循环的大塑性剪切变形中过早屈曲。

参考国际流行规范规定的节点域宽厚比的限值，以及节点域宽厚比与承载力试验结果情况的比较，考虑到《钢结构设计规范》GB 50017 中 $\lambda_{ps} = 0.8$ 是腹板塑性和弹塑性屈曲的拐点，节点域抗剪承载力已不适宜提高到 4/3 倍。为方便设计应用，把节点域抗剪承载力提高到 4/3 倍的上限宽厚比定为 $\lambda_{ps} = 0.6$，即式（8-15a）；而式（8-15b）中，在 $0.6 < \lambda_{ps} \leqslant 0.8$ 的过渡段，节点域抗剪承载力按 λ_{ps} 在 f_v 和 $4/(3f_v)$ 之间插值计算。

显然，AISC341 的“特殊抗弯框架（SMF）”对延性的要求很严格，其地震作用取值也比我国抗震规范的多遇地震作用要小得多。因此按我国规范取用的设计地震作用，一般的多层钢结构厂房可按 $\lambda_{ps} \leqslant 0.6$ 控制；对于按“弹性承载力超强”思路设计的多层厂房框架也应满足 $\lambda_{ps} \leqslant 0.8$，而对于按“延性耗能”思路设计的多层厂房框架则需满足 $\lambda_{ps} \leqslant 0.4$。

（4）两侧梁不等高的节点域

多层钢结构厂房框架中经常采用不等高梁，其节点域抗剪承载力验算的计算简图如图 8-9 所示。

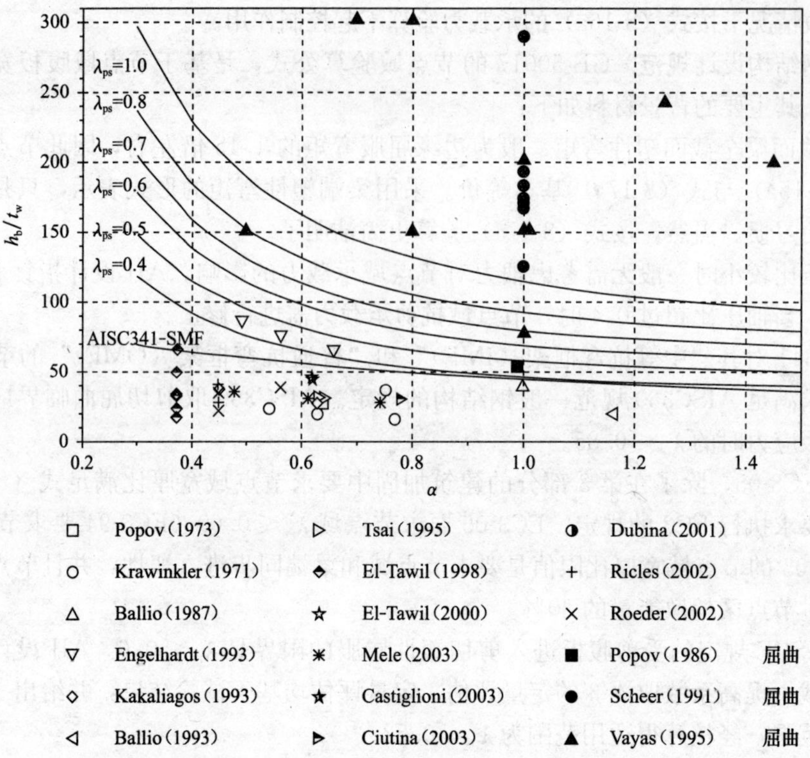

图 8-8 稳定理论、国际流行规范的节点域宽厚比限值与试验结果的对比

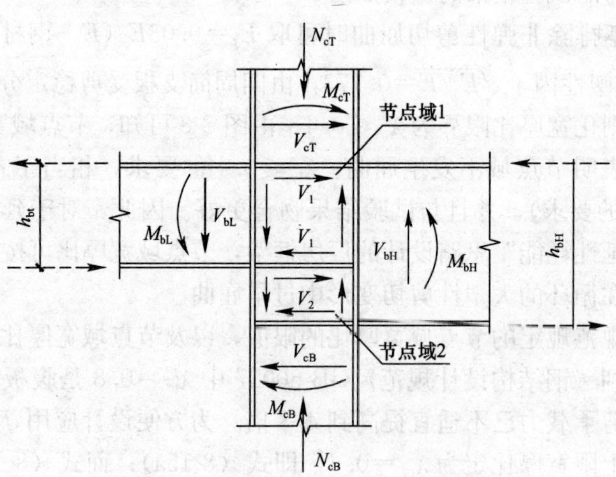

图 8-9 两侧梁不等高的节点域计算简图

根据力的平衡条件，作用于节点域 1 和节点域 2 的剪力可按下式计算：

$$V_1=\frac{M_{bH}}{h_{bH}}+\frac{M_{bL}}{h_{bL}}-\frac{V_{cT}+V_{cB}}{2} \tag{8-18a}$$

$$V_2=\frac{M_{bH}}{h_{bH}}-\frac{V_{cT}+V_{cB}}{2} \tag{8-18b}$$

受水平力作用，一般情况下有 $V_1 \geqslant V_2$，因此只需验算节点域 1 的承载力。节点域 1

的弯矩值 M_{p-1} 可按下式计算，承载力验算按式（8-15）进行。

$$M_{p-1}=M_{bH}\frac{h_{bL}}{h_{bH}}+M_{bL}-\frac{V_{cT}+V_{cB}}{2}h_{bL} \tag{8-19}$$

式中 M_{p-1}——节点域 1 的弯矩设计值；

M_{bL}、M_{bH}——分别为梁截面高度较小和较大侧的梁端弯矩设计值；

V_{cT}、V_{cB}——分别为节点域上下两侧柱的剪力设计值；

h_{bL}、h_{bH}——分别为节点域两侧梁翼缘中心线之间的高度。

为简化计算，式（8-18）和式（8-19）中柱剪力的影响一般可略去。

（5）节点域的补强措施

当节点域厚度不符合受剪正则化宽厚比 λ_{ps} 的限值要求，或满足式（8-15）的承载力要求时，节点域可采用下列补强措施：

1）加厚节点域的柱腹板。腹板加厚的范围应伸出梁的上下翼缘外不小于 150mm。

2）焊贴补强板加强。补强板与柱加劲肋和翼缘可采用角焊缝连接，与柱腹板采用塞焊连成整体，塞焊点之间的距离不应大于较薄焊件厚度的 $21\varepsilon_k$ 倍。

采用节点域衬贴钢板加强时，如贴焊于腹板的加强板与柱翼缘之间有空隙，则应考虑加强板的效率系数，一般可取 0.8。即加强板的计算厚度需除以 0.8 予以增厚。但加强板与翼缘板焊接时，效率系数取 1。

3）设置节点域斜向加劲肋加强（图 8-10），斜向加劲肋的截面面积可按式（8-20）计算确定。

$$A_d\geqslant\frac{1}{\cos\theta}\left(\frac{M_{pbL}+M_{pbR}}{h_{b1}}-\frac{V_{cT}+V_{cB}}{2}-t_w h_{c1} f_{yv}\right)\frac{1}{f_{d,y}} \tag{8-20}$$

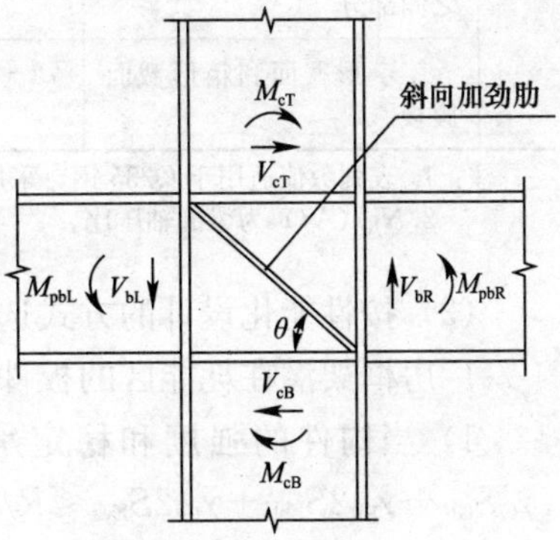

图 8-10 节点域的斜向加劲肋

式中 M_{pbL}、M_{pbR}——分别为与节点域左、右连接的梁的全塑性受弯承载力；

V_{cT}、V_{cB}——分别为节点域的下部钢柱的柱顶剪力、上部钢柱的柱底剪力；

h_{b1}、h_{c1}——分别为梁翼缘中心线之间的距离、柱翼缘中心线之间的距离；

A_d——斜向加劲肋的总截面面积，一般应双侧布置；

$f_{d,y}$——斜向加劲肋钢材的屈服强度；

θ——斜向加劲肋的倾角。

式（8-20）中，为简化计算，通常可略去上下钢柱的剪力 V_{cT}、V_{cB}。

三、抗震构造措施

1. 框架柱的长细比

抗弯框架柱的长细比不宜大于 150；当轴压比大于 0.2 时，不宜大于 $125\left[1-0.8N/(A_c f)\right]\varepsilon_k$。

上述抗弯框架柱的长细比限值，与日本 AIJ 塑性设计指针规定的基本一致。

2. 框架梁柱的板件宽厚比

我国抗震设计规范习惯于把框架梁、柱的板件宽厚比，作为重要的抗震构造措施处理。就多层钢结构厂房的框架板件宽厚比，《建筑抗震设计规范》GB 50011 给出了两条途径，其一是按照框架的抗震等级选用，其二是按照性能化设计的方式选择。

（1）据抗震等级选用

多层钢结构框架的梁、柱板件宽厚比，可据框架的抗震等级（表 8-1），按表 8-3 选用。

框架梁、柱板件宽厚比限值 **表 8-3**

板件名称		一级	二级	三级	四级
柱	工字形截面翼缘外伸部分	10	11	12	13
	工字形截面腹板	43	45	48	52
	箱形截面腹板	33	36	38	40
梁	工字形截面和箱形截面翼缘外伸部分	8	9	10	11
	箱形截面翼缘在两腹板之间部分	30	30	32	36
	工字形截面和箱形截面腹板	$72-120N_b/(Af)$ $\leqslant 60$	$72-100N_b/(Af)$ $\leqslant 65$	$80-110N_b/(Af)$ $\leqslant 70$	$85-120N_b/(Af)$ $\leqslant 75$

注：1. 表列数值适用于 Q235 钢，采用其他牌号钢材时，应乘以钢号修正系数 ε_k；
2. $N_b/(Af)$ 为梁的轴压比。

（2）按性能化设计的方式选择

厂房框架潜在耗能区的板件宽厚比，可按下列方式计算比较选用：

1）当构件的强度和稳定承载力均满足高承载力——2 倍多遇地震作用下的要求（$\gamma_G S_{GE}+\gamma_{Eh}2S_{Ehk}+\gamma_{Ev}2S_{Evk}\leqslant R/\gamma_{RE}$）时，可采用 S4 级截面。

2）当强度和稳定承载力均满足中等承载力——1.5 倍多遇地震作用下的要求（$\gamma_G S_{GE}+\gamma_{Eh}1.5S_{Ehk}+\gamma_{Ev}1.5S_{Evk}\leqslant R/\gamma_{RE}$）时，可采用 S3 级截面。

3）当强度和稳定承载力均满足低承载力——1.0 倍多遇地震作用下的要求（$\gamma_G S_{GE}+\gamma_{Eh}S_{Ehk}+\gamma_{Ev}S_{Evk}\leqslant R/\gamma_{RE}$）时，可采用 S2 级截面。

4）对于结构承受的地震作用较大的其他情况，则可采用 S1 级截面。

截面板件宽厚比 S1、S2、S3 和 S4 级，见表 5-2。按抗震性能化设计的要求选择框架的板件宽厚比时，应据具体情况，可对特殊构件或特殊子结构提高截面宽厚比等级要求。

塑性耗能区外的板件宽厚比限值，可采用现行《钢结构设计规范》GB 50017 的 S4 级截面（弹性设计截面）的板件宽厚比限值。

显然，多遇地震作用效应组合进行结构抗震验算，并按上述性能化方式选择板件宽厚比，与采用前述的简化性能化设计的结果是一致的。

3. 柱脚

多层钢结构框架厂房的柱脚应能保证传递柱的承载力，宜采用埋入式、插入式或外包式柱脚。柱脚的设计要点和构造措施见本书第五章。

第二节　钢结构框排架厂房

炼钢车间、选矿车间等经常采用钢结构框排架厂房。钢结构框排架厂房通常由多层支撑框架（以下简称“框架”）和单层框架（以下简称“排架”）两部分组成，不规则性强，质量分布差异大，不仅排架厂房内设置桥式起重机，框架厂房内也会设置桥式以及其他形式的起重机，并且还可能设置重型料仓和大型设备。

钢结构框排架厂房的“排架”部分，一般可按第五章单层钢结构厂房的要求设计，除了存在不同要求而需要区别的情况外，本节不再重复。

一、一般规定

钢结构框排架厂房的布置，除应符合《建筑抗震设计规范》GB 50011 第 8 章的有关要求和本章第一节的要求外，尚应符合本节的规定。

1. 框排架结构布置

（1）框排架厂房平面形状复杂、各部分高度差异大或楼层荷载相差悬殊时，应设防震缝或采取其他措施。当设置防震缝时，缝宽不应小于相应混凝土结构房屋的 1.5 倍。

框排架厂房防震缝通常结合温度伸缩缝布置。采用彩钢板等轻型围护的框排架厂房，在框架与排架之间一般可不设置沿柱全高的双柱纵向温度伸缩缝，而采用“音叉式”或“摇摆柱式”的伸缩缝（参见第五章）。这种温度伸缩缝也属防震缝，必须保证其缝宽。

（2）框排架结构的框架楼层（工作平台）布置时，应统筹协调楼（屋）面的标高，尽量避免在框架中形成短柱。

（3）质量大的跨间（如料仓跨）宜靠近结构单元的刚度中心布置；避免重型设备（如料仓）和通廊支点布置在远离刚度中心的部位。

此外，楼层上的设备不应跨越防震缝布置；当运输机、管线等线型设备必须穿越防震缝布置时，应具有适应地震时结构变形的能力或防止断裂的措施。

（4）框排架应设置完整的屋盖支撑。排架的屋盖横梁与框架的连接支座的标高，宜与框架相应楼层标高一致，或采取其他措施。

2. 围护系统

框排架的墙屋面围护材料，宜优先采用压型钢板等轻型板材。当采用其他材料的围护墙以及非承重内墙时，应符合下列要求：

（1）当采用预制钢筋混凝土墙板时，应与厂房柱柔性连接，其连接应具有足够的延性，以适应设防烈度下主体结构的变形要求。当不能采用柔性连接时，地震作用计算与构件的抗震验算均应计入其不利影响。

（2）砌体围护墙宜采用对主体结构变形约束较小的柔性连接，如紧贴柱边砌筑且与柱拉结等方式；当框架采用嵌砌墙体等非柔性连接时，其平面和竖向布置宜对称、均匀，并宜上下连续。

二、抗震验算

框排架厂房的抗震验算，除本节有规定或有专门说明的之外，可执行本章第一节的要求。

1. 计算模型

当结构布置规则、质量空间分布比较均匀时，框排架厂房可分别沿结构横向和纵向进行地震作用计算。一般情况下，应采用空间模型进行抗震分析。

体型复杂，质量分布、刚度分布明显不对称、不均匀的框排架厂房，应采用不少于两个软件，选用符合实际的空间力学计算模型，进行较精细的抗震分析，估计局部应力集中、变形集中及扭转影响，判断易损部位，以采取合理的措施提高结构抗震能力。

（1）计算模型的注意要点

抗震分析时，除了遵守本章第一节的要求外，尚应注意框排架如下特有的要求：

1）一些支承重型设备而跨度较大的框架梁，由于梁截面高大实施“强柱弱梁”的抗震概念有时很困难，或严重不经济，则须采用推覆法、时程分析法或其他有效方法，验证在地震作用下的安全性后才可放松要求。

2）坐落在楼（屋）面、平台上，并伸出屋面的质量较大的烟囱、放散管等特种构筑物，宜作为厂房主体结构的一部分采用空间模型进行地震作用计算分析；并且，这些特种构筑物与厂房主体结构的连接，应采取适当并可靠的抗震构造措施。

3）当重料仓等设备穿过楼层并与厂房主体结构连接成为整体时（如，把钢梁兼作料仓壁），应作为厂房主体结构的一部分，采用空间模型进行计算分析。当穿过楼层的重料仓与厂房框架之间采用分离式布置时，应恰当计算料仓和框架构件连接的承载力。

4）存在管廊等大量的工业非结构和穿越楼层的设备，并与主体结构交织在一起的框排架，应充分考虑非结构和设备的不利影响，不应考虑非结构的有利作用。

5）钢筋混凝土楼板，当板面开孔较小且用抗剪连接件与钢梁连接成为整体时，需据具体情况考虑为刚性楼盖，或有限刚度楼盖。洞口较大时，应考虑为有限刚度楼盖。

6）格构柱宜采用柱肢与腹杆铰接的计算简图，也可折算其刚度按单根构件处理。

7）计算柱列支撑系统的抗侧刚度时，应按支撑在柱列中的道数和榀数计算支撑组合刚度。

（2）计算阻尼比

多遇地震作用计算的阻尼比取 0.03～0.04；罕遇地震分析的阻尼比，可采用 0.05。

（3）框架梁的截面惯性矩计算取值

1）楼板为钢铺板时，采用钢梁本身的惯性矩 I_s。

2）采用钢梁与混凝土组合楼盖时，框架梁可采用组合截面的惯性矩 I_{sc}。参与组合工作的楼板可作为梁翼缘的一部分计算弹性截面特性，其有效宽度 b_e 可按下式确定：

$$b_e = \min\{l/3, (b_0 + 12h_c), (b_0 + b_1 + b_2)\} \tag{8-21}$$

式中 l——框架梁的跨度；

b_0——框架梁上翼缘宽度；

h_c——楼板混凝土厚度；

b_1、b_2——分别为框架梁两侧楼板净跨之半，且不得大于楼板实际外伸宽度。

当进行罕遇地震分析时，应考虑和评估楼板在反复承受拱曲弯矩和下凹弯矩作用下的工作状态。如估计楼板与钢梁的连接可能有较大破损，则不宜按式（8-21）考虑楼板与梁的共同作用。

如钢梁与混凝土楼板的连接不满足组合楼盖的要求，则应根据具体情况适当考虑楼盖对钢梁计算惯性矩的增大作用。但进行罕遇地震分析时，一般可不考虑提高钢梁的计算惯性矩。

框排架可采用多遇地震作用进行计算，按多遇地震作用效应组合和其他荷载效应的基本组合进行结构的弹性设计，高度 40m 以下的框排架也可采用简化的性能化设计（见本章第一节）。

2. 框架梁柱

框排架的抗震承载力验算，应考虑楼屋面开洞多、标高不一、跨度变化大等特征。因此，除了满足《建筑抗震设计规范》GB 50011 多高层钢结构房屋中适用于厂房框架的有关规定外，对其特有部分尚应满足下列要求：

（1）框架的楼面，当采用钢梁与混凝土板形成组合楼盖、钢梁上有抗剪连接件的现浇混凝土板、在梁的受压翼缘上密铺钢板且与其牢固连接时，可不进行框架梁的整体稳定性验算。否则，应进行框架梁的整体稳定性验算。

（2）框架的转换大梁的地震作用效应，应乘以不小于 1.2 的增大系数，其下的框架柱应乘以不小于 1.5 的增大系数。

（3）当采用纵横两个方向分别进行抗震验算时，框架角柱其地震作用效应应乘以不小于 1.3 的放大系数。

（4）与柱间支撑连接的柱，其地震作用效应应乘以不小于 1.3 的放大系数。

3. 框架连接节点

排架的连接节点可因循本指南第五章的要求进行设计。框架的连接节点，除了满足本章第一节的要求外，尚应遵守下列要求：

（1）“强柱弱梁”要求

“强柱弱梁”抗震概念，考虑的不仅仅是单独的梁柱连接部位，在更大程度上是反映结构的整体性能。推覆法分析表明，即使满足“强柱弱梁”的判别准则，框架的塑性铰也并不尽然出现在梁端。框排架混凝土楼（平台）板有时很厚，并且往往受工艺设备布置的限制，较难满足“强柱弱梁”框架的要求。于是，应着眼于结构整体的角度全面考虑和计算分析。

（2）梁柱刚性连接

框架梁柱刚性连接的要求，见本章第一节。

（3）节点域

节点域的抗剪正则化宽厚比 λ_{ps} 不宜大于 0.4，当按简化性能化设计而采用 S3、S4 级截面的框架，λ_{ps} 不应超过 0.8。λ_{ps} 应按式（8-14）计算。

节点域的抗剪承载力按式（8-15）进行验算。其中，框排架经常采用十字形截面柱（图 8-11），其节点域体积 V_p 按下式计算：

$$V_p = \frac{\left(\frac{h_{b1}}{b}\right)^2 + 2.6\left(1 + \frac{bt_f}{h_{c1}t_w}\right)}{\left(\frac{h_{b1}}{b}\right)^2 + 2.6} h_{b1} h_{c1} t_w \tag{8-22}$$

式中 h_{b1}——梁翼缘中心线之间的高度；

h_{c1}——柱翼缘中心线之间的距离；

t_w——节点域腹板厚度。

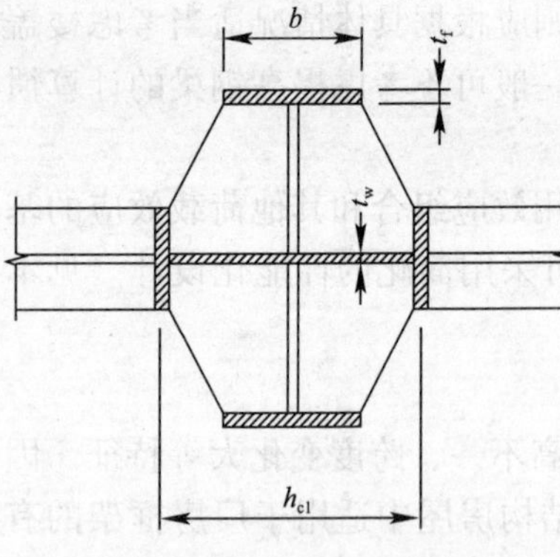

图 8-11　十字形截面

4. 柱间支撑框架系统

所谓的柱间支撑框架系统，包括柱间支撑及其相连的钢柱、支撑与钢柱的连接、与支撑相连的钢柱柱脚以及柱间支撑开间的基础梁。

与柱间支撑连接的钢柱，当采用多遇地震作用效应和其他荷载效应的基本组合进行设计时，应据具体情况综合判断，适当考虑放大支撑斜杆传递来作用力，以弥补多遇地震计算的支撑斜杆在遭遇强烈地震时屈服耗能等因素，导致钢柱的轴向压力增大而易引发钢柱无侧移失稳。显然，多层框架柱间支撑不可能同时达到最大受力状态，因而在一般情况下，与柱间支撑相连的钢柱，其地震作用效应应考虑乘以不小于 1.3 的放大系数。

（1）支撑斜杆的承载力验算

支撑斜杆的抗震承载力验算可按《建筑抗震设计规范》GB 50011 第 9 章单层钢结构厂房要求的方法，也可参照第 8 章多层和高层钢结构房屋规定的方法。

1）建构筑物抗震规范皆要求支撑斜杆的受压承载力，按下列公式验算：

$$\frac{N}{\varphi A_{br}} \leqslant \frac{\psi f}{\gamma_{RE}} \tag{8-23a}$$

$$\psi = 1/(1 + 0.35\lambda_n) \tag{8-23b}$$

$$\lambda_n = (\lambda/\pi)\sqrt{f_y/E} \tag{8-23c}$$

式中　N——支撑斜杆的轴力设计值；

A_{br}——支撑杆的截面面积；

φ——轴心受压构件的稳定系数；

f——钢材强度设计值；

ψ——受循环荷载时的强度降低系数；

λ、λ_n——支撑斜杆的长细比和正则化长细比。

式（8-23）的支撑斜杆受压承载力验算公式，源自美国 SEAOC（加州工程师协会），曾经风靡一时。然而，重新解读试验数据时发现，试验获得的支撑杆稳定承载力超过了其拉伸屈服承载力，有悖于钢结构设计原理，并且偏向不安全，故而美国 AISC 规范早已摒弃使用。

2）单层钢结构厂房的柱间支撑设计方法。

反复荷载作用下，支撑斜杆的受力复杂，可能保持正常工作状态，也可能屈曲并出现承载力退化。

一般情况下，支撑斜杆可按下述要求进行设计：

① 当采用设防烈度的地震动参数验算，支撑斜杆不屈曲时，则无需进行支撑斜杆的抗震受压承载力验算。这种情况易现于低烈度区采用轻型围护的框排架中。

② 当不满足上述①的条件时，一对支撑斜杆可仅按抗拉验算，但应考虑压杆的卸载影响（即考虑拉压杆共同作用），其拉力可按下式确定：

$$N_t = \frac{1}{(1+0.3\varphi)}\frac{V_b}{\cos\theta} \tag{8-24}$$

式中 N_t——支撑斜杆抗拉验算时的轴向拉力设计值；

V_b——支撑斜杆承受的地震剪力设计值；

φ——支撑斜杆的轴心受压稳定系数；

θ——支撑斜杆与水平面的夹角。

据国外试验资料，式（8-24）已直接取压杆卸载系数为0.3，支撑斜杆长细比$\lambda \geqslant 60$时，对X形支撑、V或Λ形支撑都适用。

（2）柱间支撑斜杆的应力比限值

框架的支撑布置往往受工艺要求制约，有时不能按照结构最合理的要求设置。同时考虑到抗震规范采用“小震组合”的计算内力进行支撑承载力设计并需要达到“大震不倒”的设防目标，在柱间支撑进行弹性阶段设计时就应控制支撑斜杆的应力比。

柱间支撑斜杆的应力比（设计内力与其承载力设计值之比）不宜大于0.80；当柱间支撑承担不小于70%的楼层剪力时，不宜大于0.65。

（3）柱间支撑斜杆的计算长度

抗震中心支撑斜杆屈曲后计算长度的研究资料较少。框排架有时采用粗壮的柱间支撑，所以需要考虑支撑斜杆屈曲后的杆端约束系数的影响。理论上，柱间支撑屈曲前、后的杆端约束系数不尽相同，实用上柱间支撑的计算长度可按下列要求计算：

1）V或Λ形支撑、对称布置的单斜杆支撑，如支撑斜杆截面较大，并与框架采用直接焊接等刚性连接的情况，相当于支撑与节点固结，而可近似取$l_0 \approx l_B \approx 0.6l_i$（$l_0$—支撑斜杆屈曲前的计算长度；$l_B$—支撑斜杆屈曲后的计算长度；$l_i$—支撑斜杆的几何总长）；而如采用节点板连接、连接抗弯刚度较小的情况，可近似取$l_0 \approx l_B \approx 0.8l_i$。

2）一般情况下，X形支撑斜杆截面比之梁柱截面要小得多，故对称X形柱间支撑的计算长度，按压杆设计时，可取$l_0 \approx l_B \approx 0.5l_i$，即取X形支撑中间交叉点到支撑斜杆杆端的长度；按拉杆设计时，取$l_0 \approx l_B = l_i$。

（4）V或Λ形支撑尖顶的横梁

由于V或Λ形支撑几何构形的特殊性，在工程中常用的长细比范围（$\lambda \geqslant 60$）内，需考虑随结构侧移增大，受压支撑杆屈曲后的承载力降低，从而在支撑拉杆与压杆之间所产生的竖向不平衡力。因此，V或Λ形支撑尖顶的横梁应保持连续，并不应考虑支撑斜杆的支承作用。

在拉压杆之间的竖向不平衡力$(1-0.3\varphi)A_{br}f_y\sin\theta$作用下，横梁在V或Λ形支撑尖顶处可能产生塑性铰，也可能不产生塑性铰。为了防止框架侧向承载力出现不期望的恶化，横梁应具有足够的承载力，以抵抗潜在的支撑显著屈曲后的不平衡力。

显然，如按设防烈度的地震动参数计算分析，柱间支撑不进入屈曲状态工作，则不需要考虑竖向不平衡力的影响。

（5）柱间支撑的连接

柱间支撑杆端常用的连接节点的承载力验算可按本书第五章的公式计算。

（6）约束屈曲柱间支撑的设计要点

V或Λ形布置的柱间支撑，由于存在一些不利于结构抗震的性能，因而宜采用约束屈曲支撑。

V或Λ形几何构形的约束屈曲支撑拥有优越的抗震性能，并且约束屈曲柱间支撑，在加工厂几乎能像一般钢构件一样制作，可降低抗震钢结构的耗钢量，近年的多层钢结构厂房中也已逐步开始应用。

屈曲约束支撑最早的构思源自日本，经过数十年的发展，形式较多，但其工作原理基本一致，即通过外约束单元限制承担轴力的核心钢支撑的整体屈曲，使之受压时形成高阶屈曲模态，受拉时屈服耗能。

屈曲约束支撑由核心钢支撑、外约束单元和两者之间的无粘结构造层组成（图8-12）。核心钢支撑分为工作段、过渡段和连接段，外约束单元常用钢管或钢管混凝土。

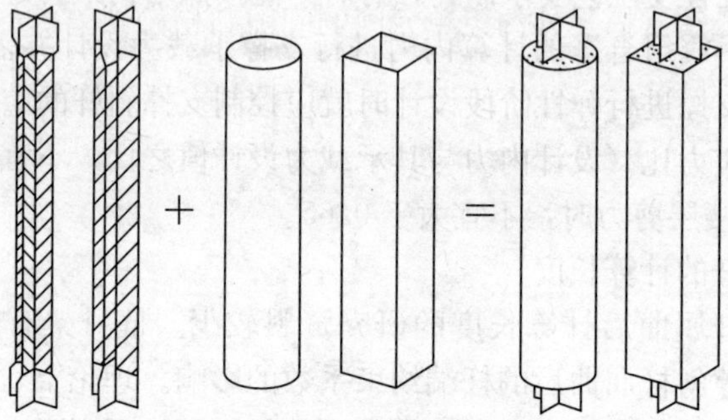

（*a*）原理图

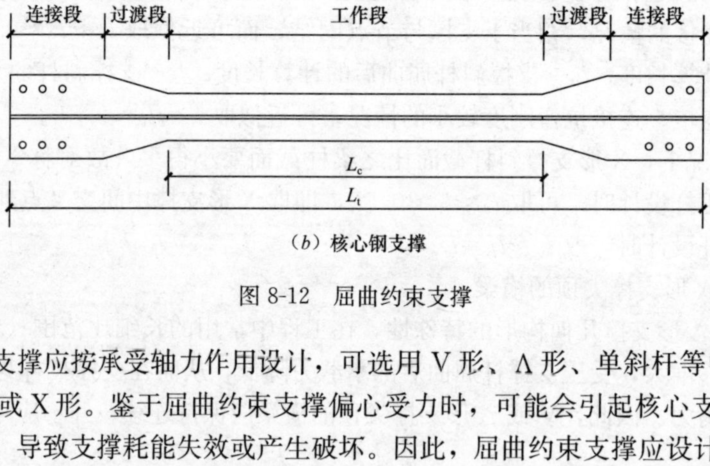

（*b*）核心钢支撑

图8-12　屈曲约束支撑

屈曲约束支撑应按承受轴力作用设计，可选用V形、Λ形、单斜杆等中心支撑形式，不应选用K形或X形。鉴于屈曲约束支撑偏心受力时，可能会引起核心支撑杆在预留空隙处发生弯曲，导致支撑耗能失效或产生破坏。因此，屈曲约束支撑应设计为轴心受力构件，加工制作应保证其精度并避免运输过程中弯曲、防止施工过程中产生过大的误差。

屈曲约束支撑在风荷载和多遇地震作用下应保持弹性状态，在偶遇地震和罕遇地震作用下应能显著屈服耗能。

核心钢支撑的钢材可采用普通碳素钢、高强度合金钢和低屈服点钢，钢材的屈服强度实测值和抗拉强度实测值的比值不得大于0.85，伸长率不低于20%，并根据工作温度满足相应的冲击韧性要求。

核心钢支撑应采用整根材料，不允许有对接接头。核心钢支撑工作段与外约束单元之间的间隙应尽量小，一般取核心钢支撑工作段宽度的0.5%～2.0%；核心钢支撑与外约束单元之间应留有间隙，以确保核心钢支撑在大变形时可自由伸缩。

屈曲约束支撑的轴心受压承载力设计值 N_d 可按下式计算：

$$N_d = A_n f \tag{8-25}$$

式中 A_n、f——分别为核心钢支撑工作段的净截面面积及钢材强度设计值。

屈曲约束支撑的外约束单元应能可靠约束核心钢支撑的整体屈曲，其抗弯刚度应满足下式要求：

$$\frac{\pi^2 EI_B}{L_t^2} \geqslant \alpha_e N_{cu} \tag{8-26a}$$

$$N_{cu} = \alpha_s A_n f_{cor,y} \tag{8-26b}$$

式中 I_B——外约束单元的截面惯性矩；

L_t——屈曲约束支撑的长度；

α_e——考虑核心钢支撑与外约束单元间的间隙和初始缺陷等的安全系数，一般可取 1.5～2.0；

N_{cu}——屈曲约束支撑的极限承载力；

$f_{cor,y}$——核心钢支撑的钢材屈服强度；

α_s——考虑屈服强度离散性和反复荷载作用下钢材的强度强化系数，对于 Q235、Q345 钢可取 1.4～1.5，对于 Q100 钢可取 2.0。如有材料机械性能测试数据，则以实测的为准。

屈曲约束支撑在弹性设计阶段的等效刚度 K_{eq}，源于核心钢支撑自身刚度和结构中连接节点区域的刚度。由于节点区域的刚度较大，一般可忽略其影响，等效刚度 K_{eq} 可由核心钢支撑弹性段（工作段以外）和工作段的刚度折算得到，按下式计算：

$$K_{eq} = \frac{EA_n}{L_t} \times \frac{1}{\beta_c + 2(1-\beta_c)\dfrac{A_n}{A_e}} \tag{8-27}$$

式中 L_t——屈曲约束支撑的长度；

β_c——核心钢支撑工作段长度 L_c 与支撑长度 L_t 的比值；

A_e——核心钢支撑弹性段的截面面积。

进行弹塑性分析时，可采用双折线滞回模型，塑性强化段的刚度可取为弹性阶段等效刚度的 1%。

屈曲约束支撑与梁柱的连接的承载力，不应低于支撑极限承载力的 1.2 倍。屈曲约束支撑采用 V 形或 Λ 形时，应在支撑与梁连接处设置侧向支承，侧向支承力可取屈曲约束支撑极限承载力的 2%。

5. 非结构抗震

框排架厂房，除了常规的建筑非结构外，通常存在大量的电气非结构、机械设备非结构，各类管线及其支架非结构。据震害资料，地震引起的损失的主体往往是非结构破坏。因此，框排架厂房抗震设计应十分重视非结构的安全性。

一般的非结构抗震验算及其采用的抗震构造措施，应按《建筑抗震设计规范》GB 50011 第 13 章的要求执行。对于特殊的、重要的非结构，则应据具体情况分析论证，保证其抗震安全性。

三、抗震构造措施

框排架的板件宽厚比选择以及连接、柱脚设计，见本章第一节和本书第五章，本节仅对框排架特有部分作补充。

1. 楼屋盖系统

（1）楼盖（工作平台）

框架的楼面板可采用现浇钢筋混凝土板、预制混凝土板上铺配筋细石混凝土现浇层、钢板、钢格栅板，钢梁和楼板应可靠连接，并应注意与计算模型是否考虑结构整体共同工作协调一致。

框排架的楼盖设计时，应注意下列要点：

1）采用现浇钢筋混凝土楼板时，钢梁上翼缘应焊接抗剪栓钉或抗剪型钢。当按组合楼盖设计时，则应满足组合楼盖对钢梁与混凝土界面的抗剪栓钉的要求。

2）采用预制钢筋混凝土板时，端部板角应与钢梁焊接，板面上应设细石钢筋混凝土现浇层，厚度不得小于 40mm，并应在板缝中应配置钢筋。细石混凝土整浇层角区应配置加强配筋。

3）采用钢梁上铺钢板时，钢板与梁可采用间断焊缝焊接，焊缝中心间距不宜大于 200mm，焊缝长度不小于焊缝中心间距的 0.5 倍。

钢铺板与钢梁采用连续焊缝理论上可行，但连续焊缝易导致钢铺板翘曲，受力上也不必要（恰如现浇混凝土楼板组合楼盖并不需设置连续的抗剪栓钉一样），现场焊接量大增。一般情况下，上述关于间断焊缝的布置要求，已能可靠承受钢铺板所能传递的力。

4）当楼屋面板上孔洞尺寸较大时，除了在计算分析中已充分考虑不利影响的情况外，宜设置局部楼盖水平支撑；即使采用钢格栅板铺设时，也宜设置楼盖水平支撑。

5）当框架的侧向刚度相差较大、柱间支撑布置又不规则时，采用钢铺板的楼盖，也应设置楼盖水平支撑。

（2）屋盖

框架采用混凝土屋盖时，参照上述楼盖的相关部分进行设计。

彩钢板有檩屋盖可按本书第五章进行布置。单层与多层相连柱列应沿全长设置屋盖纵向水平支撑；高跨和低跨宜按各自的标高组成相对独立的封闭支撑体系。

采用彩钢板轻型围护的框排架，当框架屋面或者排架屋面上架越管线较多时，通常采用纵横向有檩屋盖（或称双重有檩屋盖）体系，如图 8-13 所示。

所谓的纵横向有檩屋盖体系，是指在横向框架之间按一定间距设置纵向托梁或桁架，再在托梁（架）上布置柱间横向屋面次梁（可采用高频焊接薄壁 H 型钢），屋盖横梁和屋盖横向次梁上铺设冷弯薄壁型钢檩条或小规格高频焊接薄壁 H 型钢。而需铺设于屋面上的管线以及支架，可沿纵向布置的托梁（托架）和横向屋面梁架设。

屋面上管线密集的框排架厂房，纵横向有檩屋盖体系可取得较好的经济效益。纵横向有檩屋盖降低耗钢量的设计思想是，纵向托架（托梁）兼作屋盖横向水平支撑开间的竖向支撑，借助屋盖横向次梁减小檩条跨度，从而使数量众多的檩条可采用冷弯薄壁型钢檩条，或采用小规格的高频焊接薄壁 H 型钢。

纵横向有檩屋盖体系，沿每列柱都应布置屋盖纵向水平支撑。

2. 框架柱长细比限值

抗弯框架柱的长细比不宜大于 150；当轴压比大于 0.2 时，不宜大于 $125[1-0.8N/(A_c f)]\varepsilon_k$。

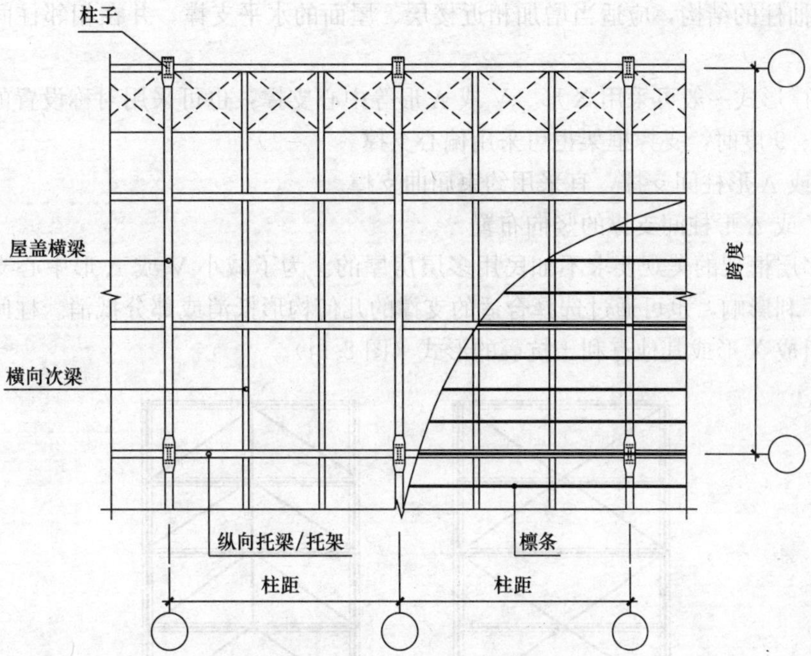

图 8-13　纵横向有檩屋盖布置示意

支撑框架柱的长细比，也可据框架的抗震等级按表 8-4 选用。

框架柱的长细比限值　　　　**表 8-4**

框架等级	一级	二级	三级	四级
框架柱长细比限值	$60\varepsilon_k$	$80\varepsilon_k$	$100\varepsilon_k$	$120\varepsilon_k$

3. 柱间支撑

钢结构框排架厂房的柱间支撑宜为中心支撑，一般采用 X 形支撑和 V 或 Λ 形支撑。工程调查表明，还未见有采用偏心支撑的多层钢结构框架厂房。

（1）柱间支撑布置

一般情况下，柱间支撑布置时应考虑尽量使竖向支撑系统的抗侧刚度中心与水平作用力中心接近；支撑开间宜靠近厂房的中央部位，可使结构有适当伸缩，从而降低温度应力。

结构合理的柱间支撑位置，有时与工艺布置冲突，柱间支撑布置难以上下贯通，平面布置错位。在保证支撑能把水平地震作用通过适当的、相对简捷的途径，可靠地传递至基础前提下，支撑位置也可不设置在同一柱间。

框排架的柱间支撑，总体上可按如下要求布置：

1）柱间支撑宜布置在荷载较大的柱间，且在同一柱间上下贯通；当条件限制必须错开布置时，应在紧邻柱间连续布置，并宜适当增加相近楼层或屋面的水平支撑或柱间支撑搭接一层，确保支撑承担的水平地震作用可靠传递至基础。

2）各柱列的柱间支撑应尽量设置在对应柱间。同一楼层各柱列的纵向抗侧刚度宜相等或接近。

3）有抽柱的结构，应适当增加相近楼层、屋面的水平支撑，并在相邻柱间设置竖向支撑。

4）支撑形式一般可采用X形、V或Λ形等中心支撑，也可采用对称设置的单斜杆中心支撑。8、9度时，支撑框架也可采用偏心支撑。

5）V或Λ形柱间支撑，宜采用约束屈曲支撑。

（2）V或Λ形柱间支撑的竖向布置

工业多层框架的美观要求不如民用多层房屋的。为了减小V或Λ形中心支撑竖向不平衡力的不利影响，也可通过选择合适的支撑的几何构形抵消或部分抵消。柱间支撑宜与框架横梁组成X形或其他有利于抗震的形式（图8-14）。

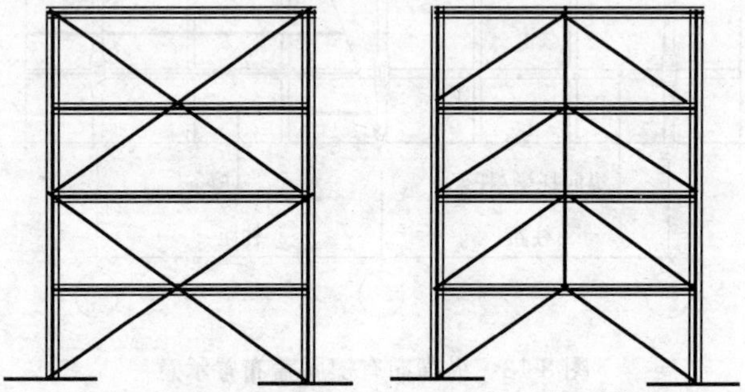

（a）支撑与横梁联合成X形　　（b）链式支撑

图8-14　降低竖向不平衡力影响的支撑几何构形

（3）支撑斜杆的长细比

框排架的柱间支撑，宜与框架横梁组成X形或其他有利于抗震的形式。一般情况下，支撑斜杆的长细比不宜大于150。

框排架的竖向支撑一般应设置在荷载集中的柱间，因此，对于竖向荷载巨大的情况（如炼钢车间的料仓柱间多层框架），支撑的长细比应限制在$60\varepsilon_k$以下。即要求该框架的支撑斜杆，在遭遇地震作用时，发生塑性屈服而减小屈曲影响。

柱间支撑的抗震性能与其长细比紧密相关。大体上，柱间支撑据其抗震性能，可划分为“延性耗能型”和“弹性承载力超强型”，以及既不属延性耗能又不归弹性承载力超强的第三种。“弹性承载力超强型”的支撑（也称细柔长细比支撑），其长细比范围大体是$\lambda>130$；“延性耗能型”支撑的长细比范围为$\lambda<60\varepsilon_k$；中等长细比支撑（$60\varepsilon_k<\lambda<130$），既不属延性耗能又不属弹性承载力超强。

据日本BCJ规范，中等长细比支撑的屈曲后承载力值急剧下降，过载能力差。循环荷载下，其承载力值波动跳跃大，滞回环不稳定。中等长细比支撑的能量耗散能力并不比细柔长细比的强，且循环荷载下，受压承载力性能劣化严重。中等长细比的支撑，既不是“弹性承载力超强型”，也不是“延性耗能型”。其抗震性能，较细柔长细比、小长细比支撑的要差。因此，日本BCJ规范规定的中等长细比支撑框架的结构特征系数D_s，比其他两种支撑的要大，即设计采用的地震作用比其他两种支撑的要大。遗憾的是工程应用的大多数支撑，还不得不落在中等长细比范围内。

美国文献对美国以往数十根支撑在循环加载下的试验结果重新解读后指出，中等长细比（λ=80～120）的支撑比之于细柔长细比（λ>120），正则化能量耗散能力并不明显增大。长细比λ>80的宽翼缘支撑的受压性能（最终承载力与初始承载力之比）劣化特别严重，但长细比λ=120～160范围的支撑，其受压性能劣化程度相对缓和。

因此，柱间支撑长细比设计时，宜考虑上述支撑斜杆的抗震性能。有条件时，应选用抗震性能好的支撑。

（4）支撑斜杆的板件宽厚比

框架柱间支撑的板件宽厚比，一般采用的板件宽厚比等级为BS1级、BS2级，三、四级框架或者S3、S4级截面形成的框架也可采用BS3级。柱间支撑斜杆的截面板件宽厚比等级限值见第五章表5-9。

第九章 工业建筑消能与隔震设计

第一节 工业建筑消能设计

一、工业建筑消能设计的一般规定

1. 工业建筑的消能设计适用于新建工业建筑结构的抗震设计和既有工业建筑结构的抗震加固设计。

消能减震需要通过结构的变形才能发挥减震作用，因此，该技术宜用于单层钢筋混凝土柱厂房、单层钢结构厂房、多层钢筋混凝土厂房、多层钢结构厂房等具有一定延性的工业建筑结构。对脆性结构（如砖柱厂房），因其变形能力较小而无法发挥消能器的减震作用，通常不能直接采用该技术。

2. 消能部件主要用于提高工业建筑结构的抗震能力，不宜承受结构的自重，仅提供抗侧力，宜在结构施工完成后安装。

消能部件承受结构自重后一般会降低其耗能能力和变形能力，而且与消能器性能检测试验时不承受自重的状态不符。

3. 消能部件一般安装于工业建筑结构柱间，也可以安装于不同的工业建筑结构之间。

安装于工业建筑结构柱间时，应安装在柱间变形或柱间速度较大的位置，从而可以更好地发挥其耗能减震作用。

安装于多层工业建筑结构层间的消能部件宜布置在结构响应较大楼层，宜沿结构高度均匀布置，避免结构沿高度刚度和阻尼突变。

对层高较大的单层工业厂房，可以仅在下柱柱间安装消能器，也可以在上柱和下柱柱间均安装消能器。

消能器也可根据减震要求安装于结构局部变形较大位置，局部变形可以是水平向、也可以是竖向或其他方向。

4. 消能器是通过给结构增加阻尼减小结构的动力响应；但有些消能器也增加结构的刚度，在结构上宜沿主轴方向合理布设，避免偏心扭转效应。

二、消能器分类及模型

1. 消能部件由消能器及斜撑、墙体等支承构件组成。消能器可采用速度相关型、位移相关型或其复合型。

速度相关型消能器包括黏滞消能器和黏弹性消能器；位移相关型消能器包括屈曲约束支撑、剪切钢板消能器等。

黏滞消能器是通过液体运动产生阻尼、消耗结构振动能量的一种速度相关型消能器；目前，用于土木工程消能减震的黏滞消能器主要为液压缸式，其基本原理如图 9-1 所示。通过活塞的往复运动来吸压油腔内的流体，流体高速通过活塞上的小孔产生阻尼并耗散能量。

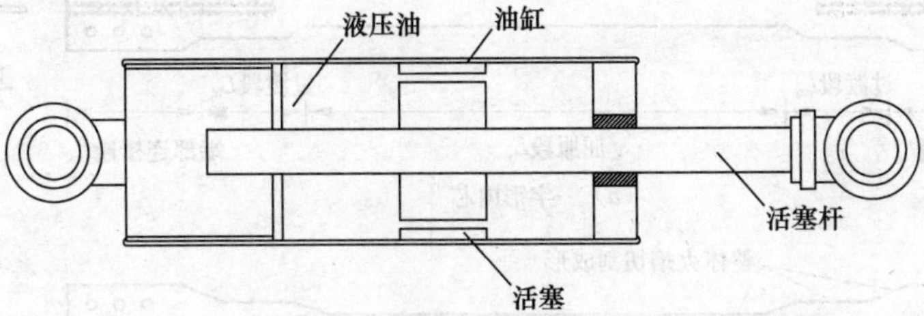

图 9-1 黏滞消能器构造示意图

黏滞消能器不局限于图 9-1 所示的构造，也可以采用性能良好稳定的其他构造的黏滞消能器。

黏滞消能器主要提供阻尼力，不提供恢复力。

黏弹性消能器是通过黏弹性材料的剪切变形产生阻尼、消耗结构振动能量的一种速度相关型消能器。黏弹性消能器由外部钢板、内隔板和黏弹性材料通过叠层粘结方式组成。在结构振动过程中，黏弹性材料跟随结构变形而发生剪切变形耗能，如图 9-2 所示。黏弹性消能器可根据设计需要选择黏弹性材料的叠层层数，但黏弹性材料一般不应超过 4 层。

黏弹性消能器的构造不局限于图 9-2 的形式，也可以采用其他构造的黏弹性消能器。

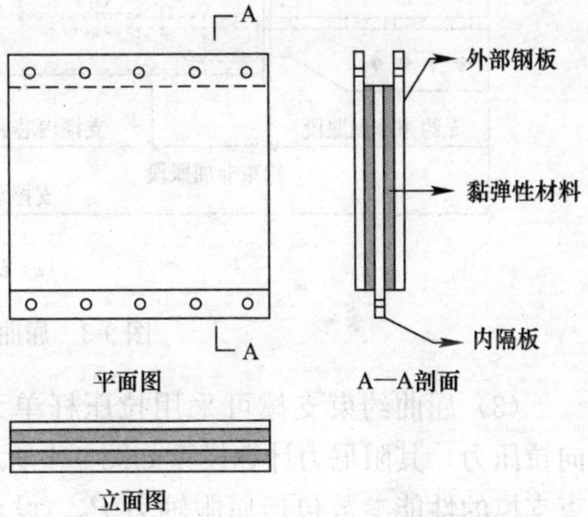

图 9-2 黏弹性消能器构造示意图

屈曲约束支撑是通过钢材的拉压塑性变形消耗结构振动能量的一种位移相关型消能器。屈曲约束支撑由钢支撑内芯、外包约束构件以及两者之间所设置的无粘结层或间隙三部分所构成，其中钢支撑内芯只承受轴力和发生轴向变形，而约束构件则只通过其抗弯刚度和抗弯承载力来防止钢支撑受压侧向屈曲。在结构振动过程中，内芯跟随结构变形而发生轴向变形耗能，有关构造如图 9-3 所示。

可以根据设计阻尼力的大小选择屈曲约束支撑的内芯截面形式，阻尼力较小时可以选用一字形，阻尼力较大时可以选择十字形或其他形式；可以根据设计支撑的长度选择外包约束构件的形式，当支撑长度较大时，应选择钢管混凝土等约束能力强的形式。

2. 采用屈曲约束支撑进行消能设计时：

(1) 屈曲约束支撑可以安装在单层工业厂房柱间支撑处，代替普通的钢支撑，长细比应满足屈曲约束支撑的要求。

(2) 屈曲约束支撑安装在结构上时可采用单斜形、Λ 形或 V 形等形式，不应采用 X 形，支撑的水平夹角宜在 35°～55°之间，角度过大会降低屈曲约束支撑的耗能能力；当工业厂房层高较大时，屈曲约束支撑可以分别安装在下柱之间和上柱之间。

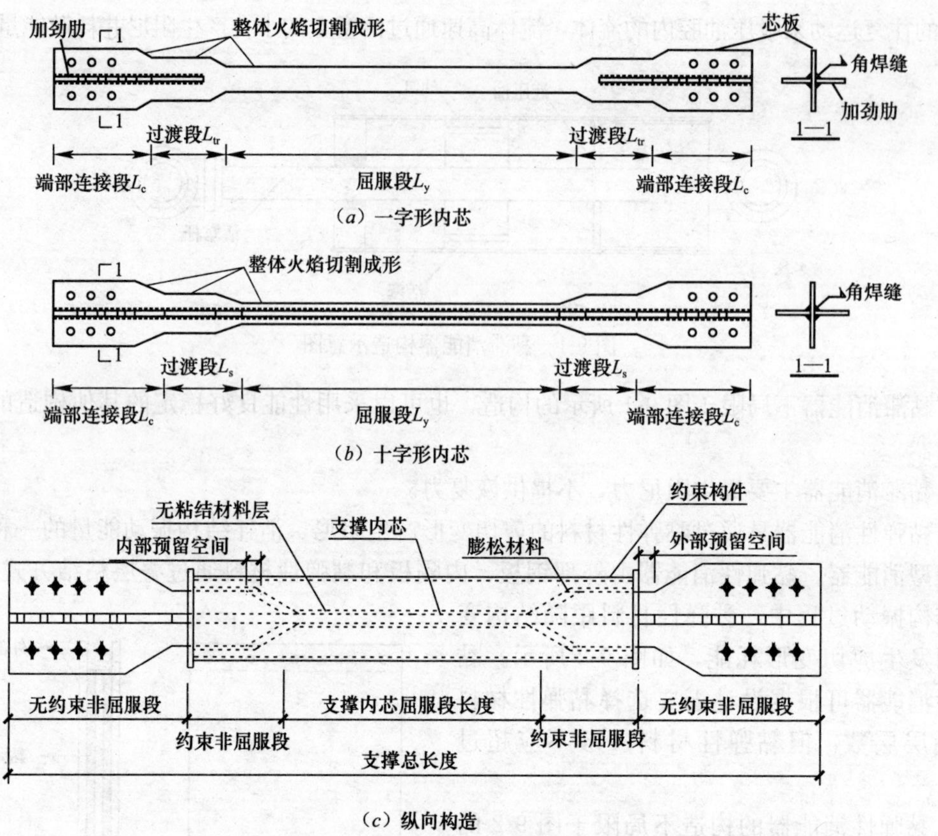

图 9-3　屈曲约束支撑构造示意图

(3) 屈曲约束支撑可采用拉压杆单元，承受轴向拉压力，其阻尼力计算模型如图 9-4 所示。屈曲约束支撑的性能参数包括屈服轴力 P_y、设计控制拉力 P_{pt}、设计控制压力 P_{pc}、轴向屈服位移 D_y、轴向设计位移 D_p、弹性刚度 k_e、受拉屈服后刚度 k_{pt}、受压屈服后刚度 k_{pc}。

由于外包约束构件与内芯在受压时存在摩擦力，屈曲约束支撑的设计控制拉力和设计控制压力不相等。

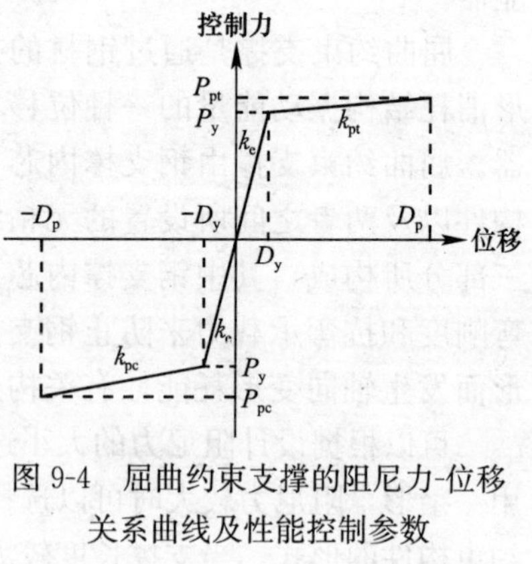

图 9-4　屈曲约束支撑的阻尼力-位移关系曲线及性能控制参数

3. 采用黏滞消能器进行消能设计时：

(1) 黏滞消能器安装在结构上时可采用单斜形、Λ形或 V 形等形式。

(2) 黏滞消能器的阻尼力模型：

$$F_d = c_d \mid \dot{x} \mid^{\alpha} \mathrm{sgn}(\dot{x}) \tag{9-1}$$

式中　F_d——黏滞消能器的阻尼力；

c_d——黏滞消能器的阻尼系数；

$\dot{x}$——黏滞消能器活塞杆相对油缸的运动速度；

α——速度指数，$0 \leqslant \alpha \leqslant 1$；

sgn——符号函数，$\operatorname{sgn}(\dot{x})=\begin{cases}1 & \dot{x}\geqslant 0\\ -1 & \dot{x}<0\end{cases}$。

黏滞消能器的速度指数越小，则耗能能力越强。

当速度指数取 1 时，黏滞消能器的阻尼力与速度关系是线性的，如图 9-5 中实线所示。当速度指数小于 1 时，黏滞消能器的阻尼力与速度关系是非线性的（图 9-5 中虚线），其给结构附加的等效阻尼系数和阻尼比均与其速度有关；对应多余地震和罕遇地震时黏滞消能器的速度不同，则其给结构附加的等效阻尼系数也不同，需要分别计算。

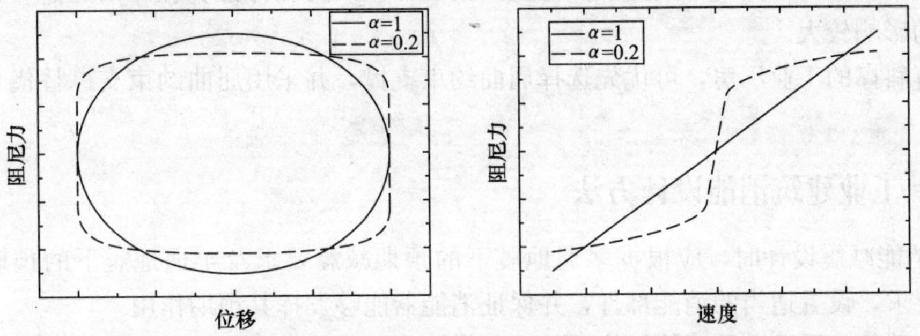

图 9-5　黏滞消能器的阻尼力-位移和阻尼力-速度关系曲线

（3）黏滞消能器的工作频率宜不大于 4Hz；黏滞消能器的性能参数确定应考虑其使用温度。

4. 采用黏弹性消能器进行消能设计时：

（1）黏弹性消能器安装在结构上时可采用单斜形、Λ 形或 V 形等形式。

（2）黏弹性消能器的阻尼力模型为：

$$F_{\mathrm{d}}=k_{\mathrm{d}}x+c_{\mathrm{d}}\dot{x} \tag{9-2}$$

式中　F_{d}——黏弹性消能器的阻尼力；

c_{d}——黏弹性消能器的阻尼系数，由试验确定；

k_{d}——黏弹性消能器的刚度，由试验确定；

$\dot{x}$、x——黏弹性消能器两端的剪切速度和剪切变形。

黏弹性消能器的阻尼力-位移和阻尼力-速度关系曲线如图 9-6 所示。

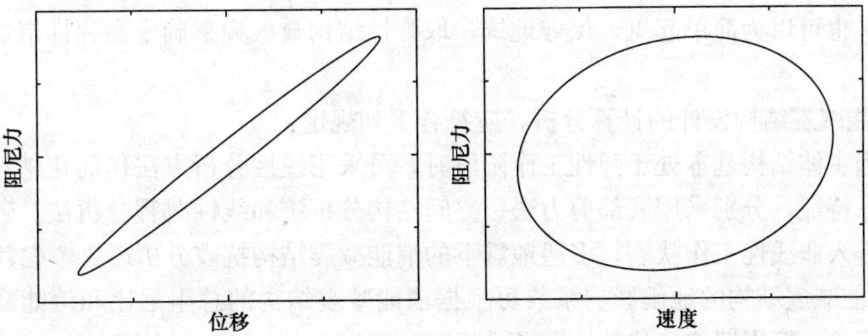

图 9-6　黏弹性消能器的阻尼力-位移和阻尼力-速度关系曲线

（3）黏弹性消能器的性能参数受工作频率和温度的影响，设计时应取结构参与振动的主要振型频率对应的黏弹性消能器的性能参数。

对沿纵向和横向均安装黏弹性消能器的情况，应分别按照结构纵向和横向自振频率确定黏弹性消能器的性能参数。

5. 在选择消能器时，要根据各类消能器的优缺点和抗震设计目标综合考虑。对侧移要求较高的工业建筑，选择黏弹性和黏滞消能器更合适，因为它们在小变形时就能发挥消能作用，提供附加阻尼；如果结构不仅需要增加阻尼，还需要增加抗侧刚度，可以选择黏弹性消能器或屈曲约束支撑或其他能提供刚度的消能器；如果工业建筑所处的环境温度变化很大，可以选择屈曲约束支撑或其他金属消能器，因为黏弹性和黏滞消能器的耗能能力受温度的影响较大。

对有斜撑的工业厂房，可优先选择屈曲约束支撑，并采用屈曲约束支撑替代普通的钢支撑。

三、工业建筑消能设计方法

1. 消能减震设计时，应根据多遇地震下的预期减震要求及罕遇地震下的预期结构位移控制要求，设置适当的消能部件，并保证消能器能够发挥其预期作用。

结构消能减震设计需要使结构既能满足多遇地震下强度和位移控制要求；也需要满足罕遇地震下位移控制要求。

2. 消能减震结构的主体结构应满足《建筑抗震设计规范》GB 50011 和其他相应结构设计规范的相关要求，且应考虑消能器给结构构件和结构基础的附加作用；连接部件及消能器应具有足够的平面外刚度。

消能器可能给结构构件和结构基础附加轴力和水平剪力，设计相关构件时应计入这些力的作用。

3. 对于位移相关型消能器，在多遇地震下，消能减震结构的层间位移应符合《建筑抗震设计规范》GB 50011 的相关要求，应考虑消能器附加的初始刚度，消能器一般不屈服耗能，不给结构附加阻尼，通过设计反应谱确定结构地震作用时应采用主体结构的阻尼比；在设防烈度地震和罕遇地震下，消能器应进入塑性耗能阶段，并具有足够的塑性耗能能力，消能器给结构附加阻尼。

对于黏弹性消能器，消能器的性能参数与结构自振频率有关。在多遇地震作用下，主体结构处于弹性工作状态；在罕遇地震作用下，结构可能处于弹塑性工作状态，结构自振频率降低。也可以为简单起见，保守地统一取弹性结构自振频率确定黏弹性消能器的性能参数。

4. 消能减震结构设计的计算分析，应符合下列规定：

（1）当主体结构基本处于弹性工作阶段时，可采用线性分析方法作简化估算，并根据结构的体系特征，分别采用底部剪力法、空间结构分析法和线性时程分析法。若多遇地震下消能器进入非线性工作状态，多遇地震下的消能减震结构抗震分析还要考虑其非线性。

1）消能减震结构的地震影响系数可根据消能减震结构的总阻尼比和消能减震结构的总刚度计算的自振周期按《建筑抗震设计规范》GB 50011 的相关规定采用。

2）消能减震结构的自振周期应根据消能减震结构的总刚度确定，总刚度应为主体结构刚度和消能器有效刚度之和。

3）消能减震结构的总阻尼比应为主体结构阻尼比和消能器附加给结构的有效阻尼比之和；多遇地震和罕遇地震下的总阻尼比应分别计算。

对屈曲约束支撑或其他位移相关型消能器，若多遇地震下消能器不屈服耗能，则其不提供附加阻尼，消能减震结构的总阻尼比取主体结构的阻尼比。

对非线性速度相关型消能器，应分别计算多遇地震和罕遇地震下消能器给结构附加的阻尼比。

4）采用线性分析方法设计时，根据多遇地震下的预期减震要求及罕遇地震下的预期结构位移控制要求，估算预期附加阻尼比和附加刚度，相关步骤如下：

① 选择消能器类型。

② 选择消能部件的数量、布置。

③ 根据消能器类型和阻尼力模型，确定消能器性能参数初值（包括最大阻尼力、屈服力、屈服位移等）。

④ 对消能减震体系进行整体分析，按本书相关规定估算在结构预期位移下消能部件附加给结构的有效阻尼比和有效刚度。

当不满足预期附加阻尼比和附加刚度的要求时，调整消能部件的性能参数、数量和位置，重新估算消能部件附加给结构的有效阻尼比和有效刚度，直至满足预期附加阻尼比和附加刚度的要求。

计算消能减震结构总阻尼比和自振周期、地震影响系数、进行主体结构强度设计。

（2）对主体结构进入弹塑性工作阶段的情况，应根据主体结构体系特征和消能器的种类，采用静力非线性分析方法或非线性时程分析方法。

（3）消能减震结构的计算模型应根据结构变形和受力特征，可采用层剪切模型、杆系模型、纤维模型、三维实体单元模型及上述几类模型的混合模型。

消能器与主体结构的连接可采用刚接或铰接连接，为减小消能器给结构附加弯矩，应优先采用铰接连接。

结构材料的应力-应变本构关系模型和结构构件的恢复力模型，可参考本书各章相关内容，并应能反映材料和构件的实际受力状态。

消能器的恢复力模型应反映消能器的实际受力性能，黏滞消能器和黏弹性消能器的恢复力模型可分别采用式（9-1）和式（9-2），屈曲约束支撑的恢复力模型可采用图 9-4 所示的曲线；当主体结构采用有限元模型时，屈曲约束支撑可采用杆单元，黏滞消能器、黏弹性消能器采用连接单元（如 SAP2000 和 MIDAS）或弹簧-阻尼器单元（如 ANSYS 和 ABAQUS），支承构件可根据连接类型采用梁单元或杆单元。当连接支撑或墙等支承构件沿消能器消能方向的刚度大于《建筑抗震设计规范》GB 50011 的要求时，可以忽略支承构件的变形，将其视为刚性杆件。

消能器与结构连接的力学模型，应根据铰接或刚接确定计算模型。

消能部件及其与结构连接的力学模型，应能反应消能部件与连接构件的实际受力状态。

（4）采用平面框架或排架进行设计时，应考虑空间作用将消能器的刚度和阻尼系数分配到各榀框架和排架上。

（5）验算罕遇地震下消能减震结构的位移是否满足《建筑抗震设计规范》GB 50011

的要求；若不满足，则需修改消能器的数量、位置和性能参数，重新进行多遇地震下和罕遇地震下消能减震结构的分析设计。

5. 消能部件附加给结构的有效阻尼比和有效刚度，可按下列方法确定：

(1) 消能部件附加给结构的有效刚度：

1) 布置在结构一层内的所有消能器，附加给结构的有效刚度可按下式估算：

$$k_{aj} = \sum_i k_{ji} \tag{9-3}$$

式中 k_{aj}——消能减震结构的附加有效刚度；

k_{ji}——结构第 j 层第 i 个消能器附加给结构的有效刚度。

对层高较高的工业厂房，在某一柱间沿层高布设多层消能器，柱间消能器附加给结构的有效刚度可按下式估算：

$$k_{ji} = 1\Big/\sum_s \frac{1}{k_{jsi}\cos\theta_{jsi}} \tag{9-4}$$

式中 k_{ji}——第 j 层第 i 个柱间消能器的弹性刚度；

k_{jsi}——第 j 层第 i 个柱间第 s 个消能器的弹性刚度；

θ_{jsi}——第 j 层第 i 柱间第 s 个消能器与水平面的夹角。

2) 不考虑黏滞消能器附加给结构的刚度。

3) 同一柱间的屈曲约束支撑应同时达到屈服。

(2) 消能部件附加给结构的有效阻尼比可按下式估算：

$$\xi_a = \sum_i W_{cj}/(4\pi W_s) \tag{9-5}$$

式中 ξ_a——消能减震结构的附加有效阻尼比；

W_{cj}——第 j 个消能部件在结构预期位移 Δu_j 下往复循环一周所消耗的能量；

W_s——设置消能部件的结构在预期位移下的总应变能（图 9-7），不及扭转影响时，可按下式估算：

$$W_s = \frac{1}{2}\sum F_i u_i \tag{9-6}$$

式中 F_i——质点 i 的水平地震作用标准值；

u_i——质点 i 对应于水平地震作用标准值的位移。

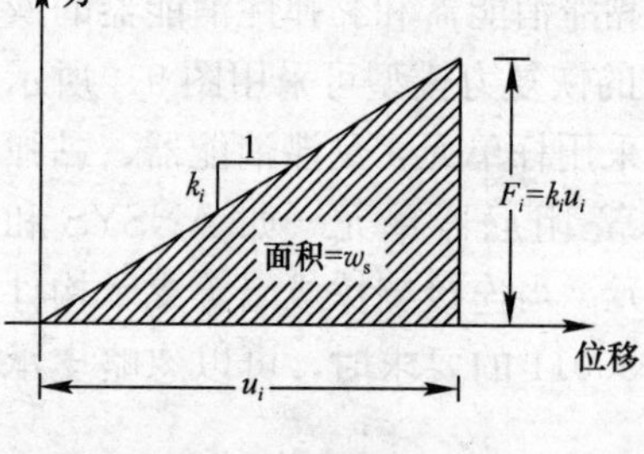

图 9-7 应变能示意图

(3) 消能部件在结构预期位移下往复循环一周所消耗的能量，可以通过在结构预期位移 Δu_j 时消能器的恢复力滞回环面积进行估算。

速度线性相关型消能器（如线性黏滞消能器和黏弹性消能器）在水平地震作用下往复循环一周所消耗的能量，可按下式估算：

$$W_{cj} = (2\pi^2/T_1)C_j\cos^2\theta_j\delta_j^2 \tag{9-7}$$

式中 T_1——消能减震结构的基本自振周期；

C_j——第 j 个消能器的线性阻尼系数；

δ_j——第 j 个消能器两端的相对水平位移，即在结构预期位移 Δu_j 时安装消能器的柱间，上柱或下柱的水平相对位移。

当消能部件在结构上分布较均匀，且附加给结构的有效阻尼比小于20％时，消能部件附加给结构的有效阻尼比也可采用强行解耦方法确定。

（4）消能部件附加给结构的有效阻尼比超过25％时，宜按25％计算。

6. 在罕遇地震作用下，消能减震结构的主体结构进入弹塑性阶段，应采用非线性静力方法或非线性时程分析方法来进行消能减震体系的计算分析与抗震设计。

采用静力非线性分析方法时，计算模型中消能器应采用恢复力模型或其他能有效模拟消能器力学特性的模型，并由实际分析计算获得消能器的附加阻尼比，不可采用预估值。

当消能减震结构无法直接分析求得消能器的附加阻尼比时，应采用动力非线性时程分析。

7. 非线性时程分析法适用于各类消能减震结构的抗震计算分析与设计。在进行消能减震结构的非线性时程分析时，应按《建筑抗震设计规范》GB 50011 的规定选用地震动记录，地震动记录的最大加速度峰值应按照建筑所在地区的设防烈度和《建筑抗震设计规范》GB 50011 的规定选用；采用时程反应分析方法计算得到的消能减震结构时程反应，尚应按照《建筑抗震设计规范》GB 50011 的规定，与振型分解反应谱法得到的结果比较，确定消能减震结构的最大地震反应。

8. 消能减震结构弹塑性位移不能采用《建筑抗震设计规范》GB 50011 的第 5.5.4 条进行计算。

四、消能器与主体结构的连接和构造

1. 对于主体结构为钢结构的工业建筑，消能器的连接板（或连接件）和主体结构构件间的连接可采用高强螺栓连接或焊接连接，在消能器施加给主结构最大阻尼力作用下，节点板应保持弹性且不能发生平面外失稳；当消能器的轴心与主体结构构件的轴线有偏差时，连接构件应考虑因偏心产生的附加弯矩或平面外弯曲的影响。高强螺栓及焊接连接的计算、构造要求应符合《钢结构设计规范》GB 50017 的相关规定。

2. 对于主体结构为钢筋混凝土的工业建筑，消能器与钢筋混凝土结构连接用的钢板、型钢、扁钢和钢管，其品种、质量和性能应符合《混凝土结构加固设计规范》GB 50367 和《建筑抗震设计规范》GB 50011 的相关规定；钢筋混凝土结构与耗能部件连接用的高强螺栓和焊接材料，其型号和质量应符合《钢结构设计规范》GB 50017、《混凝土结构加固设计规范》GB 50367 和《建筑抗震设计规范》GB 50011 的相关规定。

对新建钢筋混凝土结构，可采用局部粘贴钢板或其他可靠方法加强钢筋混凝土构件与消能部件连接部位；对既有钢筋混凝土结构进行抗震加固时，可采用植筋、局部粘贴钢板或钢板条、内加钢框架或其他可靠方法加强消能部件与主体结构的连接部位（图 9-8），加固连接部位应按《混凝土结构加固设计规范》GB 50367 的相关规定进行验算。

3. 消能器与主体结构间的连接构件的强度应取标准值，且连接件上的作用力应取下列数值：

（1）位移相关型消能器：消能器 1.2 倍的设计位移时的阻尼力。

（2）速度相关型消能器：消能器 1.2 倍的设计速度时的阻尼力或 1.2 倍设计阻尼力。

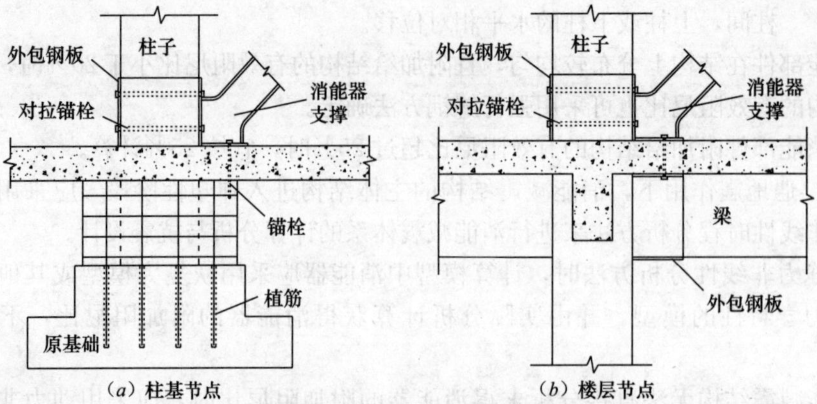

图 9-8　外粘钢板梁、柱、基础节点示意图

4. 附加支撑应具有足够抗平面外刚度，附加支撑长度计算应满足下列要求：

(1) 采用单斜消能部件时，附加支撑长度取附加支撑与消能器连接到主体结构预埋连接板连接中心处的距离。

(2) 采用Λ形或V形支撑时，附加支撑长度取布置消能器水平梁平台底部到主体结构预埋连接板连接中心处的距离。

5. 消能器与斜撑、墙体或梁等支承构件组成消能部件时，支承构件应符合：

(1) 速度型消能器支承构件沿消能器消能方向的刚度应满足：

$$K_b \geqslant (6\pi/T_1)C \tag{9-8}$$

式中　K_b——支撑构件沿消能器方向的刚度；

C——消能器的线性（或等效线性）阻尼系数；

T_1——消能减震结构的基本自振周期。

(2) 位移型消能部件的恢复力模型参数宜符合：

$$\Delta u_{py}/\Delta u_{sy} \geqslant 2/3 \tag{9-9}$$

式中　Δu_{py}——消能部件在水平方向的屈服位移；

Δu_{sy}——设置消能部件的柱间，柱屈服时上柱或下柱的水平相对位移。

6. 屈曲约束支撑与节点板可采用螺栓或销轴，也可采用焊接连接，如图 9-9 所示。节

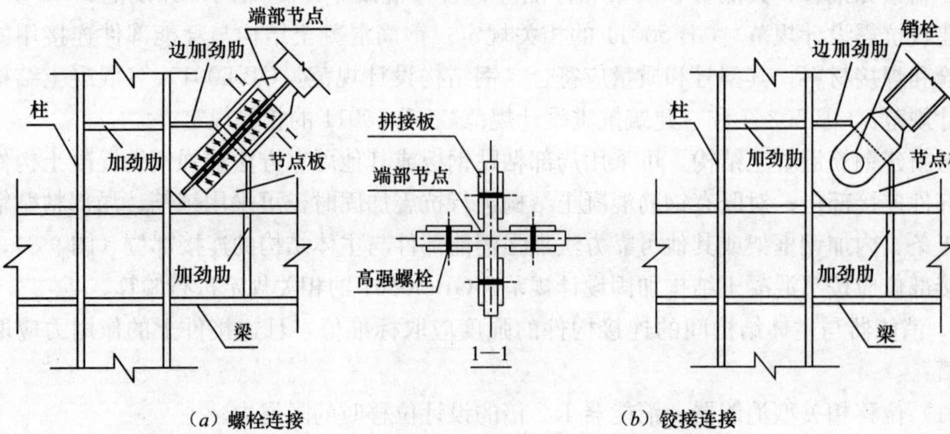

图 9-9　屈曲约束支撑与结构的螺栓连接和铰接连接构造

点板的构造应保证平面外稳定性，可通过增加节点板边肋来提高平面外抗屈曲能力。

7. 屈曲约束支撑的控制拉力与控制压力不相等，因内芯与外包约束构件的摩擦力使控制压力大于控制拉力，在进行屈曲约束支撑与结构连接构件设计时，应计入这种影响分别进行设计和验算。

8. 黏滞消能器和黏弹性消能器与主体结构的连接应使其仅承受轴向变形，应避免出现平面外变形导致消能器的损坏。

9. 采用消能减震技术的工业建筑结构构造要求应满足《建筑抗震设计规范》GB 50011 要求。

10. 在腐蚀环境中使用的消能器，应采取防护措施，使其使用寿命与工业厂房相当，或能更换；在高温环境中使用的消能器，应采取防火措施。

11. 消能器的检测，应满足《建筑抗震设计规范》GB 50011 和相关检测标准的要求；还应满足耐久性、耐高温和防火要求；检测应符合其实际受力状态和使用环境。

第二节　工业建筑隔震设计

一、一般规定

1. 本节适用于在工业建筑基础与上部结构之间设置隔震层以隔离水平地震动的工业建筑隔震设计。

2. 工业建筑结构采用隔震设计时应符合下列要求：

(1) 结构的高宽比、建筑场地应满足《建筑抗震设计规范》GB 50011 要求。

(2) 风荷载和其他非地震作用的水平荷载标准值产生的总水平力不宜超过结构总重力的 10%。

(3) 隔震层应提供必要的竖向承载力、侧向刚度和阻尼；对穿过隔震层的设备、管线、配线，应采用柔性连接或其他有效措施以适应隔震层的罕遇地震水平位移。

3. 隔震设计时，隔震装置应符合下列要求：

(1) 隔震装置的性能参数应经试验确定。

(2) 隔震装置在结构的设计使用年限内应达到免维护要求，若工业建筑厂区存在对隔震装置耐久性不利环境时，应对隔震装置采取保护措施，隔震装置性能检验时应采取相同的保护措施。

二、隔震装置及模型

1. 隔震层是由橡胶隔震支座和阻尼装置等部件组成，隔震支座和阻尼装置统称隔震装置，具有整体复位功能，可以延长整个结构体系的自振周期，减少输入上部结构的水平地震作用，达到预期防震要求。

阻尼装置可以减小地震长周期成分对隔震结构的影响，降低隔震层的振动位移。

2. 橡胶隔震支座主要有标准叠层橡胶支座、高阻尼叠层橡胶支座和铅芯叠层橡胶支座（图 9-10）。

橡胶隔震支座的恢复力-位移关系如图 9-11所示。隔震支座的主要性能参数为等效

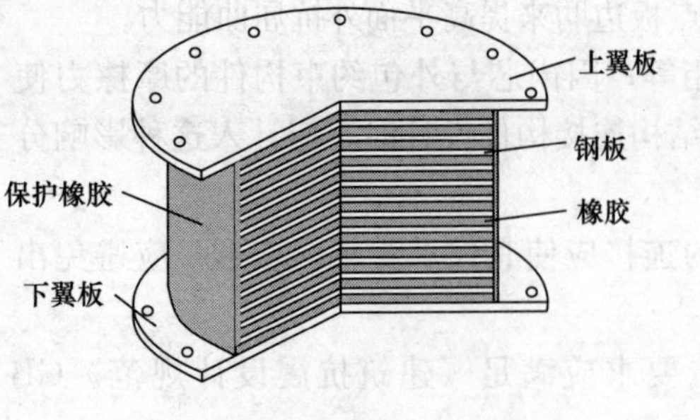

图 9-10　橡胶隔震支座基本构造

刚度和等效阻尼比，等效刚度 K 为最大位移处的恢复力与最大位移 $u_{\max}$ 的比值，等效阻尼比可按下式估算：

$$\zeta = w_{c}/(4\pi w_{s}) \quad (9\text{-}10)$$

式中　ζ——隔震支座的等效黏滞阻尼比；

w_{c}——隔震支座往复循环一周所消耗的能量；

w_{s}——隔震支座的应变能，可按下式估算：

$$w_{s} = (1/2)Ku_{\max}^{2} \quad (9\text{-}11)$$

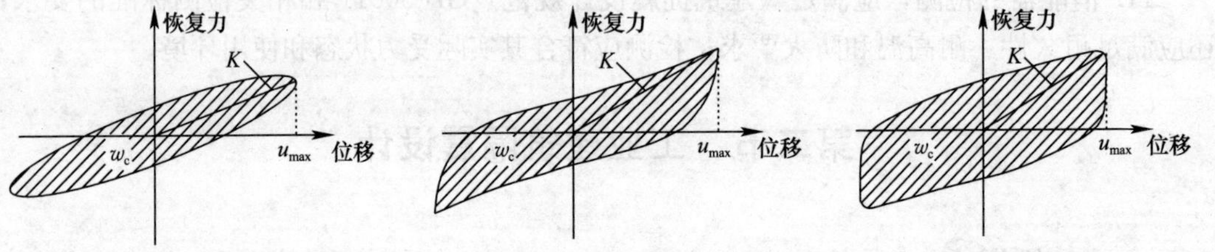

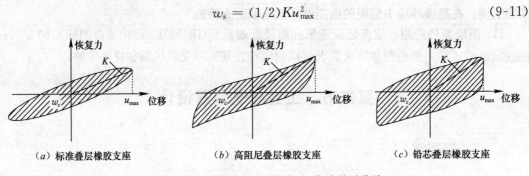

（a）标准叠层橡胶支座　（b）高阻尼叠层橡胶支座　（c）铅芯叠层橡胶支座

图 9-11　橡胶隔震支座的恢复力-位移关系曲线

三、工业建筑隔震设计要点

1. 隔震设计应根据预期的竖向承载力、水平向减震系数和位移控制要求，选择适当的隔震装置及抗风装置组成结构的隔震层。

隔震支座应进行竖向承载力的验算和罕遇地震下水平位移的验算。

隔震层以上结构的水平地震作用应根据水平向减震系数确定；其竖向地震作用标准值，8 度和 9 度时分别不应小于隔震层以上结构总重力荷载代表值的 20%和 40%。

对用于精密设备的工业建筑，罕遇地震下隔震层以上结构的最大水平位移除满足《建筑抗震设计规范》的要求，尚应满足国家相关标准的规定。

2. 工业建筑结构隔震设计的计算分析，应符合下列规定：

(1) 隔震体系的计算模型，应符合《建筑抗震设计规范》GB 50011 要求。

(2) 可采用反应谱法、振型分解反应谱法或时程分析法进行计算；当采用时程分析法时，输入地震波的反应谱特性和数量，应符合本书和《建筑抗震设计规范》GB 50011 的相关规定。

(3) 工业建筑结构隔震设计时，根据多遇地震下的预期减震要求及罕遇地震下的预期结构位移控制要求，确定水平向减震系数，相关步骤如下：

根据水平向减震系数确定隔震结构的地震影响系数；

根据地震影响系数确定隔震支座的刚度和阻尼比；

选择隔震支座的类型和数量；

计算隔震层的水平等效刚度和等效黏滞阻尼比；

对隔震结构进行整体分析，检验水平向减震系数和罕遇地震下隔震支座的水平位移是否满足《建筑抗震设计规范》GB 50011 的相关规定；

当不满足要求时，调整隔震支座的参数，或加设阻尼装置，重新进行上述分析，直至满足《建筑抗震设计规范》GB 50011 的相关规定。

(4) 采用时程分析法时，计算模型应能反映隔震层的实际动力性能，隔震支座的水平恢复力模型可以采用双线性模型，竖向恢复力模型可采用线弹性模型；隔震支座上部结构的荷载位移关系特性可采用线弹性模型。主体结构采用有限元模型时，隔震支座和阻尼装置可采用连接单元（如 SAP2000 和 MIDAS）或弹簧-阻尼器单元（如 ANSYS 和 ABAQUS）。

3. 隔震层的橡胶隔震支座应符合下列要求：

(1) 隔震支座的极限水平变位和竖向压应力，应满足《建筑抗震设计规范》GB 50011 的要求。

(2) 在经历相应设计基准期的耐久试验后，隔震支座刚度、阻尼特性变化不超过初期值的±20%；徐变量不超过各橡胶层总厚度的 5%。

4. 隔震层的布置、竖向承载力、侧向刚度和阻尼应符合下列规定：

(1) 隔震层的设置应满足《建筑抗震设计规范》GB 50011 的要求。

(2) 隔震层的水平等效刚度和等效黏滞阻尼比可按下列公式计算：

$$K_h = \sum K_j \quad (9\text{-}12)$$

$$\zeta_{eq} = \sum K_j \zeta_j / K_h \quad (9\text{-}13)$$

式中 ζ_{eq}——隔震层等效黏滞阻尼比；

K_h——隔震层水平等效刚度；

ζ_j——j 隔震支座由试验确定的等效黏滞阻尼比，在隔震层设置了消能器时，应包括该消能器的相应阻尼比；

K_j——j 隔震支座（含消能器）由试验确定的水平等效刚度。

(3) 隔震支座由试验确定设计参数时，竖向荷载应满足《建筑抗震设计规范》GB 50011 要求；对设防烈度地震的验算，应取剪切变形 100%的等效刚度和等效黏滞阻尼比；对罕遇地震验算，宜采用剪切变形 250%时的等效刚度和等效黏滞阻尼比，当隔震支座直径较大时可采用剪切变形 100%时的等效刚度和等效黏滞阻尼比。

(4) 对有起重机的工业厂房，应根据起重机的使用要求对隔震层的水平等效刚度作出规定。

5. 隔震层以上结构的地震作用计算，应符合下列规定：

(1) 水平地震作用沿高度可采用矩形分布；其水平向减震系数为按设防烈度下弹性计算时隔震与非隔震两种情况各层层间剪力的最大比值。

(2) 水平地震影响系数可按照《建筑抗震设计规范》GB 50011 确定。

(3) 隔震层以上结构的总水平地震作用和竖向地震作用应满足《建筑抗震设计规范》GB 50011 的要求。

6. 隔震支座的水平剪力和罕遇地震作用下的水平位移，应按《建筑抗震设计规范》GB 50011 要求计算；罕遇地震作用下的水平位移除满足《建筑抗震设计规范》GB 50011

的限值外，还应满足穿越隔震层的设备和管线的要求。

四、隔震结构的构造措施与连接

1. 隔震结构的隔震措施，应符合下列规定：

（1）上部结构的周边应设置竖向隔离缝，缝宽不宜小于各隔震支座在罕遇地震下的最大水平位移值的 1.2 倍且不小于 200mm。

（2）要特别注意穿过隔震层的门廊、踏步、车道、楼梯、电梯等部位的竖向和水平隔离。

（3）当重要设备和管线穿越隔震支座时，可通过适当增加隔震支座的阻尼减小其罕遇地震下的最大水平位移。

（4）隔震层以上结构的抗震措施，应满足《建筑抗震设计规范》GB 50011 的要求；对用于精密设备的工业建筑，尚应满足国家相关标准的规定。

2. 隔震层与上部结构的连接，应符合下列规定：

（1）隔震层顶部应设置梁板式楼盖，且应符合《建筑抗震设计规范》GB 50011 的要求；重型设备宜安装在隔震支座处，其在隔震支座上产生的压应力应满足《建筑抗震设计规范》GB 50011 的要求，若安装在隔震层顶部楼盖时，尚应进行局部楼盖承载力设计和变形验算。

（2）隔震支座和阻尼装置的连接构造，应符合《建筑抗震设计规范》GB 50011 的要求。

3. 隔震层以下的结构和基础应符合《建筑抗震设计规范》GB 50011 的要求。

第十章　工业建筑抗震鉴定

第一节　工业建筑抗震鉴定基本要求与方法

地震中建筑物的破坏是造成地震灾害的主要原因。地震区的既有工业建筑，或因原设计未作抗震设防或原有抗震加固不符合现行国家标准的鉴定要求，或因抗震设防分类的变化其抗震性能不满足抗震鉴定标准的要求，或因现行区划图中的设防烈度提高使之相应的设防要求也提高等，需要进行以预防为主的抗震鉴定，或者在进行静力鉴定的同时需要进行抗震鉴定。1977年以来建筑抗震鉴定、加固的实践和震害经验表明，对现有建筑进行抗震鉴定，对不满足鉴定要求的建筑采取适当的抗震对策，是减轻地震灾害的重要途径。

由于地震灾害，常使现有工业建筑物发生倾斜、裂损等严重震害，及时抢救因地震造成的建筑物损害，恢复有修复价值和修复条件的建筑物的正常使用功能，也是保护现有工业建筑的一项重要任务。

一、现有工业建筑抗震设防分类标准

1.《建筑工程抗震设防分类标准》GB 50223—2008规定，建筑抗震设防类别划分应根据下列因素综合分析确定：

(1) 建筑破坏造成的人员伤亡、直接和间接经济损失及社会影响的大小。

(2) 城市的大小、行业的特点、工矿企业的规模。

(3) 建筑使用功能失效后，对全局的影响范围大小、抗震救灾影响及恢复的难易程度。

(4) 建筑各区段的重要性有显著不同时，可按区段划分抗震设防类别，下部区段的类别不应低于上部区段。

(5) 不同行业的相同建筑，当所处地位及地震破坏所产生的后果和影响不同时，其抗震设防类别可不相同。

注：区段指由防震缝分开的结构单元、平面内使用功能不同的部分、或上下使用功能不同的部分。

2. 建筑工程应分为以下四个抗震设防类别：

(1) 特殊设防类（甲类）：指使用上有特殊设施，涉及国家公共安全的重大建筑工程和地震时可能发生严重次生灾害等特别重大灾害后果，需要进行特殊设防的建筑。简称甲类。

(2) 重点设防类（乙类）：指地震时使用功能不能中断或需尽快恢复的生命线相关建筑，以及地震时可能导致大量人员伤亡等重大灾害后果，需要提高设防标准的建筑。简称乙类。

(3) 标准设防类（丙类）：指大量的除（1）、（2）、（4）款以外按标准要求进行设防的建筑。简称丙类。

(4) 适度设防类（丁类）：指使用上人员稀少且震损不致产生次生灾害，允许在一定条件下适度降低要求的建筑。简称丁类。

3. 工业建筑抗震设防分类按照以下原则进行：

(1) 采煤、采油和矿山生产建筑，应根据其直接影响的城市和企业的范围及地震破坏所造成的直接和间接经济损失划分抗震设防类别。

采油和天然气生产建筑中，下列建筑的抗震设防类别应划分为重点设防类：1）大型油、气田的联合站、压缩机房、加压气站泵房、阀组间、加热炉建筑。2）大型计算机机房和信息贮存库。3）油品储运系统液化气站、轻油泵房及氮气站、长输管道首末站、中间加压泵站。4）油、气田主要供电、供水建筑。

采矿生产建筑中，下列建筑的抗震设防类别应划为重点设防类：1）大型冶金矿山的风机室、排水泵房、变电室、配电室等。2）大型非金属矿山的提升、供水、排水、供电、通风等系统的建筑。

(2) 原材料生产建筑

冶金、化工、石油化工、建材、轻工业的原材料生产建筑，主要以其规模、修复难易程度及停产后相关企业的直接和间接经济损失划分抗震设防类别。

冶金工业、建材工业企业的生产建筑中，下列建筑的抗震设防类别应划为重点设防类：1）大中型冶金企业的动力系统建筑，油库及油泵房，全厂性生产管制中心、通信中心的主要建筑。2）大型和不容许中断生产的中型建材工业企业的动力系统建筑。

化工和石油化工生产建筑中，下列建筑的抗震设防类别应划为重点设防类：1）特大型、大型和中型企业的主要生产建筑以及对正常运行起关键作用的建筑。2）特大型、大型和中型企业的供热、供电、供气和供水建筑。3）特大型，大型和中型企业的通信、生产指挥中心建筑。

轻工原材料生产建筑中，大型浆板厂和洗涤剂原料厂等大型原材料生产企业中的主要装置及其控制系统和动力系统建筑，抗震设防类别应划为重点设防类。

冶金、化工、石油化工、建材、轻工业原料生产建筑中，使用或生产过程中具有剧毒、易燃、易爆物质的厂房，当具有泄毒、爆炸或火灾危险性时，其抗震设防类别应划为重点设防类。

(3) 加工制造业生产建筑应根据建筑规模和地震破坏所造成的直接和间接经济损失的大小划分抗震设防类别。

航空工业生产建筑中，下列建筑的抗震设防类别应划为重点设防类：1）部级及部级以上的计量基准所在的建筑，记录和贮存航空主要产品（如飞机、发动机等）或关键产品的信息贮存所在的建筑。2）对航空工业发展有重要影响的整机或系统性能试验设施、关键设备所在建筑（如大型风洞及其测试间，发动机高空试车台及其动力装置及测试间，全机电磁兼容试验建筑）。3）存放国内少有或仅有的重要精密设备的建筑。4）大中型企业的主要动力系统建筑。

航天工业生产建筑中，下列建筑的抗震设防类别应划为重点设防类：1）重要的航天工业科研楼、生产厂房和试验设施、动力系统的建筑。2）重要的演示、通信、计量、培训中心的建筑。

电子信息工业生产建筑中，下列建筑的抗震设防类别应划为重点设防类：1）大型彩管、玻壳生产厂房及其动力系统。2）大型的集成电路、平板显示器和其他电子类的生产厂房。3）重要的科研中心、测试中心、试验中心的主要建筑。

纺织工业的化纤生产建筑中，具有化工性质的生产建筑，抗震设防分类宜按照化工和石油化工生产建筑划分原则划分。

大型药厂生产建筑中，具有生物制品性质的厂房及其控制系统，如研究、中试生产和存放剧毒生物制品、化学制品、天然和人工细菌、病毒（如鼠疫、霍乱、伤寒和新发高危险传染病等），抗震设防类别应划分为特殊设防类。

加工制造工业建筑中，生产或使用具有剧毒、易燃、易爆物质且具有火灾危险性的厂房及其控制系统的建筑，抗震设防类别应划为重点设防类。

大型的机械、船舶、纺织、轻工、医药等工业企业的动力系统建筑应划为重点设防类。

（4）仓库类建筑

仓库类建筑，应根据其存放物品的经济价值和地震破坏所产生的次生灾害划分抗震设防类别。并应符合下列规定：1）储存高、中放射性物质或剧毒物品的仓库不应低于重点设防类，储存易燃、易爆物质等具有火灾危险性的危险品仓库应划为重点设防类。2）一般的储存物品价值低、人员活动少、无次生灾害的单层仓库可划为适度设防类。

在上述各类工业建筑和仓库类建筑中未有列出的建筑，均划为标准设防类。

二、现有工业建筑抗震鉴定的基本要求及方法

现有工业建筑的抗震鉴定，是通过检查既有建筑的设计、施工质量和现状，按规定的抗震设防要求，对其在地震作用下的安全性进行评估，从抗震承载力和抗震措施两方面综合判断结构实际具有的防御地震震害的能力，侧重于结构体系，注重对整个建、构筑物的综合抗震能力及整体抗震性能做出判断。

需要进行抗震鉴定的现有工业建筑主要分为三类：第一类是使用年限在设计基准期内且设防烈度不变，但原规定的抗震设防类别提高的建筑；第二类是虽然抗震设防类别不变，但现行的区划图设防烈度提高后又使之可能不符合相应设防要求的建筑；第三类是设防类别和设防烈度同时提高的建筑。据此，现有工业建筑接近或超过设计使用年限需要继续使用的现有工业建筑、原设计未考虑抗震设防或抗震设防要求提高的现有工业建筑、需要改变结构的用途和使用环境的现有工业建筑及其他有必要进行抗震鉴定的现有工业建筑应进行抗震鉴定。

1. 抗震鉴定设防目标

按照国务院《建筑工程质量管理条例》的规定，结构设计必须明确其合理使用年限，对于鉴定和加固，则为合理的后续使用年限。近年来的研究表明，从后续使用年限内具有相同概率的角度，在全国范围内，30、40、50 年地震作用的相对比例大致是 0.75、0.88 和 1.00；抗震构造综合影响系数的相对比例，6 度为 0.76、0.9、1.00，7 度为 0.71、0.87、1.00，8 度为 0.63、0.84、1.00，9 度为 0.57、0.81、1.00。据此，考虑到 95 版《建筑抗震鉴定标准》GB 50023—95 的抗力调整系数取设计规范的 0.85 倍，89 版《建筑

抗震设计规范》GBJ 11—89 的场地设计特征周期比 2001 版规范减小 10％且材料强度大致为 2001 版《建筑抗震设计规范》GB 50011—2001 系列的 1.05～1.15 倍，于是可以认为：95 版《建筑抗震鉴定标准》GB 50023—95、89 版《建筑抗震设计规范》GBJ 11—89 和 2001 版《建筑抗震设计规范》GB 50011—2001 大体上分别在使用年限 30 年、40 年和 50 年具有相同的概率保证。

符合现行《建筑抗震鉴定标准》GB 50023 的现有工业建筑，在预期的后续使用年限内具有相应的抗震设防目标：后续使用年限 50 年的现有建筑，具有与现行国家标准《建筑抗震设计规范》GB 50011 相同的设防目标；后续使用年限少于 50 年的现有建筑，在遭遇同样的地震影响时，其损坏程度略大于按后续使用年限 50 年的建筑。

上述抗震鉴定设防目标是在后续使用年限内具有相同概率保证前提条件下得到的，意味着现有建筑的抗震鉴定与新建工程的设防目标同样要保证大震不倒，但小震可能会有轻度损坏，中震可能损坏较为严重。

2. 抗震鉴定基本原则

抗震设防烈度为 6～9 度地区的现有工业建筑的抗震鉴定，不适用于新建建筑工程的抗震设计和施工质量的评定。

抗震设防烈度，一般情况下，采用中国地震动参数区划图的地震基本烈度或现行国家标准《建筑抗震设计规范》GB 50011 规定的抗震设防烈度。

（1）后续使用年限确定：

现有工业建筑建造于不同的年代，结构类型不同、设计时所采用的设计规范、地震动区划图的版本不同、施工质量不同、使用者的维护也不同，投资方也不同，导致彼此的抗震能力有很大不同，需要根据实际情况区别对待和处理，使之在现有的经济技术条件分别达到其最大可能达到的抗震防灾要求。

现有建筑应根据实际需要和可能，按下列规定选择其后续使用年限：

1）在 20 世纪 70 年代及以前建造经耐久性鉴定可继续使用的现有建筑，其后续使用年限不应少于 30 年；在 80 年代建造的现有建筑，宜采用 40 年或更长，且不得少于30 年。

2）在 20 世纪 90 年代（按当时施行的抗震设计规范系列设计）建造的现有建筑，后续使用年限不宜少于 40 年，条件许可时应采用 50 年。

3）在 2001 年以后（按当时施行的抗震设计规范系列设计）建造的现有建筑，后续使用年限宜采用 50 年。

（2）不同使用年限鉴定方法的确定：

不同后续使用年限的现有建筑，其抗震鉴定方法应符合下列要求：

1）后续使用年限 30 年的建筑（简称 A 类建筑），应采用 A 类建筑抗震鉴定方法。

2）后续使用年限 40 年的建筑（简称 B 类建筑），应采用 B 类建筑抗震鉴定方法。

3）后续使用年限 50 年的建筑（简称 C 类建筑），应按现行国家标准《建筑抗震设计规范》GB 50011 的要求进行抗震鉴定。

（3）不同设防分类抗震鉴定要求：

现有工业建筑进行抗震鉴定时，应按现行国家标准《建筑工程抗震设防分类标准》GB 50223 分为四类，其抗震措施核查和抗震验算的综合鉴定应符合下列要求：

1）丙类，即标准设防类，应按本地区设防烈度的要求核查其抗震措施并进行抗震验算。

2）乙类，即重点设防类，是需要比当地一般建筑提高设防要求的建筑。6～8度应按比本地区设防烈度提高一度的要求核查其抗震措施，9度时应适当提高要求，指A类9度的抗震措施按B类9度的要求、B类9度按C类9度的要求进行检查，规模很小的工业建筑以及Ⅰ类场地的地基基础抗震构造应符合有关规定；抗震验算应按不低于本地区设防烈度的要求采用。

3）甲类，应经专门研究按不低于乙类的要求核查其抗震措施，抗震验算应按高于本地区设防烈度的要求采用。

4）丁类，7～9度时，应允许按比本地区设防烈度降低一度的要求核查其抗震措施，抗震验算应允许比本地区设防烈度适当降低要求；6度时应允许不作抗震鉴定。

（4）现有工业建筑的两级鉴定方法：

抗震鉴定分为两级。第一级鉴定应以宏观控制和构造鉴定为主进行综合评价，第二级鉴定应以抗震验算为主结合构造影响进行综合评价。

A类工业建筑的抗震鉴定，当符合第一级鉴定的各项要求时，建筑可评为满足抗震鉴定要求，不再进行第二级鉴定；当不符合第一级鉴定要求时，除有明确规定的情况外，应由第二级鉴定作出判断。

B类工业建筑的抗震鉴定，应检查其抗震措施和现有抗震承载力再作出判断。当抗震措施不满足鉴定要求而现有抗震承载力较高时，可通过构造影响系数进行综合抗震能力的评定；当抗震措施鉴定满足要求时，主要抗侧力构件的抗震承载力不低于规定的95%、次要抗侧力构件的抗震承载力不低于规定的90%，也可不要求进行加固处理。

3. 抗震鉴定的内容和要求

抗震鉴定系对现有工业建筑物是否存在不利于抗震的构造缺陷和各种损伤进行系统的"诊断"，因而必须对其需要包括的基本内容、步骤、要求和鉴定结论作统一的规定，并要求强制执行，才能达到规范抗震鉴定工作，提高鉴定工作质量，确保鉴定结论的可靠性。

（1）现有建筑的抗震鉴定应包括下列内容及要求：

1）搜集建筑的勘察报告、施工和竣工验收的相关原始资料；当资料不全时，应根据鉴定的需要进行补充实测。

2）调查建筑现状与原始资料相符合的程度、施工质量和维护状况，发现相关的非抗震缺陷。

3）根据各类建筑结构的特点、结构布置、构造和抗震承载力等因素，采用相应的逐级鉴定方法，进行综合抗震能力分析。

4）对现有建筑整体抗震性能作出评价，对符合抗震鉴定要求的建筑应说明其后续使用年限，对不符合抗震鉴定要求的建筑提出相应的抗震减灾对策和处理意见。

（2）现有工业建筑的抗震鉴定，除了抗震设防类别和设防烈度区别外，应根据下列情况区别对待，使鉴定工作有更强的针对性：

1）建筑结构类型不同的结构，其检查的重点、项目内容和要求不同，应采用不同的鉴定方法。关于工业建筑现况的调查，主要有三个内容：其一，建筑的使用状况与原设计或竣工时有无不同；其二，从结构受力角度，检查结构的使用与原设计有无明显的变化判断建筑存在的缺陷是否仍属于"现状良好"的范围，即建筑外观不存在危及安全的缺陷，现存的质量缺陷属于正常维修范围内；其三，检测结构材料的实际强度等级。

2）对重点部位与一般部位，应按不同的要求进行检查和鉴定。重点部位指影响该类建筑结构整体抗震性能的关键部位和易导致局部倒塌伤人的构件、部件，以及地震时可能造成次生灾害的部位。

3）对抗震性能有整体影响的构件和仅有局部影响的构件，在综合抗震能力分析时应分别对待。前者以组成主体结构的主要承重构件及其连接为主，不符合抗震要求时可能引起连锁反应，对结构综合抗震能力的影响较大，采用“体型影响系数”来表示；后者指次要构件、非承重构件、附属构件和非必需的承重构件，不符合抗震要求时只影响结构的局部，有时只需结合维修加固处理，采用“局部影响系数”来表示。

对工业建筑结构抗震鉴定的结果，统一规定为五个等级：合格、维修、加固、改变用途和更新。

维修：指综合维修处理。适用于仅有少数、次要部位局部不符合鉴定要求的情况。

加固：指由加固价值的建筑。大致包括：①无地震作用时能正常使用；②建筑虽已存在质量问题，但能通过抗震加固使其达到要求；③建筑因使用年限就或其他原因（如腐蚀等），抗侧力体系承载力降低，但楼盖或支持系统尚可利用；④建筑各局部缺陷尚多，但易于加固或能够加固。

改变用途：包括将生产车间改为不引起次生灾害的仓库，将使用荷载大的多层房屋改为使用荷载小的次要房屋，使用上属于乙类设防的房屋改为使用功能为丙类设防的房屋。改变使用功能性质后的建筑，仍应采取适当的加固措施，以达到相应使用功能房屋的抗震要求。

更新：指无加固价值而仍需继续使用的建筑或在计划中近期要拆迁的不符合鉴定要求的建筑，需采取应急措施。

要求根据建筑的实际情况，结合使用要求、城市规划和加固难易等因素的分析，通过技术经济比较，提出综合的抗震减灾对策。

4. 抗震措施鉴定

现有工业建筑抗震措施鉴定以宏观控制和构造鉴定为主，主要从房屋高度、平立面和墙体布置、结构体系、构件变形能力、连接的可靠性、非结构构件的影响和场地、地基等方面检查现有工业建筑是否存在影响其抗震性能的不利因素。

(1) 当建筑的平、立面，质量、刚度分布和墙体等抗侧力构件的布置在平面内明显不对称时，应进行地震扭转效应不利影响的分析；当结构竖向构件上下不连续或刚度沿高度分布突变时，应找出薄弱部位并按相应的要求鉴定。

(2) 检查结构体系，应找出其破坏会导致整个体系丧失抗震能力或丧失对重力的承载能力的部件或构件；当房屋有错层或不同类型结构体系相连时，应提高其相应部位的抗震鉴定要求。

(3) 检查结构材料实际达到的强度等级，当低于规定的最低要求时，应提出采取相应的抗震减灾对策。

(4) 多层建筑的高度和层数，应符合现行《建筑抗震鉴定标准》GB 50023 各章规定的最大值限值要求。

(5) 当结构构件的尺寸、截面形式等不利于抗震时，宜提高该构件的配筋等构造抗震鉴定要求。

(6) 结构构件的连接构造应满足结构整体性的要求；装配式厂房应有较完整的支撑系统。

(7) 非结构构件与主体结构的连接构造应满足不倒塌伤人的要求；位于出入口及人流通道等处，应有可靠的连接。

(8) 当建筑场地位于不利地段时，尚应符合地基基础的有关鉴定要求。

5. 抗震验算

现有工业建筑的抗震验算按《建筑抗震鉴定规范》GB 50023 的具体规定进行；当 6 度第一级鉴定不满足时，可通过抗震验算进行综合抗震能力评定；其他情况，至少在两个主轴方向分别按《建筑抗震鉴定规范》GB 50023 规定的具体方法进行结构的抗震验算。

现有工业建筑抗震验算可采用现行国家标准《建筑抗震设计规范》GB 50011 规定的方法，按下式进行结构构件抗震验算：

$$S \leqslant R/\gamma_{\mathrm{Ra}} \tag{10-1}$$

式中 S——结构构件内力（轴向力、剪力、弯矩等）组合的设计值；计算时，有关的荷载、地震作用、作用分项系数、组合值系数，应按现行国家标准《建筑抗震设计规范》GB 50011 的规定采用；其中，场地的设计特征周期可按表 10-1 确定，地震作用效应（内力）调整系数应按 GB 50023 各章的规定采用，8、9 度的大跨度和长悬臂结构应计算竖向地震作用；

R——结构构件承载力设计值，按现行国家标准《建筑抗震设计规范》GB 50011 的规定采用；其中，各类结构材料强度的设计指标应按《建筑抗震鉴定规范》GB 50023 附录 A 采用，材料强度等级按现场实际情况确定；

γ_{Ra}——抗震鉴定的承载力调整系数，除 GB 50023 各章节另有规定外，一般情况下，可按现行国家标准《建筑抗震设计规范》GB 50011 的承载力抗震调整系数值采用，A 类建筑抗震鉴定时，钢筋混凝土构件应按现行国家标准《建筑抗震设计规范》GB 50011 承载力抗震调整系数值的 0.85 倍采用。

特征周期值（s） **表 10-1**

设计地震分组	场地类别			
	Ⅰ	Ⅱ	Ⅲ	Ⅳ
第一、二组	0.20	0.30	0.40	0.65
第三组	0.25	0.40	0.55	0.85

现有建筑的抗震鉴定要求，可根据建筑所在场地、地基和基础等的有利和不利因素，作下列调整：

(1) Ⅰ类场地上的丙类建筑，7～9 度时，构造要求可降低一度。

(2) Ⅳ类场地、复杂地形、严重不均匀土层上的建筑以及同一建筑单元存在不同类型基础时，可提高抗震鉴定要求，此类建筑要求上部结构的整体性更强，或抗震承载力有较大富余，一般可根据建筑实际情况，将部分抗震构造措施的鉴定要求提高一度考虑。

(3) 建筑场地为Ⅲ、Ⅳ类时，对设计基本地震加速度 0.15g 和 0.30g 的地区，与现行规范协调，各类建筑的抗震构造措施要求宜分别按抗震设防烈度 8 度（0.20g）和 9 度（0.40g）采用。

（4）有全地下室、箱基、筏基和桩基的建筑，可降低上部结构的抗震鉴定要求。

（5）对密集的建筑，包括防震缝两侧的建筑，应提高相关部位的抗震鉴定要求。

三、地震灾后建筑鉴定的基本要求与原则

本部分适用于地震灾后救援抢险阶段的应急评估与排险处理，并适用于恢复重建阶段为恢复正常生活与生产而对地震损伤建筑进行的结构承载能力与抗震能力的鉴定和加固。不适用于未受地震影响地区建筑物的常规抗震鉴定与加固，应急处理的建议不适用于有较大余震的震中区域。

震损建筑物的抗震鉴定的工作程序，一般可分为两个阶段：震后救援抢险阶段和恢复重建阶段。

1. 地震灾后建筑鉴定原则

地震灾害发生后，对受地震影响建筑的检查、评估、鉴定与加固，应根据救援抢险阶段和恢复重建阶段的不同目标和要求分别进行安排。

震后救援抢险阶段对建筑受损状况的检查，评估与排险应符合下列规定：

（1）应立即对震灾区域的建筑进行紧急的宏观勘查，并根据勘查结果划分为不同受损区，为救援抢险指挥提供组织部署的依据。

（2）应对受地震影响建筑现有的承载能力和抗震能力进行应急评估，为判断余震对建筑可能造成的累计损伤和排除其安全隐患提供依据。

（3）应根据应急评估结果划分建筑的破坏等级，并迅速组织应急排险处理。

（4）在余震活动强烈期间，不宜对受损建筑物进行按正常设计使用期要求的系统性加固改造。

灾后恢复重建阶段的建筑鉴定应符合下列规定：

（1）灾后的恢复重建应在预期余震已由当地救灾指挥部判定为对结构不会造成破坏的小震，其余震强度已趋向显著减弱后进行。

（2）应对中等破坏程度以内的建筑进行系统鉴定，为建筑的修复性加固提供技术依据。

（3）建筑结构的系统鉴定，应包括常规的可靠性鉴定和抗震鉴定，并应通过与业主的协商，共同确定结构加固后的设计使用年限。

（4）根据系统鉴定的结论，应选择科学、有效、适用的加固技术和方法，并由有资质的设计、施工单位实施，使加固后的建筑能满足结构安全与抗震设防的要求。

2. 应急勘察、评估的分区、分级原则

震后救援抢险阶段的主要工作是应急调查、勘察和排险，主要是指震后对震损灾区的建筑进行紧急的宏观勘察、评估和排险，主要内容有：

（1）分区

较强地震发生后，立即对震灾区域的建筑进行紧急的宏观勘察，并根据勘察结果划分为不同受损区。根据《地震灾后建筑抗震鉴定与加固技术指南》，按照下列分区原则，将地震区域内各受灾城镇（或乡）按其建筑群体的宏观受损程度划分为极严重受损区、严重受损区和轻微受损区：

1）极严重受损区

该区建筑大多数倒塌；尚存的建筑也破坏严重，已无修复价值；勘查评估：属于需要重建或迁址重建的城镇。划分该区的参照指标为：超过该地区抗震设防烈度2度以上，且不低于9度。

2）严重受损区

该区建筑部分倒塌；尚存的建筑仅少数无修复价值，可考虑拆除；多数通过加固修理后仍可继续使用；勘查评估：属于可修复的城镇。划分该区的参照指标为：超过该地区抗震设防烈度1～2度，且介于7度与9度之间。

3）轻微受损区

该区建筑基本完好或完好；少数虽有损伤，但易修复；勘查评估：属于可以正常运作的城镇。划分该区的参照指标为：达到或低于该地区抗震设防烈度，且介于6度与7度之间。

(2) 分级原则

较强地震发生后，应立即对灾区建筑现有的承载能力和抗震能力进行应急评估。应急评估应以建筑结构体系中每一独立部分为对象进行。应急评估应由地震灾区省级建设行政主管部门统一组织有关专业机构和高等院校的专家和技术人员，经短期培训后进行。

应急评估应以目测建筑损坏情况和经验判断为主；必要时，应查阅尚存的建筑档案或辅以仪器检测。应急评估应采用统一编制的检查、检测记录。

应急评估的结果，应以统一划分的建筑地震破坏等级表示。本书按下列原则划分为五个等级：

1）基本完好级。其宏观表征为：地基基础保持稳定；承重构件及抗侧向作用构件完好；结构构造及连接保持完好；个别非承重构件可能有轻微损坏；附属构、配件或其固定、连接件可能有轻度损伤；结构未发生倾斜和超过规定的变形。一般不需修理即可继续使用。

2）轻微损坏级。其宏观表征为：地基基础保持稳定；个别承重构件或抗侧向作用构件出现轻微裂缝；个别部位的结构构造及连接可能受到轻度损伤，尚不影响结构共同工作和构件受力；个别非承重构件可能有明显损坏；结构未发生影响使用安全的倾斜或变形；附属构、配件或其固定、连接件可能有不同程度损坏。经一般修理后可继续使用。

3）中等破坏级。其宏观表征为：地基基础尚保持稳定；多数承重构件或抗侧向作用构件出现裂缝，部分存在明显裂缝；不少部位构造的连接受到损伤，部分非承重构件严重破坏，经立即采取临时加固措施后，可以有限制地使用。在恢复重建阶段，经鉴定加固后可继续使用。

4）严重破坏级。其宏观表征为：地基基础出现震害；多数承重构件严重破坏；结构构造及连接受到严重损坏；结构整体牢固性受到威胁；局部结构濒临坍塌；无法保证建筑物安全，一般情况下应予以拆除。若该建筑有保留价值，需立即采取排险措施，并封闭现场，为日后全面加固保持现状。

5）局部或整体倒塌级。其宏观表征为：多数承重构件和抗侧向作用构件毁坏引起的建筑物倾倒或局部坍塌。对局部坍塌严重的结构应及时予以拆除，以防在余震发生时，演变为整体坍塌或坍塌范围扩大而危及生命和财产安全。

（3）单层工业厂房地震破坏等级划分标准

1）单层钢筋混凝土柱厂房的地震破坏等级按下列标准划分：

① 基本完好：屋盖、柱完好；支撑完好；个别墙体轻微裂缝。

② 轻微损坏：部分屋面构件连接松动；预埋板偶有松动，致使预埋板下混凝土开裂；柱完好，个别可有细裂缝，承重山墙顶部可有细微裂缝，不外闪，围护墙可有裂缝，但不外闪。

③ 中等破坏：屋面板错位，个别塌落；部分柱轻微裂缝；部分天窗架竖立支撑压屈；部分柱间支撑明显破坏；部分墙体倒塌。

④ 严重破坏：部分屋架塌落；部分柱明显破坏；部分支撑压屈或节点破坏。

⑤ 局部或整体倒塌：多数屋盖塌落。多数柱破坏。

2）单层砖柱厂房的地震破坏等级应按下列标准划分：

① 基本完好：屋盖或柱完好；山墙、围护墙轻微裂缝；屋面与柱连接无松动，屋架无倾斜，瓦屋盖有溜瓦现象。

② 轻微损坏：个别柱、墙轻微裂缝；屋架无倾斜，个别屋架与柱连接处位移。

③ 中等破坏：部分柱、墙明显裂缝；屋架明显倾斜，山墙尖局部塌落；个别屋面构件塌落。

④ 严重破坏：多数砖柱、墙严重裂缝或局部酥碎；部分屋盖塌落。

⑤ 局部或整体倒塌：多数柱、墙倒塌。

3. 受损建筑恢复重建的抗震设防目标

地震受损建筑恢复重建的设防烈度，应以国家批准的抗震设防烈度为依据确定。建筑工程抗震设防分类，应按现行国家标准《建筑工程抗震设防分类标准》GB 50023 的规定执行。对于震损的建筑进行的抗震鉴定，主要针对基本完好级、轻微损坏级、中等破坏级的震损建筑。其灾后恢复重建阶段的鉴定时的设防目标，有别于新建建筑。参照《地震灾后建筑鉴定与加固技术指南》，地震受损建筑抗震鉴定的设防目标为：

对丙类建筑应达到“当遭受相当于本地区抗震设防烈度地震影响时，可能损坏，但经一般修理后仍可继续使用；当遭受高于本地区抗震设防烈度预估的罕遇地震影响时，不致倒塌或发生危及生命安全的严重破坏。”

对乙类建筑应达到“当遭受相当于本地区抗震设防烈度地震影响时，不应有结构性损坏，不经修理或稍经一般修理后仍可继续使用；当遭受高于本地区抗震设防烈度预估的罕遇地震影响时，其个体建筑可能处于中等破坏状态。”

以上两类可以概括为“中震不坏或可修，大震不倒”。

对于政府制定的地震避险场所的建筑，设防类别不应低于重点设防类，其设防目标应达到当遭受相当于本地区抗震设防烈度地震影响时，不应有结构性损坏，不经修理即可继续使用；当遭受高于本地区抗震设防烈度预估的罕遇地震影响时，其建筑总体状态可能介于轻微损坏与中等破坏之间。这一类可以概括为“中震不坏，大震可修”。

4. 恢复重建阶段建筑鉴定基本原则

恢复重建阶段建筑加固前的鉴定，应以国家抗震救灾权威机构判定的地震趋势为依据。在预期余震作用为不构成结构损伤的小震作用时，方允许启动恢复重建前的系统鉴定工作。

恢复重建阶段建筑抗震鉴定对象，主要为中等破坏的建筑、有恢复价值的严重破坏建筑。

受地震损坏的建筑，应在应急评估确定的结构承载能力、抗震能力和使用功能的基础上，根据恢复重建的抗震设防目标，进行结构可靠性鉴定与抗震鉴定相结合的系统鉴定。

受地震损坏建筑，应进行结构损伤的检查和结构构件材料强度及其变形和位移的检测，为结构可靠性鉴定与抗震鉴定提供可靠的计算参数。结构检测应执行现行国家标准《建筑结构检测技术标准》GB/T 50344、《砌体工程现场检测技术标准》GB/T 50315 和现行行业标准《建筑变形测量规范》JGJ 8 以及其所引用的其他标准、规范的规定。对于工业建筑，结构可靠性鉴定时，选用现行的国家标准《工业建筑可靠性鉴定标准》GB 50144。

抗震鉴定时，应根据结构的类型和使用年限的不同，根据现行的国家标准《建筑抗震鉴定标准》GB 50023 的规定进行鉴定。同时，一些地方的区域参照该标准，颁布了相应的地方标准，现有工业建筑的抗震鉴定操作中的一些具体的要求和标准可能有一些调整变化。因此，具体执行时尚应考虑到地方标准规定以及委托方的要求。

恢复重建阶段结构可靠性与抗震性能鉴定，应在应急评估基础上对建筑的震害情况进行详细调查。调查时，应仔细核实承重结构构件和非结构构件破坏及损伤程度；在鉴定中应计入震害对结构承载力和抗震能力的影响。抗震鉴定内容，应包括结构布置、结构体系、抗震构造和构件抗震承载力、结构抗震变形能力及结构现状质量与地震损伤状况等内容。

抗震鉴定应区分重点部位与一般部位，按结构的震害特征，对结构整体抗震性能的重点部位进行认真的检查。单层钢筋混凝土柱厂房，天窗架应列为可能破坏部位的鉴定检查重点；有檩和无檩屋盖中，支承长度较小的构件间的连接也应是鉴定检查的重点；结构损伤严重时，不仅应重视各种屋盖系统的连接和支撑布置，还应将高低跨交接处和排架柱变形受约束的部位也应列为鉴定检查的重点。

5. 恢复重建阶段结构可靠性与抗震性能鉴定的一般规定

(1) 建筑场地、地基基础对建筑物上部结构的影响可从以下方面进行鉴定：

1) Ⅰ类场地的建筑，上部结构的构造鉴定要求，一般情况可按降低一度确定。

2) 对等整体性较好的基础类型，上部结构的部分鉴定要求可在一定范围内作适当降低的调整，但不得全面降低。

3) Ⅳ类场地、复杂地形、严重不均匀土层和同一单元存在不同的基础类型或埋深不同的结构，其鉴定要求应作相对提高的调整。

4) 抗震设防为 8 度、9 度时，尚应检查饱和砂土、饱和粉土液化的可能并根据液化指数判断其危害性。

(2) 建筑结构布置的规则性，应在综合考虑下列影响因素要求的基础上进行鉴定：

1) 平面上局部突出的尺寸不大（如 $L \geqslant b$，且 $b/B < 1/5 \sim 1/3$）。

2) 抗侧向作用构件设置及其质量分布在本层内基本对称。

3) 抗侧向作用构件宜呈正交或基本正交分布，使抗震分析可在两个主轴方向分别进行。

(3) 结构体系的合理性鉴定，除应对结构布置的规则性进行判别外，还应包括下列内容：

1）应注意部分结构或构件破坏将导致整个体系丧失抗震能力或承载能力的可能性。

2）当同一建筑有不同的结构类型相连，如天窗架为钢筋混凝土，而端部由砌体墙承重；排架柱厂房单元的端部和锯齿形厂房四周直接由砌体墙承重等情况时，应考虑各部分动力特性不一致，相连部分受力复杂等可能对相互间工作产生的不利影响。

3）厂房有局部平台与主体结构相连，或有高低跨交接的构造时，应考虑局部地震作用效应增大的不利影响。

（4）结构构件的尺寸、长细比和截面形式应从下列方面进行鉴定：

1）单层砌体柱厂房不应有变截面的砖柱。

2）单层钢筋混凝土柱厂房不应采用Ⅱ形天窗架、无拉杆组合屋架；薄壁工字形柱、腹板大开孔工字形柱和双肢管柱等不利抗震的构件形式也不应采用。

（5）非结构构件包括围护墙、隔墙等建筑构件，女儿墙等附属构件，各种装饰构件和幕墙等的构造、连接应符合下列规定：

1）女儿墙等出屋面悬臂构件应采用构造柱与压顶圈梁进行可靠锚固；人流出入口尤应细致鉴定。

2）砌体围护墙、填充墙等应与主体结构可靠拉结，应防止倒塌伤人；对布置不合理，如不对称形成的扭转，嵌砌不到顶形成的短柱或对柱有附加内力，厂房一端有墙一端敞口或一侧嵌砌一侧贴砌等现况，均应考虑其不利影响；但对构造合理、拉结可靠的砌体填充墙，必要时，可视为抗侧向作用构件并考虑其抗震承载力。

3）较重的装饰物与承重结构应有可靠固定或连接。

第二节　单层钢筋混凝土柱厂房抗震鉴定

一、单层钢筋混凝土柱厂房主要震害及特征

单层钢筋混凝土柱厂房有较丰富的震害经验。未经过抗震设计的单层钢筋混凝土柱厂房，在7度地震作用下，主要震害是围护墙体的局部开裂或外闪，厂房主体结构完好、支撑系统包括屋盖支撑基本完好。在8度地震作用下，围护墙体破坏严重，部分墙体局部倒塌，山墙顶部多数外闪倒塌，厂房排架柱出现开裂、有的严重开裂破坏，天窗架立柱开裂，屋盖和柱间支撑系统出现杆件压曲或节点拉脱。在9度地震作用下，围护墙体大面积倒塌，主体结构严重破坏，支撑系统大部分压曲，屋盖破坏严重甚至局部倒塌。支撑系统大部分压曲，节点拉脱破坏：砖围护墙大面积倒塌：有的厂房整个严重破坏。

1. 屋盖系统

单层厂房的屋盖，尤其是重型屋盖（指采用钢筋混凝土屋架，屋面梁或钢屋架，上铺钢筋混凝土槽形板或大型屋面板的屋盖），集中了整个厂房绝大部分的质量，是地震作用首当其冲之处，是厂房主体结构最易遭到地震破坏的部位。同时，屋盖又是厂房形成整体稳定性的重要部位，屋盖构件连接或屋盖支撑体系的局部破坏往往会引起严重的后果。历次大地震表明，屋盖构件的破坏是造成厂房倒塌的主要原因。

单层钢筋混凝土柱厂房大部分采用无檩屋盖，即大型屋面板，少量为有檩屋盖。在地

震作用下无檩屋盖破坏相对严重。

（1）钢筋混凝土无檩屋盖

1）屋面板

大型屋面板（指1.5m×6m的钢筋混凝土大型屋面板）与屋架（屋面梁）的焊接质量差时（漏焊、焊缝长度不足等），地震时往往造成屋面板错动和大面积滑脱坠落，屋面板与上弦连接的支座部位发生纵向错动移位，更严重的屋面板从屋架上塌落。该现象7度时就有发生，8度时较为普遍。屋面板主肋端头支承处产生开裂破坏，这一破坏主要发生在屋架（屋面梁）端头上第一块屋面板的外侧主肋，而且破坏最重的是位于柱间支撑开间上面的屋面板。

在轻型屋盖（指采用钢屋架、钢檩条，上铺瓦楞铁或波形石棉瓦，钢丝网水泥槽瓦等的屋盖）中，当屋面瓦材未与檩条钩牢，或檩条未与屋架连牢时，也会发生屋面大面积下滑坠落的情况。屋面板的另一震害是：屋架端部第一块屋面板外侧主肋端头发生斜裂缝，或与屋架的连接遭破坏，而且越靠近柱间支撑，这种震害就越多越重。

2）混凝土屋架

屋架本身的震害主要是端头混凝土裂损（图10-1、图10-2），支承大型屋面板的支墩折断，端节间上弦剪断等。设有柱间支撑的跨间，纵向刚度大，屋盖纵向水平地震作用在该处最为集中，震害在该处也最为常见。当屋面外侧纵肋与屋架的连接遭破坏后，纵向地震作用的传递改由屋面板内肋承担，以致使该处屋架上弦杆受到过大的地震作用而破坏。

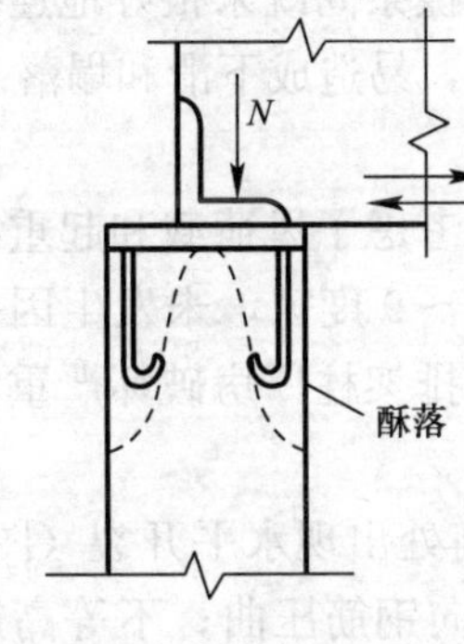

图10-1　端头混凝土裂损（一）

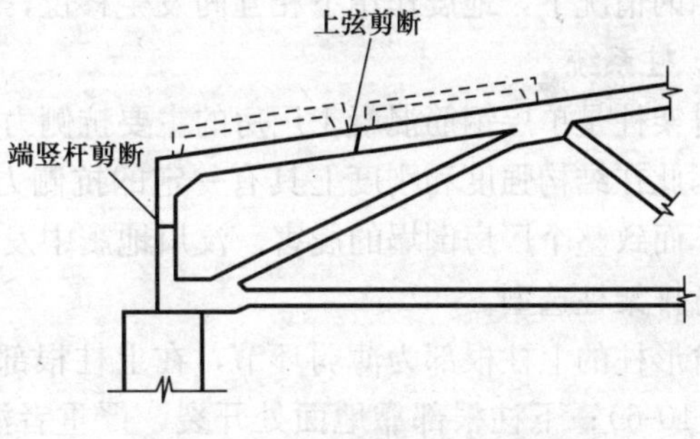

图10-2　端头混凝土裂损（二）

在8度及8度以上地震作用下，由于屋盖整体刚度不足，支撑布置不完整或不合理等原因造成屋架发生部分杆件的局部破坏和屋架的整榀倒塌，如屋架端头顶面与屋面板支座焊连的预埋板下混凝土开裂剥落；拱形屋架端头上部支承屋面板的小立柱水平剪裂；屋架上弦第一节间弦杆剪裂，严重者混凝土断裂，梯形屋架的端竖杆水平剪裂；厂房受力比较集中和复杂的区段屋架倒塌；在高烈度区，屋架沿厂房纵向发生倾斜变位，严重者屋架上弦向一边倾斜，变位可达30～40cm。

3）天窗架

突出屋面的门式天窗架是厂房抗震的最薄弱部位之一，天窗架立柱的截面为T形，以往在6度区就有震害的实例，在8、9度区则普遍遭遇到不同程度的破坏。震害主要表现为两侧竖向支撑杆件失稳压曲，支撑与天窗立柱连接节点被拉脱，天窗立柱根部在与侧板连接处水平开裂，严重者天窗架立柱纵向折断倒塌（图10-3）。

图 10-3　天窗架破坏

钢筋混凝土天窗架在地震作用下主要是沿厂房纵向破坏，轻者开裂，重则倒塌，其主要破坏现象是立柱开裂倒塌。

钢天窗架在地震中震害较轻，8 度区的主要震害是产生沿厂房纵向的倾斜变形，个别厂房因钢天窗架的严重倾斜，立柱变形失稳导致天窗屋架倒塌。

（2）钢筋混凝土有檩屋盖

钢筋混凝土有檩屋盖震害较无檩屋盖较轻，在屋面瓦、板与檩条间既未很好地连接又无拉结的情况下，地震作用下相互间发生移位，屋面坡度较大时，易造成下滑和塌落。

2. 柱系统

排架柱是单层钢筋混凝土厂房的主要抗侧力构件。在设计中考虑了风荷载和起重机作用，因此在结构强度和刚度上具有一定的抗侧力能力，因而在 7～9 度区，未发生因排架柱破坏而致整个厂房倒塌的震害。汶川地震中发现整体性不好的排架柱厂房破坏严重，故应注意排架柱选型。

阶形柱的上柱根部为薄弱环节，在上柱根部和起重机梁标高处出现水平开裂（图 10-4、图 10-6）；下柱根部靠地面处开裂，严重者混凝土剥落，纵向钢筋压曲；不等高厂房高低跨交接处中柱支承低跨屋盖牛腿以上柱截面出现水平裂缝、柱肩遭受水平拉力导致开裂、破坏（图 10-5），6、7 度时就出现裂缝，8、9 度时普遍拉裂、劈裂，9 度时其上柱底部多有水平裂缝，甚至折断，导致屋架塌落；平腹双肢柱和薄壁开孔预制腹板工字形柱发生剪切破坏（图 10-7）；大柱网厂房中部根部破坏等；受力比较集中的柱头，特别是侧向变形受约束的柱子的柱头在 8 度地震作用下，出现斜向开裂破坏，严重者混凝土酥裂。

3. 支撑系统

单层钢筋混凝土柱厂房的支撑系统包括屋盖支撑、天窗架支撑和柱间支撑三部分。地震时破坏最多最重的是突出屋面的天窗架支撑和厂房纵向柱列的柱间支撑。屋架支撑系统、柱间支撑系统不完整，7 度时震害不大，8、9 度时就有较重的震害：屋盖倾斜、柱间支撑压曲、有柱间支撑的上柱柱头和下柱柱根开裂甚至酥碎。

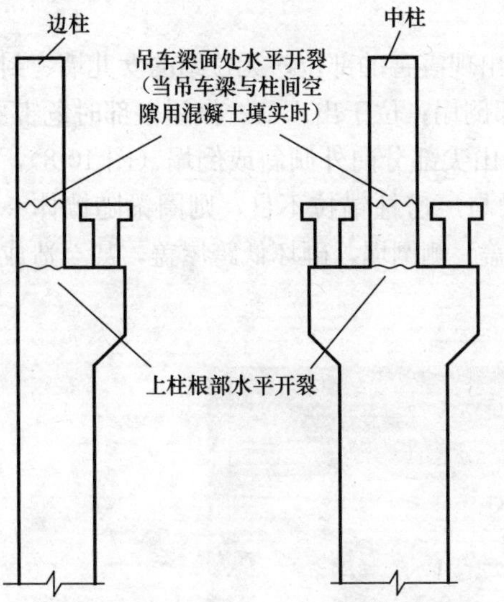

图 10-4　上柱根部与起重机梁面处开裂图

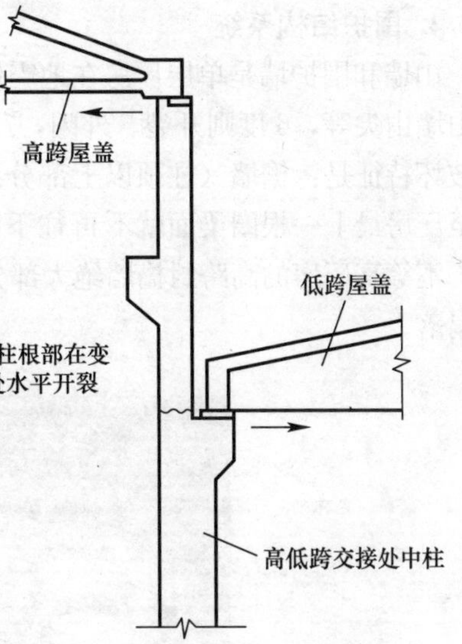

图 10-5　高低跨交接处上柱水平剪裂

图 10-6　起重机梁标高处出现水平开裂

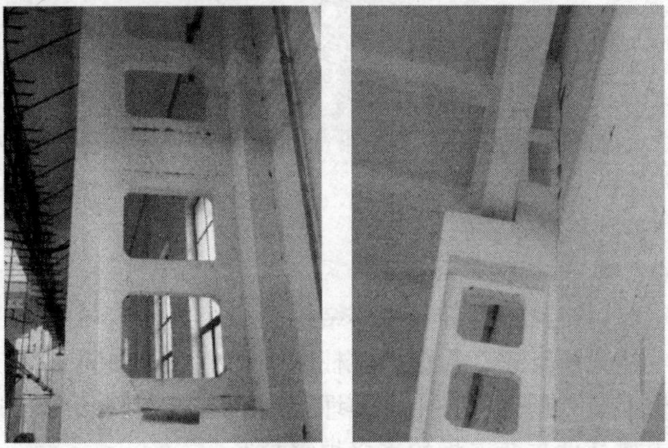

图 10-7　平腹双肢柱剪切破坏

（1）天窗架支撑

天窗架支撑的破坏主要是两侧竖向支撑杆件的失稳。当交叉支撑斜杆压曲，则出现支撑斜杆与天窗架立柱连接节点的拉脱。震害统计表明，支撑间距大的比支撑间距小的破坏量大；X 形交叉支撑的破坏率高于 M 形支撑；支撑杆件长细比大的比长细比小的破坏率高；采用焊接连接节点的比采用螺栓连接节点破坏率高。

（2）柱间支撑

柱间支撑的破坏，主要出现在 8 度及 8 度以上地震区，而 7 度区较少。其破坏特征是：支撑斜杆在平面内或平面外压曲、支撑与柱连接节点拉脱。杆件压曲可发生在上、下柱间支撑，但以上柱支撑为多。节点拉脱也以上柱支撑居多，但下柱支撑的下节点破坏最重。根据对柱间支撑破坏资料统计，边列柱（有贴砌墙）的柱支撑破坏率，上柱支撑为 2.51%，下柱支撑为 11.06%，而中列柱（无嵌砌墙）的柱支撑破坏率则明显提高，上柱支撑为 20.2%，下柱支撑为 65.5%。

4. 围护结构系统

山墙和围护墙是单层厂房在地震作用下最易出现震害的部位，无拉结的女儿墙、封檐墙和山墙山尖等，6 度则开裂、外闪，7 度时有局部倒塌；位于出入口、披屋上部时危害更大。其破坏特征是：檐墙（柱顶以上部分）和山墙的山尖部分向外倾斜或倒塌（图 10-8），一般倒至厂房最上一根圈梁面就不再往下延伸；圈梁与厂房柱锚拉不良，则圈梁随墙体一起倒塌；不等高厂房的高跨封檐墙绝大部分向低跨屋盖一侧倒塌，砸坏低跨屋盖，甚至造成屋面板塌落。

图 10-8　山墙的山尖部分向外倒塌

5. 结构构件连接

（1）支撑杆件与主体结构连接节点的破坏

天窗支撑与天窗架立柱的连接节点、柱间支撑与柱连接节点地震破坏常见特征为：立柱上节点预埋板拔出；预埋板随同支撑斜杆拔出；连接节点板与预埋件的连接焊缝拉脱；支撑杆件与节点板的连接焊缝拉脱。

（2）屋架与柱顶连接节点的破坏

屋架与柱顶的连接节点是单层厂房屋盖抗震的一个重要节点，是该连接节点把屋盖的地震作用传递到厂房柱上。一般厂房屋架与柱顶的连接多数采用屋架端头支座钢板直接与柱顶的预埋板焊连的连接构造，而该连接节点接近于刚性节点，没有变形能力，在柱顶产生的地震作用引起变位时，连接节点就出现破坏，轻则是焊缝和预埋板下混凝土的开裂；重则出现焊缝拉断，屋架支座板与柱顶预埋板脱开，或是预埋件从柱顶拔出，柱头混凝土酥碎破坏，更严重的是整个柱头断裂破坏。

（3）不等高厂房中柱支撑低跨屋盖柱牛腿顶面预埋件连接节点的破坏

此连接节点的破坏特征是，预埋件随低跨屋盖位移方向移动，预埋件的移位导致其下混凝土牛腿的开裂，裂缝沿排架方向斜向延伸，严重者牛腿破坏，屋架大幅移位，甚至濒临塌落。

（4）柱间支撑开间两侧柱子柱顶预埋件的纵向剪移破坏

破坏特征是柱间支撑开间两侧柱子的柱顶预埋板，在纵向地震作用下沿厂房纵向产生移位，锚筋剪断，预埋板水平移出柱边，同时出现柱头混凝土剪裂。

6. 披屋

披屋的梁、板直接搁置在山墙或纵墙上，在7、8度时不仅山墙（或纵墙）有局部裂缝，而且出现梁（板）拔出的震害；梁、板直接搁置在排架柱的牛腿上，地震作用下容易遭受牛腿劈裂。生活间等设置在厂房角隅局部设置，造成厂房刚度分布不对称和角柱的局部受力突变，加重厂房主体结构的震害。生活间等与厂房之间或厂房纵横跨之间设置防震缝，若缝宽不够，也因相邻部分碰撞而破坏。

二、单层钢筋混凝土柱厂房抗震鉴定的一般规定

1. 适用条件

本章所适用的厂房为装配式结构，柱子为钢筋混凝土柱，屋盖为大型屋面板与屋架、屋面梁构成的无檩体系或槽板、槽瓦等屋面瓦与檩条、各种屋架构成的有檩体系。混合排架厂房中的钢筋混凝土结构部分也可适用。

2. 检查重点部位与有关规定

（1）检查重点部位

单层钢筋混凝土柱厂房的震害表明，装配式结构的整体性和连接的可靠性是影响厂房抗震性能的重要因素，因而，不同烈度的单层钢筋混凝土柱厂房，应对下列关键薄弱环节进行重点检查：

1）6度时，应检查钢筋混凝土天窗架的形式和整体性，排架柱的选型，并注意出入口等处的女儿墙，高低跨封墙等构件的拉结构造。

2）7度时，除按上述要求检查外，尚应检查屋盖中支撑长度较小构件连接的可靠性，并注意出入口等处的女儿墙、高低跨封墙等构件的拉结构造。

3）8度时，除按上述要求外，尚应检查各支撑系统的完整性、大型屋面板连接的可靠性、高低跨牛腿（柱肩）和各种柱变形受约束部位的构造，并注意圈梁、防风柱的拉结构造及平面不规则、墙体布置不匀称等和相连建筑物、构筑物导致质量分布不均匀、刚度不协调的影响。

8、9度时，厂房质量分布不匀称、纵向或横向刚度不协调时，导致高振型影响、应力集中、扭转效应和相邻建筑的碰撞，将加重震害。

4）9度时，除按上述要求检查外，尚应检查柱间支撑的有关连接部位和高低跨柱列上柱的构造。

（2）有关规定

单层钢筋混凝土柱厂房的抗震鉴定，既要考虑抗震构造措施鉴定，又要考虑抗震承载力评定。根据震害调查和分析，规定多数A类单层钢筋混凝土柱厂房不需进行抗震承载力验算，这是一种分级鉴定方法，详见图10-9。

对于A、B类厂房，其抗震构造措施鉴定都要求检查结构布置、构件构造、支撑、结构构件连接和墙体连接构造等，但是它们鉴定要求的宽严程度、依据的标准不同。A类厂房的抗震构造措施的鉴定要求，基本与原95抗震鉴定标准相同；B类厂房的抗震构造措施，基本采用原89抗震设计规范要求，并根据现行抗震设计规范适当增加了鉴定要求，比A类厂房的鉴定要求偏严。抗震承载力评定，在有些情况下还应结合抗震承载力验算进行综合抗震能力评定。

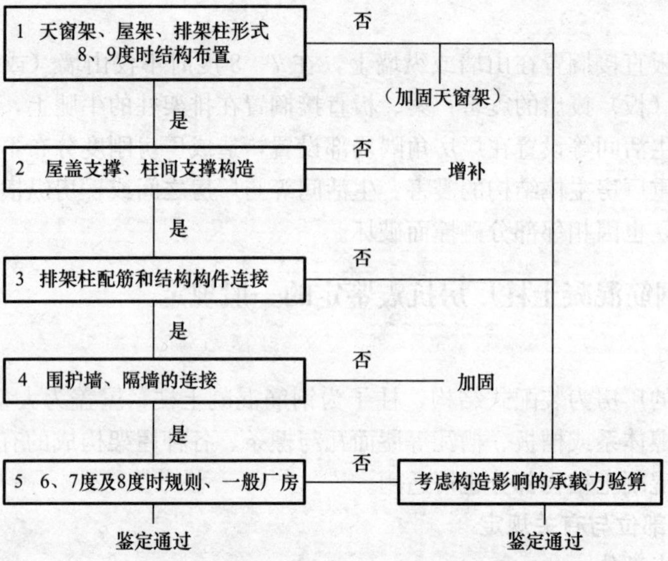

图 10-9 单层钢筋混凝土柱厂房的分级鉴定

当关键薄弱环节不符合鉴定要求时，应进行加固或处理，这是提高厂房抗震安全性的经济而有效的重要措施；一般部位的构造、抗震承载力不符合鉴定要求时，可根据不符合的程度和影响的范围等具体情况，提出相应对策。

3. 厂房的外观和内在质量检查要求

单层钢筋混凝土柱厂房的外观及内在质量宜符合：

混凝土承重构件仅有少量微小裂缝或局部剥落，钢筋无露筋和锈蚀；屋盖构件无严重变形和歪斜；构件连接处无明显裂缝或松动；无不均匀沉降；无砖墙、钢结构构件的其他损伤。

三、单层钢筋混凝土柱厂房抗震鉴定

1. 抗震措施鉴定

抗震措施的鉴定要求，应包括：结构布置、构件形式、屋盖支撑布置及构造、柱间支撑、厂房连接构造、围护结构等方面。

(1) 结构布置（表 10-2）

结构布置的鉴定要求，包括：主体结构刚度、质量沿平面分布基本均匀对称、沿高度分布无突变的规则性检测，变形缝及其宽度、砌体墙和工作平台的布置及受力状态的检查等。

单层钢筋混凝土柱厂房结构布置　　表 10-2

鉴定部位	A类厂房鉴定	B类厂房鉴定
贴建建筑与防震缝	8、9 度时，厂房侧边贴建生活间、变电所、炉子间和运输走廊等附属建筑物、构筑物，宜有防震缝与厂房分开；当纵横跨不设缝时应提高鉴定要求； 一般情况宜为 50～90mm，纵横跨交界处宜为 100～150mm	厂房角部不宜有贴建房屋，厂房体型复杂或有贴建房屋时，宜有防震缝； 一般情况宜为 50～90mm，纵横跨交接处宜为 100～150mm

续表

鉴定部位	A类厂房鉴定	B类厂房鉴定
天窗部位及选型要求	突出屋面天窗的端部不应为砖墙承重	6～8度时突出屋面的天窗宜采用钢天窗架或矩形截面杆件的钢筋混凝土天窗架； 9度时，宜为下沉式天窗或突出屋面钢天窗架； 天窗屋盖与端壁板宜为轻型板材； 天窗架宜从厂房单元端部第三柱间开始设置
工作平台	工作平台宜与排架柱脱开或柔性连接	
砖围护墙	8、9度时，砖围护墙宜为外贴式，不宜为一侧有墙另一侧敞开或一侧外贴而另一侧嵌砌，但单跨厂房可两侧均为嵌砌式	砖围护墙宜为外贴式，不宜为一侧有墙另一侧敞开或一侧外贴而另一侧嵌砌等，但单跨厂房可两侧均为嵌砌式
其他	8、9度时，厂房两端和中部不应为无屋架的砖墙承重，锯齿形厂房的四周不应为砖墙承重。 8、9度时，仅一端有山墙厂房的敞开端和不等高厂房高跨的边柱列等存在扭转效应时，其内力增大部位的构造鉴定要求应适当提高	厂房跨度大于24m，或8度Ⅲ、Ⅳ类场地和9度时，屋架宜为钢屋架； 柱距为12m时，可为预应力混凝土托架； 端部宜有屋架，不宜用山墙承重

根据震害总结，这里增加了防震缝宽度的鉴定要求。砖墙作为承重构件，所受地震作用大而承载力和变形能力低，在钢筋混凝土厂房中是不利的；7度时，承重的天窗砖端壁就有倒塌，8度时，排架与山墙、横墙混合承重的震害也较重。当纵向外墙为嵌砌砖墙而中列柱为柱肩支撑，或一侧有墙，或一侧为外贴式另一侧为嵌砌式，均属于纵向各柱列刚度明显不协调的布置。厂房仅一端有山墙或纵向为一侧敞口，以及不等高厂房等，凡不同程度地存在扭转效应问题时，其内力增大部位的鉴定要求适当提高。对纵横跨不设缝的情况，应提高鉴定要求。B类钢筋混凝土柱厂房结构布置采用89版抗规的要求，并根据2001版抗规的要求对9度时的屋架、天窗架选型增加了鉴定要求。

（2）结构构件形式（表10-3）

单层钢筋混凝土柱厂房结构构件形式鉴定　　表10-3

鉴定部位	A类厂房鉴定	B类厂房鉴定
钢筋混凝土Π形天窗架	8度Ⅰ、Ⅱ类场地在竖向支撑处的立柱及8度Ⅲ、Ⅳ类场地和9度时的全部立柱，不应为T形截面；当不符合时，应采取加固或增加支撑等措施	
屋架上弦端部支撑屋面板的小立柱	截面两个方向的尺寸均不宜小于200mm，高度不宜大于500mm； 小立柱的主筋，7度有屋架上弦横向支撑和上柱柱间支撑的开间处不宜小于4ϕ12，8、9度时不宜小于4ϕ14； 小立柱的箍筋间距不宜大于100mm	截面不宜小于200mm×200mm，高度不宜大于500mm； 小立柱的主筋，6～7度时不宜小于4ϕ12，8～9度时不宜小于4ϕ14； 小立柱的箍筋间距不宜大于100mm

续表

鉴定部位	A类厂房鉴定	B类厂房鉴定
屋架杆件	现有的组合屋架的下弦杆宜为型钢；8、9度时，其上弦杆不宜为T形截面 钢筋混凝土屋架上弦第一节间和梯形屋架现有的端竖杆的配筋，9度时不宜小于4ϕ14	钢筋混凝土屋架上弦第一节间和梯形屋架现有的端竖杆的配筋，6～7度时不宜小于4ϕ12，8～9度时不宜小于4ϕ14； 梯形屋架的端竖杆截面宽度宜与上弦宽度相同
排架柱	对薄壁工字形柱、腹板大开孔工字形柱、预制腹板的工字形和管柱等整体性差或抗剪能力差的排架柱（包括高大山墙的抗风柱）的构造鉴定要求应适当提高；对薄壁工字形柱、腹杆大开孔工字形柱和双肢管柱，在地震中容易变为两个肢并联的柱，受弯承载力大大降低。鉴定时着重检查其两个肢连接的可靠性，或进行相应的抗震承载力验算。 8、9度时，排架柱柱底至室内地坪以上500mm范围内和阶形柱上柱自牛腿面至起重机梁顶面以上300mm范围内的截面宜为矩形；8、9度时，山墙现有的抗风砖柱应有竖向配筋	8、9度时，不宜有腹板大开孔工字形柱、预制腹板的工字形柱等整体性差或抗剪能力差的排架柱（包括高大山墙的抗风柱），排架柱柱底至室内地坪以上500mm范围内和阶形柱上柱宜为矩形

根据震害调查总结，Π形天窗架立柱、组合屋架上弦为T形截面，不利于抗震的构件形式。因此对排架上柱、柱根及支承屋面板小立柱的截面形式应进行调查。

薄壁工字形柱、腹杆大开孔工字形柱和双肢管柱，在地震中容易变为两个肢并联的柱，受弯承载力大大降低。A类厂房鉴定时着重检查其两个肢连接的可靠性，或进行相应的抗震承载力验算；B类厂房明确不宜采用。鉴于汶川地震中薄壁双肢柱厂房的大量倒塌，应适当提高此类厂房的鉴定要求。

(3) 屋架支承布置及构造（表10-4～表10-8）

工程经验和震害表明，厂房设置完整的屋盖支撑是使装配式屋盖形成整体稳定的空间体系、提高屋盖结构的整体刚度，以承担和传递水平荷载的重要构造措施。

钢筋混凝土厂房无檩屋盖的支撑布置　　表10-4

支撑名称		厂房类别	烈度		
			6、7度	8度	9度
屋架支撑	上弦横向支撑	A	同非抗震设计	厂房单元端开间及柱间支撑开间各有一道；天窗跨度大于6m时，天窗开洞范围的两端有局部的支撑一道	
		B	屋架跨度小于18m时同非抗震设计，跨度不小于18m时在厂房单元端开间各有一道	厂房单元开间及柱间支撑开间各有一道；天窗开洞范围的两端有局部的支撑一道	

续表

支撑名称			厂房类别	烈度		
				6、7度	8度	9度
屋架支撑	上弦通长水平系杆		B	同非抗震设计	沿屋架跨度不大于15m有一道，但装配整体式屋面可没有；围护墙在屋架上弦高度有现浇圈梁时，其端部处可没有	沿屋架跨度不大于12m有一道，但装配整体式屋面可没有；围护墙在屋架上弦高度有现浇圈梁时，其端部处可没有
	下弦横向支撑		A	同非抗震设计		厂房单元端开间各有一道
			B	同非抗震设计		同上弦横向支撑
	跨中竖向支撑		A	同非抗震设计		同上弦横向支撑
			B	同非抗震设计		同上弦横向支撑
	两端竖向支撑	屋架端部高度≤900mm	A	同非抗震设计		厂房单元端开间及每隔48m各有一道
			B	同非抗震设计	厂房单元端开间各有一道	厂房单元端开间及每隔48m各有一道
		屋架端部高度>900mm	A	同非抗震设计	同上弦横向支撑	同上弦横向支撑，且间距不大于30m
			B	厂房单元端开间各有一道	厂房单元端开间及柱间支撑开间各有一道	厂房单元端开间、柱间支撑开间及每隔30m各有一道
天窗两侧竖向支撑			A	厂房单元天窗端开间及每隔42m各有一道	厂房单元天窗端开间及每隔30m各有一道	厂房单元天窗端开间及每隔18m各有一道
			B	厂房单元天窗端开间及每隔30m各有一道	厂房单元天窗端开间及每隔24m各有一道	厂房单元天窗端开间及每隔18m各有一道
天窗上弦横向支撑			B	同非抗震设计	天窗跨度≥9m时，厂房单元天窗端开间及柱间支撑开间宜各有一道	厂房单元天窗端开间及柱间支撑开间宜各有一道

钢筋混凝土中间井式天窗无檩屋盖支撑布置 **表10-5**

支撑名称	厂房类别	烈度		
		6、7度	8度	9度
上、下弦横向支撑	A	厂房单元端开间各有一道	厂房单元端开间及柱间支撑开间各有一道	
	B	厂房单元端开间各有一道	厂房单元端开间及柱间支撑开间各有一道	
上弦通长水平系杆	A	在天窗范围内屋架跨中上弦节点处有		
	B	在天窗范围内屋架跨中上弦节点处有		
下弦通长水平系杆	A	在天窗两侧及天窗范围内屋架下弦节点处有		
	B	在天窗两侧及天窗范围内屋架下弦节点处有		

续表

支撑名称		厂房类别	烈度		
			6、7度	8度	9度
跨中竖向支撑		A	在上弦横向支撑开间处有，位置与下弦通长系杆相对应		
		B	在上弦横向支撑开间处有，位置与下弦通长系杆相对应		
两端竖向支撑	屋架端部高度≤900mm	A B	同非抗震设计		同上弦横向支撑，且间距不大于48m
	屋架端部高度>900mm	A B	厂房单元端开间各有一道	同上弦横向支撑，且间距不大于48m	同上弦横向支撑，且间距不大于30m

钢筋混凝土厂房有檩屋盖的支撑布置　表10-6

支撑名称		厂房类别	烈度		
			6、7度	8度	9度
屋架支撑	上弦横向支撑	A	厂房单元端开间各一道		厂房单元端开间及厂房长度大于42m时在柱间支撑的开间各有一道
		B	厂房单元端开间各一道	厂房单元端开间及厂房单元长度大于66m的柱间支撑开间各有一道； 天窗开窗范围的两端各有局部的支撑一道	厂房单元端开间及厂房单元长度大于42m的柱间支撑开间各有一道； 天窗开窗范围的两端各有局部的上弦横向支撑一道
	下弦横向支撑	A	同非抗震设计		厂房单元端开间及厂房长度大于42m时在柱间支撑的开间各有一道
		B	同非抗震设计		支撑一道厂房单元端开间及厂房单元长度大于42m的柱间支撑开间各有一道； 天窗开窗范围的两端各有局部的上弦横向支撑一道
	跨中竖向支撑	B	同非抗震设计		支撑一道厂房单元端开间及厂房单元长度大于42m的柱间支撑开间各有一道 天窗开窗范围的两端各有局部的上弦横向支撑一道
	竖向支撑	A	同非抗震设计		厂房单元端开间及厂房长度大于42m时在柱间支撑的开间各有一道
		B（端部竖向支撑）	屋架端部高度大于900mm时，厂房单元端开间及柱间支撑开间各有一道		
天窗	上弦横向支撑	A	厂房单元的天窗端开间各有一道		厂房单元的天窗端开间及柱间支撑的开间各有一道
		B	厂房单元的天窗端开间各有一道	厂房单元的天窗端开间及每隔30m各有一道	厂房单元的天窗端开间及每隔18m各有一道
	两侧竖向支撑	A	厂房单元的天窗端开间及每隔42m各有一道	厂房单元的天窗端开间及每隔30m各有一道	厂房单元的天窗端开间及每隔18m各有一道
		B	房单元的天窗端开间及每隔36m各有一道		

钢筋混凝土厂房屋架的支撑布置补充要求 **表 10-7**

A类厂房	B类厂房
天窗单元端开间有天窗时，天窗开洞范围内相应部位的屋架支撑布置要求适当提高； 8～9 度时，柱距不小于 12m 的托架（梁）区段及相邻柱距段的一侧（不等高厂房为两侧）应有下弦纵向水平支撑； 柱距不小于 12m 的托架（梁）区段及相邻柱距段的一侧（不等高厂房为两侧）应有下弦纵向水平支撑； 拼接屋架（屋面梁）应适当提高要求； 跨度不大于 15m 的无腹杆钢筋混凝土组合屋架，厂房单元两端应各有一道上弦横向支撑，8 度时每隔 36m，9 度时每隔 24m 尚应有一道；屋面板之间用混凝土连成整体时，可无上弦横向支撑	8～9 度时跨度不大于 15m 的薄腹梁无檩屋盖，可仅在厂房单元两端各有竖向支撑一道； 柱距不小于 12m 的托架（梁）区段及相邻柱距段的一侧（不等高厂房为两侧）应有下弦纵向水平支撑
7～9 度时，上、下弦横向支撑和竖向支撑杆件应为型钢	上、下弦横向支撑和竖向支撑杆件应为型钢
8～9 度时，横向支撑的直杆应符合压杆要求，交叉杆在交叉处不宜中断，不符合时应加固	8～9 度时，横向支撑的直杆应符合压杆要求，交叉杆在交叉处不宜中断，不符合时应加固
8 度时Ⅲ、Ⅳ类场地跨度大于 24m 和 9 度时，屋架上弦横向支撑宜有较强的杆件和较牢的端节点构造	

A 类钢筋混凝土厂房锯齿形厂房三角形刚架立柱间竖向支撑布置 **表 10-8**

窗框类型	6、7 度	8 度	9 度
钢筋混凝土	同非抗震设计		厂房单元端开间各有一道
钢、木	厂房单元端开间各有一道	厂房单元端开间及每隔 36m 各有一道	厂房单元端开间及每隔 24m 各有一道

屋盖支撑布置的非抗震要求，可按标准图或有关的构造手册确定。大致包括：

1）跨度大于 18m 或有天窗的无檩屋盖，厂房单元或天窗开洞范围内，两端有上弦横向支撑。

2）抗风柱与屋架下弦相连时，厂房单元两端有下弦横向支撑。

3）跨度为 18～30m 时在跨中，跨度大于 30m 时在其三等分处，厂房单元两端有竖向支撑，其余柱间相应位置处有下弦水平系杆。

4）屋架端部高度大于 1m 时，厂房单元两端的屋架端部有竖向支撑，其余柱间在屋架支座处有水平压杆。

5）天窗开洞范围内，屋架脊节点处有通长水平系杆。

（4）排架柱构造（表 10-9）

排架柱的构造与配筋，主要是指排架柱的箍筋构造（箍筋直径与间距），以及高低跨厂房中柱牛腿承受水平力的纵向钢筋的配置与构造，对排架柱的抗震能力有着重要影响。

<table>
<caption>钢筋混凝土排架柱构造　表 10-9</caption>
<tr><th>检查项目</th><th>A类厂房</th><th colspan="4">B类厂房</th></tr>
<tr><td>箍筋加密区</td><td>7度时Ⅲ、Ⅳ类场地和8、9度时，有柱间支撑的排架柱，柱顶以下500mm范围内和柱底至设计地坪以上500mm范围内，以及柱变位受约束的部位上下各300mm的范围内；
8度时Ⅲ、Ⅳ类场地和9度时，阶形柱牛腿面至起重机梁顶面以上300mm范围内</td><td colspan="4">柱顶以下500mm，并不小于柱截面长边尺寸；
阶形柱牛腿面至起重机梁顶面以上300mm；
牛腿或柱肩全高；
柱底至设计地坪以上500mm；
柱间支撑与柱连接节点和柱变位受约束的部位上下各300mm</td></tr>
<tr><td rowspan="4">加密区箍筋最小直径</td><td rowspan="4">ϕ8</td><td></td><td>6度和7度Ⅰ、Ⅱ类场地</td><td>7度Ⅲ、Ⅳ类场地和8度Ⅰ、Ⅱ类场地</td><td>8度Ⅲ、Ⅳ类场地和9度</td></tr>
<tr><td>一般柱头、柱根</td><td>ϕ8</td><td>ϕ8</td><td>ϕ8</td></tr>
<tr><td>上柱、牛腿有支撑的柱根</td><td>ϕ8</td><td>ϕ8</td><td>ϕ10</td></tr>
<tr><td>有支撑的柱头，柱变位受约束的部位</td><td>ϕ8</td><td>ϕ10</td><td>ϕ10</td></tr>
<tr><td>加密区箍筋最大间距</td><td>100mm</td><td colspan="4">100mm</td></tr>
<tr><td>支承低跨屋架的中柱牛腿（柱肩）</td><td>承受水平力的纵向钢筋应与预埋件焊牢</td><td colspan="4">承受水平力的纵向钢筋应与预埋件焊牢。6～7度时，承受水平力的纵向钢筋不应小于2ϕ12，8度时不应小于2ϕ14，9度时不应小于2ϕ16</td></tr>
</table>

A类厂房的排架柱箍筋构造规定主要包括：

1）有柱间支撑的柱头和柱根，柱变形受柱间支撑、工作平台、嵌砌砖墙或贴砌披屋等约束的各部位。

2）柱截面突变的部位。

3）高低跨厂房中承受水平力的支承低跨屋盖的牛腿（柱肩）。

（5）柱间支撑（表 10-10）

工程经验和震害表明，设置柱间支撑是增强厂房整体性和纵向刚度、承受和传递纵向水平力的重要构造措施。

钢筋混凝土柱间支撑构造　**表 10-10**

检查项目	A类厂房	B类厂房
基本要求	现有的柱间支撑应为型钢	现有的柱间支撑应为型钢，其斜杆与水平面的夹角不宜大于55°
上下柱柱间支撑	7度时Ⅲ、Ⅳ类场地和8、9度时，厂房单元中部应有一道上下柱柱间支撑，8、9度时单元两端宜各有一道上柱支撑；单跨厂房两侧均有与柱等高且与柱可靠拉结的嵌砌纵墙，当墙厚不小于240mm，开洞所占水平截面不超过截面面积的50%，砂浆强度等级不低于M2.5时，可无柱间支撑	厂房单元中部应有一道上下柱柱间支撑，有起重机或8～9度时，单元两端宜各有一道上柱支撑

续表

<table>
<tr><th>检查项目</th><th>A类厂房</th><th colspan="5">B类厂房</th></tr>
<tr><td>水平压杆</td><td>8 度时跨度不小于 18m 的多跨厂房中柱和 9 度时多跨厂房各柱，柱顶应有通长水平压杆，此压杆可与梯形屋架支座处通长水平系杆合并设置，钢筋混凝土系杆端头与屋架间的空隙应采用混凝土填实；锯齿形厂房牛腿柱柱顶在三角钢架的平面内，每隔 24m 应有通长水平压杆</td><td colspan="5">8 度时跨步不小于 18m 的多跨厂房中柱和 9 度时多跨厂房各柱，柱顶应有通长水平压杆，此压杆可与梯形屋架支座处通长水平系杆合并设置，钢筋混凝土系杆端头与屋架间的空隙应采用混凝土填实</td></tr>
<tr><td>下柱支撑下节点</td><td>7 度Ⅲ、Ⅳ类场地和 8 度Ⅰ、Ⅱ类场地，下柱柱间支撑的下节点在地坪以下时应靠近地面处；8 度时Ⅲ、Ⅳ类场地和 9 度时，下柱柱间支撑的下节点位置和构造应能将地震作用直接传给基础</td><td colspan="5">下柱支撑的下节点位置和构造应能将地震作用直接传给基础。6～7 度时，下柱支撑的下节点在地坪以上时应靠近地面处</td></tr>
<tr><td rowspan="4">支撑斜杆长细比及交叉支撑节点板</td><td rowspan="4">无具体规定</td><td></td><td>6 度</td><td>7 度</td><td>8 度</td><td>9 度</td></tr>
<tr><td>上柱支撑</td><td>250</td><td>250</td><td>200</td><td>150</td></tr>
<tr><td>下柱支撑</td><td>200</td><td>200</td><td>150</td><td>150</td></tr>
<tr><td colspan="5">交叉支撑在交叉点应设置节点板，其厚度不应小于 10mm，斜杆与该节点板应焊接，与端节点板宜焊接</td></tr>
</table>

设置柱间支撑是增强厂房整体性的重要构造措施。

根据震害经验，柱肩支撑的顶部有水平压杆时，柱顶受力小，震害较轻，9 度时边柱柱列在上柱柱间支撑的顶部应有水平压杆，8 度时对中柱列有同样要求。柱间支撑下节点的位置，烈度不高时，只要节点靠近地坪则震害较轻；高烈度时，则应使地震作用能直接传给基础。

B类厂房要求：对于有起重机厂房，当地震烈度不大于 7 度，吊重不大于 5t 的软钩起重机，上柱高度不大于 2m，上柱柱列能够传递纵向地震力时，也可以没有上柱支撑。当单跨厂房跨度较小，可以采用砖柱或组合砖柱承重而采用钢筋混凝土柱承重，两侧均有与柱等高且与柱可靠拉结的嵌砌纵墙时，可按单层砖柱厂房鉴定。当两侧墙厚不小于 240mm，开洞所占水平截面不超过总截面的 50%，砂浆强度等级不低于 M2.5 时，可无柱间支撑。

（6）厂房连接构造（表 10-11）

钢筋混凝土柱厂房连接构造鉴定 **表 10-11**

检查项目	A类厂房	B类厂房
檩条	7～9 度时，檩条在屋架（屋面梁）上的支承长度不宜小于 50mm，且与屋架（屋面梁）应焊牢，槽瓦等与檩条的连接不应漏缺或锈蚀	有檩屋盖的檩条在屋架（屋面梁）上的支撑长度不宜小于 50mm，且与屋架（屋面梁）应焊牢；双脊檩应在跨度 1/3 处相互拉结；槽瓦、瓦楞铁、石棉瓦等与檩条的连接件不应漏缺或锈蚀

续表

检查项目	A类厂房	B类厂房
大型屋面板	7～9度时，大型屋面板在天窗架、屋架（屋面梁）上的支承长度不宜小于50mm，8、9度时尚应焊牢	大型屋面板应与屋架（屋面梁）焊牢，靠柱列的屋面板与屋架（屋面梁）的连接焊缝长度不宜小于80mm；6、7度时，有天窗厂房单元的端开间，或8、9度各开间，垂直屋架方向两侧的大型屋面板的顶面宜彼此焊牢；8、9度时，大型屋面板端头底面宜采用角钢，并与主筋焊牢
锯齿形厂房双梁	7～9度时，锯齿形厂房双梁在牛腿柱上的支承长度，梁端为直头时不应小于120mm，梁端为斜头时不应小于150mm	
天窗架，屋架，屋盖支撑，柱间支撑之间连接	天窗架与屋架，屋架、托架与柱子，屋盖支撑与屋架，柱间支撑与排架柱之间应有可靠连接；6、7度时Ⅱ形天窗架竖向支撑与T形截面立柱连接节点的预埋件及8、9度时柱间支撑与柱连接节点的预埋件应有可靠锚固	突出屋面天窗架的侧板与天窗立柱宜采用螺栓连接
走道板	8、9度时，起重机走道板的支承长度不应小于50mm	
抗风柱与屋架	山墙抗风柱与屋架（屋面梁）上弦应有可靠连接。当抗风柱与屋架下弦相连接时，连接点应设在下弦横向支撑节点处	山墙抗风柱与屋架（屋面梁）上弦应有可靠连接。当抗风柱与屋架下弦相连接时，连接点应设在下弦横向支撑节点处；此时，下弦横向支撑的截面和连接节点应进行抗震承载力验算
缝隙	天窗端壁板、天窗侧板与大型屋面板之间的缝隙不应为砖块封堵	
屋架与柱连接		屋架（屋面梁）与柱子的连接，8度时宜为螺栓，9度时宜为钢板铰或螺栓；屋架（屋面梁）端部支承垫板的厚度不宜小于16mm；柱顶预埋件的锚筋，8度时宜为4ϕ14，9度时宜为4ϕ16，有柱间支撑的柱子，柱顶预埋件还应有抗剪钢板；柱间支撑与柱连接节点预埋件的锚件，8度Ⅲ、Ⅳ类场地和9度时，宜采用角钢加端板，其他情况可采用HRB335，HRB400钢筋，但锚固长度不应小于30倍锚筋直径

屋面瓦与檩条，檩条与屋架连接不牢时，7度时就有震害。钢天窗架上弦杆一般较小，使大型屋面板支承长度不足，应注意检查；8、9度时，增加了大型屋面板与屋架焊牢的鉴定要求。柱间支撑节点的可靠连接，是使厂房纵向安全的关键。一旦焊缝或锚固破坏，则支撑退出工作，导致厂房柱列震害严重。震害表明，山墙抗风柱与屋架上弦横向支撑节点相连最有效，鉴定时要注意安全。

B类厂房结构构件连接的鉴定要求，参考现行抗震规范，应对抗风柱与屋架下弦连接进行鉴定。

(7) 围护结构（表10-12）

单层钢筋混凝土柱工业厂房的围护结构主要包括黏土砖围护墙和砌体内隔墙，黏土砖围护墙主要包括纵墙、山墙、高低跨封墙和纵横跨交接处的悬墙。

钢筋混凝土柱厂房围护结构鉴定 **表 10-12**

检查项目		A类厂房	B类厂房
黏土砖围护墙	连接构造	纵墙、山墙、高低跨封墙和纵横跨交接处的悬墙，沿柱高每隔10皮砖均应有$2\phi 6$钢筋和柱（包括抗风柱）、屋架（包括屋面梁）端部、屋面板和天沟板可靠拉结。 高低跨厂房的高跨封墙不应直接砌在低跨屋面上	纵墙、山墙、高低跨封墙和纵横跨交接处的悬墙，沿柱高每隔500mm均应有$2\phi 6$钢筋和柱（包括抗风柱）、屋架（包括屋面梁）端部、屋面板和天沟板可靠拉结。 高低跨厂房的高跨封墙不应直接砌在低跨屋面上
黏土砖围护墙	圈梁	7～9度时，梯形屋架端部上弦和屋顶标高处应有现浇钢筋混凝土圈梁各一道，但屋架端部长度不大于900mm时可合并设置。 8、9度时，沿墙高每隔4～6m宜有圈梁一道。沿山墙顶应有卧梁并宜与屋架端部上弦高度处的圈梁连接。 圈梁与屋架或柱应有可靠连接；山墙卧梁与屋面板应有拉结；顶部圈梁与柱锚拉的钢筋不宜少于$4\phi 12$，变形缝处圈梁和柱顶、屋架锚拉的钢筋均应有所加强	梯形屋架端部上弦和屋顶标高处应有现浇钢筋混凝土圈梁各一道，但屋架端部长度不大于900mm时可合并设置。 8、9度时，应按上密下疏的原则沿墙高每隔4m左右宜有圈梁一道。沿山墙顶应有卧梁并宜与屋架端部上弦高度处的圈梁连接，不等高厂房的高低跨封墙和纵横跨交接处的悬墙，圈梁的竖向间距应不大于3m。 圈梁宜闭合，当柱距不大于6m时，圈梁的截面宽度宜与墙厚相同，高度不应小于180mm，其配筋6～8度时不应小于$4\phi 12$，9度时不应小于$4\phi 14$；厂房转角处柱顶圈梁在端开间范围内的纵筋，6～8度时不宜小于$4\phi 14$，9度时不应少于$4\phi 16$，转角两侧各1m范围内的箍筋直径不宜小于$\phi 8$，间距不宜大于100mm；各圈梁在转角处应有不少于3根且直径与纵筋相同的水平斜筋圈梁与屋架或柱应有可靠连接；山墙卧梁与屋面板应有拉结；顶部圈梁与柱锚拉的钢筋不宜少于$4\phi 12$，且锚固长度不宜少于35倍钢筋直径；变形缝处圈梁和柱顶、屋架锚拉的钢筋均应有所加强
黏土砖围护墙	墙梁	预制墙梁与柱应有可靠连接，梁底与其下的墙顶宜有拉结	墙梁宜采用现浇；当采用预制墙梁时，预制墙梁与柱应有可靠连接，梁底与其下的墙顶宜有拉结；厂房转角处相邻的墙梁，应相互可靠连接
黏土砖围护墙	女儿墙	位于出入口、高低跨交接处和披屋上部的女儿墙当砌筑砂浆的强度等级不低于M2.5且厚度为240mm时，其突出屋面的高度，对整体性不良或刚性结构的房屋不应大于0.5m；对钢筋结构房屋的封闭女儿墙不宜大于0.9m	
砌体内隔墙	材料强度	独立隔墙的砌筑砂浆，实际达到的强度等级不宜低于M2.5；厚度为240mm，高度不宜超过3m	独立隔墙的砌筑砂浆，实际达到的强度等级不宜低于M2.5
砌体内隔墙	拉结	到顶的内隔墙与屋架（屋面梁）下弦之间不应有拉结，但墙体应有稳定措施； 当到顶的内隔墙必须和屋架下弦相连时，此处应有屋架下弦水平支撑	到顶的内隔墙与屋架（屋面梁）下弦之间不应有拉结，但墙体应有稳定措施
砌体内隔墙	隔墙与柱连接	8、9度时，排架平面内的隔墙和局部柱列间的隔墙应与柱柔性连接或脱开，并应有稳定措施	隔墙应与柱柔性连接或脱开，并应有稳定措施，顶部应有现浇钢筋混凝土压顶梁

突出屋面的女儿墙、高低跨封墙等无拉结，6度时就有震害。根据震害，增加了高低跨的封墙不宜直接砌在低跨屋面上的鉴定要求。圈梁与柱或屋架需牢固拉结；圈梁宜封闭，变形缝处纵墙外甩力大，圈梁需与屋架可靠拉结。根据震害经验并参照设计规范，增加了预制墙梁等的底面与其下部的墙顶宜加强拉结的鉴定要求。到顶的横向内隔墙不得与屋架下弦杆拉结，以防其对屋架下弦的不利影响。嵌砌的内隔墙应与排架柱柔性连接或脱开，以减小其对排架柱的不利影响。

根据震害和现行抗震设计规范，对B类厂房中高低跨封墙和纵横向交接处的悬墙，增加了圈梁的鉴定要求；明确了圈梁截面和配筋要求主要针对柱距为6m的厂房；变形缝处圈梁和屋架锚拉的钢筋应有所加强。

2. 抗震承载力验算

A类厂房的抗震验算，应符合下列规定：

(1) 下列情况的A类厂房，应进行抗震验算：

1) 8、9度时，厂房的高低跨柱列；支承低跨屋盖的牛腿（柱肩）；双向柱距不小于12m、无桥式起重机且无柱间支撑的大柱网厂房；高大山墙的抗风柱；9度时，还应验算排架柱。

2) 8、9度时，锯齿形厂房的牛腿柱。

3) 7度Ⅲ、Ⅳ类场地和8度时结构体系复杂或改造较多的其他厂房。

(2) 上述钢筋混凝土柱厂房可按现行国家标准《建筑抗震设计规范》GB 50011的规定进行纵、横向的抗震计算，并根据《建筑抗震鉴定标准》GB 50023规定的验算公式进行结构构件的抗震承载力验算，但结构构件的内力调整系数、抗震鉴定的承载力调整系数等，均应按A类建筑相关规定采用.

B类厂房的抗震验算，应符合下列规定：

6度和7度Ⅰ、Ⅱ类场地，柱高不超过10m且两端有山墙的单跨及等高多跨B类厂房（锯齿形厂房除外），当抗震构造措施符合规定时，可不进行截面抗震验算。其他B类厂房按现行国家标准《建筑抗震设计规范》GB 50011的规定进行纵、横向的抗震计算，并根据《建筑抗震鉴定标准》GB 50023规定的验算公式进行结构构件的抗震承载力验算。

第三节　单层砖柱厂房抗震鉴定

砖砌体属脆性材料，延性系数小，变形能力低，而且抗剪、抗拉、抗弯能力均很低。砖墙平面内受剪，虽然容易出现斜裂缝，但即使角变形比较大、斜裂缝的竖缝宽度达数厘米时，砖墙还不致坍塌。而砖柱和砖墙的出平面弯曲就更加脆弱，不太大的倾向变形，就会使柱发生水平断裂。随着侧移的增加，水平裂缝向砖柱截面深部延伸，砖柱的受压区愈来愈小，局压应力愈来愈大，以致受压区砌体压碎崩落，砖柱截面随之减小，地震继续强烈运动，就会造成房屋倒塌。所以，同样都未抗震设防，单层砖柱厂房的抗震性能特别是抗倒塌能力，要比民用砖墙承重房屋还要差。从多次地震各烈度区内的房屋破坏程度来看，未经抗震设计的单层砖排架房屋，7度区，主体结构一般无破坏，少数房屋的砖柱（或砖墙）出现弯曲水平裂缝；8度区，主体结构有破坏，少数房屋局部倒塌或全部倒塌；

9 度区，破坏更严重，倒塌的比率更大。从以上情况看，要做到安全生产，必须针对砖柱抗弯能力低这一抗震薄弱环节采取有效措施。地震调查资料也初步证实，只要措施得当，房屋的破坏程度是可以限制在某一限度内。

混合排架防倒塌能力较砖排架柱结构强。采用砖混排架的单层厂房，外圈为承重的带壁柱砖墙，内部为独立的钢筋混凝土柱。尽管由不同材性构件组成的混合结构，因变形能力有差异，地震时往往由于不能同步工作，砖墙首先发生平面内的弯曲破坏，但是，因为有抗震能力较强的钢筋混凝土柱充当主要的抗侧力构件来抵御地震作用，因而，即使是 8 度地震区，也未发生过厂房倒塌事例。这说明混合排架厂房的抗震性能优于单层砖柱厂房，如再经过合理的抗震设计，在 7 度和 8 度地震区内建造，是可以确保安全的。

一、单层砖柱厂房主要震害特征

单层砖排架柱厂房，单跨为砖墙承重；多跨，外圈为砖墙承重，内部为独立砖柱承重。虽然主体承重结构是砖墙，但是，因为内部空旷，横墙间距大，地震时的破坏状况与多层砖墙承重房屋的破坏状况有所不同。

1.7 度区破坏程度较轻，仅少数厂房（包括仓库）出现破坏，通过对历次地震的破坏情况进行统计发现，7 度区的破坏率为 10%左右，倒塌率为 0。破坏现象一般为：

（1）墙体外闪：山墙外闪，檩条由墙顶拔出 10～20mm；与屋架无锚拉的纵墙发生轻度外倾，屋架与砖墙间的水平错位约 10～20mm。

（2）墙体出现水平裂缝：房屋中段的纵墙（包括壁柱）在窗台高度处出现细微水平裂缝；个别情况下，山尖下部出现轻微水平裂缝。

（3）其他：地面裂隙通过房屋处，墙体被拉裂；南方地区的屋面椤摊小青瓦，有下滑现象。

2.8 度区，9 度区破坏情况相似，只是 9 度区破坏程度更重、更普遍，通过对历次地震的破坏情况进行统计发现，8 度区的破坏率为 40%左右，倒塌率为 5%左右；9 度区破坏率为 80%左右，倒塌率为 30%左右。破坏现象一般为：

（1）墙体外倾或折断：山墙外倾，少数砖木厂房的山尖向外倒塌，端开间屋面局部塌落；外纵墙在窗台高度处水平折断（极少数在外纵墙底部），并常伴有壁柱砖块局部压碎崩落，情况严重的，整个厂房沿横轴一侧倾倒；砖木敞棚也曾发生纵向倾倒；地面裂隙通过房屋处，墙体被拉裂。

（2）砖柱开裂折断：内部独立砖柱躲在底部发生水平裂缝，柱顶混凝土垫块底面出现水平裂缝，少数发生水平错位；高低跨处砖柱，或是上柱水平折断，或是支承低跨屋架的柱肩产生竖向裂缝。

（3）屋架倾斜支撑破坏：椤摊瓦屋面，木屋架沿厂房纵轴向一侧倾斜，屋脊水平位移有的达 400mm，与此同时下弦被屋架间的竖向交叉支撑顶弯；木屋架及其楼间的竖向交叉支撑，或节点拉脱，或是木杆件被拉断；重屋盖的天窗架竖向支撑，或节点拉脱，或钢杆件被压曲。

（4）屋面小青瓦向下滑移；平瓦震乱，檐口瓦片坠落。

（5）9 度区，山墙和纵墙除发生平面内的弯曲破坏外，也发生平面内的剪切破坏，窗间墙和实墙面出现很宽的交叉斜裂缝。

3. 通过对单层砖柱厂房震害总结，单层砖柱厂房的震害特征为：

（1）厂房的最薄弱部位是砖柱，它的抗弯强度低，是厂房倒塌的主要原因。无筋砖柱的破坏程度和倒塌率，与砖柱的高厚比值无明显关系。

（2）山墙和承重纵墙（或带壁柱），主要发生以水平裂缝为代表的平面外弯曲破坏，与多层房屋砖墙以斜裂缝为主的平面内剪切破坏不同。

（3）砖木厂房纵墙（或带壁柱）窗台口处或下端的水平裂缝，一直延伸到离山墙仅一两个开间处。与此同时，山墙却很少出现交叉斜裂缝，说明瓦木屋盖的空间作用很差。

（4）重屋盖厂房的破坏程度稍重于轻屋盖厂房。

（5）楞摊瓦和稀铺望板的瓦木屋盖，纵向水平刚度也很差，不能阻止木屋架的倾斜。

（6）山墙与檩条、屋架与砖柱之间的水平错位，暴露了连接的脆弱。

二、单层砖柱厂房抗震鉴定的一般规定

1. 适用条件

单层砖柱厂房指砖柱（墙垛）承重的单跨或等高多跨且无桥式起重机的车间、仓库等中小型工业厂房，大型企业中的辅助厂房和仓库也常采用，其内部很少设置纵墙和横墙；跨度一般为 9～15m，个别达 18m；屋架下弦高度一般为 4～8m，个别达 10m；屋盖可分为重、轻两类，重屋盖通常指采用钢筋混凝土实腹梁或桁架，上覆钢筋混凝土槽形板或大型屋面板；轻屋盖通常指采用木屋架、木檩条，上铺木望板和机瓦；或钢屋架、钢檩条，上覆瓦楞铁或波形石棉水泥瓦。有些厂房还设有 5t 以下的起重机，砖柱为变截面，呈阶形。

2. 检查重点与有关规定

抗震鉴定时，根据震害规律特征，对不同烈度下的影响房屋整体性、抗震承载力和易倒塌伤人的关键薄弱部位重点检查：

（1）6 度时，应检查女儿墙、门脸和出屋面小烟囱和山墙山尖。

（2）7 度时，除按第（1）款检查外，尚应检查舞台口大梁上的砖墙、承重山墙。

（3）8 度时，除按第（1）、（2）款检查外，尚应检查承重柱（墙垛）、舞台口横墙、屋盖支撑及其连接、圈梁、较重装饰物的连接及相连附属房屋的影响。

（4）9 度时，除按（1）～（3）款检查外，尚应检查屋盖的类型等。

单层砖柱厂房，按规定检查结构布置、构件形式、材料强度、整体性连接和易损部位的构造等；当检查的各项均符合要求时，A 类砖柱厂房一般情况下可评为满足抗震鉴定要求，特殊情况下按规定，结合抗震承载力验算进行综合抗震能力评定；B 类砖柱厂房除检查以上项目外，应按《建筑抗震鉴定标准》GB 50023 的规定进行抗震承载力验算，然后评定其抗震能力。

当关键部位不符合规定时，应要求加固或处理；一般部位不符合规定时，可根据不符合的程度和影响的范围，提出相应对策。

砖柱厂房的钢筋混凝土部分和附属房屋的抗震鉴定，应根据其结构类型分别按《建筑抗震鉴定标准》GB 50023 相应规定进行，但附属房屋与大厅或车间相连的部位，尚应符合本章要求并计入相互的不利影响。

3. 厂房的外观和内在质量检查要求

砖柱厂房的外观和内在质量宜符合下列要求：

（1）承重柱、墙无酥碱、剥落、明显裂缝、露筋或损伤。

（2）木屋盖构件无腐朽、严重开裂、歪斜或变形，节点无松动。

（3）混凝土构件及节点仅有少量微小开裂或局部剥落，钢筋无露筋、锈蚀。

（4）主体结构构件无明显变形、倾斜或歪扭。

三、单层砖柱厂房抗震鉴定

1. 抗震措施鉴定

（1）适用范围

按A类要求进行抗震鉴定的单层砖柱厂房为砖柱（墙垛）承重的单层厂房，混合排架厂房中的砖结构部分，包括仓库、泵房等。

按B类要求进行抗震鉴定的单层砖柱厂房，宜为单跨、等高且无桥式起重机的厂房，6～8度时跨度不大于12m且柱顶标高不大于6m，9度时跨度不大于9m且柱顶标高不大于4m。

（2）结构布置和构件形式（表10-13）

单层砖柱厂房结构布置和构件形式鉴定要求　　表10-13

鉴定项目	A类厂房	B类厂房
对厂房高度和跨度的控制性要求	有桥式起重机、或6～8度时跨度大于12m且柱顶标高大于6m、或9度时跨度大于9m且柱顶标高大于4m的厂房应提高抗震鉴定要求	单层砖柱厂房，宜为单跨、等高且无桥式起重机的厂房，6～8度时跨度不大于12m且柱顶标高不大于6m，9度时跨度不大于9m且柱顶标高不大于4m
防震缝要求		轻型屋盖房屋，可没有防震缝；钢筋混凝土屋盖房屋与贴建的建（构）筑物间宜有防震缝，宽度可采用50～70mm，防震缝处宜设有双柱或双墙
排架柱要求	多跨厂房为不等高时，低跨的屋架（梁）不应削弱砖柱截面；7度Ⅲ、Ⅳ类场地和8、9度时，砖柱（墙垛）应有竖向配筋，纵向边柱列应有与柱等高且整体砌筑的砖墙	6～8度时可为十字形截面的无筋砖柱，8度时宜为组合砖柱，8度时Ⅲ、Ⅳ场地和9度时边柱应为组合砖柱、中柱应为钢筋混凝土柱；厂房纵向独立砖柱柱列，可在柱间由与柱等高的抗震墙承受纵向地震作用；8度Ⅲ、Ⅳ类场地钢筋混凝土无檩屋盖厂房，无砖抗震墙的柱顶，应有通长水平拉杆
对墙体要求	承重山墙的厚度不应小于240mm，开洞的水平截面面积不应超过山墙总截面面积的50%； 与柱不等高的砌体隔墙，宜与柱柔性连接或脱开	砖抗震墙应与柱同时咬槎砌筑，并应有基础；厂房两端均应有承重山墙；横向内隔墙宜为抗震墙，非承重和非整体砌筑且不到顶的纵向隔墙宜为轻质墙，非轻质墙应考虑隔墙对柱及其与屋架连接节点的附加地震剪力
屋盖要求	9度时，不宜为重屋盖厂房； 双曲砖拱屋盖的跨度，7、8、9度时分别不宜大于15m、12m和9m；拱脚处应有拉杆，山墙应有壁柱	6～8度时，宜为轻型屋盖，9度时应为轻型屋盖； 双曲砖拱屋盖的跨度，7、8、9度时分别不宜大于15m、12m和9m，砖拱的拱脚处应有拉杆，并应锚固在钢筋混凝土圈梁内； 地基为软弱黏性土、液化土、新近填土或严重不均匀土层时，不应采用双曲砖拱

A、B类厂房对房屋高度和跨度规定更严格。

A类厂房结构布置的鉴定要求：对砖柱截面沿高度变化的鉴定要求；对纵向柱列，在柱间需有与柱等高砖墙的鉴定要求。房屋高度和跨度的控制性检查。承重山墙厚度和开洞的检查。钢筋混凝土面层组合砖柱、砖包钢筋混凝土柱的轻屋盖房屋在高烈度下震害轻微，保留了不配筋砖柱、重屋盖使用范围的限制。设计合理的双曲砖拱屋盖本身震害是较轻的，但山墙及其与砖拱的连接部位有时震害明显；仍需对其跨度和山墙构造等进行鉴定。

B类厂房结合《建筑抗震设计规范》GB 50011—2001 增加了防震缝处宜设有双柱或双墙的鉴定要求。明确了烈度从低到高，可采用无筋砖柱、组合砖柱和钢筋混凝土柱，补充了非整体砌筑且不到顶的纵向隔墙宜采用轻质墙。

（3）材料强度等级和配筋（表 10-14）

根据震害调查和计算分析，为减少抗震承载力验算工作，保留了材料强度等级的最低鉴定要求，并根据震害保留了 8、9 度时砖柱要有配筋的鉴定要求。

单层砖柱厂房材料强度等级要求　　表 10-14

鉴定项目	A类厂房	B类厂房
砖	不宜低于 MU7.5	不宜低于 MU7.5
砂浆	6、7度时不宜低于 M1 8、9度时不宜低于 M2.5	不宜低于 M2.5
竖向配筋	8度：$4\phi10$ 9度：$4\phi12$	8度：$4\phi12$ 9度：$4\phi14$

（4）整体性连接构造（表 10-15、表 10-16）

单层砖柱厂房木屋盖支撑布置　　表 10-15

<table>
<tr><th rowspan="4" colspan="2">检查项目</th><th rowspan="4">厂房类别</th><th colspan="7">烈度</th></tr>
<tr><th>6、7度</th><th colspan="3">8度</th><th colspan="3">9度</th></tr>
<tr><th rowspan="2">各类屋盖</th><th colspan="2">满铺望板</th><th>稀铺或无望板</th><th colspan="2">满铺望板</th><th>稀铺或无望板</th></tr>
<tr><th>无天窗</th><th>有天窗</th><th>有、无天窗</th><th>无天窗</th><th>有天窗</th><th>有、无天窗</th></tr>
<tr><td rowspan="3">屋架支撑</td><td rowspan="2">上弦横向支撑</td><td>A</td><td colspan="2">同非抗震要求</td><td>房屋单元两端的天窗开洞范围内各有一道</td><td>屋架跨度大于6m时，房屋单元端开间及每隔30m左右各有一道</td><td>同非抗震要求</td><td>同8度</td><td>屋架跨度大于6m时，房屋单元端开间及每隔20m左右各有一道</td></tr>
<tr><td>B</td><td colspan="2">同非抗震要求</td><td>房屋单元两端的天窗开洞范围内各有一道</td><td>屋架跨度大于6m时，房屋单元两端第二开间及每隔20m有一道</td><td colspan="2">屋架跨度大于6m时，房屋单元两端第二开间各有一道</td><td>屋架跨度大于6m时，房屋单元两端第二开间及每隔20m有一道</td></tr>
<tr><td>下弦横向支撑</td><td>A</td><td colspan="4">同非抗震要求</td><td>同非抗震要求</td><td>同8度</td><td>屋架跨度大于6m时，房屋单元端开间及每隔20m左右各有一道</td></tr>
</table>

续表

检查项目		厂房类别	烈度						
			6、7度	8度			9度		
			各类屋盖	满铺望板		稀铺或无望板	满铺望板		稀铺或无望板
				无天窗	有天窗	有、无天窗	无天窗	有天窗	有、无天窗
屋架支撑	下弦横向支撑	B	同非抗震要求						屋架跨度大于6m时，房屋单元两端第二开间及每隔20m有一道
	跨中竖向支撑	A	同非抗震要求				隔间有，并有下弦通长水平系杆		
		B	同非抗震要求				隔间设置并有下弦通长水平系杆		
窗架支撑	两侧竖向支撑	A	天窗两端第一开间各有一道				天窗端开间及每隔20m左右各有一道		
		B	天窗两端第一开间各有一道				天窗两端第一开间及每隔20m左右各有一道		
	上弦横向支撑	A	跨度较大的天窗，同无天窗屋架的支撑布置（在天窗开洞范围内的屋架脊点处应有通长系杆）						
		B	跨度较大的天窗，参照无天窗屋架的支撑布置						
连接		A	木屋架的支撑与屋架、天窗架应为螺栓连接；6、7度时可为钉连接；对接檩条的搁置长度不应小于60mm，檩条在砖墙上的搁置长度不宜小于120mm						
		B	支撑与屋架、天窗架，应采用螺栓连接						

注：波形瓦、瓦楞铁、石棉瓦、钢屋架等屋面的支撑布置按照无望板屋盖采用钢筋混凝土屋盖的支撑布置及构造鉴定要求，参照钢筋混凝土柱厂房有关规定进行。

单层砖柱厂房连接鉴定 **表 10-16**

鉴定项目	A类厂房	B类厂房
圈梁布置要求：	7度时屋架底部标高大于4m和8、9度时，屋架底部标高处沿外墙和承重内墙，均应有现浇闭合圈梁一道，并与屋架或大梁等可靠连接； 8度Ⅲ、Ⅳ类场地和9度，屋架底部标高大于7m时，沿高度每隔4m左右在窗顶标高处还应有闭合圈梁一道	柱顶标高处沿房屋外墙及承重内墙应有闭合圈梁，8、9度时，还应沿墙每隔3～4m设有圈梁一道，圈梁的截面高度不应小于180mm，配筋不应少于4ϕ12；地基为软弱黏性土、液化土、新近填土或严重不均匀土层时，尚应有基础圈梁一道
屋面拉结	7度时，屋盖构件应与山墙可靠连接，山墙壁柱宜通道墙顶，8、9度时山墙顶尚应有钢筋混凝土卧梁； 跨度大于10m且屋架底部标高大于4m时，山墙壁柱应通到墙顶，竖向钢筋应锚入卧梁内	山墙沿屋面应有现浇钢筋混凝土卧梁，并与屋盖构件锚拉；山墙壁柱的截面和配筋，不宜小于排架柱，壁柱应通到墙顶并与卧梁或屋盖构架连接
垫块	8、9度时，支承钢筋混凝土屋盖的混凝土垫块宜有钢筋网片并与圈梁可靠拉结	屋架（屋面梁）与墙顶圈梁或柱顶垫块，应为螺栓连接或焊接；柱顶垫块的厚度不应小于240mm，并应有直径不小于ϕ8，间距不大于100mm的钢筋网两层；墙顶圈梁应与柱顶垫块整浇，9度时，在垫块两侧各500mm范围内，圈梁的箍筋间距不应大于100mm

A类房屋整体性连接鉴定包括木屋盖的支撑布置要求、波形瓦等轻屋盖的鉴定要求；鉴于7度时木屋盖震害极轻，6、7度时屋盖构件的连接可采用钉接的要求；屋架（梁）与砖柱（墙）的连接，要有垫块的鉴定要求；对独立砖柱、墙体交接处的连接要求。

（5）房屋易损部位及其连接构造

房屋易引起局部倒塌部位，包括悬墙、封檐墙、女儿墙、顶棚等。7～9度时，砌筑在大梁上的悬墙、封檐墙应与梁、柱及屋盖等有可靠连接。女儿墙当砌筑砂浆的强度等级不低于M2.5且厚度为240mm时，其突出屋面的高度，对整体性不良或刚性结构的房屋不应大于0.5m；对刚性结构房屋的封闭女儿墙不宜大于0.9m。

2. 抗震承载力鉴定

试验研究和震害表明，砖柱的承载力验算只相当于裂缝出现阶段，到房屋倒塌还有一个发展过程。为简化鉴定时的验算，A类厂房规定了较宽的不验算范围。

（1）A类单层砖柱厂房的下列部位，应按现行国家标准《建筑抗震设计规范》GB 50011的规定进行纵横向抗震分析，并按《建筑抗震鉴定标准》GB 50023进行构件的抗震承载力验算。

1）7度Ⅰ、Ⅱ类场地，单跨或多跨等高且高度超过6m的无筋砖墙垛、高度超过4.5m的等截面无筋独立砖柱和混合排架房屋中高度超过4.5m的无筋砖柱及不等高厂房中的高低跨柱列。

2）7度Ⅲ、Ⅳ类场地的无筋砖柱（墙垛）。

3）8度时每侧纵筋少于3ϕ10的砖柱（墙垛）。

4）9度时每侧纵筋少于3ϕ12的砖柱（墙垛）和重屋盖房屋的配筋砖柱。

5）7～9度时开洞的水平截面面积超过截面总面积的50%的山墙。

6）8、9度时，高大山墙的壁柱应进行平面外的截面抗震验算。

（2）B类单层砖结构厂房抗震承载力验算按2001版抗规的方法验算。规定6度和7度的Ⅰ、Ⅱ类场地，柱顶标高不超过4.5m，且两端均有山墙的单跨或多跨等高的B类砖柱厂房，当抗震构造措施满足鉴定要求时，可评为符合抗震鉴定要求，不进行抗震验算。其他情况应按现行国家标准《建筑抗震设计规范》GB 50011的规定进行纵横向抗震分析，并按《建筑抗震鉴定标准》GB 50023进行构件的抗震承载力验算。

第十一章 工业建筑抗震加固设计

地震中建筑物的破坏是造成地震灾害的主要原因。1977年以来建筑抗震鉴定、加固的实践和震害经验表明，对现有建筑进行抗震鉴定，对不满足鉴定要求的建筑采取适当的抗震对策，是减轻地震灾害的重要途径。经过抗震加固的工程，在1981年邢台M6级地震、1981年道孚M6.9级地震、1985年自贡M4.8级地震、1989年澜沧耿马M7.6级地震、1996年丽江M7级地震，以及2008年汶川地震中，有的已经受了地震的考验，证明抗震加固与不加固大不一样，抗震加固的确是保障人民生命安全和生产发展的积极而有效的措施。

单层钢筋混凝土柱厂房在我国工业建筑中应用非常广泛。1974年前，我国工业建筑单层钢筋混凝土柱厂房没有考虑抗震，只有极少数大型公共建筑参照了前苏联规范，做近似的计算和采取一些构造措施。由于地震烈度的变化，一些原来非抗震设防区变成了抗震设防区等。这样，势必造成目前仍在使用的一些工业建筑不能满足抗震的要求。因此，为了减轻地震破坏，避免人员伤亡，减少经济损失，必须对工业建筑进行抗震鉴定及相应的抗震加固处理。

本章与第十章抗震鉴定相协调，即对抗震设防区中不符合抗震鉴定要求的工业建筑进行抗震加固设计及施工。

第一节 工业建筑抗震加固设计的基本要求

工业建筑抗震加固设计主要针对震前预加固设计和震后恢复重建加固设计两方面，本章加固设计主要是依据《建筑抗震加固技术规程》JGJ 116和作者的实际工程实践经验编写的。

一、现有工业建筑抗震加固设计的基本要求

1. 加固设计原则

(1) 全面了解原有结构的材料和结构体系

结构加固方案确定前，必须对已有结构进行检查和可靠性鉴定分析，全面了解已有结构的性能、结构构造和结构体系以及结构缺陷和损伤等情况，分析结构的受力现状和持力水平，为加固方案的确定奠定基础。因此，必须先鉴定后加固，避免在加固工程中留下隐患甚至发生工程事故。

(2) 加固方案应技术可靠、经济合理、方便施工

加固方案应根据抗震鉴定结果经综合分析后确定，分别采用房屋整体加固、区段加固或构件加固，加强整体性、改善构件的受力状况、提高综合抗震能力。与新建建筑工程抗震设计相同，现有房屋建筑的抗震加固也应考虑概念设计。抗震加固的概念设计，应充分考虑已有结构实际现状和加固后结构的受力特点，对结构整体进行分析，保证加固后结构

体系传力线路明确，结构可靠；应采取措施保证新旧结构或材料的可靠连接；应尽量考虑综合经济指标，考虑加固施工的具体特点和技术水平，在加固方法的设计和施工组织上采取有效措施，减少对使用环境和相邻建筑结构的影响，缩短施工周期。

抗震加固的结构布置和连接构造的概念设计，直接关系到加固后建筑的整体综合抗震能力是否能得到应有的提高。加固或新增构件的布置，应消除或减少不利因素，防止局部加强导致结构刚度或强度突变。抗震加固设计时，应根据结构的实际情况，正确处理好下列关系，是改善结构整体抗震性能、使加固达到有效合理的重要途径：

1）减少扭转效应。增设构件或加强原有构件，均要考虑对整个结构产生扭转效应的可能，尽可能使加固后结构的重量和刚度分布比较均匀对称。虽然现有建筑的体型难以改变，但结合加固、维修和改造，减少不利于抗震的因素，仍然是有可能的。

2）改善受力状态。加固设计要防止结构构件的脆性破坏；要避免局部加强导致刚度和承载力发生突变，加固设计要复核原结构的薄弱部位，采取适当的加强措施，并防止薄弱部位的转移。

3）加强薄弱部位的抗震构造。不同结构类型的连接处，房屋平、立面局部突出部位等地震反应加大，对这些薄弱部位，加固时要采取相应的加强构造。

4）考虑场地影响。针对建筑和场地条件的具体情况，加固后的结构要选择地震反应较小的结构体系，避免加固后地震作用的增大超过结构抗震能力的提高。

5）新增构件与原有构件之间应可靠连接。连接的可靠性是使加固后结构整体工作的关键，设计时要予以足够的重视。

6）加固所用材料类型与原结构相同时，其强度等级不应低于原结构材料的实际强度等级。如加固所用砂浆强度和混凝土强度一般比原结构材料强度提高一级，但强度过高并不能发挥预期效果。

（3）减少对原有建筑的损伤，尽量利用原有结构的承载能力

在确定加固方案时，应尽量减少对原有结构或构件的拆除和损伤。对其结构组成和承载能力等有了全面了解的基础上，应尽量保留并利用其作用。若大量拆除原有结构构件，对保留的原有结构部分可能会带来较严重的损伤，新旧结构的连接难度加大，这样既不经济，还有可能留有隐患。

（4）加固实施过程中应加强对实际结构的检查，并及时消除隐患

尽管在加固方案确定之前对已有结构进行了全面的鉴定，但是由于诸多客观原因，对已有结构的实际状况、结构损伤和缺陷情况无法全面掌握。因而，在加固实施过程中，工程技术人员应加强对实际结构的检查工作，发现与鉴定结论不符或检测鉴定时未发现的结构缺陷和损伤，应及时采取措施消除隐患，最大限度地保证加固的效果和可靠性。

2. 加固方案选择

（1）抗震加固的方案、结构布置和连接构造，应符合下列要求：

1）对不规则的现有建筑，宜使加固后结构质量和刚度分布较均匀、对称。

2）对抗震薄弱部位、易损部位和不同类型结构的连接部位，其承载力或变形能力宜采取比一般部位增强的措施。

3）宜减少地基基础的加固工程量，多采取提高上部结构抵抗不均匀沉降能力的措施，并应计入不利场地的影响。

4）加固方案应结合原结构的具体特点和技术经济条件的分析，采用新技术、新材料。

5）加固方案宜结合维修改造、改善使用功能，并注意美观。

6）加固方法应便于施工，并应减少对生产、生活的影响。

（2）抗震加固不仅设计技术难度较大，而且施工条件相对较差，表现为：要使抗震加固能确实提高现有建筑的抗震能力，需针对现有建筑存在的问题，提出具体加固方案。例如：

1）对不符合抗震鉴定要求的建筑进行抗震加固，一般采用提高承载力、提高变形能力或既提高承载力又提高变形能力的方法，需针对房屋存在的缺陷，对可选择的加固方法逐一进行分析，以提高结构综合抗震能力为目标予以确定。如对不规则的现有建筑，宜使加固后结构质量和刚度分布较均匀、对称；对抗震薄弱部位、易损部位和不同类型结构的连接部位，其承载力或变形能力宜采取比一般部位增强的措施。

2）当需要提高承载力同时提高结构刚度时，则以扩大原构件截面、新增部分构件为基本方法；当仅需要提高承载力而不提高刚度时，则以外包钢构套、粘钢或碳纤维加固为基本方法；当需要提高结构变形能力时，则以增加连接构件、外包钢构套、粘贴碳纤维等为基本方法。

3）当原结构的结构体系明显不合理时，若条件许可，应采用增设构件的方法予以改善；否则，需要采取同时提高承载力和变形能力的方法，以使其综合抗震能力能满足抗震鉴定的要求。

4）当结构的整体性连接不符合要求时，应对整体性连接进行处理或采取提高变形能力的方法。

5）当局部构件的构造不符合要求时，应采取不使薄弱部位转移的局部处理方法；或通过结构体系的改变，使地震作用由增设的构件承担，从而保护局部构件。

6）当构件的纵筋或箍筋不足时，可采用型钢加固，也可采用粘钢或粘贴碳纤维、玻璃纤维复合材加固的方法。

7）当结构的总体刚度较弱、地震作用下变形过大或有显著的扭转效应时，可选择增设柱间支撑的方案。

3. 抗震加固计算要求

现有建筑抗震加固的设计计算，与新建建筑的设计计算不完全相同，有自身的某些特点。

（1）抗震加固设计，一般情况应在两个主轴方向分别进行抗震验算；在下列情况下，加固的抗震验算要求有所放宽：当抗震设防烈度为 6 度时（建造于Ⅳ类场地的较高的高层建筑除外），可不进行截面抗震验算，但应符合相应的构造要求。对局部抗震加固的结构，当加固后结构刚度不超过加固前的 10%或者重力荷载的变化不超过 5%时，可不再进行整个结构的抗震分析。

（2）结构的计算简图，应根据加固后的荷载、地震作用和实际受力状况确定，并采用符合加固后结构实际情况的计算简图与计算参数，包括实际截面构件尺寸、钢筋有效截面、实际荷载偏心、结构构件变形等造成的附加内力；并应计入加固后的实际受力程度、新增部分的应变滞后二次受力和新旧部分协同工作的程度对承载力的影响。当加固后结构刚度和重力荷载代表值的变化分别不超过原来的 10%和 5%时，应允许不计入地震作用变化的影响；在条状突出的山嘴、高耸孤立的山丘、非岩石的陡坡、河岸和边坡边缘等不利地段，水平地震作用应按现行国家标准《建筑抗震设计规范》GB 50011 的规定乘以增大系数 1.1～1.6。

（3）采用现行国家标准《建筑抗震设计规范》GB 50011 的方法进行抗震验算时，宜计入加固后仍存在的构造影响，并应符合下列要求：

对于后续使用年限 50 年的结构，材料性能设计指标、地震作用、地震作用效应调整、结构构件承载力抗震调整系数均应按国家现行设计规范、规程的有关规定执行；对于后续使用年限少于 50 年的结构，即现行国家标准《建筑抗震鉴定标准》GB 50023 规定的 A、B 类建筑结构，其设计特征周期、原结构构件的材料性能设计指标、地震作用效应调整等应按国家标准《建筑抗震鉴定标准》GB 50023 规定采用。当计入构造影响时，构件承载力的验算表达式为：

$$S < \psi_{1s}\psi_{2s}R_s/\gamma_{Rs} \tag{11-1}$$

式中 ψ_{1s}、ψ_{2s}——为加固后的体系影响系数和局部影响系数；

R_s——为加固后计入应变滞后等的构件承载力设计值；

γ_{Rs}——为抗震加固的承载力调整系数，对于后续使用年限 50 年，γ_{RE}按下列。

规定取值：

1）A 类房屋建筑加固后抗震验算，应将《建筑抗震设计规范》GB 50011 中的“承载力抗震调整系数 γ_{RE}”改用本条中的抗震加固的“承载力调整系数 γ_{Rs}”。这个系数是在抗震承载力验算中体现现有建筑抗震加固标准的重要系数，其取值与《建筑抗震鉴定标准》GB 50023 中抗震鉴定的承载力调整系数 γ_{Ra} 相协调，除加固专有的情况外，取值完全相同。新增钢筋混凝土构件、砌体墙体可仍按原有构件对待。

2）对于 B 类建筑，规定“抗震加固的承载力调整系数”宜仍按设计规范的“承载力抗震调整系数”采用，标准的执行用语“宜”意味着，当加固技术上确有困难，构件抗震承载力按《建筑抗震设计规范》GB 50011 计算时，墙、柱、支撑等主要抗侧力构件可降低 5%以内，其他次要抗侧力构件可降低 10%以内。

二、受损工业建筑恢复重建阶段结构加固基本原则及有关要求

1. 工业建筑震后修复加固的基本原则

（1）恢复重建阶段的结构加固，主要是以中等破坏建筑和有恢复价值的严重破坏建筑为对象，并要求恢复后的结构能达到现行标准规定的抗震性能水平。对轻度受损的建筑，经抗震鉴定不满足要求，仍需采取有效地抗震措施进行处理。

（2）地震受损结构的加固，应以恢复重建阶段进行的结构可靠性鉴定与抗震鉴定的综合结论为依据进行加固设计。

（3）加固后结构的安全等级、设计使用年限和抗震设防目标，应符合《地震灾后建筑鉴定与加固技术指南》（建标［2008］132 号文）的规定；对一些有特殊要求的结构以及非公有的建筑，可在不低于《地震灾后建筑鉴定与加固技术指南》（建标［2008］132 号文）规定的前提下，由委托方和设计方共同商定。

（4）当对中等破坏建筑的结构进行加固设计时，应根据结构实际状况及使用条件，按国家现行标准进行设计；对钢筋混凝土结构、钢结构应分别按现行国家标准《混凝土结构

加固设计规范》GB 50367 和中国工程建设标准化协会《钢结构加固设计规范》CECS77 的有关规定执行；对砌体结构应参照国家标准《砌体结构加固技术规范》GB 50702 有关规定执行。

（5）对地震受损结构的抗震加固设计应按现行行业标准《建筑抗震加固技术规程》JGJ 116 的有关规定执行。

2. 震后工业建筑抗震加固有关要求

（1）地震受损建筑的恢复性加固，不应仅对地震损伤部位进行抗震加固，而应使加固后的整个结构的承载能力、抗震能力和正常使用功能均得到应有的提高和改善，以满足现行有关标准规定的安全、适用和耐久的要求。当构件有局部损伤时，应首先恢复其原有承载力，然后再做相应的抗震加固，避免原构件内部原有损伤使新增加固措施不能达到预期效果。厂房柱间支撑的下节点位置不符合要求时可采用加固柱子的方案，也可采用加固节点或改变或改善支撑传力体系等方案。加固后的结构应具有多道抗震防线，同时，尚应通过采取拉结、锚固、增设支撑系统或剪力墙等措施使整个结构具有良好的整体牢固性。结构沿水平向和竖向不应有严重不规则的结构布置，且不应有不合理的刚度与承载力分布。

（2）地震受损建筑的恢复性加固，除应以恢复重建阶段的综合鉴定报告为依据，并考虑救援抢险阶段的临时性加固可能造成的影响外，尚应通过设计计算做出不同加固方案。如应对整幢建筑还是其中部分区段或构件进行加固，当增设支撑系统等抗侧向作用的构件时应保持还是改变原有结构体系。加固后结构的质量、刚度、承载力和变形能力等将发生变化，若采用以提高承载力为主的方案，应使承载力的提高能承受由于质量刚度加大是否导致的地震作用的增大；若采用以提高变形能力为主的方案，应衡量现有承载力是否能满足安全使用的最低要求。

第二节　单层钢筋混凝土柱厂房

一、一般规定

钢筋混凝土厂房是装配式结构，抗震加固的重点与抗震鉴定的重点相同，侧重于提高厂房的整体性和连接的可靠性，而不增加原厂房的地震作用。增设支撑等构件时，应避免有关节点应力的加大和地震作用在原有构件间的重分配；对一端有山墙和体型复杂工业建筑，宜采取减少厂房扭转效应的措施。厂房加固后，各种支撑杆的截面、阶形柱上柱的钢构套等，多数可不进行抗震验算；需要验算时，内力分析与抗震鉴定时相同，均采用《建筑抗震设计规范》GB 50011 的方法，构件的抗震承载力验算，除牛腿的钢构套可用本节的方法外，其余按《建筑抗震设计规范》GB 50011 的方法，但采用“抗震加固的承载力调整系数”替代设计规范的“承载力抗震调整系数”。

二、抗震加固设计要求及方法

1. 抗震加固要求

以往地震灾害表明，单层钢筋混凝土柱厂房在地震作用下主要为屋盖系统、排架柱、柱间支撑、山墙抗风柱的破坏，应采取对应的加固方法进行加固。

（1）当厂房整体性抗震措施不满足要求时，应增设支撑、增设构件改变传力方向等措施进行加固。如厂房的屋盖支撑布置或柱间支撑布置不符合鉴定要求时，应增设支撑，6、7度时也可采用钢筋混凝土窗框代替天窗架竖向支撑。

（2）当厂房构件抗震承载力不满足要求时，应采取以下加固方法进行加固，以下列举了天窗架、屋架和排架柱承载力不足时可选择的加固方法：

1）天窗架立柱的抗震承载力不满足要求时，可加固立柱或增设支撑并加强连接节点。

2）混凝土屋架杆件不符合鉴定要求时，可增设钢构套、粘贴碳纤维等方法加固。

3）排架柱箍筋或截面形式不满足要求时，可增设钢构套、粘贴碳纤维等方法加固。

4）排架柱纵向钢筋不满足要求时，可增设钢构套加固或采取加强柱间支撑系统且加固相应柱的措施。

（3）厂房构件连接不符合鉴定要求时，可采用下列加固方法：

1）下柱柱间支撑的下节点构造不符合鉴定要求时，可在下柱根部增设局部的现浇钢筋混凝土套加固，但不应使柱形成新的薄弱部位。

2）构件的支承长度不满足要求时或连接不牢固，可增设支托或采取加强连接的措施。

3）墙体与屋架、钢筋混凝土柱连接不符合鉴定要求时，可增设拉筋或圈梁加固。

4）女儿墙超过规定的高度时，宜降低高度或采用角钢、钢筋混凝土竖杆加固。

5）柱间的隔墙、工作平台不符合鉴定要求时，可采取剔缝脱开、改为柔性连接、拆除或根据计算加固排架柱和节点的措施。

2. 抗震加固方法

（1）钢构套加固法

钢构套加固法是把型钢或钢板等材料包裹在被加固构件（钢筋混凝土）的外侧，通过外包钢与原构件的共同作用，提高构件的承载能力和刚度，达到加固的目的，见图11-1。一般钢构套加固法用于需要提高承载力和抗震能力的钢筋混凝土梁、柱构件的加固。当前的外包型钢系以结构胶（如改性环氧树脂）为粘结材料，并通过压力灌注工艺形成饱满而高强的胶层，从而使设计、计算所采用的整体截面基本假定建立在可靠的基础上。

（2）粘贴碳纤维加固法

粘贴碳纤维加固是一种利用树脂胶结材料将碳纤维布或碳纤维板粘贴于构件表面，从而提高结构承载力及延性的加固方法，见图11-2。采用此法加固的优点是：碳纤维轻质高

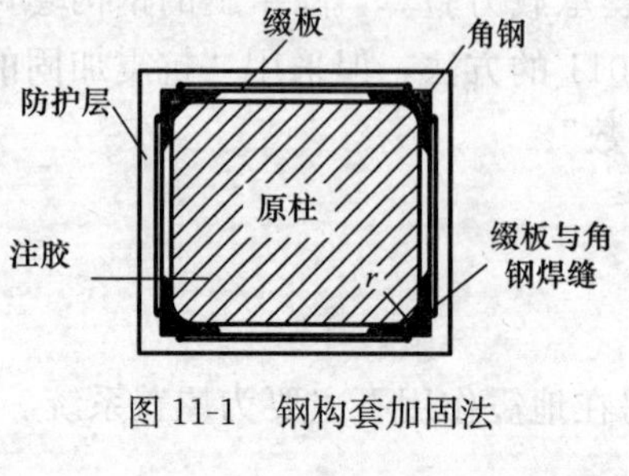

图11-1 钢构套加固法

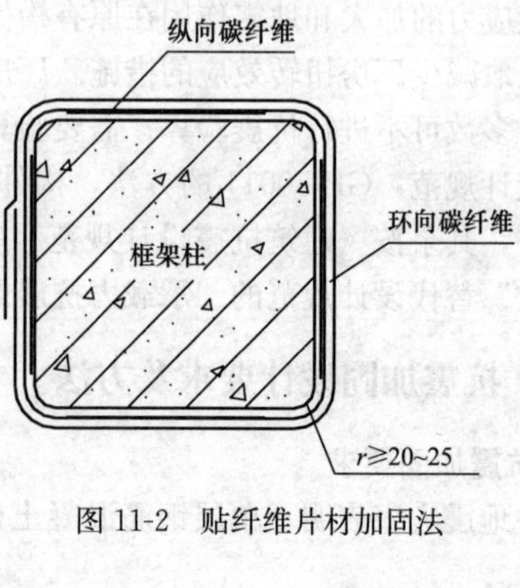

图11-2 贴纤维片材加固法

强，外贴加固用量少（厚度小），荷载增加极少，几乎不改变原结构的外形和尺寸；具有较强的抗化学腐蚀能力和对被加固结构的保护能力，提高了结构的耐久性；施工周期短，操作简单；维护费用较低。加固时需要专门的防火处理，适用于加固多种受力性质的混凝土结构构件。

（3）增设支撑加固法

增设支撑加固法是在柱子、屋架之间增设支撑构件，减少结构构件的计算跨度（长度），减少荷载效应，发挥构件潜力，增加结构的稳定性。通过增设支撑等构造措施使多个结构构件形成整体，共同工作。由于整体结构破坏的概率明显小于单个构件，因此在不加固原有构件中任一构件的情况下，整体结构的可靠度提高了，达到了加强整体性的目的。

（4）增设构件加固法或辅助结构加固法

增设构件加固法或辅助结构加固法为抗震与静力结合加固的方法。增设构件加固法是在原有构件之间增加新的构件，施工易于操作，但由于增加了新构件，对原结构的建筑功能可能会有影响，一般适合于生产厂房或增加构件后不影响使用要求的建筑梁柱等的加固。辅助结构加固法是一种体外加固方法。它是直接用设置在被加固构件位置处的型钢、钢构架或其他预制构件分担作用在被加固构件上的荷载。辅助结构与原构件形成组合结构，原有结构通过变形把荷载转嫁给后加辅助结构，使两者共同抗力，以达到提高结构承载力的目的。此法避免拆除工作，施工简单，结构自重增加较小，能够大幅度提高结构承载能力，但占用空间较大，连接构造比较复杂。辅助结构加固法适用于原有构件承载力不足，需要大幅度提高承载能力和刚度的构件的加固。

三、加固设计

抗震加固设计应以抗震鉴定为依据，抗震鉴定主要包括抗震措施鉴定和抗震承载力验算，根据不满足项和不满足程度进行抗震加固设计。

1. 屋盖加固

（1）整体性加固

厂房屋盖支撑系统主要是保证屋盖的整体性和稳定性，对屋盖结构安全起重要作用。因此，单层工业厂房屋盖支撑系统不符合《建筑抗震鉴定标准》GB 20023—2009 的要求时，应增设屋盖支撑。增设的支撑应满足第十章表 10-4～表 10-7 的要求。新增支撑与原屋架连接节点参见图 11-3。

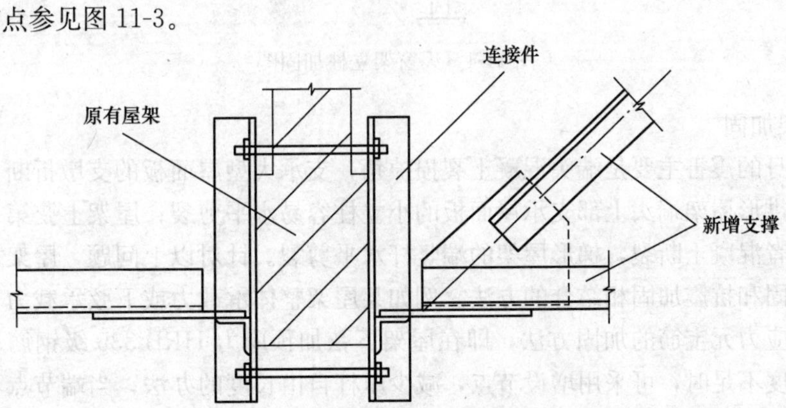

图 11-3　新增支撑与屋架连接节点示意图

当增设屋盖支撑时，原有上弦横向支撑设在厂房单元两端的第二开间时，可在抗风柱柱顶与原有横向支撑节点间增设水平压杆；增设的竖向支撑与原有的支撑宜采用同一形式；当原来无支撑时，宜采用“W”形支撑，且各杆应按压杆设计；当支撑全部为新增时，W形的刚度较好，但支撑高大于3m时，其腹杆较长，需要较大的截面尺寸，改用X形比较经济；屋架和天窗支撑杆件的长细比，压杆不宜大于200，当为6、7度时，拉杆不宜大于350，当为8、9度时，拉杆不宜大于300。

（2）屋盖结构杆件加固

1）天窗架加固

对于A类厂房的Ⅱ形天窗架为T形截面立柱的加固处理，包括节点加固、有支撑的立柱加固和全部立柱加固。当为6、7度时，应加固竖向支撑的节点预埋件；当为8度Ⅰ、Ⅱ类场地时，尚应加固竖向支撑的立柱；当为8度Ⅲ、Ⅳ类场地或9度时，除按以上的要求加固外，尚应加固所有的立柱。例如某天窗立柱钢构套加固示意图（图11-4）。

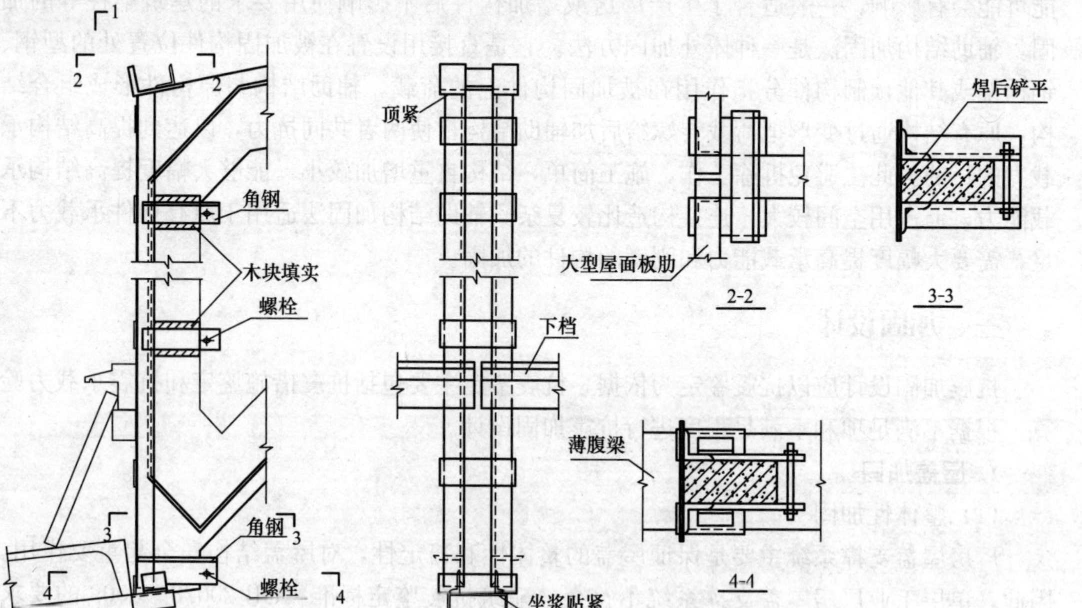

图11-4　天窗架立柱加固图

2）屋架加固

屋架本身的震害主要是端头混凝土裂损掉角，支承大型屋面板的支墩折断，端节间上弦剪断等。拱形屋架端头上部支承屋面板的小立柱容易水平剪裂；屋架上弦第一节间弦杆剪裂，严重者混凝土断裂，梯形屋架的端竖杆水平剪裂。针对以上问题，屋架加固通常采用承载力加固和抗震加固相结合的方法。例如某屋架整体承载力或下弦承载力不足时，可采用加设预应力元宝筋的加固方法，即在屋架下弦加预应力HRB 335级钢筋；当屋架上弦混凝土强度不足时，可采用增设节点，减少压杆自由长度的办法；当端节点开裂和脱肩时，采用在端节点处加设钢靴的办法，即在屋架端节点加一个刚性很大的钢构套，在构钢套和混凝土之间压入环氧树脂，使之充满钢套与混凝土之间的缝隙和充满混凝土的裂缝；当屋架个别腹杆因破损严重而强度不足者，采用外包角钢的加固办法（图 11-5）。

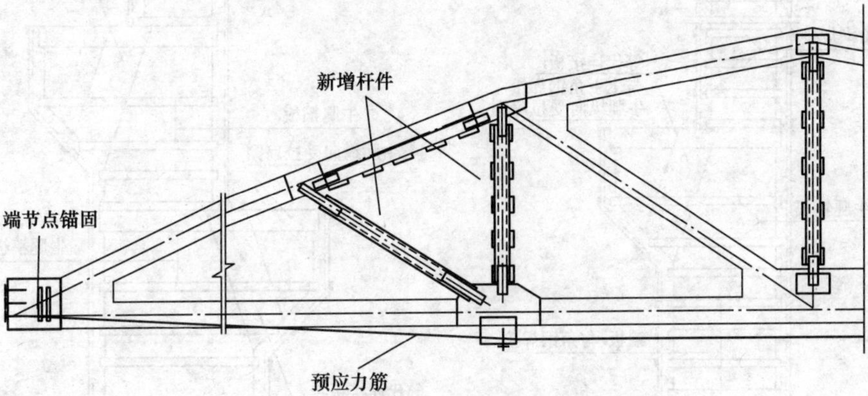

图 11-5　钢筋混凝土屋架加固示意图

2. 排架柱加固

（1）柱整体加固

当柱子的混凝土强度、承载力、构造配筋、轴压比、延性等不满足《建筑抗震鉴定标准》GB 50023 的要求时，应对柱进行整体加固。单层钢筋混凝土柱厂房的柱抗震加固通常采用钢构套法和粘碳纤维法。

1）钢构套法加固柱应根据柱的类型、截面形式、所处位置及受力情况等不同，采用相应构造方法，见图 11-6。柱的纵向受力角钢以及横向缀板应由计算确定，且角钢应≥∟75×6、缀板应≥－60×6。柱纵向受力角钢应通长设置，中间不得断开。纵向角钢上下两端应有可靠锚固。加固的型钢与原柱头顶部的承压钢板相互焊接。对于二阶柱，上下柱交接处及牛腿处的连接构造应予加强。角钢下端可在基础顶面设置现浇钢筋混凝土套锚固。对于原基础埋深较浅或根部弯矩较大时，应同时采用植筋技术将角钢锚入基础。

加固后，柱箍筋构造的体系影响系数可取 1.0，柱的抗震验算应符合下列要求：

① 柱加固后的初始刚度可按下式计算：

$$K = K_0 + 0.5E_a I_a \tag{11-2}$$

式中　K——加固后的初始刚度；

K_0——原柱截面的弯曲刚度；

E_a——角钢的弹性模量；

I_a——外包角钢对柱截面形心的惯性矩。

② 柱加固后的现有正截面受弯承载力可按下式计算：

$$M_y = M_{y0} + 0.7A_a f_{ay} h \tag{11-3}$$

式中　M_{y0}——原柱现有正截面受弯承载力，对 A、B 类钢筋混凝土结构，可按现行国家标准《建筑抗震鉴定标准》GB 50023 的有关规定确定；

A_a——柱一侧外包角钢的截面面积；

f_{ay}——角钢抗拉屈服强度；

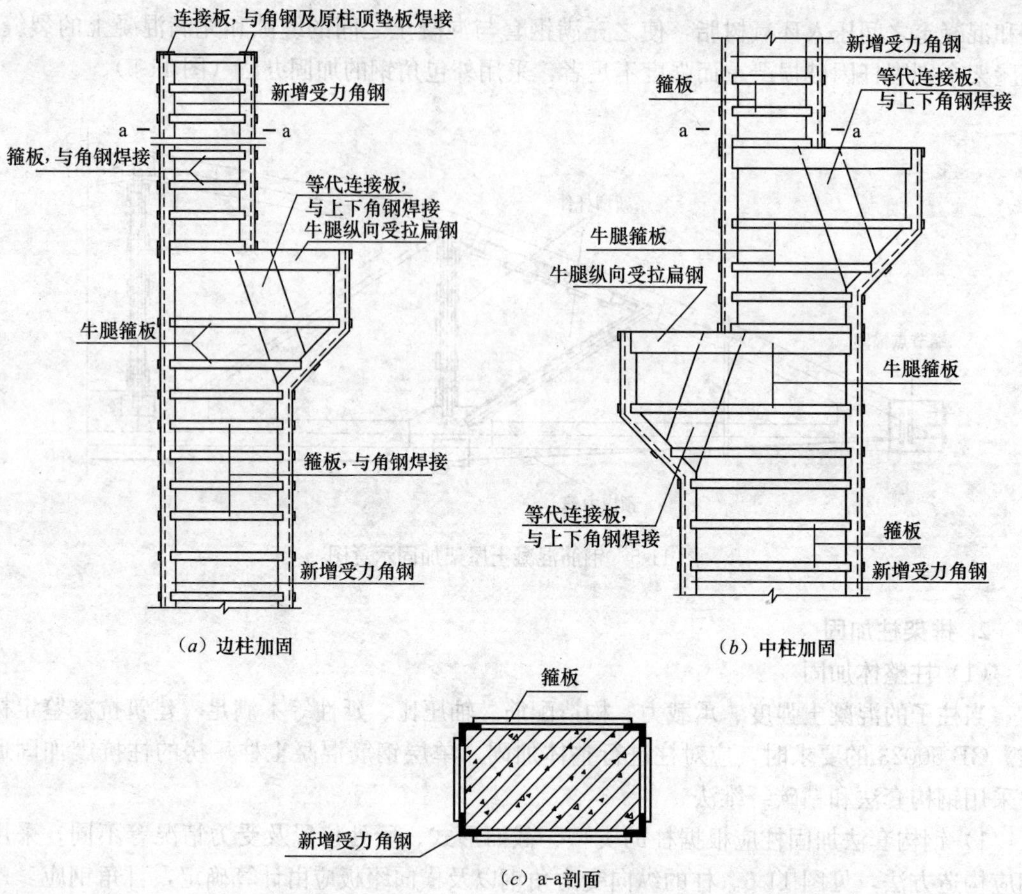

图 11-6　钢构套加固示意图

h——验算方向柱截面高度。

③ 柱加固后的现有斜截面受剪承载力可按下式计算：

$$V_y = V_{y0} + 0.7 f_{ay} (A_a / s) h \tag{11-4}$$

式中　V_y——柱加固后的现有斜截面受剪承载力；

V_{y0}——原柱现有斜截面受剪承载力，对 A、B 类钢筋混凝土结构，可按现行国家标准《建筑抗震鉴定标准》GB 50023 的有关规定确定；

A_a——同一柱截面内扁钢缀板的截面面积；

f_{ay}——扁钢抗拉屈服强度；

s——扁钢缀板的间距。

2）碳纤维加固法用于柱正截面、受弯加固、斜截面受剪加固以及提高柱延性加固，见图 11-7。原结构构件实际的混凝土强度不应低于 C15，且混凝土表面的正拉粘结强度不应低于 1.5MPa。

碳纤维的受力方式应设计成承受拉应力作用。碳纤维提高正截面受弯承载力加固，纤维片材是沿柱轴线方向顺贴于柱的受拉表面；斜截面受剪加固及提高柱延性加固，纤维片材是以环形垂直于柱轴线方向间隔地或连续地绕贴于柱周表面；方形、矩形柱应进行圆角处理，圆角半径 r 不应小于 25mm。提高柱抗压强度和延性时，环形围束的纤维织物层数，圆形柱应≥2层，方形和矩形柱应≥3层；连续环向围束上下层之间的搭接宽度应≥50mm，环向断点的延伸搭接长度应≥200mm，且位置应错开。

碳纤维和粘结剂的材料性能、加固的构造和承载力验算可按现行国家标准《混凝土结构加固设计规范》GB 50367的有关规定执行，其中对构件承载力的新增部分，其加固承载力调整系数宜采用1.0，且对A、B类钢筋混凝土结构，原构件的材料强度设计值和抗震承载力，应按现行国家标准《建筑抗震鉴定标准》GB 50023的有关规定采用。

（2）柱节点局部加固

实际工程中发现，排架柱最容易发生破坏的部位为柱顶、有起重机的阶形柱上柱的底部或起重机梁顶标高处以及不等高厂房排架柱支承低跨屋盖牛腿处。以上钢构套整体加固柱对节点加固也适应，以下给出《建筑抗震加固技术规程》JGJ 116的有关加固方法。

1）柱顶加固

柱顶加固构件的截面尺寸，系参照《建筑抗震设计规范》GB 50011对抗剪箍筋的要求，考虑加固现有建筑时需引入“抗震加固的承载力调整系数”，分别给出A、B类厂房加固的简图（图11-8）和构件的选用表（表11-1），用于柱截面宽度不大于500mm的情况。排架柱上柱柱顶采用钢构套加固时，钢构套的长度不应小于600mm，且不应小于柱截面高度；角钢不应小于∟63×6，钢缀板截面可按表11-1采用。

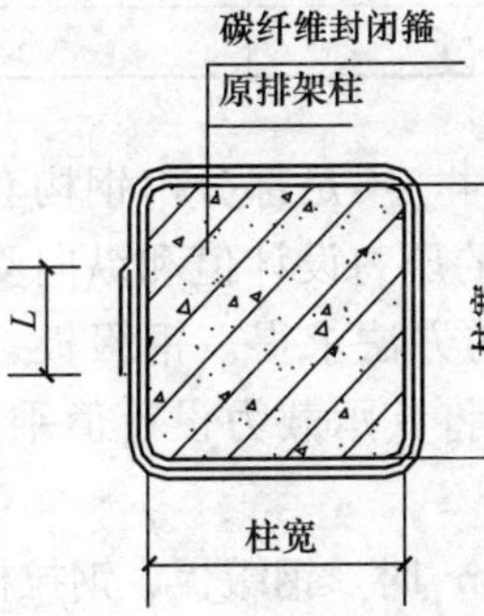

图11-7 碳纤维加固柱图

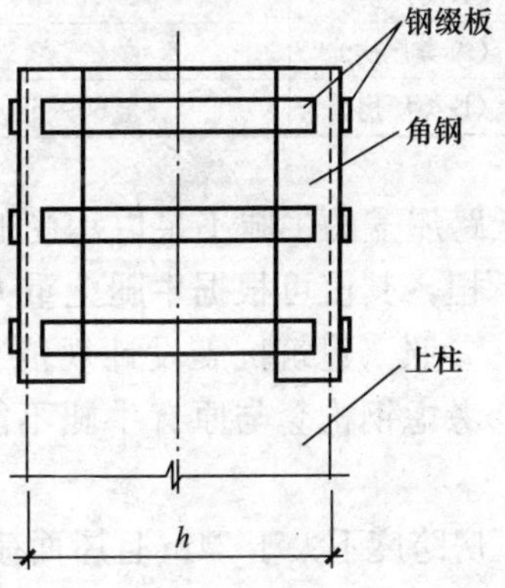

图11-8 柱顶加固

钢缀板截面（mm） **表11-1**

烈度和场地	7度Ⅲ、Ⅳ类场地 8度Ⅰ、Ⅱ类场地	7度Ⅲ、Ⅳ类场地 8度Ⅰ、Ⅱ类场地	9度Ⅲ、Ⅳ类场地
钢缀板（A类厂房）	−50×6	−60×6	−70×6
钢缀板（A类厂房）	−60×6	−70×6	−85×6

2）上柱根部或起重机梁面高度处

单层厂房中，有起重机的阶形柱上柱的底部或起重机梁顶标高处，以及高低跨的上柱，在水平地震作用下容易产生水平断裂破坏。这种震害在8度时较多，高于8度时更为严重。因此，提供了8、9度时加固的简图（图11-9）和所用的角钢、钢缀板的截面尺寸（表11-2），钢构套上端应超过起重机梁顶面，且超过值不应小于柱截面高度。

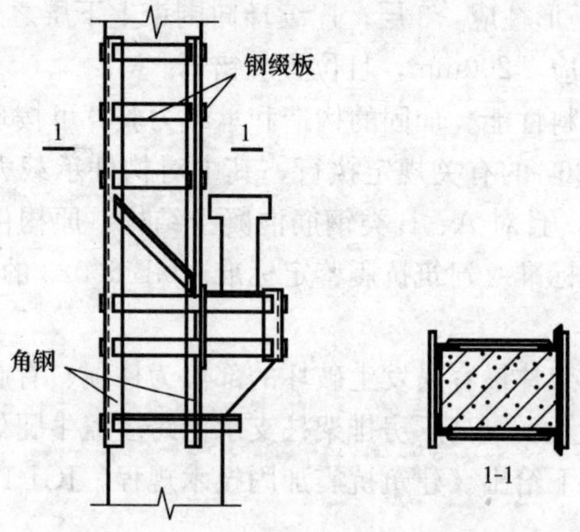

图 11-9　阶形柱上柱底部加固

角钢和钢缀板（mm）　　**表 11-2**

烈度和场地		7 度Ⅲ、Ⅳ类场地 8 度Ⅰ、Ⅱ类场地	7 度Ⅲ、Ⅳ类场地 8 度Ⅰ、Ⅱ类场地	9 度Ⅲ、Ⅳ类场地
角钢	（A 类厂房）	—	∟ 75×8	∟ 100×10
	（B 类厂房）	∟ 75×8	∟ 90×8	∟ 100×10
钢缀板	（A 类厂房）	—	−60×6	−70×6
	（B 类厂房）	−60×6	−70×6	−85×6

支承低跨屋盖的牛腿不足以承受地震下的水平拉力时，不足部分由钢构套的钢缀板或钢拉杆承担，其值可根据牛腿上重力荷载代表值产生的压力设计值和纵向受力钢筋的截面面积，参照《建筑抗震设计规范》GB 50011 规定的方法求得。钢缀板、钢拉杆截面验算时，考虑钢构套与原有牛腿不能完全共同工作，将其承载力设计值乘以 0.75 的折减系数。

①当厂房跨度不大于 24m 且屋面荷载不大于 $3.5kN/m^2$ 时，钢缀板、钢拉杆和钢横梁的截面，A 类厂房可按表 11-3 采用，B 类厂房可按表 11-3 增加 15%采用。

A 类厂房的钢构套杆件截面（mm）　　**表 11-3**

烈度和场地		7 度Ⅲ、Ⅳ类场地 8 度Ⅰ、Ⅱ类场地	7 度Ⅲ、Ⅳ类场地 8 度Ⅰ、Ⅱ类场地	9 度Ⅲ、Ⅳ类场地
钢缀板		−60×6	−70×6	−80×6
钢拉杆		ϕ16	ϕ20	ϕ25
钢横梁	柱宽 400mm	∟ 75×6	∟ 90×8	∟ 110×10
	柱宽 500mm	∟ 90×6	∟ 110×8	∟ 125×10

② 不符合上述条件且为 8、9 度时，钢缀板、钢拉杆的截面可按下列公式计算，钢横梁的截面面积可按钢拉杆截面面积的 5 倍采用。

$$N_t \leqslant \frac{1}{\gamma_{Rs}} \cdot \frac{0.75nA_a f_a h_2}{h_1} \tag{11-5}$$

$$N_t = N_E + N_G a/h_0 - 0.85 f_{y0} A_{s0} \tag{11-6}$$

式中 N_t——钢拉杆（钢缀板）承受的水平拉力设计值；

N_E——地震作用在柱牛腿上引起的水平拉力设计值；

N_G——柱牛腿上重力荷载代表值产生的压力设计值；

n——钢拉杆（钢缀板）根数；

A_a——1 根钢拉杆（钢缀板）的截面面积；

f_a——钢材抗拉强度设计值，应按现行国家标准《钢结构设计规范》GB 50017 的规定采用；

h_1、h_2——分别为柱牛腿竖向截面受压区 0.15h 高度处至水平力、钢拉杆（钢缀板）截面重心的距离；

a——压力作用点至下柱近侧边缘的距离；

A_{s0}——柱牛腿原有受拉钢筋的截面面积；

f_{y0}——柱牛腿原有受拉钢筋的抗拉强度设计值；

γ_{Rs}——抗震加固的承载力调整系数，应按本章第一节的规定采用。

高低跨上柱底部采用钢构套加固时（图 11-10），应符合下列要求：①上柱底部和牛腿的钢构套应连成整体；②钢构套的角钢和上柱钢缀板的截面，A 类厂房可按表 11-4 采用，B 类厂房角钢和钢缀板的截面面积宜比表 11-4 相应增加 15%；③牛腿钢缀板的截面应按表 11-2 的规定采用。

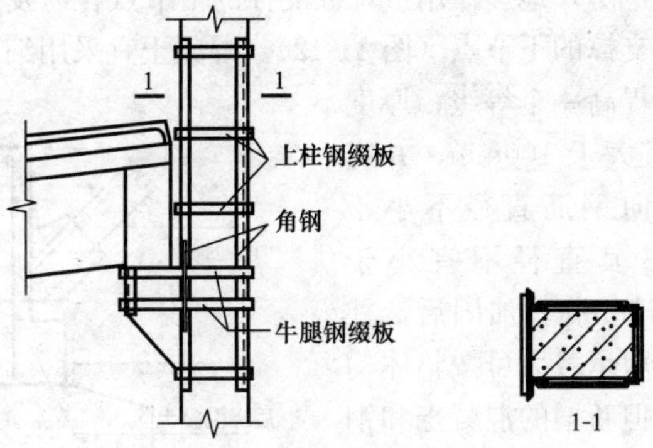

图 11-10 高低跨上柱底部加固

A 类厂房的角钢和上柱钢缀板截面（mm） **表 11-4**

烈度和场地	7 度Ⅲ、Ⅳ类场地 8 度Ⅰ、Ⅱ类场地	7 度Ⅲ、Ⅳ类场地 8 度Ⅰ、Ⅱ类场地	9 度Ⅲ、Ⅳ类场地
角钢	∟63×6	∟80×8	∟110×12
上柱缀板	−60×6	−100×8	−120×10

3. 柱间支撑加固

（1）增设柱间支撑加固

柱间支撑是单层厂房纵向的主要抗侧力构件，地震期间厂房的纵向水平地震作用主要由它来承担。增设柱间支撑能提高厂房整体抗震性能，增设的支撑应满足第十章表 10-10 的要求。支撑可采用钢箍套与原有钢筋混凝土柱可靠连接，应采取措施将支撑的地震内力可靠地传递到基础，新增柱间支撑与柱连接节点参见图 11-11。

对于未设柱间支撑、或柱间支撑设置不够的厂房，要提高厂房抗侧力刚度，应增设柱间支撑，并应符合下列要求：

1）增设的柱间支撑应采用型钢；支撑的长细比和板件的宽厚比，应依据设防烈度的不同，按现行国家标准《建筑抗震设计规范》GB 50011 对钢结构设计的有关规定采用。对于A类厂房，上柱支撑的长细比，当为8度时不应大于250，当为9度时不应大于200；下柱支撑的长细比，当为8度时不应大于200，当为9度时不应大于150。对于B类厂房，上柱支撑的长细比，当为7度时不应大于250，当为8度时不应大于200，当为9度时不应大于150；下柱支撑的长细比，当为7度时不应大于200，当为8、9度时不应大于150。

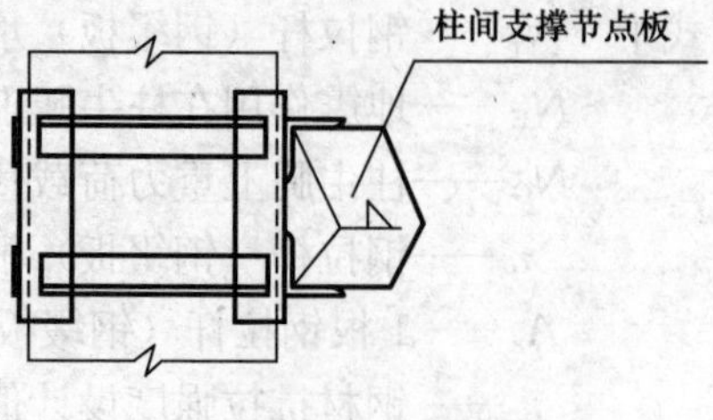

图 11-11　新增柱间支撑与立柱连接的加固示意图

2）柱间支撑在交叉点应设置节点板，斜杆与该节点板应焊接；支撑与柱连接的端节点板厚度，对于A类厂房，当为8度时不宜小于8mm，当为9度时不宜小于10mm。对于B类厂房，当为7～9度时不宜小于10mm。

3）柱间支撑开间的基础之间宜增加水平压梁。

（2）增设柱支撑时柱根部加固

对已经增设支撑的厂房，地震作用下，柱支撑的下节点容易发生破坏。通常采用增设钢筋混凝土套加固下柱支撑的下节点（图 11-12）。混凝土宜采用细石混凝土，其强度等级宜比原柱的混凝土强度提高一个等级；厚度不宜小于60mm且不宜大于100mm，并应与基础可靠连接；纵向钢筋直径不小于12mm，箍筋应封闭，其直径不宜小于8mm，间距不宜大于100mm。加固后，柱根沿厂房纵向的抗震受剪承载力可按整体构件进行截面抗震验算，但新增的混凝土和钢筋强度应乘以0.85的折减系数。施工时，原柱加固部位的混凝土表面应凿毛、清除酥松杂质，灌注混凝土前应用水清洗并保持湿润。

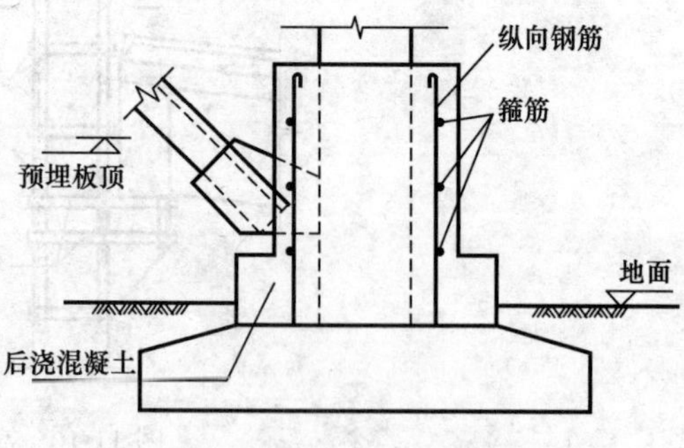

图 11-12　增设柱支撑时柱根部加固

4. 山墙抗风柱加固

抗风柱是排架结构中支撑山墙墙板抵抗水平风荷载作用的主要构件。抗风柱通常影响到与之相连的屋架、屋面支撑和基础的设计与受力。抗风柱加固与排架柱加固方法相同，通常采用钢构套加固。

除抗风柱自身加固外，应加强抗风柱与屋架、山墙、卧梁的连接。当抗风柱与屋架连接不牢时，可参照图 11-13 加固。

抗风柱与山墙拉结加固主要加固封檐墙，通常采用角钢进行加固（图 11-14），拉结且高度不超过1.5m时，对A类厂房，竖向角钢可按表 11-5 选用；对B类厂房，角钢和钢筋的截面面积宜相应增加15%。

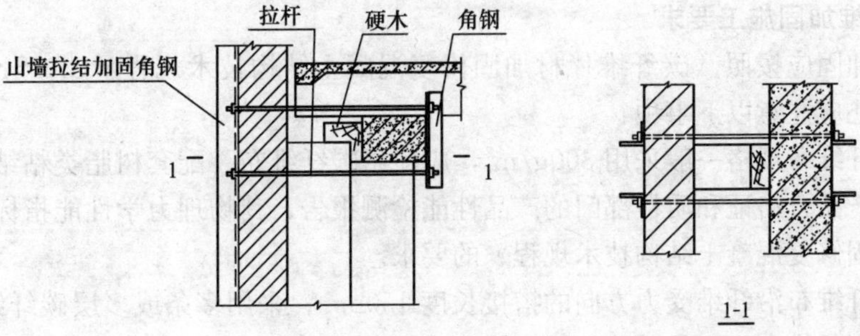

图 11-13　抗风柱与屋架连接加固

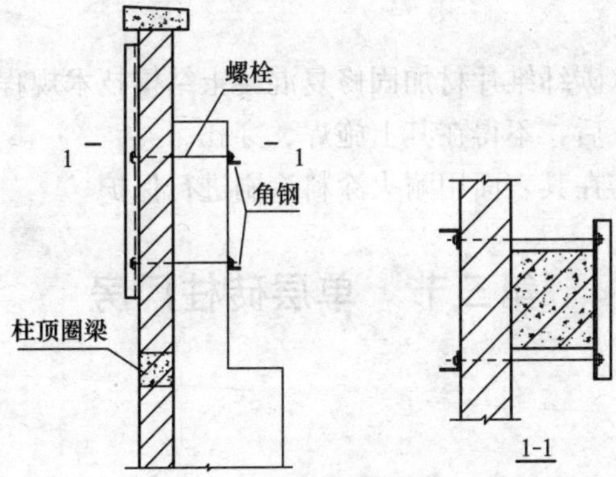

图 11-14　山墙拉结加固

A 类厂房的竖向角钢　　**表 11-5**

无拉结高度 h（mm）	烈度和场地			
	7 度Ⅰ、Ⅱ类场地	7 度Ⅲ、Ⅳ类场地 8 度Ⅰ、Ⅱ类场地	8 度Ⅲ、Ⅳ类场地 9 度Ⅰ、Ⅱ类场地	9 度Ⅲ、Ⅳ类场地
$h \leqslant 1000$	2∟63×6	2∟63×6	2∟90×6	2∟100×10
$1000 < h \leqslant 1500$	2∟75×6	2∟90×8	2∟100×10	2∟125×12

四、加固施工要求

1. 钢构套施工要求

（1）加固前应卸除或大部分卸除作用在结构上的活荷载。

（2）原有的梁柱表面应清洗干净，缺陷应修补，角部应磨出小圆角。

（3）凿洞时，应避免损伤原有钢筋。

（4）构架的角钢应采用夹具在两个方向夹紧，缀板应分段焊接。注胶应在构架焊接完后进行，胶缝厚度宜控制在 3～5mm。

2. 钢筋混凝土套施工要求

（1）加固前应卸除或大部分卸除作用在结构上的活荷载。

（2）原有的梁柱表面应清洗干净，缺陷应修补，角部应磨出小圆角。

（3）凿洞时，应避免损伤原有钢筋。

（4）浇筑混凝土前应用水清洗并保持湿润，浇筑后应加强养护。

3. 碳纤维加固施工要求

碳纤维加固应按照《碳纤维片材加固修复混凝土结构技术规程》CECS146：2003 的要求施工，还应注意以下事项：

（1）碳纤维布规格一般采用 300g/m²，应使用碳纤维布、配套树脂类粘结材料。这些材料应具有产品合格证和质检部门的产品性能检测报告，其物理力学性能指标应符合《碳纤维片材加固修复混凝土结构技术规程》的要求。

（2）碳纤维布沿纤维受力方向的搭接长度 150mm；采用多条或多层碳纤维布加固时，各条或各层碳纤维布之间的搭接位置应相互错开。

（3）碳纤维布沿其纤维方向需绕构件转角处粘贴时，转角处构件外表面打磨后的曲面半径不小于 20mm。

（4）施工要求按照《碳纤维片材加固修复混凝土结构技术规程》要求进行。

（5）碳纤维加固完成后，不得在其上施焊、穿孔。

（6）加固完成后，需在其表面用耐火涂料涂刷进行保护。

第三节　单层砖柱厂房

一、一般规定

单层砖柱厂房抗震加固方案，应有利于砖柱（墙垛）抗震承载力的提高、屋盖整体性的加强和结构布置上不利因素的消除。房屋加固后，可按现行国家标准《建筑抗震设计规范》GB 50011 的规定进行纵、横向的抗震分析，并可采用本章第一节和本节规定的方法进行构件的抗震验算。混合排架房屋的钢筋混凝土部分，应按单层钢筋混凝土柱厂房的有关要求加固。

二、加固要求

根据近年来单层砖柱厂房在抗震加固中存在的实际问题，为更有效地通过加固提高它们的抗震能力，建议按以下要求进行抗震加固：

（1）对厂房结构构件，支撑系统以及主要的连接节点进行严格的现场检查和抗震鉴定。特别是对受腐蚀，遭破损，有裂缝，存在变形，强度明显降低的部位更需细致鉴定；抗震加固方案应在上述工作基础上有针对性地提出和确定。

（2）对厂房应采用整体加固原则，提高其总体抗震能力。不宜只对部分结构构件进行局部加固，而且在对结构进行局部加固时，应考虑此加固部位对厂房整体性的影响，避免出现因局部加固而给厂房整体结构带来不利影响。

（3）当对砖柱采用角钢加固，钢筋混凝土外套或配筋水泥砂浆外包加固时，加固用的角钢和纵向钢筋截面面积以及连接缀板和箍筋用量均应按计算确定。对于砖柱柱头（含柱顶的钢筋混凝土垫块）顶面以下 $h+500$mm，并不小于柱截面长边尺寸范围内的柱截面，应验算其加固后的抗剪能力（h 为垫块厚度）。

（4）砖柱加固应采用由柱根到柱顶的全高均匀加固。不宜采用只对柱身一段高度进行局部增大截面的加固方法。对已有裂缝的砌体和酥蚀的砌体，尤其是位于砖柱柱头部位的破损砌体，应先对砌体进行修补后再进行外包加固。

（5）在厂房砖柱顶部（或屋架、屋面梁端头）标高处应增设抗震圈梁，可采用钢筋混凝土，也可采用型钢。圈梁必须与砖柱顶或屋盖构件牢固锚拉，可采用螺栓拉杆拉紧。对砖柱厂房这是很重要的抗震措施。山墙应增设钢筋混凝土或型钢组成的卧梁（桁架），并使其与屋盖构件整体锚拉，以确保山墙顶部砌体的抗震强度与稳定。

（6）要特别重视厂房屋盖支撑的完整性。尤其要注意厂房端部第一开间的上弦横向支撑的设置。如有采用圆钢作为支撑杆件的，必须换成角钢。对于砖柱厂房的钢筋混凝土屋盖（屋架或屋面梁加大型屋面板），考虑现有厂房的生产重要性，其支撑布置可参照《建筑抗震设计规范》的规定采用。

表 11-6 列出了单层砖柱厂房抗震鉴定时房屋整体性连接、局部结构构件或非结构构件和砖柱抗震承载力不满足《建筑抗震鉴定标准》GB 50023 要求时提出的具体加固方法。

单层砖柱厂房抗震加固方法 **表 11-6**

不满足抗震鉴定要求		加固方法
房屋的整体性连接	屋盖支撑布置	增设支撑
	构件的支承长度	增设支托或采取加强连接的措施
	墙体交接处连接或圈梁布置	增设圈梁
局部的结构构件或非结构构件	高大的山墙山尖	采用轻质隔墙替换或山墙顶增设卧梁
	砌体隔墙	将砌体隔墙与承重构件间改为柔性连接
砖柱抗震承载力		（1）6、7 度时或抗震承载力低于要求在 30%以内的轻屋盖房屋，可采用钢构套加固。钢构套加固，着重于提高延性和抗倒塌能力，但承载力提高不多，造合于 6、7 度和承载力差距在 30%以内时采用。 （2）乙类设防，或 8、9 度的重屋盖房屋或延性、耐久性要求高的房屋，宜采用钢筋混凝土壁柱或钢筋混凝土套加固。壁柱和混凝土套加固，其承载力、延性和耐久性均优于钢筋砂浆面层加固，但施工较复杂且造价较高。一般在乙类设防时和 8、9 度的重屋盖时采用。 （3）除以上两种情况外，可增设钢筋网面层与原有柱形成面层组合柱加固。 （4）独立砖柱房屋的纵向，可增设到顶的柱间抗震墙加固

三、加固设计

1. 屋盖加固

屋盖加固主要包括整体性加固和屋盖构件加固，屋盖增设支撑加固应满足第十章表 10-15 的要求。

2. 增设圈梁

圈梁可增加房屋的整体性，减小了不均匀沉降。

（1）圈梁的布置、材料和构造

增设的圈梁宜在屋盖标高的同一平面内闭合，变形缝两侧的圈梁应分别闭合；圈梁应采用现浇，其混凝土强度等级不应低于 C20，钢筋宜采用 HPB 300 级或 HRB 335 级钢。圈梁截面高度不应小于 180mm，宽度不应小于 120mm；也可采用型钢圈梁，当采用槽钢时不应小于［8，当采用角钢时不应小于∟75×6；圈梁的纵向钢筋，7、8、9度时可分别采用4ϕ8、4ϕ10和4ϕ12；箍筋可采用ϕ6，其间距宜为200mm；外加柱和钢拉杆锚固点两侧各500mm范围内的箍筋应加密。

（2）圈梁的连接

增设的圈梁应与墙体可靠连接（图11-15）。钢筋混凝土圈梁可采用钢筋混凝土销键、螺栓、锚栓连接；型钢圈梁宜采用螺栓连接。销键的高度宜与圈梁相同，其宽度和锚入墙内的深度均不应小于180mm，销键的柱间可采用4ϕ8，箍筋可采用ϕ6，宜设在窗口两侧，其水平间距可为1～2m；对砌筑砂浆强度等级不低于M2.5的墙体，可采用d10～d16的锚栓连接。

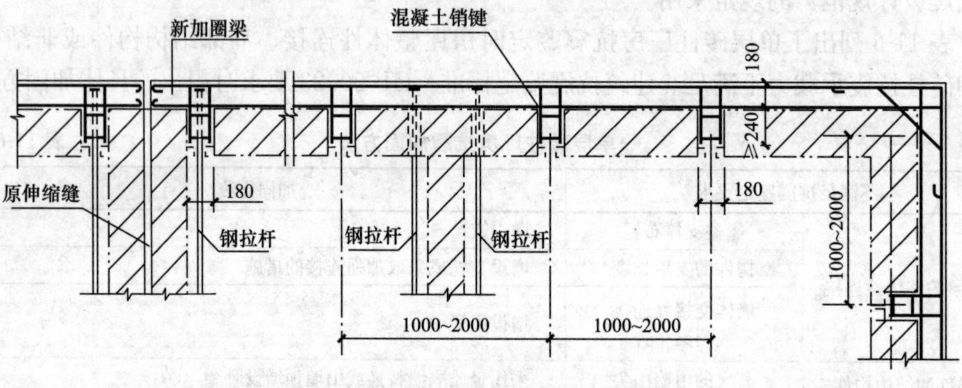

图11-15 新增圈梁与墙体连接加固图

3. 砖柱加固

根据砖柱抗震承载力不满足程度，可采用钢筋网砂浆面层、增设壁柱、钢筋混凝土套和钢构套加大柱截面进行加固。

（1）面层组合柱加固

增设钢筋网砂浆面层与原有砖柱（墙垛）形成面层组合柱时，面层应在柱两侧对称布置；纵向钢筋的保护层厚度不应小于20mm，钢筋与砌体表面的空隙不应小于5mm，钢筋的上端应与柱顶的垫块或圈梁连接，下端应锚固在基础内；柱两侧面层沿柱高应每隔600mm采用ϕ6的封闭钢箍拉结。

增设面层组合柱的材料和构造：①水泥砂浆的强度等级宜采用M10，钢筋宜采用HPB 300级钢筋；②面层的厚度可采用35～45mm；③纵向钢筋直径不宜小于8mm，间距不应小于50mm；水平钢筋的直径不宜小于4mm，间距不应大于400mm，在距柱顶和柱脚的500mm范围内，间距应加密；④面层应深入地坪下500mm。

面层组合柱的抗震验算应符合下列要求：

1）7、8度区的A类房屋，轻屋盖房屋组合砖柱的每侧纵向钢筋分别不少于3ϕ8、3ϕ10，且配筋率不小于0.1%，可不进行抗震承载力验算。

2）加固后，柱顶在单位水平力作用下的位移可按下式计算：

$$\mu=\frac{H_0^3}{3(E_m I_m+E_c I_c+E_s I_s)} \tag{11-7}$$

式中 μ——面层组合柱柱顶在单位水平力作用下的位移；

H_0——面层组合柱的计算高度，可按现行国家标准《砌体结构设计规范》GB

50003 的规定采用；但当为 9 度时均应按弹性方案取值，当为 8 度时可按弹性或刚弹性方案取值；

I_m、I_c、I_s——分别为砖砌体（不包括翼缘墙体）、混凝土或砂浆面层、纵向钢筋的横截面面积对组合砖柱折算截面形心轴的惯性矩；

E_m、E_c、E_s——分别为砖砌体、混凝土或砂浆面层、纵向钢筋的弹性模量，砖砌体的弹性模量应按现行国家标准《砌体结构设计规范》GB 50003 的规定采用；混凝土和钢筋的弹性模量应按现行国家标准《混凝土结构设计规范》GB 50010 的规定采用；砂浆的弹性模量，对 M7.5 取 $7400N/mm^2$，对 M10 取 $9300N/mm^2$，对 M15 取 $1200N/mm^2$。

3）计算组合砖柱的刚度时，加固面层与砖柱视为组合砖柱整体工作，包括面层中钢筋的作用。因为计算和试验均表明，钢筋的作用是显著的。确定组合砖柱的计算高度时，对于 9 度地震，横墙和屋盖一般有一定的破坏，不具备空间工作性能，屋盖不能作为组合砖柱的不动铰支点，只能采用弹性方案：对于 8 度地震，屋盖结构尚具有一定的空间工作性能，因而可采用弹性和刚弹性两种计算方案。必须指出，组合砖柱计算高度的改变，不会对抗震承载力验算结果产生明显的不利影响。因为抗震承载力验算时亦采用同一个计算高度。同时，对组合砖柱的弯矩和剪力，亦应乘以考虑空间工作的调整系数。

4）加固后形成的面层组合柱，当不计入翼缘的影响时，计算的排架基本周期，宜乘以表 11-7 的折减系数。对 T 形截面砖柱，为了简化侧向刚度计算而不考虑翼缘，当翼缘宽度不小于腹板宽度 5 倍时，不考虑翼缘将使砖柱刚度减少 20%以上，周期延长 10%以上。因而相应的计算周期需予以折减。当然，对钢筋混凝土屋架等重屋盖房屋，按铰接排架计算的周期，尚应再予以折减。

基本周期的折减系数 **表 11-7**

屋架类别	翼缘宽度小于腹板宽度 5 倍	翼缘宽度不小于腹板宽度 5 倍
钢筋混凝土和组合屋架	0.9	0.8
木、钢木和轻钢屋架	1.0	0.9

5）面层组合柱的抗震承载力验算，可按现行国家标准《建筑抗震设计规范》GB 50011 的规定进行。其中，抗震加固的承载力调整系数，应按《建筑抗震加固技术规程》JGJ 116 第 3.0.4 条的规定采用；增设的砂浆（或混凝土）和钢筋的强度应乘以折减系数 0.85；A、B 类房屋的原结构材料强度应按现行国家标准《建筑抗震鉴定标准》GB 50023 的规定采用。

6）试验研究和计算表明，面层材料的弹性模量及其厚度等，对组合砖柱的刚度值有很大的影响，因而面层不宜采用较高强度等级的材料和较大的厚度，以免地震作用增加过大。由于水泥砂浆的拉伸极限变形值低于混凝土的拉伸极限值较多，容易出现拉伸裂缝，为了保证组合砖柱的整体性和耐久性，规定砂浆面层内仅采用强度等级较低的 HPB 300 级钢筋。

7）对加固组合砖柱拉结腹杆的间距、拉结腹杆的横截面尺寸及其配筋的规定，是考虑到使它们能传递必要的剪力，并使组合砖柱两侧的加固面层能整体工作。

8）震害表明，刚性地坪对砖柱等类似构件的嵌固作用很强，使其破坏均在地坪以上一定高度处。因而对埋入刚性地坪内的砖柱，其加固面层的基础埋深要求可适当放宽，即不要求与原柱子有同样的埋深。

(2) 组合壁柱加固

1) 增设钢筋混凝土壁柱或套与原有砖柱（墙垛）形成组合壁柱时（图 11-16），应符合下列要求：

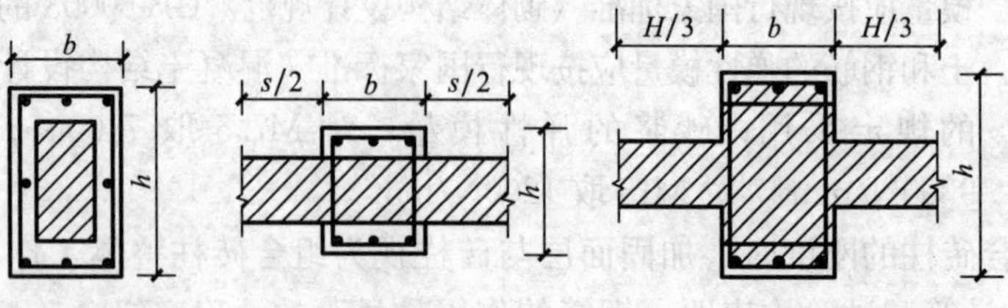

(a) 砖柱加固 (b) 砖墙加固 (c) 带壁柱砖墙加固

图 11-16 钢筋混凝土套加固砖柱

① 壁柱应在砖墙两面相对位置同时设置，并采用钢筋混凝土腹杆拉结。在砖柱（墙垛）周围设置钢筋混凝土套遇到砖墙时，应设钢筋混凝土腹杆拉结。壁柱或套应设基础，基础的横截面面积不得小于壁柱截面面积的一倍，并应与原基础可靠连接。

② 壁柱或套的纵向钢筋，保护层厚度不应小于 25mm，钢筋与砌体表面的净距不应小于 5mm；钢筋的上端应与柱顶的垫块或圈梁连接，下端应锚固在基础内。

③ 壁柱或套加固后按组合砖柱进行抗震承载力验算，但增设的混凝土和钢筋的强度应乘以规定的折减系数。

2) 增设钢筋混凝土壁柱或钢筋混凝土套加固砖柱（墙垛）和独立砖柱的设计，尚应符合下列要求：

壁柱和套的混凝土宜采用细石混凝土，强度等级宜采用 C20；钢筋宜采用 HRB 335 级或 HPB 300 级热轧钢筋。采用钢筋混凝土壁柱加固砖墙（图 11-17a）或钢筋混凝土套加固砖柱（墙垛）（图 11-17b）时，其构造尚应符合下列规定：

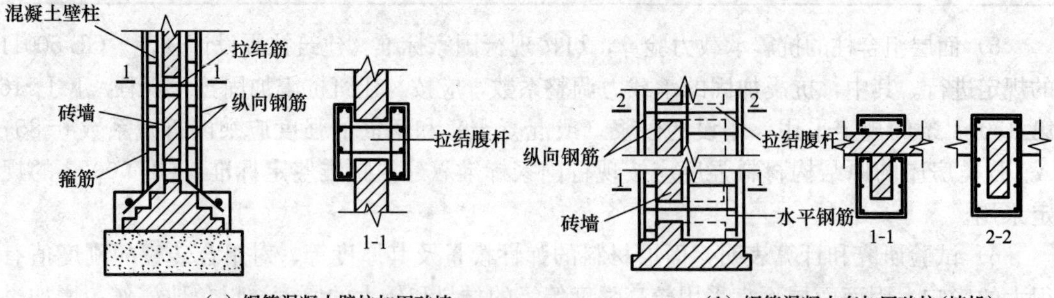

(a) 钢筋混凝土壁柱加固砖墙 (b) 钢筋混凝土套加固砖柱（墙垛）

图 11-17 砖柱（墙垛）加固

① 壁柱和套的厚度宜为 60～120mm。

② 纵向钢筋宜对称配置，配筋率不应小于 0.2%。

③ 箍筋的直径不应小于 4mm 且不小于纵向钢筋直径的 20%，间距不应大于 400mm 且不应大于纵向钢筋直径的 20 倍，在距柱顶和柱脚的 500mm 范围内，其间距应加密；当

柱一侧的纵向钢筋多于 4 根时，应设置复合箍筋或拉结筋。

④ 钢筋、混凝土拉结腹杆沿柱高度的间距不宜大于壁柱最小厚度的 12 倍，配筋量不宜少于两侧壁柱纵向钢筋总面积的 25%。

⑤ 壁柱或套的基础埋深宜与原基础相同，当有较厚的刚性地坪时，埋深可浅于原基础，但不宜浅于室外地面下 500mm。

3）采用壁挂或套加固后的抗震承载力验算，符合面层组合柱的抗震验算，应考虑应力滞后，将混凝土和钢筋的强度乘以折减系数 0.85；A、B 类房屋的材料强度应按现行国家标准《建筑抗震鉴定标准》GB 50023 的有关规定采用。

4）采用壁柱和混凝土套加固，其承载力、延性和耐久性均优于钢筋砂浆面层加固。壁柱加固要有效，加固的细部构造应确保壁柱与砖墙形成组合构件。

（3）钢构套加固

钢构套加固法常用角钢约束砌体砖柱，并在卡具卡紧的条件下，将组板与角钢焊接连成整体（图 11-18）。钢构套加固，构件本身要有足够的刚度和强度，以控制砖柱的整体变形和保证钢构套的整体强度；加固着重于提高延性和抗倒塌能力，但承载力提高不多，适合于 6、7 度和承载力差距在 30% 以内时采用，一般不作抗震验算。钢构套加固砖垛的细部构造应确实形成砖垛的约束，为确保钢构套加固能有效控制砖柱的整体变形，纵向角钢、缀板和拉杆的截面应使构件本身有足够的刚度和承载力，其中，横向缀板的间距比钢结构中相应的尺寸大，因不要求角钢肢杆充分承压，且角钢紧贴砖柱，不像通常的格构式组合钢柱中能自由地失稳。

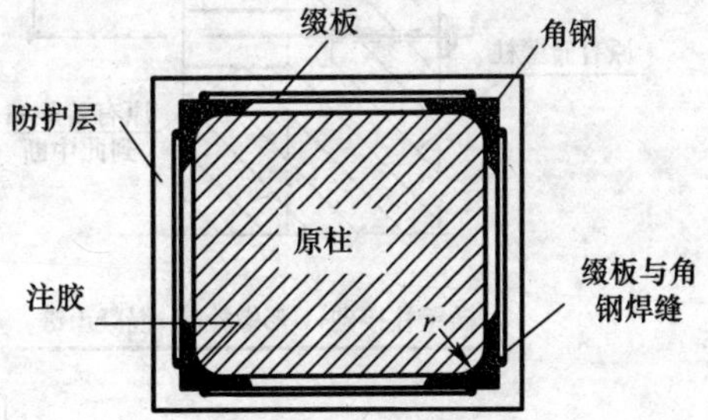

图 11-18　钢构套加固砖柱

增设钢构套加固砖柱（墙垛）的设计，应符合下列规定：

1）钢构套的纵向角钢不应小于∟ 56×5。角钢应紧贴砖砌体，下端应伸入刚性地坪下 200mm，上端应与柱顶垫块、圈梁连接。

2）钢构套的横向缀板截面不应小于 35mm×5mm，系杆直径不应小于 16mm，缀极或系杆的间距不应大于纵向单肢角钢最小截面回转半径的 40 倍，在柱上下端和变截面处，间距应加密。

3）对于 A 类房屋，当为 7 度时或抗震承载力低于要求在 30% 以内的轻屋盖房屋，增设钢构套加固后，砖柱（墙垛）可不进行抗震承载力验算。

4. 山墙壁柱加固

山墙壁柱通常也可采用钢筋网砂浆面层、增设壁柱、钢筋混凝土套和钢构套加大柱截面进行加固，加固设计与砖柱加固设计相同。根据《建筑抗震鉴定标准》，地震区的单层工业厂房山墙应有壁柱，7 度区壁柱宜通到顶；大于 8 度时山墙顶尚应设卧梁。壁柱为通到顶时，可采用以下三种方式进行接长加固（图 11-19）：

（1）原砖柱接砌，以 U 形螺栓箍混凝土键与山墙拧紧结为一体。

（2）新接钢筋混凝土壁柱，以 U 形螺栓箍混凝土键与山墙拧紧结为一体。

（3）原砖柱接砌，以外包钢＋螺栓夹紧与山墙结为一体。

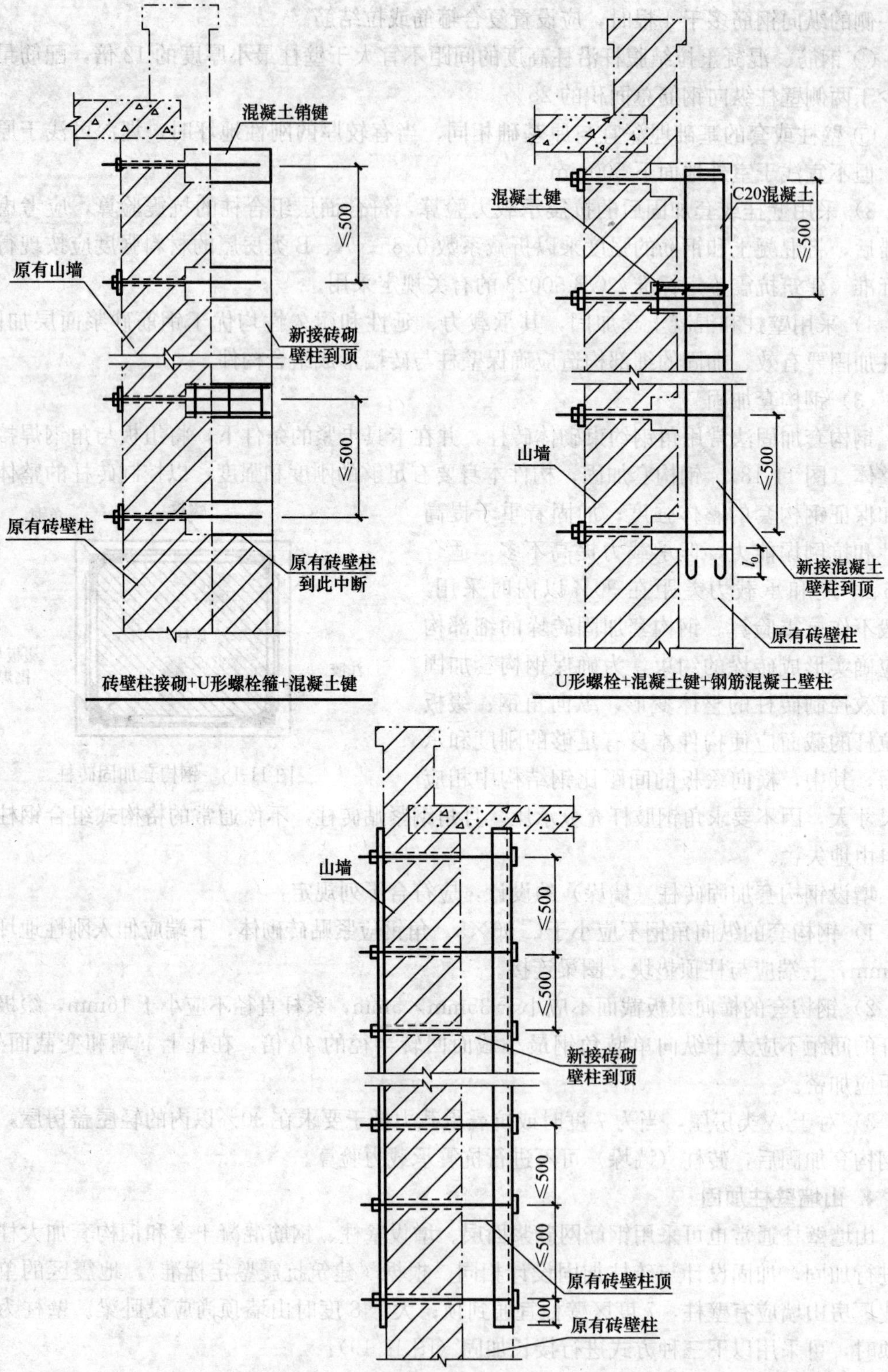

图 11-19　山墙壁柱接长加固图

四、加固施工要求

1. 圈梁、钢拉杆施工要求

（1）增设圈梁处的墙面有酥碱、油污或饰面层时，应清除干净；圈梁与墙体连接的孔洞应用水冲洗干净；混凝土浇筑前，应浇水润湿墙面和木模板；锚筋和胀管螺栓应可靠锚固。

（2）圈梁的混凝土宜连续浇筑，不得在距钢拉杆（或横墙）1m 范围内留施工缝，圈梁顶面应做泛水，其底面应做滴水槽。

（3）钢拉杆应张紧，不得弯曲和下垂；外露铁件应涂刷防锈漆。

2. 面层加固施工要求

（1）面层宜按下列顺序施工：原有墙面清底、钻孔并用水冲刷，孔内干燥后安设锚筋并铺设钢筋网，浇水湿润墙面，抹水泥砂浆并养护，墙面装饰。

（2）原墙面碱蚀严重时，应先清除松散部分并用 1∶3 水泥砂浆抹面，已松动的勾缝砂浆应剔除。

（3）在墙面钻孔时，应按设计要求先画线标出锚筋（或穿墙筋）位置，并应采用电钻在砖缝处打孔，穿墙孔直径宜比 S 形筋大 2mm，锚筋孔直径采用锚筋直径的 1.5～2.5 倍，其孔深宜为 100～120mm，锚筋插入孔洞后可采用水泥基灌浆料、水泥砂浆等填实。

（4）铺设钢筋网时，竖向钢筋应靠墙面并采用钢筋头支起。

（5）抹水泥砂浆时，应先在墙面刷水泥一道再分层抹灰，且每层砂浆厚度不应超过 15mm。

（6）面层应浇水养护，防止阳光暴晒，冬季应采用防冻措施。

3. 钢筋混凝土套施工要求

（1）加固前应卸除或大部分卸除作用在结构上的活荷载。

（2）原有的梁柱表面应清洗干净，缺陷应修补，角部应磨出小圆角。

（3）凿洞时，应避免损伤原有钢筋。

（4）浇筑混凝土前应用水清洗并保持湿润，浇筑后应加强养护。

4. 钢构套施工要求

（1）加固前应卸除或大部分卸除作用在结构上的活荷载。

（2）原有的柱表面应清洗干净，缺陷应修补，角部应磨出小圆角。

（3）凿洞时，应避免损伤原有钢筋。

（4）构架的角钢应采用夹具在两个方向夹紧，缀板应分段焊接。注胶应在构架焊接完后进行，胶缝厚度宜控制在 3～5mm。

参考文献

［1］ 中华人民共和国国家标准．建筑抗震设计规范 GB 50011—2010．北京：中国建筑工业出版社，2010

［2］ 中华人民共和国国家标准．建筑工程抗震设防分类标准 GB 50223—2008．北京：中国建筑工业出版社，2008

［3］ 中华人民共和国国家标准．建筑抗震鉴定标准 GB 50023—2009．北京：中国建筑工业出版社，2009

［4］ 中华人民共和国国家标准．工业建筑可靠性鉴定标准 GB 50144—2008．北京：中国计划出版社，2008

［5］ 中华人民共和国国家标准．砌体结构设计规范 GB 50003—2010．北京：中国建筑工业出版社，2011

［6］ 中华人民共和国国家标准．混凝土结构设计规范 GB 50010—2010．北京：中国建筑工业出版社，2011

［7］ 中华人民共和国国家标准．钢结构设计规范 GB 50017—2003．北京：中国计划出版社，2003

［8］ 中华人民共和国国家标准．混凝土结构加固设计规范 GB 50367—2006．北京：中国建筑工业出版社，2006

［9］ 中华人民共和国国家标准．砌体结构加固技术规范 GB 50702—2011．北京：中国建筑工业出版社，2011

［10］ 中华人民共和国国家标准．建筑结构荷载规范 GB 50009—2001（2006 年版）．北京：中国建筑工业出版社，2006

［11］ 中华人民共和国国家标准．构筑物抗震设计规范 GB 50193—2012．北京：中国计划出版社，2012

［12］ 中华人民共和国国家标准．中国地震动参数区划图 GB 18306—2010．北京：中国标准出版社，2010

［13］ 中华人民共和国国家标准．建筑结构可靠性度设计统一标准 GB 50068—2001．北京：中国建筑工业出版社，2001

［14］ 中华人民共和国行业标准．工程抗震术语标准 JGJ/T 97—2011．北京：中国建筑工业出版社，2011

［15］ 中华人民共和国行业标准．机械工厂单层厂家抗震设计规程 JBJ 12－93．北京：机械工业出版社，1994

［16］ 中华人民共和国行业标准．建筑抗震加固技术规程 JGJ 116—2009．北京：中国建筑工业出版社，2009

［17］ 中华人民共和国行业标准．高度建筑混凝土结构技术规程 JGJ 3—2010．北京：中国建筑工业出版社，2011

［18］ 中华人民共和国行业标准．建筑桩基技术规范 JGJ 94—2008．北京：中国建筑工业出版社，2008

［19］ 龚思礼．建筑抗震设计手册．第 2 版．北京：中国建筑工业出版社，2002

［20］ 徐建等．单层工业厂房抗震设计．北京：地震出版社，2004

［21］ 罗福午．单层工业厂房结构设计．北京：清华大学出版社，2003

［22］ 张家启，李国胜，惠云玲．建筑结构检测鉴定与加固设计．中国建筑工业出版社，2011

[23] 徐培福主编. 复杂高层建筑结构设计. 北京：中国建筑工业出版社，2005
[24] 王亚勇，戴国莹. 建筑抗震设计规范疑问解答. 北京：中国建筑工业出版社，2006
[25] 朱炳寅. 建筑结构设计规范应用图解手册. 北京：中国建筑工业出版社，2005
[26] 刘大海等. 单层与多层建筑抗震设计. 西安：陕西科学技术出版社，1987
[27] 刘大海等. 建筑抗震构造手册. 北京：中国建筑工业出版社，1998
[28] 实用建筑抗震设计手册编委会. 实用建筑抗震设计手册. 北京：中国建筑工业出版社，1997
[29] 国家标准建筑抗震设计规范管理组.《建筑抗震设计规范》(GB 50011—2010) 统一培训教材. 北京：地震出版社，2010
[30] 黄世敏，杨沈等. 建筑震害与设计对策. 北京：中国计划出版社，2009
[31] 国振喜，张树义. 实用建筑结构静力计算手册. 北京：机械工业出版社，2009
[32] 中国建筑标准设计研究院. 国家建筑标准设计图集. 09SG117—1 单层工业厂房设计示例 (一). 北京：中国计划出版社，2009
[33] [美] 法扎德·奈姆主编. 王亚勇译. 抗震设计手册，北京：中国建筑工业出版社，2008
[34] 中国建筑科学研究院. 2008 年汶川地震建筑震害图片集. 北京：中国建筑工业出版社，2008
[35] 黄世敏，罗开海. 汶川地震建筑物典型震害探讨. 中国科学技术协会 2008 防灾减灾论坛专题报告，2008
[36] 魏琏等. 建筑抗震设计. 中国建筑科学研究院工程抗震研究所，1990
[37] 钟益村，戴国莹，高小旺等. 建筑结构抗震设计和鉴定加固的若干问题. 中同建筑科学研究院工程抗震研究所，1984
[38] 高孟潭，韩炜. 抗震设计中的大、中、小地震的确定. 地震工程研究文集. 北京：地震出版社，1992
[39] 高小旺，鲍霭斌. 抗震设防标准及各类建筑为抗震设计中"小震"亏"大震"的取值. 地震工程与工程震动，1989，9 (1)：58-66
[40] 周雍年. 关于设防地震动水准的考虑. 建筑结构学报，2000，21 (1)：17-20
[41] 周锡元. 土质条件对建筑物所受地震荷载的影响. 中国科学院工程力学研究所. 地震工程研究报告集. 第二集. 北京：科学出版社，1965
[42] 谢君斐. 关于修改抗震设计规范砂土液化判别式的几点意见. 地震工程与工程振动，1984，(2)：95-126
[43] 汪闻韶. 水工抗震设计规范中的地基问题. 汪闻韶院士土工问题论文选集编委会. 汪闻韶院士土工问题论文选集. 北京：中国建筑工业出版社，1999
[44] 罗开海，杨小卫. 竖向地震反应谱的研究与应用进展. 土木建筑与环境工程，2010，增刊
[45] 乔太平，刘惠珊. 可液化场地的危害性分析. 冶金工业部建筑研究总院. 地基与工业建筑抗震. 北京：地震出版社. 1984，61-68
[46] 谢君斐，石兆吉，郁寿松等. 液化危害性分析. 地震工程与工程振动，1988. (1)
[47] 陈炯. 钢框架节点域的宽厚比限值和基于宽厚比的抗剪承载力验算. 建筑钢结构进展，2012，14 (4)
[48] 陈炯. 关于钢结构抗震设计中轴心受压支撑长细比问题的讨论，钢结构 [J]，2008，23 (1)
[49] 陈炯，姚忠. 钢结构单层厂房横向刚架抗震设计的若干问题及其分析和建议. 钢结构，2008，23 (2)
[50] 陈炯，路志浩. 论地震作用和钢框架板件宽厚比的对应关系 (上：与国际流行规范的地震作用比较). 钢结构，2008，23 (5)
[51] 陈炯，路志浩. 论地震作用和钢框架板件宽厚比的对应关系 (下：截面等级及宽厚比限值的界定)。钢结构，2008，23 (6)

［52］ 陈炯，姚忠，路志浩．钢结构中心支撑框架的承载力设计．钢结构，2008，23（9）
［53］ 陈炯．论抗震钢框架梁柱刚性连接的极限受弯承载力设计．钢机构，2008，23（11）
［54］ 陈炯．对抗震钢框架板件宽厚比限值与相应的地震作用设计取值的细化和完善．钢结构．2008，23（12）
［55］ Andrus，R. D. and：Stokoe K. H. Liquefaction resistance of soils from shear wave velocity［J］. J. Geotech. and Geoenvir. Engrg. ASCE，126（11）：1015-1025
［56］ Tokimasta，K. and Seed，H. B.. Evaluation of settlements in sands due to earthquake shaking［J］. J. Geotech. and Geoenvir. Engrg.，ASCE，113（8）：861-878
［57］ Ishihara，K. and Yashimine，M.. Evaluation of settlements in sand deposits following liquefaction druing earthquakes［J］. Soils Fdns.，32（1）：173-188
［58］ Mokwa，R. I. and Duncan，J. M.. Experimental evaluation of lateral-load resistance of pile caps［J］. J. Geotech. and Geoenviron. Engrg.，ASCE，2001，127（2）：185-192
［59］ Rollins，K. M. and Cole R. T.. Cyclic lateral load behavior of a pile cap and backfill［J］. J of Geotech. and Geoenviron. Engrg.，ASCE，2006，132（9）：1143-1153
［60］ Bray，J. D. and Travasarou，T.. Simplified procedure for estimating earthquake-induced deviatoricslope displacements［J］. J. Geotech. and Geoenviron. Engrg.，ASCE，2007，133（4）：381-382.
［61］ JRA，1996. Japanese Road Association. Specification for Highway Bridges. Part V，Seismic Design［S］
［62］ Ledzma，C. A. and Bray，J. D.. Performance-based earthquake engineering design evaluation procedure for bridge foundations undergoing liquefaction-induced lateral ground displacemant［R］. PEER Report 2008/05，UC Berkeley，2008
［63］ Ashford，S. A.，Boulanger，R. W. and Brandenberg，S，J.. Recommended design practice for pile foundation in lateral spreading ground［R］. PEER Report 2011/04，UC Berkeley，2011
［64］ Seed H. B. and Idriss I. M.. A simplified procedure for evaluating soil liquefaction potential［R］. EERC70-9，UC，Berkeley，1970
［65］ Youd H. L. and ldriss l. M.. NCEER workshop on evaluation of liquefaction resistance of soils［C］National Center for Earthquake Engineering Research，Buffalo，1997
［66］ ldirss l. M. and Boulanger R. W.. Soil liquefaction during earthquake［M］. MNO-12，EERI，Oakland，2008
［67］ 日本建筑学会．建筑基础设计指南［M］．2001
［68］ Robertson P. K. and wride C. E.. Evaluating cyclic liquefaction potential using the CPT［J］. Can. Geotech. J.，1998，35（3）：442-459
［69］ International Conference of Building Officials. Uniform Building Code［S］. UBC97，1997
［70］ International Code Council（ICC）. International Building Code［S］. IBC2006，2006
［71］ Seismology Committee Structural Engineers Aassociation of Califomia（SEAOC）. Recommended Lateral Force Requirements and Commentary［S］，1996
［72］ American Society of Civil Engineers（ASCE）. Minimum Design Loads for Buildings and Other Structures［S］. ASCE/SE1 7-10，2010
［73］ American Institute Of Steel construction（AISC）. Seismic Provisions for Structural Steel Buildings［S］ANSI/AISC 341-10，2010
［74］ American Institute Of Steel Construction（AISC）. Load and resistance Factor Design Specification［S］. 1999

[75] American Institute Of Steel Construction (AISC). Specification for Structural Steel Buildings [S]. ANSI/AISC 360-10, 2010
[76] Building Seismic Safety Council (BSSC). NEHRP Recommended Provisions for Seismic Regulations for New Buildings and Other Structures (FEMA450) [S]. 2004
[77] Federal Emergency Management Agency (FEMA). Recommended Seismic Design Crlteria for New Steel Moment-Frame Buildings [S]. FEMA-350, 2005
[78] Canadian Standard Association. Supplemen No. 1 to S16-01, Limit States design of steel Structures [S]. CAN/CSA-s16-05, 2005
[79] Metal Building Manuhcturers Association (MBMA). Seismic Design Guide for Metal Building Systems [M], 2004
[80] European Commission for Standardization. Design of Steel Structures [S]. EN 1993 Eurocode (EC3), 2005
[81] European CommiSSion for Standardization, Design of Structures for Earthquake Resistance [S]. EN 1998 Eurocode (EC8), 2003
[82] European Commission for Standardization, Basis of Structural Design [S]. EN1990 Eurocode (EC0), 2002
[83] L. Gardner, D A Nethercot. Designersl, Guide to Eurocode 3: Design of Steel Strucures [M]. Thomas telford, London, 2005
[84] Michael N. Fardis, Eduardo, Carvalhe, Amr Elnashai, Ezie Faccioli etc. etc. Designers' Guide to Eurocode 8: Design of Structures for Earthquake resistance [M]. Thomas telford, London, 2005
[85] Ahmed N. Elghazouli. Seismic Design of Buildings to Eurocode 8 [M]. Spon Press, London, 2009
[86] Kangmin Lee, Michel Bruneau. Energy dissipation of comtession members in concentrically braced frames: review of experimental data [J]. Journal of Structural Engineering, ASCE, 2005, 131 (4): 552-559
[87] Alexander M. Remennikov, Waren R. Walpole, A note on compression strength reduction factor for a buckled strut in seismic-resisting braced system [J]. Engineering Structures, 1998, 20: 779-782
[88] Victor Gioncu, Federico M. Mazzolani. Ductility of Seismic Resistant Steel Structures [M] Spon Press. London, 2002
[89] Giuseppe Brandonisio, Antonio De Luca, Elena Mela. Shear instability of panel zone in beam-to-column connections [J]. Journal of Constructional Steel Research, 2001, 67: 891-903
[90] IS0/DIS 10721-1-1997, Steel Structures-Partl: Materials and Design, 2002
[91] G. Ballio & M. A. Mazzolani, Theory and design of steel structures [M]. Chapman & Hill, 1983